“十三五”国家重点出版物出版规划项目
面向可持续发展的土建类工程教育丛书

理论力学

主　编　陈建芳　李双蓓　滕晓丹
参　编　卢福聪　罗卫东　常岩军
　　　　于　鹏　王承扬

机 械 工 业 出 版 社

本书分为静力学、运动学、动力学三篇，共 11 章。具体内容包括：第 1 篇静力学，介绍静力学概念与物体受力分析、基本力系、任意力系、物体系统的平衡问题及其应用；第 2 篇运动学，介绍运动学基础、点的合成运动、刚体的平面运动；第 3 篇动力学，介绍动力学基础、动能定理、动量定理和动量矩定理、达朗贝尔原理。

本书在每章前面有内容提要、学习要求及本章学习任务单，每章后面有小结和客观题及分析计算题，重要知识点都精心制作了微视频或动画（以二维码的形式放在相应的章节处）。

本书为慕课时代而生，特别适合翻转课堂教学以及广大读者学习。本书可作为普通高等院校工科各专业理论力学课程的教材，同时也可供工程技术人员参考。

本书的授课 PPT 等教学资源，免费提供给选用本书的授课教师，需要者请登录机械工业出版社教育服务网（www.cmpedu.com）注册后免费下载。

图书在版编目（CIP）数据

理论力学/陈建芳，李双蓓，滕晓丹主编. —北京：机械工业出版社，2020.6（2024.9 重印）

（面向可持续发展的土建类工程教育丛书）

“十三五”国家重点出版物出版规划项目

ISBN 978-7-111-65725-5

Ⅰ.①理… Ⅱ.①陈…②李…③滕… Ⅲ.①理论力学-高等学校-教材 Ⅳ.①O31

中国版本图书馆 CIP 数据核字（2020）第 090549 号

机械工业出版社（北京市百万庄大街 22 号 邮政编码 100037）
策划编辑：李 帅 责任编辑：李 帅 陈崇昱
责任校对：樊钟英 封面设计：张 静
责任印制：刘 媛
涿州市般润文化传播有限公司印刷
2024 年 9 月第 1 版第 7 次印刷
184mm×260mm · 18.5 印张 · 451 千字
标准书号：ISBN 978-7-111-65725-5
定价：49.90 元

电话服务
客服电话：010-88361066
010-88379833
010-68326294

网络服务
机 工 官 网：www.cmpbook.com
机 工 官 博：weibo.com/cmp1952
金 书 网：www.golden-book.com
机工教育服务网：www.cmpedu.com

前　言

本书根据教育部非力学专业力学基础课程教学指导分委员会制定的《高等学校工科本科理论力学课程教学基本要求》组织编写。

党的二十大报告指出："加强基础学科、新兴学科、交叉学科建设，加快建设中国特色、世界一流的大学和优势学科。"众所周知，力学系列课程是高校众多理工科专业的必修基础课，而理论力学又是一系列力学基础课中的第一门力学课程。早在2000年，广西大学的理论力学课程就成为广西高校第三批重点建设课程。2002年，理论力学课程的教材获得广西大学"十一五"规划教材建设项目立项，作为21世纪高等学校规划教材于2008年正式出版，并于2009年获得广西大学教材建设成果一等奖。2011年，慕课在国际上兴起，国内于2013年迎来慕课风暴，在此大背景下，编者积极投入到教改热潮中，2015年本教材获得了广西大学"十三五"规划重点教材建设项目立项，同时本教材的建设得到了广西大学土木工程世界一流学科建设平台、水利水电工程国家级特色专业建设以及广西土木工程特色专业建设的大力支持。

目前理论力学教材较多，然而每本教材的侧重点各不相同。本书主要具有以下三大特色：

（1）贯彻以学生为中心的思想，内容形式的设置便于组织翻转课堂教学。

本书在每一章的开头都设置了一节"本章学习任务单"，每一章所有的重要知识点都有精心制作的微视频（以二维码的形式放在教材相应的章节处）。首先，学生（读者）通过"本章学习任务单"就能整体知晓本章的知识结构要点和难点，可以自己安排并把握时间利用微视频学习；每一章的每一节都精心设置了三个左右的简单思考题（力求覆盖所学内容的重要基本概念或关键知识点），带着这些问题读者能够在学习过程中始终把握所学内容的关键所在，提高学习效率和学习能力。其次，教师可以省去基本知识的讲授，在课堂上能有效地组织学生针对任务当中的思考题或学生学习过程中遇到的问题进行讨论，教师的主要精力则放在答疑解惑上面，从而改变一刀切的"灌输"模式，针对不同理解及接受能力的学生可以真正做到因材施教。那么教师的身份就由"教师"上升为"导师"，传统的教学模式转换成先学后教，即"翻转课堂"。因此，本书特别适合翻转课堂教学以及广大的读者学习。

（2）叙述严谨、清晰明确，解题步骤规范，便于广大读者学习。

理论力学课程涉及面广、跨度大、概念多、公式多、知识点多，而大多数读者在不同层次的物理学课程的学习中，会多次接触到牛顿力学的基础内容，因此对于初学理论力学的读者来说，常会出现“似懂非懂”的现象，并感到“理论易懂做题难”。为解决这些问题，本书采取如下措施：①精心设置了不同层次的思考题，即各章的“本章学习任务单”中的简单思考题，正文中重要知识点处设置有一定深度的思考题；②例题和习题的题目类型多，每章习题题目类型包括客观题（包括选择、判断和填空题）与分析计算题，例题特别注重解题步骤规范、求解思路明确、语言准确精练，设置“本例讨论”，达到一题多解、拓宽思路的目的。

（3）注重画图表达。

理论力学中的插图占了相当大的篇幅，书中的插图是否能准确简练地表达所要描述的内容并能突出重点是非常重要的。本书特别强调受力分析和运动分析，强调画图（包括受力图、速度和加速度示意图）的重要性。例如，在受力图中，重点和难点在于能否正确地画出未知的约束力，因此主动力用黑色箭头表示，而约束力则用蓝色箭头表示；而在第 11 章达朗贝尔原理中，关键是能正确地分析惯性力，因此在画受力图时，凡是与惯性力有关的箭头均采用蓝色，其他的普通力则用黑色箭头表示。这样，采用双色方法，就达到了强调重点、突出重点的目的。

本书由陈建芳负责编写大纲、统稿及定稿，编写人员还有：李双蓓、滕晓丹、卢福聪、罗卫东、常岩军、于鹏、王承扬。微视频及动画的制作由滕晓丹负责组织，插图绘制由王承扬负责组织。

在本书编写的过程中，编者参阅了国内外有关优秀教材，吸取了它们的许多长处，在此对相关人员表示衷心感谢。

限于编者水平，本书难免有不妥和疏漏之处，敬请读者批评指正。

编 者

主要符号表

符号	量的名称	符号	量的名称
$\boldsymbol{a}$	加速度	$\boldsymbol{L}_O$	质点系对点 O 的动量矩
$\boldsymbol{a}_a$	绝对加速度	L_x，L_y，L_z	质点系对 x，y，z 轴的动量矩
$\boldsymbol{a}_e$	牵连加速度	m	质量
$\boldsymbol{a}_r$	相对加速度	$\boldsymbol{M}$	力偶矩
$\boldsymbol{a}_C$	科氏加速度	$\boldsymbol{M}_f$	滚动摩阻力偶
$\boldsymbol{a}_\tau$	切向加速度	$\boldsymbol{M}_O$	力系对点 O 的主矩
$\boldsymbol{a}_n$	法向加速度	$\boldsymbol{M}_O(\boldsymbol{F})$	力 $\boldsymbol{F}$ 对点 O 之矩
$\boldsymbol{a}_{MO}^{\tau}$	点 M 相对于基点 O 的切向加速度	M_x，M_y，M_z	力 $\boldsymbol{F}$ 对 x，y，z 轴的转矩
$\boldsymbol{a}_{MO}^{n}$	点 M 相对于基点 O 的法向加速度	$\boldsymbol{M}_{IO}$	惯性力系对点 O 的主矩
A	面积	n	质点的数目，转速
C	质心，重心，速度瞬心	$\boldsymbol{p}$	动量
d	力偶臂，直径，距离	P	功率
e	偏心距	q	分布荷载集度
E	机械能	R，r	半径
f_d	动摩擦因数	$\boldsymbol{r}$	位置矢量（矢径）
f_s	静摩擦因数	$\boldsymbol{r}_O$	点 O 的矢径
$\boldsymbol{F}$	力	s	路程，弧坐标，弧长
$\boldsymbol{F}_{Ax}$，$\boldsymbol{F}_{Ay}$，$\boldsymbol{F}_{Az}$	A 处的约束力分量	t	时间
$\boldsymbol{F}_R$	合力，主矢	T	动能，周期
$\boldsymbol{F}_T$	柔性约束力	$\boldsymbol{v}$	速度
$\boldsymbol{F}_N$	法向约束力	$\boldsymbol{v}_a$，$\boldsymbol{v}_e$，$\boldsymbol{v}_r$	绝对速度，牵连速度，相对速度
$\boldsymbol{F}_I$	达朗贝尔惯性力	$\boldsymbol{v}_{MO}$	平面图形上点 M 相对基点 O 的速度
$\boldsymbol{F}_d$	动滑动摩擦力	V	势能，体积
$\boldsymbol{F}_s$	静滑动摩擦力	W	功
$\boldsymbol{g}$	重力加速度	x，y，z	直角坐标
$\boldsymbol{G}$	重量	α（$\boldsymbol{\alpha}$）	角加速度（角加速度矢量）
h	高度	φ_m	摩擦角
$\boldsymbol{i}$，$\boldsymbol{j}$，$\boldsymbol{k}$	沿正交轴 x，y，z 的单位矢量	ρ	曲率半径，回转半径，密度
$\boldsymbol{I}$	冲量	δ	滚动摩阻系数，弹簧变形量
J	转动惯量	δ_{st}	弹簧静变形，静伸长
k	弹簧的刚度系数	η	机械效率
l	长度	ω（$\boldsymbol{\omega}$）	角速度（角速度矢量）

目　录

第2篇 运动学

第3篇 动力学

绪 论

1. 理论力学的研究对象和主要内容

理论力学是研究物体的机械运动一般规律的科学。

【微视频：绪论】

机械运动是指物体在空间的位置随时间的变化，是最常见的运动形式。平衡则是机械运动的一种特殊情况。运动是物质存在的形式，是物质的固有属性。宇宙中的一切物质都按自己的规律不断地运动着，其形式是多种多样的。例如，光、电、热的运动，物理变化、化学变化以及人脑的思维活动等，都是运动。而机械运动是一切运动形式中最简单、最基本的一种。例如天体的运行，车辆、船只的行驶、各种机器的运转等，都是机械运动。在其他高级和复杂形式的运动中，也包含或伴随着机械运动。因此，对机械运动的研究，不仅是工程实际的需要，也是进一步研究其他高级运动形式的基础。

理论力学所研究的内容是以牛顿的基本定律为基础的，属于经典力学的范畴。在全部科学中，古典力学最能成功地把来自经验的物理理论，系统地表达成抽象数学的简明形式（定律），从而在一定程度上奠定了科学大厦的基础，而这些定律就是理论力学课程的科学根据。尽管在20世纪初，由于物理学的重大发展，产生了相对论力学和量子力学，证明古典力学的定律不适用于物体运动速度接近于光速的情况，也不适用于微观粒子的运动。但是在一般工程实际中，即使是一些尖端技术如火箭、宇宙飞船航行等，我们研究的也还是宏观物体的低速（与光速相比）运动，古典力学仍然是既方便又足够精确的理论，一直未失去其应用价值。

理论力学包括静力学、运动学和动力学三部分内容。

（1）静力学——主要研究力系的简化和物体的平衡条件。

（2）运动学——只从几何角度来研究物体的运动，而不涉及引起物体运动的物理原因。

（3）动力学——研究受力物体的运动与其作用力之间的关系。

2. 理论力学的研究方法及主要特点

力学是较古老的科学之一，是社会生产和科学实践长期发展的产物。

1）通过观察和实验，分析、综合和归纳总结出力学的最基本的概念和定律。在古代，人类在生产中通过使用简单机械开始对机械运动有了初步的认识，并积累了大量的经验，经过分析、综合和归纳，逐步形成如力和力偶等基本概念，以及如杠杆原理、二力平衡等力学的基本规律。伽利略（1564—1642）通过实验推翻了统治多年的错误观点，创立了惯性定律，首次提出了加速度的概念。此外，如库仑摩擦定律、牛顿三定律等都是建立在大量实验

的基础上之上，从近代力学的研究和发展来看，实验更是重要的研究方法之一。

2）经过抽象化方法建立力学模型。客观事物是复杂多样的，根据所研究问题的性质，抓住主要的、起决定性作用的因素，撇开次要的偶然的因素，进行必要的抽象假设，以达到深入事物的本质并了解其内部联系的目的。这就是力学中普遍采用的抽象化方法。例如，研究物体机械运动时，忽略物体受力后有变形的性质，得到刚体模型；当物体的几何形状和尺寸在所研究问题中不起主要作用时，忽略物体的几何尺寸，得到质点模型，等等。这种抽象化的方法，一方面可以使问题得到简化，更重要的是能抓住问题的关键所在。

3）经过逻辑推理和数学演义，建立理论体系。理论力学有着严密的系统，它与数学的关系非常密切。数学不仅是推理的工具，同时还是计算的工具，因此，计算技术在力学的应用和发展上有巨大作用。现代电子计算机的出现，为计算技术在工程技术问题中的应用开辟了广阔的前景，大大地促进了数学在力学中的应用。处理力学问题的一般途径是：①先将所研究的问题抽象为力学模型，这些模型既要能反映问题的实质，又要便于求解；②由力学的基本理论及各力学量之间的数学关系建立方程；③运用数学工具求解，必要时对数学解进行分析讨论，舍去无力学意义的解。

4）将理论用于实践，并在实践中验证和发展理论。在大量分析、综合各个特殊规律的基础上，逐步总结并形成普遍的基本规律，又回到实践中加以检验，并指导实践；再从新一轮的实践中获取新的材料，以此循环往复，推动理论的进一步发展和完善。

总之，理论力学的主要特点是理论性强，具有高度的抽象性和概括性，并且需要较多地使用数学工具，而且又能够密切联系日常生活和工程实际。

3. 本课程的性质和地位

力学既是基础学科又是技术学科。

1）理论力学是基础力学的重要组成部分，是学习一系列后续课程的重要基础。

基础力学主要是由理论力学、材料力学等组成的，几乎所有工科院校都要开设力学基础课，它是许多工程专业课程（如结构力学、弹性力学、流体力学；生物力学、机械原理、结构设计原理、振动理论等）的理论基础。

2）学习理论力学是能力的培养过程，它的研究方法可使学生在今后解决生产实际问题和科学研究中获益匪浅。

工程结构的受力一般必须满足力系的平衡条件；而一般机器与机械或者传递、转换某种运动，或者是实现某种特定的运动，它们都是物体系统机械运动的具体体现。因此，本门课程的例题和习题，绝大多数都是从工程实际中简化而来的，或者其本身就是一个简单的工程实际问题。在自然界以致人类的日常生活中，物体机械运动到处可见，这是在技术理论课程中少见的。

对多数工科专业的学生来说，本课程是从纯数理学科过渡到专业学科过程中，要学习的与工程技术有关的第一门力学课程，侧重于力学理论在工程中的应用训练。通过本门课程的学习，读者不仅能够掌握理论力学的基本概念、基本理论与研究方法，并用于解决一些比较简单的工程实际问题，而且还能够提高正确分析问题和解决实际问题的能力，为今后解决工程实际问题、从事科学研究打下良好基础。

4. 学习理论力学课程时应注意的问题

根据理论力学的特点，采用相应的学习方法，将有助于学好本课程。

大多数读者在不同层次的物理学课程的学习中，多次接触到牛顿力学的基础内容，因此初学理论力学的读者，常会出现“似懂非懂”的现象，并感到“理论易懂解题难”。但这充分说明了理论力学并不是在低层次上与物理学的重复，要认识到，本课程与物理学相比，理论力学的基本概念深化了，基本理论更系统了，基本方法更为实用了。

理论力学系统性强，各部分环环相扣，学习时要注意循序渐进。本教材适合采用翻转课堂教学法，在每一章的开头，会先列出本章的“内容提要”和“学习要求”，并列出了“本章学习任务单”，引导读者利用纸质教材和二维码形态的微视频学习。

对理论力学基本概念的理解和理论应用能力的提高是通过大量习题的求解逐步加深的。因此，做一定量的习题是学好理论力学的重要环节。要强调的是，习题应该在理解的基础上做。在通过前面所说的第一步学习后，再针对重点内容以及学习过程中遇到的疑难问题在课堂上进行重点讨论，课下复习之后完成相应的习题。要学会剖析、抓错和认错，同时习题书写也要规范，还要学会用简练的工程语言及数学语言解决实际问题。

第1篇 静力学

静力学是研究力系的简化及物体在力系作用下平衡条件的科学。

平衡是指物体相对于惯性参考系（如地面）处于静止或做匀速直线运动的情形。平衡是机械运动的特殊形式，是相对于特定参考系而言的。在工程实际中，通常将固连于地球表面的参考系作为惯性参考系来研究物体相对于地球的平衡问题，实践表明其分析计算的结果与实际情况相吻合，精确度在合理范围内。

静力学以刚体和刚体系统为研究对象，也称为刚体静力学，主要研究以下三方面的问题：

1. 刚体的受力分析

分析刚体共受多少个力，以及每个力的大小、方向和作用线位置，以便对所要研究的力系有一个系统和全面的了解。

2. 力系的简化（或等效替换）

力系是指作用在物体上的一群力。将作用在物体上的一个力系用另一个力系代替，而不改变原力系对物体的作用效果，则此两力系互为等效力系。用一个简单的力系来等效替换另一个复杂的力系对物体的作用，称为力系的简化。这样我们就能抓住不同力系的共同本质，易于明确力系对物体作用的总效果

3. 力系的平衡条件及其应用

平衡是有条件的，当物体在力系作用下处于平衡状态时，作用在物体上的平衡力系需要满足一定的条件，称为力系的平衡条件。表示这种条件的数学方程式称为力系的平衡方程。通过求解这些方程，可以得到待求的各种未知量，这是静力学的核心任务。

静力学中关于力系简化和刚体的受力分析的结论，也可应用于理论力学中的动力学部分。静力学在工程技术中有广泛的应用，在工程结构和机械设备的设计建造过程中，一般先进行受力分析，根据平衡条件计算未知力，然后进行强度和刚度分析。因此，静力学理论是材料力学等后续课程以及工程设计的重要基础。

第 1 章　静力学概念与物体受力分析

【内容提要】

本章主要介绍静力学的基础知识：静力学模型——物体的模型、物体间连接与接触方式的模型、荷载与力的模型；静力学的五个公理；物体受力分析的基本方法。

【学习要求】

通过本章的学习，要求重点掌握力的概念及表示方法，掌握静力学公理和推论的适用对象，理解并掌握几种工程中常见约束的性质、约束的简图表示以及约束力的确定方法。对一般的物体系统能熟练地取分离体并正确地画出受力图。

1.0　本章学习任务单

1. 静力学模型与力的概念

了解静力学模型——物体的模型、物体间连接与接触方式的模型、荷载与力的模型。重点理解力与约束的概念。请读者带着如下问题学习 1.1 节的内容（含 1 个微视频）：

1）静力学中物体的模型是什么？为什么说在静力学中只讨论力的外效应？

2）物体受力模型是一成不变的吗？具体举例说明，重力什么时候可简化为线分布力，什么时候可以简化为一个集中力？

3）在静力学中，力的三要素是什么？

2. 静力学公理

静力学公理反映的是力的基本性质，是力系的等效替换、平衡理论的基础。请读者带着如下问题学习 1.2 节的内容（含 1 个微视频）：

1）为什么说二力平衡公理、加减平衡力系公理和力的可传性都只能适用于刚体？

2）刚体上作用有三个共面力，并且三个力的作用线汇交于一点，刚体一定平衡吗？

3）二力平衡条件与作用和反作用定律都说二力等值、反向、共线，二者有什么区别？

3. 工程中常见的约束与约束力

1.3 节是本章的难点也是重点，要求掌握工程中几种常见约束的特点、简图的表示及约

束力方向的确定方法。请读者带着如下问题学习 1.3 节的内容（含 1 个微视频）：

1）确定约束力方向的原则是什么？为什么柔性体只能受拉？

2）光滑铰链约束的特点是什么？

4. 物体的受力分析和受力图

作受力图是解答力学问题的第一步工作，也是非常重要的工作，不能省略，更不容许有任何错误。正确画出受力图，可以清楚地表明物体受力情况及其相应的几何关系，有助于对问题的分析和所需力学方程的建立，因而也是求解力学问题的一种有效手段。请读者带着如下问题学习 1.4 节的内容（含 1 个微视频）：

1）画受力图时为什么必须取分离体？

2）画主动力时要注意什么？

3）如何区分内力和外力？为什么内力不画？

1.1 静力学模型概述

所谓模型是指对实际问题和实际物体的合理抽象与理想化，以便于我们进行力学分析与计算。在静力学中，模型主要包括三个方面：1）物体的抽象与理想化；2）物体接触与连接方式的理想化；3）物体受力的抽象与理想化。

1.1.1 物体的抽象与理想化

在静力学中，将所研究的物体都看作是刚体，所以又称刚体静力学。所谓刚体，就是在任何情况下其大小和形状不变的物体。用数学语言来描述就是刚体内任意两点之间的距离保持不变。显然，刚体是一种理想化的物体模型。

【微视频：刚体和力的概念】

实践证明，任何物体受力后总会或多或少地产生变形，但是，在正常工作情况下，工程技术中的绝大多数零件和构件的变形，一般是很微小的，甚至只有用专门的仪器才能测量出来。例如，房屋建筑中常用的钢筋混凝土梁，在设计时梁中央的最大变形（挠度）就控制在梁长的 1/250 ~ 1/300；在机械中，各零部件所允许的最大变形更是极为微小的。因此，在很多情况下，物体这些微小的变形，对于平衡问题的研究来说，影响很小，可以忽略不计，从而使问题的研究大为简化。以后我们还将看到，对于那些必须考虑变形的平衡问题的研究，也是以刚体静力学为基础的，只不过还要考虑更复杂的力学现象并加上一些补充条件而已。

在理论力学中，还有以下两种理想化的物体模型，分述如下：

质点——具有一定质量但其大小和形状在所研究的问题中可以忽略不计的物体。

质点系——具有一定联系的一群质点。若质点系内各质点之间的距离可以变化，则称为**可变质点系**。若质点系内各质点之间的距离保持不变，则称为**不变质点系**。从这个角度来说，刚体可以看作是由无穷多个质点组成的不变质点系。

研究对象取何种力学模型取决于所研究问题的性质和物体本身的特点。例如，在研究地球绕太阳公转时，可以将地球视为质点；而在研究地球自转时，就不能将地球抽象为质点，此时可以将其抽象为刚体；然而在研究地震时，地球应视为可变形体。

1.1.2 物体接触与连接方式的理想化——约束

我们也可以从运动的角度将所研究的物体分为两类：一类为物体的运动不受任何限制，称这种物体为自由体，如飞行中的炮弹、飞机、火箭等，都是自由体；另一类是物体的运动在某些方向受到外界物体对它的限制而不允许发生，我们称其受到外界物体的约束。受到约束的物体就是非自由体，也称为受约束体。这类物体在工程实际中占绝大多数，例如机械中的轴受到轴承的制约，行驶的列车受铁轨的限制等。

为了方便起见，通常就将限制非自由体运动的周围物体称为约束。在上述例子中，轴承是轴的约束，铁轨是火车的约束，等等。

1.1.3 力的概念

1. 力的作用效应

力是物体之间的相互机械作用，其作用效果是使物体的运动状态和形状发生改变。力使物体运动状态发生变化称为力的运动效应或外效应；力使物体的形状发生改变的称为力的变形效应或内效应。如图 1-1a 所示，起重机用钢拉杆提升重物。钢拉杆给重物一个拉力 $\boldsymbol{F}_\mathrm{T}$，使重物由静止开始向上做加速运动，这是拉力 $\boldsymbol{F}_\mathrm{T}$ 的运动效应或外效应。与此同时，钢拉杆本身也受到一对拉力 $\boldsymbol{F}'_\mathrm{T}$ 和 $\boldsymbol{F}''_\mathrm{T}$ 的作用而发生伸长变形，这是拉力 $\boldsymbol{F}'_\mathrm{T}$ 和 $\boldsymbol{F}''_\mathrm{T}$ 的变形效应或内效应，如图 1-1b 所示。

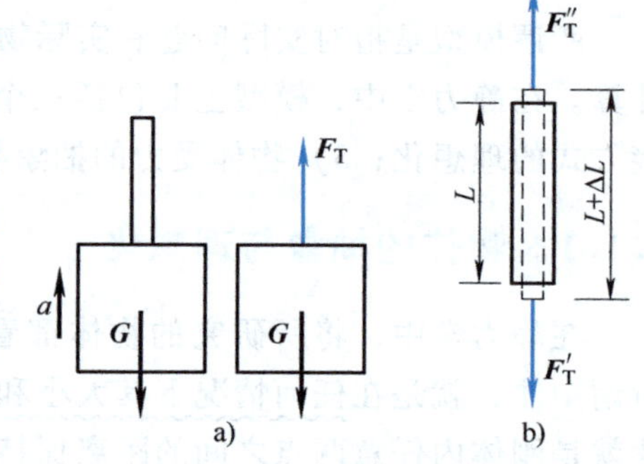

图 1-1　力的作用效应

理论力学中将物体抽象为刚体，这就意味着我们只研究物体受力时的外效应，内效应将在后续课程材料力学中着重研究。

2. 物体受力的抽象与受力分类

作用于物体上的力按其产生的原因可分为万有引力、重力、气体压力、电磁力等。在理论力学中，一般不研究力产生的原因而着重分析力的作用效应。按力对物体的运动效应的不同划分为主动力和约束力；按力的作用范围来区分，力又可以分为分布力与集中力两大类。下面分别讨论。

(1) 主动力和约束力　有一类力，如重力、水压力、风压力、燃油燃烧后的气体对活塞的推力、电磁力、切削力等，这一类力主动地使物体运动或使物体有运动的趋势，称为主动力或称荷载，一般为已知，通常作为设计、计算的原始数据。

另一类力是由约束引起的。约束对物体运动的限制通常以两者之间的直接接触表现出来，接触作用的结果在两个接触的物体上产生一对作用力和反作用力。其中，约束施加于受约束物体的力称为约束力。约束力一般是未知待求的，随主动力的变化而变化。对于工程问题中常见的约束和约束力，将在 1.3 节中详细讨论。

(2) 分布力和集中力　分布力——指作用在物体整个或一部分长度（或面积、体积）上的力。例如自重，风、雪、水、气等的压力，都是分布力。沿长度分布的力其大小通常用符号 q 表示，即

$$q = \lim_{\Delta l \to 0} \frac{\Delta F}{\Delta l} \tag{1-1}$$

式中，Δl 是确定力大小的点附近微小的一段长度；ΔF 是作用于该微段长度内分布力的合力；q 称为分布力的集度。如果力的分布是均匀的，称为**均匀分布力**，简称均布力。均质等截面梁每单位长度的重量都相等，迎风面每单位面积（指投影面积）所受的风压力相等，这些都是均布力的例子。

集中力——指作用于物体某一点上的力。在实际问题中，物体相互作用的位置并不是一个点而是物体的一部分面积或体积，即上面所说的分布力，但当分布力的作用面积或体积与物体尺寸相比较可以忽略时，可以近似认为作用在一个点上。因此，集中力是一个抽象出来的概念。另外，对刚体而言，一些分布力的作用效果可以用一个与之等效的集中力来代替，以使问题得到简化。例如，重力是体积分布力系，而我们通常用作用于刚体重心的一个等效集中力代替原力系。

尽管集中力是抽象的结果，但它却是最重要、最普遍的一种力。以后将知道，大多数力的作用可以用集中力来描述。下文如无特殊说明，一般的力均指集中力。

3. 力的数学描述

实践表明，力对物体的作用效果由三个要素——力的大小、方向、作用点来确定，称为力的三要素。从数学角度看，具有大小和方向的量称为矢量，而且力的相加服从矢量加法规则（矢量合成的平行四边形法则），因此力是定位矢量。所以，可以用一个定位的有向线段来表示力，如图 1-2 所示。其中线段的长度按一定的比例尺（或定性表示即可）表示力的大小，线段的方位（与水平线的夹角 θ）和箭头的指向表示力的方向，线段的起点 A（或终点 B）表示力的作用点。线段所在的直线称为力的作用线。在手写体中，通常用白斜体大写字母上加箭头作为力的矢量符号，如 $\vec{F}$。在本书（印刷体）中用黑斜体字母（如 $\boldsymbol{F}$）来标记力矢量，而用对应的普通斜体字母（如 F）来表示力矢量的模。在国际单位制中，力的单位是 N 或 kN。

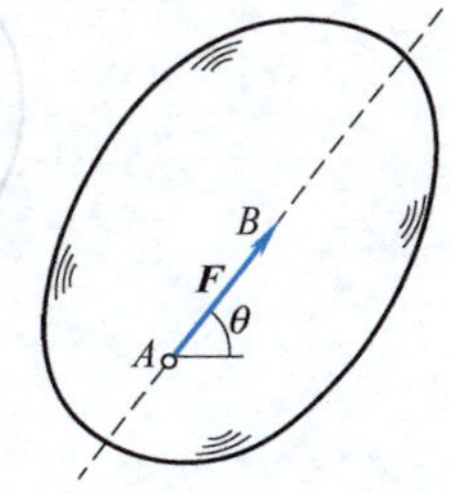

图 1-2　力的描述

4. 力系的分类

我们已经知道，力是矢量，力矢所在的直线就是力的作用线，力系依作用线分布情况的不同可分为：

（1）平面力系　所有力的作用线在同一平面内的力系。平面力系又可分为：①平面汇交力系；②平面平行力系；③平面任意力系。

（2）空间力系　所有力的作用线不在同一平面内的力系。空间力系又可分为：①空间汇交力系；②空间平行力系；③空间任意力系。

由于平面力系可视为空间力系的特殊情况，而汇交力系和平行力系又可视为任意力系的特殊情况。所以，空间任意力系是力系的最复杂、最普遍、最一般的形式，其他各种力系都可看成是它的一种特殊情况。因此，在后面的讨论中，都从空间力系开始，而把平面力系作为它的特殊情况。

若按力系简化性质，又可分为基本力系和任意力系，而后者可以归结为前者的组合，因此本书第 2 章先讨论基本力系，第 3 章再讨论任意力系。

1.2 静力学公理

任何一门科学都要有一些公理作为基础。公理，简言之，即为公认的道理（或真理）。公理在《辞海》中的解释为："在一个理论中已为反复的实践所证实而被认为不需证明的命题，可作为证明中的论据"。静力学公理是人们关于力的基本性质的概括和总结，是研究静力学的基础。

公理是有层次性的，在本门课程中，在已学过的知识的基础上，一般以下述五条命题作为公理。

公理 1 力的平行四边形法则

【微视频：静力学5个公理】

作用于物体上同一点的两个力可以合成为作用于该点的一个合力，合力的大小和方向由以这两个力为邻边所构成的平行四边形的对角线确定（见图 1-3a）。或者说，合力矢等于两个分力矢的矢量和，即

$$\boldsymbol{F}_R = \boldsymbol{F}_1 + \boldsymbol{F}_2 \tag{1-2}$$

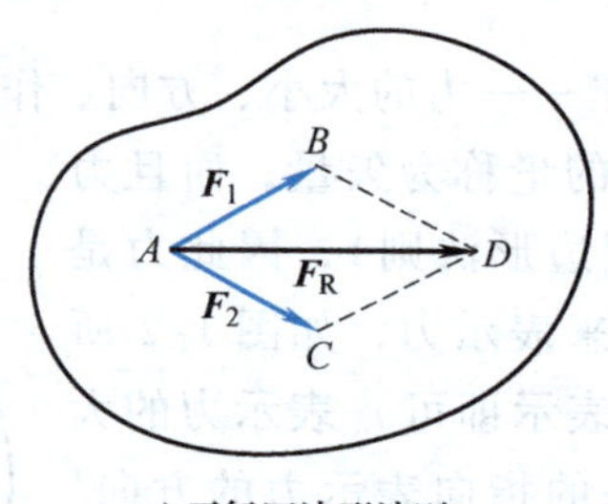

a) 平行四边形法则

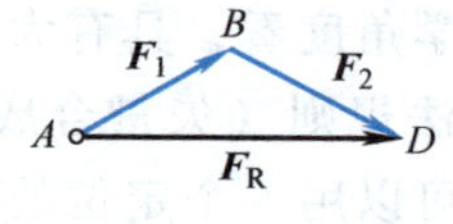

b) 三角形法则

图 1-3 两个力矢量的合成

公理 1 表明了最简单力系简化的规则和基本方法，它是复杂力系简化的基础。

为了简便，作图时可直接将力矢 $\boldsymbol{F}_2$ 平移到力矢 $\boldsymbol{F}_1$ 的末端 B，连接 A、D 两点即可求得合力矢 $\boldsymbol{F}_R$（见图 1-3b）。三角形 ABD 称为力三角形，这样的作图方法称为力的三角形法则。

公理 2 二力平衡公理

作用在同一刚体上的两个力，使刚体保持平衡的必要充分条件是：这两个力大小相等、方向相反，且作用在同一直线上（见图 1-4），即

$$\boldsymbol{F}_1 = -\boldsymbol{F}_2 \tag{1-3}$$

公理 2 揭示了作用于刚体上最简单力系平衡时所必须满足的条件，又称为二力平衡条件。

仅在两点受力作用并处于平衡的刚体称为二力体或二力构件（见图 1-5a），二力构件为直杆时称为二力杆（见图 1-5b）。二力体所受的二力必沿此二力作用点的连线，且等值、反向。

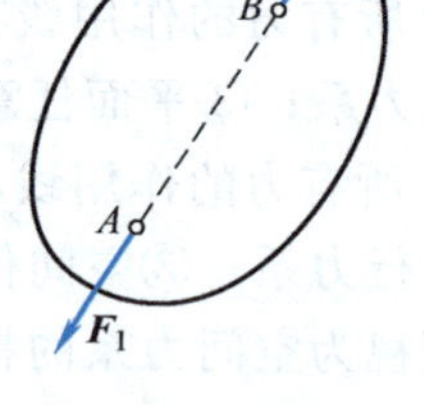

a)

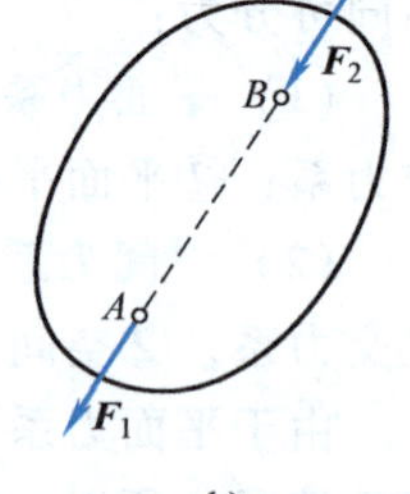

b)

图 1-4 二力平衡条件

公理 3 加减平衡力系公理

在作用于刚体的任意力系上，增加或减去一个平衡力系，不改变原力系对刚体的作用效果。该公理是力系简化的理论基础。

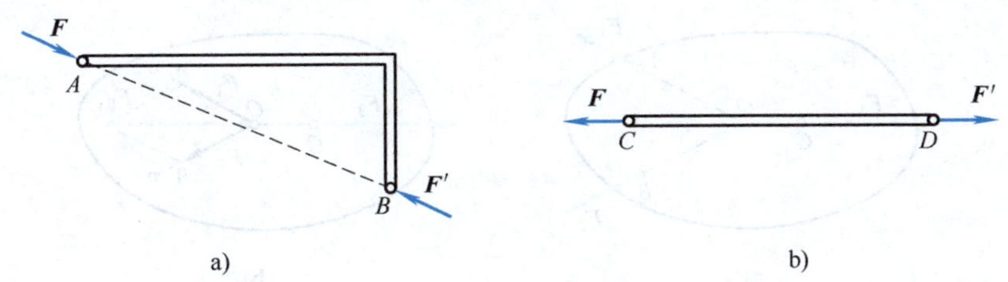

图 1-5　二力体

根据上述公理可以导出下列两条推论：

推论 1　力的可传性

作用于刚体上某点的力，可以沿其作用线移至刚体内任意一点而不改变该力对刚体的作用效果。

证明： 设力 $\boldsymbol{F}$ 作用于刚体的 A 点（见图 1-6a）。在力 $\boldsymbol{F}$ 的作用线上任取 B 点，并且在 B 点加一对沿 AB 线的平衡力 $\boldsymbol{F}_1$ 和 $\boldsymbol{F}_2$，且使 $\boldsymbol{F}_1=-\boldsymbol{F}_2=\boldsymbol{F}$（见图 1-6b）。由加减平衡力系公理可知，$\boldsymbol{F}$、$\boldsymbol{F}_1$、$\boldsymbol{F}_2$ 三力组成的力系与原力 $\boldsymbol{F}$ 等效。再从该力系中去掉由 $\boldsymbol{F}$ 和 $\boldsymbol{F}_2$ 组成的平衡力系，则剩下的力 $\boldsymbol{F}_1$（见图 1-6c）与原力 $\boldsymbol{F}$ 等效。即把原来作用在 A 点的力 $\boldsymbol{F}$ 沿作用线移到了 B 点。证毕。

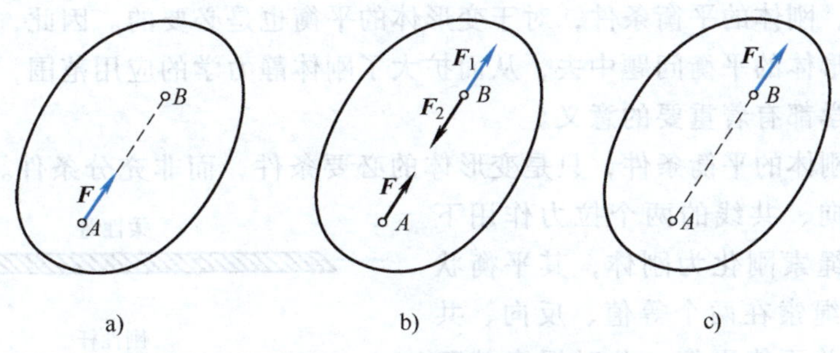

图 1-6　力的可传性证明

由此可见，对于刚体来说，力的作用点已不是决定力的作用效果的要素，它已为作用线所代替。因此，作用于刚体上的力的三要素是：力的大小、方向和作用线。

作用于刚体上的力可以沿其作用线移动，这种矢量称为滑动矢量。

推论 2　三力平衡汇交定理

刚体在不平行的三个力作用下平衡时，此三力的作用线必共面且汇交于一点。

证明： 设在刚体 A、B、C 三点上，分别作用不平行的三个相互平衡的力 $\boldsymbol{F}_1$、$\boldsymbol{F}_2$、$\boldsymbol{F}_3$（见图 1-7a）。根据力的可传性，将力 $\boldsymbol{F}_1$、$\boldsymbol{F}_2$ 移到其汇交点 O，然后根据力的平行四边形法则，得合力 $\boldsymbol{F}_{R12}$，则力 $\boldsymbol{F}_3$ 应与 $\boldsymbol{F}_{R12}$ 平衡（见图 1-7b）。由二力平衡公理知，$\boldsymbol{F}_3$ 与 $\boldsymbol{F}_{R12}$ 必共线，由此知 $\boldsymbol{F}_3$ 的作用线必通过 O 点且与力 $\boldsymbol{F}_1$、$\boldsymbol{F}_2$ 共面。证毕。

【动画：三力平衡汇交】

三力平衡汇交定理只说明了三力平衡的必要条件，而不是充分条件。它常用来确定刚体在不平行三力作用下平衡时，其中某一未知力的作用线方位。

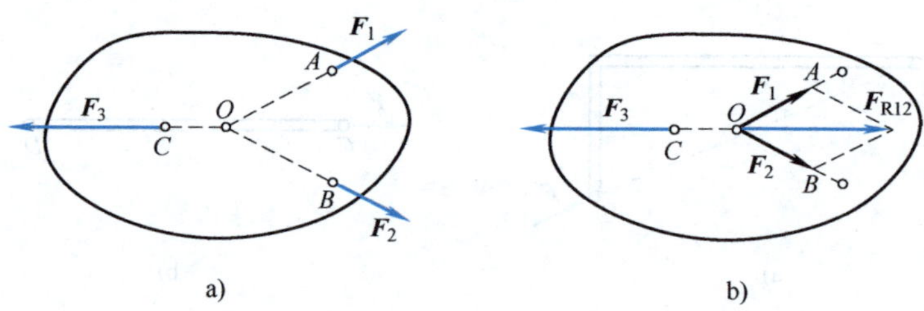

图 1-7　三力平衡的必要条件

公理 4　作用与反作用定律

两物体间相互作用的力总是大小相等、方向相反、沿同一直线，分别且同时作用在这两个物体上。

公理 4 概括了任何两个物体间相互作用的关系。有作用力，必定有反作用力，两者总是同时存在，又同时消失。

但必须注意，由于作用力与反作用力分别作用在两个物体上，因此不能认为作用力与反作用力相互平衡。

公理 5　刚化原理

变形体在某一力系作用下处于平衡，如将此变形体刚化为刚体，其平衡状态保持不变。

公理 5 指出，刚体的平衡条件，对于变形体的平衡也是必要的。因此，可将刚体的平衡条件，应用到变形体的平衡问题中去，从而扩大了刚体静力学的应用范围，这对于弹性体静力学和流体静力学都有着重要的意义。

必须指出，刚体的平衡条件，只是变形体的必要条件，而非充分条件。如图 1-8 所示，绳索在等值、反向、共线的两个拉力作用下处于平衡，如将绳索刚化为刚体，其平衡状态保持不变；而绳索在两个等值、反向、共线的压力作用下并不能平衡，此时绳索就不能刚化为刚体。但刚体在上述两种力的作用下都是平衡的。这说明对于变形体的平衡来说，除了满足刚体平衡条件之外，还应满足与变形体的物理性质相关的附加条件（如绳索不能承受压力）。

图 1-8　刚化原理说明

1.3　工程中常见的约束与约束力

从本节开始，将讨论物体的受力分析。首先应注意，在分析两物体之间的相互作用力时，必须遵循公理 4，即作用与反作用定律。

【微视频：工程中常见的约束及约束力方向的确定】

约束给被约束物体的约束力是通过接触来实现的，这种接触可以是点、线或面的接触，其中只有点接触是集中力。在不改变约束性质的条件下，按等效的原则，将约束力简化到最容易表达的程度。即将分布的约束力简化为集中的约束力。

约束力既然用集中力的形式表现出来，便可以进一步分析它的三

要素。约束力与已知的主动力有关，因而其大小要通过静力学方程或动力学方程求解；其方向则是依据此约束是阻止被约束物体沿哪个方向运动来决定的，即约束力的方向总是与这种受阻止的运动或运动趋势的方向相反；约束力的作用点是被约束物体与约束的接触点，当然，这种作用点有时做了等效简化。

将工程中常见的约束抽象出来，根据其特征，亦即约束力的性质，分成以下几种类型的约束。约束简图和约束力的符号根据约束类型已形成一种约定的画法和标注方法。下面在进行物体的受力分析时，一律采用这些约定。

1.3.1　柔性体约束

柔软、不可伸长的约束物体称为柔性体约束，如绳索、链条、皮带等。如不特别指明，这类约束的截面尺寸及重量一律不计。这类约束的特点是：只能限制物体沿柔性体约束拉伸的方向运动，即只能承受拉力，不能承受压力。柔性体的约束力是沿其中心线的拉力，通常用字母 $\boldsymbol{F}_{\mathrm{T}}$ 表示，如图 1-9 所示。

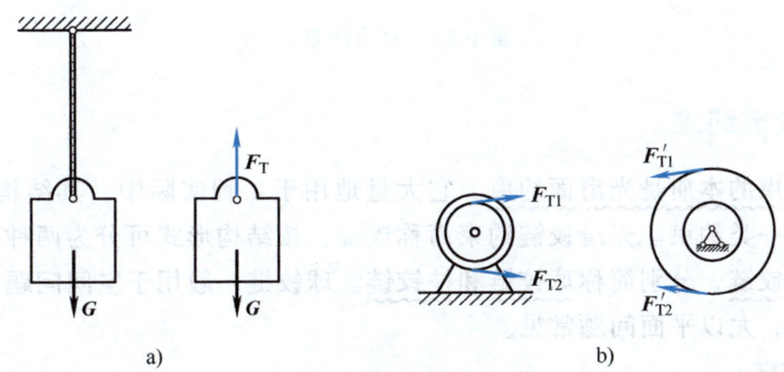

图 1-9　柔性体的约束力

1.3.2　光滑面约束

若物体相接触的约束是一光滑表面，则称此约束为光滑面约束。绝对光滑是一种理想化的情形。事实上，两物体接触时总有摩擦存在，但当略去这种摩擦不会影响问题的基本性质时，就可以将这种接触表面视为光滑面约束。这种约束只能限制物体沿接触处的公法线，且指向光滑面一方的运动。此类约束力的性质与光滑面和物体之间的接触形式有关。点接触时，约束力为集中力，如图 1-10a 所示。若是线或面接触，如图 1-10b 所示，约束力虽是分布力，但如上所述，一般总是用分布力的合力来表示，其作用点与物体所受的主动力有关，要由力学条件来确定。由此可知，光滑面约束的约束力为集中力，方向沿接触处的公法线指向物体。一般用字母 $\boldsymbol{F}_{\mathrm{N}A}$ 表示，下标 A 通常用来说明接触点的部位。

上面所讲光滑面约束与柔性体约束，只能限制物体沿一个方向的运动，而不能限制相反方向的运动，这种约束称为单面约束。单面约束的约束力方向一般均能事先确定。另一种约束称为双面约束，如图 1-11a 所示，B 处的约束限制滑块向上或向下运动。因此，对于双面约束的约束力而言，其作用线的方位已知，但其指向事先难以确定，这时，画其约束力时，可以假设它的指向，如图 1-11b 所示。最后，由其计算值的正负号，确定其真实的指向，即：计算值为正时，表明假设方向就是真实的方向；计算值为负时，表明真实方向与假设方向相反。

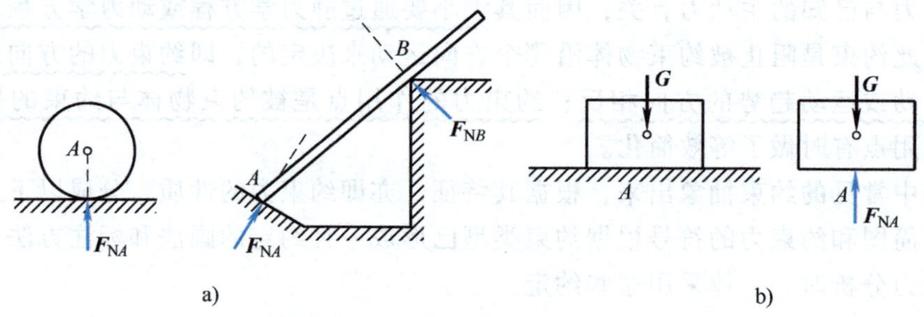

图 1-10　光滑接触面约束

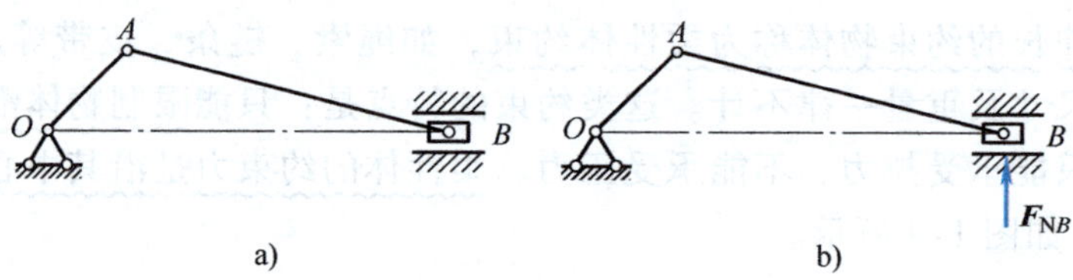

图 1-11　双面约束力

1.3.3　光滑铰链约束

光滑铰链约束的本质是光滑面约束。它大量地用于工程实际中，其结构形式比较典型，因此，单独列为一类约束。光滑铰链约束简称铰链，按结构形式可分为两种基本类型：光滑球铰链和光滑柱铰链，分别简称球铰链和柱铰链。球铰链一般用于空间问题，柱铰链可用于空间或平面情形，尤以平面问题常见。

1. 光滑球铰链

汽车变速箱的操纵杆底部是一个典型的光滑球铰链约束，如图 1-12a 所示。操纵杆的下端有一个圆球，嵌放在底座球窝内。球窝由两个半球壳组成，其上、下均有缺口，以便球与操纵杆和变速箱相连。球窝对球的约束作用是，限制其沿任意方向的平移而只允许其绕球心转动。这种作用实质上是光滑面约束，约束力作用于接触点，方向沿径向指向球心。实际上，接触点的位置与主动力有关，一般事先不能确定。但是，不论接触点在哪里，约束力的作用线总是通过球心。因此，一般球铰链的约束力画在球心上，以三个大小未知的正交分力 $\boldsymbol{F}_{Ax}$、$\boldsymbol{F}_{Ay}$、$\boldsymbol{F}_{Az}$ 表示。球铰链的简图如图 1-12b 所示，其约束力画法如图 1-12c 所示。

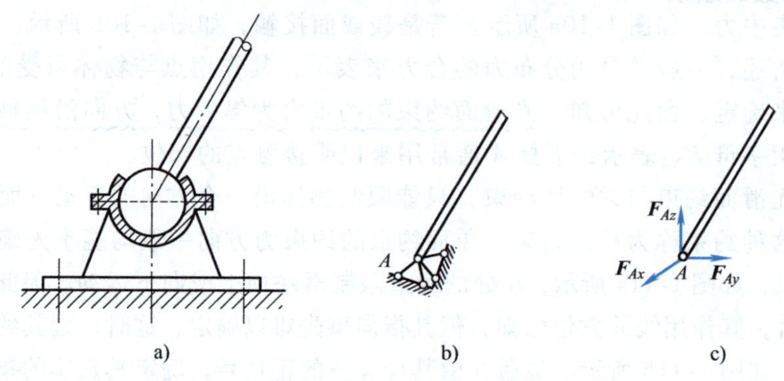

图 1-12　光滑球铰链

2. 光滑柱铰链

（1）中间柱铰链　在图1-13a中，两个构件各有一圆孔，中间用一个圆柱形销钉连接起来，便构成光滑柱铰链。它只允许两构件绕销钉轴线有相对转动，销钉对构件的约束力的作用点在接触点处，它总是沿销钉的径向，并指向其中心，如图1-13b所示。在一般情况下，柱铰链的约束力的作用点及其大小，仅由约束本身的特征是不能确定的。不过它的作用线总是通过销钉中心，因此，通常将光滑柱铰链约束用两个大小未知的正交分力来表示，其作用线通过圆柱的中心。柱铰链约束的简图如图1-13c所示，其约束力的画法如图1-13d所示，一般用符号$\boldsymbol{F}_{NA}$（$\boldsymbol{F}'_{NA}$）或$\boldsymbol{F}_{Ax}$、$\boldsymbol{F}_{Ay}$（$\boldsymbol{F}'_{Ax}$、$\boldsymbol{F}'_{Ay}$）表示。这种铰链称为中间柱铰链，与中间球铰链一起称为中间铰链。

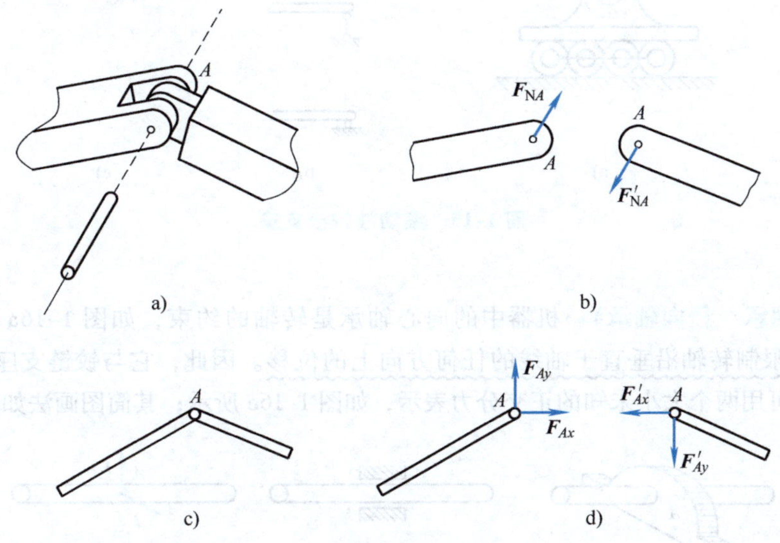

图1-13　中间柱铰链

（2）固定柱铰链支座　如果将上述由中间铰链相连的两构件之一固定在支承物上，此种约束称为固定柱铰链支座，简称铰链支座，如图1-14a、b所示，常见的四种铰链支座简图画法如图1-14c所示，其约束力画法如图1-14d所示。

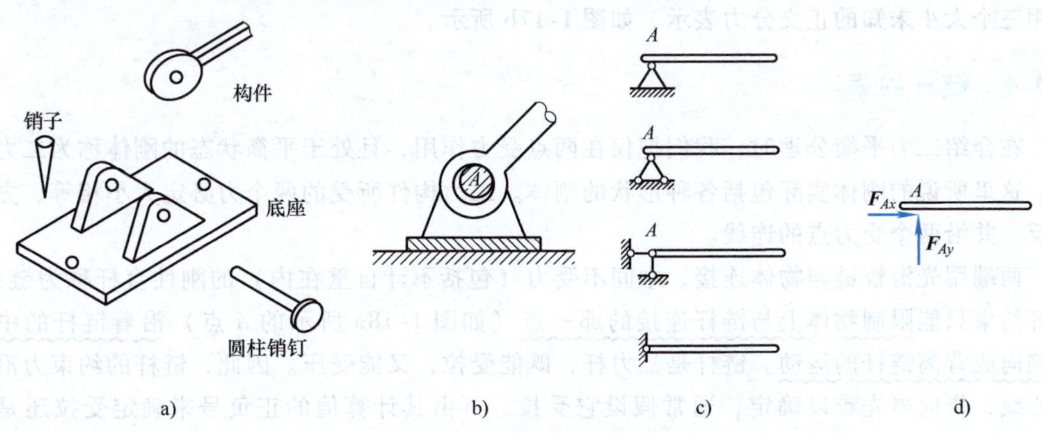

图1-14　固定柱铰链支座

工程中有时要求物体不仅可绕某轴转动，还可以沿垂直于轴的方向平移，由此设计出滚动柱铰链支座，简称滚动支座，如图 1-15a 所示。它是在铰链支座的下面安装了几个辊轴，又称辊轴支座，既可以是单面的，也可以是双面的。这种约束只限制物体沿支承面法线的方向运动，类似于光滑面约束。滚动支座约束力的方向沿支承面法线，作用点在铰链中心。一般用符号 $\boldsymbol{F}_{NA}$ 表示。常见的三种滚动支座简图画法如图 1-15b 所示，其约束力画法如图 1-15c 所示。

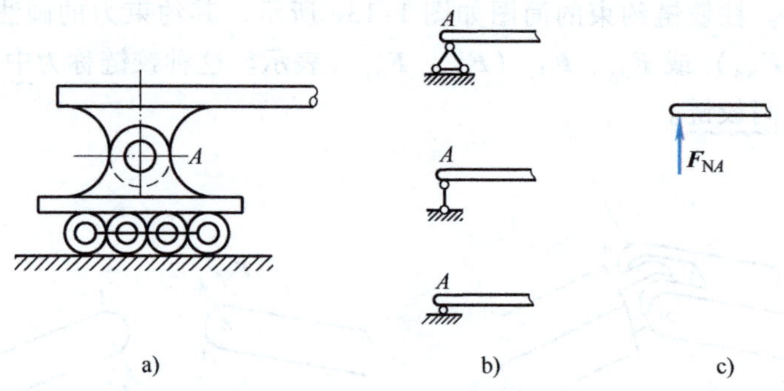

图 1-15　滚动柱铰链支座

（3）轴承

1）向心轴承（径向轴承）：机器中的向心轴承是转轴的约束，如图 1-16a 所示，它允许转轴转动，但限制转轴沿垂直于轴线的任何方向上的位移。因此，它与铰链支座相类似，向心轴承的约束力可用两个大小未知的正交分力表示，如图 1-16c 所示；其简图画法如图 1-16b 所示。

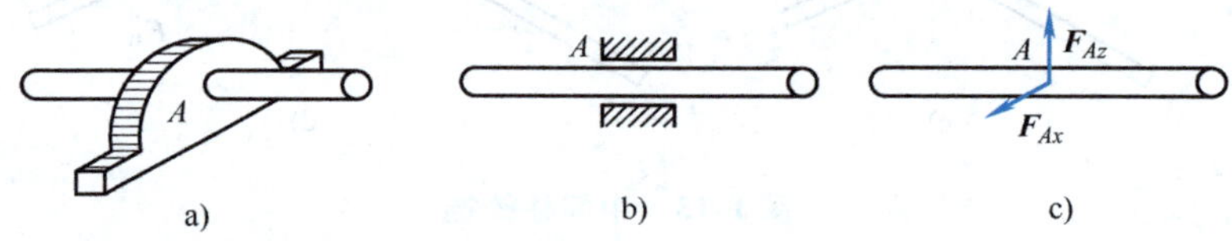

图 1-16　向心轴承

2）止推轴承：止推轴承是机器中一种常见的零件与底座的连接方式，其简图画法如图 1-17a 所示。它与向心轴承的不同之处是，它还限制了转轴轴向的位移，止推轴承的约束力用三个大小未知的正交分力表示，如图 1-17b 所示。

1.3.4　链杆约束

在介绍二力平衡公理时，我们把仅在两点受力作用，且处于平衡状态的刚体称为二力构件。这里所说的刚体实际包括各种形状的刚体。二力构件所受的两个力必定大小相等、方向相反，并沿两个受力点的连线。

两端用光滑铰链与物体连接，中间不受力（包括不计自重在内）的刚性直杆称为链杆。链杆约束只能限制物体上与链杆连接的那一点（如图 1-18a 所示的 A 点）沿着链杆的中心线趋向或背离链杆的运动。链杆是二力杆，既能受拉，又能受压。因此，链杆的约束力沿其中心线，指向事先难以确定，通常假设它受拉，再由其计算值的正负号来确定受拉还是受压。链杆约束力的画法如图 1-18b 所示，一般用符号 $\boldsymbol{F}_{AB}$ 表示。

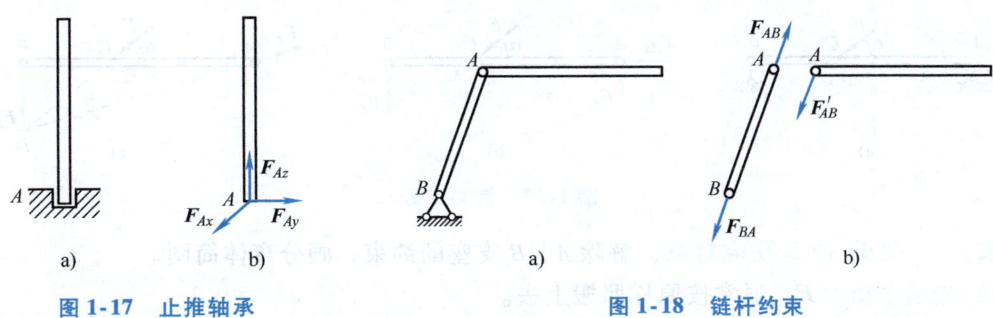

图 1-17　止推轴承　　图 1-18　链杆约束

在工程实际中，约束是各种各样的，本节只是介绍了常见的几种典型约束，有的约束比较复杂，分析时需要专门的知识和经验，加以适当的简化和抽象化，在以后的某些章节中，我们将再做介绍。

■1.4　物体的受力分析和受力图

将所研究的物体或物体系统从与其联系的物体中分离出来，分析它的受力状态，这一过程称为物体的受力分析。它包括以下三个步骤。

【微视频：受力分析和受力图】

1）选择研究对象，取分离体。根据实际情况，选取某个物体或物体系统进行分析研究，这就是**选择研究对象**。一旦明确了研究对象，就需要解除它受到的全部约束，将其从周围的约束中分离出来，并画出相应的简图，这一过程称为**取分离体**。

2）画主动力。在分离体图上，先画出所有的主动力，一般按原样画出，不要在受力图上进行力的合成或分解。

3）画约束力。为了保证分离体能处于分离前的状态，还必须依据所去掉的约束的特征，逐个画出相应的约束力，然后标明各力的符号。

完成以上三个步骤画出的这个简图称为受力图。受力分析是所有力学课程的基础，为了能够正确地画出研究对象的受力图，画受力图时，应注意以下几点：

1）明确研究对象，画出它所受的主动力。

2）按照上节所讲的约束类型去画各约束力的作用线和指向。

3）在物体系统问题中，一般先画整体的受力图，再画各分离体的受力图，当分析两分离体之间的相互作用力时，应符合作用与反作用关系，作用力方向一经假定，则反作用力方向与之相反。画整体的受力图时，由于内力成对出现，因此不必画出，只需画出全部外力。

4）如果分离体与二力体相连，要按二力体的特点去画它对分离体的作用力。一般情况下，二力体的两端为铰链，在去掉铰链约束之处，其作用力应画成沿此二力体两铰链连线的方向。

5）滑轮一般不单独拿出单画受力图，而与某个构件连在一起。

6）当一个铰链的销钉与三个或三个以上的物体连接时，各物体相互之间没有关系，都只与销钉之间有作用反作用关系。

例 1-1　简支梁 *AB* 两端分别固定在铰链支座与滚动支座上，如图 1-19a 所示。在 *C* 处作用一集中力 $\boldsymbol{F}$，梁的自重不计。试画出此梁的受力图。

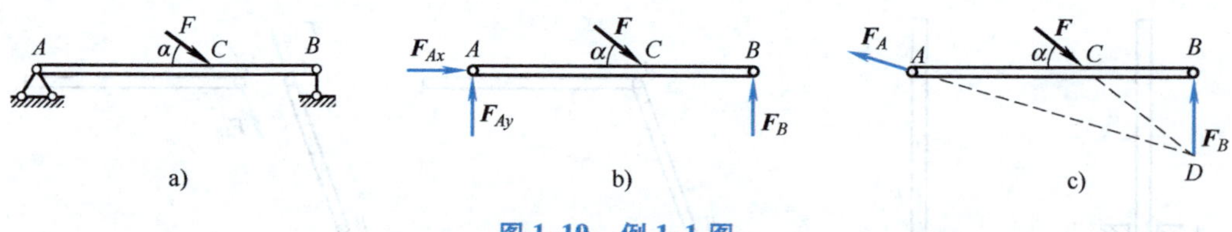

图 1-19　例 1-1 图

解： 1）取梁 AB 为研究对象，解除 A、B 支座的约束，画分离体简图。

2）先画主动力 $\boldsymbol{F}$，通常按原样照搬上去。

3）再画约束力。A 处为铰链支座，约束力用正交分力 $\boldsymbol{F}_{Ax}$、$\boldsymbol{F}_{Ay}$ 表示；B 处为滚动支座，约束力 $\boldsymbol{F}_B$ 沿铅直方向向上，如图 1-19b 所示。

本例讨论： 梁 AB 的受力图还可以有另一种画法。注意到梁 AB 受三个力作用而平衡，由三力平衡汇交定理可知，如果画出力 $\boldsymbol{F}$、$\boldsymbol{F}_B$ 作用线的交点 D，则 A 处约束力 $\boldsymbol{F}_A$ 的作用线必过 D 点。由此可确定 $\boldsymbol{F}_A$ 作用线的方位。注意，一般三力汇交用虚线表示，如图 1-19c 所示。

上述两种画法都是正确的，以后在具体计算时一般采用前一种画法。

例 1-2　图 1-20a 所示为三铰拱结构的简图。A、B 为固定铰链支座，C 为连接左、右半拱的中间铰链。设左半拱上受到已知荷载 $\boldsymbol{F}$ 作用，拱的自重不计。试分别画出左半拱和右半拱的受力图。

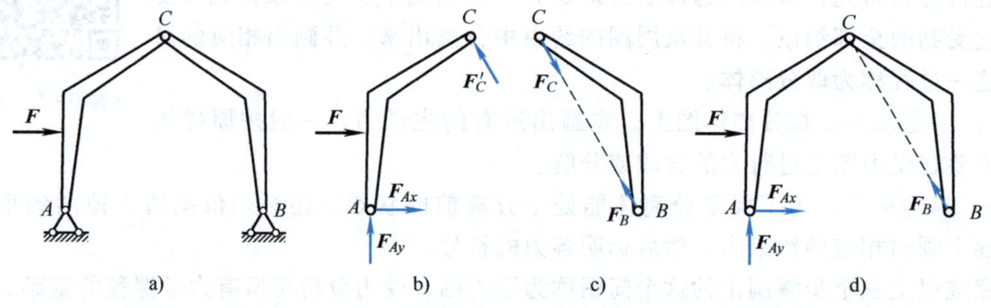

图 1-20　例 1-2 图

解： 本题要求分别画出左、右半拱的受力图，可以按相对位置排列分别画出拱 AC 和拱 BC 的隔离体图，有主动力的先按原样画出（左半拱有一主动力 $\boldsymbol{F}$ 作用）。左、右半拱比较，显然右半拱受力相对简单，一般先对简单的进行分析。

1）先画右半拱 BC 的约束力。右半拱 B、C 两处的约束都属于光滑柱铰链约束，按照铰链约束力的特点，这两个约束力的方位不能预先确定。但因右半拱的自重不计，只在 $\boldsymbol{F}_B$、$\boldsymbol{F}_C$ 两力作用下处于平衡，即右半拱是二力体。因此，可以确定约束力 $\boldsymbol{F}_B$、$\boldsymbol{F}_C$ 的方位必沿着连线 BC，它们的指向可任意假定，如图 1-20c 所示。

2）再画左半拱 AC 的约束力。左半拱受到已知主动力 $\boldsymbol{F}$ 的作用，右半拱通过铰链 C 对左半拱所作用的力是 $\boldsymbol{F}'_C$；力 $\boldsymbol{F}'_C$ 与 $\boldsymbol{F}_C$ 互为作用力与反作用力，故力 $\boldsymbol{F}'_C$ 应与 $\boldsymbol{F}_C$ 等值、反向、共线。固定铰链支座 A 的约束力则用两正交分力 $\boldsymbol{F}_{Ax}$、$\boldsymbol{F}_{Ay}$ 表示，其指向也可任意假设，如图 1-20b 所示。

本例讨论： 有时需要对几个物体所组成的系统进行受力分析。这时必须注意区分内力和

外力。系统内部各物体之间的相互作用力是该系统的内力；外部物体对系统内物体的作用力是该系统的外力。但是，必须指出，内力与外力的区分不是绝对的，在一定件下，内力与外力是可以相互转化的。例如，在例 1-2 中，若分别以左、右半拱为对象，则力 $\boldsymbol{F}'_C$ 和 $\boldsymbol{F}_C$ 分别是这两部分的外力。如果将这两部分合为一个系统来研究，即以整个三铰拱为对象，则力 $\boldsymbol{F}'_C$ 和 $\boldsymbol{F}_C$ 属于系统内两部分之间的相互作用力，即该系统的内力。从牛顿第三定律可知，内力总是成对出现的，且彼此等值、反向、共线。对整个系统来说，内力系的主矢等于零，对任一点的主矩也等于零，即内力系是一个零力系，对整个系统的平衡没有影响。因此，在作系统整体的受力图时，只需画出全部外力，不必画出内力。三铰拱整体的受力图如图 1-20d 所示。

与例 1-1 相似，左半拱 AC 及三铰拱整体 A 处约束力作用线的方位可利用三力平衡汇交定理确定，读者可作为练习自行画出其受力图。

例 1-3　如图 1-21a 所示，球 E_1、E_2 置于墙和板 AB 间，BC 为绳索。试画出下列指定物体的受力图：(1) 板、球整体；(2) 球 E_1，球 E_2；(3) 球 E_1、E_2 系统；(4) 板 AB。

解： 按题目要求，分别取分离体如图 1-21b～e 所示，注意安排好各研究对象简图的相对位置。

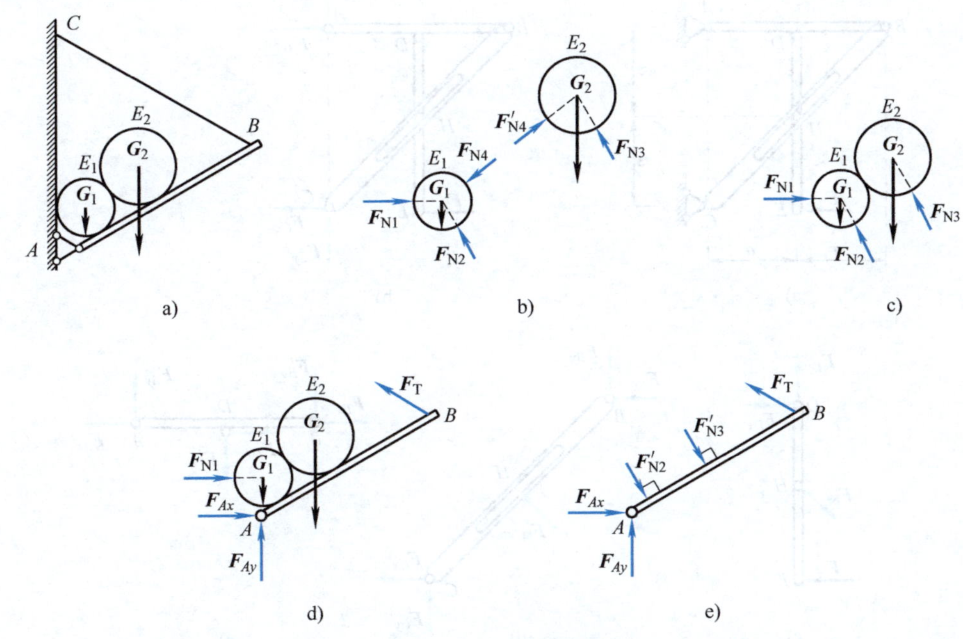

图 1-21　例 1-3 图

(1) 以板、球系统整体为研究对象：解除绳索、墙面及固定铰 A 之约束，将其分离出来，如图 1-21d 所示。图中，已知力为重力 $\boldsymbol{G}_1$、$\boldsymbol{G}_2$。绳索为柔性约束，约束力是沿其自身的拉力 $\boldsymbol{F}_{\mathrm{T}}$；墙与球间是光滑约束，为垂直于墙且过该球球心的压力 $\boldsymbol{F}_{\mathrm{N1}}$；$A$ 处为固定铰，约束力为作用于 A 处的两正交分力 $\boldsymbol{F}_{Ax}$、$\boldsymbol{F}_{Ay}$；该研究对象的受力图如图 1-21d 所示。

(2) 分别取球 E_1、E_2 为研究对象：①球 E_1 除受重力作用外，有墙、板、球 E_2 三处光滑约束的约束力，约束力 $\boldsymbol{F}_{\mathrm{N1}}$、$\boldsymbol{F}_{\mathrm{N2}}$、$\boldsymbol{F}_{\mathrm{N4}}$ 均为压力且作用线沿接触处的公法线，通过球心；②球 E_2 除受重力作用外，有板、球 E_1 两处光滑约束的约束力，约束力 $\boldsymbol{F}_{\mathrm{N3}}$、$\boldsymbol{F}'_{\mathrm{N4}}$ 的作用线

通过球心。注意 F_{N4} 为球 E_2 对球 E_1 的作用力，画在球 E_1 的受力图上；则球 E_1 对于球 E_2 的约束力 F'_{N4} 与 F_{N4} 是作用力与反作用力的关系，二者等值、反向、共线，作用在不同物体上，两个球的受力图如图 1-21b 所示。

(3) 将两球 E_1、E_2 作为一个物体系统取为研究对象：作用在其上的除重力 G_1、G_2 外，只有板、墙对其有约束，约束力作用在三个接触点处，即 F_{N1}、F_{N2}、F_{N3}，该研究对象的受力图如图 1-21c 所示。注意：取出此研究对象时并不会解除两球间的相互约束，故两球间的作用力 F_{N4} 与反作用力 F'_{N4} 对于取以两球为系统的研究对象而言是内力，不必画出。

(4) 以板 AB 为研究对象：板 AB 自重不计。受绳、球 E_1、E_2 与固定铰 A 的约束，故有绳的约束力 F_T、球的约束力 F'_{N2}、F'_{N3} 和固定铰约束力 F_{Ax}、F_{Ay}。同样要注意到 F'_{N2}、F'_{N3} 与 F_{N2}、F_{N3} 间的作用与反作用力关系。还要注意，固定铰约束力 F_{Ax}、F_{Ay} 的指向必须与整体受力图一致，因为它们都是固定铰 A 对板的约束力。该研究对象的受力图如图 1-21e 所示。

例 1-4 图 1-22a 所示的构架中，BC 上有一导槽，DE 杆上的销钉可在其中滑动。设所有接触面均光滑，各杆的自重均不计，试画出整体及杆 AB、BC、DE 的受力图。

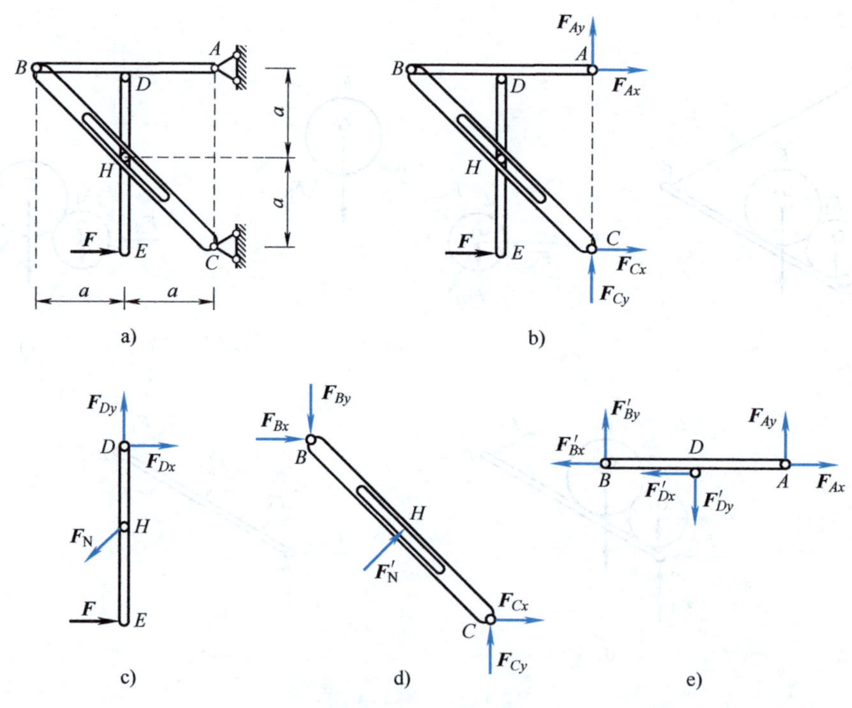

图 1-22 例 1-4 图

解：(1) 取整体为研究对象，如图 1-22b 所示。先画集中力 F，再画 A、C 处的约束力。分别用正交分量表示。B、D、H 处的约束力均为内力，不必画出。

(2) 取 DE 杆为研究对象，如图 1-22c 所示。先画集中力 F，再画销钉所受之力。销钉 H 可沿导槽滑动，因此，导槽给销钉的约束力 F_N 应垂直于导槽。D 为中间柱铰链，用正交分力 F_{Dx}、F_{Dy} 表示。

(3) 取 BC 杆为研究对象，如图 1-22d 所示，先画销钉 H 对导槽的作用力 F'_N，它与图

1-22c中的约束力 F_N 是作用力与反作用力的关系；再画铰链支座 C 的约束力 F_{Cx}、F_{Cy}，它应与整体受力图 1-22b 一致，中间柱铰链 B 用正交分力 F_{Bx}、F_{By} 表示。

（4）取 *AB* 杆为研究对象，如图 1-22e 所示。铰链支座 A 的约束力应与整体受力图 1-22b 一致，中间柱铰链 D、B 的约束力与图 1-22c、d 中 D、B 的约束力是作用力与反作用力的关系。

例 1-5　图 1-23a 所示结构中，固结在 I 点的绳子绕过定滑轮 O，将重量为 G 的重物吊起。各杆之间用铰链连接，杆重不计。试画出下列指定物体的受力图：（1）整体；（2）杆 *BC*；（3）杆 *CDE*；（4）杆 *BDO* 连同滑轮和重物；（5）销钉 B。

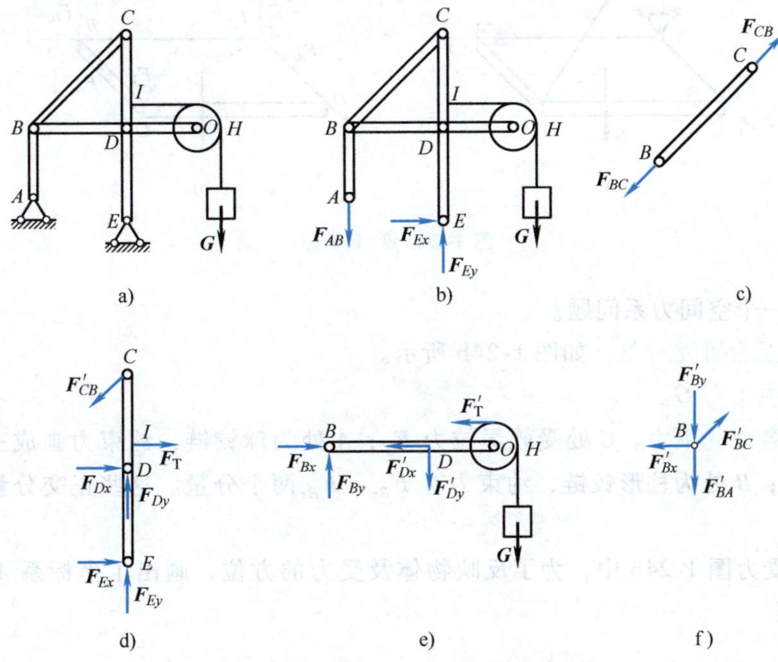

图 1-23　例 1-5 图

解：（1）取整体为研究对象，如图 1-23b 所示。先画主动力 G，再画 A、E 处的约束力。其中 A 处的约束力 F_{AB} 由二力杆 *AB* 确定，E 处的约束力为 F_{Ex}、F_{Ey}。

（2）取 *BC* 杆为研究对象，如图 1-23c 所示。*BC* 为二力杆，只受约束力 F_{BC}、F_{CB} 作用而平衡。

（3）取 *CDE* 杆为研究对象，如图 1-23d 所示。C 点所受的力 F'_{CB} 与图 1-23c 中 *BC* 杆 C 点所受的力 F_{CB} 是作用力与反作用力的关系。I 点承受绳子的拉力 F_T。D、E 两处均为铰链，均用正交约束力表示，E 处的约束力应与整体受力图 1-23b 一致。

（4）取杆 *BDO* 和滑轮、重物组成的刚体系统为研究对象，如图 1-23e 所示。先画出重力 G。绳索截断处画拉力 F'_T，它与图 1-23d 中 I 处的拉力是作用力与反作用力的关系。B、D 为铰链，该杆在销钉 D 处的约束力与 *CDE* 杆在销钉 D 处的约束力是作用力与反作用力的关系，用 F'_{Dx}、F'_{Dy} 表示。B 处的约束力用 F_{Bx}、F_{By} 表示。

（5）将销钉 B 单独取为研究对象，如图 1-23f 所示。它分别与 *AB*、*BC*、*BDO* 三杆形成作用与反作用关系。*AB* 为二力杆，给销钉 B 的作用力 F'_{BA} 沿 *AB* 轴线方向，如图 1-23f 所示；BC 杆给销钉 B 的作用力 $\boldsymbol{F}'_{BC}$ 应与图 1-23c 中的 $\boldsymbol{F}_{BC}$ 为作用力与反作用力的关系；BDO 杆给销钉 B 的作用力 $\boldsymbol{F}'_{Bx}$、$\boldsymbol{F}'_{By}$ 与图 1-23e 中的 $\boldsymbol{F}_{Bx}$、$\boldsymbol{F}_{By}$ 为作用力与反作用力的关系。

例 1-6 图 1-24a 中，均质平板 $ABCD$ 在球铰链 A、柱形铰链 B 及软绳 CE 约束下处于平衡，平板重为 $\boldsymbol{G}$。试画出平板的受力图。

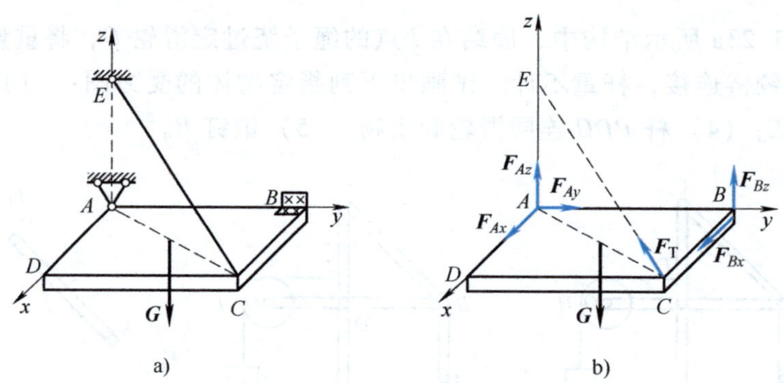

图 1-24 例 1-6 图

解： 这是一个空间力系问题。

（1）取平板为研究对象，如图 1-24b 所示。

（2）先画主动力 $\boldsymbol{G}$。

（3）再画各处约束力。C 处受软绳拉力 $\boldsymbol{F}_{\mathrm{T}}$；$A$ 处为球铰链，约束力画成三个正交分量 $\boldsymbol{F}_{Ax}$、$\boldsymbol{F}_{Ay}$、$\boldsymbol{F}_{Az}$；B 处为柱形铰链，约束力有 $\boldsymbol{F}_{Bx}$、$\boldsymbol{F}_{Bz}$ 两个分量。这些正交分量均沿坐标轴的正向画出。

注意，在受力图 1-24b 中，为了反映物体及受力的方位，画出了坐标系 $Axyz$ 并用虚线画出了绳子 CE。

本章小结

1. 理论力学的一些基本概念

包括：刚体、质点、质点系、力、分布力、集中力、力系以及约束等。

2. 静力学公理

力的平行四边形法则，二力平衡公理，加减平衡力系公理，作用与反作用定律及刚化原理。

3. 约束类型与约束力

包括：柔性体、光滑面、光滑球铰链、光滑柱铰链、二力构件、链杆几类约束及其约束力的特点。约束力的方向与该约束所能阻碍的位移方向相反。

4. 物体的受力分析

画受力图时注意明确研究对象（即取分离体），画出分离体图。明确“施”与“受”的关系。约束力要根据约束的性质来画，对多刚体系统要注意内力、外力，作用力与反作用力之间的关系。

客观题

1-1　在下述公理、法则、定律及原理中，只适用于刚体的有（　　）。

①二力平衡公理　②加减平衡力系公理　③力的平行四边形法则
④力的可传性定理　⑤作用与反作用定律

1-2　作用在一个刚体上的两个力 $\boldsymbol{F}_1$ 和 $\boldsymbol{F}_2$，如果满足 $\boldsymbol{F}_1=-\boldsymbol{F}_2$ 的条件，则该二力可能是（　　）。

①作用力和反作用力或一对平衡力　②一对平衡力或一个力偶
③一对平衡力或一个力和一个力偶　④作用力和反作用力或一个力偶

1-3　如图 1-25 所示，杆重不计，放于光滑水平面上。对于图 1-25a，能否在杆 A、B 两点各加一个力，使杆处于平衡？对图 1-25b，能否在 B 点加一个力使杆平衡？（　　）。

①图 1-25a 可以，图 1-25b 可以　②图 1-25a 不可以，图 1-25b 可以
③图 1-25a 不可以，图 1-25b 不可以　④图 1-25a 可以，图 1-25b 不可以

1-4　两不计自重长条斜块放置如图 1-26 所示，在两端受等值、反向、共线的两个力 $\boldsymbol{F}_1$、$\boldsymbol{F}_2$ 的作用，接触处光滑，则（　　）。

①A 平衡，B 平衡　②A 平衡，B 不平衡
③A、B 均平衡　④A、B 均不平衡

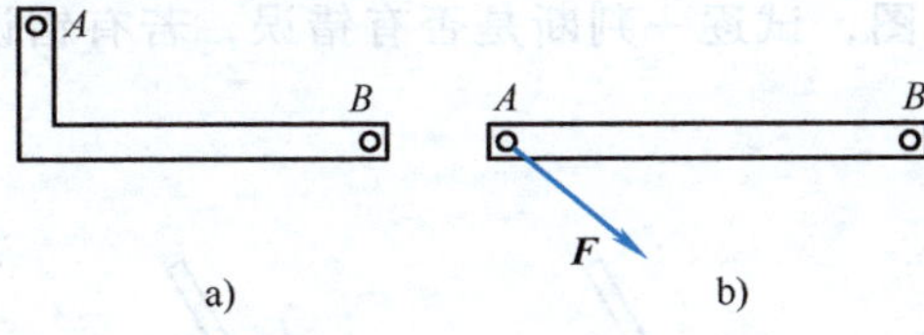

图 1-25　题 1-3 图

图 1-26　题 1-4 图

1-5　均质轮重 $\boldsymbol{G}$，以绳系住 A 点，静止地放在光滑斜面上，如图 1-27 所示，能使均质轮处于平衡状态的是（　　）。

①图 1-27a　②图 1-27b　③图 1-27c　④图 1-27a、b、c

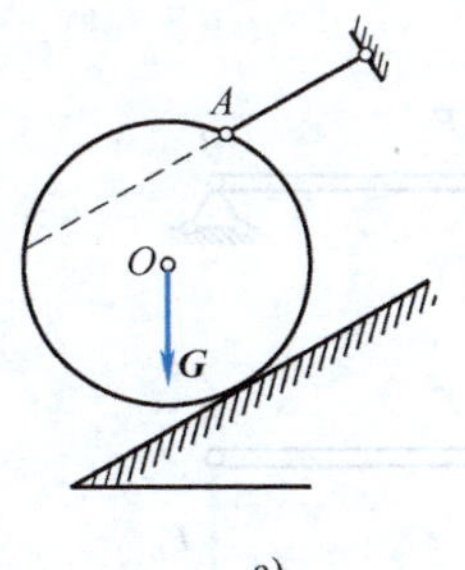

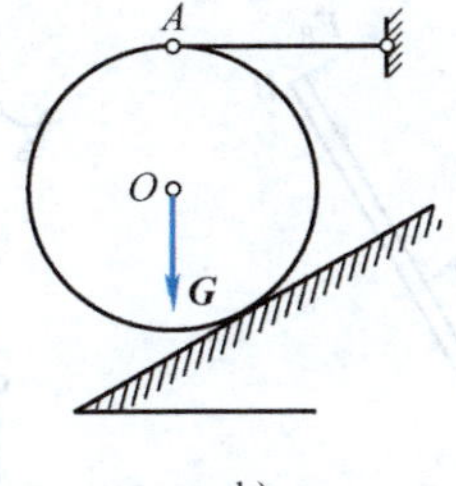

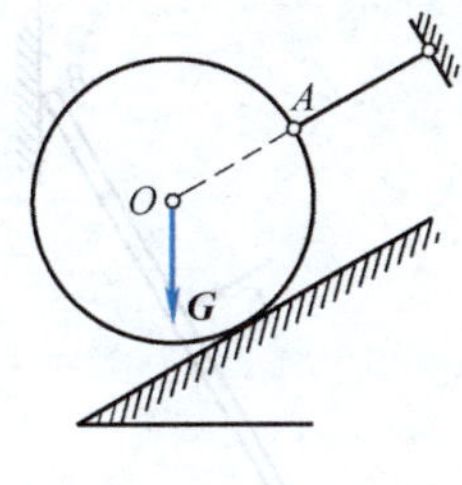

图 1-27　题 1-5 图

1-6　如图 1-28 所示，如果将作用于杆 AC 上点 D 处的力 $\boldsymbol{F}$ 沿其作用线移动至点 E，变

成力 F'。则（　　）。

①铰链 C 的约束力不受影响　　②支座 A 处的约束力不受影响

③支座 B 处的约束力不受影响　　④支座 A、B、C 处的约束力都改变了

1-7　图 1-29 中力 F 作用在销钉 C 上，则销钉 C 对杆 AC 的力与销钉 C 对杆 BC 的力是（　　）。

①等值、反向、共线　　②均沿铅直方向

③分别沿 CA、CB 方向　　④方向都不能确定

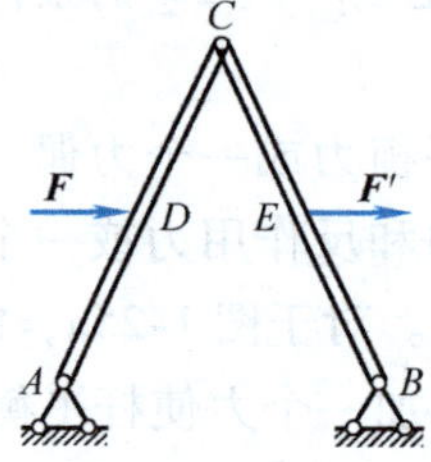

图 1-28　题 1-6 图

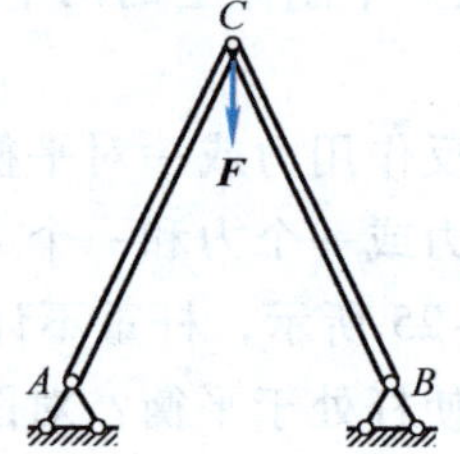

图 1-29　题 1-7 图

1-8　刚体受三力作用而处于平衡状态，则此三力的作用线（　　）。

①必汇交于一点　　②必互相平行　　③必皆为零　　④必位于同一平面内

1-9　考虑力对物体作用的外效应和内效应，力是（　　）。

①滑动矢量　　②自由矢量　　③定位矢量

1-10　检查如图 1-30a～h 所示各物体的受力图，试逐一判断是否有错误，若有错误请改正。

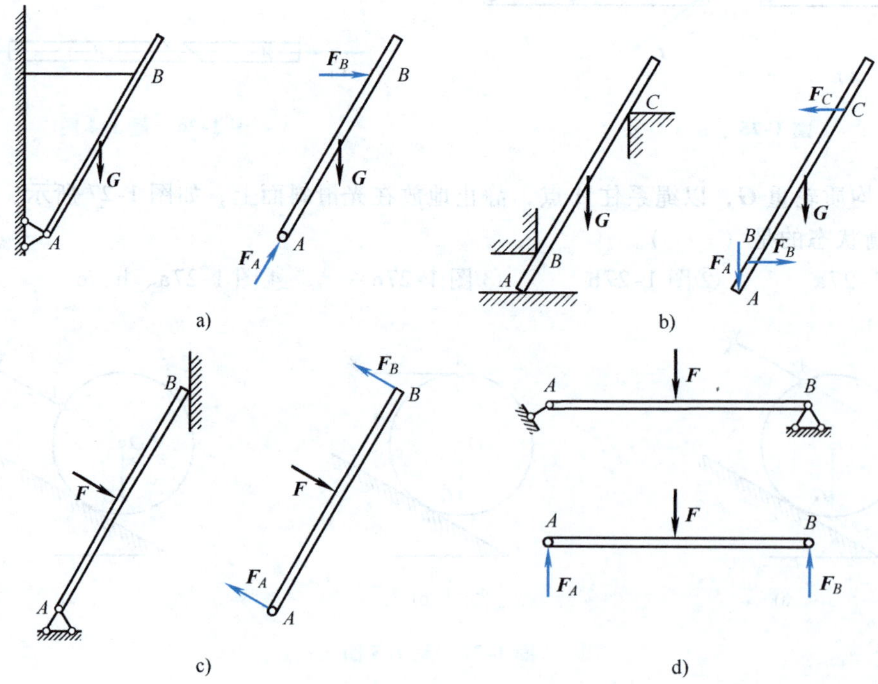

图 1-30　题 1-10 图

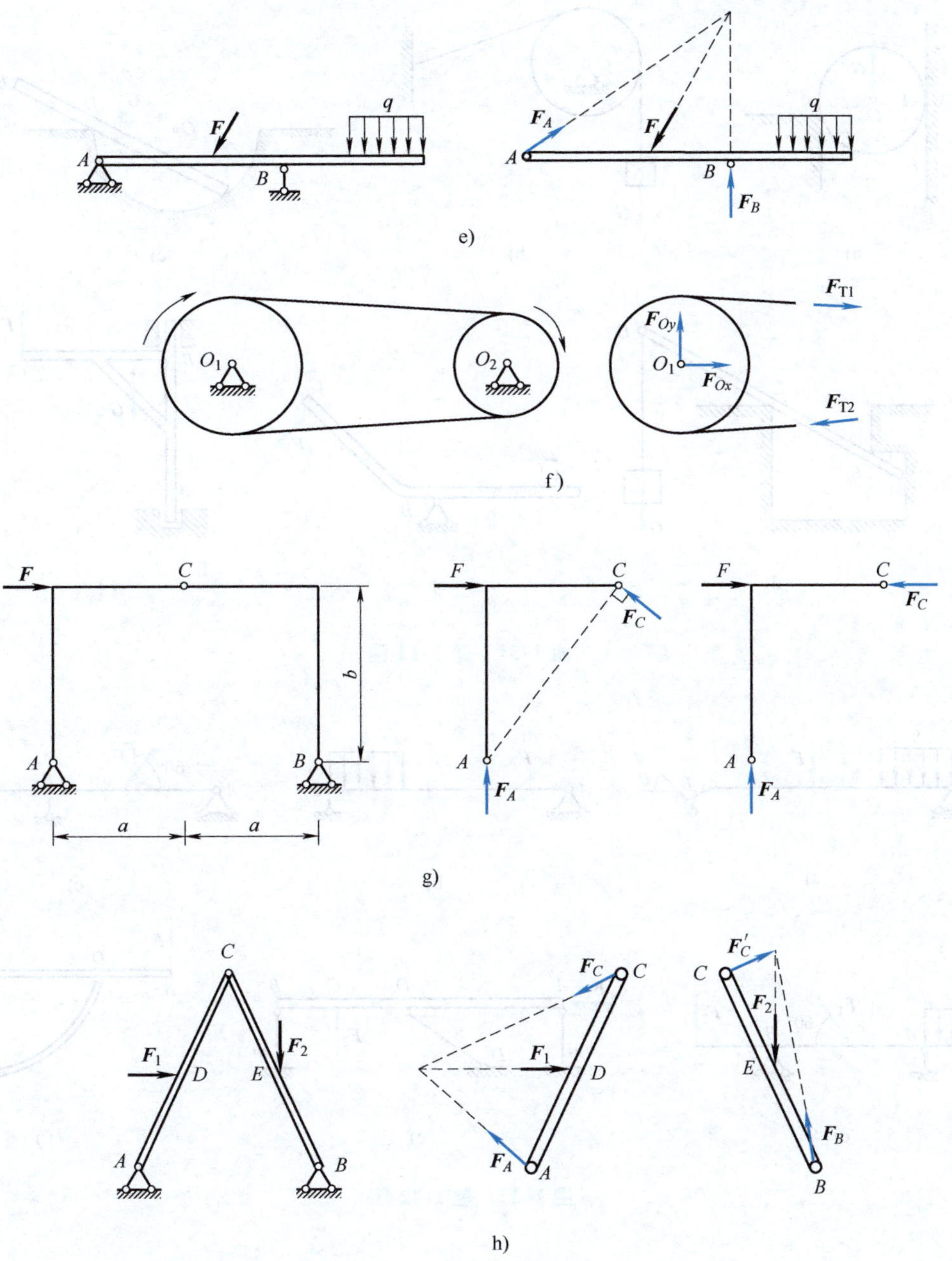

e)

f)

g)

h)

图 1-30　题 1-10 图（续）

分析计算题

1-11　画出如图 1-31a ~ f 所示各物体的受力图，凡未特别注明者，物体的自重均不计，且所有的接触面都是光滑的。

1-12　画出如图 1-32a ~ f 所示各梁 AB 的受力图，梁的自重均不计。

1-13　画出如图 1-33a ~ f 所示各刚架的受力图，刚架自重均不计。

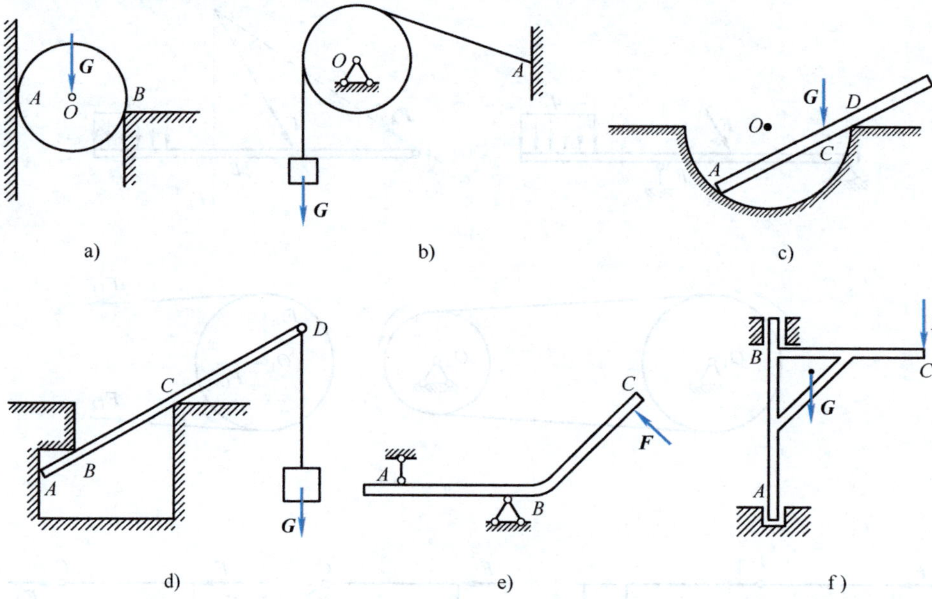

a)　b)　c)

d)　e)　f)

图 1-31　题 1-11 图

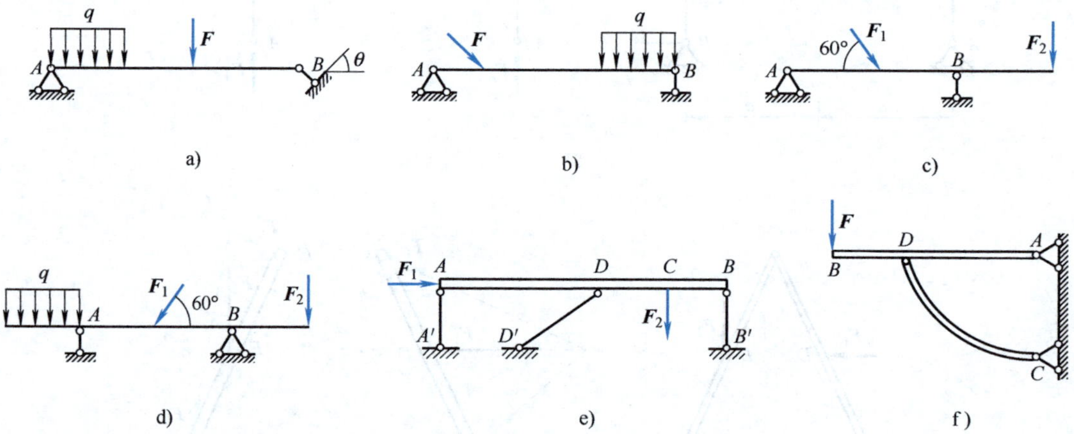

a)　b)　c)

d)　e)　f)

图 1-32　题 1-12 图

a)　b)　c)

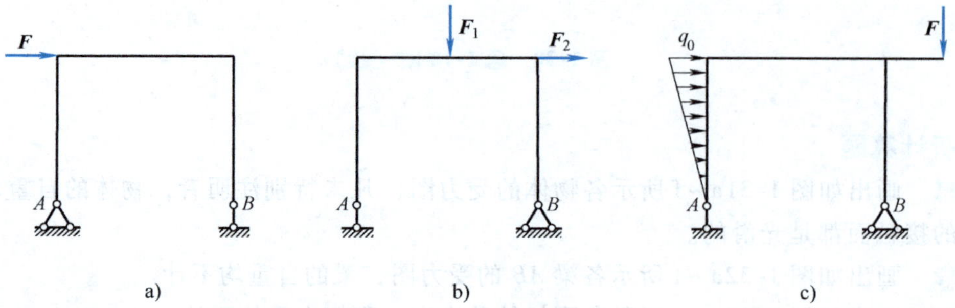

图 1-33　题 1-13 图

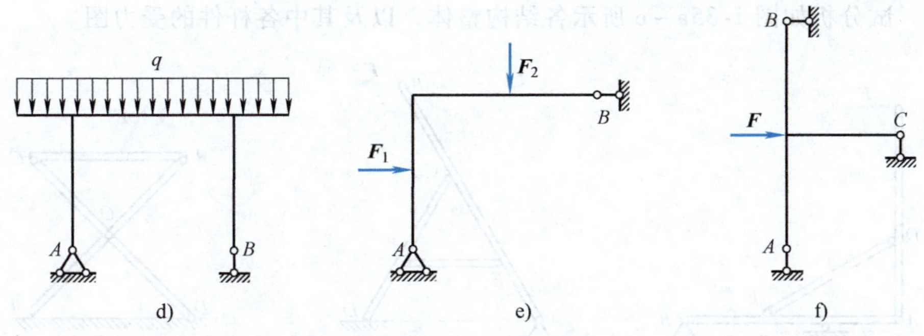

图 1-33　题 1-13 图（续）

1-14　画出如图 1-34a～h 所示各指定物体的受力图。凡未特别注明者，物体的自重均不计，且所有接触面都是光滑的。(a) 梁 *AB*、梁 *BC*、整体；(b) 梁 *AB*、梁 *BC*、梁 *CD*、整体；(c) *AC* 杆、*BC* 杆、整体；(d) *AC* 部分、*BC* 部分、整体；(e) *AC* 部分、*BC* 部分、整体；(f) *AB*、*CD*、整体；(g) 杆 *AB*、*BEC* 部分；(h) 杆 *OA*、杆 *DBC*。

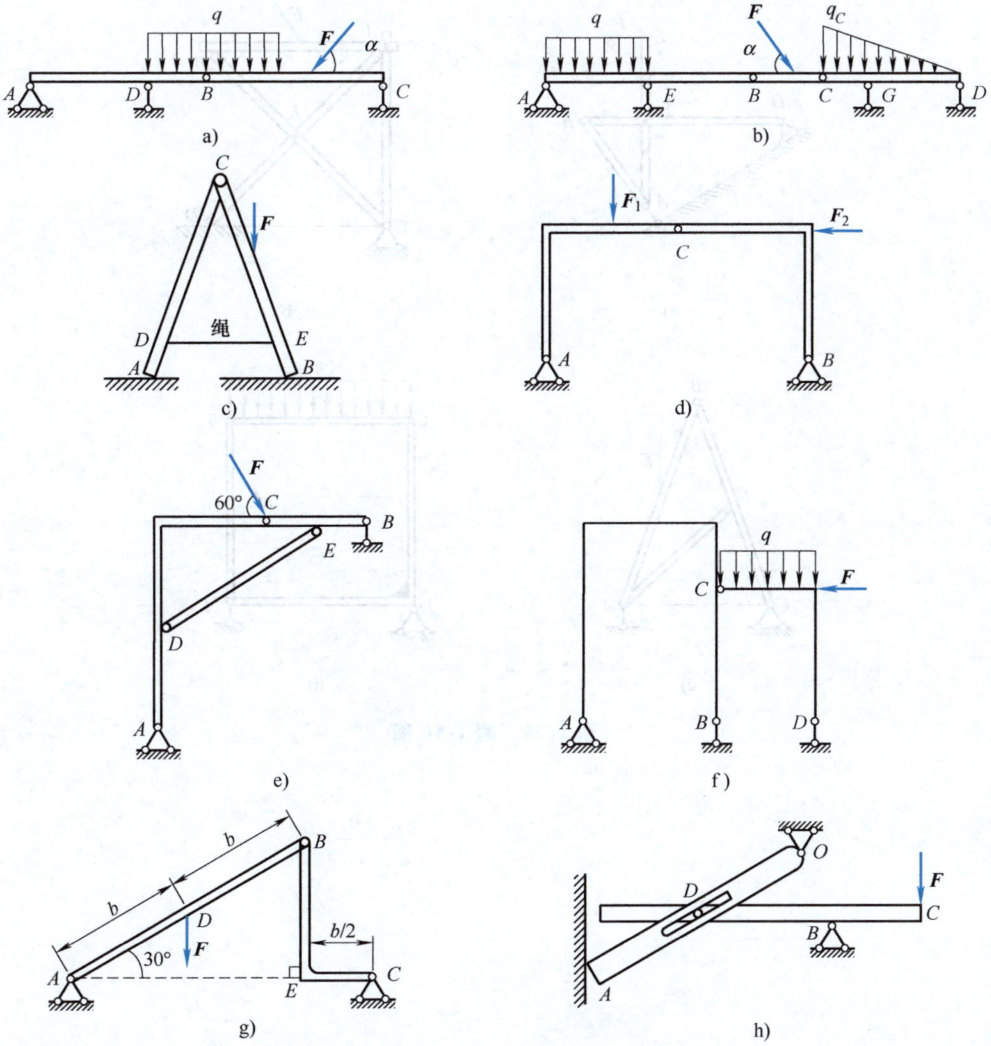

图 1-34　题 1-14 图

1-15 试分析如图 1-35a ~ c 所示各结构整体，以及其中各杆件的受力图。

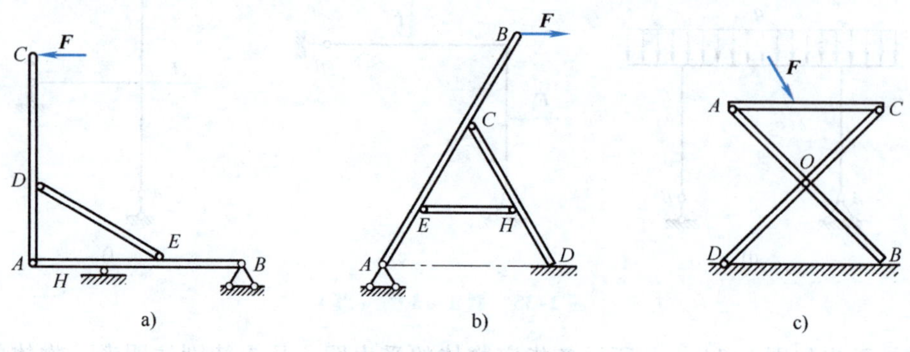

图 1-35　题 1-15 图

1-16 画出如图 1-36a ~ d 所示每个标注字符的物体的受力图，各结构的整体受力图及销钉 A 的受力图。各物体的重量不计，所有各接触处均为光滑接触。

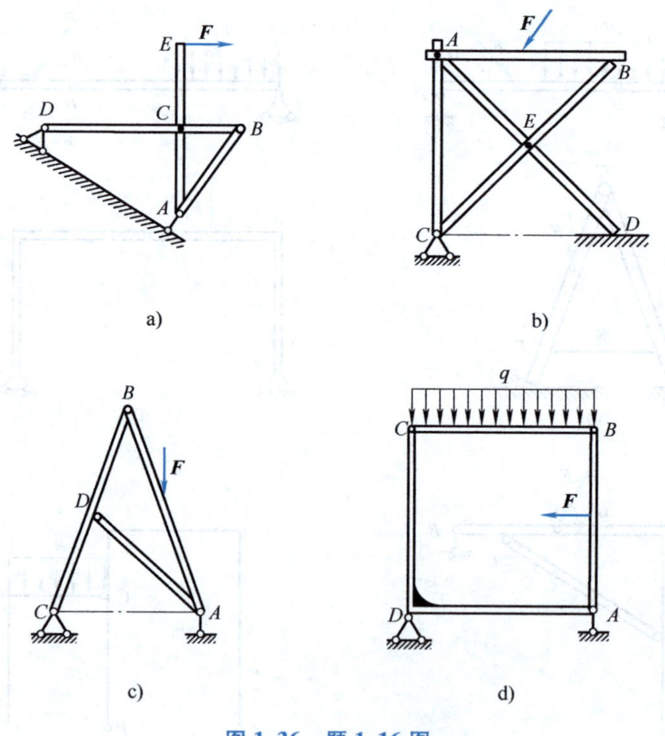

图 1-36　题 1-16 图

第2章 基本力系

【内容提要】

本章主要介绍力的投影、力对点的矩矢、力对轴的矩的概念及其计算，研究汇交力系和力偶系的合成、平衡条件及其应用。

【学习要求】

通过本章的学习，理解力在坐标轴上的投影、力对点的矩矢、力对轴的矩的概念，合力矩定理，力偶、力偶矩矢量的概念，熟练掌握力在坐标轴上的投影及力对轴之矩的计算，为正确列方程计算打下坚实基础。

2.0 本章学习任务单

1. 汇交力系的合成与平衡

了解汇交力系的定义，掌握力的投影的两种方法，重点是掌握二次投影法。掌握汇交力系合成与平衡的充分必要条件，重点掌握合力投影定理。请读者带着如下问题学习2.1节的内容（含3个微视频）：

1）求汇交力系的合力的两种方法分别是什么？两种方法的优缺点各是什么？

2）空间汇交力系的三根投影轴的相互关系是什么？是否一定要互相垂直？

3）平面汇交力系的平衡问题在求解的时候分为哪几个主要步骤？

2. 力矩

力矩的定义以及对刚体的作用，这是本章的难点。请读者带着如下问题学习2.2节的内容（含2个微视频）：

1）平面力系中力对点之矩用什么来衡量？空间力系中力对点之矩用什么表示？

2）汇交力系的合力矩定理用在什么问题中更为方便？

3）力对轴之矩什么时候等于零？力对点之矩与力对通过该点的轴之矩的关系是什么？

3. 力偶和力偶系

本小节是本章的重点，要求掌握力偶和力偶矩的定义。请读者带着如下问题学习2.3节的内容（含 2 个微视频）：

1）力偶矩的两要素是什么，它是什么类型的矢量？

2）力偶系的合成与平衡条件是什么？

2.1 汇交力系的合成与平衡

汇交力系是指各力作用线都汇交于一点的力系，可分为空间汇交力系和平面汇交力系。汇交力系是一种简单力系，是研究复杂力系的基础。本节主要介绍用解析法讨论汇交力系的合成与平衡。合成是指多个力汇交于一点，能用一个力来等效替换，此力称为合力；平衡是讨论汇交力系平衡时应满足的条件。

由于作用在刚体上的汇交力可以沿它们的作用线移到汇交点，而并不影响其对刚体的作用效果，所以汇交力系与作用于同一点的共点力系对刚体的作用效果是一样的。因此，在本章中对共点力系与汇交力系不再加以区别。

2.1.1 力的投影

1. 力的投影

力在轴上的投影定义为力矢量与该投影轴单位矢量的数量积，是代数量。设任一投影轴的单位矢量为 $\boldsymbol{e}$，则力 $\boldsymbol{F}$ 在此轴上的投影为

$$F_e = \boldsymbol{F} \cdot \boldsymbol{e} \tag{2-1}$$

【微视频：力的投影】

（1）力在直角坐标轴上的投影　已知力 $\boldsymbol{F}$ 与直角坐标系 $Oxyz$ 三轴间的夹角分别为 α、β、γ，如图 2-1 所示，则力 $\boldsymbol{F}$ 在三个坐标轴上的投影为

$$F_x = F\cos\alpha,\quad F_y = F\cos\beta,\quad F_z = F\cos\gamma \tag{2-2}$$

称此为直接（一次）投影法。

当力 $\boldsymbol{F}$ 与轴 Ox、Oy 间的夹角未知或不易确定，但已知力 $\boldsymbol{F}$ 和 Oz 轴的夹角为 γ，力 $\boldsymbol{F}$ 在 xOy 平面上的力矢 $\boldsymbol{F}_{xy}$ 与 Ox 轴间的夹角为 φ 时，可采用间接（二次）投影法，如图 2-2 所示，得到力 $\boldsymbol{F}$ 在三个坐标轴上的投影为

$$F_x = F\sin\gamma\cos\varphi,\quad F_y = F\sin\gamma\sin\varphi,\quad F_z = F\cos\gamma \tag{2-3}$$

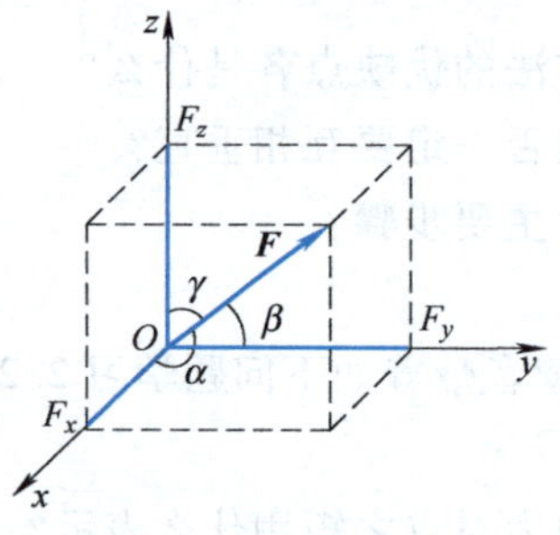

图 2-1　空间力系中力在直角坐标轴上的投影

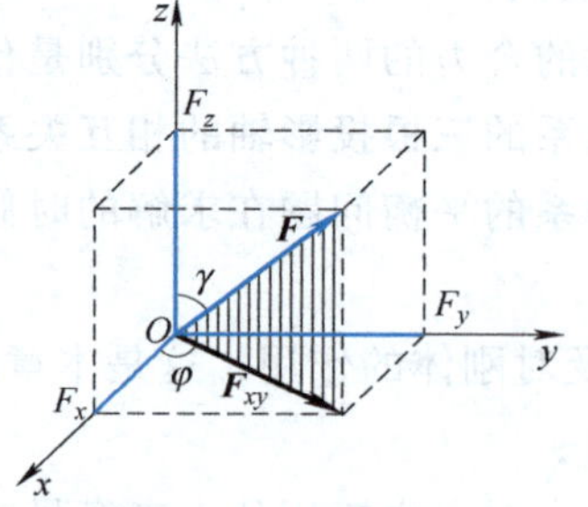

图 2-2　二次投影法

【动画：力的投影】

若已知力 $\boldsymbol{F}$ 的三个投影值，则其可用单位矢量表示为

$$\boldsymbol{F} = F_x\boldsymbol{i} + F_y\boldsymbol{j} + F_z\boldsymbol{k} \tag{2-4}$$

或者反求出这个力的大小和方向

$$\begin{cases} F = \sqrt{F_x^2 + F_y^2 + F_z^2} \\ \cos\alpha = \dfrac{F_x}{F},\ \cos\beta = \dfrac{F_y}{F},\ \cos\gamma = \dfrac{F_z}{F} \end{cases} \tag{2-5}$$

注意：一般在按图求力的投影时无论是直接投影法还是间接投影法，通常将力与轴（或面）按锐角处理，其投影的正负号则由图直观判断。

例 2-1　长方体上作用有三个力，$F_1=500\mathrm{N}$，$F_2=1000\mathrm{N}$，$F_3=1500\mathrm{N}$，其方向如图 2-3 所示，分别求各力在坐标轴上的投影。

解： 由于力 $\boldsymbol{F}_1$ 及 $\boldsymbol{F}_2$ 与坐标轴间的方位角都为已知，可应用直接投影法。力 $\boldsymbol{F}_3$ 与坐标轴间的方位角 φ 及仰角 θ 为已知，可应用二次投影法。

力 $\boldsymbol{F}_1$ 沿 z 轴负向，它在各坐标轴上的投影分别为

$$F_{1x}=0$$

$$F_{1y}=0$$

$$F_{1z}=-F_1=-500\mathrm{N}$$

力 $\boldsymbol{F}_2$ 在垂直于 z 轴的平面上，它与 y 轴的夹角为 60°，它在各坐标轴上的投影分别为

$$F_{2x}=-1000\sin 60°=-866\mathrm{N}$$

$$F_{2y}=1000\cos 60°=500\mathrm{N}$$

$$F_{2z}=1000\cos 90°=0$$

如图 2-3 所示，先计算力 $\boldsymbol{F}_3$ 与 xOy 平面的夹角 θ 以及与坐标轴间的方位角 φ 的正弦、余弦值

$$\begin{cases} \sin\theta = \dfrac{AC}{AB} = \dfrac{2.5}{5.59} \\ \cos\theta = \dfrac{BC}{AB} = \dfrac{5}{5.59} \end{cases},\quad \begin{cases} \sin\varphi = \dfrac{CD}{CB} = \dfrac{4}{5} \\ \cos\varphi = \dfrac{DB}{CB} = \dfrac{3}{5} \end{cases}$$

则力 $\boldsymbol{F}_3$ 在各坐标轴上的投影分别为

$$F_{3x}=1500\cos\theta\cos\varphi=805\mathrm{N}$$

$$F_{3y}=-1500\cos\theta\sin\varphi=-1073\mathrm{N}$$

$$F_{3z}=1500\sin\theta=671\mathrm{N}$$

（2）力的分解　汇交于一点的两个（或空间内的三个）力，可以合成为一个合力，且解答是唯一的。但是反过来，要将一个已知的力分解为两个（或三个）力，除非给定必要的限制条件，否则分解的结果并不是唯一的，现将力 $\boldsymbol{F}$ 沿直角坐标轴方向分解

$$\boldsymbol{F}=\boldsymbol{F}_x+\boldsymbol{F}_y+\boldsymbol{F}_z$$

与式（2-4）比较，力 $\boldsymbol{F}$ 沿直角坐标轴的分量与在相应轴上的投影有如下关系：

$$\boldsymbol{F}_x=F_x\boldsymbol{i},\ \boldsymbol{F}_y=F_y\boldsymbol{j},\ \boldsymbol{F}_z=F_z\boldsymbol{k}$$

即力的投影与力的分解二者的大小相等。但这个结论是在直角坐标系中推导出来的，在非直角坐标系中并不成立，如图 2-4 所示。

注意：力在轴上的投影和力的分量是两个不同的概念，力在轴上的投影是代数量，而力的分量是矢量，由分量能完全确定力的三要素。只有在直角坐标系中，力在轴上的投影才和力沿该轴的分量大小相等，而投影的正负号可表明该分量的指向。

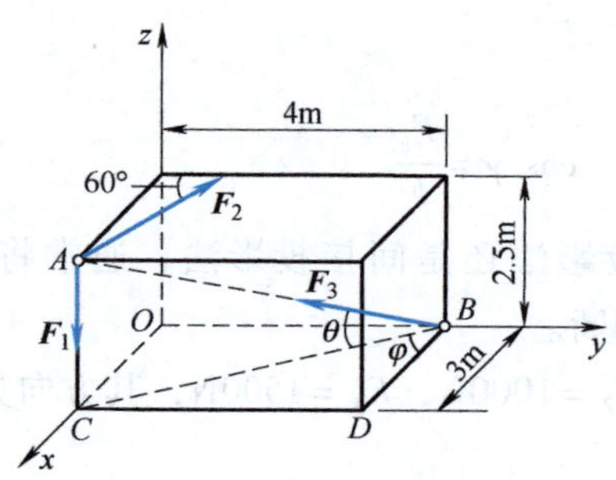

图 2-3　例 2-1 图

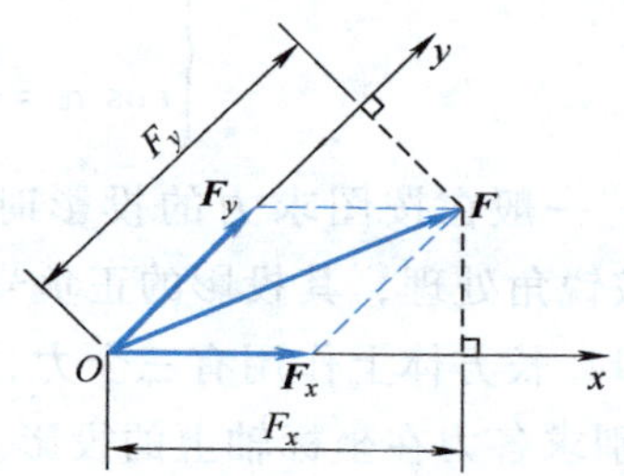

图 2-4　力的分解与投影的比较

2.1.2　汇交力系的合成与平衡的几何法

设力系 $\boldsymbol{F}_1$，$\boldsymbol{F}_2$，…，$\boldsymbol{F}_n$ 作用于物体的同一点上，连续应用平行四边形（三角形）法则，最后可将诸力合成为过该点的一个合力 $\boldsymbol{F}_R$，即

$$\boldsymbol{F}_R = \boldsymbol{F}_1 + \boldsymbol{F}_2 + \cdots + \boldsymbol{F}_n = \sum_{i=1}^{n} \boldsymbol{F}_i \tag{2-6}$$

就是说，汇交力系可以简化为一个合力，合力等于原力系中所有各力的矢量和，作用线通过各力作用线的汇交点。

为了以后书写方便，本书略去求和号中的 $i=1$ 和 n，将式（2-6）写为

$$\boldsymbol{F}_R = \sum \boldsymbol{F}_i$$

由于汇交力系可用其合力等效替换，显然此力系平衡的充分必要条件是：该力系合力为零，即

$$\boldsymbol{F}_R = \sum \boldsymbol{F}_i = \boldsymbol{0} \tag{2-7}$$

可以用几何法或解析法来求 $\boldsymbol{F}_R$。采用几何法时，可以用力多边形法则，即将各力矢 $\boldsymbol{F}_1$，$\boldsymbol{F}_2$，…，$\boldsymbol{F}_n$ 按任意选定的顺序首尾相接地相继画出，则连接第一个力矢始端与最后一个力矢末端的矢量就是矢量和 $\boldsymbol{F}_R$。

如图 2-5a 所示，设一刚体受到平面汇交力系 $\boldsymbol{F}_1$，$\boldsymbol{F}_2$，$\boldsymbol{F}_3$，$\boldsymbol{F}_4$ 的作用，各力作用线汇交于点 A，根据刚体内部力的可传性，可将各力沿其作用线移至汇交点 A 合成此力系，根据力的平行四边形法则，逐步两两合成各力，最后得到一个通过汇交点 A 的合力 $\boldsymbol{F}_R$；还可以

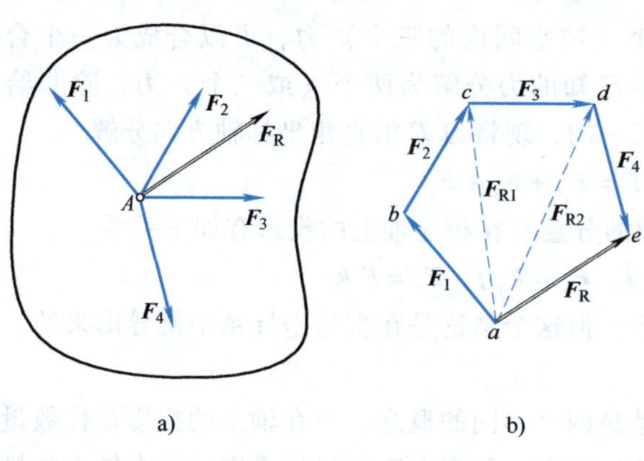

图 2-5　汇交力系的力多边形法则

【微视频：汇交力系合成与平衡的几何法】

用更简便的方法求此合力 $\boldsymbol{F}_{\mathrm{R}}$ 的大小和方向。任取一点 a，将各分力的矢量依次首尾相连，由此组成一个不封闭的力多边形 $abcde$，如图 2-5b 所示。此图中的虚线 $\overrightarrow{ac}$ 矢（$\boldsymbol{F}_{\mathrm{R1}}$）为力 $\boldsymbol{F}_1$ 与 $\boldsymbol{F}_2$ 的合力矢，又虚线 $\overrightarrow{ad}$ 矢（$\boldsymbol{F}_{\mathrm{R2}}$）为力 $\boldsymbol{F}_{\mathrm{R1}}$ 与 $\boldsymbol{F}_3$ 的合力矢，在构造力多边形时不必画出。

显然，汇交力系平衡的几何条件是：力多边形自行封闭。若采用解析法，则需用下述合力投影定理。

2.1.3 合力投影定理 汇交力系的合成与平衡的解析条件（平衡方程）

设有汇交力系 $\boldsymbol{F}_1$，$\boldsymbol{F}_2$，…，$\boldsymbol{F}_n$ 以汇交点 O 为坐标原点，建立直角坐标系 $Oxyz$，将力系中各分力及合力都用坐标轴 x、y、z 上的投影表示为

$$\begin{cases}\boldsymbol{F}_1=F_{1x}\boldsymbol{i}+F_{1y}\boldsymbol{j}+F_{1z}\boldsymbol{k}\\ \boldsymbol{F}_2=F_{2x}\boldsymbol{i}+F_{2y}\boldsymbol{j}+F_{2z}\boldsymbol{k}\\ \quad\vdots\\ \boldsymbol{F}_n=F_{nx}\boldsymbol{i}+F_{ny}\boldsymbol{j}+F_{nz}\boldsymbol{k}\end{cases}\tag{a}$$

$$\boldsymbol{F}_{\mathrm{R}}=F_{\mathrm{R}x}\boldsymbol{i}+F_{\mathrm{R}y}\boldsymbol{j}+F_{\mathrm{R}z}\boldsymbol{k}\tag{b}$$

将式（a）、式（b）代入式（2-6），等号两端同一单位矢量的系数应相等，即

$$\begin{cases}F_{\mathrm{R}x}=F_{1x}+F_{2x}+\cdots+F_{nx}=\sum F_{ix}=\sum F_x\\ F_{\mathrm{R}y}=F_{1y}+F_{2y}+\cdots+F_{ny}=\sum F_{iy}=\sum F_y\\ F_{\mathrm{R}z}=F_{1z}+F_{2z}+\cdots+F_{nz}=\sum F_{iz}=\sum F_z\end{cases}\tag{2-8}$$

于是得到，汇交力系的合力在某轴上的投影等于各分力在同一轴上的投影的代数和，此结论称为合力投影定理。应用式（2-5）可求得合力的大小和方向（其公式在此不再列出）。

显然，为使合力为零，即 $F_{\mathrm{R}}=\sqrt{(\sum F_x)^2+(\sum F_y)^2+(\sum F_z)^2}=0$，必须同时满足

$$\sum F_x=0,\ \sum F_y=0,\ \sum F_z=0\tag{2-9}$$

于是得到汇交力系平衡的充分与必要条件是：力系中各力在直角坐标系每一轴上的投影的代数和都等于零。式（2-9）称为空间汇交力系的平衡方程。

对于平面汇交力系，可取力系作用面为坐标平面 xOy，则有 $F_{\mathrm{R}z}=\sum F_z\equiv0$。于是式（2-8）简化为

$$\begin{cases}F_{\mathrm{R}x}=F_{1x}+F_{2x}+\cdots+F_{nx}=\sum F_x\\ F_{\mathrm{R}y}=F_{1y}+F_{2y}+\cdots+F_{ny}=\sum F_y\end{cases}\tag{2-10}$$

式（2-10）称为平面汇交力系合力投影定理。

相应地，可以求出合力矢 $\boldsymbol{F}_{\mathrm{R}}$ 的大小和方向为

$$\begin{cases}F_{\mathrm{R}}=\sqrt{F_{\mathrm{R}x}^2+F_{\mathrm{R}y}^2}=\sqrt{(\sum F_x)^2+(\sum F_y)^2}\\ \cos(\boldsymbol{F}_{\mathrm{R}},\boldsymbol{i})=\dfrac{F_{\mathrm{R}x}}{F_{\mathrm{R}}}=\dfrac{\sum F_x}{F_{\mathrm{R}}},\ \cos(\boldsymbol{F}_{\mathrm{R}},\boldsymbol{j})=\dfrac{F_{\mathrm{R}y}}{F_{\mathrm{R}}}=\dfrac{\sum F_y}{F_{\mathrm{R}}}\end{cases}\tag{2-11}$$

通常也可以求出合力 $\boldsymbol{F}_{\mathrm{R}}$ 与 x 轴所夹锐角 θ，θ 的值由下式确定

$$\tan\theta=\left|\frac{F_{Ry}}{F_{Rx}}\right| \tag{2-12}$$

至于 $\boldsymbol{F}_R$ 的指向，则应由 F_{Rx} 和 F_{Ry} 的正负号通过作图来表示。而平面汇交力系的平衡方程则简化为

$$\sum F_x=0,\ \sum F_y=0 \tag{2-13}$$

式（2-9）虽然是用直角坐标系导出的，但在实际应用中，三根投影轴并不限定必须相互垂直。只要三根轴既不共面又互不平行，即可选为投影轴。恰当地选择投影轴，常可使计算简化。例如，在平面汇交力系情况下，取一根投影轴与某未知力垂直，则在相应的平衡方程中就不会出现该未知量。

例 2-2　用解析法求图 2-6 所示平面汇交力系的合力的大小和方向。已知 $F_1=1.5\text{kN}$，$F_2=0.5\text{kN}$，$F_3=0.25\text{kN}$，$F_4=1\text{kN}$。

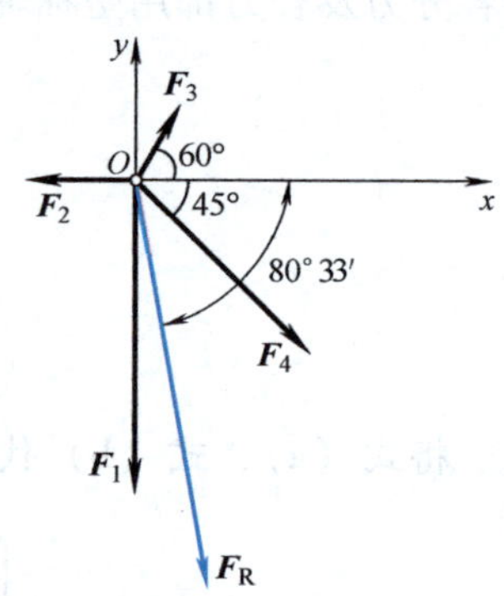

图 2-6　例 2-2 图

解： 由式（2-10）计算合力 $\boldsymbol{F}_R$ 在 x、y 轴上的投影分别为

$$F_{Rx}=0-F_2+F_3\cos60°+F_4\cos45°=0.332\text{kN}$$

$$F_{Ry}=-F_1+0+F_3\sin60°-F_4\sin45°=-1.99\text{kN}$$

故合力 $\boldsymbol{F}_R$ 的大小为

$$F_R=\sqrt{F_{Rx}^2+F_{Ry}^2}=\sqrt{(0.332)^2+(-1.99)^2}\text{kN}=2.02\text{kN}$$

合力 $\boldsymbol{F}_R$ 的方向

$$\tan\theta=\left|\frac{F_{Ry}}{F_{Rx}}\right|=\left|\frac{-1.99}{0.332}\right|=5.994,\ \theta=80°33'$$

因为 F_{Rx} 为正，F_{Ry} 为负，故知合力 $\boldsymbol{F}_R$ 在第四象限，其作用线通过力系的汇交点 O，如图 2-6 所示。

例 2-3　减速箱盖重 $G=800\text{N}$，用两根铁链 AB 和 BC 吊起，如图 2-7a 所示。已知铁链与铅直线的夹角分别为 $\alpha=35°$、$\beta=25°$，试求箱盖平衡时铁链的拉力。

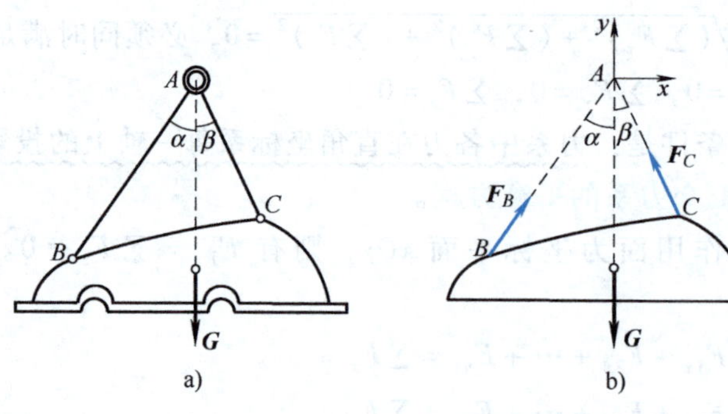

图 2-7　例 2-3 图

【微视频：汇交力系合成与平衡的解析法】

解： 已知力 $\boldsymbol{G}$ 和待求的拉力都作用在箱盖上，所以选箱盖为研究对象。

作箱盖的受力图，它受到重力 $\boldsymbol{G}$ 和铁链拉力 $\boldsymbol{F}_B$、$\boldsymbol{F}_C$ 的作用，如图 2-7b 所示。根据不平行三力平衡的必要条件，此三力作用线必汇交于一点，即汇交于铁环的中心 A，构成平面汇交力系。

在力系平面内设直角坐标系 Axy 如图 2-7b 所示，其中 x 轴水平，y 轴铅直。按式（2-13）

列平衡方程

$$\sum F_x = 0,\ F_B \sin\alpha - F_C \sin\beta = 0 \tag{a}$$

$$\sum F_y = 0:\ F_B \cos\alpha + F_C \cos\beta - G = 0 \tag{b}$$

独立的方程（a）、（b）中含有两个未知量F_B、F_C，不难解出为

$$F_B = \frac{G}{\cos\alpha + \sin\alpha\cot\beta},\ F_C = \frac{G}{\cos\beta + \sin\beta\cot\alpha}$$

将具体数据代入，上式得

$$F_B = \frac{800}{\cos 35° + \sin 35°\cot 25°}\text{N} = 390.4\text{N}$$

$$F_C = \frac{800}{\cos 25° + \sin 25°\cot 35°}\text{N} = 529.8\text{N}$$

例 2-4　简易起重装置如图 2-8a 所示。重物吊在钢丝绳的一端，绳的另一端跨过光滑定滑轮 A，缠绕在绞车 D 的鼓轮上。滑轮用直杆 AB、AC 支承，杆 AB 成水平，A、B、C 三处均可当作光滑铰链。设重物的重量 $G = 2\text{kN}$，不计滑轮和直杆重量。试求重物铅直方向匀速提升时杆 AB 和杆 AC 作用于滑轮的力。

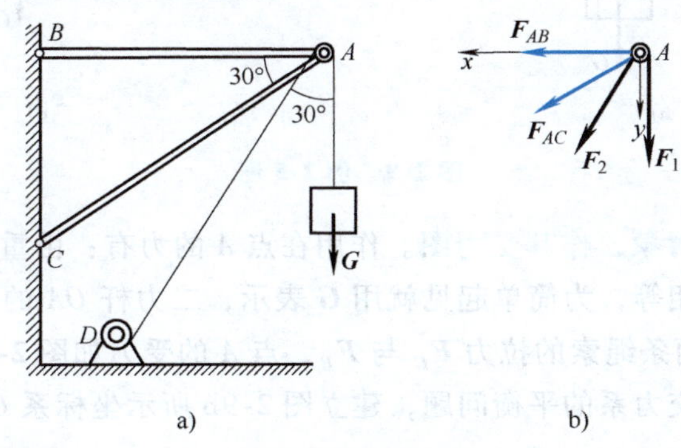

图 2-8　例 2-4 图

解：选滑轮为研究对象，作出其受力图如图 2-8b 所示。滑轮受到钢丝绳的拉力 F_1、F_2 和杆 AB、AC 所作用的力 F_{AB}、F_{AC}。在重物处于平衡的情况下，$F_1 = G$。因定滑轮是光滑的，故 $F_2 = F_1$。不计杆重时，杆 AB、AC 都是二力杆，因而 F_{AB}、F_{AC} 分别沿着连线 AB、AC。

由图 2-8b 可见，滑轮在 F_1、F_2、F_{AB}、F_{AC} 四个力的作用下处于平衡。若略去滑轮的大小，则此四力构成一平衡的汇交力系。

在解析法中，未知力的方向应预先设定。力 F_{AB} 和力 F_{AC} 均假设为拉力，其方向如图 2-8b 所示。在力系作用面内建立直角坐标系 Axy 如图，其中 x 轴水平向左，y 轴铅直向下。列平衡方程

$$\sum F_x = 0,\ F_{AB} + F_{AC}\cos 30° + F_2 \sin 30° = 0 \tag{a}$$

$$\sum F_y = 0,\ F_{AC}\sin 30° + F_2 \cos 30° + F_1 = 0 \tag{b}$$

注意到 $F_1 = F_2 = G$，由式（b）解得

$$F_{AC} = -G\frac{1 + \cos 30°}{\sin 30°} = -7.464\text{kN}$$

F_{AC}为负值说明预先假设的指向错误，正确的指向应与之相反（即 AC 实际上是压杆）。在以下的计算中，注意必须采用 F_{AC} 的代数值。将此值代入式（a），解得

$$F_{AB} = -F_{AC}\cos 30° - G\sin 30° = [-(-7.464)\cos 30° - 2\sin 30°]\ \text{kN} = 5.464\text{kN}$$

F_{AB}为正值说明预先假设的指向正确（即 AB 是拉杆）。

例 2-5 杆 OA 的 O 端由球铰支撑，A 端由绳索 CA 及 BA 系住，使杆 OA 处于水平位置，$DA = DB = 1\text{m}$，$DC = \sqrt{2}\text{m}$，如图 2-9a 所示。若在点 A 悬挂 $G = 1\text{kN}$ 的重物，略去杆 OA 的重量，试求两绳的拉力及支座 O 端的约束力。

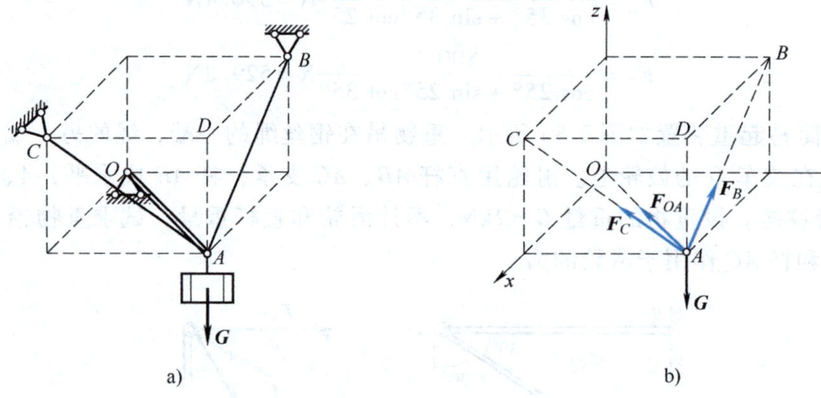

图 2-9 例 2-5 图

解： 以点 A 为研究对象，作其受力图。作用在点 A 的力有：由重物的重力引起的对点 A 的一拉力，因与该重力相等，为简单起见就用 $\boldsymbol{G}$ 表示，二力杆 OA 的约束力 $\boldsymbol{F}_{OA}$（图中 $\boldsymbol{F}_{OA}$ 表示杆 OA 受拉力）及两条绳索的拉力 $\boldsymbol{F}_C$ 与 $\boldsymbol{F}_B$，点 A 的受力如图 2-9b 所示。

显然，这是空间汇交力系的平衡问题，建立图 2-9b 所示坐标系 $Oxyz$，列平衡方程

$$\sum F_x = 0,\quad -F_{OA}\times\frac{1}{\sqrt{3}} - F_B\times\frac{1}{\sqrt{2}} = 0$$

$$\sum F_y = 0,\quad -F_{OA}\times\frac{\sqrt{2}}{\sqrt{3}} - F_C\times\frac{\sqrt{2}}{\sqrt{3}} = 0$$

$$\sum F_z = 0,\quad F_C\times\frac{1}{\sqrt{3}} + F_B\times\frac{1}{\sqrt{2}} - G = 0$$

三个独立方程联立求解，可求得 $\boldsymbol{F}_{OA}$、$\boldsymbol{F}_C$ 与 $\boldsymbol{F}_B$ 的值分别为

$$F_{OA} = -\frac{\sqrt{3}}{2}G = -0.866\text{kN}$$

$$F_C = \frac{\sqrt{3}}{2}G = 0.866\text{kN}$$

$$F_B = \frac{\sqrt{2}}{2}G = 0.707\text{kN}$$

F_{OA}为负值表示受力图中所设 $\boldsymbol{F}_{OA}$ 的方向与实际方向相反，即杆 OA 受压力。

例 2-6 起重装置如图 2-10a 所示。铅直支柱高 $AB = 3\text{m}$，$AE = AF = 4\text{m}$。拉索 BE、BF 相对于吊臂平面 ABC 对称布置，且$\angle DAE = \angle DAF = 45°$。设吊起的荷载重 $G = 200\text{kN}$，其他

部件重量均可略去不计，A 处可看作光滑铰链，试求拉索和支柱所受的力。

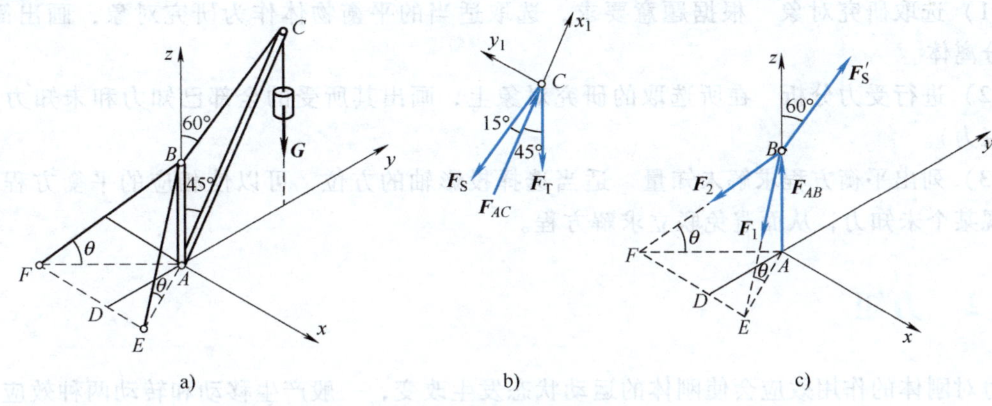

图2-10　例2-6图

解：首先，考察与已知力 G 有关的节点 C 的平衡，如图2-10b所示。该节点受到吊索的拉力 F_T、拉索 BC 的拉力 F_S 和吊臂 AC 的约束力 F_{AC}；吊臂作为双铰刚杆，其约束力 F_{AC} 应沿 AC 连线。显然，在荷载平衡时，有 $F_T = G$。在平面 ABC 中取直角坐标系 Cx_1y_1 如图2-10b所示，其中 x_1 轴沿 AC 方向。由平衡方程

$$\sum F_{y_1} = 0,\ F_S \sin 15° - F_T \sin 45° = 0 \tag{a}$$

求得

$$F_S = G\frac{\sin 45°}{\sin 15°} = 546.4\text{kN}$$

再考虑节点 B 的平衡。B 点受到拉索 BE、BF、BC 的拉力 F_1、F_2、F_S' 和作为二力杆的支柱 AB 的约束力 F_{AB}，如图2-10c所示。由拉索 BC 的平衡可知 $F_S' = F_S$。取直角坐标系 $Axyz$ 如图2-10c所示，其中坐标平面 yAz 与吊臂平面 ABC 相重合，且 z 轴为铅直。注意在求 F_1、F_2 在 x、y 轴上的投影时用二次投影法，列平衡方程

$$\sum F_x = 0,\ F_1 \cos\theta \sin 45° - F_2 \cos\theta \sin 45° = 0 \tag{b}$$

$$\sum F_y = 0,\ F_S' \sin 60° - F_1 \cos\theta \cos 45° - F_2 \cos\theta \cos 45° = 0 \tag{c}$$

$$\sum F_z = 0,\ F_{AB} + F_S' \cos 60° - F_1 \sin\theta - F_2 \sin\theta = 0 \tag{d}$$

θ 角的三角函数不难由已知长度求出

$$\cos\theta = \frac{AE}{BE} = \frac{4}{\sqrt{3^2+4^2}} = \frac{4}{5},\ \sin\theta = \frac{AB}{BE} = \frac{3}{5},\ \theta = 36.87°$$

由式（b）有

$$F_1 = F_2$$

代入式（c）得到

$$F_1 = F_2 = F_S \frac{\sin 60°}{2\cos\theta \cos 45°} = 418.3\text{kN}$$

再由式（d）得到

$$F_{AB} = (F_1 + F_2)\sin\theta - F_S \cos 60° = 228.8\text{kN}$$

因此，由以上分析计算结果，根据作用与反作用定律，支柱 AB 受到228.8kN的压力，拉索 BC 受到546.4kN的拉力，拉索 BE、BF 所受的拉力都是418.3kN。

通过以上例题可知，平衡问题的求解过程，一般可按如下步骤进行：

（1）选取研究对象　根据题意要求，选取适当的平衡物体作为研究对象，画出简图。即取分离体。

（2）进行受力分析　在所选取的研究对象上，画出其所受的全部已知力和未知力（包括约束力）。

（3）列出平衡方程求解未知量　适当选择投影轴的方位，可以使相应的平衡方程中不会出现某个未知力，从而避免联立求解方程。

2.2　力矩

力对刚体的作用效应会使刚体的运动状态发生改变，一般产生移动和转动两种效应，其中力对刚体的移动效应由力矢量的大小和方向来决定，而力对刚体的转动效应则由力对点之矩（简称力矩）来度量。

2.2.1　力对点之矩

1. 平面力系中力对点之矩

扳手拧紧螺母、杠杆撬起重物，就是加力使物体产生转动效应的实例。如图 2-11 所示，用扳手拧螺母时，在扳手 A 点施加力 $\boldsymbol{F}$ 可以使扳手和螺母一起绕螺母的中心点 O（亦即绕通过 O 点垂直于纸面的轴）转动。即是说，力 $\boldsymbol{F}$ 有使扳手产生转动的效应。实践表明，这种转动效应不仅与力 $\boldsymbol{F}$ 的大小成正比，还与 O 点到力作用线的垂直距离 h（称为力臂）成正比。因此，规定力 $\boldsymbol{F}$ 的大小与力臂的乘积作为力 $\boldsymbol{F}$ 使扳手绕支点 O 转动效应的度量，称为力 $\boldsymbol{F}$ 对 O 点之矩，用符号 $M_O(\boldsymbol{F})$ 表示（见图 2-12），O 点称为力矩中心，简称矩心，力矢量和矩心所决定的平面称为力矩平面。在平面问题中，各力使物体转动的转向在此平面内只有逆时针或顺时针两种，故力对点之矩可视为代数量，其正负号习惯上按下述方法确定：力使物体绕矩心逆时针转动（或转动趋势）为正，反之为负。记作

【微视频：力对点之矩】

$$M_O(\boldsymbol{F}) = \pm Fh = \pm 2A_{\triangle OAB} \tag{2-14}$$

必须注意，在一般情况下，力将使物体同时产生移动和转动两种效应，其中转动可以是相对于任意一点，因此，可以选择任意一点作为矩心，而这一点并不一定是刚体内固定的转动中心。在确定力臂时，应该由矩心向力的作用线作垂线，求其垂线段长度。

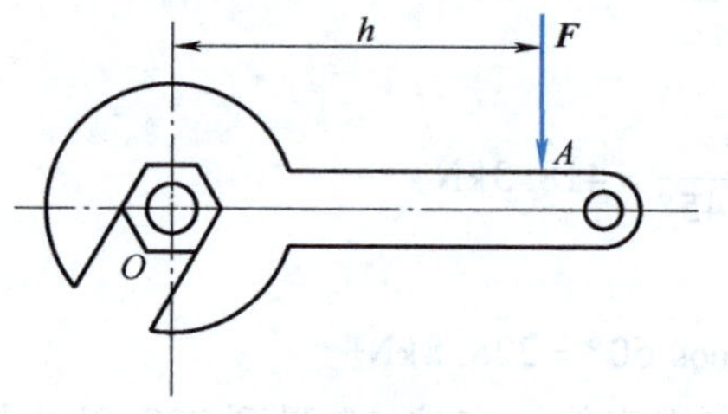

图 2-11　力对点之矩实例

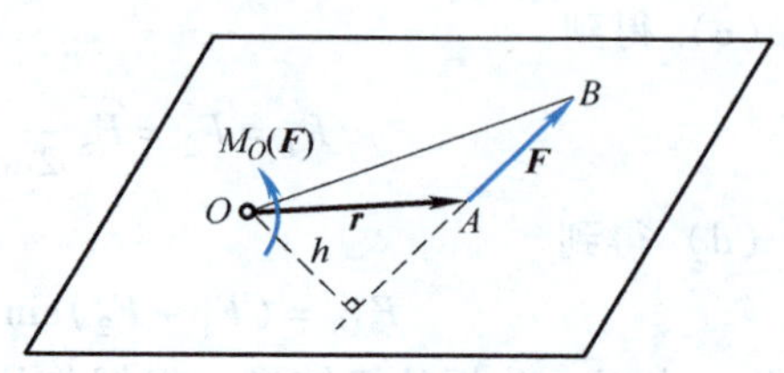

图 2-12　平面力对点之矩

由力矩的定义可知：

1）当力 $\boldsymbol{F}$ 的大小等于零，或者力的作用线通过矩心（即力臂为 0 时），力矩等于零；

2）当力沿其作用线移动时，力对点之矩保持不变。

在国际单位制中，力矩的单位符号是 N · m 或 kN · m。

例 2-7　钢筋混凝土带雨篷的门顶过梁的尺寸如图 2-13a 所示，过梁和雨篷板的长度（垂直于纸平面）均为 4m。设此过梁上砌砖至 3m 高时，便要将雨篷下的木支撑拆除。试验算在此情况下雨篷会不会绕 A 点倾覆。已知钢筋混凝土的容重 $\gamma_1 = 25\text{kN/m}^3$，砖砌体容重 $\gamma_2 = 19\text{kN/m}^3$。验算时需要考虑有一检修荷载 $F = 1\text{kN}$ 作用在雨篷边缘上（检修荷载即人和小工具重量）。

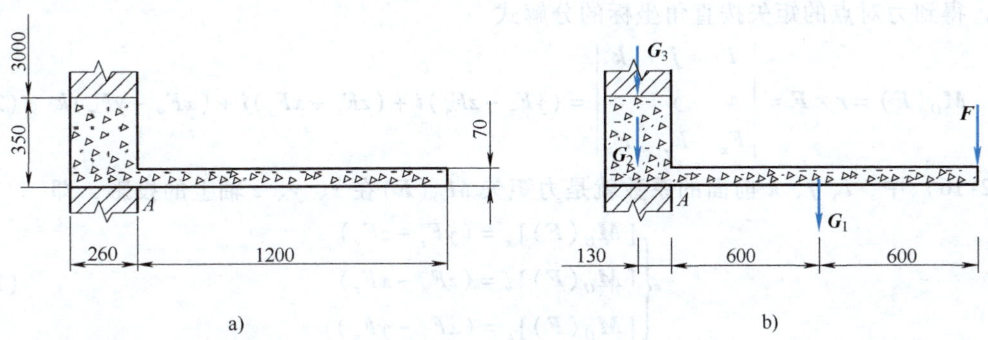

图 2-13　例 2-7 图

解：令雨篷、过梁及 3m 高砖墙的体积分别为 V_1、V_2、V_3，则

雨篷重　$G_1 = \gamma_1 V_1 = 25 \times 10^3 \times (70 \times 10^{-3} \times 1.2 \times 4)\text{N} = 8400\text{N}$

过梁重　$G_2 = \gamma_1 V_2 = 25 \times 10^3 \times (350 \times 10^{-3} \times 260 \times 10^{-3} \times 4)\text{N} = 9100\text{N}$

砖墙重　$G_3 = \gamma_2 V_3 = 19 \times 10^3 \times (260 \times 10^{-3} \times 3 \times 4)\text{N} = 59280\text{N}$

各荷载作用位置如图 2-13b 所示。

使雨篷绕 A 点倾覆的因素是 $\boldsymbol{G}_1$ 和 $\boldsymbol{F}$，它们对 A 点产生的力矩称为倾覆力矩；而阻止雨篷倾覆的因素是 $\boldsymbol{G}_2$ 和 $\boldsymbol{G}_3$，它们对 A 点产生的力矩为抗倾覆力矩。

倾覆力矩 $= -G_1 \times 0.6 - F \times 1.2 = (-8400 \times 0.6 - 1000 \times 1.2)\text{N} \cdot \text{m} = -6240\text{N} \cdot \text{m}$

抗倾覆力矩 $= G_2 \times 0.13 + G_3 \times 0.13 = (9100 + 59280) \times 0.13\text{N} \cdot \text{m} = 8889.4\text{N} \cdot \text{m}$

抗倾覆力矩的绝对值大于倾覆力矩的绝对值，所以雨篷不会倾覆。

2. 空间力系中力对点之矩以矢量表示——力矩矢

在平面力系中，由于各力的作用线与矩心决定的力矩平面均为同一平面，因而只要知道力矩的大小及用来表明力矩转向的正负号，就足以表明力使物体绕矩心的转动效应。所以在平面力系中，只需将力对点之矩用代数量表示即可。

在空间力系中，不仅要考虑力矩的大小、转向，而且还要注意力矩作用面的方位。显然方位不同，即使力矩大小相同，作用效果也将完全不同。这三个因素可以用力矩矢 $\boldsymbol{M}_O(\boldsymbol{F})$ 来描述。其中矢量的模即 $|\boldsymbol{M}_O(\boldsymbol{F})| = Fh = 2A_{\triangle OAB}$；矢量的方位和力矩作用面的法线方向相同；矢量的指向按右手螺旋法则来确定，如图 2-14 所示。

由图 2-14 易见，以 $\boldsymbol{r}$ 表示力作用点 A 的矢径，则矢积 $\boldsymbol{r} \times \boldsymbol{F}$ 的模等于三角形 OAB 面积的两倍，其方向与力矩矢一致。因此有

$$M_O(F)=r\times F \tag{2-15}$$

式（2-15）为力对点之矩的矢积表达式，即力对点之矩矢等于力作用点对于矩心的矢径与该力矢的矢量积。

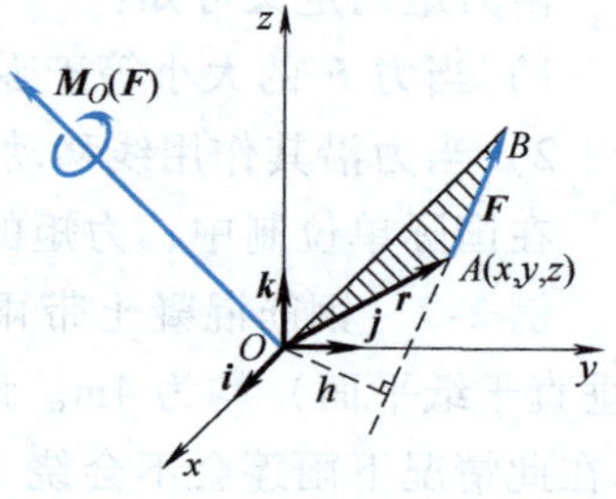

图 2-14 空间力对点之矩

若以矩心 O 为原点，取直角坐标系 $Oxyz$ 如图 2-14 所示。令 i、j、k 分别为坐标轴 x、y、z 方向的单位矢量。设力 F 在各坐标轴上的投影为 F_x、F_y、F_z；力作用点 A 的坐标为 $A(x, y, z)$，则矢径 r 和力 F 分别表示为

$$F=F_x i+F_y j+F_z k$$

$$r=xi+yj+zk$$

于是，得到力对点的矩矢按直角坐标的分解式

$$M_O(F)=r\times F=\begin{vmatrix} i & j & k \\ x & y & z \\ F_x & F_y & F_z \end{vmatrix}=(yF_z-zF_y)i+(zF_x-xF_z)j+(xF_y-yF_x)k \tag{2-16}$$

式（2-16）中，i、j、k 前面的系数就是力矩矢 $M_O(F)$ 在 x、y、z 轴上的投影，即

$$\begin{cases}[M_O(F)]_x=(yF_z-zF_y)\\ [M_O(F)]_y=(zF_x-xF_z)\\ [M_O(F)]_z=(xF_y-yF_x)\end{cases} \tag{2-17}$$

由于力矩矢量 $M_O(F)$ 的大小和方向都与矩心 O 的位置有关，故力矩矢的始端必须在矩心处，因此力矩矢是定位矢量。

3. 汇交力系的合力矩定理

力对点的矩矢的模等于力的大小与力臂的乘积。在有些实际问题中，力臂不易求出，因而力矩不易计算。如果将这个力分解成若干分力，各分力的总转动效应与合力的转动效应相同。因此，可以利用求分力的力矩来计算合力的力矩。

设汇交力系 F_1，F_2，…，F_n 的合力为 F_R，作用于 A 点，A 点相对某矩心 O 的矢径为 r，则

$$F_R=F_1+F_2+\cdots+F_n \tag{a}$$

以 r 对式（a）作矢积，有

$$r\times F_R=r\times F_1+r\times F_2+\cdots+r\times F_n \tag{b}$$

即

$$M_O(F_R)=M_O(F_1)+M_O(F_2)+\cdots+M_O(F_n)=\sum M_O(F_i) \tag{2-18}$$

式（2-18）表明：汇交力系的合力对任一点之矩等于诸分力对同一点之矩的矢量和。这称为合力矩定理。

对于平面汇交力系，各力对力系平面内任一点之矩矢量共线，力对点之矩可视为代数量，则合力矩定理表示为

$$M_O(F_R)=M_O(F_1)+M_O(F_2)+\cdots+M_O(F_n)=\sum M_O(F_i) \tag{2-19}$$

即平面汇交力系的合力对任一点之矩等于力系中各分力对同一点之矩的代数和。

例 2-8 为了竖起塔架，在 O 点处用固定铰链支座与塔架相连接，如图 2-15 所示。设在图示位置钢丝绳的拉力为 F，图中 a、b 和 α 均为已知量。试计算力 F 对 O 点之矩。

解：若直接求力臂 h 的大小（即求 $\overline{OB}$）是比较麻烦的。如果利用合力矩定理，就可以较方便地计算出力 $\boldsymbol{F}$ 对 O 点之矩。

将力 $\boldsymbol{F}$ 分解为与塔架两边平行的两个分力 $\boldsymbol{F}_1$ 和 $\boldsymbol{F}_2$，由合力矩定理，得

$$\begin{aligned} M_O(\boldsymbol{F}) &= M_O(\boldsymbol{F}_1) + M_O(\boldsymbol{F}_2) = F_1 b + F_2 a \\ &= Fb\sin\alpha + Fa\cos\alpha \end{aligned}$$

图 2-15 例 2-8 图

2.2.2 力对轴之矩

1. 力对轴之矩的概念及其计算定义式

在生产和生活实际中，某些物体（如门、窗等）在力的作用下能绕某轴转动。为了度量力使物体绕某轴转动的效应，必须了解力对轴之矩的概念。现以开门为例说明。

设一刚性门上作用一力 $\boldsymbol{F}$，一般地，力 $\boldsymbol{F}$ 的作用线与门轴（设为 z 轴）不平行也不垂直，现考察力 $\boldsymbol{F}$ 使刚性门绕 Oz 轴转动的效应。根据合力矩定理，将力 $\boldsymbol{F}$ 分解为两个分力，如图 2-16a 所示。分力 $\boldsymbol{F}_z$ 平行于 Oz 轴，显然它对刚性门绕 Oz 轴不会产生任何转动效应；分力 $\boldsymbol{F}_{xy}$ 在垂直于 Oz 轴的平面 P 内（此力即为 $\boldsymbol{F}$ 在 P 平面上的投影力），有使刚性门绕 Oz 轴转动的效应。取分力的大小与其作用线到 z 轴的垂直距离 h（即 P 平面与 z 轴的交点 O 到分力 $\boldsymbol{F}_{xy}$ 作用线的垂直距离）的乘积 $F_{xy}h$ 并冠以正负号来表示力 $\boldsymbol{F}$ 对 z 轴之矩，并记为

$$M_z(\boldsymbol{F}) = M_O(\boldsymbol{F}_{xy}) = \pm F_{xy}h \tag{2-20}$$

于是，力对轴之矩可定义如下：力对轴之矩是力使刚体绕该轴转动效果的度量，是一个代数量，其大小等于力在垂直于该轴任一平面上的分力对轴与平面的交点之矩，其正负号按右手螺旋法则确定（见图 2-16b），四指顺着力矩的转向去握转轴，大拇指与 z 轴正向一致者为正，反之为负。

【微视频：力对轴之矩】

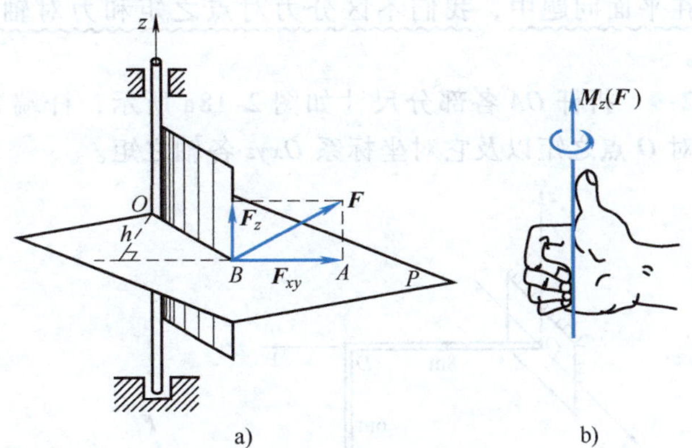

图 2-16 力对轴之矩

由上述定义可知：当力沿其作用线滑动时，并不改变力对轴之矩。

力对轴的矩等于零的情形：①当力的作用线与轴相交时（此时 $h=0$）；②当力与轴平行时（此时 $F_{xy}=0$）。这两种情形可以合起来说：当力与轴共面时，力对轴之矩等于零。日常生活

中，开门就是一个很好的例子，当施加于门上的力的作用线过门轴或与门轴平行时，都不能将门打开或关闭。

力对轴之矩的单位与力对点之矩的单位相同，为 N · m 或 kN · m。

2. 力对直角坐标轴之矩的解析表达式

力对轴之矩也可用解析式表达。如图 2-17 所示，作直角坐标系 $Oxyz$，设力 $\boldsymbol{F}$ 在各坐标轴上的投影为 F_x、F_y、F_z；力作用点 A 的坐标为 $A(x, y, z)$，由力对轴之矩的定义和平面汇交力系合力矩定理可得力 $\boldsymbol{F}$ 对坐标轴 Ox，Oy，Oz 之矩分别为

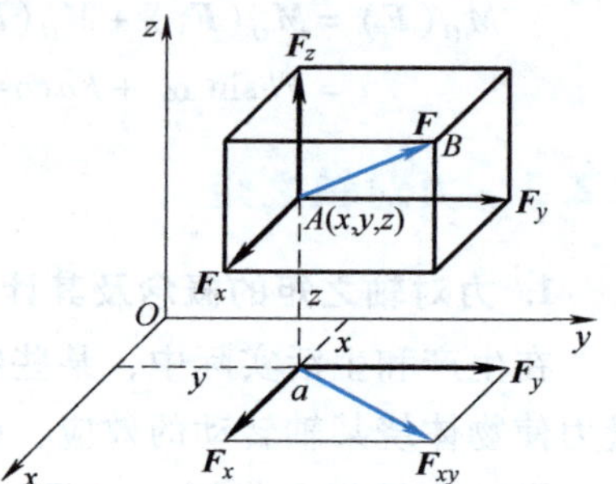

图 2-17 确定力对轴之矩的另一种方法

$$\begin{cases} M_x(\boldsymbol{F}) = (yF_z - zF_y) \\ M_y(\boldsymbol{F}) = (zF_x - xF_z) \\ M_z(\boldsymbol{F}) = (xF_y - yF_x) \end{cases} \tag{2-21}$$

式（2-21）是计算力对轴之矩的解析表达式。

3. 力对点之矩与力对通过该点的轴之矩的关系

将式（2-21）与式（2-17）比较可得

$$\begin{cases} [\boldsymbol{M}_O(\boldsymbol{F})]_x = M_x(\boldsymbol{F}) \\ [\boldsymbol{M}_O(\boldsymbol{F})]_y = M_y(\boldsymbol{F}) \\ [\boldsymbol{M}_O(\boldsymbol{F})]_z = M_z(\boldsymbol{F}) \end{cases} \tag{2-22}$$

这就是力矩关系定理，式（2-22）表明，力对点之矩矢在通过该点的某轴上的投影，等于力对该轴之矩。这一结论给出了力对点之矩与力对轴之矩的关系。

根据式（2-21）和式（2-22），可将式（2-16）改写为

$$\boldsymbol{M}_O(\boldsymbol{F}) = M_x(\boldsymbol{F})\boldsymbol{i} + M_y(\boldsymbol{F})\boldsymbol{j} + M_z(\boldsymbol{F})\boldsymbol{k} \tag{2-23a}$$

若 $M_x(\boldsymbol{F}) = M_y(\boldsymbol{F}) = 0$，则式（2-23a）退化为

$$M_O(\boldsymbol{F}) = M_z(\boldsymbol{F}) \tag{2-23b}$$

式（2-23b）表明，平面力对点之矩与该力对过该点并垂直于力作用面之轴的矩相同，故在平面问题中，我们不区分力对点之矩和力对轴之矩，这恰好就是平面力系力矩的定义。

例 2-9 折杆 OA 各部分尺寸如图 2-18a 所示，杆端 A 作用一大小等于 1000N 的力 $\boldsymbol{F}$，求力 $\boldsymbol{F}$ 对 O 点之矩以及它对坐标系 $Oxyz$ 各轴之矩。

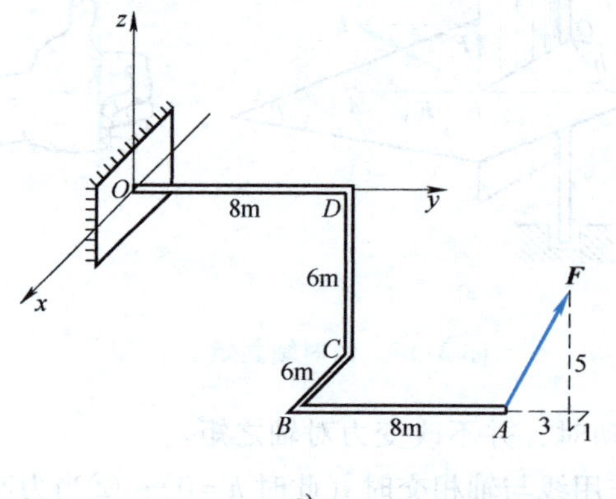

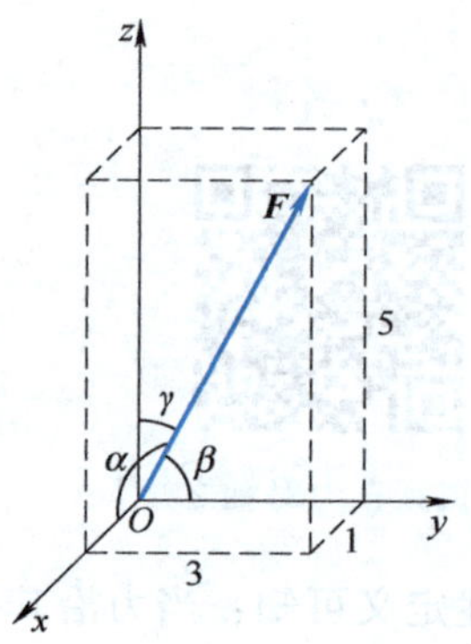

图 2-18 例 2-9 图

解： 由图2-18b得，力 $\boldsymbol{F}$ 的三个方向余弦

$$\cos\alpha=\frac{1}{\sqrt{1^2+3^2+5^2}}=\frac{1}{\sqrt{35}},\ \cos\beta=\frac{3}{\sqrt{35}},\ \cos\gamma=\frac{5}{\sqrt{35}}$$

于是力 $\boldsymbol{F}$ 在各坐标轴上的投影分别为

$$F_x=F\cos\alpha=\left(1000\times\frac{1}{\sqrt{35}}\right)\text{N}=169.0\text{N}$$

$$F_y=F\cos\beta=\left(1000\times\frac{3}{\sqrt{35}}\right)\text{N}=507.1\text{N}$$

$$F_z=F\cos\gamma=\left(1000\times\frac{5}{\sqrt{35}}\right)\text{N}=845.2\text{N}$$

又力 $\boldsymbol{F}$ 的作用点 A 的坐标为 $x=6\text{m}$，$y=16\text{m}$，$z=-6\text{m}$，故由式（2-16）可得力 $\boldsymbol{F}$ 对坐标原点 O 之矩为

$$\begin{aligned}\boldsymbol{M}_O(\boldsymbol{F})&=(yF_z-zF_y)\boldsymbol{i}+(zF_x-xF_z)\boldsymbol{j}+(xF_y-yF_x)\boldsymbol{k}\\&=(16565.8\boldsymbol{i}-6085.2\boldsymbol{j}+338.6\boldsymbol{k})\text{N}\cdot\text{m}\end{aligned}$$

由式（2-22）得，力 $\boldsymbol{F}$ 对各坐标轴之矩分别为

$$M_x(\boldsymbol{F})=[\boldsymbol{M}_O(\boldsymbol{F})]_x=16565.8\text{N}\cdot\text{m}$$

$$M_y(\boldsymbol{F})=[\boldsymbol{M}_O(\boldsymbol{F})]_y=-6085.2\text{N}\cdot\text{m}$$

$$M_z(\boldsymbol{F})=[\boldsymbol{M}_O(\boldsymbol{F})]_z=338.6\text{N}\cdot\text{m}$$

本例讨论： 此例题也可以先求力 $\boldsymbol{F}$ 对各坐标轴之矩，然后再求它对坐标原点 O 之矩。

根据合力矩定理，力 $\boldsymbol{F}$ 对轴之矩等于各分力对同一轴之矩的代数和，并且注意到力与轴共面时的矩为零，于是有

$M_x(\boldsymbol{F})=M_x(\boldsymbol{F}_y)+M_x(\boldsymbol{F}_z)=F_y\cdot\overline{DC}+F_z(\overline{OD}+\overline{BA})=507.1\text{N}\times6\text{m}+845.2\text{N}\times(8+8)\text{m}=16565.8\text{N}\cdot\text{m}$

$M_y(\boldsymbol{F})=M_y(\boldsymbol{F}_x)+M_y(\boldsymbol{F}_z)=-F_x\cdot\overline{DC}-F_z\cdot\overline{CB}=-169.0\text{N}\times6\text{m}-845.2\text{N}\times6\text{m}=-6085.2\text{N}\cdot\text{m}$

$M_z(\boldsymbol{F})=M_z(\boldsymbol{F}_x)+M_z(\boldsymbol{F}_y)=-F_x\cdot(\overline{OD}+\overline{BA})+F_y\cdot\overline{CB}=-169.0\text{N}\times16\text{m}+507.1\text{N}\times6\text{m}=338.6\text{N}\cdot\text{m}$

则力 $\boldsymbol{F}$ 对坐标原点 O 之矩为

$$\boldsymbol{M}_O(\boldsymbol{F})=M_x(\boldsymbol{F})\boldsymbol{i}+M_y(\boldsymbol{F})\boldsymbol{j}+M_z(\boldsymbol{F})\boldsymbol{k}=(16565.8\boldsymbol{i}-6085.2\boldsymbol{j}+338.6\boldsymbol{k})\text{N}\cdot\text{m}$$

二者计算结果相同。

2.3　力偶和力偶系

2.3.1　力偶与力偶矩

力和力偶是力学中的两个最基本的机械作用量。力对刚体具有移动和转动两种效应；力偶对刚体只有转动效应。

由大小相等、方向相反且不共线的两个平行力组成的力系，称为力偶，记作（$\boldsymbol{F}$，$\boldsymbol{F}'$），两力之间的垂直距离 d 称为力偶臂，力偶所在的平面称为力偶的作用面。

【微视频：力偶和力偶矩】

在实践中，汽车驾驶员用双手转动驾驶盘而施加于其上的作用力（见图2-19）、钳工用丝锥攻螺纹作用于工具上的力等，都近似是一个力偶。

力偶对物体的转动效应，可用力偶的两个力对空间任一点的力矩矢量的和来度量。设有力偶（$\boldsymbol{F}$，$\boldsymbol{F}'$），力偶臂为 d，两个力的作用点为 A、B，如图2-20所示。任意选取矩心 O，A、B 相对矩心 O 的矢径分别为 $\boldsymbol{r}_A$ 和 $\boldsymbol{r}_B$，则力偶对点 O 的矩为

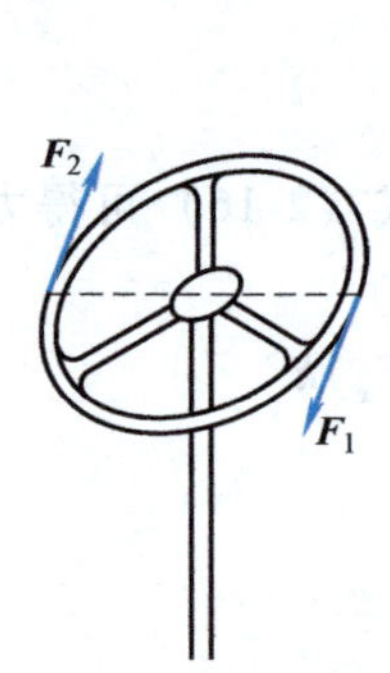

图2-19　力偶实例

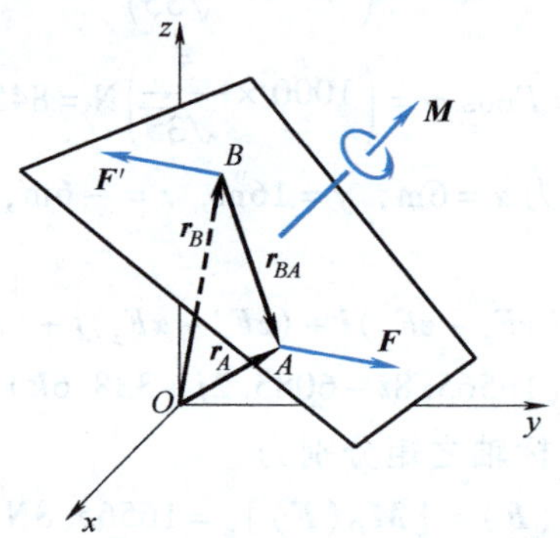

图2-20　力偶矩矢量

【动画：力偶实例】

$$\boldsymbol{M}_O(\boldsymbol{F},\boldsymbol{F}')=\boldsymbol{M}_O(\boldsymbol{F})+\boldsymbol{M}_O(\boldsymbol{F}')=\boldsymbol{r}_A\times\boldsymbol{F}+\boldsymbol{r}_B\times\boldsymbol{F}'$$
$$=\boldsymbol{r}_A\times\boldsymbol{F}-\boldsymbol{r}_B\times\boldsymbol{F}=(\boldsymbol{r}_A-\boldsymbol{r}_B)\times\boldsymbol{F}=\boldsymbol{r}_{BA}\times\boldsymbol{F}$$

其中，$\boldsymbol{r}_{BA}$为由 B 向 A 引的矢径。定义力偶矩矢量

$$\boldsymbol{M}=\boldsymbol{r}_{BA}\times\boldsymbol{F} \tag{2-24}$$

由此可知，力偶的作用效应取决于力偶矩矢量，与矩心的位置无关。

$$|\boldsymbol{M}|=|\boldsymbol{r}_{BA}\times\boldsymbol{F}|=Fd \tag{2-25}$$

即力偶矩的大小是力的大小与力偶臂的乘积，方向由右手螺旋法则确定（见图2-16b），即弯曲的四指表示力偶在作用面内的转向，拇指则表示力偶矩矢的方向。

2.3.2　力偶的性质及等效条件

性质1　力偶的矢量和等于零，同时力偶在任一轴上的投影为零，但是由于它们不共线而不能相互平衡。力偶不能合成为一个力，亦即不能用一个力来平衡。

力偶不能再简化为力这一性质说明，力偶是非零的最简单力系。

性质2　力偶对刚体的作用完全取决于力偶矩矢量。

力偶对刚体的作用效果与力偶矩的大小、力偶的作用面及力偶的转向有关。力偶矩是用力矩定义的，且与矩心选择无关，力偶对任意点之矩都等于常矢量力偶矩矢 $\boldsymbol{M}$，力偶对刚体的作用完全取决于力偶矩矢量。$\boldsymbol{M}$ 无作用点，它只有两个要素：大小和方向。这种矢量称为自由矢量。对于空间力偶，只要画出垂直于其作用面的 $\boldsymbol{M}$ 矢量，并按右手法则再附加一旋转箭头（见图2-21a）即可。

对于平面力偶只在其作用面内画出旋转箭头，表示力偶在作用面内的转向，如图2-21b所示，这是平面力偶三种等价的表示方法。

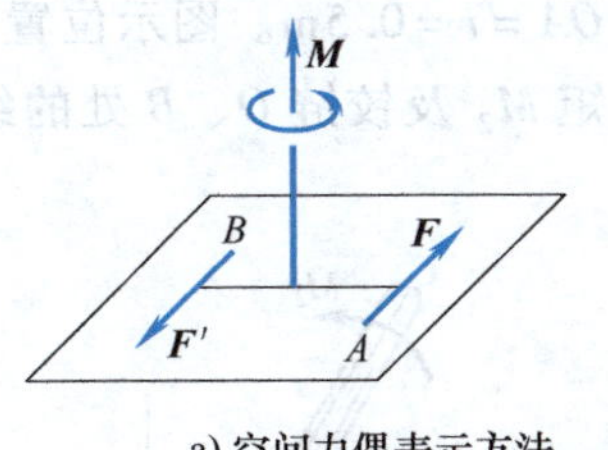

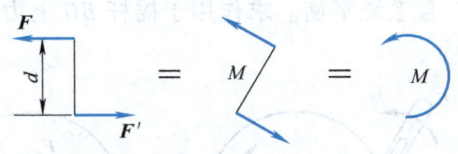

a) 空间力偶表示方法　　b) 平面力偶表示方法

图 2-21　力偶的表示

由力偶的性质可知，两个力偶等效的条件是两个力偶的力偶矩矢相等。由此可得到一个重要推论，即只要保持力偶矩矢量不变，力偶在作用面内任意移动或转动，或同时改变力和力偶臂的大小，或将其作用面平行移动，它对刚体的作用效果不变。

2.3.3　力偶系的合成与平衡条件

设作用于刚体的力偶系由空间中的 n 个力偶组成，它们的力偶矩矢分别为 $\boldsymbol{M}_1$，$\boldsymbol{M}_2$，…，$\boldsymbol{M}_n$。可以证明，空间力偶系的合成结果为一合力偶，合力偶矩矢 $\boldsymbol{M}$ 等于各分力偶矩矢的矢量和，即

$$\boldsymbol{M}=\boldsymbol{M}_1+\boldsymbol{M}_2+\cdots+\boldsymbol{M}_n=\sum \boldsymbol{M}_i \tag{2-26}$$

【微视频：力偶系的合成与平衡条件】

设合力矩矢在坐标轴 x、y、z 轴上的投影分别为 M_x、M_y、M_z，则

$$\begin{cases} M_x=M_{1x}+M_{2x}+\cdots+M_{nx}=\sum M_{ix} \\ M_y=M_{1y}+M_{2y}+\cdots+M_{ny}=\sum M_{iy} \\ M_z=M_{1z}+M_{2z}+\cdots+M_{nz}=\sum M_{iz} \end{cases} \tag{2-27}$$

即合力偶矩矢在 x、y、z 轴上的投影等于各分力偶矩矢在相应轴上投影的代数和。合力偶矩矢的大小、方向余弦与汇交力系合力的大小、方向余弦的计算公式相类似，这里不再一一列出。

再考察平衡条件。如上所述，空间力偶系可以用一合力偶代替，所以空间力偶系平衡的充分与必要条件是：该力偶系的合力偶矩等于零，亦即所有力偶矩矢的矢量和等于零。按照式（2-26），这一条件可表示为

$$\sum \boldsymbol{M}_i=\boldsymbol{0} \tag{2-28}$$

由于 $M=\sqrt{(\sum M_{ix})^2+(\sum M_{iy})^2+(\sum M_{iz})^2}$，欲使 $M=0$，必须同时满足

$$\sum M_{ix}=0,\ \sum M_{iy}=0,\ \sum M_{iz}=0 \tag{2-29}$$

称式（2-29）为力偶系的平衡方程，即该力偶系中所有各分力偶矩矢在三个坐标轴上投影的代数和分别等于零。

在平面力偶系的特殊情况下，各力偶矩矢相互平行。因为力偶矩矢是自由矢量，可以将它们平行移到同一直线而成为一组共线矢。因而，各力偶矩就只需用代数值来表示。一般规定，若力偶有使刚体做逆时针转动（或转动趋势）时（如图 2-21b 所示的力偶），力偶矩取正值；反之则取负值。这样，平面力偶系的合力偶矩等于各分力偶矩的代数和，即

$$M=\sum M_i \tag{2-30}$$

相应地，平面力偶系平衡的充分与必要条件是：各力偶矩的代数和等于零，即

$$\sum M_i=0 \tag{2-31}$$

例 2-10　图 2-22a 所示机构的自重不计。圆轮上的销子 A 放在摇杆 BC 上的光滑导槽

内。圆轮上作用一个力偶，其力偶矩为 $M_1=2\text{kN}\cdot\text{m}$，$OA=r=0.5\text{m}$。图示位置 OA 与 OB 垂直，$\alpha=30°$，且系统平衡。求作用于摇杆 BC 上力偶的矩 M_2 及铰链 O、B 处的约束力。

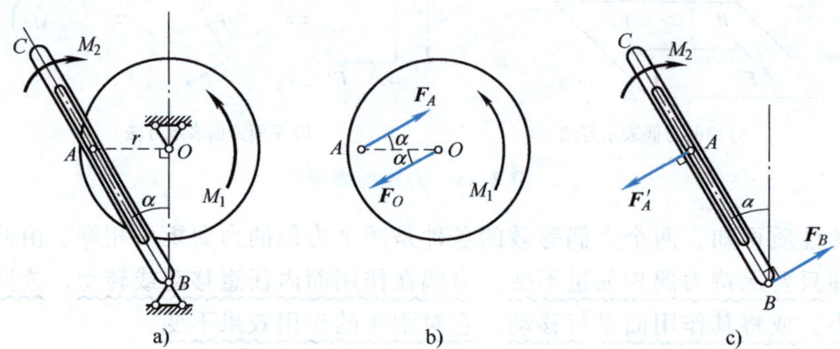

图 2-22　例 2-10 图

解： 先取圆轮为研究对象，受力图如图 2-22b 所示，其中 F_A 为光滑导槽对销子 A 的作用力。由于力偶必须由力偶来平衡，因而 F_O 与 F_A 必定组成一力偶，此为一平面力偶系，力偶矩转向与 M_1 相反，由此定出 F_A 的指向如图 2-22b 所示。而 F_O 与 F_A 等值且反向。列平面力偶平衡方程并求解

$$\sum M_i=0,\ M_1-F_O\cdot r\sin\alpha=0,\ F_O=F_A=8\text{kN}$$

再取摇杆 BC 为研究对象，受力图如图 2-22c 所示，此也为一平面力偶系，列平衡方程（方程中 $F_A=F_A'$）并求解

$$\sum M_i=0,\ F_A'\cdot\overline{AB}-M_2=0,\ M_2=8\text{kN}\cdot\text{m}$$

且有

$$F_B=F_A=F_O=8\text{kN}$$

例 2-11　图 2-23a 所示为一正立方体，悬挂在 A_1A_2 和 B_1B_2 两根直杆上，A_2B_2 为该立方体顶部表面的对角线。在此立方体上作用有两个力偶（F_1，F_1'）和（F_2，F_2'），$CD/\!/A_2E$。不计立方体和直杆的自重，球铰链为光滑。求立方体平衡时力 F_1 与 F_2 的关系及两杆所受的力。

解： 取正立方体为研究对象，其受力图如图 2-23a 所示。根据力偶只能由力偶来平衡的性质，F_{A2} 与 F_{B2} 也必然组成力偶，则正立方体在三个力偶作用下平衡，为一力偶系。以 M_1、M_2、M_3 分别表示力偶（F_1，F_1'）、（F_2，F_2'）、（F_{A2}，F_{B2}）的力偶矩矢，因为力偶矩矢是自由矢量，故可以把其都移到 O 点（见图 2-23b），该力偶系的平衡方程为

$$\sum M_{ix}=0,\ M_1-M_3\cos 45°=0$$
$$\sum M_{iy}=0,\ M_2-M_3\sin 45°=0$$

解得

$$M_1=M_2$$

设正立方体边长为 a，则有 $M_1=F_1a=F_2a=M_2$，即 $F_1=F_2$，而 $M_3=\sqrt{2}a\cdot F_{A2}$，可求得

$$F_{A2}=F_{B2}=F_1=F_2$$

因此，欲使正立方体保持平衡，必须使 $F_1=F_2$，且两直杆对正立方体的作用力 $F_{A2}=F_{B2}=F_1=F_2$，A_1A_2 杆受拉，B_1B_2 杆受压。

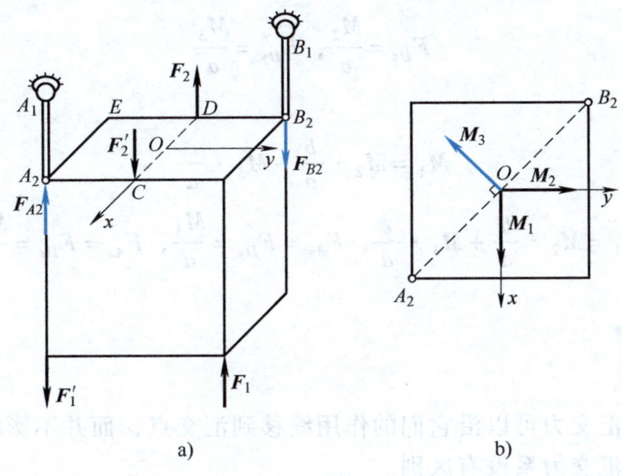

图 2-23　例 2-11 图

例 2-12　图 2-24a 所示为一直角弯管，$\angle ABC = \angle BCD = 90°$，且平面 ABC 与平面 BCD 垂直。杆的 D 端为球铰支，另一端 A 处为光滑联轴节仅在 z 和 y 方向有支座约束力。$\boldsymbol{M}_1$、$\boldsymbol{M}_2$、$\boldsymbol{M}_3$ 力偶所在平面分别垂直于 AB、BC、CD。若 $\boldsymbol{M}_1$ 大小未知，而 $\boldsymbol{M}_2$、$\boldsymbol{M}_3$ 的大小已知。求使曲杆处于平衡的力偶矩 $\boldsymbol{M}_1$ 的大小和支座约束力。

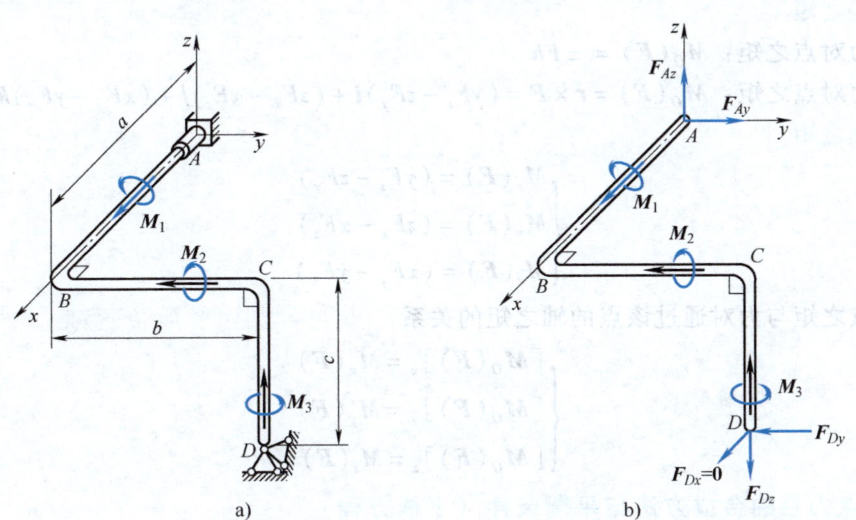

图 2-24　例 2-12 图

解： 取直角弯管 $ABCD$ 为研究对象，由于所受主动力为一群力偶，根据力偶只能用力偶来平衡的性质，可以判断支座 A、D 两处的约束力必构成力偶，即约束力有如下关系：$\boldsymbol{F}_{Ay} = -\boldsymbol{F}_{Dy}$，$\boldsymbol{F}_{Az} = -\boldsymbol{F}_{Dz}$，$\boldsymbol{F}_{Dx} = 0$，其受力图如图 2-24b 所示。

根据式（2-29）列平衡方程

$$\sum M_x = 0,\ M_1 - F_{Dy} \cdot c - F_{Dz} \cdot b = 0 \tag{a}$$

$$\sum M_y = 0,\ M_2 - F_{Dz} \cdot a = 0 \tag{b}$$

$$\sum M_z = 0,\ M_3 - F_{Dy} \cdot a = 0 \tag{c}$$

由式（b）、式（c）分别求得

$$F_{Dz}=\frac{M_2}{a},\ F_{Dy}=\frac{M_3}{a}$$

代入式（a）得

$$M_1=M_2\cdot\frac{b}{a}+M_3\cdot\frac{c}{a}$$

故题目所求分别为 $M_1=M_2\cdot\dfrac{b}{a}+M_3\cdot\dfrac{c}{a}$，$F_{Ay}=F_{Dy}=\dfrac{M_3}{a}$，$F_{Az}=F_{Dz}=\dfrac{M_2}{a}$，$F_{Dx}=0$。

本章小结

作用在刚体上的汇交力可以沿它们的作用线移到汇交点，而并不影响其对刚体的作用效果。在此共点力系与汇交力系没有区别。

1. 基本计算

（1）力在直角坐标轴上的投影

直接（一次）投影法：$F_x=F\cos\alpha$，$F_y=F\cos\beta$，$F_z=F\cos\gamma$

间接（二次）投影法：$F_x=F\sin\gamma\cos\varphi$，$F_y=F\sin\gamma\sin\varphi$，$F_z=F\cos\gamma$

（2）力对点之矩和力对轴之矩

力对点之矩

平面力对点之矩：$M_O(F)=\pm Fh$

空间力对点之矩：$\boldsymbol{M}_O(\boldsymbol{F})=\boldsymbol{r}\times\boldsymbol{F}=(yF_z-zF_y)\boldsymbol{i}+(zF_x-xF_z)\boldsymbol{j}+(xF_y-yF_x)\boldsymbol{k}$

力对轴之矩

$$\begin{cases}M_x(\boldsymbol{F})=(yF_z-zF_y)\\M_y(\boldsymbol{F})=(zF_x-xF_z)\\M_z(\boldsymbol{F})=(xF_y-yF_x)\end{cases}$$

力对点之矩与力对通过该点的轴之矩的关系

$$\begin{cases}[\boldsymbol{M}_O(\boldsymbol{F})]_x=M_x(\boldsymbol{F})\\[\boldsymbol{M}_O(\boldsymbol{F})]_y=M_y(\boldsymbol{F})\\[\boldsymbol{M}_O(\boldsymbol{F})]_z=M_z(\boldsymbol{F})\end{cases}$$

2. 共点力系的合成方法与平衡条件（平衡方程）

（1）共点力系合成的几何法及平衡的几何条件

共点力系合成的几何法：力多边形法则。

共点力系平衡的几何条件：力多边形自行封闭。

（2）共点力系合成的解析法及平衡的解析条件

共点力系合成的解析法 $\boldsymbol{F}_{\mathrm{R}}=F_{Rx}\boldsymbol{i}+F_{Ry}\boldsymbol{j}+F_{Rz}\boldsymbol{k}=(\sum F_x)\boldsymbol{i}+(\sum F_y)\boldsymbol{j}+(\sum F_z)\boldsymbol{k}$

于是合力大小与方向余弦

$$\begin{cases}F_{\mathrm{R}}=\sqrt{(\sum F_x)^2+(\sum F_y)^2+(\sum F_z)^2}\\ \cos(\boldsymbol{F}_{\mathrm{R}},\boldsymbol{i})=\dfrac{F_{Rx}}{F_{\mathrm{R}}},\ \cos(\boldsymbol{F}_{\mathrm{R}},\boldsymbol{j})=\dfrac{F_{Ry}}{F_{\mathrm{R}}},\cos(\boldsymbol{F}_{\mathrm{R}},\boldsymbol{k})=\dfrac{F_{Rz}}{F_{\mathrm{R}}}\end{cases}$$

共点力系平衡的解析条件（平衡方程）$\sum F_x=0$，$\sum F_y=0$，$\sum F_z=0$

3. 力偶和力偶系

力偶矩矢：力偶对空间任一点的矩矢只取决于力偶矩矢的大小和方向，即

$$M_O(F, F')=r_{BA}\times F$$

力偶等效定理：作用于同一个刚体的两个力偶，若力偶矩矢相等，则两力偶等效。

力偶系的合成：空间分布的任意一个力偶可以合成为一个合力偶，合力偶矩矢等于各个分力偶矩矢的矢量和，即

$$M=M_1+M_2+\cdots+M_n=\sum M_i$$

平面合力偶矩等于力偶系中各分力偶矩的代数和，即

$$M=\sum M_i$$

力偶系的平衡条件：该力偶系的合力偶矩等于零，亦即所有力偶矩矢的矢量和等于零。即

$$\sum M_i=0$$

这个平衡条件可以写成投影方程的形式

$$\sum M_{ix}=0,\ \sum M_{iy}=0,\ \sum M_{iz}=0$$

式中，M_{ix}、M_{iy}、M_{iz}为各分力偶矢M_i在x、y、z轴上的投影。平面力偶系的平衡方程是

$$\sum M_i=0$$

习　题

客观题

2-1　已知长方体的边长为a、b、c，顶点A的坐标为（1，1，1），如图2-25所示，则力F对z轴的矩$M_z(F)$为（　　）。

①$\frac{a(b+1)}{\sqrt{a^2+c^2}}F$　②$-\frac{a(b+1)}{\sqrt{a^2+c^2}}F$　③$\frac{ab}{\sqrt{a^2+c^2}}F$　④$-\frac{ab}{\sqrt{a^2+c^2}}F$

2-2　如图2-26所示，将大小为100N的力F沿x、y方向分解，若F在x轴上的投影为86.6N，而沿x方向的分力的大小为115.47N，则沿轴上的投影为（　　）。

①0　②50N　③70.7N　④86.6N

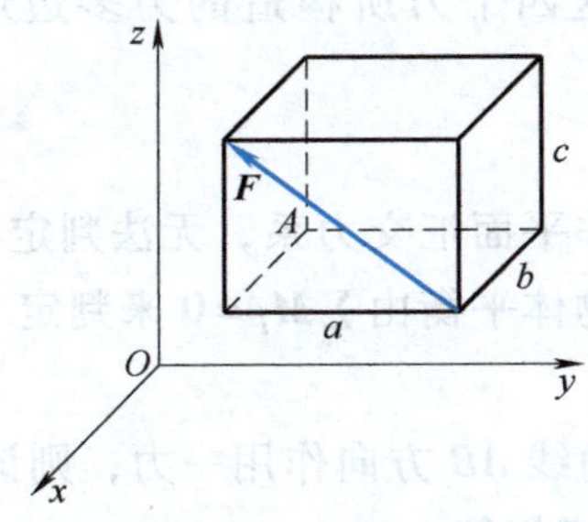

图2-25　题2-1图

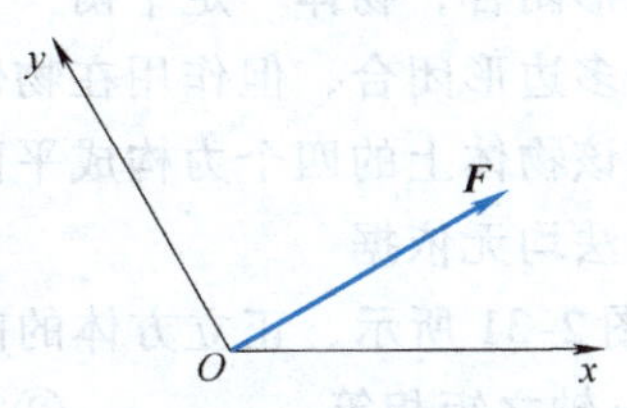

图2-26　题2-2图

2-3　如图2-27所示，构件OA上作用一矩为M_1的力偶，BC上作用一矩为M_2的力偶，

若不计各处摩擦，则当系统平衡时，两力偶矩应满足的关系为（　　）。

①$M_1=4M_2$　　②$M_1=2M_2$　　③$M_1=M_2$　　④$M_1=0.5M_2$

2-4　已知F_1、F_2、F_3、F_4为作用于刚体上的平面共点力系，其力矢关系如图2-28所示为平行四边形，由此可知（　　）。

①力系可合成为一个力偶　　②力系可合成为一个力

③力系简化为一个力和一个力偶　　④力系平衡

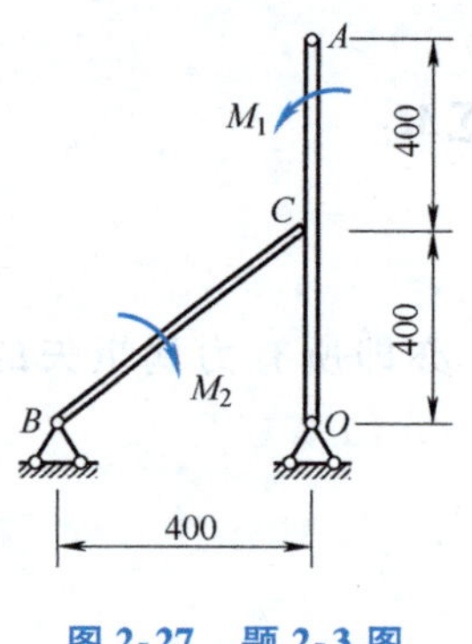

图2-27　题2-3图

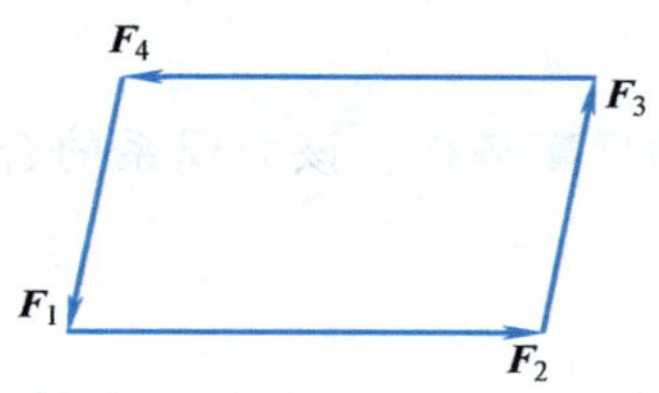

图2-28　题2-4图

2-5　如图2-29所示的各图是为平面汇交力系所构造的力多边形，下面说法正确的是（　　）。

①图2-29a和图2-29b是平衡力系　　②图2-29b和图2-29c是平衡力系

③图2-29a和图2-29c是平衡力系　　④图2-29c和图2-29d是平衡力系

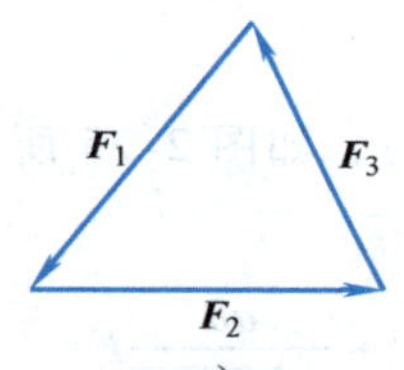

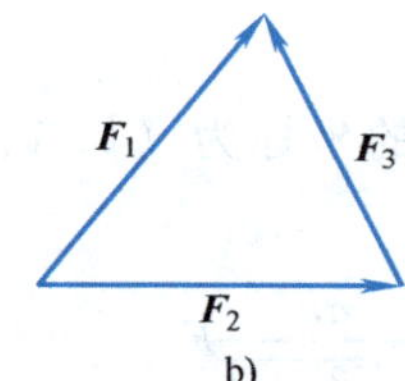

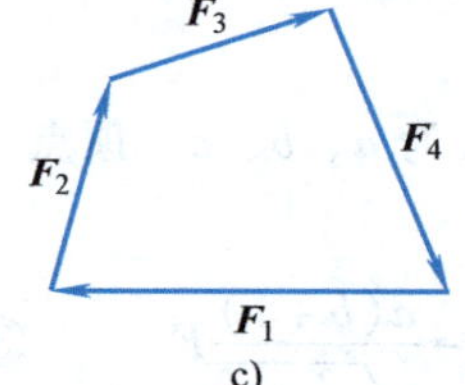

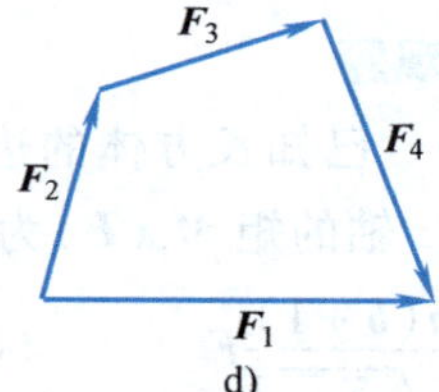

图2-29　题2-5图

2-6　如图2-30所示，四个力作用在某物体的四点A、B、C、D上，设F_1与F_3，F_2与F_4大小相等、方向相反，且作用线互相平行，由这四个力所构造的力多边形闭合，那么（　　）。

①力多边形闭合，物体一定平衡

②虽然力多边形闭合，但作用在物体的力系并非平面汇交力系，无法判定物体是否平衡

③作用在该物体上的四个力构成平面力偶系，物体平衡由$\sum M_i=0$来判定

④上述说法均无依据

2-7　如图2-31所示，正立方体的前侧面沿对角线AB方向作用一力，则该力（　　）。

①对x、y轴之矩相等　　②对y、z轴之矩相等

③对x、y、z轴之矩全相等　　④对x、y、z轴之矩全不相等

2-8　如图2-32所示的机构中，在OA和BD上分别作用力偶矩为M_1和M_2的力偶使机构

在图示位置平衡。若把 M_1 搬到构件 AB 上使系统仍能在图示位置保持平衡，则应该（　　）。

①增大 M_1　　　　②减小 M_1

③保持 M_1 不变　　　　④不可能在图示位置上平衡

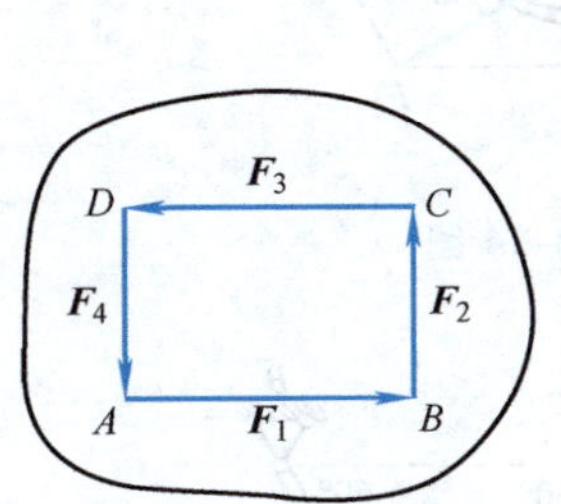

图 2-30　题 2-6 图

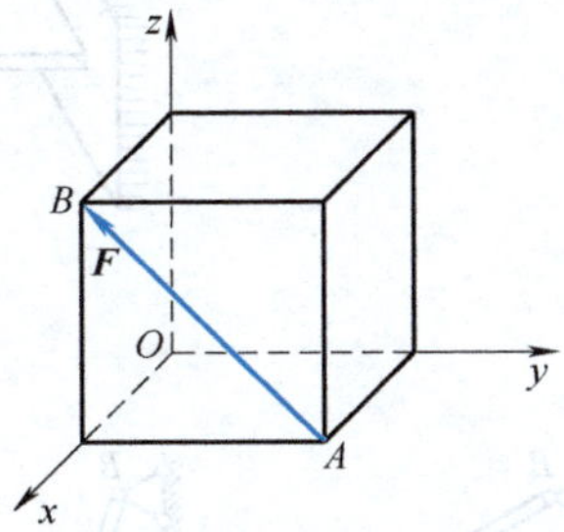

图 2-31　题 2-7 图

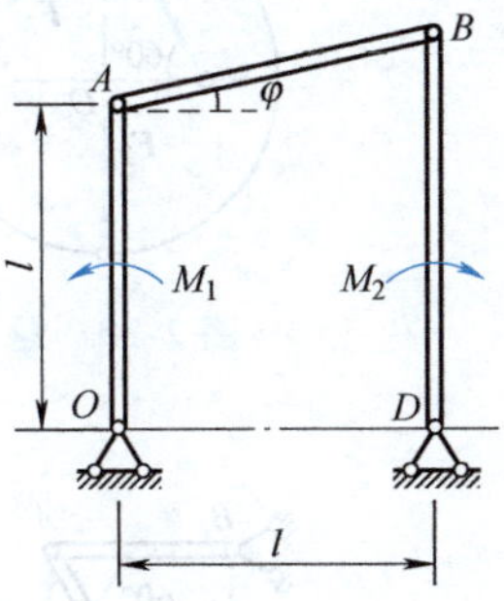

图 2-32　题 2-8 图

2-9　用解析法求解空间汇交力系的平衡问题时，三根投影轴（　　）。

①一定要互相垂直　　　　②可以共面

③既不共面又不互相平行　　　　④没有要求

2-10　以下说法有误的是（　　）。

①力在轴上的投影和力的分量是不同的概念

②力在轴上的投影是代数量

③力的分量是矢量

④在任意坐标系中，力在轴上的投影都等于力沿该轴的分量的大小

2-11　关于某一个力、分力与投影，说法正确的是（　　）。

①力在某坐标轴上的投影与力在该轴上的分力都是矢量，且大小相等，方向一致

②力在某坐标轴上的投影为代数量，而力在该轴上的分力是矢量，两者完全不同

③力在某坐标轴上的投影为矢量，而力在该轴上的分力是代数量，两者完全不同

④对一般坐标轴，力在某坐标轴上投影的量值与力在该轴上的分力大小相等

2-12　以下关于力偶的性质，描述有误的是（　　）。

①力偶中两力在任意轴上的投影和为零

②力偶对任意点的力矩都等于力偶矩

③力偶可以由力来平衡

④只要保持力偶矩不变，就可以任意改变力偶中力的大小、方向、作用点与力偶臂的长短，而不会改变对刚体的作用效果

分析计算题

2-13　已知 $F_1=3\text{kN}$，$F_2=6\text{kN}$，$F_3=4\text{kN}$，$F_4=5\text{kN}$，如图 2-33 所示，试分别用解析法和几何法求这四个力的合力。

2-14　三根绳索的拉力作用于光滑的固定环上，力的大小 $F_1=3\text{kN}$，$F_2=6\text{kN}$，$F_3=12\text{kN}$，方向如图 2-34 所示。试求这三个力的合力。

2-15　支架如图 2-35a～d 所示，由杆 AB 与 AC 组成，A、B 与 C 均为铰链，在销钉 A 上悬挂重量为 G 的重物。试求图示四种情形下，杆 AB 与 AC 所受的力。

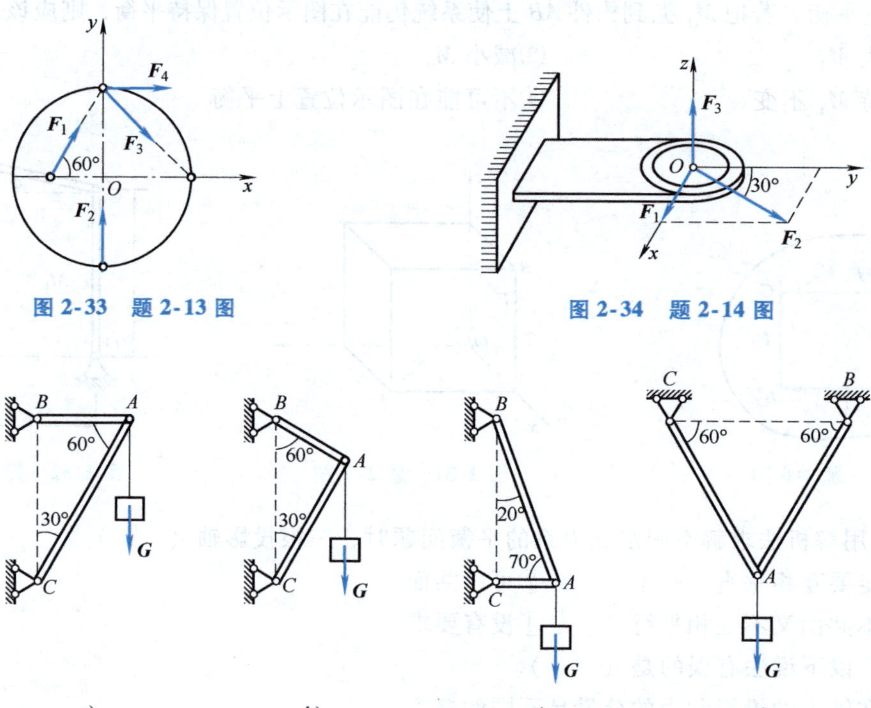

图 2-33　题 2-13 图

图 2-34　题 2-14 图

图 2-35　题 2-15 图

2-16　试确定图 2-36a、b 中铰 A 的约束力方位线。除图中注明的主动力外，重力均略去不计。

2-17　物体重 $G=200\text{N}$，用一绳悬挂并绕过轮 A 连接于 D 处，轮 A 用两根无重刚杆支撑如图 2-37 所示。忽略轮 A 的尺寸，试求两杆所受的力。

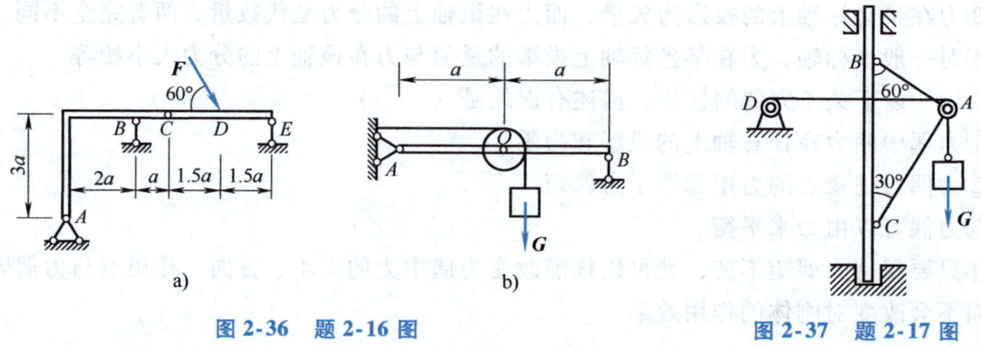

图 2-36　题 2-16 图

图 2-37　题 2-17 图

2-18　压榨机 ABC，在 A 铰处作用水平力 $\boldsymbol{F}$，B 点为固定铰链。由于水平力 $\boldsymbol{F}$ 的作用使 C 块压紧物体 D，设 C 块与墙壁为光滑接触；压榨机尺寸如图 2-38 所示。试求物体 D 所受的压力 $\boldsymbol{F}_D$。

2-19　图 2-39 所示为一拔桩装置。在木桩的点 A 上系一绳，将绳的另一端固定在点 C，在绳的点 B 系另一绳 BE，将它的另一端固定在点 E。然后在绳的点 D 处用力向下拉，并使绳的 BD 段水平，AB 段铅直；DE 段与水平线、CB 段与铅直线间成等角 $\alpha=0.1\text{rad}$（当 α 很

小时，$\tan\alpha\approx\alpha$）。设向下的拉力 $F=800\text{N}$，求绳 AB 作用于桩上的拉力。

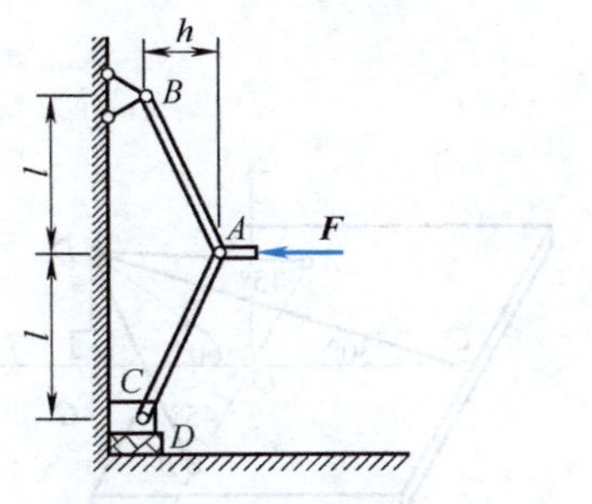

图 2-38　题 2-18 图

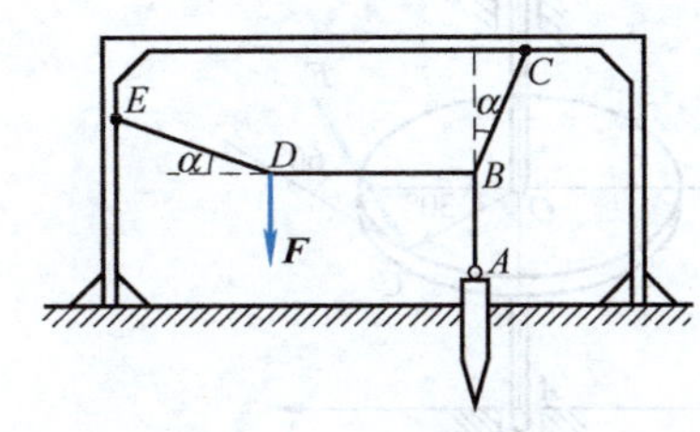

图 2-39　题 2-19 图

2-20　试计算图 2-40 所示 $\boldsymbol{F}_1$、$\boldsymbol{F}_2$、$\boldsymbol{F}_3$ 三个力分别在 x，y，z 轴上的投影。已知三个力的大小分别为 $F_1=2\text{kN}$，$F_2=1\text{kN}$，$F_3=3\text{kN}$。

2-21　已知作用在点 A 处的力 $\boldsymbol{F}$ 的大小为 200N，其方向如图 2-41 所示（图中尺寸单位为 mm）。试计算该力对 x，y，z 轴之矩。

2-22　求图 2-42 中所示的力 $\boldsymbol{F}$ 对坐标原点及各坐标轴的力矩。

2-23　轴 AB 与铅直线成 α 角，悬臂 CD 与轴垂直地固定在轴上，其长度为 a，并与铅直面 BAz 成 β 角，如图 2-43 所示，如在点 D 作用铅直向下的力 $\boldsymbol{F}$，求此力对轴 AB 之矩。

2-24　水平圆盘的半径为 r，外缘 C 处作用有已知力 $\boldsymbol{F}$，力 $\boldsymbol{F}$ 位于铅垂平面内，且与 C 处圆盘切线夹角为 60°，其他尺寸如图 2-44 所示。求力 $\boldsymbol{F}$ 对 x，y，z 轴之矩。

2-25　求图 2-45 所示结构中 A、B、C 三处铰链的约束力。已知物重 $G=1\text{kN}$。

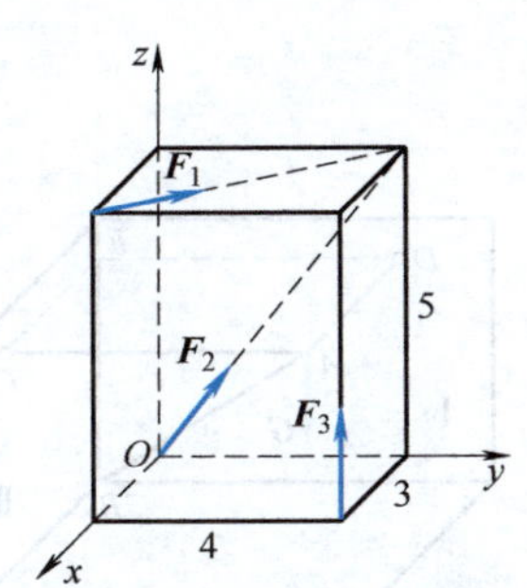

图 2-40　题 2-20 图

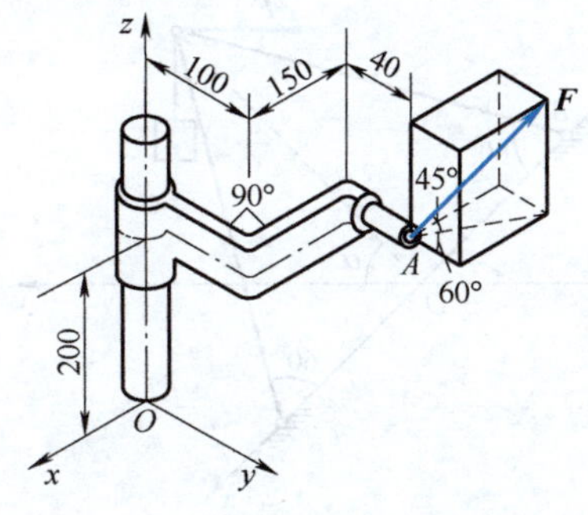

图 2-41　题 2-21 图

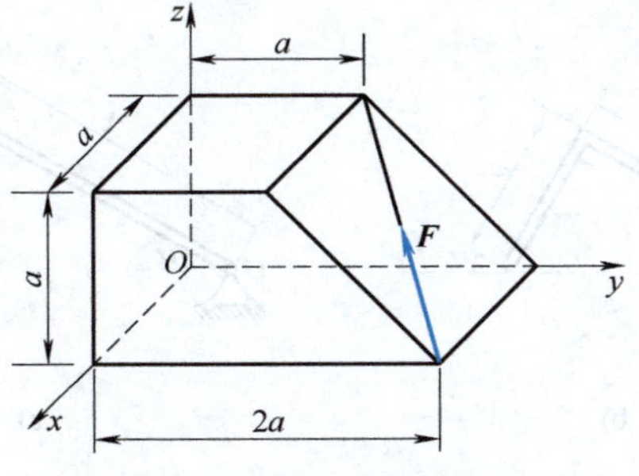

图 2-42　题 2-22 图

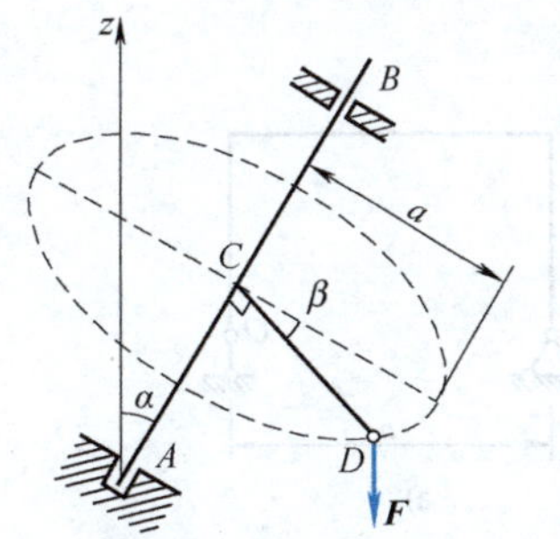

图 2-43　题 2-23 图

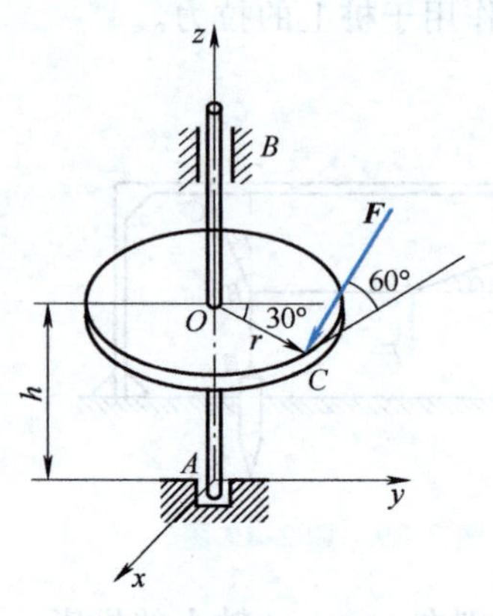

图 2-44　题 2-24 图

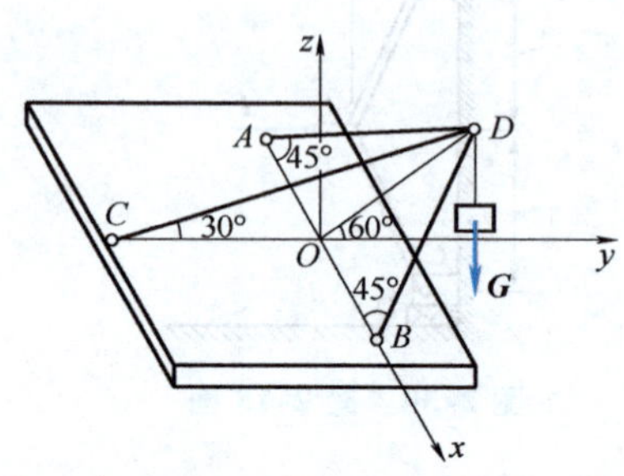

图 2-45　题 2-25 图

2-26　AB、AC 两杆铰接于 A，一重物挂于 A 的下方，重 $G=200\text{N}$。现加一平行于 y 轴的水平力 $\boldsymbol{F}$，使系统在图 2-46 所示位置平衡。已知 $F=400\text{N}$，求平面 ABC 与水平面的夹角 α 及杆 AB、AC 的内力。

2-27　物块重为 $G=420\text{N}$，由杆 AB 和链条 AC、AD 所支持，如图 2-47 所示，$AB=116\text{cm}$，$AC=64\text{cm}$，$AD=48\text{cm}$，矩形 $CADE$ 所在平面是水平的，而平面Ⅰ、Ⅱ则是铅垂的。试求 AB 杆所受的力和链条 AC、AD 的拉力。

2-28　如图 2-48a～c 所示，结构上作用力 $\boldsymbol{F}$，试分别计算力 $\boldsymbol{F}$ 对 O 点的矩，F、l、a、b、θ、α 大小均为已知量。

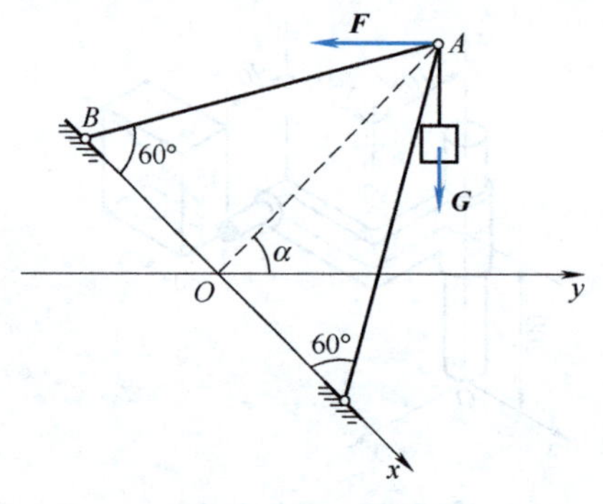

图 2-46　题 2-26 图

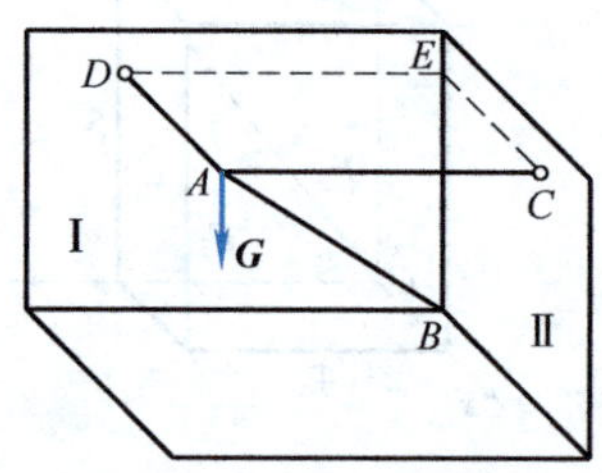

图 2-47　题 2-27 图

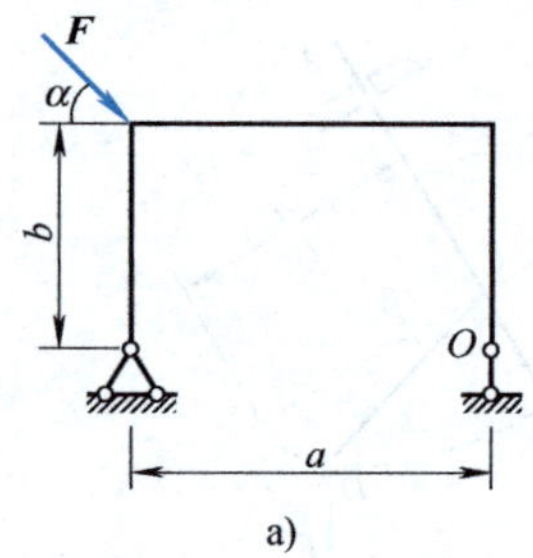

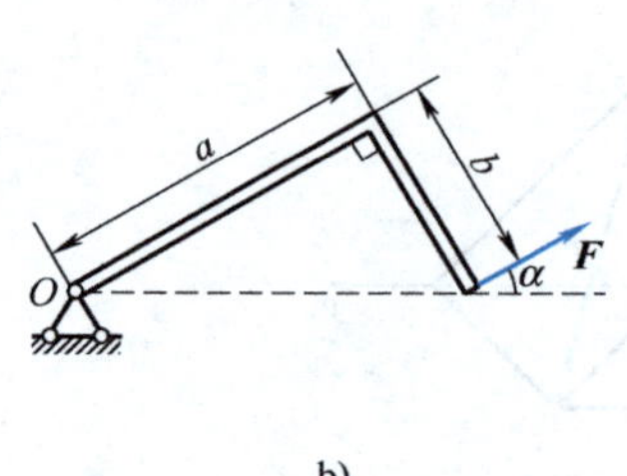

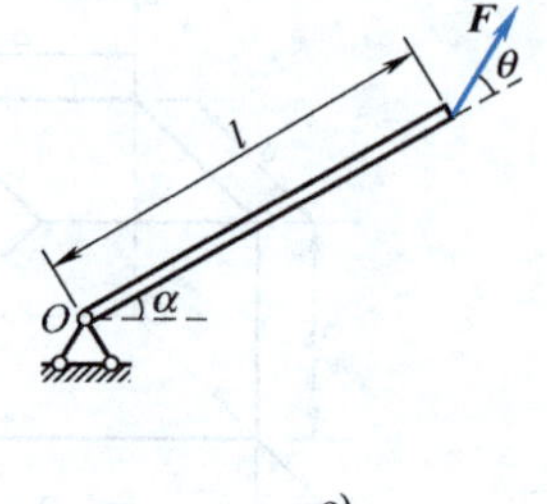

图 2-48　题 2-28 图

2-29 直角弯杆 $ABCD$ 与直杆 DE 及 EC 铰接如图 2-49 所示，作用在 DE 杆上的力偶的力偶矩 $M=40\text{kN}\cdot\text{m}$，不考虑摩擦和各杆件自重，尺寸如图 2-49 所示，求支座 A 和 B 处的约束力及 EC 杆所受的力。

2-30 在图 2-50 所示结构中，各构件的自重略去不计。在构件 AB 上作用一力偶矩为 M 的力偶，求支座 A 和 C 的约束力。

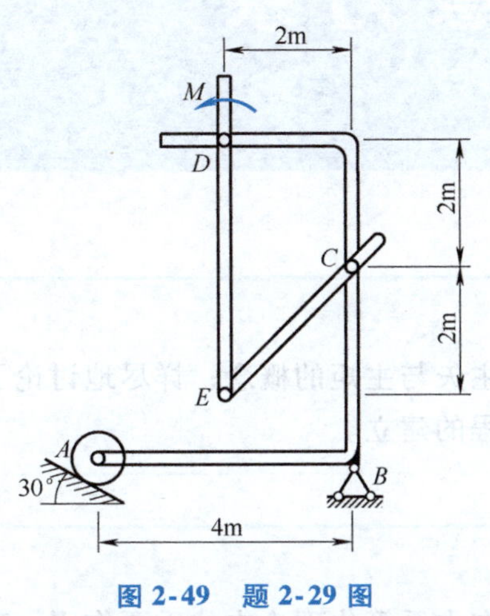

图 2-49 题 2-29 图

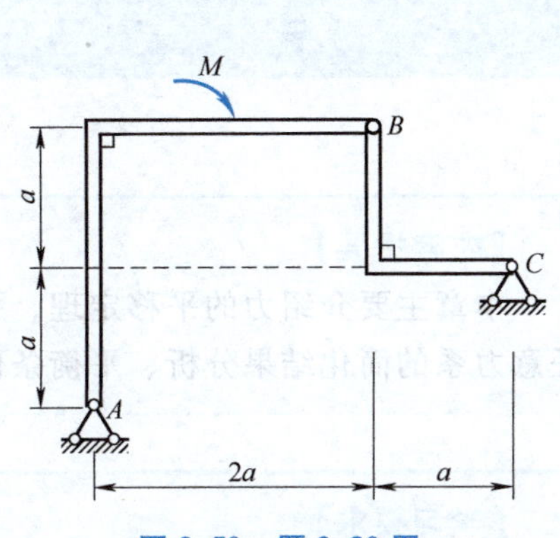

图 2-50 题 2-30 图

2-31 图 2-51 所示三个圆盘 A、B 和 C 的半径分别为 150mm、100mm 和 50mm。三轴 OA、OB 和 OC 在同一平面内，$\angle AOB$ 为直角。在这三个圆盘上分别作用力偶，组成各力偶的力作用在轮缘上，它们的大小分别等于 10N、20N 和 F。这三个圆盘所构成的物体系统是自由的，不计系统重量。求能使此系统平衡的力 F 的大小和角 θ。

2-32 圆盘 O_1 和 O_2 与水平轴 AB 固连，盘面 O_1 垂直于 z 轴，盘面 O_2 垂直于 x 轴，盘面上分别作用有力偶 $(\boldsymbol{F}_1, \boldsymbol{F}_1')$、$(\boldsymbol{F}_2, \boldsymbol{F}_2')$，如图 2-52 所示。如两盘半径均为 200mm，$F_1=3\text{N}$，$F_2=5\text{N}$，$AB=800\text{mm}$，不计构件自重，计算轴承 A 和 B 处的约束力。

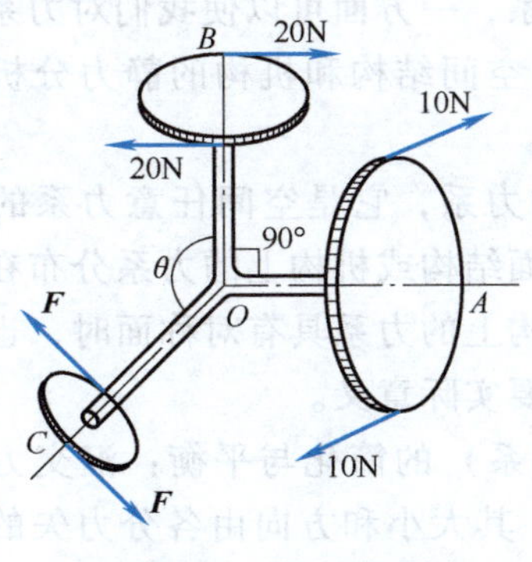

图 2-51 题 2-31 图

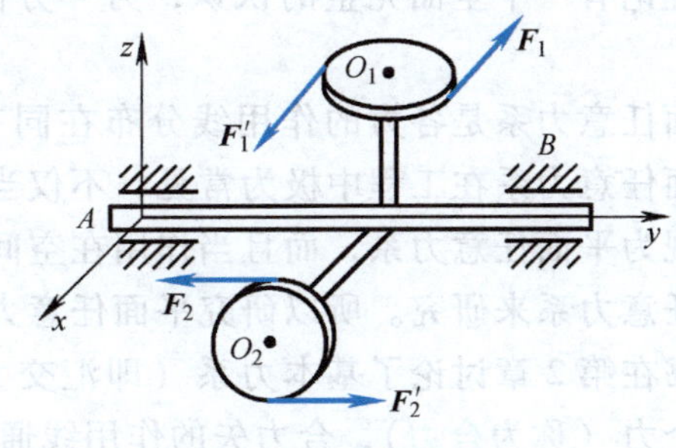

图 2-52 题 2-32 图

第3章 任意力系

【内容提要】

本章主要介绍力的平移定理，引进力系的主矢与主矩的概念；详尽地讨论了任意力系的简化结果分析、平衡条件及平衡方程的建立。

【学习要求】

通过本章的学习，了解力的平移定理及其在力系简化理论中的重要作用，理解力系的主矢和主矩的概念以及力系简化结果分析。熟练应用各种形式的平衡方程求解单个物体的平衡问题。了解平行力系中心和重心的概念，会用坐标公式求简单均质体的重心。

任意力系可以分为空间任意力系与平面任意力系。

空间任意力系是各力的作用线在空间任意分布的力系，显然，这是力系中最普遍的情形，其他各种力系都是它的特例。因此研究空间任意力系，一方面可以使我们对力系的简化和平衡理论有一个全面完整的认识，另一方面对工程中空间结构和机构的静力分析也是有益的。

平面任意力系是各力的作用线分布在同一平面内的力系，它是空间任意力系的重要特例。平面任意力系在工程中极为常见，不仅当作用在平面结构或机构上的力系分布在同一平面时可视为平面任意力系，而且当作用在空间结构或机构上的力系具有对称面时，也可简化为平面任意力系来研究。所以研究平面任意力系具有重要实际意义。

本书在第2章讨论了基本力系（即汇交力系和力偶系）的简化与平衡：汇交力系可合成为一个力（称为合力），合力矢的作用线通过汇交点，其大小和方向由各分力矢的矢量和表示。力偶系可合成为一个力偶（称为合力偶），合力偶矩矢等于各分力偶矩矢的矢量和。而对于某一个任意力系，却不一定能找到一个力或一个力偶与之等效，也就是说，该力系不一定存在合力或合力偶。

为了研究任意力系对刚体总的作用效果，并研究其平衡条件，需要将力系向一点简化，这是一种较为简便并且具有普遍性的力系简化方法。这种方法的理论基础是力的平移定理。下面就先介绍并证明这个定理，然后再介绍力系向一点简化理论及简化结果的讨论。

3.0　本章学习任务单

1. 力的平移定理

理解力的平移定理及适用范围，并能用该理论解释一些日常生产和生活中的现象。请读者带着如下问题学习 3.1 节的内容：

1）为什么力的平移定理不适用于变形体？

2）用丝锥攻螺纹时，为什么要求用两只手且作用在把手上的两个力要组成一对力偶？

2. 任意力系向一点的简化——主矢和主矩

根据力的平移定理，选择一个简化中心，可以将一个任意力系分离成一个共点力系和一个力偶系，那么共点力系的合力就是主矢，而力偶系的合力偶就是主矩。进一步加强力的基本计算能力，能熟练求得任意力系对任选简化中心的主矢和主矩。请读者带着如下问题学习 3.2 节的内容（含 1 个微视频）：

1）什么是主矢？主矢就是原力系的合力吗？

2）什么是主矩？主矩就是原力系的合力偶吗？

3. 任意力系简化的结果分析

了解空间任意力系简化的最后结果有四种情况，即平衡、合力偶、合力与力螺旋。理解并能判断所研究的力系是否有合力存在？请读者带着如下问题学习 3.3 节的内容（含 2 个微视频）：

1）力系平衡时合力为零，非平衡力系是否一定有合力？

2）平面任意力系的简化结果为什么没有力螺旋的情况？

3）如果任意力系的力多边形自行封闭，该力系的最后简化结果可能是什么？

4. 任意力系的平衡

空间任意力系平衡的必要和充分条件是该力系的主矢和对于任一点 O 的主矩都等于零，由此得到空间任意力系平衡方程的基本形式：三个投影平衡方程和三个矩轴平衡方程。要求会用这六个平衡方程推导出任意特殊力系的独立平衡方程。熟练求解单个刚体受任意力系的平衡问题。请读者带着如下问题学习 3.4 节的内容（含 2 个微视频）：

1）应从哪些方面去理解平面任意力系只有三个独立的平衡方程？为什么说任何第四个方程只是前三个方程的线性组合？能否把三个平衡方程都写成投影方程？

2）在平面汇交力系的平衡方程中，是否可取两个力矩方程，或一个力矩方程和一个投影方程？这时，其矩心和投影轴的选择有何限制？

3.1　力的平移定理

1. 力沿作用线的移动

作用于刚体上的某一点的力可沿其作用线移至该刚体的任意点，而不改变该力对刚体的作用效果。力的这种性质称为力的可传性。

力的可传性作为静力学公理的推论已在第 1 章中论述过，这里不再讨论。

2. 力的平移定理

对刚体来说，根据上述力的可传性，易知力是滑动矢量，力的三要素为大小、方向和作用线。那么，能否保持此力的大小和方向不变，而把作用线任意平移一段距离呢？力的平移定理可以回答这个问题。

力的平移定理：可以把作用在刚体上点 A 的力 $\boldsymbol{F}$ 平行移到该刚体上任一点 B，但必须同时附加一个力偶，这个附加力偶的矩等于原来的力 $\boldsymbol{F}$ 对新作用点 B 的矩。

证明：图 3-1a 中的力 $\boldsymbol{F}$ 作用于刚体的点 A，在刚体上任取一点 B，并在 B 点加上两个等值、反向、共线的力 $\boldsymbol{F}'$和 $\boldsymbol{F}''$，使它们与力 $\boldsymbol{F}$ 平行，且 $\boldsymbol{F}=\boldsymbol{F}'=\boldsymbol{F}''$，如图 3-1b 所示。显然，三个力 $\boldsymbol{F}$、$\boldsymbol{F}'$、$\boldsymbol{F}''$组成的新力系与原来的一个力等效。这三个力可以看作是一个作用在点 B 的力 $\boldsymbol{F}'$和一个力偶（$\boldsymbol{F}$，$\boldsymbol{F}''$），此力偶的矩为 $\boldsymbol{M}=\boldsymbol{r}\times\boldsymbol{F}$，刚好等于力 $\boldsymbol{F}$ 对点 B 的力矩 $\boldsymbol{M}_B(\boldsymbol{F})=\boldsymbol{r}\times\boldsymbol{F}$，可用图 3-1c 来表示。这样，图 3-1a 中的一个力就与图 3-1c 中的一个力与一个力偶等效，即把作用于点 A 的力 $\boldsymbol{F}$ 平移到另一点 B 时，必须同时附加上一个相应的力偶，这个力偶称为附加力偶，其力偶矩 $\boldsymbol{M}$ 等于力 $\boldsymbol{F}$ 对点 B 的矩，定理得证。

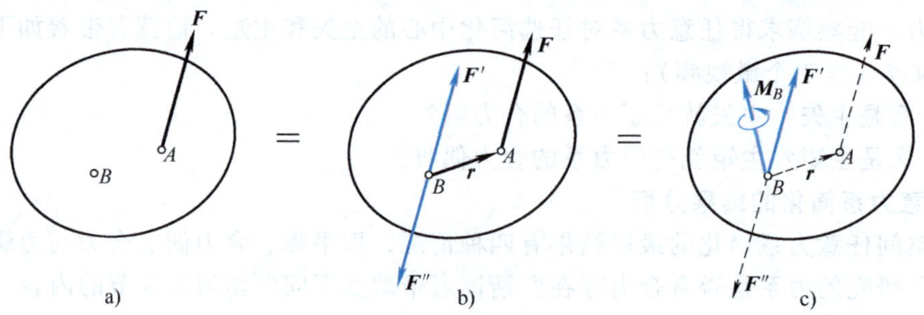

图 3-1　证明力的平移定理

力的平移定理不仅是任意力系向一点简化的依据，而且可以用来解释一些现象与问题。例如，打乒乓球时，若球拍给球的力擦在球的边缘（见图 3-2a），这相当于在球心加一力 $\boldsymbol{F}'$与一力偶 M（见图 3-2b），乒乓球在此力 $\boldsymbol{F}'$作用下向前运动，且在此力偶 M 的作用下旋转。又如图 3-3a 所示厂房立柱受荷载 $\boldsymbol{F}$ 作用，在不考虑凸出部分变形的情况下，其作用效果和作用在立柱轴线上的力 $\boldsymbol{F}'$与矩为 $M=Fe$ 的力偶等效（见图 3-3b）。在材料力学里可知，力 $\boldsymbol{F}'$使立柱压缩，而矩为 M 的力偶将使立柱弯曲。读者还可以考虑图 3-4 所示用丝锥攻螺纹时，为什么要求用两只手操作且作用在把手上的两个力要相等？用一只手是否可以使其转动？效果会怎样？另外必须注意，在研究物体的变形问题时，力是不能平移的。如图 3-5a 所示，梁端 B 受一力 $\boldsymbol{F}$ 作用，若将此力平移至 A 点成为 $\boldsymbol{F}'$并附加一矩为 M 的力偶（见图 3-5b），则梁的变形效果是不同的。

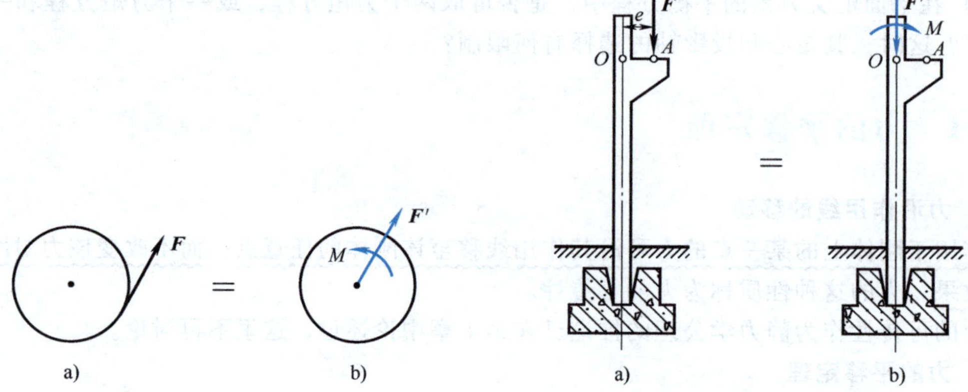

图 3-2　力的平移定理应用 1　　图 3-3　力的平移定理应用 2

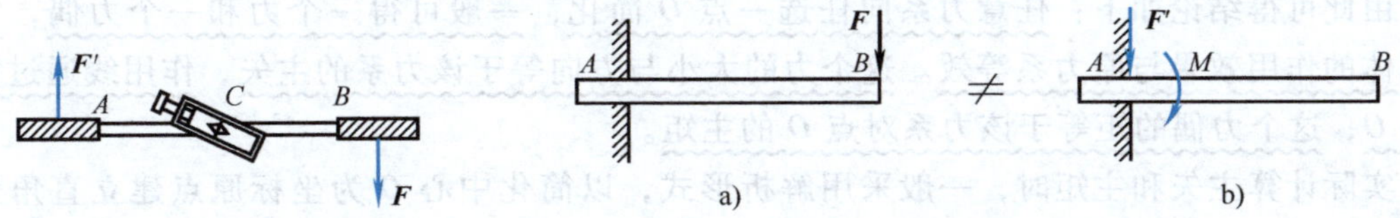

图 3-4　力的平移定理应用 3　　　图 3-5　力的平移定理应用 4

3.2　任意力系向一点的简化——主矢和主矩

3.2.1　空间任意力系向一点的简化

设刚体上有一空间分布的任意力系 $\boldsymbol{F}_1$，$\boldsymbol{F}_2$，…，$\boldsymbol{F}_n$ 作用，如图 3-6a 所示。在刚体上任选一点 O 称为简化中心。应用力的平移定理，依次将作用于刚体上的每个力向简化中心 O 平移，同时附加一个相应的力偶。这样，原来的任意力系就被一个汇交于点 O 的空间共点力系（$\boldsymbol{F}_1'$，$\boldsymbol{F}_2'$，…，$\boldsymbol{F'}_n$）与一个空间力偶系（$\boldsymbol{M}_1$，$\boldsymbol{M}_2$，…，$\boldsymbol{M}_n$）等效代替，如图 3-6b 所示。其中，共点力系的各力 $\boldsymbol{F}_i'=\boldsymbol{F}_i(i=1, 2, \cdots, n)$；空间力偶系的各力偶矩等于各分力对点 O 的矩，即 $\boldsymbol{M}_i=\boldsymbol{M}_O(\boldsymbol{F}_i)(i=1, 2, \cdots, n)$。

【微视频：任意力系向一点简化——主矢和主矩】

作用于点 O 的共点力系可以合成为一个合力 $\boldsymbol{F}_{\mathrm{R}}'$，如图 3-6c 所示，即

$$\boldsymbol{F}_{\mathrm{R}}'=\sum\boldsymbol{F}_i'=\sum\boldsymbol{F}_i \tag{3-1}$$

此力一般并不能与原力系等效，所以不能称其为原力系的合力，而称其为原力系的主矢。可以看出，主矢 $\boldsymbol{F}_{\mathrm{R}}'$ 与简化中心的位置没有关系。而力偶系（$\boldsymbol{M}_1$，$\boldsymbol{M}_2$，…，$\boldsymbol{M}_n$）可以合成为一个力偶（见图 3-6c），由于此力偶不能与原力系等效，所以也不能称其为原力系的合力偶，而称之为原力系的主矩。又由于各分力偶分别等于各分力对所选 O 点的力矩，当取不同的点为简化中心时，各力的力矩将有改变，所以，主矩一般与简化中心的选择有关。因此，以 $\boldsymbol{M}_O$（而不以 $\boldsymbol{M}$）来表示主矩，且

$$\boldsymbol{M}_O=\sum\boldsymbol{M}_i=\sum\boldsymbol{M}_O(\boldsymbol{F}_i) \tag{3-2}$$

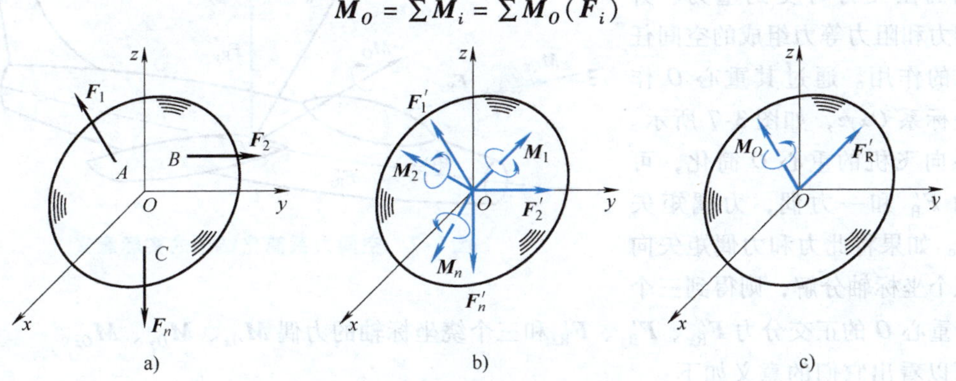

图 3-6　空间任意力系向一点简化

由此可得结论如下：任意力系向任选一点 O 简化，一般可得一个力和一个力偶，它们对刚体的作用效果与原力系等效。这个力的大小与方向等于该力系的主矢，作用线通过简化中心 O；这个力偶的矩等于该力系对点 O 的主矩。

实际计算主矢和主矩时，一般采用解析形式，以简化中心 O 为坐标原点建立直角坐标系如图 3-6 所示，根据式（3-1）、式（3-2）可分别列出该力系主矢、主矩的大小和方向余弦的计算公式，如下分别列出（为书写方便，略去下标 i）。

1. 主矢量 $\boldsymbol{F}'_{\mathrm{R}}$ 的计算

设 $F'_{\mathrm{R}x}$、$F'_{\mathrm{R}y}$、$F'_{\mathrm{R}z}$ 和 F_x、F_y、F_z 分别表示主矢量 $\boldsymbol{F}'_{\mathrm{R}}$ 和力系中第 i 个力 $\boldsymbol{F}_i$ 在坐标轴上的投影，则

$$F'_{\mathrm{R}x} = \sum F_x,\ F'_{\mathrm{R}y} = \sum F_y,\ F'_{\mathrm{R}z} = \sum F_z \tag{3-3}$$

由此可得主矢量的大小和方向余弦为

$$\begin{cases} F'_{\mathrm{R}} = \sqrt{(F'_{\mathrm{R}x})^2 + (F'_{\mathrm{R}y})^2 + (F'_{\mathrm{R}z})^2} = \sqrt{(\sum F_x)^2 + (\sum F_y)^2 + (\sum F_z)^2} \\ \cos(\boldsymbol{F}'_{\mathrm{R}}, \boldsymbol{i}) = \dfrac{\sum F_x}{F'_{\mathrm{R}}}, \cos(\boldsymbol{F}'_{\mathrm{R}}, \boldsymbol{j}) = \dfrac{\sum F_y}{F'_{\mathrm{R}}}, \cos(\boldsymbol{F}'_{\mathrm{R}}, \boldsymbol{k}) = \dfrac{\sum F_z}{F'_{\mathrm{R}}} \end{cases} \tag{3-4}$$

2. 主矩 $\boldsymbol{M}_O$ 的计算

设 M_{Ox}、M_{Oy}、M_{Oz} 分别表示主矩 $\boldsymbol{M}_O$ 在坐标轴上的投影，根据力对点之矩与力对轴之矩的关系，将式（3-2）两端分别在坐标轴上投影，得

$$\begin{cases} M_{Ox} = [\sum \boldsymbol{M}_O(\boldsymbol{F})]_x = \sum M_x(\boldsymbol{F}) = \sum M_x \\ M_{Oy} = [\sum \boldsymbol{M}_O(\boldsymbol{F})]_y = \sum M_y(\boldsymbol{F}) = \sum M_y \\ M_{Oz} = [\sum \boldsymbol{M}_O(\boldsymbol{F})]_z = \sum M_z(\boldsymbol{F}) = \sum M_z \end{cases} \tag{3-5}$$

由此可得力系对 O 点主矩的大小和方向余弦为

$$\begin{cases} M_O = \sqrt{M_{Ox}^2 + M_{Oy}^2 + M_{Oz}^2} = \sqrt{(\sum M_x)^2 + (\sum M_y)^2 + (\sum M_z)^2} \\ \cos(\boldsymbol{M}_O, \boldsymbol{i}) = \dfrac{M_{Ox}}{M_O}, \cos(\boldsymbol{M}_O, \boldsymbol{j}) = \dfrac{M_{Oy}}{M_O}, \cos(\boldsymbol{M}_O, \boldsymbol{k}) = \dfrac{M_{Oz}}{M_O} \end{cases} \tag{3-6}$$

下面通过作用在飞机上的力系说明空间力系简化结果的实际意义。飞机在飞行时受到重力、升力、推力和阻力等力组成的空间任意力系的作用。通过其重心 O 作直角坐标系 $Oxyz$，如图 3-7 所示。将力系向飞机的重心 O 简化，可得一力 $\boldsymbol{F}'_{\mathrm{R}}$ 和一力偶，力偶矩矢为 $\boldsymbol{M}_O$。如果将此力和力偶矩矢向上述三个坐标轴分解，则得到三个作用于重心 O 的正交分力 $\boldsymbol{F}'_{\mathrm{R}x}$、$\boldsymbol{F}'_{\mathrm{R}y}$、$\boldsymbol{F}'_{\mathrm{R}z}$ 和三个绕坐标轴的力偶 $\boldsymbol{M}_{Ox}$、$\boldsymbol{M}_{Oy}$、$\boldsymbol{M}_{Oz}$。

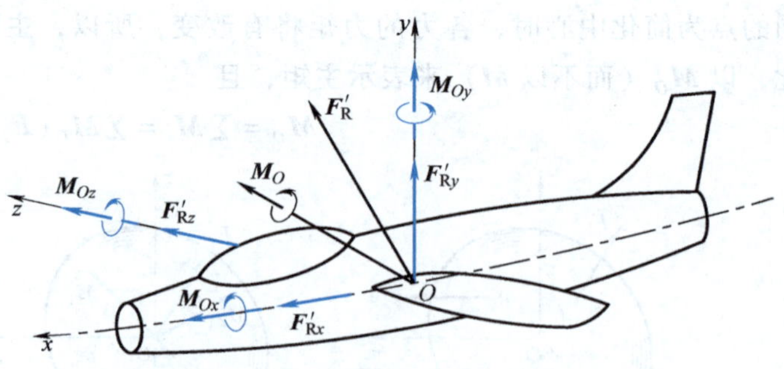

图 3-7 空间力系简化结果的实际意义

可以看出它们的意义如下：

$\boldsymbol{F}'_{\mathrm{R}x}$——有效推进力；

F'_{Ry}——有效升力；

F'_{Rz}——侧向力；

M_{Ox}——滚转力矩；

M_{Oy}——偏航力矩；

M_{Oz}——俯仰力矩。

空间任意力系简化的又一实例是固定端（插入端）约束对被约束物体的约束力。例如烟囱、水塔、电线杆等受到地基的约束，就属于这种约束。约束给被约束物体的力是空间任意分布的，如图3-8a所示。对这些约束力的实际分布很难搞清楚。我们可以利用力系简化理论来考虑其总体效应。把这个力系向 A 点简化，得到一个力 $\boldsymbol{F}_{RA}$ 和一个力偶 $\boldsymbol{M}_A$，如图3-8b所示。一般情况下，$\boldsymbol{F}_{RA}$、$\boldsymbol{M}_A$ 的大小、方向均未知，习惯用它们的正交分力 $\boldsymbol{F}_{Ax}$、$\boldsymbol{F}_{Ay}$、$\boldsymbol{F}_{Az}$ 和 $\boldsymbol{M}_{Ax}$、$\boldsymbol{M}_{Ay}$、$\boldsymbol{M}_{Az}$ 表示，如图3-8c所示。固定端约束力的这六个正交分量所起的作用是分别阻止物体沿三个坐标轴方向的移动和绕三个坐标轴的转动。

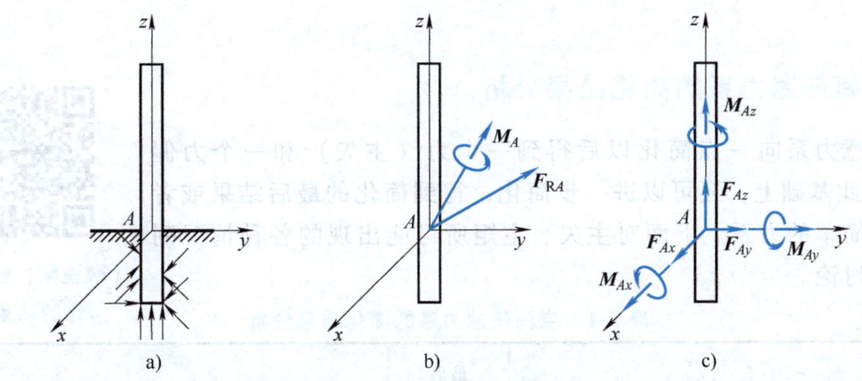

图3-8 空间固定端约束力

3.2.2 平面任意力系向一点的简化

平面任意力系是空间任意力系的特例。当作用在物体上的力的作用线都分布在同一平面内，或近似分布在同一平面内且任意分布时，可作为平面任意力系问题处理。当物体有一几何对称面，且所受的荷载也对称于此平面时，也可以作为平面任意力系问题来处理。

对平面任意力系，取力系所在平面为 xOy 平面，则有

$$\sum F_z \equiv 0$$
$$\sum M_x \equiv 0$$
$$\sum M_y \equiv 0$$

主矢在力系所在平面内，主矩也在力系所在平面内（或主矩矢量垂直于力系所在平面），则主矢与主矩的计算公式为

$$\begin{cases} F'_R = \sqrt{(\sum F_x)^2 + (\sum F_y)^2} \\ \cos(\boldsymbol{F}'_R, \boldsymbol{i}) = \dfrac{\sum F_x}{F'_R},\ \cos(\boldsymbol{F}'_R, \boldsymbol{j}) = \dfrac{\sum F_y}{F'_R} \\ M_O = \sqrt{(\sum M_z)^2} = \sum M_z = \sum M_O \end{cases} \tag{3-7}$$

对阳台、烟囱、水塔、电线杆等固定端约束，当主动力都分布在一个平面内时，约束力也必定分布在同一平面内，简化到 A 点得一力 $\boldsymbol{F}_{RA}$ 与一力偶 M_A ⊖，通常也将力 $\boldsymbol{F}_{RA}$ 用正交分力 $\boldsymbol{F}_{Ax}$、$\boldsymbol{F}_{Ay}$ 表示。平面力系问题中，固定端有三个约束力 $\boldsymbol{F}_{Ax}$、$\boldsymbol{F}_{Ay}$、M_A，分别阻止物体沿 x、y 轴方向的移动和在力系平面内绕点 A 的转动，如图 3-9 所示。

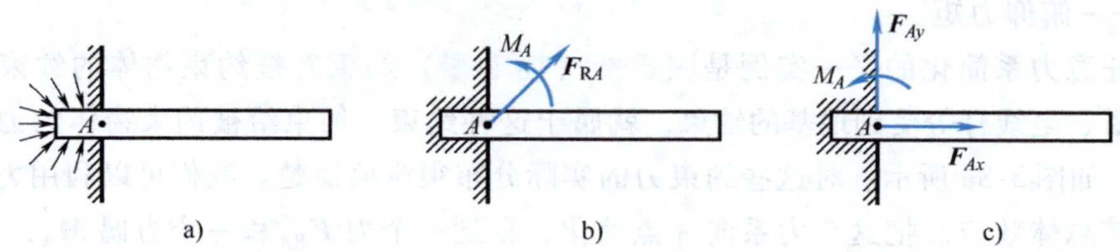

图 3-9　平面固定端约束力

3.3　任意力系简化的结果分析

3.3.1　空间任意力系的简化结果分析

空间任意力系向一点简化以后得到一个力（主矢）和一个力偶（主矩），在此基础上，还可以进一步简化，得到简化的最后结果或者说简化到最简单的力系。下面对主矢、主矩所可能出现的各种情况列表 3-1 予以讨论。

【微视频：任意力系简化的结果分析】

表 3-1　空间任意力系的简化结果分析

主矢	主矩		最后结果	与简化中心的关系
$\boldsymbol{F}'_R=0$	(1)	$\boldsymbol{M}_O=0$	平衡	与简化中心的位置无关
	(2)	$\boldsymbol{M}_O\neq0$	合力偶	与简化中心的位置无关
$\boldsymbol{F}'_R\neq0$	(3)	$\boldsymbol{M}_O=0$	合力	合力作用线通过简化中心
	(4)	$\boldsymbol{M}_O\neq0$，$\boldsymbol{F}'_R\perp\boldsymbol{M}_O$	合力	合力作用线距简化中心的距离为 $d=\dfrac{M_O}{F'_R}$
	(5)	$\boldsymbol{M}_O\neq0$，$\boldsymbol{F}'_R/\!/\boldsymbol{M}_O$	力螺旋	力螺旋的中心轴过简化中心
	(6)	$\boldsymbol{M}_O\neq0$，$\boldsymbol{F}'_R$ 与 $\boldsymbol{M}_O$ 成 α 角	力螺旋	力螺旋的中心轴距简化中心为 $d=\dfrac{M_O\sin\alpha}{F'_R}$

（1）空间任意力系为平衡力系的情形（$\boldsymbol{F}'_R=0$，$\boldsymbol{M}_O=0$）　这时，说明空间力系与零力系等效，空间力系是个平衡力系。将在下节详细讨论。

（2）空间任意力系简化为合力偶的情形（$\boldsymbol{F}'_R=0$，$\boldsymbol{M}_O\neq0$）　这时，一个力偶 $\boldsymbol{M}_O$ 与原力系等效，力系简化为一合力偶。由力偶的性质知，此种情况下，简化结果与简化中心的位

⊖ 一般情况下，力偶和力偶矩是一个矢量。当所研究的是一个平面力系时，则此时力偶（力偶矩）的方向一定垂直于该平面，即只有两个指向，因此可以用代数量表示。

置无关。

（3）空间任意力系简化为合力的情形Ⅰ（$\boldsymbol{F}'_{\mathrm{R}} \neq \mathbf{0}$，$\boldsymbol{M}_O = \mathbf{0}$）　这时，一个力 $\boldsymbol{F}'_{\mathrm{R}}$ 与原力系等效，力系简化为一合力，合力通过简化中心 O。

（4）空间任意力系简化为合力的情形Ⅱ（$\boldsymbol{F}'_{\mathrm{R}} \neq \mathbf{0}$，$\boldsymbol{M}_O \neq \mathbf{0}$，$\boldsymbol{F}'_{\mathrm{R}} \perp \boldsymbol{M}_O$）　这时，如图 3-10a 所示。因 $\boldsymbol{F}'_{\mathrm{R}}$、$\boldsymbol{M}_O$ 均不为零，以 F'_{R} 除 M_O 得 $d = \dfrac{|M_O|}{F'_{\mathrm{R}}}$，在图 3-10a 上量取 $OO' = d$，且令 $\boldsymbol{F}_{\mathrm{R}} = \boldsymbol{F}'_{\mathrm{R}} = \boldsymbol{F}''_{\mathrm{R}}$，因此，$\boldsymbol{M}_O$ 与力偶（$\boldsymbol{F}_{\mathrm{R}}$，$\boldsymbol{F}''_{\mathrm{R}}$）等效，则图 3-10b 所示力系与图 3-10a 所示情形等效。然而，再考察图 3-10b，（$\boldsymbol{F}''_{\mathrm{R}}$，$\boldsymbol{F}'_{\mathrm{R}}$）是一个零力系，根据力系等效定理可知，图 3-10c 中一力 $\boldsymbol{F}_{\mathrm{R}}$ 与 3-10b 图所示力系等效，则 $\boldsymbol{F}_{\mathrm{R}}$ 与原力系等效，力系简化为一合力，且 $\boldsymbol{F}_{\mathrm{R}} = \boldsymbol{F}'_{\mathrm{R}}$，合力作用线离简化中心 O 的距离为 $d = \dfrac{|M_O|}{F_{\mathrm{R}}}$，由此式及图 3-10a、b 可以看出

$$\boldsymbol{M}_O = \boldsymbol{d} \times \boldsymbol{F}_{\mathrm{R}} = \boldsymbol{M}_O(\boldsymbol{F}_{\mathrm{R}})$$

又

$$\boldsymbol{M}_O = \sum \boldsymbol{M}_O(\boldsymbol{F}_i)$$

则

$$\boldsymbol{M}_O(\boldsymbol{F}_{\mathrm{R}}) = \sum \boldsymbol{M}_O(\boldsymbol{F}_i) \tag{3-8}$$

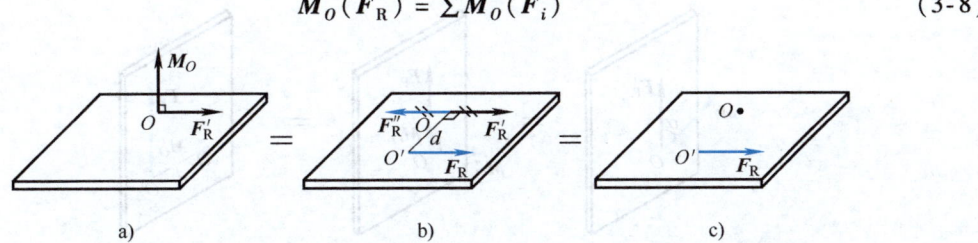

图 3-10　空间任意力系简化为合力的情形

式（3-8）表明：空间任意力系的合力对于任意一点的矩等于各分力对同一点的矩的矢量和，称为空间任意力系的合力矩定理。又根据力对点的矩与对过该点的轴的矩的关系，可知对轴的合力矩定理也同样成立。

（5）空间任意力系简化为力螺旋的情形Ⅰ（$\boldsymbol{F}'_{\mathrm{R}} \neq \mathbf{0}$，$\boldsymbol{M}_O \neq \mathbf{0}$，$\boldsymbol{F}'_{\mathrm{R}} /\!/ \boldsymbol{M}_O$）　如图 3-11a、b 所示的这种结果称为力螺旋。所谓力螺旋是由一力和一力偶组成的力系，且此力垂直于力偶的作用面。钻孔时钻头对工件的作用，用螺钉旋具（俗称螺丝刀）松紧螺钉的作用（见图 3-12），都是力螺旋作用的情形。

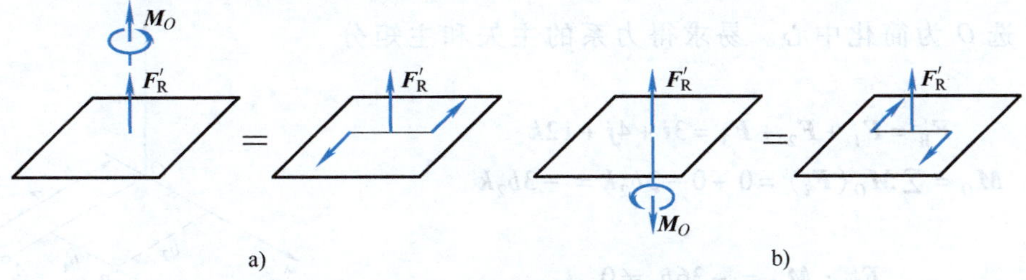

图 3-11　空间任意力系简化为力螺旋的情形

力螺旋是由静力学的两个基本要素（力和力偶）组成的最简单的力系，不能再进一步

合成。力偶的转向和力的指向符合右手螺旋定则的称为**右螺旋**（见图 3-11a），反之称为**左螺旋**（见图 3-11b）。力螺旋中力的作用线称为该力螺旋的中心轴。在 $\boldsymbol{F}'_{\mathrm{R}} /\!/ \boldsymbol{M}_O$ 的情况下，力螺旋的中心轴过简化中心。在工程上用手转动螺钉旋具，手的作用力 $\boldsymbol{F}$、$\boldsymbol{M}$ 与螺钉的阻力 $\boldsymbol{F}'_{\mathrm{R}}$、$\boldsymbol{M}'$ 都是力螺旋（见图 3-12）。在一般情况下，中心轴不通过简化中心。

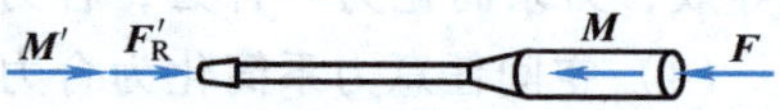

图 3-12　力螺旋实例

（6）空间任意力系简化为力螺旋的情形Ⅱ（$\boldsymbol{F}'_{\mathrm{R}} \neq \boldsymbol{0}$，$\boldsymbol{M}_O \neq \boldsymbol{0}$）　此时 $\boldsymbol{F}'_{\mathrm{R}}$ 与 $\boldsymbol{M}_O$ 既不垂直又不平行，两者成任意 α 角，如图 3-13a 所示。此时可将 $\boldsymbol{M}_O$ 分解为两个分力偶 $\boldsymbol{M}''_O$ 与 $\boldsymbol{M}'_O$，它们分别垂直于 $\boldsymbol{F}'_{\mathrm{R}}$ 和平行于 $\boldsymbol{F}'_{\mathrm{R}}$，如图 3-13b 所示，则 $\boldsymbol{M}''_O$ 和 $\boldsymbol{F}'_{\mathrm{R}}$ 可等效为作用于点 O' 的力 $\boldsymbol{F}_{\mathrm{R}}$。这时，可以证明 $\boldsymbol{M}'_O$ 为自由矢量，故可将 $\boldsymbol{M}'_O$ 平行移动，使之与 $\boldsymbol{F}_{\mathrm{R}}$ 共线。这样就得到一个力螺旋，它的中心轴不在简化中心 O，而是通过另一点 O'，如图 3-13c 所示，且 O、O' 两点间的距离为

$$d = \frac{|\boldsymbol{M}''_O|}{F'_{\mathrm{R}}} = \frac{M_O \sin \alpha}{F'_{\mathrm{R}}}$$

可见，一般情形下空间任意力系可合成为力螺旋。

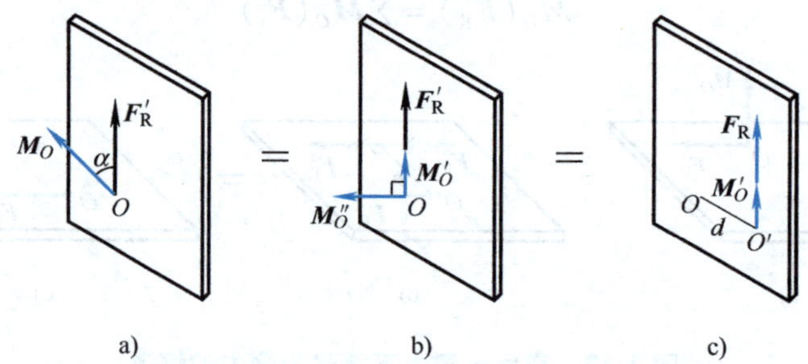

图 3-13　一般情形下空间任意力系可合成为力螺旋

综上所述，空间任意力系简化的最后结果只可能是平衡、合力偶、合力、力螺旋这四种情况。

思考题： 空间汇交力系向汇交点外一点简化，其结果可能是一个力吗？可能是一个力偶吗？可能是一个力和一个力偶吗？可能平衡吗？

例 3-1　如图 3-14 所示，在刚体的 O、A、B 三点分别作用有三个力 $\boldsymbol{F}_1$、$\boldsymbol{F}_2$、$\boldsymbol{F}_3$，其中 $\boldsymbol{F}_1 = 12\boldsymbol{k}$，$\boldsymbol{F}_2 = 4\boldsymbol{j}$，$\boldsymbol{F}_3 = 3\boldsymbol{i}$（力的单位为 N），各点坐标为 $O(0,0,0)$、$A(0,a,0)$、$B(b_1,b_2,0)$，其中 $b_2 \neq 0$。试简化该力系并证明该力系无合力。

解： 选 O 为简化中心。易求得力系的主矢和主矩分别为

$$\boldsymbol{F}'_{\mathrm{R}} = \boldsymbol{F}_1 + \boldsymbol{F}_2 + \boldsymbol{F}_3 = 3\boldsymbol{i} + 4\boldsymbol{j} + 12\boldsymbol{k}$$

$$\boldsymbol{M}_O = \sum \boldsymbol{M}_O(\boldsymbol{F}_i) = 0 + 0 - 3b_2\boldsymbol{k} = -3b_2\boldsymbol{k}$$

由于

$$\boldsymbol{F}'_{\mathrm{R}} \cdot \boldsymbol{M}_O = -36b_2 \neq 0$$

即主矢与主矩不垂直，所以力系的简化结果为力螺旋。也就证明了该力系无合力，即不存在与该力系等效的单个力。

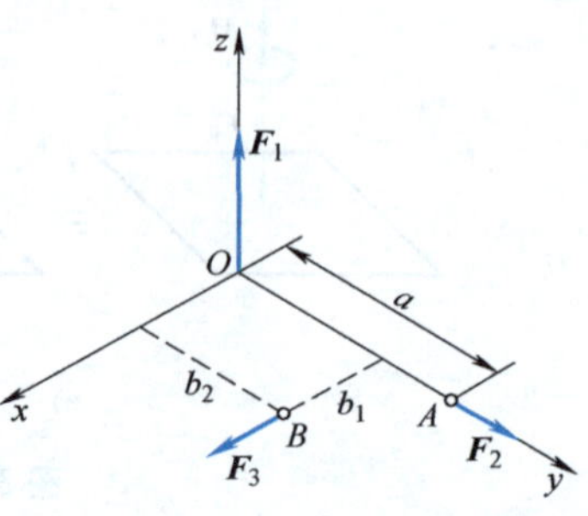

图 3-14　例 3-1 图

3.3.2 平面任意力系的简化结果分析

对于平面任意力系，由于各力作用线均位于同一平面内，其简化结果不可能出现主矢与主矩平行或成 α 角（$\alpha \neq 90°$）的情况，此时，恒有 $\boldsymbol{F}'_{\mathrm{R}} \perp \boldsymbol{M}_O$，所以平面任意力系简化的最后结果不可能出现力螺旋的情况，而只能是平衡、合力偶、合力这三种情况。

在平面力系中，力偶的方位恒垂直于该力系的所在平面，只有逆时针和顺时针两种转向，因此，可视为代数量。于是，力系的主矢与主矩可分别改写为

$$\boldsymbol{F}'_{\mathrm{R}} = \sum \boldsymbol{F}_i, \boldsymbol{M}_O = \sum \boldsymbol{M}_O(\boldsymbol{F}_i) \tag{3-9}$$

当 $\boldsymbol{F}'_{\mathrm{R}} \neq \boldsymbol{0}$，$\boldsymbol{M}_O \neq \boldsymbol{0}$ 时，则力系有合力 $\boldsymbol{F}_{\mathrm{R}}$，$\boldsymbol{F}_{\mathrm{R}} = \boldsymbol{F}'_{\mathrm{R}}$，其偏离简化中心 O 的距离 $d = \dfrac{|\boldsymbol{M}_O|}{F'_{\mathrm{R}}}$，偏移的方向由 $\boldsymbol{M}_O$ 的转向确定（见图 3-15）。

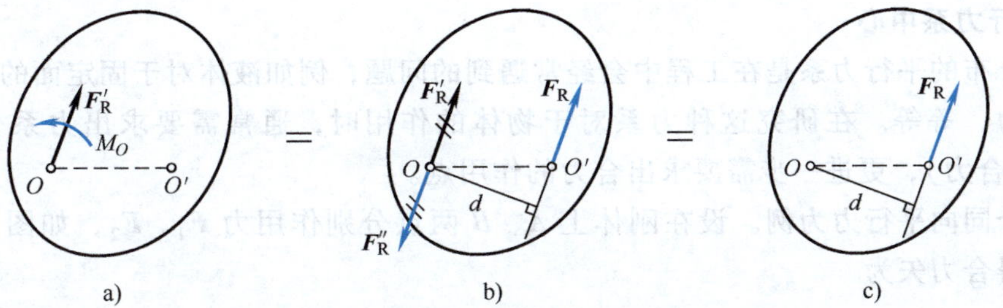

图 3-15 平面任意力系简化结果分析

例 3-2 为校核重力坝的稳定性，需要确定出在坝体截面上所受主动力的合力作用线，并限制合力与坝底水平线的交点 E 到坝底左端点 O 的距离不超过坝底横向尺寸的 2/3，即 $OE \leqslant 2b/3$，如图 3-16 所示。重力坝取 1m 长度，坝底尺寸 $b = 18\mathrm{m}$，坝高 $H = 36\mathrm{m}$，坝体斜面倾角 $\alpha = 70°$。已知坝身自重 $G = 9.0 \times 10^3\mathrm{kN}$，左侧水压力 $F_1 = 4.5 \times 10^3\mathrm{kN}$，右侧水压力 $F_2 = 180\mathrm{kN}$，力 $\boldsymbol{F}_2$ 作用线过 E 点。各力作用位置的尺寸 $a = 6.4\mathrm{m}$，$h = 10\mathrm{m}$，$c = 12\mathrm{m}$。试求坝体所受主动力的合力、合力作用线位置，并判断坝体的稳定性。

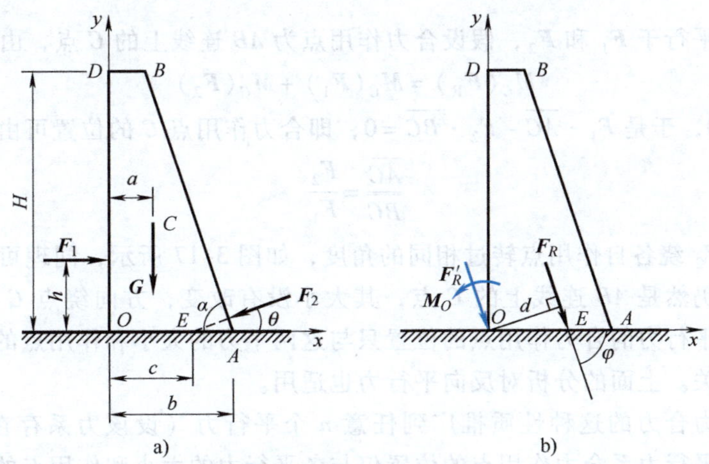

图 3-16 例 3-2 图

解： 选点 O 为简化中心，建立图示坐标系 Oxy。图中 $\theta = 90° - \alpha = 20°$。力系向 O 点简

化，得到主矢 F'_R 和主矩 M_O 分别为

$$F'_{Rx}=\sum F_x=F_1-F_2\cos\theta=4.331\times10^3\text{kN}$$

$$F'_{Ry}=\sum F_y=-G-F_2\sin\theta=-9.062\times10^3\text{kN}$$

$$F'_R=\sqrt{(F'_{Rx})^2+(F'_{Ry})^2}=1.004\times10^4\text{kN},\ \varphi=\arctan\left|\frac{F'_{Ry}}{F'_{Rx}}\right|=64°27'$$

$$M_O=\sum M_O\ (F_i)\ =-F_1h-Ga-F_2\sin\theta\cdot c=-1.033\times10^5\text{kN}\cdot\text{m}$$

$$d=\frac{|M_O|}{F'_R},\ OE=\frac{d}{\sin\varphi}=11.40\text{m}<\frac{2}{3}b=12\text{m}$$

根据计算结果易知该重力坝的稳定性满足设计要求。

3.3.3 平行力系的中心与重心

1. 平行力系中心

空间分布的平行力系是在工程中会经常遇到的问题，例如液体对于固定面的压力、物体所受的重力，等等。在研究这种力系对于物体的作用时，通常需要求出力系合力的大小(设力系有合力)，更进一步需要求出合力的作用点。

以两个同向平行力为例。设在刚体上 A、B 两点分别作用力 F_1、F_2，如图 3-17 所示。将其合成得合力矢为

$$F_R=F_1+F_2$$

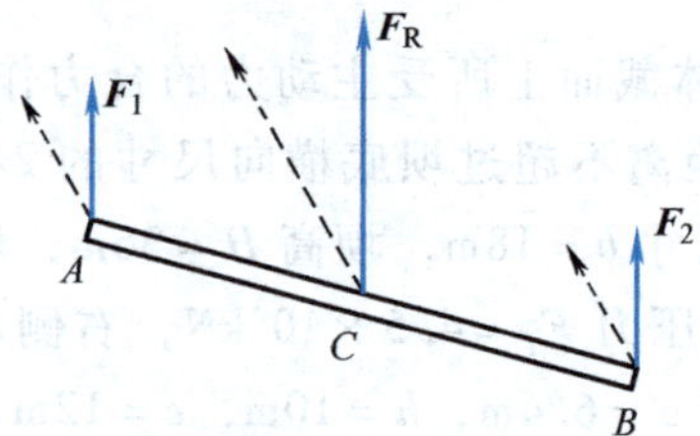

图 3-17　两个同向平行力的合力

【微视频：平行力系的中心与重心】

其合力作用线也平行于 F_1 和 F_2，假设合力作用点为 AB 连线上的 C 点，由合力矩定理，有

$$M_C(F_R)=M_C(F_1)+M_C(F_2)$$

由于 $M_C(F_R)=0$，于是 $F_1\cdot\overline{AC}-F_2\cdot\overline{BC}=0$，即合力作用点 C 的位置可由下式确定

$$\frac{\overline{AC}}{\overline{BC}}=\frac{F_2}{F_1}$$

若将 F_1 和 F_2 绕各自作用点转过相同的角度，如图 3-17 所示，同理可得到新的平行力的合力的作用点仍然是 AB 连线上的 C 点，其大小没有改变，方向绕点 C 也转了相同的角度。可见，两个平行力的合力作用点的位置只与这两个力的大小和作用点的位置有关，而与平行力的方向无关。上面的分析对反向平行力也适用。

将两个平行力合力的这种性质推广到任意 n 个平行力（设该力系存在合力）的情况，可以得到结论：平行力系合力作用点的位置仅与各平行力的大小和作用点的位置有关，而与平行力的方向无关，称合力的作用点为该平行力系的中心。

下面由合力矩定理推导平行力系中心坐标的公式。在图 3-18 所示的平行力系中，任一

力 $\boldsymbol{F}_i$ 作用点的矢径为 $\boldsymbol{r}_i$，合力 $\boldsymbol{F}_R$ 作用点 C 的矢径为 $\boldsymbol{r}_C$。根据合力矩定理，得

$$\boldsymbol{r}_C \times \boldsymbol{F}_R = \sum(\boldsymbol{r}_i \times \boldsymbol{F}_i) \tag{a}$$

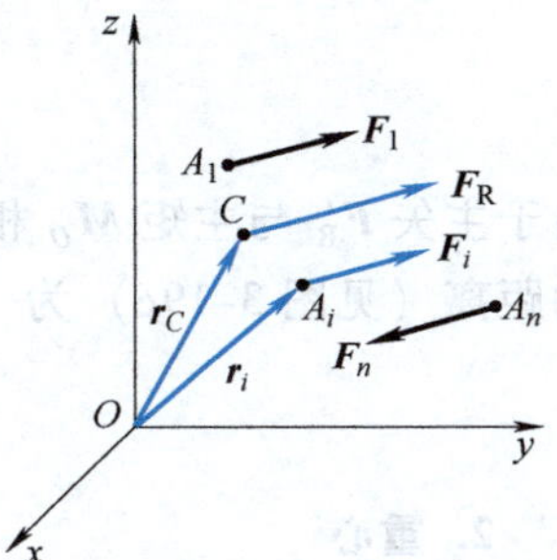

图 3-18　平行力系的中心坐标

取力作用线的某一方向为正向，其单位矢量为 $\boldsymbol{e}$，则 $\boldsymbol{F}_R = F_R\boldsymbol{e}$，$\boldsymbol{F}_i = F_i\boldsymbol{e}$ 代入式（a），得

$$(F_R\boldsymbol{r}_C - \sum F_i\boldsymbol{r}_i) \times \boldsymbol{e} = \boldsymbol{0} \tag{b}$$

注意到坐标原点位置的任意性，$\boldsymbol{e}$ 不等于零，由式（b），得

$$F_R\boldsymbol{r}_C - \sum F_i\boldsymbol{r}_i = \boldsymbol{0}$$

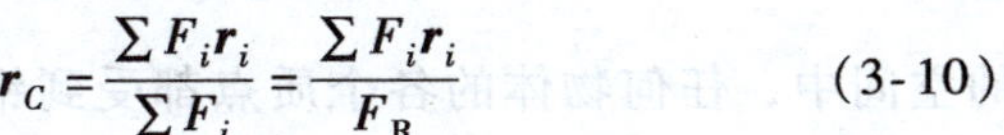

所以

$$\boldsymbol{r}_C = \frac{\sum F_i\boldsymbol{r}_i}{\sum F_i} = \frac{\sum F_i\boldsymbol{r}_i}{F_R} \tag{3-10}$$

投影式为

$$x_C = \frac{\sum F_i x_i}{\sum F_i},\ y_C = \frac{\sum F_i y_i}{\sum F_i},\ z_C = \frac{\sum F_i z_i}{\sum F_i} \tag{3-11}$$

对于平面平行力系来说，简化后的主矢与主矩是式（3-9）的特殊情形，即二式都为代数表达式

$$F'_R = \sum F_i,\ M_O = \sum M_O(\boldsymbol{F}_i) \tag{3-12}$$

如果 $F'_R \neq 0$，就一定存在合力 $\boldsymbol{F}_R(\boldsymbol{F}_R = \boldsymbol{F}'_R)$，作用线偏离 O 点的距离 $OO' = d = \dfrac{|M_O|}{F'_R}$，偏移的方向由 M_O 的转向来确定。

沿直线分布的分布荷载是工程实际中常见的一种平行力系。在求解这类问题时，往往需要知道这种分布荷载的合力大小及作用线位置，这正是上述结果的具体应用。

例 3-3　重力坝受水的压力如图 3-19a 所示。设水深为 h，水的容重为 γ。试求水压力简化的结果。

解： 由于坝体受力对称，坝体所受水压力可假设为平面平行力系。选定单位长度的坝体为研究对象。建立图示坐标系 Oxy。如图 3-19b 所示，以 O 为简化中心，计算此平行力系的主矢 F'_R 与主矩 M_O。

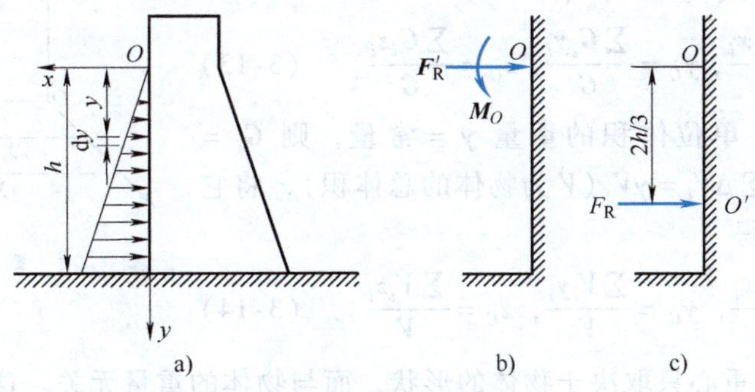

图 3-19　例 3-3 图

在距 O 为 y 处取长度为 $\mathrm{d}y$ 的微段，在此微段上的力为 $\mathrm{d}F$，则有

$$\mathrm{d}F = \gamma \cdot y \cdot 1 \cdot \mathrm{d}y$$

由式（3-12），得

$$F'_R = -\int_0^h dF = -\int_0^h \gamma y dy = -\frac{1}{2}\gamma h^2$$

$$M_O = \int_0^h y dF = \int_0^h y\gamma y dy = \frac{1}{3}\gamma h^3$$

由于主矢 $\boldsymbol{F}'_R$ 与主矩 $\boldsymbol{M}_O$ 相垂直，则力系可进一步简化为合力，即合力 $\boldsymbol{F}_R$ 的作用线距 O 点的距离（见图 3-19c）为

$$\overline{OO'} = \left|\frac{M_O}{F'_R}\right| = \frac{2}{3}h$$

2. 重心

在地球表面或表面附近的空间中，任何物体的各个质点都受到铅垂向下的地心引力作用，人们称之为重力。这些力严格来说组成了一个空间汇交力系，力系的汇交点在地球中心附近。但是，我们一般看到的物体尺寸远远小于地球，离地心又很远，若把地球看作圆球，可以算出，在地球表面一个长约 31m 的物体，其两端重力之间的夹角大约为 1″。因此，通常将物体各微小部分的重力看作空间平行力系是足够精确的。物体的重心就是各点重力构成的平行力系的中心。如果把物体看作刚体，则此物体的重心相对于物体本身来说就是一个固定的点，不因物体的放置方位而改变。

在日常生活和工程实际中，重心是一个非常重要的概念。高速转动的转子其转轴不通过重心时会引起机器的剧烈振动；飞机、船舶、起重机等的重心位置不当会影响运动的稳定性和可操控性；车辆的重心如果位置过高，在弯道上行驶时就容易翻车，等等。因此，测定或计算物体重心的位置，在工程中有着重要的意义。下面介绍几种常见的确（测）定或计算物体重心的方法。

3. 确定物体重心的方法

（1）积分法　应用平行力系中心的公式，可以求出刚体的重心。取固连于刚体的坐标系 $Oxyz$，如图 3-20 所示。z 轴与重力作用线平行，将刚体分割成许多体积微元 ΔV_i，每块的重力为 $\boldsymbol{G}_i$，可视为作用于它的中心，其坐标为 x_i、y_i、z_i，物体重 $\boldsymbol{G}$，重心 C 的坐标为 x_C、y_C、z_C。由式（3-11）有

$$x_C = \frac{\sum G_i x_i}{G},\ y_C = \frac{\sum G_i y_i}{G},\ z_C = \frac{\sum G_i z_i}{G} \quad (3\text{-}13)$$

对于均质物体，单位体积的重量 γ = 常量，则 $G_i = \gamma\Delta V_i$，$G = \sum G_i = \gamma\sum\Delta V_i = \gamma V$（$V$ 为物体的总体积），将它们代入式（3-13），得

$$x_C = \frac{\sum V_i x_i}{V},\ y_C = \frac{\sum V_i y_i}{V},\ z_C = \frac{\sum V_i z_i}{V} \quad (3\text{-}14)$$

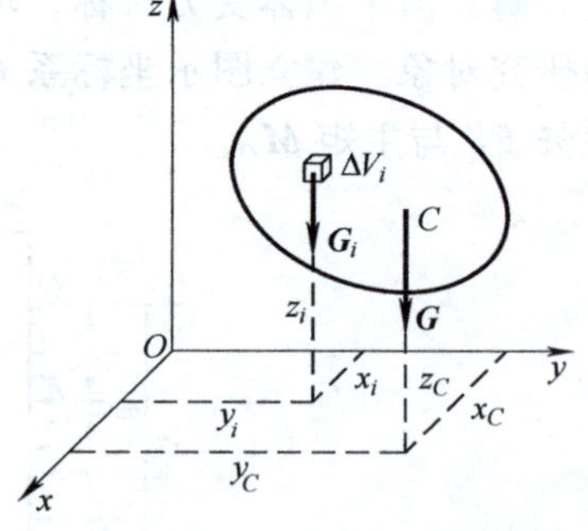

图 3-20　积分法确定物体重心

可见均质物体的重心只取决于物体的形状，而与物体的重量无关。这时物体的重心也称为**体积重心**，这也就是物体的形心，即均质物体的重心与形心是重合的。

对式（3-14）取极限，有

$$x_C = \frac{\int_V x dV}{V},\ y_C = \frac{\int_V y dV}{V},\ z_C = \frac{\int_V z dV}{V} \quad (3\text{-}15)$$

对于均质等厚度薄板（壳），其厚度与其表面积相比很小，则其重心的坐标可用公式表示为

$$x_C = \frac{\int_A x\mathrm{d}A}{A},\ y_C = \frac{\int_A y\mathrm{d}A}{A},\ z_C = \frac{\int_A z\mathrm{d}A}{A} \tag{3-16}$$

对于均质等截面细长杆，其截面尺寸与其长度相比很小，则其重心坐标可用公式表示为

$$x_C = \frac{\int_l x\mathrm{d}l}{l},\ y_C = \frac{\int_l y\mathrm{d}l}{l},\ z_C = \frac{\int_l z\mathrm{d}l}{l} \tag{3-17}$$

在实际中可以利用具有对称性的均质物体的具体特点确定它们的重心位置。

1）具有对称点的均质物体的重心就在对称点上；

2）具有对称轴的均质物体的重心必在对称轴上；

3）具有对称面的均质物体的重心必在对称面上。

例 3-4　试求如图 3-21 所示半径为 R、顶角为 2α 的均质圆弧的重心。

解： 取顶角的平分线为 x 轴（即 x 轴为均质圆弧的对称轴）。取微段 $\mathrm{d}l = R\mathrm{d}\theta$，其重心的 x、y 坐标分别为 $x = R\cos\theta$，$y = R\sin\theta$，圆弧的总长度为 $l = 2\alpha R$。

由式（3-17），可得圆弧的重心坐标为

$$x_C = \frac{\int_l x\mathrm{d}l}{l} = \frac{\int_{-\alpha}^{\alpha} R^2\cos\theta\mathrm{d}\theta}{2\alpha R} = \frac{R\sin\alpha}{\alpha}$$

$$y_C = \frac{\int_l y\mathrm{d}l}{l} = \frac{\int_{-\alpha}^{\alpha} R^2\sin\theta\mathrm{d}\theta}{2\alpha R} = 0$$

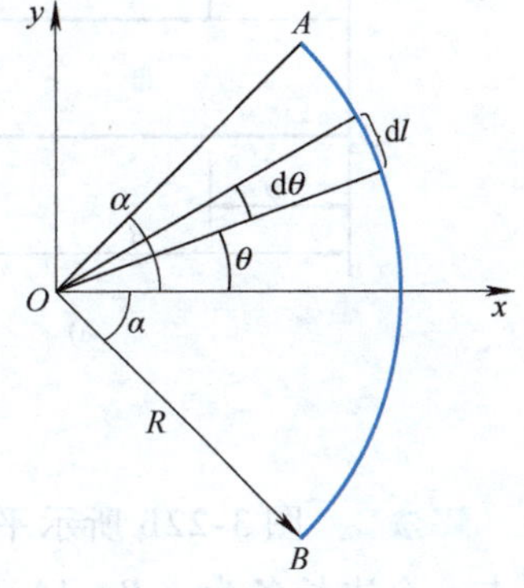

图 3-21　例 3-4 图

以上结果证明“具有对称轴的均质物体的重心必在对称轴上”的结论是正确的。由于对称关系，该圆弧的重心必在 Ox 轴上，即 $y_C = 0$。

（2）组合法　由若干均质简单图形组合而成的物体称组合体。当这些简单图形的重心已知时，利用式(3-14)～式(3-17)就可以求得组合体的重心。

例 3-5　试求图 3-22a 所示平面图形的形心坐标。已知 $B = 120\text{mm}$，$b = 40\text{mm}$，$d_1 = 30\text{mm}$，$d_2 = 50\text{mm}$，$d_3 = 20\text{mm}$。

解法 1： 采用组合法求图形的形心。假设按虚线位置将图示平面图形分成三部分，并分别用Ⅰ、Ⅱ、Ⅲ表示。三部分的面积和中心的坐标分别为

$$\text{Ⅰ}: A_1 = B\cdot d_3 = 2400\text{mm}^2,\ x_1 = \frac{B}{2} = 60\text{mm},\ y_1 = d_1 + d_2 + \frac{d_3}{2} = 90\text{mm}$$

$$\text{Ⅱ}: A_2 = b\cdot d_2 = 2000\text{mm}^2,\ x_2 = \frac{b}{2} = 20\text{mm},\ y_2 = d_1 + \frac{d_2}{2} = 55\text{mm}$$

$$\text{Ⅲ}: A_3 = B\cdot d_1 = 3600\text{mm}^2,\ x_3 = \frac{B}{2} = 60\text{mm},\ y_3 = \frac{d_1}{2} = 15\text{mm}$$

按式（3-16）求得该截面形心的坐标（x_C，y_C）为

$$x_C = \frac{A_1x_1 + A_2x_2 + A_3x_3}{A_1 + A_2 + A_3} = 50\text{mm}$$

$$y_C = \frac{A_1y_1 + A_2y_2 + A_3y_3}{A_1 + A_2 + A_3} = 47.5\text{mm}$$

本例讨论： 在计算某些物体（平面图形）的重心（形心）时，为了计算方便，可以将物体看作是由一个较大的物体切去一部分得到。这类物体的重心仍然可以用相同的公式求得，只是切去部分的重量（体积或面积）取为负值，故这种方法也叫负面积法。下面仍以例3-5为例加以说明。

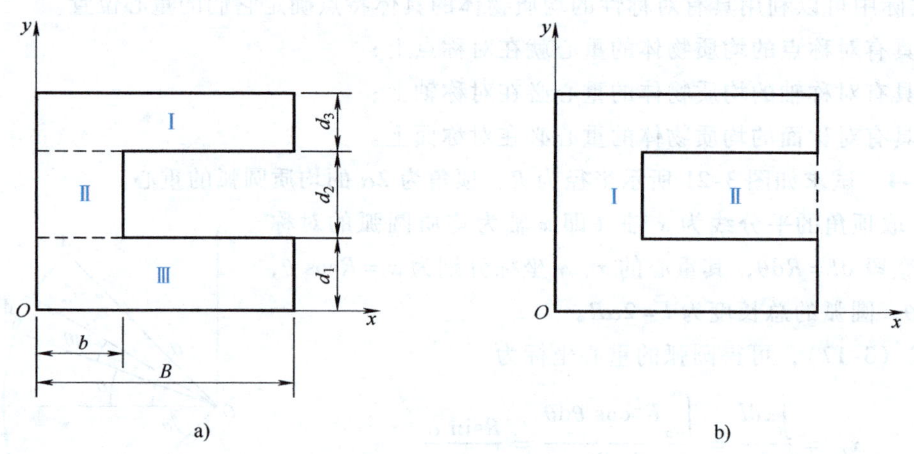

图3-22 例3-5图

解法2： 图3-22b所示平面图形也可以看作是边长各为B、$(d_1 + d_2 + d_3)$的大矩形Ⅰ切去一个边长各为$(B-b)$、d_2的小矩形Ⅱ而得到的，则两部分的面积和中心的坐标分别为

Ⅰ：$A_1 = B(d_1 + d_2 + d_3) = 12000\text{mm}^2$，$x_1 = B/2 = 60\text{mm}$，

$y_1 = (d_1 + d_2 + d_3)/2 = 50\text{mm}$

Ⅱ：$A_2 = -(B-b)d_2 = -4000\text{mm}^2$，$x_2 = b + (B-b)/2 = 80\text{mm}$，

$y_2 = d_1 + d_2/2 = 55\text{mm}$

仍用式(3-16)求得截面形心的坐标(x_C, y_C)为

$$x_C = \frac{A_1x_1 + A_2x_2}{A_1 + A_2} = 50\text{mm}, \quad y_C = \frac{A_1y_1 + A_2y_2}{A_1 + A_2} = 47.5\text{mm}$$

计算结果自然与解法1相同。

(3) 实验法　在工程上遇到的有些物体，形状过于复杂，且各部分用不同材料制成，计算重心的位置比较复杂，且精确度也不易保证，可以采用实验法（如悬挂法、称重法等）确定重心的位置。

思考题： ①计算一物体重心的位置时，如果选取的坐标轴不同，重心的坐标是否会改变？重心在物体内的位置是否会改变？②一均质等截面直杆的重心在哪里？若把它弯成半圆形，重心的位置是否会改变？

3.4　任意力系的平衡

3.4.1　空间任意力系的平衡

【微视频：任意力系的平衡】

由力系的简化结果可知，如果主矢和主矩均为零，即 $\boldsymbol{F}'_{\mathrm{R}}=\mathbf{0}$，$\boldsymbol{M}_O=\mathbf{0}$。表明汇交于简化中心 O 的空间汇交力系和空间力偶系都是平衡的，这是空间力系平衡的充分条件；如果空间力系是平衡的，那么，它既不能合成为一个力，也不能合成为一力偶或力螺旋，因此，力系向任意点简化的主矢、主矩都要等于零，这是空间力系平衡的必要条件。由此可知，空间力系平衡的必要与充分条件为：力系的主矢 $\boldsymbol{F}'_{\mathrm{R}}$ 和对任意点的主矩 $\boldsymbol{M}_O$ 均等于零，即

$$\boldsymbol{F}'_{\mathrm{R}}=\sum \boldsymbol{F}_i=\mathbf{0},\boldsymbol{M}_O=\sum \boldsymbol{M}_O(\boldsymbol{F}_i)=\mathbf{0} \tag{3-18}$$

利用主矢和主矩的计算式（3-3）和式（3-5），可将上述平衡条件用解析式表示为

$$\begin{cases}\sum F_x=0\\ \sum F_y=0\\ \sum F_z=0\\ \sum M_x=0\\ \sum M_y=0\\ \sum M_z=0\end{cases} \tag{3-19}$$

式（3-19）就是空间任意力系的平衡方程，它表明：在空间任意力系作用下刚体平衡的充要条件是，力系各力在任意三个正交轴上投影的代数和分别等于零，以及力系各力对此三轴之矩的代数和也分别等于零。

方程组（3-19）是空间力系平衡方程的基本形式，它的六个方程是相互独立的。该方程组虽然是在直角坐标系下推导出来的，但在具体应用时，所选各投影轴不一定都正交，且所选各矩轴也不一定与投影轴重合。此外，还可以用矩轴方程取代投影方程，以使计算更为方便，后面将用具体例子加以说明。

3.4.2　其他力系的平衡

空间任意力系是力系中的最一般的情况，其他各种力系都可以看成是它的特例，因此，可直接从空间任意力系的平衡方程推导出其他力系的平衡方程，现以空间平行力系为例，其他力系的情况，读者可自行推导。

1. 空间平行力系的平衡方程

设空间平行力系平行于 z 轴，则各力对于 z 轴的矩及各力在 x 轴和 y 轴上的投影都等于零。因而在平衡方程组（3-19）中，第一、第二和第六个方程为恒等式。因此，空间平行力系只有三个独立平衡方程，即

$$\begin{cases}\sum F_z=0\\ \sum M_x=0\\ \sum M_y=0\end{cases} \tag{3-20}$$

2. 空间汇交力系的平衡方程

在空间汇交力系中，将简化中心 O 选在的汇交点上，则方程组（3-19）中的三个力矩方程将恒等于零，于是有平衡方程

$$\begin{cases}\sum F_x = 0 \\ \sum F_y = 0 \\ \sum F_z = 0\end{cases} \tag{3-21}$$

3. 空间力偶系的平衡方程

方程组（3-19）中的三个投影方程恒等于零，于是平衡方程为

$$\begin{cases}\sum M_x = 0 \\ \sum M_y = 0 \\ \sum M_z = 0\end{cases} \tag{3-22}$$

4. 平面任意力系的平衡方程

设力系的作用面为 xOy 平面，则各力在 z 轴上的投影及对 x 轴和 y 轴之矩均恒等于零，于是平衡方程为

$$\begin{cases}\sum F_x = 0 \\ \sum F_y = 0 \\ \sum M_z = \sum M_O = 0\end{cases} \tag{3-23}$$

平面汇交力系、平面力偶系和平面平行力系等特殊平面力系的平衡条件及平衡方程可以从平面任意力系的平衡条件及平衡方程中推导出来。例如，在平面汇交力系中，对汇交点建立力矩方程，则有 $\sum M_O \equiv 0$，因此，在平面任意力系平衡方程的基本式中，只剩下 $\sum F_x = 0$ 和 $\sum F_y = 0$ 这两个独立的平衡方程了，这就是平面汇交力系平衡方程的基本式。

3.4.3 平面任意力系平衡方程的其他形式

上述各类力系的平衡方程均属于基本形式，是相互独立的。可以证明，各类力系平衡方程组中的投影式可以部分或全部用力矩式替代。这样在解题中投影轴的取向、矩心或取矩轴的位置便可以灵活选择，以便做到列一个平衡方程就能求出一个未知量，避免出现列出全部平衡方程再联立求解全部未知数时的困难。灵活选择的原则是：轴的取向应与某些未知力垂直；矩心要选在未知力的交点上；取矩轴与某些未知力共面等。这样就可构成其他形式的平衡方程。但是，只有当所选投影轴和取矩轴满足一定条件时，所得的平衡方程组才是相互独立（线性无关）的。

在具体问题中，例如空间任意力系可以有四矩式、五矩式或六矩式等，矩轴和投影轴也不一定重合。在平面任意力系中可以有二矩式或三矩式。判断它们是否相互独立，是比较复杂的问题。通常，选择矩轴或投影轴时应做到每列出一个平衡方程，即可解出一个未知量，这样所列出的这种平衡方程就是独立的，而且求解过程中还可避免解联立方程。下面重点讨论平面任意力系的其他形式的平衡方程的附加条件。

1. 二矩式的平衡方程

$$\begin{cases}\sum F_x = 0 \\ \sum M_A = 0 \\ \sum M_B = 0\end{cases} \tag{3-24}$$

要注意两个力矩方程的矩心的连线不能与投影轴垂直，即 AB 不能与 x 轴垂直。

为证明二矩式（3-24）等价于平衡条件式（3-23），先看必要性，设平衡条件式（3-23）成立，则力系在任意轴上投影的代数和等于零，对任意点的力矩的代数和等于零，因此，二矩式（3-24）成立。再看充分性，设二矩式（3-24）成立，由 $\sum M_A=0$ 和 $\sum M_B=0$ 可知，力系不可能简化成一力偶。所以力系简化的结果有两种可能：平衡或为过 A、B 两点的合力。再加上 $\sum F_x=0$，力系的简化结果仍有两种可能：平衡或为过 A、B 两点，且与 x 轴垂直的合力。若投影轴 x 的选取不与 AB 连线垂直，则力系必是平衡的，因而这种形式的平衡方程有附加条件，即 A、B 连线不能与 x 轴垂直。

2. 三矩式的平衡方程

$$\begin{cases}\sum M_A=0\\ \sum M_B=0\\ \sum M_C=0\end{cases} \tag{3-25}$$

要注意三个力矩方程的矩心（即 A、B、C 三点）不共线。

现证明三矩式（3-25）等价于平衡条件式（3-23）。必要性的证明与二矩式同，不重述；充分性的证明：设三矩式中的三个方程成立，力系简化结果也有两种可能：平衡或为过 A、B、C 三点的合力。因而，三矩式的平衡方程有附加条件，即 A、B、C 三点不共线。这表明，力系的简化结果只可能是平衡的。

3.4.4　单个物体的平衡问题举例

【微视频：单个物体的平衡问题举例】

求解单个物体平衡问题时，首先画出研究物体的受力图，然后根据具体情况选择合适的平衡方程形式，对投影轴的方向及矩心或取矩轴的位置也要灵活选择，以便尽可能列一个平衡方程就能求出一个未知量。

1. 平面任意力系的平衡问题

例 3-6　图 3-23a 所示外伸梁 ABC 上作用有均布荷载 $q=10\text{kN/m}$，集中力 $F=20\text{kN}$，力偶矩 $M=10\text{kN}\cdot\text{m}$，求 A、B 支座的约束力。

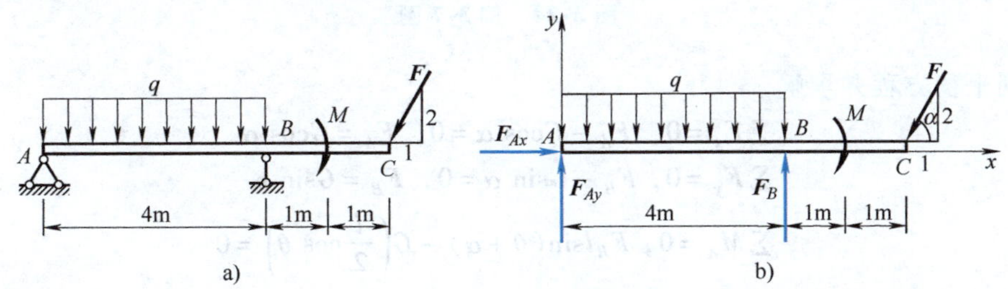

图 3-23　例 3-6 图

解： 1）取外伸梁 ABC 为研究对象，受力图如图 3-23b 所示。标明坐标轴 x、y 的正向。一般可先列力矩方程，矩心应选在两个未知力的交点，如图中的 A 点或 B 点。

在单个物体上遇有分布荷载时，可先将分布荷载简化为合力 $Q=\sum q$ 来计算，本题 $Q=q\times4=40\text{kN}$，作用线在 AB 的中点。但一般分布荷载不宜在受力图上进行简化，应按原样画出。

关于力偶，应注意：

①投影方程中，根本不用考虑任何力偶的投影；

②在力矩方程中，不必考虑矩心在哪里，只要将所有力偶矩的代数值全部列入即可。注意到 $\cos\alpha=\dfrac{1}{\sqrt{5}}$，$\sin\alpha=\dfrac{2}{\sqrt{5}}$。

2）列平衡方程并求解

$\sum M_A=0$，$F_B\times4\text{m}-q\times4\text{m}\times2\text{m}-M-F\sin\alpha\times6\text{m}=0$，　　$F_B=49.3\text{kN}$

$\sum F_x=0$，$F_{Ax}-F\cos\alpha=0$，　　$F_{Ax}=F\cos\alpha=8.94\text{kN}$

$\sum F_y=0$，$F_{Ay}-q\times4\text{m}+F_B-F\sin\alpha=0$，　　$F_{Ay}=8.56\text{kN}$

最后可以用方程 $\sum M_B=0$ 进行验算。

例 3-7　细杆 AB 搁置在两相互垂直的光滑斜面上，如图 3-24a 所示。已知杆重为 $\boldsymbol{G}$，其重心 C 在 AB 中点，斜面之一与水平面的夹角为 α，求杆静止时与水平面的夹角 θ 和支点 A、B 的约束力。

解： 1）取杆 AB 为研究对象，作杆的受力图如图 3-24b 所示。杆在重力 $\boldsymbol{G}$、斜面约束力 $\boldsymbol{F}_A$、$\boldsymbol{F}_B$ 作用下处于静止状态，力 $\boldsymbol{F}_A$、$\boldsymbol{F}_B$ 应分别垂直于两斜面，这三个力构成一平衡的平面任意力系。问题中有三个未知量：$\boldsymbol{F}_A$、$\boldsymbol{F}_B$ 和平衡位置角 θ，它们正好可由三个独立的平衡方程解出。设杆长 $AB=l$，取 x、y 轴如图 3-24b 所示。

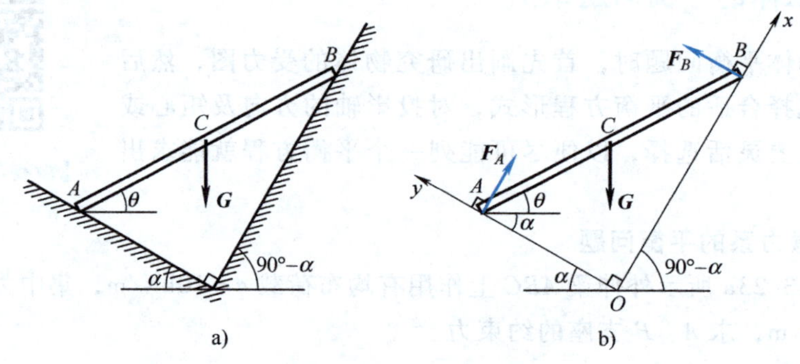

图 3-24　例 3-7 图

2）列平衡方程并求解

$$\sum F_x=0,\ F_A-G\cos\alpha=0,\ F_A=G\cos\alpha$$

$$\sum F_y=0,\ F_B-G\sin\alpha=0,\ F_B=G\sin\alpha$$

$$\sum M_A=0,\ F_Bl\sin(\theta+\alpha)-G\left(\frac{l}{2}\cos\theta\right)=0$$

将 F_B 的表达式代入上式，得到

$$2\sin\alpha(\sin\theta\cos\alpha+\cos\theta\sin\alpha)-\cos\theta=0$$

即

$$\sin\theta\sin2\alpha-\cos\theta\cos2\alpha=0$$

故有

$$\tan\theta=\cot2\alpha=\tan(90°-2\alpha)$$

$$\theta = 90° - 2\alpha$$

由上式看出：当$\alpha < 45°$时，$\theta > 0$；当$\alpha > 45°$时，$\theta < 0$。

例 3-8　起重机的尺寸如图 3-25 所示，其自重（平衡重除外）$G = 400\text{kN}$，平衡重 $G_1 = 250\text{kN}$。由实践经验可知，当起重机由于超载即将向右翻倒时，左轮的约束力等于零。因此，为了保证安全，必须使任一侧轮（A 或 B）向上的约束力不得小于 50kN。求最大起吊量 G_2 为多少？

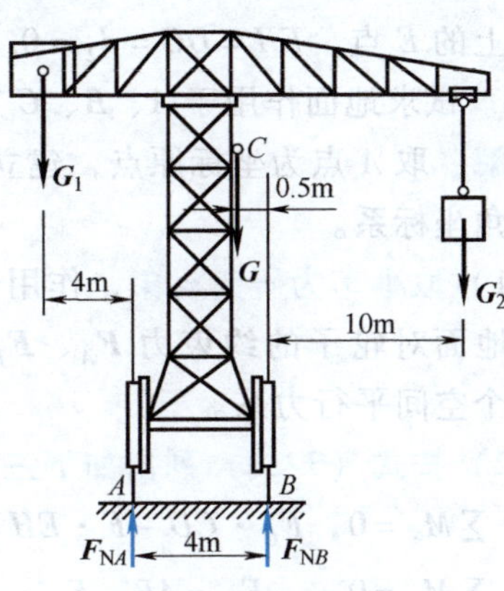

图 3-25　例 3-8 图

解： 取起重机为研究对象，受力如图 3-25 所示，画支座约束力 $\boldsymbol{F}_{NA}$、$\boldsymbol{F}_{NB}$。令 $F_{NA} = 50\text{kN}$。列平衡方程并求解

$$\sum M_B = 0,\ 0.5\text{m} \times G + 8\text{m} \times G_1 - 4\text{m} \times F_{NA} - 10\text{m} \times G_2 = 0$$

解得

$$G_2 = 200\text{kN}$$

如为空载，仍应处于平衡状态，故

$$\sum M_A = 0,\ 4\text{m} \times F_{NB} + 4\text{m} \times G_1 - 3.5\text{m} \times G = 0$$

解得

$$F_{NB} = 100\text{kN}$$

符合题意要求。

解这类问题时，应注意到平面平行力系的独立平衡方程只有两个，只能解两个未知数。若本题中 $\boldsymbol{F}_{NA}$、$\boldsymbol{F}_{NB}$与 $\boldsymbol{G}_2$ 均为未知，则解不出来。因此，就要联系实际情况加以考虑，具体如何规定，要到实际中调查研究。以往分别以 $F_{NA} = 0$ 和 $F_{NB} = 0$ 来确定最大起吊量 G_2 的值，其结果仍然是不安全的。

例 3-9　图 3-26 所示为可沿铁路行驶的起重机，本身自重 $G = 250\text{kN}$，其重心在 E 点。最大荷载 $G_2 = 200\text{kN}$，在 C 点起吊。为防止机身向右翻倒，在左端 D 有一平衡重 G_1，G_1 的重心距支点 A 的水平距离为 x。G_1 与 x 必须设计适当，使得既能在 C 点满载时机身不会向右翻倒，又能在空载时机身不致向左翻倒。为保证安全，必须使任一侧轮（A 或 B）向上的约束力不得小于 50kN。设 $b = 1.5\text{m}$，$e = 0.5\text{m}$，$l = 3\text{m}$，求 G_1 与 x 的适当值。

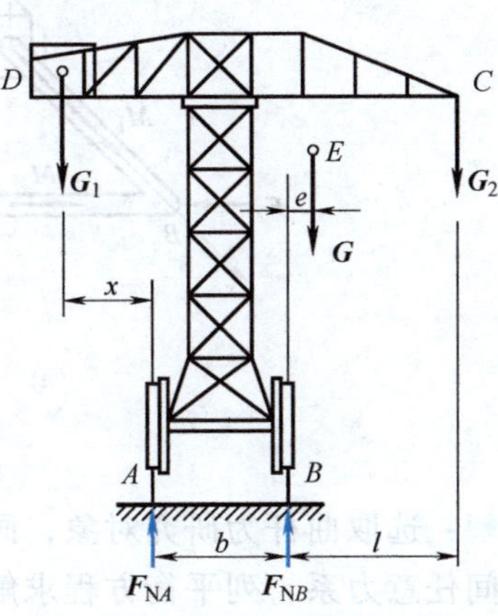

图 3-26　例 3-9 图

解： 取起重机为研究对象，受力如图 3-26 所示，满载时

$$\sum M_B = 0, G_1(x + b) - F_{NA}b - Ge - G_2 l = 0,$$

$$G_1(x + 1.5) = 800 \tag{a}$$

空载时

$$\sum M_A = 0,\ G_1 x + F_{NB}b - G(e + b) = 0,$$

$$G_1 x = 425 \tag{b}$$

联立式（a）与式（b）解得

$$G_1 = 250\text{kN},\ x = 1.7\text{m}$$

2. 空间任意力系的平衡问题

例 3-10 三轮小车 ABC 静止于光滑水平面上，如图 3-27 所示。已知 $AD=BD=d_1=0.5\text{m}$，$CD=d=1.5\text{m}$。若有铅垂荷载 $F=1.5\text{kN}$ 作用于车上的 E 点，$EH=DG=d_2=0.5\text{m}$，$DH=EG=d_3=0.1\text{m}$。试求地面作用于 A、B、C 三轮的约束力。

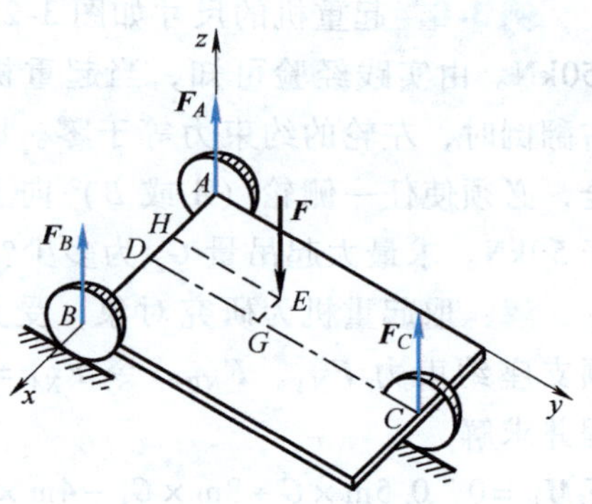

图 3-27 例 3-10 图

解： 取 A 点为坐标原点，建立如图 3-27 所示的空间直角坐标系。

1）取小车为研究对象，作用于小车的力有：荷载 $\boldsymbol{F}$ 和地面对轮子的约束力 $\boldsymbol{F}_A$、$\boldsymbol{F}_B$、$\boldsymbol{F}_C$。这四个力组成一个空间平行力系。

2）按式（3-20）列出如下三个独立平衡方程

$$\sum M_x=0,\ F_C\cdot CD-F\cdot EH=0$$

$$\sum M_y=0,\ -F_B\cdot AB-F_C\cdot AD+F\cdot AH=0$$

$$\sum F_z=0,\ F_A+F_B+F_C-F=0$$

3）依次求解可得

$$F_C=0.5\text{kN},\ F_B=0.35\text{kN},\ F_A=F-F_B-F_C=0.65\text{kN}$$

例 3-11 曲杆 $ABCD$ 有两个直角，$\angle ABC=\angle BCD=90°$，且平面 ABC 与平面 BCD 垂直，A 端固定在墙上，如图 3-28a 所示。曲杆上沿三个坐标轴方向作用三个力 $\boldsymbol{F}_1$、$\boldsymbol{F}_2$、$\boldsymbol{F}_3$ 和三个力偶矩矢 $\boldsymbol{M}_1$、$\boldsymbol{M}_2$、$\boldsymbol{M}_3$，已知 $F_1=F_2=F_3=F$，$M_1=M_2=M_3=M$，$AB=a$，$BC=b$，$CD=c$。求 A 端的约束力。

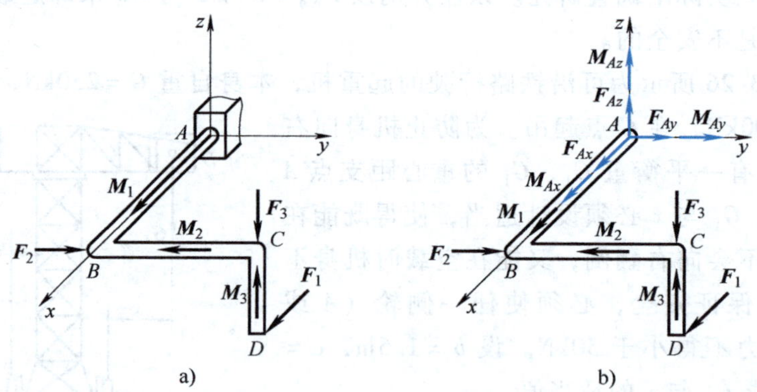

图 3-28 例 3-11 图

解： 选取曲杆为研究对象，画受力图如图 3-28b 所示，A 端共有六个未知约束力，力系为空间任意力系，列平衡方程求解

$$\sum F_x=0,\ F_{Ax}+F_1=0,\ F_{Ax}=-F$$

$$\sum F_y=0,\ F_{Ay}+F_2=0,\ F_{Ay}=-F$$

$$\sum F_z=0,\ F_{Az}-F_3=0,\ F_{Az}=F$$

$$\sum M_x=0,\ M_{Ax}+M_1-F_3b=0,\ M_{Ax}=Fb-M$$

$$\sum M_y=0,\ M_{Ay}-M_2-F_1c+F_3a=0,\ M_{Ay}=F(c-a)+M$$

$$\sum M_z=0,\ M_{Az}+M_3-F_1b+F_2a=0,\ M_{Az}=F(b-a)-M$$

例 3-12　均质等厚矩形板 $ABED$ 重 $G=200\text{N}$，用球铰 A 和蝶铰 B 与墙壁连接，并用绳索 EH 拉住。在水平位置保持静止，如图 3-29 所示。已知 A、H 两点同在一铅直线上，且 $\angle HEA=\angle BAE=30°$，试求绳索的拉力和铰 A、B 的约束力。

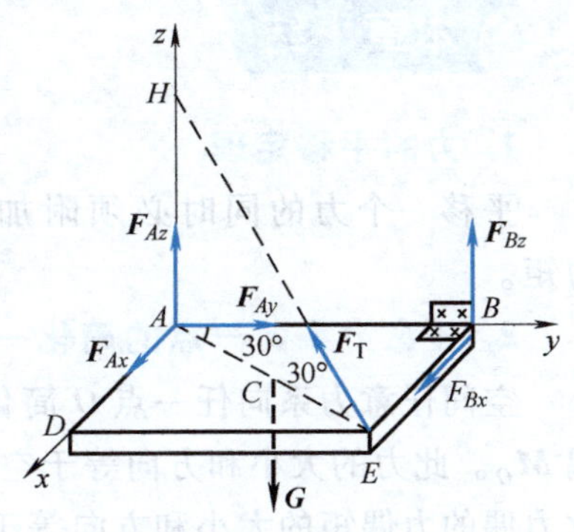

图 3-29　例 3-12 图

解： 取矩形板 $ABED$ 为研究对象。板所受的主动力为重力 $\boldsymbol{G}$，作用于板的重心点 C；绳索 EH 的拉力 $\boldsymbol{F}_T$，沿绳索；根据球铰的约束性质，A 处的约束力可表示为 3 个相互垂直的分力 $\boldsymbol{F}_{Ax}$、$\boldsymbol{F}_{Ay}$、$\boldsymbol{F}_{Az}$；蝶铰不能阻碍被约束物体沿铰的轴线方向移动，可知其约束力必在垂直于 y 轴的平面内，用相互垂直的两个分力 $\boldsymbol{F}_{Bx}$、$\boldsymbol{F}_{Bz}$ 表示。矩形板的受力图如图 3-29 所示。

为了便于计算绳索拉力 $\boldsymbol{F}_T$ 对各轴的矩，可将其分解为与 z 轴平行的分力 $\boldsymbol{F}_z$ 和位于平面 xAy 内的分力 $\boldsymbol{F}_{xy}$，且 $F_z=F_T\sin 30°$，$F_{xy}=F_T\cos 30°$，根据合力矩定理，力 $\boldsymbol{F}_T$ 对某轴的矩等于分力 $\boldsymbol{F}_z$ 和 $\boldsymbol{F}_{xy}$ 对同一轴的矩的代数和。

设矩形板两邻边的长度分别为 $AB=a$ 和 $AD=b$。列平衡方程求解

$$\sum M_y=0,\ Gb/2-F_T\sin 30°\cdot b=0,\ F_T=G=200\text{N}$$

$$\sum M_x=0,\ F_{Bz}a+F_T\sin 30°\cdot a-Ga/2=0,\ F_{Bz}=0$$

$$\sum M_z=0,\ -F_{Bx}\cdot a=0,\ F_{Bx}=0$$

$$\sum F_x=0,\ F_{Ax}+F_{Bx}-F_T\cos 30°\cdot \sin 30°=0,\ F_{Ax}=86.6\text{N}$$

$$\sum F_y=0,\ F_{Ay}-F_T\cos 30°\cdot\cos 30°=0,\ F_{Ay}=150\text{N}$$

$$\sum F_z=0,\ F_{Az}+F_{Bz}-G+F_T\sin 30°=0,\ F_{Az}=100\text{N}$$

例 3-13　如图 3-30 所示，四方形板 $ABCD$ 由 6 根直杆支撑于水平位置，若在 A 点沿 AD 方向作用水平力 $\boldsymbol{F}$，尺寸如图。设板和杆自重不计，求各杆的内力。

图 3-30　例 3-13 图

解： 取正方形板为研究对象，各支杆均为二力杆，设它们均受拉力，板受力如图 3-30 所示。列平衡方程并求解

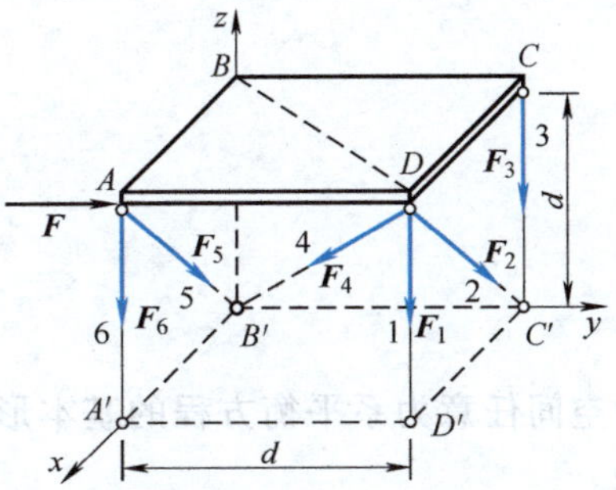

$$\sum M_{AD}=0,\ F_3=0$$

$$\sum M_{DD'}=0,\ F_5=0$$

$$\sum M_{BD}=0,\ F_6=0$$

$$\sum M_{B'C'}=0,\ F_1=0$$

$$\sum M_{BB'}=0,\ Fd+\frac{\sqrt{2}}{2}F_2d=0,\ F_2=-\sqrt{2}F$$

$$\sum F_z=0,\ -F_2\times\frac{\sqrt{2}}{2}-F_4\times\frac{1}{\sqrt{3}}=0,\ F_4=\sqrt{3}F$$

本题讨论： 列矩轴方程时所选取的矩轴应尽量与未知力平行或相交，使得每个方程中只有一个未知量，方便求解。力矩方程的个数可取 3～6 个。

本章小结

1. 力的平移定理

平移一个力的同时必须附加一个力偶，附加力偶的矩等于原来的力对新作用点的力矩。

2. 任意力系向一点的简化——主矢和主矩

空间任意力系向任一点 O 简化一般会得到一个作用线通过简化中心 O 的力 $\boldsymbol{F}'_{\mathrm{R}}$ 和一个力偶 $\boldsymbol{M}_O$。此力的大小和方向等于空间任意力系中各力的矢量和，称为空间任意力系的主矢；此力偶的力偶矩的大小和方向等于空间任意力系中各力对简化中心 O 的力矩的矢量和，称为空间任意力系的主矩。主矢、主矩以矢量形式分别表示为

$$\boldsymbol{F}'_{\mathrm{R}} = \sum \boldsymbol{F}_i,\ \boldsymbol{M}_O = \sum \boldsymbol{M}_O(\boldsymbol{F}_i)$$

主矢与简化中心的位置无关，而主矩一般与简化中心的位置有关。

3. 空间任意力系简化的最后结果

结果有四种情况，即平衡、合力偶、合力与力螺旋，见表 3-1。平面任意力系简化的最后结果为排除力螺旋后的三种情况，即平衡、合力与合力偶。

4. 任意力系的平衡

空间任意力系平衡的必要和充分条件是该力系的主矢和对于任一点 O 的主矩都等于零，即

$$\boldsymbol{F}'_{\mathrm{R}} = \sum \boldsymbol{F}_i = \boldsymbol{0},\ \boldsymbol{M}_O = \sum \boldsymbol{M}_O(\boldsymbol{F}_i) = \boldsymbol{0}$$

以解析形式表示此平衡条件的一种形式为

$$\begin{cases} \sum F_x = 0 \\ \sum F_y = 0 \\ \sum F_z = 0 \\ \sum M_x = 0 \\ \sum M_y = 0 \\ \sum M_z = 0 \end{cases}$$

称为空间任意力系平衡方程的基本形式，其他任何力系的平衡方程均可从这六个方程中推导出来。

5. 平面任意力系的平衡方程

基本形式为

$$\sum F_x = 0,\ \sum F_y = 0,\ \sum M_O = 0$$

二矩式形式为

$$\sum F_x = 0,\ \sum M_A = 0,\ \sum M_B = 0$$

其中两矩心的连线与投影轴不能垂直。

三矩式形式为

$$\sum M_A = 0,\ \sum M_B = 0,\ \sum M_C = 0$$

其中三矩心（即 A、B、C 三点）不能共线。

6. 物体的重心

物体的重心是该物体重力作用线始终通过的那一点。物体的重心相对物体占有确定的位置，与该物体在空间的位置无关。均质物体的重心与形心是重合的。重心的坐标公式为

$$x_C = \frac{\sum x_i G_i}{G},\ y_C = \frac{\sum y_i G_i}{G},\ z_C = \frac{\sum z_i G_i}{G}$$

其也是平行力系中心的坐标公式。平行力系中心就是平行力系的合力通过的那一点。

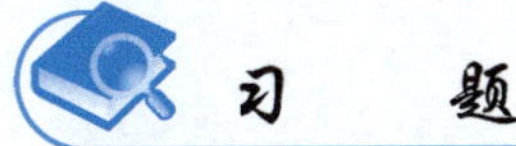

习　题

客观题

3-1 平面内一非平衡共点力系和一非平衡力偶系最后可能合成的情况是（　　）。

①一合力　　②一合力偶　　③相平衡　　④无法进一步合成

3-2 将两个等效力系中的一个向点 A 简化，另一个向点 B 简化，得到的主矢和主矩分别记为 $\boldsymbol{F}'_{R1}$、$\boldsymbol{M}_1$ 和 $\boldsymbol{F}'_{R2}$、$\boldsymbol{M}_2$（主矢与 AB 不平行），则有（　　）。

①$\boldsymbol{F}'_{R1}=\boldsymbol{F}'_{R2}$，$\boldsymbol{M}_1=\boldsymbol{M}_2$　　②$\boldsymbol{F}'_{R1}=\boldsymbol{F}'_{R2}$，$\boldsymbol{M}_1\neq\boldsymbol{M}_2$

③$\boldsymbol{F}'_{R1}\neq\boldsymbol{F}'_{R2}$，$\boldsymbol{M}_1=\boldsymbol{M}_2$　　④$\boldsymbol{F}'_{R1}\neq\boldsymbol{F}'_{R2}$，$\boldsymbol{M}_1\neq\boldsymbol{M}_2$

3-3 一空间力系向某点 O 简化后的主矢和主矩分别为 $\boldsymbol{F}'_R=5\boldsymbol{j}+5\boldsymbol{k}$，$\boldsymbol{M}_O=12\boldsymbol{k}$（力以 N 计，力矩以 N · m 计），则该力系可进一步简化的最后结果为（　　）。

①合力　　②合力偶

③力螺旋　　④平衡力系

3-4 如平面力系平衡，则关于它的平衡方程，下列表述正确的是（　　）。

①任何平面力系都具有三个独立的平衡方程

②任何平面力系只能列出三个平衡方程

③在平面力系的平衡方程的基本形式中，两个投影轴必须相互垂直

④该平衡力系在任意选取的投影轴上投影的代数和必为零

3-5 在刚体的两个点上各作用一个空间共点力系（即汇交力系），使刚体处于平衡。利用刚体的平衡条件可以求出的未知量（即独立的平衡方程）个数最多为（　　）。

①3 个　　②4 个　　③5 个　　④6 个

3-6 下列力系中，其独立平衡方程数目分别为：①（　　），②（　　），③（　　），④（　　）。

①空间力系中各力的作用线平行于某一固定平面

②空间力系各力的作用线垂直于某一固定平面

③平面力系中各力的作用线分别汇交于两个固定点

④平面力偶系

3-7 某平面力系诸力与轴平行，如图 3-31 所示。已知：$F_1=10\text{N}$，$F_2=4\text{N}$，$F_3=8\text{N}$，$F_4=8\text{N}$，$F_5=10\text{N}$，长度单位以 cm 计，则力系的简化结果与简化中心的位置（　　）。

①无关

②有关

③若简化中心选择在 x 轴上，则与简化中心的位置无关

④若简化中心选择在 y 轴上，则与简化中心的位置无关

3-8 正立方体的顶角上作用有 6 个大小相等的力，各力的方向如图 3-32 所示，此力系向任一点简化的结果为（　）。

①主矢等于零，主矩不等于零

②主矢不等于零，主矩也不等于零

③主矢不等于零，主矩等于零

④主矢等于零，主矩也等于零

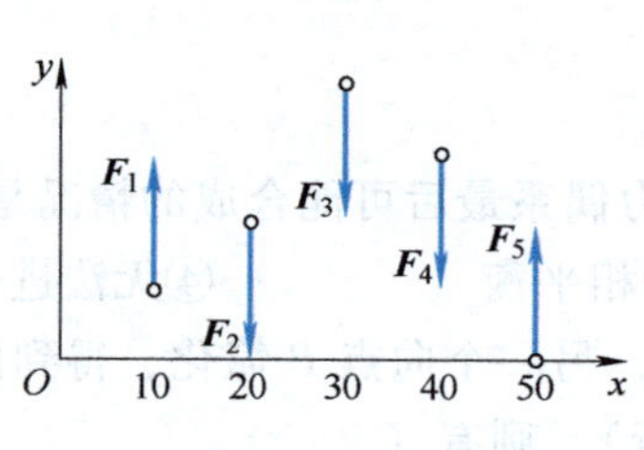

图 3-31　题 3-7 图

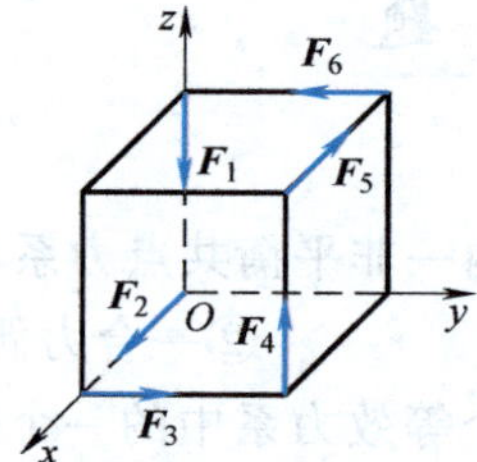

图 3-32　题 3-8 图

3-9 在一个正立方体的上沿棱边作用有 6 个大小都为 F 的力，如图 3-33 所示，此力系向任一点简化的最后结果为（　）。

①合力　　②平衡　　③合力偶　　④力螺旋

3-10 如图 3-34 所示的长方体为刚体，仅受二力偶作用，已知其力偶矩矢满足 $\boldsymbol{M}_1 = -\boldsymbol{M}_2$，则该长方体（　）。

①不平衡　　②平衡　　③平衡与否无法确定

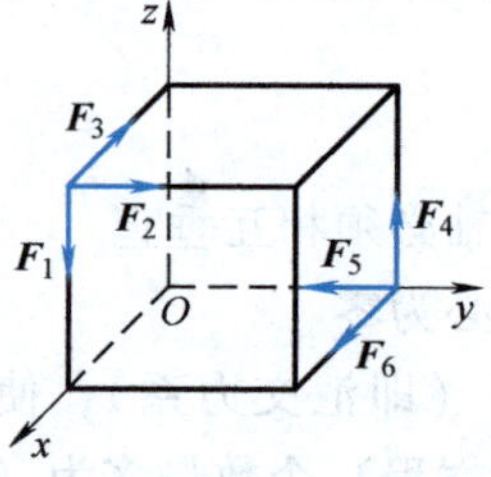

图 3-33　题 3-9 图

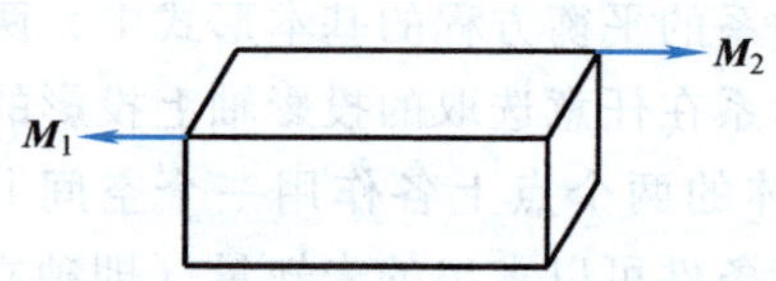

图 3-34　题 3-10 图

分析计算题

3-11 在如图 3-35 所示的力系中，$F_1 = 100\text{N}$，$F_2 = 300\text{N}$，$F_3 = 200\text{N}$，图中尺寸的单位是 mm。试将此力系向原点 O 简化。

3-12 沿长方体的三个不相交且不平行的棱边上作用有三个大小均为 F 的力，如图 3-36所示，问棱边长 a、b、c 应满足什么关系，此力系才能合成为一个合力。

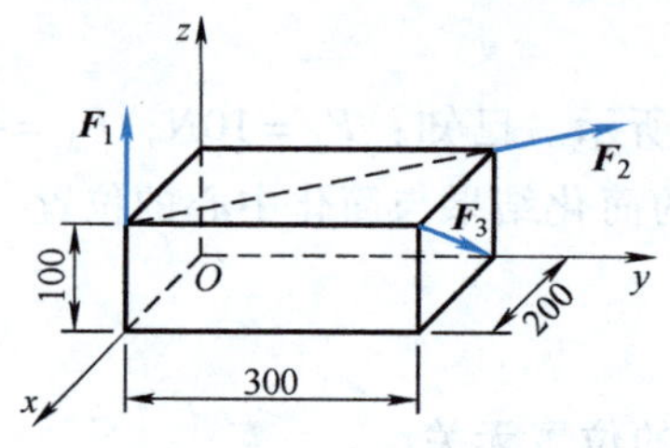

图 3-35　题 3-11 图

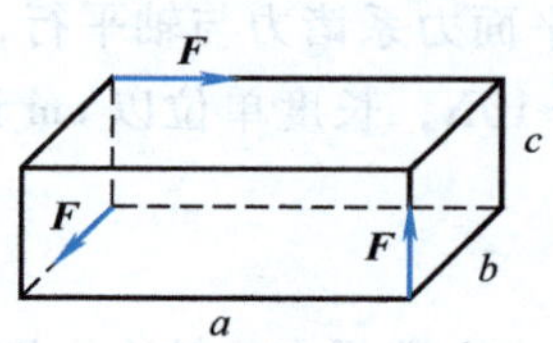

图 3-36　题 3-12 图

3-13 正方体各边长为 a，在四个顶点 O、A、B、C 上分别作用有大小都等于 F 的四个力 $\boldsymbol{F}_1$、$\boldsymbol{F}_2$、$\boldsymbol{F}_3$、$\boldsymbol{F}_4$，方向如图 3-37 所示。试求此力系向 O 点的简化结果及力系的最后合成结果。

3-14 在图 3-38 所示力系中，已知 $F_1=100\text{N}$，$F_2=40\text{N}$，$F_3=160\text{N}$，$F_4=40\text{N}$，$F_5=40\text{N}$，图中尺寸的单位为 cm。试问此力系能否合成为力螺旋？

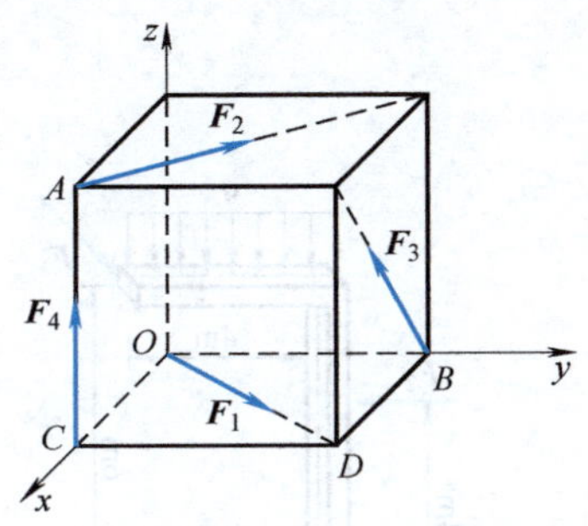

图 3-37 题 3-13 图

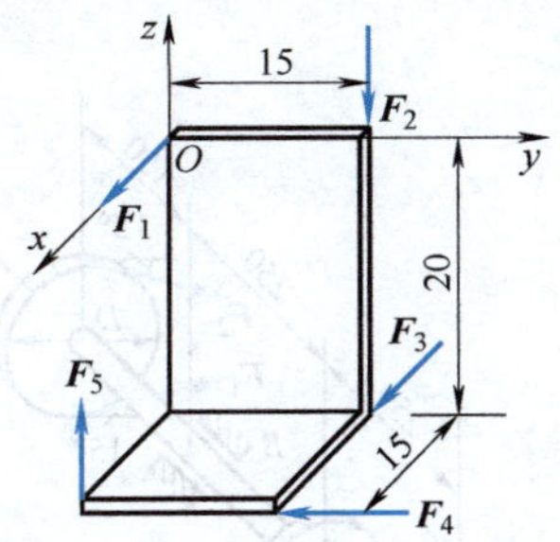

图 3-38 题 3-14 图

3-15 空心楼板 $ABCD$，重 $G=2.8\text{kN}$，一端支承在 AB 中点 E，并在 H、K 两处用绳悬挂，如图 3-39 所示。已知 $HD=KC=AD/8$，求 H、K 两处绳的张力及 E 处的约束力。

3-16 匀质圆盘重量为 $\boldsymbol{G}$，在圆周上的 A_1、A_2、A_3 三点用铅垂细线悬挂于水平位置。设圆心角 $\varphi_1=150°$，$\varphi_2=120°$，$\varphi_3=90°$，求各细线的拉力。

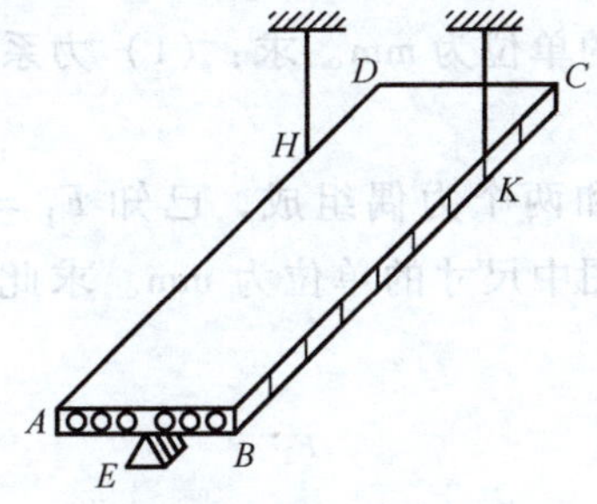

图 3-39 题 3-15 图

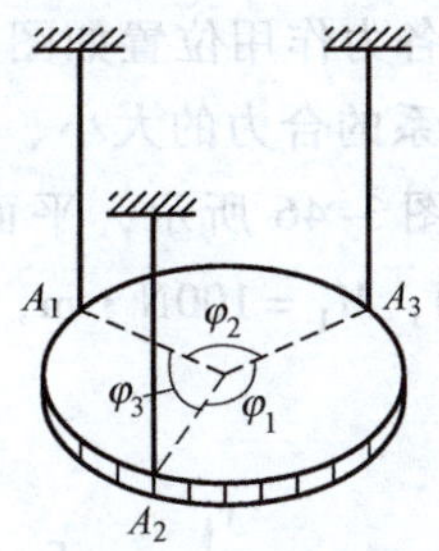

图 3-40 题 3-16 图

3-17 固结在 AB 轴上的三个圆轮，半径各为 r_1、r_2、r_3，水平和铅垂作用力的大小 $F_1=F_1'$，$F_2=F_2'$ 为已知，如图 3-41 所示。求平衡时 $\boldsymbol{F}_3$ 和 $\boldsymbol{F}_3'$ 两力的大小。

3-18 如图 3-42 图所示，杆支撑一水平矩形板，在板角处受铅直力 $\boldsymbol{F}$ 的作用。设板与杆自重不计，图中尺寸单位为 mm，求各杆的内力。

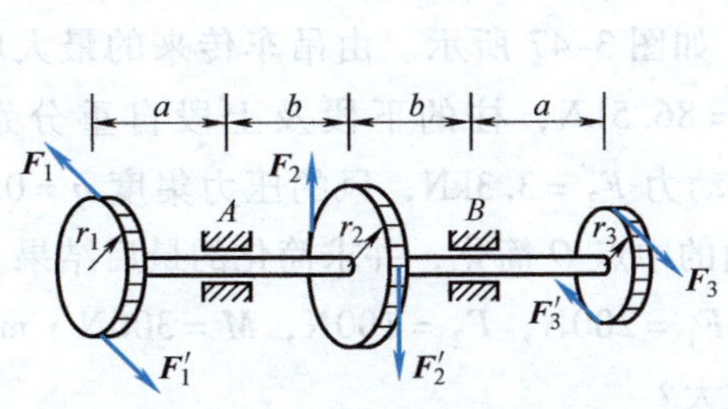

图 3-41 题 3-17 图

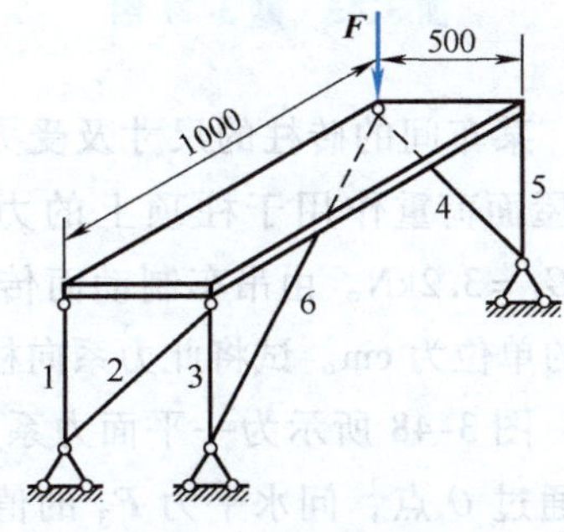

图 3-42 题 3-18 图

3-19 转动轴如图 3-43 所示，图中尺寸的单位为 mm。皮带轮直径 $D=400$mm，皮带拉力 $F_1=2000$N，$F_2=1000$N，皮带拉力与水平线夹角为 15°；圆柱直齿轮的节圆直径 $d=200$mm，齿轮压力 F_N 与铅直线成 20°角。试求轴承约束力和齿轮压力 F_N。

3-20 如图 3-44 所示，悬臂刚架上作用有 $q=2$kN/m 的均布荷载，以及作用线分别平行于 AB、CD 的集中力 F_1、F_2。已知 $F_1=5$kN，$F_2=4$kN。求固定端 O 处的约束力及力偶矩。

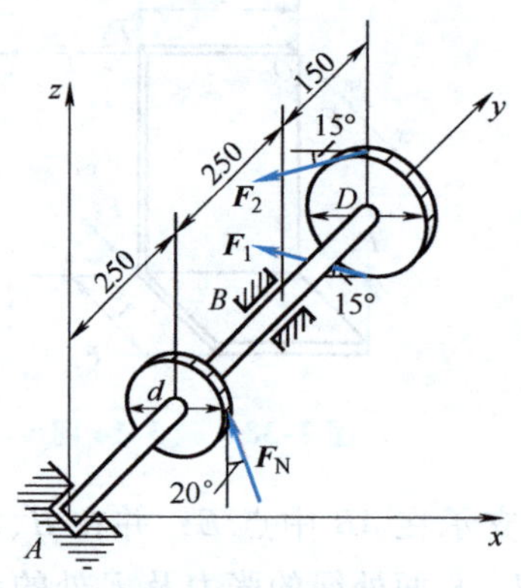

图 3-43　题 3-19 图

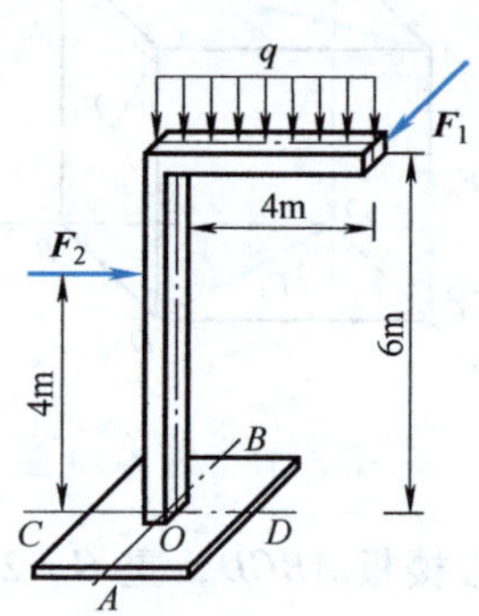

图 3-44　题 3-20 图

3-21 图 3-45 所示平面力系中，$F_1=40\sqrt{2}$N，$F_2=80$N，$F_3=40$N，$F_4=110$N，$M=2000$N · mm，各力作用位置如图所示，图中尺寸的单位为 mm。求：(1) 力系向 O 点的简化结果；(2) 力系的合力的大小、方向及作用位置。

3-22 如图 3-46 所示，平面力系由三个力和两个力偶组成，已知 $F_1=1.5$kN，$F_2=2$kN，$F_3=3$kN，$M_1=100$N · m，$M_2=80$N · m，图中尺寸的单位为 mm。求此力系简化的最后结果。

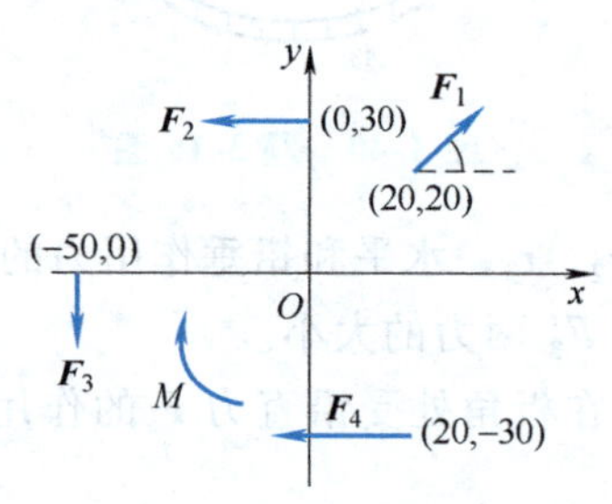

图 3-45　题 3-21 图

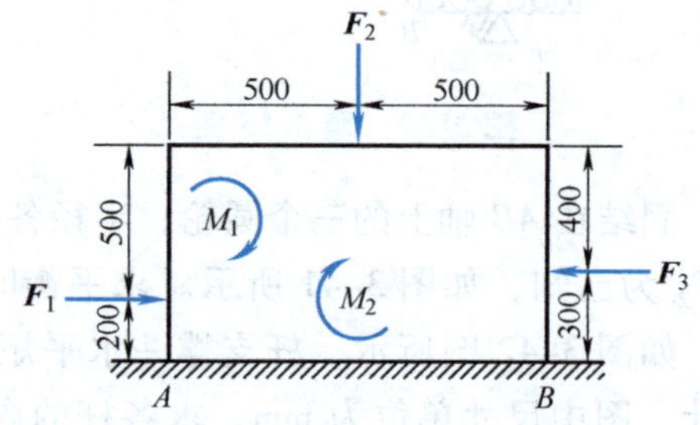

图 3-46　题 3-22 图

3-23 某车间的砖柱的尺寸及受力情况，如图 3-47 所示。由吊车传来的最大压力 $F_1=56.2$kN，屋面荷重作用于柱顶上的力为 $F_2=86.5$kN，柱的下段及上段自重分别为 $G_1=43.3$kN，$G_2=3.2$kN。由吊车制动而传来的掣动力 $F_3=3.3$kN，风的压力集度 $q=0.23$kN/m。图中尺寸的单位为 cm。试将此力系向柱子底面的中点 O 简化，并求简化的最后结果。

3-24 图 3-48 所示为一平面力系，已知 $F_1=200$N，$F_2=100$N，$M=300$N · m。欲使力系的合力通过 O 点，问水平力 F_3 的值应为多大？

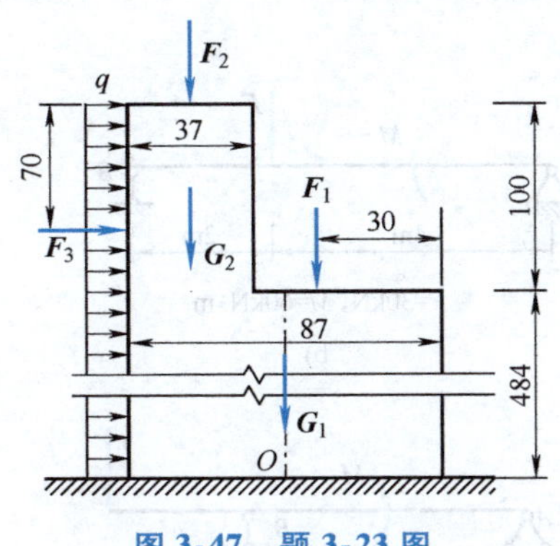

图 3-47　题 3-23 图

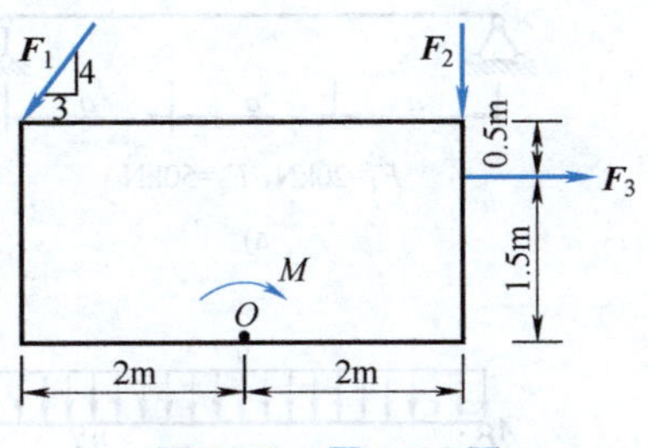

图 3-48　题 3-24 图

3-25　图 3-49 所示为可沿路轨移动的塔式起重机，起重机（不计平衡重）的重量 $G_1=500\text{kN}$，其重力作用线距右轨 1.5m，起重机的起重量 $G_2=250\text{kN}$。凸臂伸出右轨 10m。要使在满载和空载时起重机均不致翻到，求平衡重的最小重量 G_3 以及平衡重到左轨的最大距离 x。

3-26　两个水池用闸门板隔开，如图 3-50 所示，此板与水平面成 60°角，且板长 2m，宽 1m，其上部沿 AA'（过 A 点垂直于图面的直线，图中未画出）与池壁铰接。左池水面与 AA'线相齐，右池无水。若不计板重，求刚好能拉开闸门所需的铅垂力 F_T 的大小（水的容重 $\gamma=9.8\text{kN/m}^3$）。

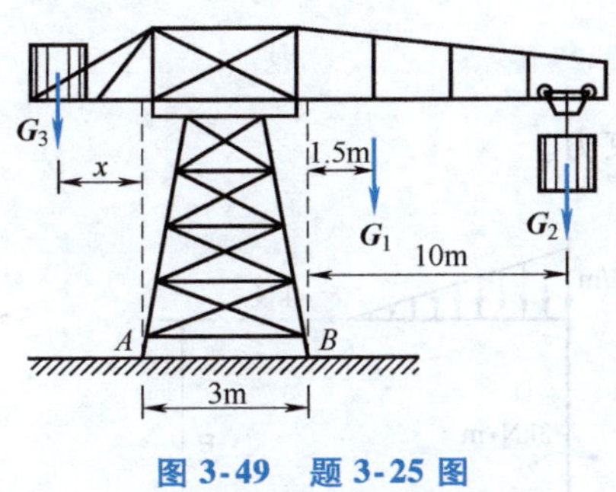

图 3-49　题 3-25 图

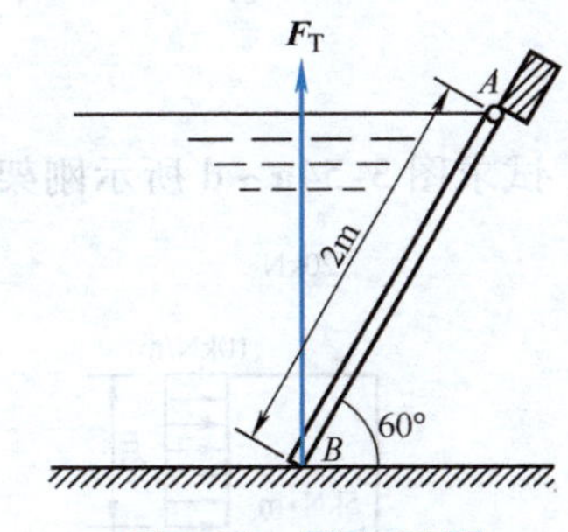

图 3-50　题 3-26 图

3-27　如图 3-51 所示，挡水侧墙修建在基础上，高 $h=2\text{m}$，水深也为 h，设侧墙为片石混凝土，容重 $\gamma=22.5\text{kN/m}^3$。试求：(1) 若取倾覆安全因素 $k_q=1.4$，侧墙不致绕 A 点倾倒时所需的墙宽 b 应为多大？(2) 若使墙身的底面在 B 处不受张力作用，即沿基底 AB 的约束分布荷载为一三角形，这时墙宽的最小值为多少？

3-28　将水箱的支承简化，如图 3-52 所示。已知水箱与水共重 $G=32\text{kN}$，侧面的风压力合力 $F=20\text{kN}$。求三杆对水箱的约束力。

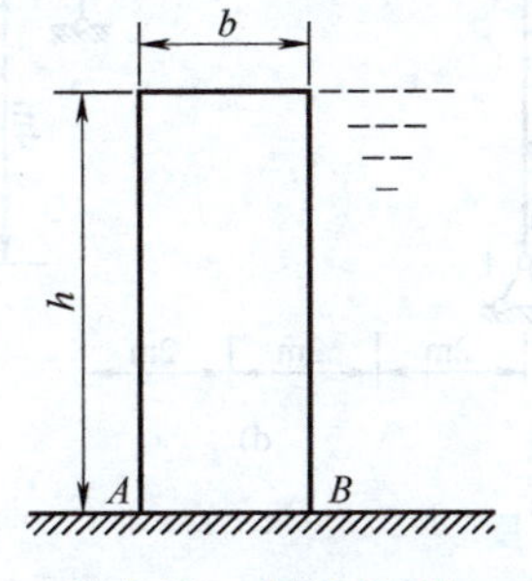

图 3-51　题 3-27 图

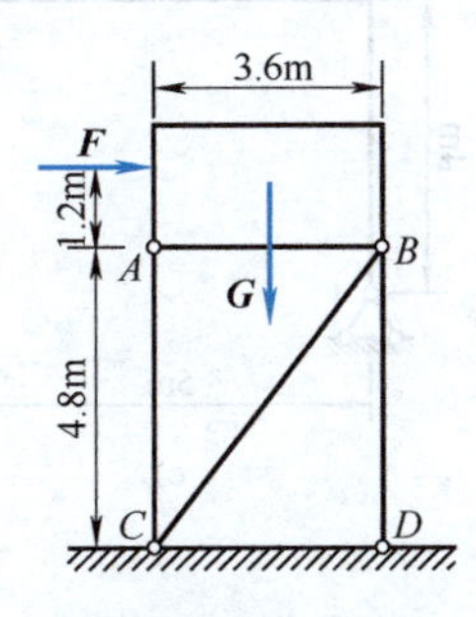

图 3-52　题 3-28 图

3-29 求图 3-53a ~ f 所示各梁的支座约束力。

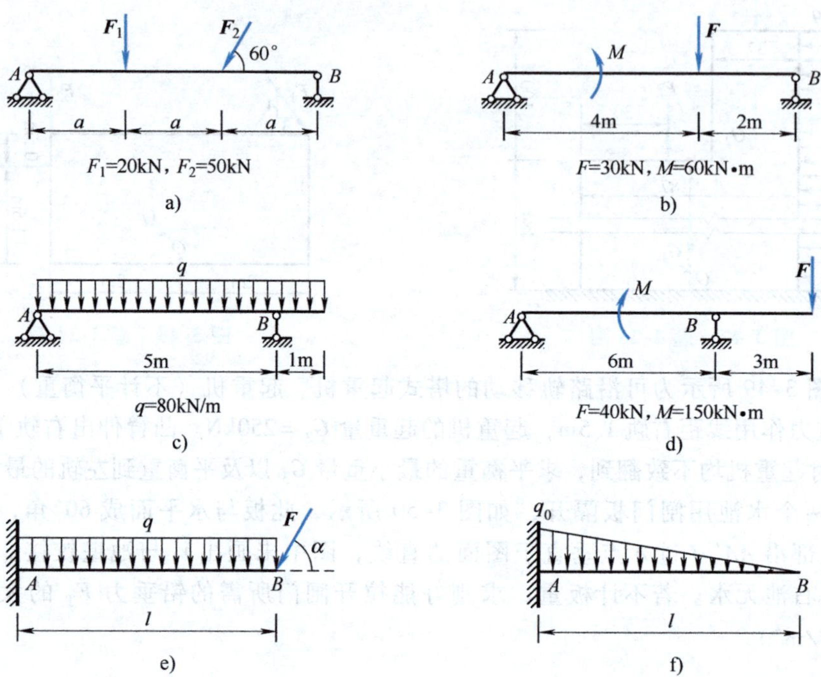

图 3-53　题 3-29 图

3-30 试求图 3-54a ~ d 所示刚架的支座约束力。

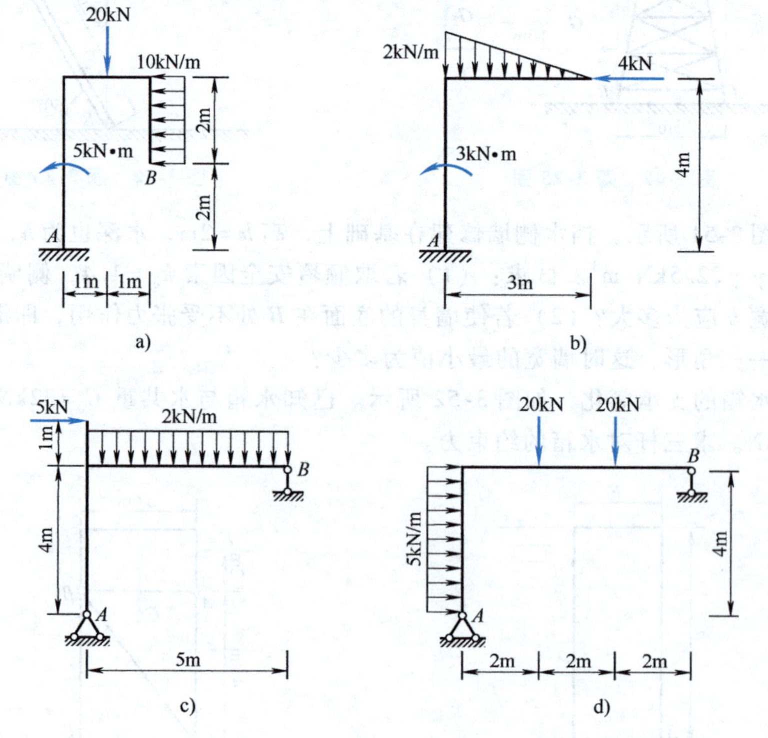

图 3-54　题 3-30 图

3-31　试求图 3-55a ~ c 所示型材剖面的形心位置，图中尺寸单位为 mm。

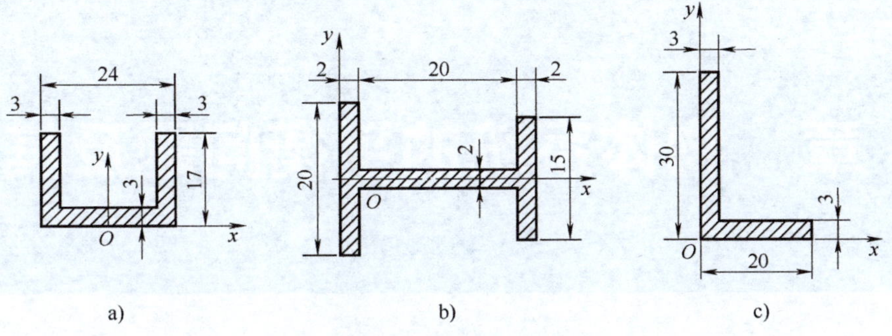

图 3-55　题 3-31 图

3-32　试求图 3-56a、b 所示阴影部分的形心位置：①已知图 3-56a 中尺寸单位为 mm；②图 3-56b 中尺寸单位为 m。

3-33　试求图 3-57 所示匀质等截面金属细弯管的重心坐标。

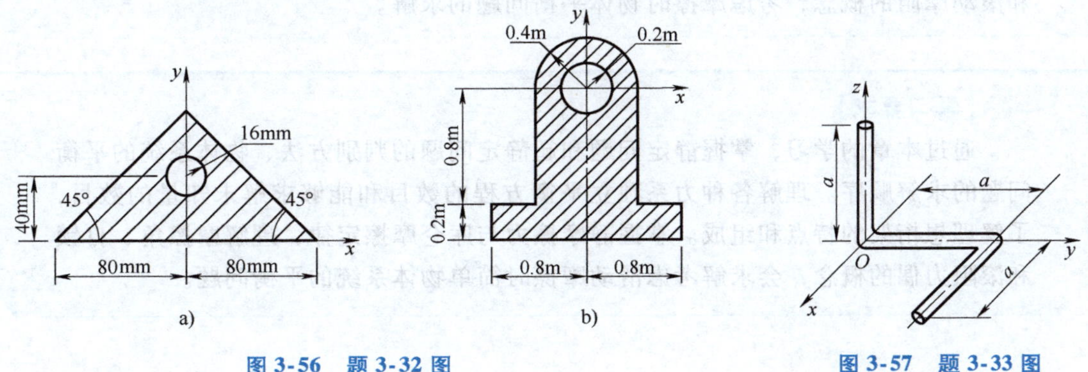

图 3-56　题 3-32 图

图 3-57　题 3-33 图

第 4 章　物体系统的平衡问题及其应用

【内容提要】

本章引进静定与超静定的概念，重点讨论平面刚体系统的平衡问题及其应用，包括平面简单桁架的概念，计算桁架杆件内力的节点法和截面法；滑动摩擦和滚动摩阻的概念，考虑摩擦时物体平衡问题的求解。

【学习要求】

通过本章的学习，掌握静定问题和超静定问题的判别方法、物体系统的平衡问题的求解顺序。理解各种力系独立平衡方程的数目和能够求解未知量的数目，了解理想桁架的特点和组成。掌握静摩擦力与库仑摩擦定律，理解摩擦角、自锁和滚阻力偶的概念，会求解考虑滑动摩擦时简单物体系统的平衡问题。

4.0　本章学习任务单

1. 静定问题和超静定问题的概念

了解静定和超静定问题的概念。能够判断一般平面物体系统的是属于静定问题还是属于超静定问题。请读者带着如下问题学习 4.1 节的内容：

静力学理论能求解超静定问题吗?

2. 物体系统的平衡问题举例

对于由两个以上刚体组成的刚体系统，当其处于平衡状态时，则系统中每一个刚体或由部分刚体组成的子系统均处于平衡状态，都可以列平衡方程，因此对同一个刚体系统平衡问题，有多种解题方法。要求读者能一题多解，寻求最佳解题方案，以最少的平衡方程数高效求出所有未知量。对于平面任意力系，请读者带着如下问题学习 4.2 节的内容（含 1 个微视频）：

1）从哪些方面去理解只有三个独立的平衡方程?

2）为什么说任何第四个方程只是前三个方程的线性组合?

3）能否把三个平衡方程都写成投影方程?

3. 平面桁架的内力计算

了解简单静定桁架的特点，会用节点法和截面法求解简单平面桁架的平衡问题。请读者带着如下问题学习4.3节的内容（含1个微视频）：

1）节点法是根据什么命名的？其对象受什么力系作用？

2）如何理解截面法，截面一定是平面吗？可以任意截断几根杆吗？

4. 考虑摩擦时的平衡问题

掌握静滑动摩擦力，摩擦角和自锁现象以及滚动摩阻的概念，能求解简单的考虑滑动摩擦的平衡问题。请读者带着如下问题学习4.4节的内容（含4个微视频）：

1）静滑动摩擦力与普通约束力相比有什么不同的地方？

2）两物体之间有正压力时就一定有摩擦力吗？

4.1　静定问题和超静定问题的概念

对每一种力系，它的独立方程式的数目是一定的，可求解的未知数也是一定的。如果单个物体或物体系的未知量数目正好等于它的独立平衡方程的数目，则通过静力学平衡方程就可完全确定这些未知量，这种平衡问题称为静定问题；如果未知量的数目多于独立平衡方程的数目，仅通过静力学平衡方程不能完全确定这些未知量，这种问题称为超静定或静不定问题。这里说的静定与超静定问题，是对整个系统而言的。若从该系统中取出一分离体，它的未知量的数目多于它的独立平衡方程的数目，并不能说明该系统就是超静定问题，而要分析整个系统的未知量数目和独立方程式数目。

图4-1是单个物体AB梁的平衡问题，对AB梁来说，可列三个独立的平衡方程。图4-1a中的梁有三个约束力，等于独立的平衡方程的数目，属于静定问题；图4-1b中的梁有四个约束力，多于独立的平衡方程的数目，属于超静定问题。图4-2是两个物体AB、BC组成的连续梁系统。AB、BC都可列三个独立的平衡方程，AB、BC作为一个整体虽然也可列三个平衡方程，但它们并非是独立的，因此，该系统一共可列六个独立的平衡方程。图4-2a、图4-2b中的梁分别有六个和七个约束力（力偶），于是，它们分别是静定问题和超静定问题。

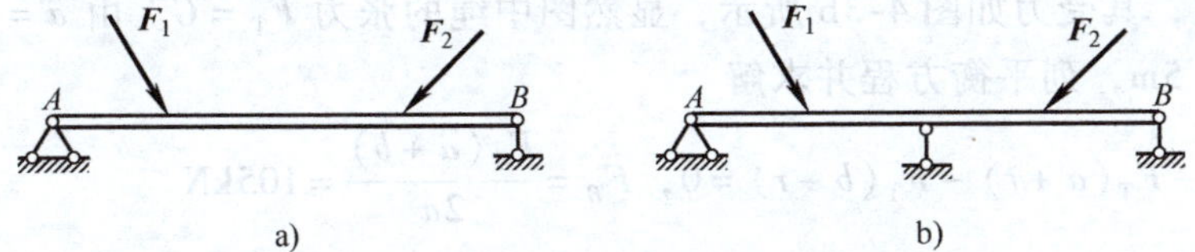

图4-1　单个刚体静定问题和超静定问题举例

【动画：超静定问题举例】

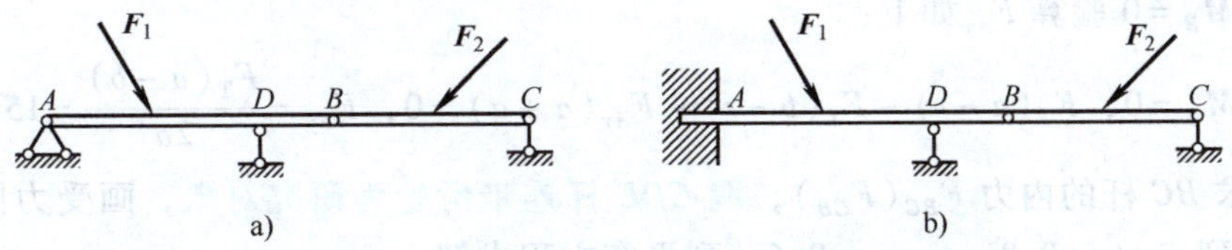

图4-2　多个刚体静定问题和超静定问题举例

超静定问题之所以不能完全确定超静定问题的未知量，是因为在静力学中，把研究对象抽象化为刚体的缘故。如果在超静定问题中考虑物体的变形，加列某些补充方程后，才能使方程的数目等于未知量的数目。超静定结构已超出刚体静力学的范围，在材料力学中将讨论这类问题，这里不加叙述。

4.2 平面物体系统的平衡问题举例

物体系统在力系作用下处于平衡状态，这意味着系统整体、部分物体的组合及每个物体都处于平衡状态。对于 n 个物体组成的系统，若系统是静定的，则受平面任意力系作用的每个物体都可列出三个独立方程，求解出 $3n$ 个未知量。虽然需要求解联立方程，但是在理论上和技术上已不存在困难。现在的问题是如何使过程最简捷，这需要恰当地选取研究对象，熟练地进行力的分析，并有一定的技巧性。

对于平衡的物体系统，可提供选取的研究对象大于 n 个，因而不必拘泥于以每个物体为研究对象。这样，解题的原则是选取恰当的研究对象求出一些未知量。显然，以建立的平衡方程只包含一个未知量为最佳，即尽量做到列一个平衡方程就能解出一个未知量。之后再选取另外的研究对象求出有关未知量，连续求解，直至求得全部的未知量。所以在解题之前要先制定出解题步骤。此外，在求解过程中还应注意以下几点：

1）在一般情形下，首先以系统的整体为研究对象，这样就不会出现未知的内力，易于解出未知量。当不能求出未知量时，则应考虑选取单个物体或部分物体的组合为研究对象，一般应先选受力简单且作用有已知力的物体为对象，求出部分未知量后，再研究其他物体。

2）每个研究对象只有三个独立的平衡方程，多余的方程只是平衡的必然结果，而不是独立方程。显然，列出的平衡方程可以少于三个。

3）在画受力图时只画外力不画内力。全套受力图中，所有约束力在整体、部分和单个物体的受力图中要前后一致，即在整体受力图中已画出的约束力，在其他部分或单个物体的受力图中应与整体的受力图一致。物体之间的相互作用力要符合作用与反作用定律。

例 4-1 图 4-3a 所示结构中，$AD=DB=2\text{m}$，$CD=DE=1.5\text{m}$，$G=120\text{kN}$，不计杆和滑轮的重量。试求支座 A 和 B 的约束力以及 BC 杆的内力 F_{BC}。

解： 1）取整体为研究对象，其受力如图 4-3b 所示，显然图中绳的张力 $F_T=G$。由 $a=AD=DB=2\text{m}$，$b=CD=DE=1.5\text{m}$，列平衡方程并求解

$$\sum M_A=0,\ F_B(a+a)-F_T(a+r)-F_T(b-r)=0,\ F_B=\frac{F_T(a+b)}{2a}=105\text{kN}$$

$$\sum F_y=0,\ F_{Ay}+F_B-F_T=0,\qquad F_{Ay}=F_T-F_B=15\text{kN}$$

$$\sum F_x=0,\ F_{Ax}-F_T=0,\qquad F_{Ax}=F_T=120\text{kN}$$

可用 $\sum M_B=0$ 验算 F_{Ay} 如下：

$$\sum M_B=0,\ F_T(a-r)-F_T(b-r)-F_{Ay}(a+a)=0,\ F_{Ay}=\frac{F_T(a-b)}{2a}=15\text{kN}$$

2）为求 BC 杆的内力 $F_{BC}(F_{CB})$，取 CDE 杆连带滑轮为研究对象，画受力图如图 4-3c 所示。注意到 $\sin\alpha=0.8$，$\cos\alpha=0.6$，列平衡方程求解

$$\sum M_D=0,\ (F_{CB}\sin\alpha)b+F_T(b-r)+F_Tr=0,\ F_{CB}=-\frac{F_T}{\sin\alpha}=-150\text{kN}$$

其中负号说明 BC 杆受压力。

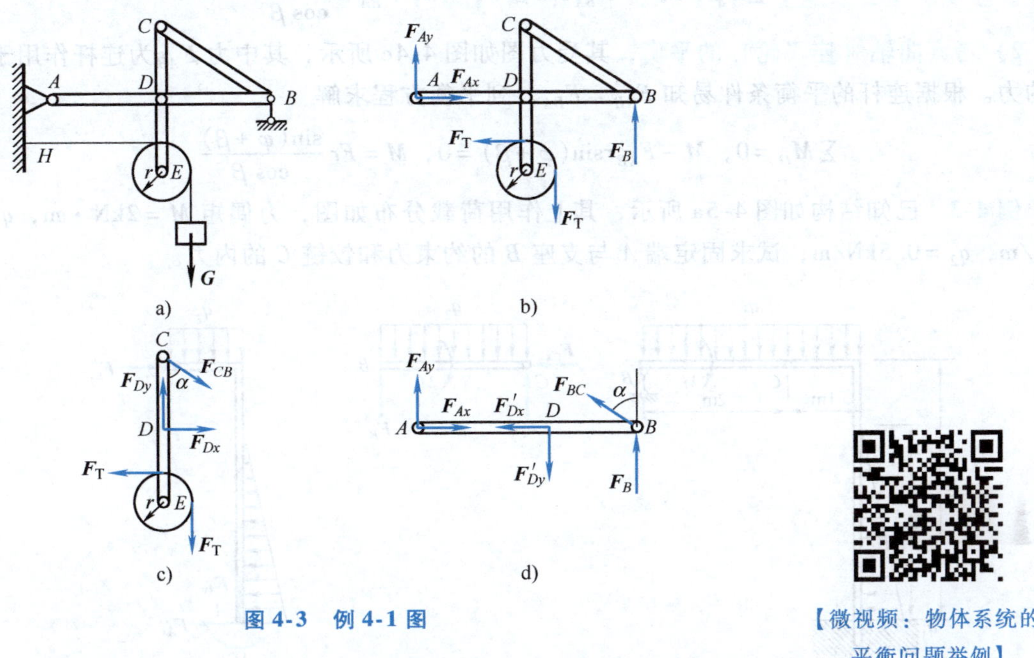

图 4-3　例 4-1 图

求 BC 杆的内力 F_{BC}，也可以取 ADB 杆为研究对象，画受力图如图 4-3d 所示。

$$\sum M_D=0,\ (F_{BC}\cos\alpha)a+F_Ba-F_{Ay}a=0,\ F_{BC}=\frac{F_{Ay}-F_B}{\cos\alpha}=-150\text{kN}$$

本例讨论： 比较以上求 BC 杆内力时选取的两个不同研究对象可以看出，以 ADB 杆为对象时必须先求出 F_{Ay} 与 F_B 才能解出 F_{BC}，而以 CDE 杆连同滑轮为对象时则不必。如果题目只要求 BC 杆的内力，显然，一开始就选 CDE 杆连同滑轮为对象，解题速度就会提高很多。

例 4-2　曲轴压力机由飞轮、曲轴、连杆和滑块组成，其中飞轮和曲轴固连成一体，如图 4-4a 所示。曲轴受到由传动机构（图中未画出）作用的力偶，其力偶矩为 M。曲轴长 $OA=r$，A、B、O 可以视为光滑铰链。在图示位置，曲轴 OA 和连杆 AB 分别与铅直线成 φ 和 β 角。此时滑块上受到的冲压力 $\boldsymbol{F}$ 的大小已知，各部件重量可以略去不计。求系统平衡时力偶矩 M 的值。

解： 本题的刚体系统由曲轴（连飞轮）、连杆、滑块组成。

1）考察滑块的平衡，滑块的受力图如图 4-4b 所示，其中力 $\boldsymbol{F}_N$ 为导轨的约束力，力 $\boldsymbol{F}_{BA}$ 为连杆作用于滑块的力，力 $\boldsymbol{F}$ 为冲压力（工件的约束力）。在题设条件下，连杆是二力杆，故力 $\boldsymbol{F}_{BA}$ 应沿着 AB 连线。这三个力组成一平衡的平面汇交力系，列平衡方程求 $\boldsymbol{F}_{BA}$，有

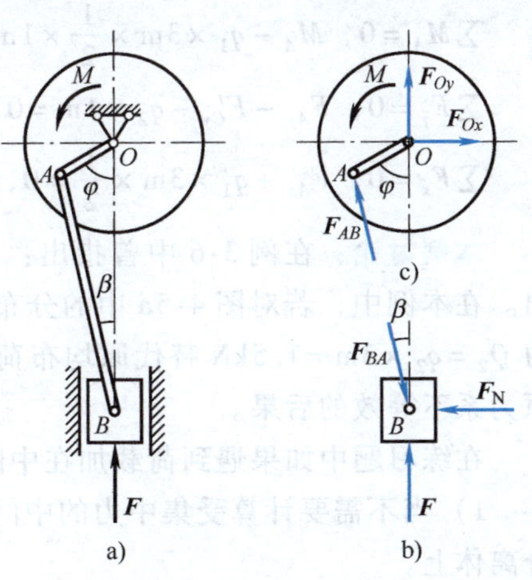

图 4-4　例 4-2 图

$$\sum F_y = 0, \quad -F_{BA}\cos\beta + F = 0, \quad F_{BA} = \frac{F}{\cos\beta}$$

2）考察曲轴（连飞轮）的平衡，其受力图如图4-4c所示，其中力F_{AB}为连杆作用于曲轴的力。根据连杆的平衡条件易知$F_{AB}=F_{BA}$，列平衡方程求解

$$\sum M_O = 0, \quad M - F_{AB} r\sin(\varphi+\beta) = 0, \quad M = Fr\frac{\sin(\varphi+\beta)}{\cos\beta}$$

例4-3 已知结构如图4-5a所示，其上作用荷载分布如图，力偶矩$M=2\text{kN}\cdot\text{m}$，$q_1=3\text{kN/m}$，$q_2=0.5\text{kN/m}$，试求固定端$A$与支座$B$的约束力和铰链$C$的内力。

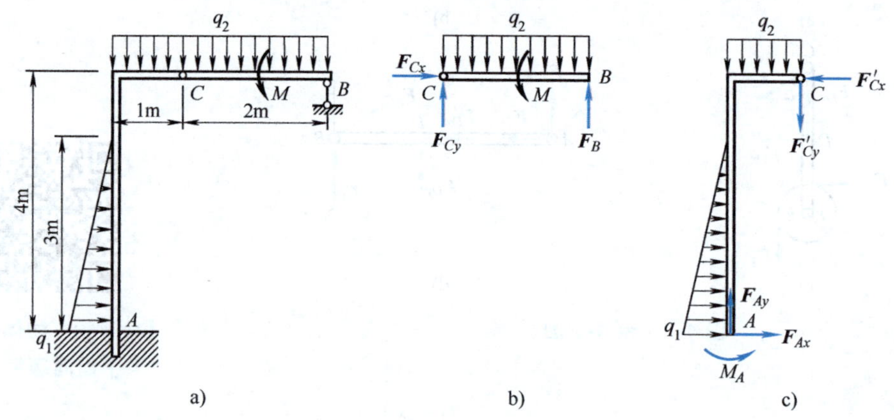

图4-5 例4-3图

解： 本题若以整体为研究对象，则固定端约束力有F_{Ax}、F_{Ay}与M_A，以及支座B的约束力F_B共四个未知量。又考虑到还要求铰链C的内力，故宜先选取BC部分为研究对象，受力图如图4-5b所示，列平衡方程求解

$\sum M_C = 0$，$F_B\times 2\text{m} + M - q_2\times 2\text{m}\times 1\text{m} = 0$，　　$F_B = -0.5\text{kN}$

$\sum F_y = 0$，$F_{Cy} + F_B - q_2\times 2\text{m} = 0$，　　$F_{Cy} = 1.5\text{kN}$

$\sum F_x = 0$，　　$F_{Cx} = 0$

再取AC部分为对象，其受力图如图4-5c所示，注意到$F'_{Cx}=F_{Cx}=0$，列平衡方程求解

$\sum M_A = 0$，$M_A - q_1\times 3\text{m}\times\frac{1}{2}\times 1\text{m} - q_2\times 1\text{m}\times\frac{1}{2}\text{m} - F'_{Cy}\times 1\text{m} = 0$，$M_A = 6.25\text{kN}\cdot\text{m}$

$\sum F_y = 0$，$F_{Ay} - F'_{Cy} - q_2\times 1\text{m} = 0$，　　$F_{Ay} = 2\text{kN}$

$\sum F_x = 0$，$F_{Ax} + q_1\times 3\text{m}\times\frac{1}{2} = 0$，　　$F_{Ax} = -4.5\text{kN}$

本例讨论： 在例3-6中曾指出：一般分布荷载不宜在受力图上进行简化，应按原样画出。在本例中，若对图4-5a中的分布荷载q_2进行简化，即用其作用在距B支座1.5m的合力$Q_2=q_2\times 3\text{m}=1.5\text{kN}$替代原均布荷载，则在随后选取$BC$、$AC$为研究对象时，易造成与原力系不等效的后果。

在练习题中如果遇到荷载加在中间铰链的情形，可做以下两种处理：

1）当不需要计算受集中力的中间铰链的约束力时，此集中力可以任意地加在某一部分分离体上。

2）当需要计算受集中力的中间铰链的约束力时，宜把中间铰链的销钉单独作为一分离

体，集中力则按作用在销钉上来处理。

例 4-4　由两圆弧形曲杆所组成的结构如图 4-6a 所示，其中 A、B、C 三处均用铰链连接，受 $F_1=100\text{kN}$、$F_2=200\text{kN}$ 和 $F=400\text{kN}$ 三个力的作用。已知 $r_1=1\text{m}$，$r_2=2\text{m}$，求 A、B 两铰链之约束力。

解： 分别取整体和 BC 部分为研究对象，其受力图分别如图 4-6b、c 所示。

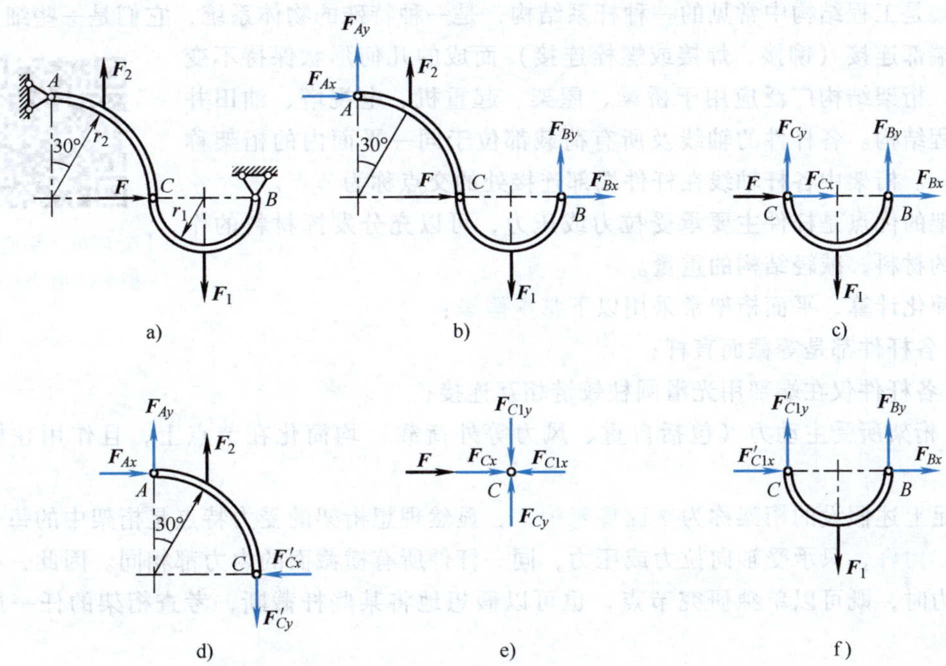

图 4-6　例 4-4 图

(1) 对 BC 列平衡方程求解

$$\sum M_C=0,\ F_{By}2r_1-F_1r_1=0,\ F_{By}=50\text{kN}$$

(2) 再对整体列平衡方程求解

$$\sum M_A=0,\ F_{Bx}r_2+F_{By}(r_2+2r_1)-F_1(r_2+r_1)+Fr_2+F_2r_2\sin 30°=0,\ F_{Bx}=-450\text{kN}$$

$$\sum F_x=0,\ F_{Ax}+F_{Bx}+F=0,\qquad F_{Ax}=50\text{kN}$$

$$\sum F_y=0,\ F_{Ay}+F_2-F_1+F_{By}=0,\qquad F_{Ay}=-150\text{kN}$$

本例讨论：

1) 在计算中间铰链 C 的约束力时，需将销钉 C 单独作为分离体，分别作曲杆 AC、销钉 C 和曲杆 BC 的受力图如图 4-6d ~ f 所示。

2) 注意体现作用与反作用力的关系：销钉 C 上的两对力（$\boldsymbol{F}_{Cx}$、$\boldsymbol{F}_{Cy}$）和（$\boldsymbol{F}_{C1x}$、$\boldsymbol{F}_{C1y}$）分别与曲杆 AC 上的（$\boldsymbol{F}'_{Cx}$、$\boldsymbol{F}'_{Cy}$）和曲杆 BC 上的（$\boldsymbol{F}'_{C1x}$、$\boldsymbol{F}'_{C1y}$）构成作用与反作用力。

3) 注意所有约束力在整体和局部物体的受力图中要保持一致：曲杆 AC 在 A 处的一对约束力（$\boldsymbol{F}_{Ax}$、$\boldsymbol{F}_{Ay}$）、曲杆 BC 在 B 处的一对约束力（$\boldsymbol{F}_{Bx}$、$\boldsymbol{F}_{By}$）的画法都必须与整体在 A、B 处的约束力画法保持一致。

余下列平衡方程求解由读者自行完成。

■4.3 平面静定桁架的内力计算

4.3.1 平面桁架的概念

桁架是工程结构中常见的一种杆系结构，是一种特殊的物体系统，它们是一些细长直杆彼此以端部连接（铆接、焊接或螺栓连接）而成的几何形状保持不变的系统。桁架结构广泛应用于桥梁、屋架、起重机、电视塔、油田井架等工程结构。各杆件的轴线及所有荷载都位于同一平面内的桁架称平面桁架。桁架中各杆轴线在杆件端部连接处的交点称为节点。

桁架的优点是杆件主要承受拉力或压力，可以充分发挥材料的作用，节约材料，减轻结构的重量。

【微视频：平面静定桁架的内力计算】

为简化计算，平面桁架常采用以下基本假设：

1）各杆件都是等截面直杆；

2）各杆件仅在端部用光滑圆柱铰链相互连接；

3）桁架所受主动力（包括自重、风力等外荷载）均简化在节点上，且作用在桁架平面内。

满足上述假设的桁架称为平面理想桁架，显然理想桁架的受力特点是桁架中的每一根杆件都是二力杆，只承受轴向拉力或压力，同一杆件所有横截面的内力都相同。因此，在计算杆件内力时，既可以单独研究节点，也可以假想地将某些杆截断，考查桁架的任一局部的平衡。

实践证明对于上述理想模型的计算结果已能满足工程实际的需要。

本书只讨论平面桁架中的静定桁架，仅由平衡方程能求出各杆内力的桁架被称为简单（静定）桁架（见图4-7a）。与之对应的有复杂（超静定）桁架（见图4-7b）。最简单的平面桁架由3根杆和3个节点组成，如图4-7a所示的基本三角形部分就是最简单的桁架。由基本三角形出发，每增加2根杆便增加1个节点，如此延伸形成的桁架整体与基座可用3个约束联系（例如1个固定铰链支座和一个活动铰链支座就相当于三个约束），按上述方式连接的杆件数 m 与节点数 n 满足关系 $m=3+2(n-3)$，即

$$m=2n-3 \tag{4-1}$$

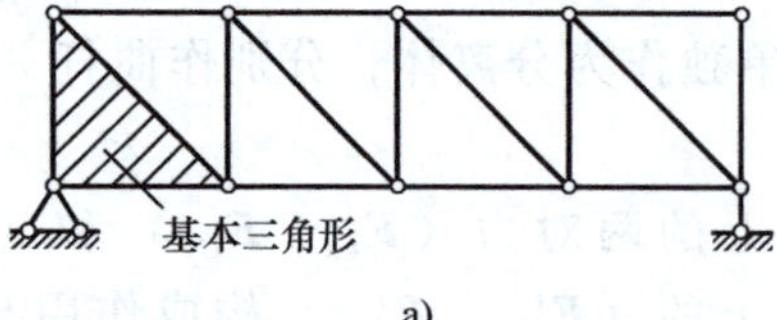

a)

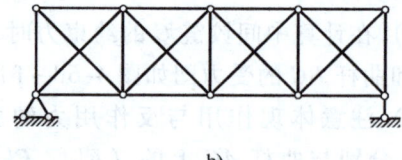

b)

图4-7 平面理想桁架

下面证明按上述规则组成的平面简单桁架一定是静定桁架：①考查该桁架结构所能列出的独立平衡方程数目：由于每个节点的受力图均为平面汇交力系，因此 n 个节点总共可以列 $2n$ 个独立的平衡方程；②考查该桁架结构的未知变量总数：3个支座约束力与 m 个杆件的 m 个轴向约束力，即总共（$m+3$）个未知变量。也就是说式（4-1）保证了独立方程数与未

知变量数相等，因此结论成立。

4.3.2　平面静定桁架的内力计算方法

在桁架的初步设计中，需要求出在荷载作用下桁架各杆的内力，并以此作为确定杆件截面尺寸和材料选择的依据。根据桁架结构的特点，计算其内力的方法主要有节点法和截面法两种方法。节点法，顾名思义就是取桁架中的各节点为研究对象进行分析的方法。由于每个节点的受力图均为平面汇交力系，可以列两个独立的平衡方程，求两个未知量。因此，节点法通常是从只有两个未知量的节点开始，依次研究各节点的平衡，直到求出全部未知杆内力。节点法适合于求桁架结构中所有杆的问题，如果只需求出个别几根杆的内力，则采用截面法更快捷。截面法与前述物体系统求内力的截面法是一样的，只是要注意：根据所求的未知杆在结构中的位置，选择合适的截面（可为平面、曲面或闭合曲面），将整个桁架分离成完全独立的两部分，取其中的任一部分（至少包含 2 个节点）为研究对象，使所求杆件的内力暴露出来，通过恰当的平衡方程求出我们想知道的被截杆件的内力。显然，截面法选取的研究对象，其一般受力是平面任意力系，只能列 3 个独立平衡方程，求解 3 个未知量，因此，截面法截断的杆件数尽量不要超过 3 根。

计算桁架杆件内力时，一般先以整个桁架为研究对象，求出支座约束力，然后再应用节点法或截面法求杆件内力。无论用节点法还是截面法，在进行受力分析时，预先均假设各杆受拉，即画受力图时未知杆的力矢应背向节点，当计算结果为负时，则表示该杆受压。

例 4-5　平面简单桁架如图 4-8a 所示，在节点 D 处作用一铅垂集中力 $F=10\text{kN}$。求桁架中各杆的内力。

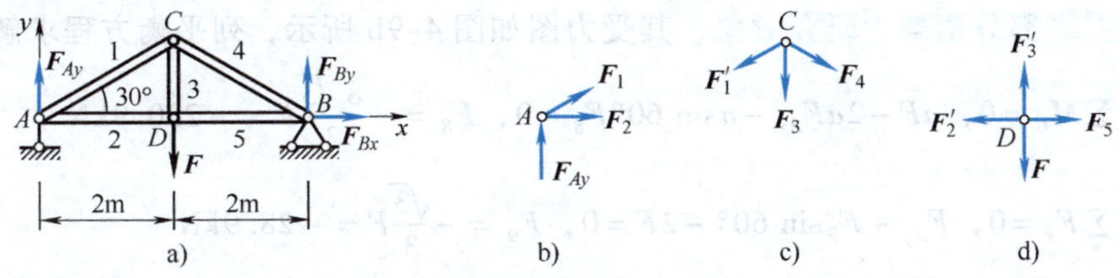

图 4-8　例 4-5 图

解： 本题要求所有杆内力，适合采用节点法一一求出各杆内力。

1）求支座约束力，取桁架整体为研究对象，受力图如图 4-8a 所示，列平衡方程求解

$$\sum F_x=0,\ F_{Bx}=0$$

$$\sum M_A=0,\ F_{By}\times 4\text{m}-F\times 2\text{m}=0,\ F_{By}=5\text{kN}$$

$$\sum F_y=0,\ F_{Ay}+F_{By}-F=0,\qquad F_{Ay}=5\text{kN}$$

2）取节点 A 为研究对象，杆的内力 $\boldsymbol{F}_1$ 和 $\boldsymbol{F}_2$ 未知。假定各杆均受拉力，受力如图 4-8b 所示，列平衡方程求解（尽量做到每列一个方程仅含一个未知量，避免联立求解）

$$\sum F_y=0,\ F_{Ay}+F_1\sin 30°=0,\ F_1=-10\text{kN}\ （受压）$$

$$\sum F_x=0,\ F_2+F_1\cos 30°=0,\ F_2=8.66\text{kN}\ （受拉）$$

3）取节点 C 为研究对象，杆的内力 $\boldsymbol{F}_3$ 和 $\boldsymbol{F}_4$ 未知，列平衡方程求解

$$\sum F_x=0,\ F_4\cos 30°-F'_1\cos 30°=0,\ F_4=-10\text{kN}\ （受压）$$

$$\sum F_y=0,\ -F_3-(F'_1+F_4)\sin 30°=0,\ F_3=10\text{kN}\ （受拉）$$

4）取节点 D 为研究对象，杆的内力 F_5 未知，列平衡方程求解

$$\sum F_x=0,\ F_5-F_2'=0,\ F_5=8.66\text{kN}\ (\text{受拉})$$

至此，各杆内力已全部求出，可用节点 B 的平衡方程来校核所得结果。

例 4-6 试求图 4-9a 所示桥梁桁架中杆件 8、9、10 的内力。已知各杆的长度均为 a，$F=50\text{kN}$。

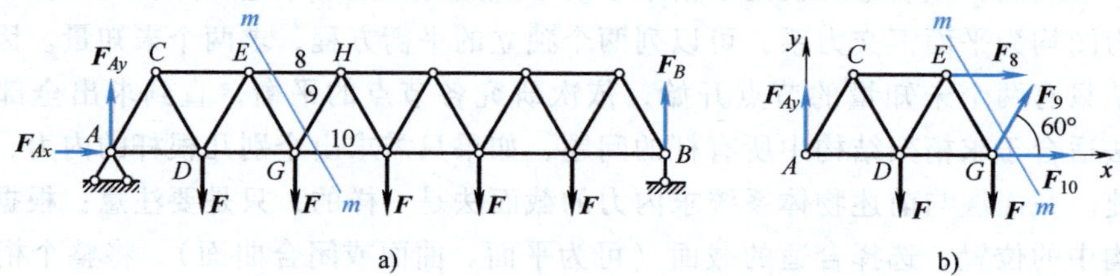

图 4-9 例 4-6 图

解： 因为只要求桁架中杆件 8、9、10 的内力，故采用截面法求解更快捷。

1）求支座约束力，取整个桁架为研究对象，其受力分析如图 4-9a 所示，列平衡方程求解

$$\sum F_x=0,\ F_{Ax}=0$$
$$\sum M_A=0,\ 6F_Ba-Fa-2Fa-3Fa-4Fa-5Fa=0,\ F_B=2.5F$$
$$\sum F_y=0,\ F_{Ay}+F_B-5F=0,\ F_{Ay}=2.5F$$

2）设想用图 4-9a 所示的 m—m 截面，将杆 8、9、10 截断，使桁架分成完全独立的两个部分，以左半部分桁架为研究对象，其受力图如图 4-9b 所示，列平衡方程求解

$$\sum M_G=0,\ aF-2aF_{Ay}-a\sin 60°F_8=0,\ F_8=-\frac{8\sqrt{3}}{3}F=-230.9\text{kN}$$

$$\sum F_y=0,\ F_{Ay}+F_9\sin 60°-2F=0,\ F_9=-\frac{\sqrt{3}}{3}F=-28.9\text{kN}$$

$$\sum F_x=0,\ F_{Ax}+F_8+F_9\cos 60°+F_{10}=0,\ F_{10}=\frac{17\sqrt{3}}{6}F=245.4\text{kN}$$

其中负号表示杆受力的实际方向与所设方向相反，即 8 号杆、9 号杆为压杆。

思考题： 图 4-10 所示为一桁架中杆件铰接的几种情况，图 4-10a 和 4-10c 的节点上无外荷载作用，图 4-10b 的节点 B 上受到外荷载 F 作用，该力作用线沿其中一根杆件。问图中七根杆中哪些杆的内力一定等于零（称为零力杆，简称零杆）？为什么？

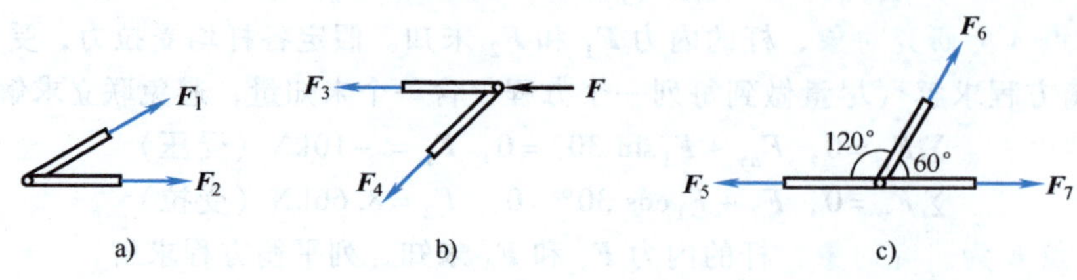

图 4-10 零力杆判断

■4.4 考虑摩擦时的平衡问题

【动画：考虑摩擦时的平衡问题】

前面所涉及的平衡问题，均假设物体间的相互接触是绝对光滑的，忽略了物体之间的摩擦。但是在日常生活和工程实践中，完全光滑的表面是不存在的。摩擦是自然界最普遍存在的现象之一。一方面，由于摩擦的存在，车辆才能行使，人们才能行走，才能保持正常的生活；实际工程中，重力坝依靠摩擦来防止在水压力作用下可能发生的滑动；建筑、桥梁工程以及码头基础中的摩擦桩依靠摩擦来承受荷载；机械工程中，如果没有摩擦，则机器不能安装、皮带轮不能传动，等等。但另一方面，摩擦也有不利的一面，如摩擦会消耗能量，机器运动部件的磨损主要缘于摩擦，仪表也会因摩擦而降低精密度，等等。

两个相互接触的物体，当有相对滑动或相对滑动趋势时，在接触面间会产生彼此阻碍相对滑动的切向阻力，称为滑动摩擦力。摩擦发生于固体间并且没有润滑时，称为干摩擦。在刚体静力学中，只研究干摩擦。

本书仅限于讨论古典摩擦理论，研究在考虑摩擦力作用时刚体及刚体系统的平衡问题，在论述滑动摩擦力的特性时，以刚体静力学的力系简化与平衡理论为主线引出静滑动摩擦定律以及摩擦角、自锁等重要概念，并简单介绍滚动摩阻的概念。

4.4.1 滑动摩擦

古典摩擦理论的内容可以用图4-11a所示的均质物体的受力分析加以阐述。

在固定平面上放置一重为 $\boldsymbol{G}$ 的均质物块，其上受到一个作用线与固定平面平行的、大小可变的水平力 $\boldsymbol{F}$ 作用，其几何尺寸如图4-11a所示。由于考虑到物块的刚性尺寸，物块与固定平面的接触面实际上受到的是分布力系，根据第3章中的力系简化理论，选择物块的底边中点 O 进行简化，则得到该分布力系关于点 O 的主矢 $\boldsymbol{F}'_{\mathrm{R}}$ 和主矩 M_O，如图4-11b所示。进一步简化，最终可以简化为一个合力 $\boldsymbol{F}_{\mathrm{R}}$，合力 $\boldsymbol{F}_{\mathrm{R}}$ 即为固定平面对物块的全约束力，如图4-11c所示。易求得其中的 $d=\dfrac{|M_O|}{|F'_{\mathrm{R}}|\cdot\cos\varphi}$。

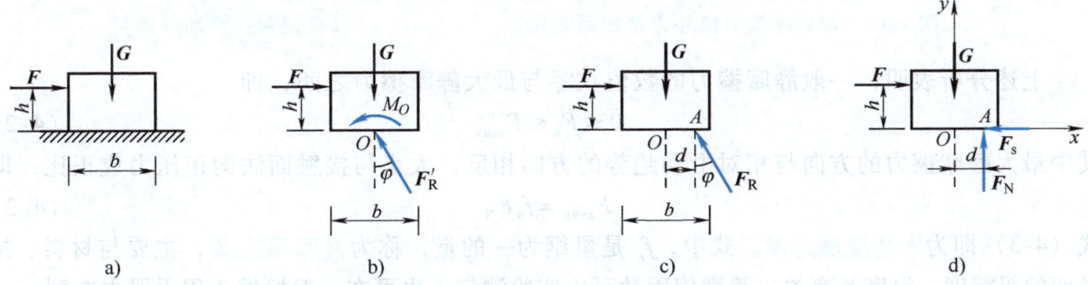

图4-11 非光滑面约束及其约束力

如图4-11d所示，建立正交坐标系 Oxy，这对坐标轴分别沿接触面的公切线和公法线方向，将全约束力 $\boldsymbol{F}_{\mathrm{R}}$ 分解为切线方向的摩擦力 $\boldsymbol{F}_{\mathrm{s}}$ 和法向正压力 $\boldsymbol{F}_{\mathrm{N}}$，则物块的受力图如图4-11d所示，当主动力 $\boldsymbol{F}$ 比较小的时候，物块保持静止，故有

$$\sum F_x = 0,\ F - F_s = 0,\ F_s = F \tag{a}$$

$$\sum F_y = 0,\ F_N - G = 0,\ F_N = G \tag{b}$$

$$\sum M_O = 0,\ F_N d - Fh = 0,\ d = \frac{F}{G}h \tag{c}$$

另外，还有

$$\varphi = \arctan\left(\frac{F_s}{F_N}\right) = \arctan\left(\frac{F}{G}\right) \tag{d}$$

结果分析：从以上结果中，显而易见：当主动力比较小时，物块保持静止，切向的摩擦力 $\boldsymbol{F}_s$ 的大小、中点 O 到法向正压力 $\boldsymbol{F}_N$ 的距离 d 以及角度 φ 均随主动力 $\boldsymbol{F}$ 的增大而增大。下面对它们分别做进一步的分析研究。

1. 静摩擦力

切向的摩擦力 $\boldsymbol{F}_s$ 与主动力 $\boldsymbol{F}$ 之间的关系可由图 4-12 所示的关系曲线一览无余。首先，①***OA*** **段**：随着主动力 F 由零渐渐增大，由式（a）知，持续有 $\boldsymbol{F}_s = \boldsymbol{F}$，物块保持静止，此时的摩擦力称为静滑动摩擦力，简称静摩擦力。主动力 F 继续增大，达到某一临界值 F_{max} 时，摩擦力达到最大值，这个值称为最大静摩擦力，记为 F_{max}；②***AB*** **段**：此时物块处于平衡与运动的临界状态，由于物块原来静止，因此这种临界状态又称为临界平衡状态，仍然可用平衡条件进行讨论，这种临界平衡状态受到微小扰动就会导致物块平衡的破坏，物块便沿着 $\boldsymbol{F}$ 方向滑动，与此同时，F_{max}突变至 F_d（F_d 略小于 F_{max}）；③***BC*** **段**：此后，即使 F 值再增加，摩擦力也基本保持常值 F_d，称为动滑动摩擦力，简称动摩擦力。

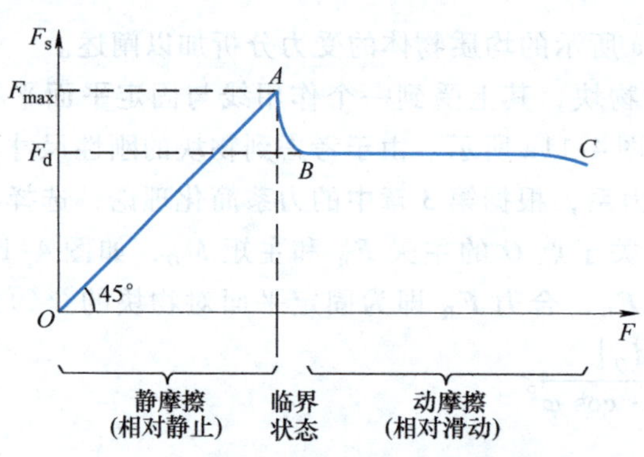

图 4-12　滑动摩擦力随外力增加而变化

【微视频：滑动摩擦】

上述分析表明，一般静摩擦力的数值在零与最大静摩擦力之间，即

$$0 \leqslant F_s \leqslant F_{max} \tag{4-2}$$

其中最大静摩擦力的方向与相对滑动趋势的方向相反，大小与接触面法向正压力成正比，即

$$F_{max} = f_s F_N \tag{4-3}$$

式（4-3）即为库仑摩擦定律。式中，f_s 是量纲为一的量，称为静摩擦因数，主要与材料、接触面的粗糙度、温度等有关。静摩擦因数可由实验测定，也可在一般机械工程手册中查到。

动摩擦力的方向与两接触面的相对滑动方向相反，大小与接触面法向正压力成正比，即

$$F_d = f_d F_N \tag{4-4}$$

式（4-4）即为动滑动摩擦定律。式中，f_d 是量纲为一的量，称为动摩擦因数，一般动摩擦因数稍小于静摩擦因数，工程计算中，有时也近似认为 $f_d \approx f_s$。

2. 摩擦角与自锁

显然，由式（d）易观察到，全约束力与接触面的公法线间的夹角 φ 的数值与式（4-2）有对应相似的规律，即

$$0\leqslant\varphi\leqslant\varphi_m \tag{4-5}$$

式中，φ_m 是全约束力 $\boldsymbol{F}_R$ 与接触面公法线间夹角的最大值，称为摩擦角。由式（d）及式（4-3），有

$$\tan\varphi_m=\frac{F_{max}}{F_N}=f_s \tag{4-6}$$

【微视频：摩擦角与自锁现象】

即摩擦角的正切等于静摩擦因数。摩擦角与静摩擦因数一样，都是表面材料摩擦性质的量。

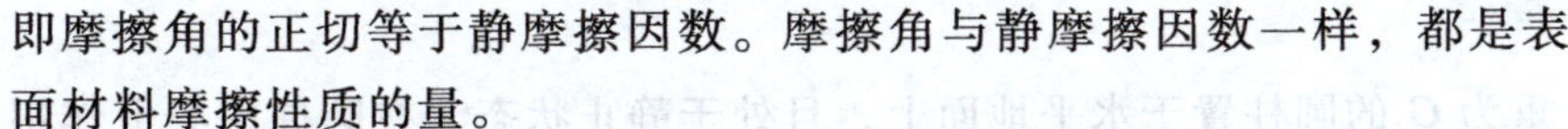

临界平衡状态下，改变主动力 $\boldsymbol{F}$ 在原来水平面上力的方位，则全约束力 $\boldsymbol{F}_R$ 的作用线将绕公法线画出一个圆锥，该锥面称为摩擦锥。如果接触面的各方向的摩擦因数都相同，则摩擦锥是一个顶角为 $2\varphi_m$ 的圆锥，如图4-13所示，可以看出，对于刚体而言，摩擦锥的顶点位置与外力的作用位置有关。

当物体保持静止状态时，物体上所有主动外力的合力 $\boldsymbol{F}_P$ 与全约束力 $\boldsymbol{F}_R$ 总能形成一对平衡力系，根据静力学公理2，$\boldsymbol{F}_P$ 与公法线的夹角 α 与 φ 相等，当进入滑动的临界平衡状态时，$\alpha=\varphi_m$，如图4-14所示。然而，当 $\alpha>\varphi_m$ 时，$\boldsymbol{F}_P$ 与 $\boldsymbol{F}_R$ 无法共线，即物体不能保持平衡。也就是说，如果作用于物体的全部主动力合力的作用线位于摩擦角（锥）之内，则无论这个合力有多大，物体总能保持静止，这种现象称为自锁。反之如果全部主动力合力作用线在摩擦角（锥）之外，则不论这个力如何小，物体都不能保持平衡。例如，放在倾角小于摩擦角的斜面上的重物（见图4-15a），不论其重量多大，都能在斜面上保持静止而不下滑。工程中常用的螺旋器械（如千斤顶等）在原理上与斜面上重物的自锁类似，为了保证主动力偶撤去后，螺纹不致在轴向力的作用下反转，螺纹的升角 α 必须小于摩擦角 φ_m（见图4-15b）。

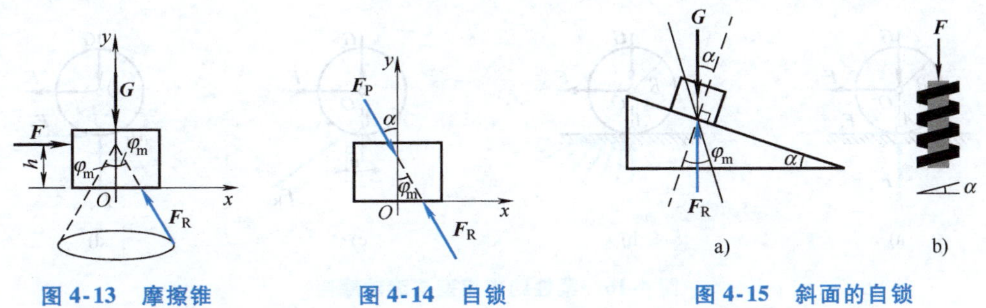

图4-13　摩擦锥　　图4-14　自锁　　图4-15　斜面的自锁

3. 翻倒临界状态（关于 d）

细心的读者会发现式（c）在前面的分析中没有提及，那么是否在这里列出来没有意义呢？实际上，前面的讨论需要一个前提，就是要保证满足：$d<b/2$。如果随着主动力 $\boldsymbol{F}$ 的增加，在主动力 $\boldsymbol{F}$ 还没有达到滑动临界状态下的时候，d 就已经达到 $b/2$ 了，也就是说全约束力的作用点到达物体的边界点了，这时物体不会滑动，但会绕物体的边界点转动，从而也同样失去了平衡状态，这是另外一种临界状态，称为翻倒临界状态。

从式（c）还可以看出，即使不增加主动力 $\boldsymbol{F}$ 的大小，只要增加 h 的大小，那么 d 的数值也可以增加，并有可能达到 $b/2$，从而使物体翻倒。当然还有一种特殊情况，就是两种临界状态同时发生，即物体在发生滑动的同时，还绕边界点（面）转动。

通过对前述物块的受力分析，我们引入了物体失去平衡状态的两种模式，即滑动和翻倒，分别对应滑动临界状态和翻倒临界状态。对于几何尺寸和受力情况一定的刚体，运用上述介绍的摩擦理论可以分析出该刚体是先滑动还是先翻倒或者同时发生。物体几何尺寸和受力方式的改变都可能会改变两种模式的先后顺序。不过上述分析的前提是两物体之间的接触面是平面，如果是圆柱体一类的曲面，则不存在翻倒问题，这就涉及滚动临界状态了。

4.4.2 滚动摩阻的概念

设有一半径为 r、重为 $\boldsymbol{G}$ 的圆柱置于水平地面上，且处于静止状态。在圆柱中心上作用一水平力 $\boldsymbol{F}$，设地面足够粗糙，保证圆柱不会滑动。如果圆柱与水平地面都是刚性的，则两者在 A 处为线接触（图 4-16a 中接触线垂直于纸面），圆柱的受力图如图 4-16a 所示。显然，圆柱体所受的是不平衡力系，不论 $\boldsymbol{F}$ 多小，圆柱都将产生无滑动滚动。但生活经验却是，当力 $\boldsymbol{F}$ 不太大时，圆柱还能保持静止状态。

【微视频：滚动摩阻的概念】

实际上，圆柱体和地面并非刚体，两者接触处存在不可避免的变形，从而形成小的接触面如图 4-16b 所示；接触处的约束力一般是一个不对称的分布力系，这些分布力的合力 $\boldsymbol{F}_R$ 如图 4-16c 所示，其作用点并不在圆柱的最低点 A，而要向前偏离一段距离。将 $\boldsymbol{F}_R$ 平移至 A 点得到三个分量：法向正压力 $\boldsymbol{F}_N$、滑动摩擦力 $\boldsymbol{F}_s$ 和阻力偶 $\boldsymbol{M}_f$，如图 4-16d 所示。阻力偶 $\boldsymbol{M}_f$ 起着阻碍滚动的作用，称滚动摩阻力偶，其大小 $M_f = Fr$ 与主动力有关，转向与轮子相对滚动趋势相反，作用于轮子接触部位。当轮子保持静止时，若力 $\boldsymbol{F}$ 增大，$\boldsymbol{M}_f$ 也将随着增大。当力 $\boldsymbol{F}$ 增大到某一数值时，轮子即处于滚动的临界状态，这时滚动摩阻力偶 $\boldsymbol{M}_f$ 达到最大化 $\boldsymbol{M}_{max}$。实验表明：滚动摩阻力偶的最大值 $\boldsymbol{M}_{max}$ 与法向约束力 $\boldsymbol{F}_N$ 的大小成正比，即

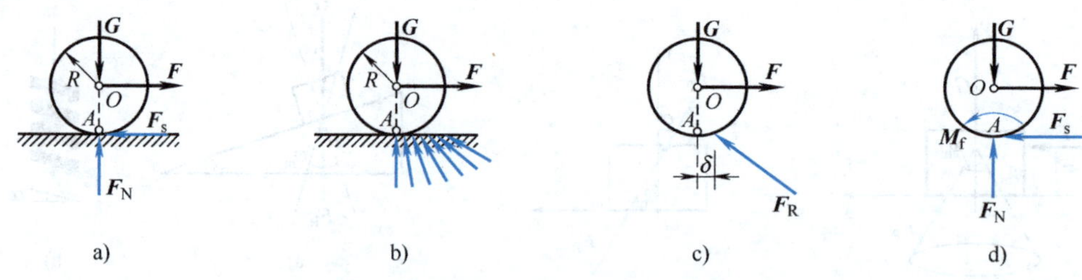

图 4-16　柔性约束模型与滚动摩阻

$$M_{max} = \delta F_N \tag{4-7}$$

式（4-7）称为滚动摩阻定律。其中 δ 称为滚动摩阻系数，简称滚阻系数，量纲为长度，常用单位是 mm。由图 4-16c 可知，滚阻系数 δ 显然具有力偶臂的意义。在一定条件下，δ 的值与材料的硬度、湿度等因素有关，而与圆柱的半径无关，材料越硬，接触面变形就越小，滚阻系数也越小，因此容易滚动。例如，骑自行车时要将轮胎充足气，可以减少滚动摩阻。

应该注意到，物体滚动前后，除了有滚动摩阻外，还存在滑动摩擦力。例如，对于自由滚动的车轮，滑动摩擦力不但没有害处，反而是必要的。如果滑动摩擦力太小，车轮会原地

打滑，不但无法前进，还会增大磨损。因此，汽车或自行车的轮胎总是做成凹凸不平的花纹；又比如，当钢轨潮湿时，为使机车上坡时不打滑，可以采取在钢轨上撒沙，如此增加了滑动摩擦因素，防止打滑。

4.4.3　考虑摩擦时的平衡问题举例

求解考虑摩擦的平衡问题时，除了考虑摩擦力之外，与计算忽略摩擦的平衡问题过程是相同的，只是静摩擦力的大小限于一定范围变化，即 $0\leqslant F_s\leqslant F_{max}$，因此，对应的物体平衡位置或主动力、约束力往往也限制在一定范围内变化，这是考虑摩擦时平衡问题的特殊之处。

在有摩擦力的情况下，平衡包含两种状态：静止状态和临界状态。因此，常见的摩擦平衡问题一般可以分为以下两类：

1. 非临界平衡问题

这类问题与前两章的平衡问题没有本质区别。在这种情况下，摩擦力通常是未知的，也不知道它是否达到或超出最大值。求解此类问题时，可采用假设状态分析法：①假设物体处于平衡状态，把摩擦力看成接触处的独立的切向未知力（指向可任意假设），通过平衡方程求得 F_s 和 F_N；②若已知接触处的摩擦因数，由库仑摩擦定律求出最大静摩擦力 F_{max}；③将前两步求出的摩擦力 F_s 与最大摩擦力 F_{max} 进行比较，如果 $|F_s|\leqslant F_{max}$，则 F_s 和 F_N 即为所求，且物体保持平衡。否则，物体已进入运动状态，第一步求出的结果是不合理的。

2. 临界平衡问题

这类问题的情况是，求解有摩擦的平衡问题时，需要确定物体平衡的位置或所受力的范围。此时，可以取物体的临界状态（有时同时包含滑动及翻倒临界状态）进行分析，经过分析比较，最后确定一个合理的解答，这种方法称为临界状态分析法。注意这时候的最大摩擦力的方向总是与物体（在接触点处）有相对滑动趋势的方向相反，不能任意假设。

下面举例说明考虑摩擦时平衡问题的解法。

例 4-7　将重为 G 的物块置于倾角为 α 的斜面上，它与斜面间的静摩擦因数为 f_s（其中 $f_s=\tan\varphi_m$），若加上一水平力 F（见图4-17a）使物块平衡，当物体处于平衡时，求力 F 值的范围。

解： 本题可采用临界状态分析法求解。显然，有两个滑动临界平衡状态：①水平力将至 F_{min} 时，物块将向下滑动；②水平力将至 F_{max} 时，物体将上滑动。因此为保持物块平衡，F 的取值范围应为

$$F_{min}\leqslant F\leqslant F_{max} \tag{a}$$

【微视频：考虑摩擦时的平衡问题】

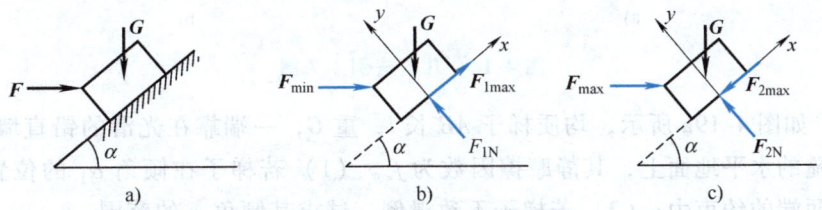

图 4-17　解析法例 4-7 图

1）首先，求物块不至于下滑时所需的水平推力 F_{min}。设物块处于下滑临界平衡状态，摩擦力达到最大值，方向沿斜面向上，物块受力如图 4-17b 所示，列平衡方程及补充方程

$$\sum F_x=0,\ F_{min}\cos\alpha+F_{1max}-G\sin\alpha=0 \tag{b}$$

$$\sum F_y=0,\ -F_{min}\sin\alpha+F_{1N}-G\cos\alpha=0 \tag{c}$$

$$F_{1max}=f_sF_{1N} \tag{d}$$

联立式(b)～式(d)，解出水平推力 F 的最小值为

$$F_{min}=G\frac{\sin\alpha-f_s\cos\alpha}{\cos\alpha+f_s\sin\alpha}$$

2）再求物块不至于上滑时所需的水平推力 F_{max}。设物块处于上滑临界平衡状态，摩擦力达到最大值，方向沿斜面向下，物块受力如图 4-17c 所示，列平衡方程及补充方程

$$\sum F_x=0,\ F_{max}\cos\alpha-F_{2max}-G\sin\alpha=0 \tag{e}$$

$$\sum F_y=0,\ -F_{min}\sin\alpha+F_{2N}-G\cos\alpha=0 \tag{f}$$

$$F_{2max}=f_sF_{2N} \tag{g}$$

联立式(e)～式(g)，解出水平推力 F 的最大值为

$$F_{max}=G\frac{\sin\alpha+f_s\cos\alpha}{\cos\alpha-f_s\sin\alpha}$$

综上所述，得出为保持物块静止，力 F 应满足的条件为

$$G\frac{\sin\alpha-f_s\cos\alpha}{\cos\alpha+f_s\sin\alpha}\leqslant F\leqslant G\frac{\sin\alpha+f_s\cos\alpha}{\cos\alpha-f_s\sin\alpha}$$

利用静摩擦因数 f_s 等于摩擦角 φ_m 正切的关系，上式可进一步表示为

$$G\tan(\alpha-\varphi_m)\leqslant F\leqslant G\tan(\alpha+\varphi_m) \tag{h}$$

由上式可见，当 $\alpha<\varphi_m$ 时，$G\tan(\alpha-\varphi_m)$ 为负值，表明此时不论物块自重有多大，不需要力 F 的支持物块就能静止于斜面上，处于自锁状态。

本例讨论： 本题也可以用摩擦角（几何法）来求解。由于物块处于临界状态，因此全约束力与接触面法线间的夹角为摩擦角 φ_m，则 G、F 及全约束力 F_R 构成三力平衡汇交力系，构造封闭的力三角形，利用几何关系即可得到解答。图 4-18a、b 分别对应图 4-17b、c 中两种滑动临界状态下物块的受力图及力三角形，分别求解力三角形可得：$F_{min}=G\tan(\alpha-\varphi_m)$，$F_{max}=G\tan(\alpha+\varphi_m)$，显然结果与上述解析法相同。

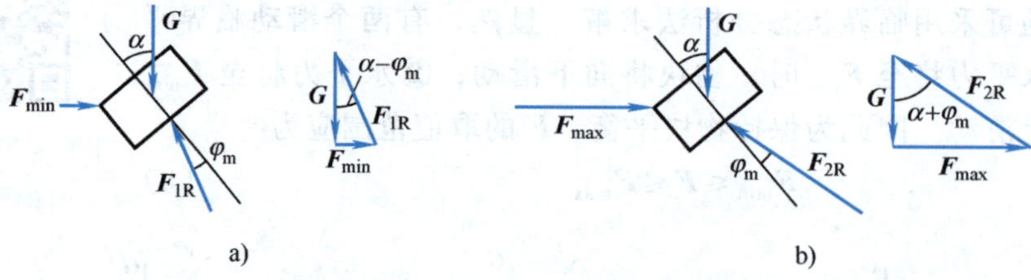

图 4-18　几何法例 4-7 图

例 4-8　如图 4-19a 所示，均质梯子 AB 长 l，重 G，一端靠在光滑的铅直墙壁上，另一端搁置在粗糙的水平地面上，其静摩擦因数为 f_s。（1）若梯子在倾角 α_1 的位置保持平衡，求此时梯子两端的约束力；（2）若梯子不致滑倒，试求其倾角 α 的范围。

解： 1）取 AB 为研究对象，其受力图如图 4-19b 所示，已知此时梯子保持平衡，可以

假设梯子 A 端的摩擦力 F_A 方向如图所示，列平衡方程并求解

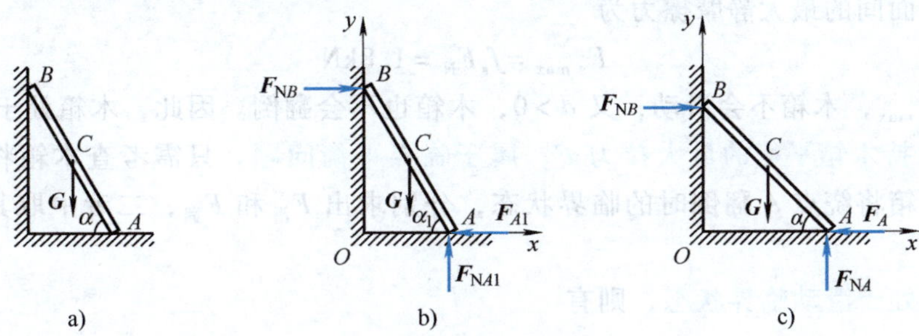

图 4-19　例 4-8 图

$$\sum F_y=0,\ F_{NA1}-G=0,\qquad F_{NA1}=G$$

$$\sum M_A=0,\ -F_{NB}l\sin\alpha_1+G\frac{l}{2}\cos\alpha_1=0,\qquad F_{NB}=\frac{G}{2}\frac{\cos\alpha_1}{\sin\alpha_1}=\frac{G}{2}\cot\alpha_1$$

$$\sum F_x=0,\ -F_{A1}+F_{NB}=0,\qquad F_{A1}=\frac{G}{2}\cot\alpha_1$$

2）求梯子不致滑倒时，倾角 α 的范围。由常识知，α 越大，梯子越不易滑倒，因此只需设定一个滑动临界状态（受力如图 4-19c 所示），求出 α 的最小值即可得到倾角 α 的范围。列平衡方程及补充方程如下

$$\sum F_y=0,\ F_{NA}-G=0$$

$$\sum M_A=0,\ F_{NB}l\sin\alpha-G\frac{l}{2}\cos\alpha=0$$

$$\sum F_x=0,\ F_A-F_{NB}=0$$

$$F_A=f_sF_{NA}$$

由以上四个方程不仅可以求出梯子两端的约束力，还可以求出保持梯子平衡时的最小倾角为

$$\alpha_{min}=\mathrm{arccot}\ (2f_s)$$

故平衡时梯子与地面间的倾角范围为

$$\alpha\geqslant\alpha_{min}=\mathrm{arccot}\ (2f_s)$$

例 4-9　如图 4-20 所示的均质木箱重量为 $G=5\mathrm{kN}$，它和地面间的静摩擦因数 $f_s=0.4$，图中 $h=2a=2\mathrm{m}$，$\theta=30°$。求：(1) 当 B 处的拉力 $F=1\mathrm{kN}$ 时，木箱是否平衡？(2) 能保持平衡的最大拉力。

解：(1) 显然，第一个问题属于非临界平衡问题，采用假设状态法进行分析。假设在拉力 $F=1\mathrm{kN}$ 时，木箱处于平衡状态。取木箱为对象，作受力图如图 4-20b 所示，列平衡方程

$$\sum F_x=0,\ F_s-F\cos\theta=0\qquad\text{(a)}$$

$$\sum F_y=0,\ F_N-G+F\sin\theta=0\qquad\text{(b)}$$

$$\sum M_A=0,\ F_N\cdot d+F\cos\theta\cdot h-G\cdot\frac{a}{2}=0\qquad\text{(c)}$$

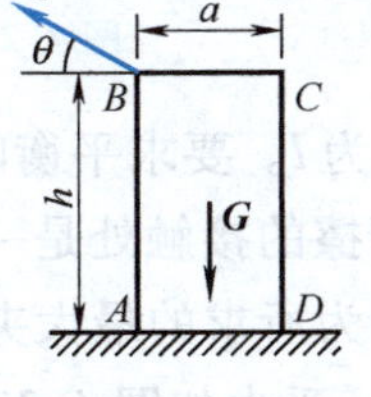

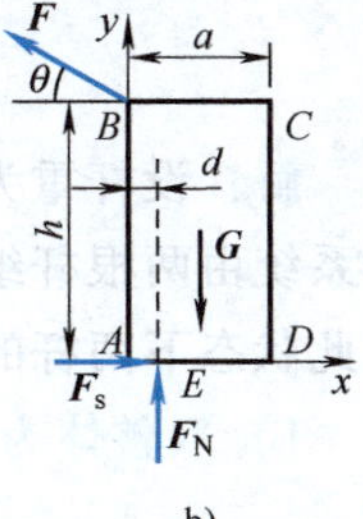

图 4-20　例 4-9 图

分别解以上方程，可得

$$F_s = 0.866\text{kN},\ F_N = 4.5\text{kN},\ d = 0.171\text{m}$$

此时木箱和地面间的最大静摩擦力为

$$F_{s\max} = f_s F_N = 1.8\text{kN}$$

显然，$F_s < F_{s\max}$，木箱不会滑动；又 $d > 0$，木箱也不会翻倒。因此，木箱处于平衡状态。

(2) 求保持木箱平衡的最大拉力 $\boldsymbol{F}$，属于临界平衡问题。只需考查木箱将要滑动时的临界状态和木箱将绕点 A 翻倒时的临界状态，分别求出 $F_{滑}$ 和 $F_{翻}$，二者中取其较小者，即为所求。

①设木箱处于滑动临界状态，则有

$$F_s = F_{\max} = f_s F_N \tag{d}$$

联立式 (a)、式 (b) 及式 (d) 解得

$$F_{滑} = \frac{f_s G}{\cos\theta + f_s \sin\theta} = 1.876\text{kN}$$

②设木箱处于绕点 A 翻倒时的临界状态，此时 $d = 0$，代入式 (c)，有

$$F_{翻} \cos\theta \cdot h - G \cdot \frac{a}{2} = 0$$

解得

$$F_{翻} = \frac{Ga}{2h\cos\theta} = 1.443\text{kN}$$

由于 $F_{翻} = 1.443\text{kN} < 1.876\text{kN} = F_{滑}$，当拉力 $\boldsymbol{F}$ 逐渐增大时，木箱会首先进入翻倒临界状态，因此，木箱能保持平衡的最大拉力 $F_{\max} = F_{翻} = 1.443\text{kN}$。

例 4-10 重量相同、长度相同的两根均质杆 AB 和 BC 在 B 端铰接，A 端铰接在铅直墙上，C 端靠在粗糙的墙面上，如图 4-21a 所示。若墙与 C 端接触处的静摩擦因素 $f_s = 0.5$，试求平衡时两杆之间的最大夹角 θ。

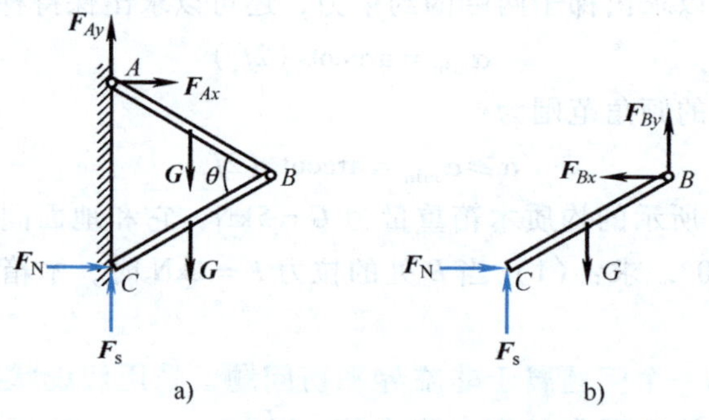

图 4-21 例 4-10 图

解： 设杆重为 G，杆长为 l。要求平衡时两杆之间的最大夹角 θ，属于临界平衡问题。由于系统由两根杆组成，有摩擦的接触处是一个点，因此系统只有一个滑动临界平衡状态，求出此状态下两杆的夹角 θ 即为所求的最大夹角 $\theta_{\max}$。

1）取整体为研究对象，受力如图 4-20a 所示，对点 A 列力矩平衡方程有

$$\sum M_A = 0,\ F_N \cdot 2l\sin\frac{\theta}{2} - 2G \cdot \frac{l}{2}\cos\frac{\theta}{2} = 0,\ F_N = \frac{G}{2}\cot\frac{\theta}{2} \tag{a}$$

2）取杆 BC 为研究对象，受力如图 4-21b 所示，对点 B 列力矩平衡方程有

$$\sum M_B=0,\ F_N\cdot l\sin\frac{\theta}{2}+G\cdot\frac{l}{2}\cos\frac{\theta}{2}-F_s\cdot l\cos\frac{\theta}{2}=0 \quad \text{(b)}$$

由于我们考查的是滑动临界平衡状态，此时 C 处静摩擦力达到最大值，故有补充方程

$$F_s=F_{max}=f_sF_N \quad \text{(c)}$$

联立式（a）~式（c）解得

$$\theta_{max}=\theta=2\arctan\left(\frac{f_s}{2}\right)=28.1°$$

例 4-11　半径为 R 的滑轮 B 上作用有力偶，轮上绕有细绳，另一端系在半径为 R、重为 G 的均质圆柱的中心 C 上，如图 4-22a 所示。斜面的倾角为 θ，圆柱与斜面间的滚动摩阻系数为 δ。求保持圆柱平衡时，力偶矩 M_B 的最小值与最大值。

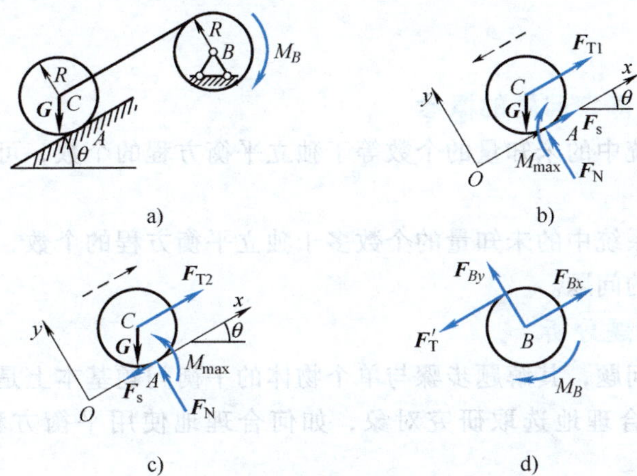

图 4-22　例 4-11 图

解： 本题是典型的临界状态平衡问题，所求力偶矩 M_B 的最小值与最大值分别对应圆柱即将向下滚动和即将向上滚动的临界平衡状态。

先取圆柱 C 为研究对象，分别考查上述两个滚动临界平衡状态，求出对应状态下绳子的最小拉力 F_{T1} 与最大拉力 F_{T2}；再取滑轮 B 为研究对象，求力偶矩 M_B 的最小值与最大值。

1）先求最小拉力 F_{T1}，圆柱 C 的受力如图 4-22b 所示，列平衡方程

$$\sum M_A=0,\quad -F_{T1}\cdot R-M_{max}+G\sin\theta\cdot R=0 \quad \text{(a)}$$

$$\sum F_y=0,\ F_N-G\cos\theta=0 \quad \text{(b)}$$

滚动临界状态的补充方程为

$$M_{max}=\delta F_N \quad \text{(c)}$$

联立式(a)~式(c)求得最小拉力值为

$$F_{T1}=G\left(\sin\theta-\frac{\delta}{R}\cos\theta\right)$$

2）再求最大拉力 F_{T2}，圆柱 C 的受力如图 4-22c 所示，列平衡方程

$$\sum M_A=0,\quad -F_{T2}\cdot R+M_{max}+G\sin\theta\cdot R=0 \quad \text{(d)}$$

$$\sum F_y=0,\ F_N-G\cos\theta=0 \quad \text{(e)}$$

滚动临界状态的补充方程为

$$M_{max}=\delta F_N \quad \text{(f)}$$

联立式(d)~式(f)，求得最大拉力值为

$$F_{T2}=G\left(\sin\theta+\frac{\delta}{R}\cos\theta\right)$$

3）取滑轮 B 为研究对象，其受力如图 4-22d 所示，列平衡方程

$$\sum M_B=0,\ F'_T\cdot R-M_B=0 \tag{g}$$

当绳子拉力分别为 F_{T1} 和 F_{T2} 时，由式（g）可分别求得力偶矩 M_B 的最小值与最大值为

$$M_{B\min}=F_{T1}R=G(R\sin\theta-\delta\cos\theta),\ M_{B\max}=F_{T2}R=G(R\sin\theta+\delta\cos\theta)$$

即力偶矩的取值范围为

$$G(R\sin\theta-\delta\cos\theta)\leqslant M_B\leqslant G(R\sin\theta+\delta\cos\theta)$$

本章小结

1. 静定问题与超静定问题的概念

静定问题——系统中的未知量的个数等于独立平衡方程的个数，可由静力学平衡方程求出全部未知量的问题。

超静定问题——系统中的未知量的个数多于独立平衡方程的个数，无法仅由静力学平衡方程求出全部未知量的问题。

2. 物体系平衡问题分析

对于物体系平衡问题，其解题步骤与单个物体的平衡问题基本上是一样的。这里要强调的重点是如何恰当、合理地选取研究对象，如何合理地使用平衡方程，方能使计算更为简捷。

3. 平面静定桁架的内力分析有两种基本方法

(1) 节点法　逐个研究各节点的平衡，用平面汇交力系平衡方程求出各杆的内力的方法。

(2) 截面法　假想地截开待求内力的杆件，把桁架分割成完全独立的两部分，考虑其中一部分的平衡，而被截开的杆件的内力则成为该研究对象的外力，应用平面任意力系的平衡方程，求出被截杆件的内力。

4. 滑动摩擦力

静滑动摩擦力 $\boldsymbol{F}_s$ 沿接触处的公切线且总是与物体的相对滑动趋势反向，其大小是一范围值，满足下列不等式

$$0\leqslant F_s\leqslant F_{\max}$$

当物体处于静止平衡状态时，静摩擦力与一般约束力同样是一个未知量，可由平衡方程求出。当物体处于滑动临界平衡状态时，最大静摩擦力的大小为

$$F_{\max}=f_sF_N$$

动摩擦力 $\boldsymbol{F}_d$ 的方向与接触处的相对运动的方向相反，其大小为

$$F_d=f_dF_N$$

5. 摩擦角与自锁

摩擦角 φ_m 是静摩擦力达到最大值时，全约束力 $\boldsymbol{F}_R$ 与接触处公法线间的夹角

$$\varphi_m=\arctan f_s$$

平衡时，全约束力与法线间的夹角满足

$$0 \leqslant \varphi \leqslant \varphi_m$$

自锁：当全部主动力合力的作用线位于摩擦角（锥）之内时，则无论这个力如何大，物体总能保持平衡。

6. 滚动摩阻

滚动摩阻力偶的转向与相对滚动的转向相反，平衡时在一个范围内取值

$$0 \leqslant M_f \leqslant M_{max}$$

在没有达到最大滚动摩阻力偶时，滚动摩阻力偶的力偶矩大小由平衡方程确定。最大滚动摩阻力偶为

$$M_{max} = \delta F_N$$

一旦发生滚动后，滚动摩阻力偶矩的大小近似等于 M_{max}。

习 题

客观题

4-1 图 4-23 所示结构中，静定结构是（　　），超静定结构是（　　）。

①图 4-23a　②图 4-23b　③图 4-23c

④图 4-23d　⑤图 4-23e　⑥图 4-23f

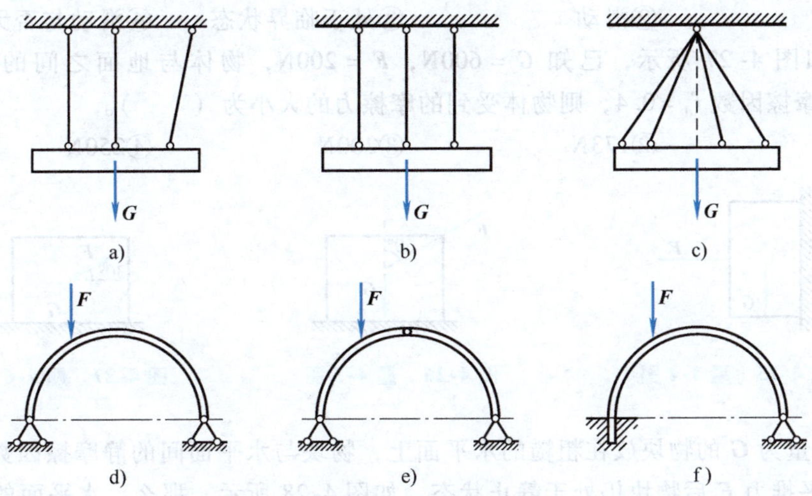

图 4-23　题 4-1 图

4-2 不经计算，试判断图 4-24 所示各桁架中的零力杆。

图 4-24a 中的（　　）杆是零力杆；

图 4-24b 中的（　　）杆是零力杆；

图 4-24c 中的（　　）杆是零力杆。

4-3 下列各种说法中正确的是（　　）。

①只要两物体接触面不光滑，并有正压力作用，则接触面处的摩擦力一定不为零。

②最大静滑动摩擦力的方向总是与相对滑动趋势的方向相反。

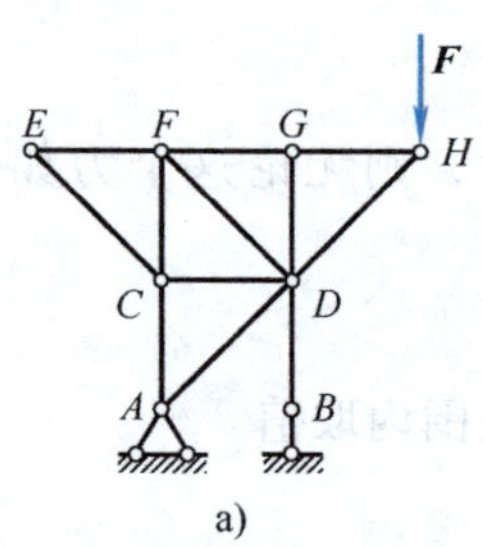

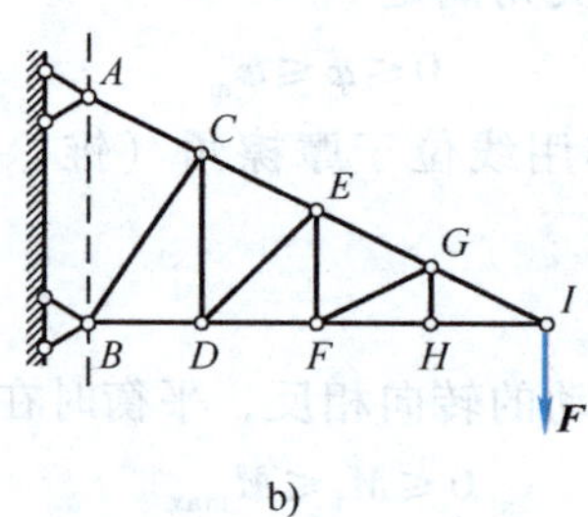

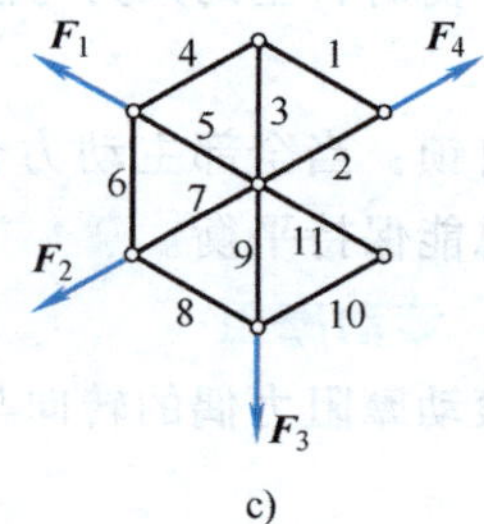

图 4-24　题 4-2 图

③库仑摩擦定律中的正压力（即法向约束力）是指接触面处物体的重力。

④自锁现象是指所有主动力的合力指向接触面，且其作用线位于摩擦锥之内，不论合力多大，物体总能保持平衡的一种现象。

⑤静滑动摩擦力与最大静滑动摩擦力是相等的。

4-4　已知一物块重 $G=100\text{N}$，用 $F=500\text{N}$ 的力压在一铅直表面上如图 4-25 所示，其静摩擦因数 $f_s=0.3$。问此时物块所受的摩擦力为（　　）。

①150N　　②100N　　③0　　④不确定

4-5　如图 4-26 所示，物块重 $G=10\text{kN}$，与水平地面间的摩擦角 $\varphi_m=35°$，今用与铅垂方向成 60°角的力 $\boldsymbol{F}$ 推动物块，若 $F=10\text{kN}$，则物块将（　　）。

①不动　　②滑动　　③处于临界状态　　④滑动与否无法判断

4-6　如图 4-27 所示，已知 $G=600\text{N}$，$F=200\text{N}$，物体与地面之间的静摩擦因数 $f_s=0.5$，动摩擦因数 $f_d=0.4$，则物体受到的摩擦力的大小为（　　）。

①0　　②173N　　③200N　　④250N

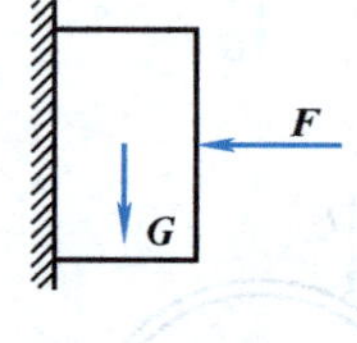

图 4-25　题 4-4 图

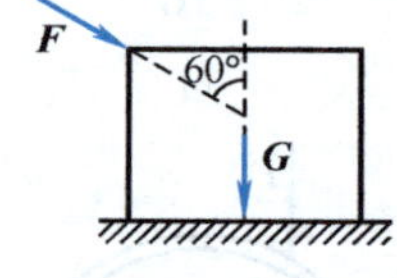

图 4-26　题 4-5 图

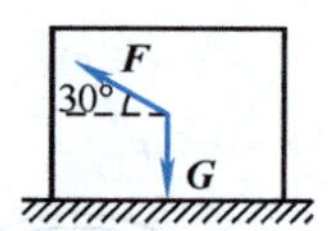

图 4-27　题 4-6 图

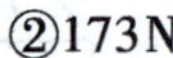

4-7　重量为 $\boldsymbol{G}$ 的物块放在粗糙的水平面上，物块与水平面间的静摩擦因数 f_s，今在物块上作用水平推力 $\boldsymbol{F}$ 后物块仍处于静止状态，如图 4-28 所示。那么，水平面的全约束力的大小为（　　）。

①$F_R=f_sG$　　②$F_R=\sqrt{F^2+(fG)^2}$

③$F_R=\sqrt{F^2+G^2}$　　④$F_R=\sqrt{G^2+(fF)^2}$

4-8　重量为 $\boldsymbol{G}$、半径为 R 的圆轮，放在水平面上，如图 4-29 所示。轮与地面间的静摩擦因数为 f_s，滚动摩阻系数为 δ，圆轮在水平力 $\boldsymbol{F}$ 的作用下平衡，则接触处的摩擦力 $\boldsymbol{F}_s$ 和滚动摩阻力偶 M_f 的大小分别为（　　）。

①$F_s=f_sG$，$M_f=\delta G$　　②$F_s=f_sG$，$M_f=RF$

③$F_s=F$，$M_f=RF$　　④$F_s=F$，$M_f=\delta G$

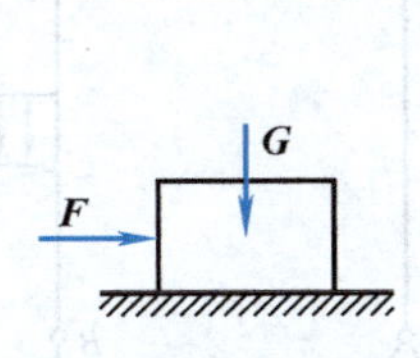

图 4-28　题 4-7 图

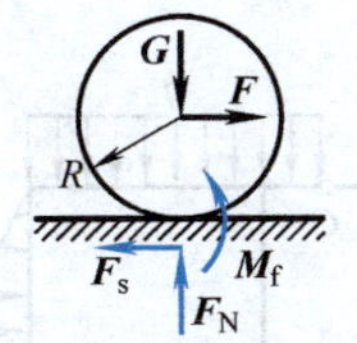

图 4-29　题 4-8 图

分析计算题

4-9　求图 4-30a、b 所示多跨静定梁的支座约束力。

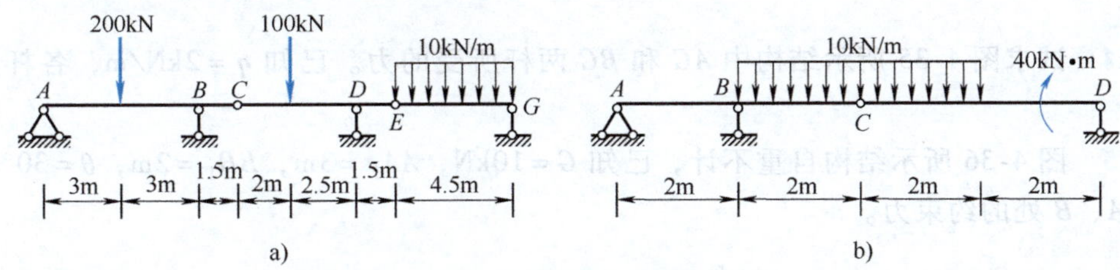

图 4-30　题 4-9 图

4-10　求图 4-31 所示组合梁的支座约束力。

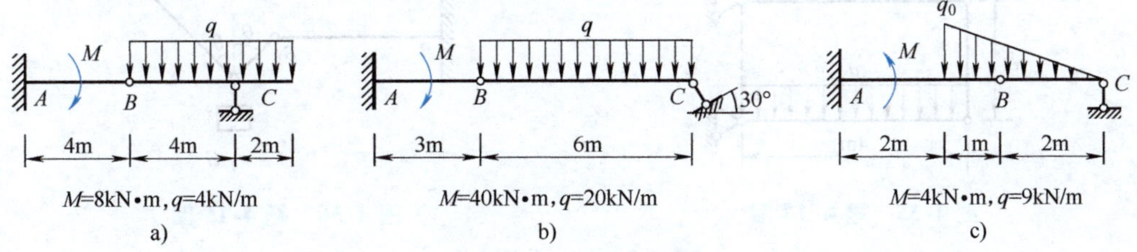

图 4-31　题 4-10 图

4-11　求图 4-32 所示三铰刚架中 A、B、C 的约束力。

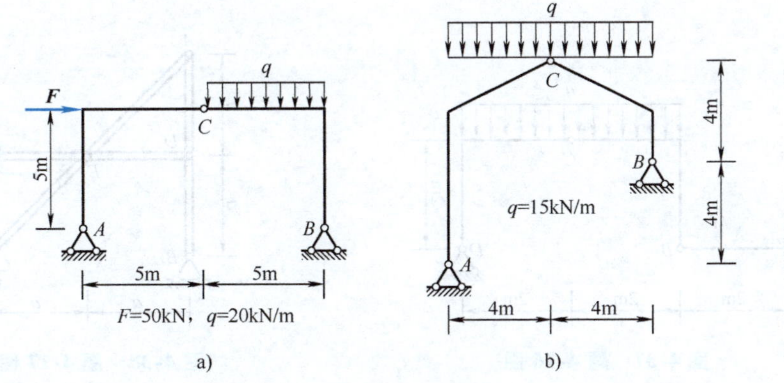

图 4-32　题 4-11 图

4-12　试求图 4-33 所示结构中支座 A、B 的约束力。已知 $F=5\text{kN}$，$q=200\text{N/m}$，$q_A=300\text{N/m}$。

4-13　试求图 4-34 所示两跨刚架的支座约束力。

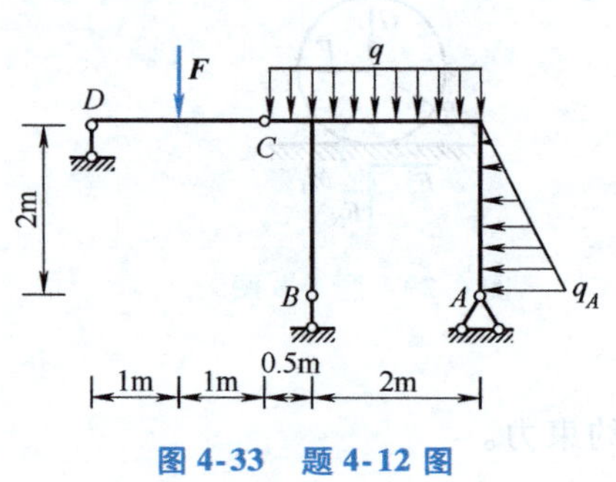

图 4-33　题 4-12 图

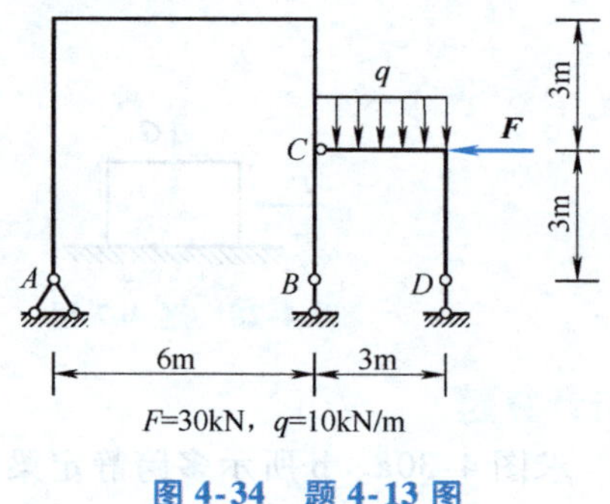

图 4-34　题 4-13 图

4-14　试求图 4-35 所示结构中 AC 和 BC 两杆所受的力。已知 $q=2\text{kN/m}$，各杆自重均不计。

4-15　图 4-36 所示结构自重不计，已知 $G=10\text{kN}$，$AA_1=3\text{m}$，$BB_1=2\text{m}$，$\theta=30°$。试求固定端 A、B 处的约束力。

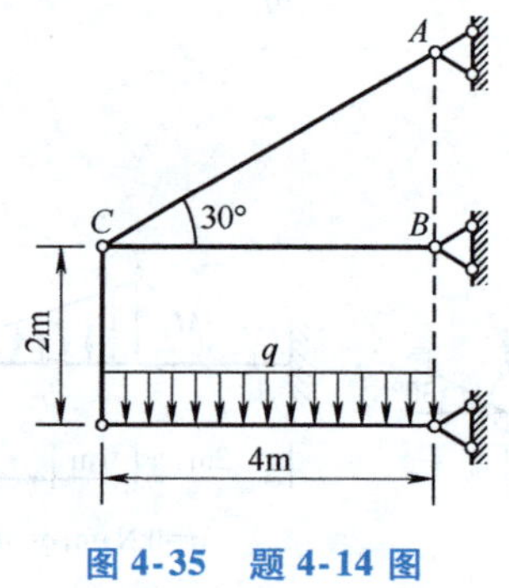

图 4-35　题 4-14 图

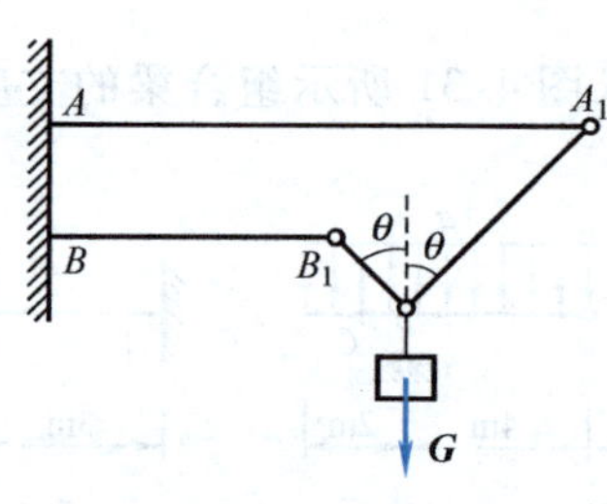

图 4-36　题 4-15 图

4-16　求图 4-37 所示结构中 A 处的支座约束力。已知 $M=20\text{kN}\cdot\text{m}$，$q=10\text{kN/m}$。

4-17　构架由 AB、AC 和 DF 铰接而成，如图 4-38 所示，在 DEF 杆上作用一力偶矩为 M 的力偶。不计各杆的重量，求 AB 杆上铰链 A、D 和 B 所受的力。

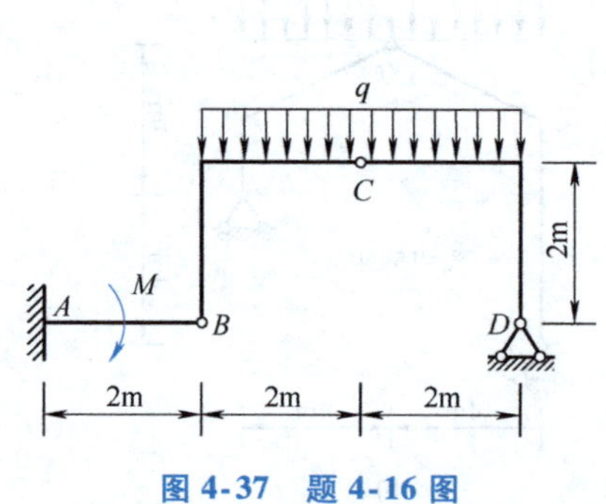

图 4-37　题 4-16 图

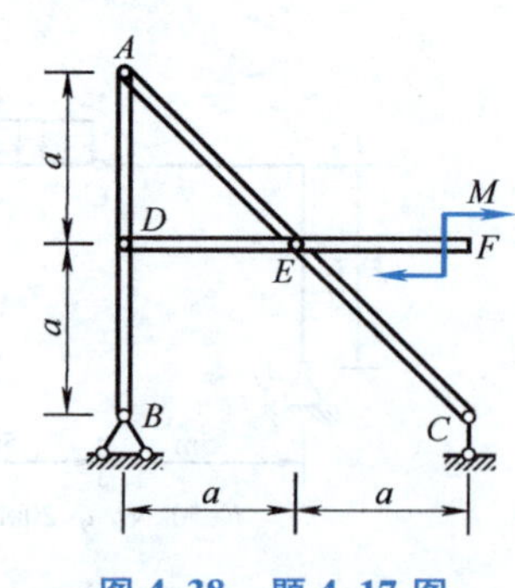

图 4-38　题 4-17 图

4-18　图 4-39 所示结构位于铅垂面内，各杆自重不计。已知荷载 $\boldsymbol{F}_1$、$\boldsymbol{F}_2$、$\boldsymbol{M}$ 及尺寸 a，且 $M=F_1a$，$\boldsymbol{F}_2$ 作用于销钉 B 上。求：(1) 固定端 A 处的约束力；(2) 销钉 B 对 AB 杆及 T 形杆的作用力。

4-19　由直角曲杆 ABC、DE 和直杆 CD 及滑轮 O 组成的结构如图 4-40 所示，AB 杆上

作用有水平均布荷载 q，在 D 处作用一铅垂力 F，在滑轮上悬挂一重为 G 的重物，滑轮的半径 $r=a$，且 $G=2F$，$OC=OD$。不计各杆的重量，求支座 E 及固定端 A 的约束力。

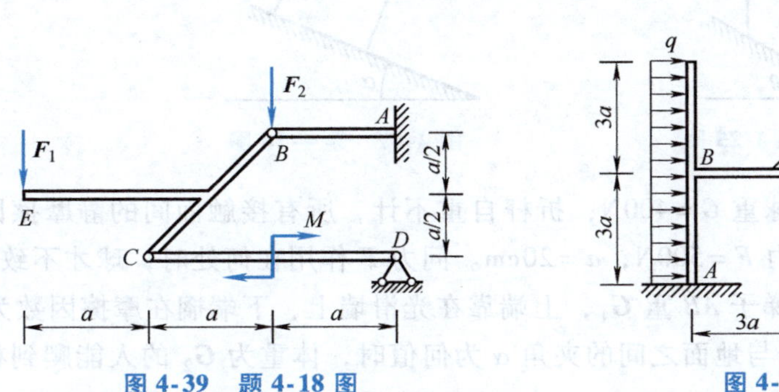

图 4-39　题 4-18 图　　图 4-40　题 4-19 图

4-20　某一组合结构，尺寸及荷载如图 4-41 所示，求 1 杆、2 杆和 3 杆所受的力。

4-21　桁架受力如图 4-42 所示，已知：$F_1=10\text{kN}$，$F_2=F_3=20\text{kN}$。试求桁架中编号为 4、5、7、10 各杆的内力。

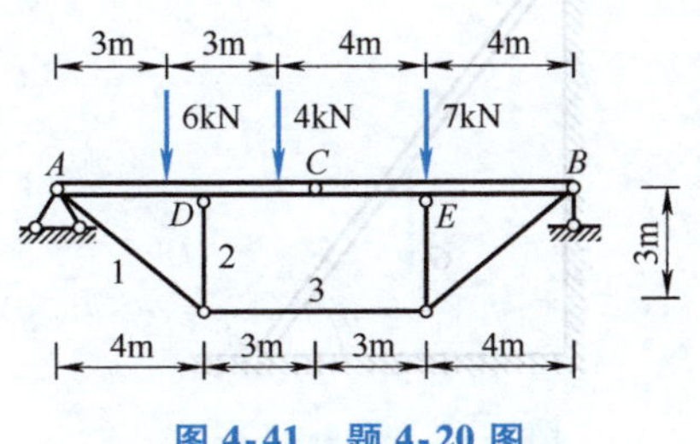

图 4-41　题 4-20 图

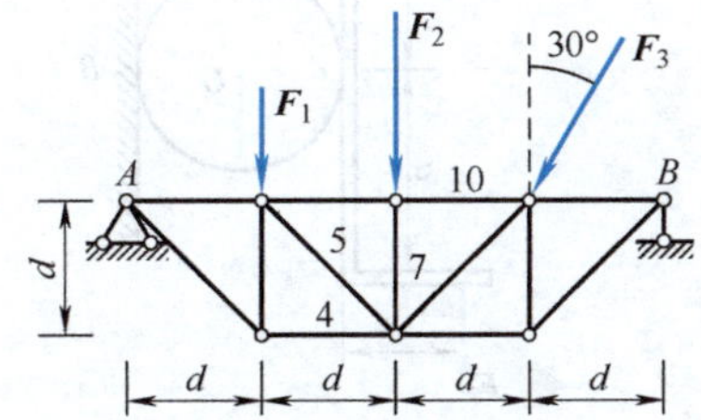

图 4-42　题 4-21 图

4-22　平面桁架的支座和荷载如图 4-43 所示，已知：各杆长均为 a，$F_1=2\text{kN}$，$F_2=10\text{kN}$。试求各杆的内力。

4-23　已知力 F，试用节点法求图 4-44 所示桁架中各杆的内力。

4-24　已知力 F，试用截面法求图 4-45 所示桁架中 1 杆、2 杆和 3 杆所受的力。

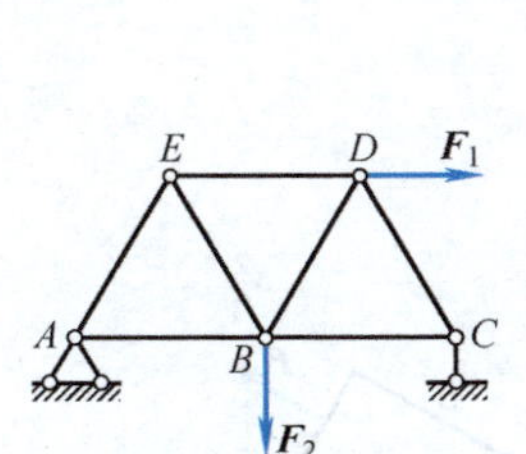

图 4-43　题 4-22 图

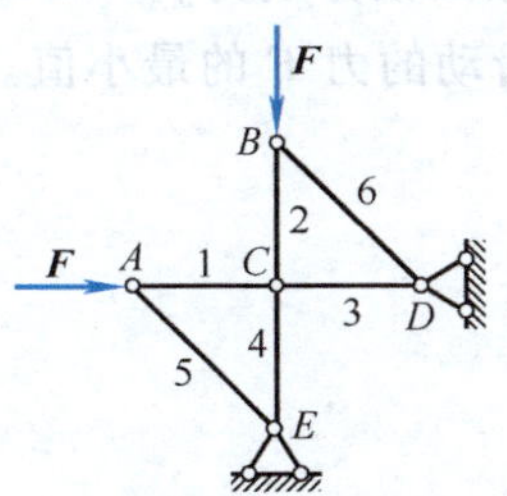

图 4-44　题 4-23 图

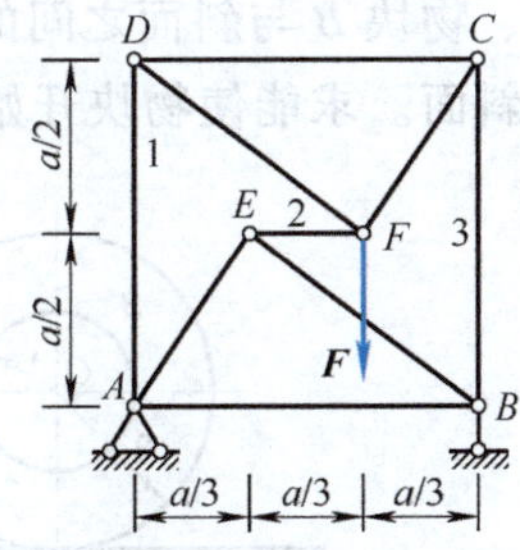

图 4-45　题 4-24 图

4-25　重 G 的物块放在倾角 θ 大于摩擦角 φ_m 的斜面上，在物块上另加一水平力 F 如图 4-46 所示。已知 $G=500\text{N}$，$F=300\text{N}$，$f_s=0.4$，$\theta=30°$。试求摩擦力的大小。

4-26　如图 4-47 所示，重 G 的物体放在倾角为 α 的斜面上，物体与斜面间的摩擦角为 φ_m。若在物体上作用力 F，此力与斜面的交角为 θ。求拉动物体时 F 的值，并问当角 θ 为何值时，此力为极小。

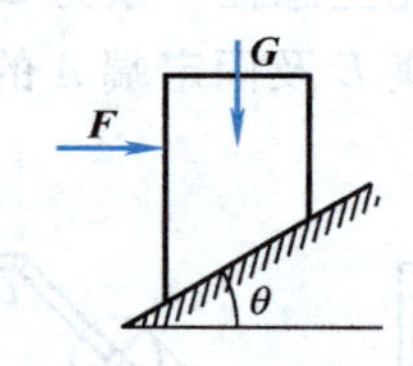

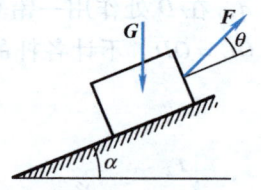

图 4-46　题 4-25 图　　图 4-47　题 4-26 图

4-27　如图 4-48 所示，球重 $G=400\text{N}$，折杆自重不计，所有接触面间的静摩擦因数均相同，大小为 $f_s=0.2$，铅直力 $\boldsymbol{F}=500\text{N}$，$a=20\text{cm}$。问力 $\boldsymbol{F}$ 作用在何处时，球才不致下落？

4-28　如图 4-49 所示，梯子 AB 重 $\boldsymbol{G}_1$，上端靠在光滑墙上，下端搁在摩擦因数为 f_s 的粗糙水平地板上。试问当梯子与地面之间的夹角 α 为何值时，体重为 $\boldsymbol{G}_2$ 的人能爬到梯子的顶点？

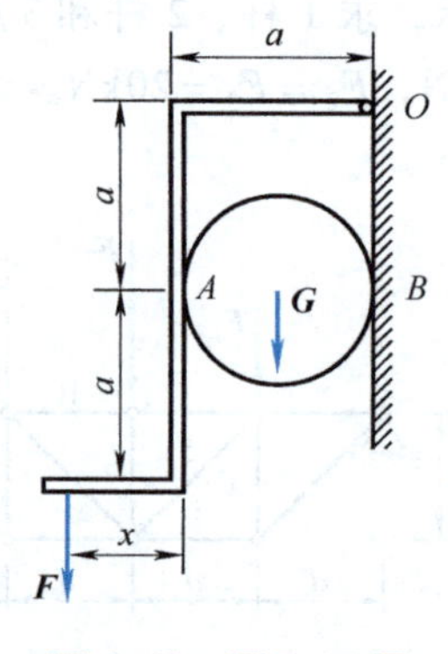

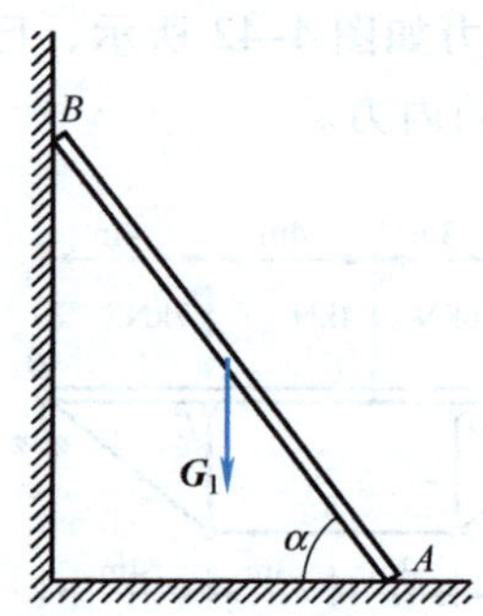

图 4-48　题 4-27 图　　图 4-49　题 4-28 图

4-29　鼓轮 B 重 500N，放在墙角里如图 4-50 所示。已知鼓轮与水平地板间的摩擦因数为 0.25，而铅直墙壁则假定是绝对光滑的。鼓轮上的绳索下段挂着重物。设半径 $R=20\text{cm}$，$r=10\text{cm}$。求平衡时重物 A 的最大重量。

4-30　物块 A 重 80N，B 重 200N。两者用细绳相连，如图 4-51 所示。物块 A 与水平地面之间、物块 B 与斜面之间的静摩擦因数分别为 $f_A=0.2$，$f_B=0.1$。作用于物块 B 上的力 $\boldsymbol{F}$ 平行于斜面。求能使物块开始向上滑动的力 $\boldsymbol{F}$ 的最小值。

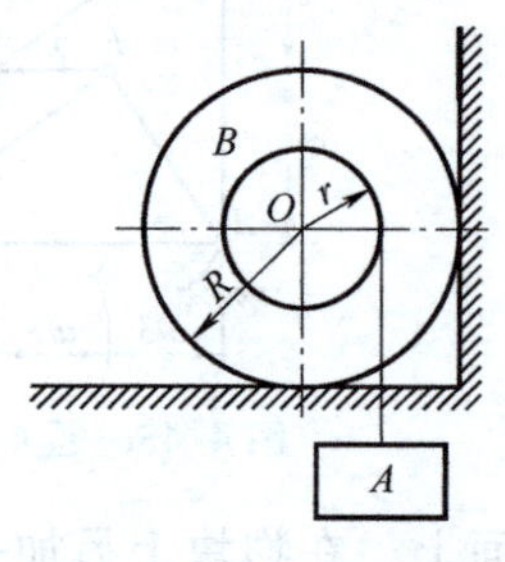

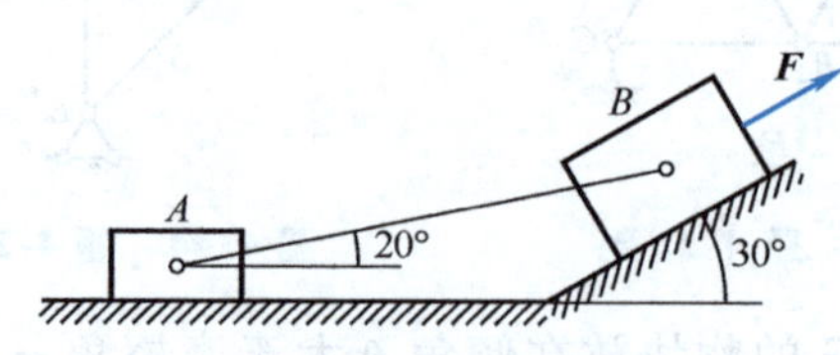

图 4-50　题 4-29 图　　图 4-51　题 4-30 图

4-31　物块 A 重 50N，B 重 100N。两者如图 4-52 所示叠置，且用细绳将物块 A 拴住。已知 A、B 之间以及 B 与水平地面之间的静摩擦因数均为 $f_s=0.3$，求能使物块 B 相对于地面产生滑动的最小水平力 $\boldsymbol{F}$。

4-32　如图 4-53 所示，均质棱柱体重 $G=4.8\text{kN}$，放置在水平面上，并作用有力 $\boldsymbol{F}$，静摩擦因数 $f_s=1/3$。试问当力 $\boldsymbol{F}$ 的值逐渐增大时，该棱柱体是先滑动还是先倾倒？并计算运动刚发生时力 $\boldsymbol{F}$ 的值。

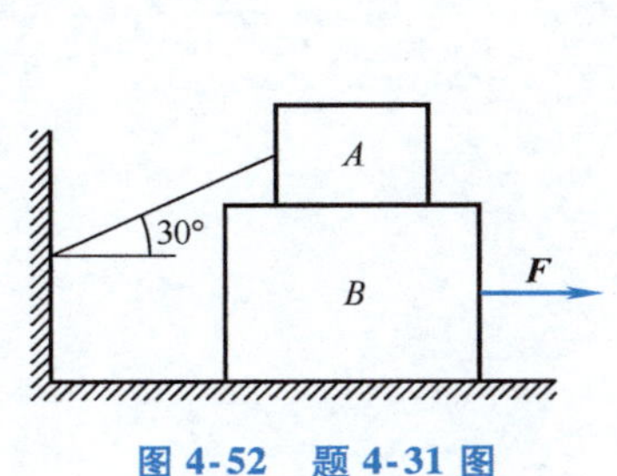

图 4-52　题 4-31 图

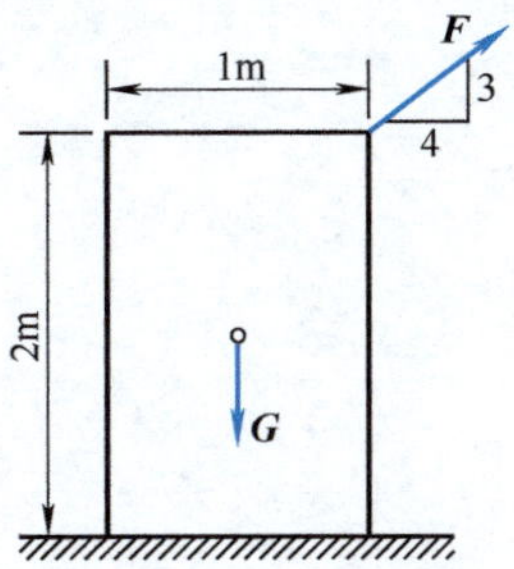

图 4-53　题 4-32 图

4-33　如图 4-54 所示，均质细杆 AB 重为 $G_1=360\text{N}$，A 端搁置在光滑水平面上并通过柔绳绕过滑轮悬挂一重为 $\boldsymbol{G}$ 的物块 C；B 端靠在铅直的墙面上，已知 B 端与墙面的静摩擦因数 $f_s=0.1$。试求在下述情况下 B 端受到的滑动摩擦力：(1) $G=200\text{N}$；(2) $G=170\text{N}$。

4-34　如图 4-55 所示，圆柱直径为 60cm，重 3kN，由于力 $\boldsymbol{F}$ 作用而沿水平面做匀速运动。已知圆柱与地面之间的滚阻系数为 $\delta=0.5\text{cm}$，力 $\boldsymbol{F}$ 与水平面的夹角为 $\alpha=30°$。试求力 $\boldsymbol{F}$ 的大小。

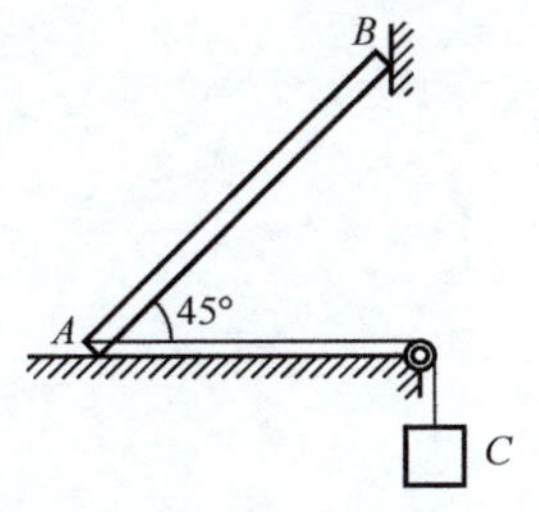

图 4-54　题 4-33 图

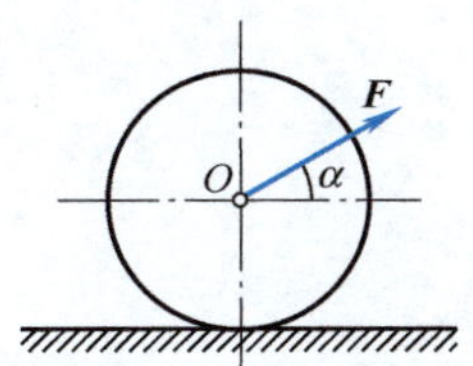

图 4-55　题 4-34 图

第2篇 运动学

运动学是研究物体运动几何性质的科学。

在力学中运动是指物体的机械运动，即物体位置的变化。运动学是从几何的角度研究物体的运动，而不考虑作用于物体上的力和质量等物理量，即运动学研究的内容只限于物体运动的几何性质（包括物体的运动方程、运动轨迹、速度及加速度）。

运动方程：物体位置随时间的变化规律。

速度：物体位置变化的快慢。

加速度：物体速度变化的快慢。

轨迹：物体运动过程中所经过的曲线。

由于运动是相对的，研究某一物体的运动时，所以必须选择另一个物体作为参考体来描述该物体的运动，这个作为参考的物体称为参考体，而与参考体相固结的整个延伸空间称为参考系。为了用数值定量表述一个物体的位置，可以在参考系上设置坐标系，称为参考坐标系。一般情况都取与地面固连的坐标系为参考系，以后不做特别说明都应如此理解。对于特殊问题，将根据需要另选参考系，并加以说明。

在运动学中，与时间有关的概念有两个：瞬时和时间间隔。在整个时间均匀流逝过程中的某一时刻，称为瞬时。在抽象化后的时间轴上，“瞬时”是轴上的一个点。“刚才最后一响是北京时间八点整”中的“最后一响”就是北京时间八点钟的那个瞬时。开始计算时间的那个瞬时，称为初瞬时。两个瞬时之间流逝的时间，称为时间间隔。在时间轴上，它是两点之间的线段。

由于不涉及力和质量的概念，运动学中通常将实际物体抽象化为两种力学模型：几何学意义上的点（或动点）和刚体。这里所说的点是指没有大小、没有质量，在空间占有位置的几何点；刚体是指由无数个点组成的不变形系统。一个物体究竟抽象化为哪种模型，主要取决于问题的性质，而不取决于物体本身的大小和形状。例如，在研究地球绕太阳运行的规律时，地球可以抽象化为一个动点；而在研究地球上的河岸冲刷的成因时，地球则抽象化为一个刚体。

学习运动学的目的，首先是为研究动力学打好基础，其次运动学在机构的运动分析等工程实际中有许多直接的应用，同时运动学知识还将为结构动力学、机械原理等相关课程的学习奠定必要的理论基础。

第5章　运动学基础

【内容提要】

本章主要介绍研究点的简单运动的三种常用的方法（矢量法、直角坐标法和自然法），以及刚体平动和绕定轴转动的概念和运动特征。

【学习要求】

通过本章的学习，要求熟练掌握描述点的运动的三种常用方法，理解点的运动方程，速度、加速度的矢量表示及微分关系；熟练计算速度、加速度在直角坐标轴及自然坐标轴的投影，并确定速度、加速度的大小和方向；根据速度、切向加速度和法向加速度的矢量关系，熟练地判断点的运动情况；掌握刚体平行移动和绕定轴转动概念及相应的运动特征；能熟练计算定轴转动刚体的角速度和角加速度以及其上任一点的速度、切向加速度和法向加速度，并能熟练画出速度、切向加速度和法向加速度的方向。

■5.0　本章学习任务单

1. 点的运动学

（1）矢量法　用矢径 $\boldsymbol{r}$ 来描述点的运动。请读者带着如下问题学习 5.1.1 节的内容（含1个微视频）：

1）矢径 $\boldsymbol{r}$ 是如何定义的？

2）如何用数学公式来表示矢径 $\boldsymbol{r}$、速度 $\boldsymbol{v}$ 和加速度 $\boldsymbol{a}$ 的关系？

3）如何确定速度和加速度的方向？

（2）直角坐标法　直角坐标法就是将矢径 $\boldsymbol{r}$ 投影到一个固定的直角坐标系上，用直角坐标来描述点的运动。请读者带着如下问题学习 5.1.2 节的内容：

1）已知点的直角坐标所表示的运动方程，如何确定点的运动轨迹？

2）直角坐标法和矢量法之间是怎么样的关系？一般在什么情况下会选用直角坐标法来解决点的运动问题？

(3) 自然法　自然法是本章的重点和难点，特别是自然轴系的形成是相对抽象的、较难理解的内容，读者可以借助于本节中的动画演示来理解自然轴系的形成过程（包括密切面的形成过程）请读者带着如下问题学习 5.1.3 节的内容：

1）什么情况下会选用自然坐标系来描述点的运动？弧坐标是如何建立的？

2）什么叫密切面？什么叫法平面？什么叫自然轴系？

3）自然轴系与固定直角坐标系有什么区别？

4）速度在自然轴系上的投影是什么样的？它与速度在直角坐标轴系上的投影有什么关系？

5）切向加速度和法向加速度各有什么物理意义？

2. 刚体的平行移动

刚体的平行移动是刚体的简单运动形式之一，请读者带着如下问题学习 5.2 节的内容（含 1 个微视频）：

1）刚体的平行移动是如何定义的？试举出日常生活中至少三个做平行移动的刚体的例子。

2）为什么说刚体的平行移动可以归结为点的运动？

3. 刚体绕定轴的转动

刚体绕定轴的转动是刚体的简单运动形式之一，请读者带着如下问题学习 5.3 节的内容（含 1 个微视频）：

1）刚体绕定轴转动是如何定义的？试举出日常生活中至少三个做定轴转动刚体的例子。

2）描述刚体定轴转动整体运动的参数有哪几个？它有几个运动自由度？

3）绕定轴转动刚体内任一点的速度、加速度与描述刚体定轴转动整体运动的参数有什么确定关系？

■5.1　点的运动学

5.1.1　描述点的运动的矢量法

1. 点的运动方程

在选定的参考空间中，任选一个固定点 O，称为参考点，自点 O 向动点 M 作矢量 $\boldsymbol{r}$，称 $\boldsymbol{r}$ 为动点 M 相对参考点 O 的位置矢量，简称矢径。当动点 M 运动时，矢径 $\boldsymbol{r}$ 随时间而变化，并且是时间的单值连续函数，即

$$\boldsymbol{r}=\boldsymbol{r}(t) \tag{5-1}$$

式（5-1）称为动点的矢量形式的运动方程。

【微视频：点的运动学】

随着点 M 的运动，矢径 $\boldsymbol{r}$ 的矢端在参考空间中所描绘出的一条连续曲线就是点 M 的运动轨迹，如图 5-1 所示。

2. 点的速度

动点由瞬时 t 到瞬时 $t+\Delta t$，其位置由 M 运动到 M'，如图 5-2 所示。在 Δt 时间间隔内，矢径的改变量是 $\Delta\boldsymbol{r}=\boldsymbol{r}'-\boldsymbol{r}$，它代表动点在 Δt 时间间隔内的位移。动点在 Δt 时间间隔内的平均速度可表示为

$$v^* = \frac{\Delta r}{\Delta t}$$

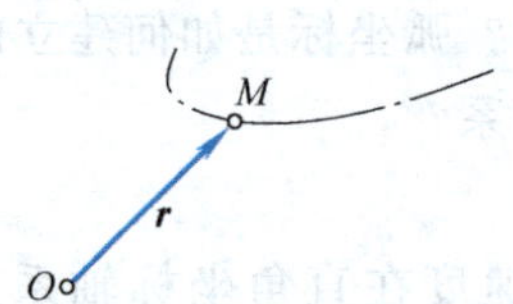

图 5-1　动点 M 相对参考点 O 的矢径

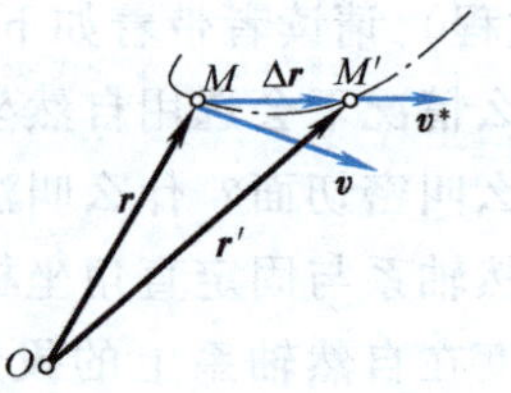

图 5-2　点的位移和速度

由极限概念，动点在 t 时刻的瞬时速度（简称速度）可对上式取极限，即

$$v = \lim_{\Delta t \to 0} v^* = \lim_{\Delta t \to 0} \frac{\Delta r}{\Delta t} = \frac{dr}{dt} \tag{5-2}$$

可见，动点的速度等于它的矢径对时间的一阶导数。速度是矢量，方向由 Δr 的极限方向所确定，即沿着轨迹在点 M 的切线并指向点的运动方向；速度的大小常称为速率，在国际单位制中，速度的单位是 m/s。

3. 点的加速度

设动点在瞬时 t 的速度为 v，在瞬时 $t+\Delta t$ 的速度为 v'，如图 5-3a 所示。速度在 Δt 时间间隔内的改变量为 $\Delta v = v' - v$，如图 5-3b 所示。同理，当 $\Delta t \to 0$ 时，动点在 t 时刻的瞬时加速度（简称加速度）为

$$a = \lim_{\Delta t \to 0} \frac{\Delta v}{\Delta t} = \frac{dv}{dt} = \frac{d^2 r}{dt^2} \tag{5-3}$$

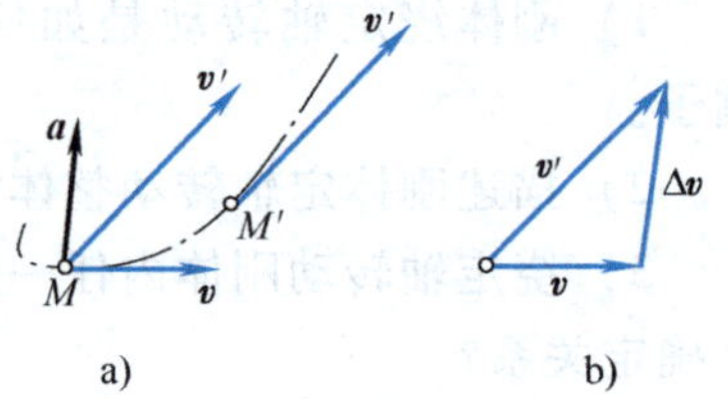

数学上为了方便，在字母上方加“·”表示对时间的一阶导数，加“··”表示对时间的二阶导数，式（5-2）、式（5-3）也可写成：

$$v = \dot{r}, \quad a = \dot{v} = \ddot{r}$$

图 5-3　点的加速度

因此，点的加速度等于动点的速度对时间的一阶导数，也等于矢径对时间的二阶导数。在国际单位制中，加速度的单位是 m/s^2。

速度和加速度分别表示为矢径对时间的一阶和二阶导数，形式简洁，通常在推演公式时使用，然而在具体计算中，常常需要应用它们在适当的坐标系（常用的如直角坐标系和自然轴系）上投影的公式。

5.1.2　描述点的运动的直角坐标法

若选择的固定参考系是直角坐标系，i，j，k 分别是沿各坐标轴正向的单位矢量，动点 M 在任意瞬时 t 的坐标分别为 x、y、z，如图 5-4 所示，则式（5-1）可写为

$$r = xi + yj + zk \tag{5-4}$$

显然，点 M 的坐标是时间 t 的单值连续函数

$$x = f_1(t),\ y = f_2(t),\ z = f_3(t) \tag{5-5}$$

式（5-5）称为动点 M 的直角坐标形式的运动方程。

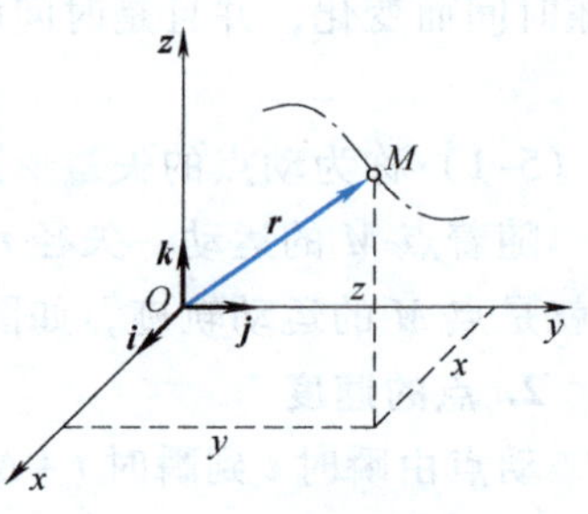

图 5-4　动点位置的直角坐标表示

式（5-5）也是动点 M 的轨迹参数方程，只要给定 t 的不同数值，依次得到 M 点的坐标 x、y、z 的相应数值，根据 x、y、z 的数值就可以描绘出动点的运动轨迹。

如果点在平面内运动，此时点的轨迹为平面曲线，取轨迹所在的平面为坐标平面 xOy，则点的运动方程为

$$x=f_1(t),\ y=f_2(t) \tag{5-6}$$

从式（5-6）中消去 t，得到轨迹方程

$$f(x,y)=0 \tag{5-7}$$

将式（5-4）代入速度公式（5-2），考虑到 $\boldsymbol{i}$，$\boldsymbol{j}$，$\boldsymbol{k}$ 是常矢量，有

$$\boldsymbol{v}=\frac{\mathrm{d}}{\mathrm{d}t}(x\boldsymbol{i}+y\boldsymbol{j}+z\boldsymbol{k})=\dot{x}\boldsymbol{i}+\dot{y}\boldsymbol{j}+\dot{z}\boldsymbol{k} \tag{5-8}$$

可见，点的速度在固定直角坐标轴上的投影等于动点的各对应坐标对时间的一阶导数：

$$v_x=\dot{x},\ v_y=\dot{y},\ v_z=\dot{z} \tag{5-9}$$

由式（5-9）求得 v_x，v_y，v_z 以后，速度 $\boldsymbol{v}$ 的大小和方向就可由这三个投影完全确定。具体计算表达式与式（2-4）：$\boldsymbol{F}=F_x\boldsymbol{i}+F_y\boldsymbol{j}+F_z\boldsymbol{k}$ 完全相似，这里不再列出。

同理，设

$$\boldsymbol{a}=a_x\boldsymbol{i}+a_y\boldsymbol{j}+a_z\boldsymbol{k} \tag{5-10}$$

则有

$$a_x=\dot{v}_x=\ddot{x},\ a_y=\dot{v}_y=\ddot{y},\ a_z=\dot{v}_z=\ddot{z} \tag{5-11}$$

因此，点的加速度在固定直角坐标轴上的投影等于对应的速度投影对时间的一阶导数，或对应的坐标对时间的二阶导数。

同理，加速度 $\boldsymbol{a}$ 的大小和方向也由它的三个投影完全确定。

运用式（5-5）、式（5-9）、式（5-11）常可解决如下两类问题，一类是已知（或根据题意建立）点的运动方程，求点的速度和加速度，这类问题用求导的方法来解决；另一类是已知点的加速度或速度，求点的速度或运动方程，这类问题可用积分的方法来求，积分常数可根据点运动的初始条件来确定。

5.1.3　描述点的运动的自然法

在很多工程实际问题中，动点 M 的运动轨迹往往是已知的，此时可利用点的运动轨迹建立弧坐标及自然轴系，并用它们来研究点的运动规律，这种方法称为自然法或弧坐标法。

1. 弧坐标

设动点 M 的运动轨迹为如图 5-5 所示的曲线，用自然法确定动点的位置比较方便。在轨迹上任选一点 O 作为原点，并设 O 的某一侧为正向，动点 M 在轨迹上的位置可由动点到原点的弧长 s 确定，称 s 为动点 M 在轨迹上的弧坐标，它是一个代数量。当动点 M 运动时，s 随时间而变化，是时间的单值连续函数，即

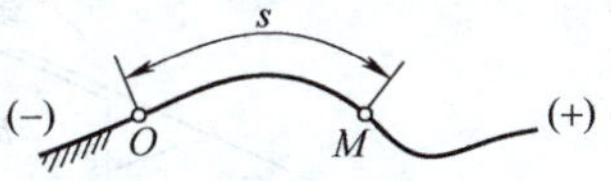

$$s=f(t) \tag{5-12}$$

图 5-5　点运动的弧坐标

式（5-12）表达了动点沿已知轨迹的运动规律，称为用弧坐标表示的点的运动方程。

用弧坐标法分析点在曲线上的运动时，点的速度、加速度与轨迹曲线的几何性质有密切关系。为此简要介绍自然轴系的概念。

2. 自然轴系

在点的运动轨迹上取相近的两个点 M 和 M'，其间的弧长为 Δs，这两点的矢径差为 $\Delta \boldsymbol{r}$，当 $\Delta t \to 0$ 时，$|\Delta \boldsymbol{r}| = |\overline{MM'}| = |\Delta s|$，定义矢量

$$\boldsymbol{\tau} = \lim_{\Delta t \to 0} \frac{\Delta \boldsymbol{r}}{\Delta s} = \frac{\mathrm{d}\boldsymbol{r}}{\mathrm{d}s} \tag{5-13}$$

为沿轨迹切线方向的单位矢量，其指向与弧坐标正向一致，如图 5-6 所示。

在某一空间曲线 AB 中，取邻近的两个点 M、M' 分别作切向单位矢量 $\boldsymbol{\tau}$ 和 $\boldsymbol{\tau}'$，过 M 点作单位矢量 $\boldsymbol{\tau}'' /\!/ \boldsymbol{\tau}'$，并构造一包含 $\boldsymbol{\tau}$ 和 $\boldsymbol{\tau}''$ 的平面 P，如图 5-7 所示。在 M' 点靠近 M 点的过程中，单位矢量 $\boldsymbol{\tau}$ 固定不动，$\boldsymbol{\tau}'$ 则不断地改变着它的方向，即平面 P 绕着 $\boldsymbol{\tau}$ 不断地转动。M' 点趋近 M 点时，平面 P 将趋向于某一极限位置。这个极限位置所在的平面称为此空间曲线在 M 点的密切面。点 M 附近的无限小弧段可以近似地看成是在密切面内的平面曲线，整个空间曲线则可以看成是由无穷多条无限小的、在相应一系列密切面内的平面曲线段的组合。显然，对于平面曲线而言，密切面就是该曲线所在的平面。

【动画：密切面】

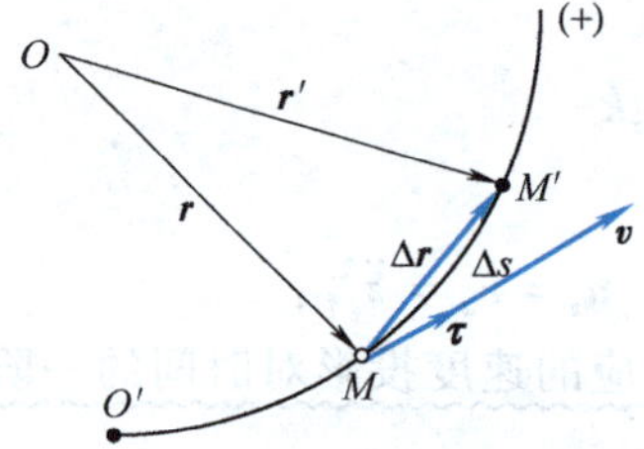

图 5-6　切线方向的单位矢量

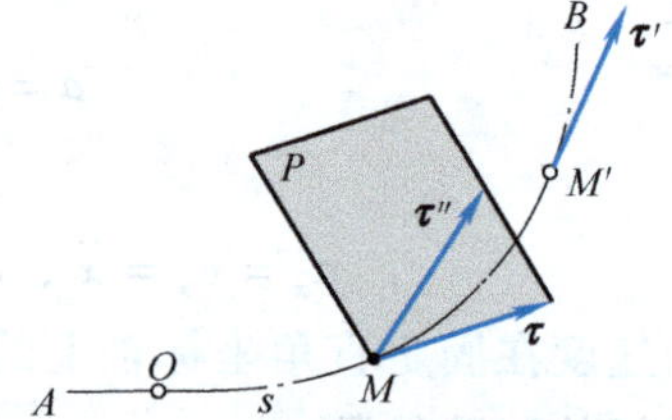

图 5-7　空间曲线在 M 点的密切面

在图 5-8 中，过点 M 作垂直于 $\boldsymbol{\tau}$ 的平面，称为曲线在 M 点的法平面，法平面与密切面的交线称为主法线。用 $\boldsymbol{n}$ 表示主法线单位矢量，指向曲线内凹的一侧，准确地说是指向曲线在 M 点的曲率中心。过点 M 所作的垂直于切线及主法线的直线称为副法线，其单位矢量 $\boldsymbol{b}$ 的正向由右手螺旋规则决定，即

$$\boldsymbol{b} = \boldsymbol{\tau} \times \boldsymbol{n} \tag{5-14}$$

以点 M 为原点，以 $\boldsymbol{\tau}$、$\boldsymbol{n}$、$\boldsymbol{b}$ 三个矢量的轴线为坐标轴组成的正交坐标系称为曲线在点 M 的自然坐标系，这三个轴称为自然轴。显然，在空间曲线的各点上各自有一组对应的自然轴系，所以自然轴系 $\boldsymbol{\tau}$、$\boldsymbol{n}$、$\boldsymbol{b}$ 的方向随动点在曲线上位置的变化而变化，是游动的坐标系；与上一节介绍的固定直角坐标系比较，其单位矢量 $\boldsymbol{i}$、$\boldsymbol{j}$、$\boldsymbol{k}$ 是常矢量。

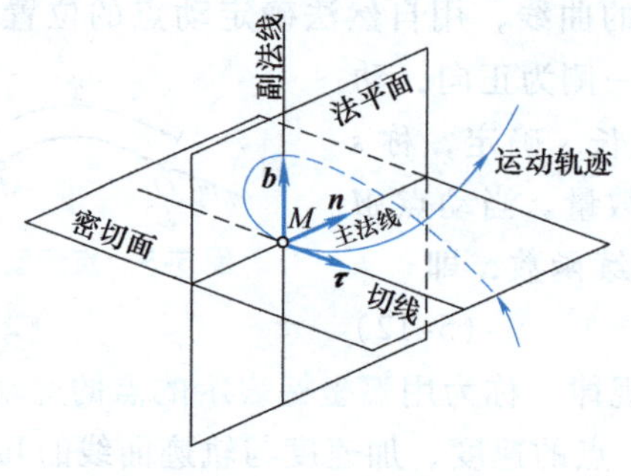

图 5-8　自然轴系及其单位矢量

【动画：自然轴系】

3. 点的速度

为了得到点的速度在自然轴系中的表达式，将速度的矢量表达式（5-2）做一简单变换并利用式（5-13）有

$$\boldsymbol{v}=\frac{\mathrm{d}\boldsymbol{r}}{\mathrm{d}t}=\frac{\mathrm{d}\boldsymbol{r}}{\mathrm{d}s}\frac{\mathrm{d}s}{\mathrm{d}t}=\frac{\mathrm{d}s}{\mathrm{d}t}\boldsymbol{\tau}$$

上式表明，点的速度沿轨迹在该点的切线方向，它在切线方向的投影 v（代数值）等于弧坐标对时间的一阶导数。即

$$v=\frac{\mathrm{d}s}{\mathrm{d}t}=\dot{s} \tag{5-15}$$

$\dot{s}$ 为正时，$\boldsymbol{v}$ 与 $\boldsymbol{\tau}$ 同向；$\dot{s}$ 为负时，$\boldsymbol{v}$ 与 $\boldsymbol{\tau}$ 反向。因此，速度矢量可写为

$$\boldsymbol{v}=v\boldsymbol{\tau} \tag{5-16}$$

4. 点的加速度

将式（5-16）代入式（5-3），得到动点的加速度为

$$\boldsymbol{a}=\frac{\mathrm{d}\boldsymbol{v}}{\mathrm{d}t}=\frac{\mathrm{d}v}{\mathrm{d}t}\boldsymbol{\tau}+v\frac{\mathrm{d}\boldsymbol{\tau}}{\mathrm{d}t} \tag{5-17}$$

可见，速度的变化率包括它在切线方向的投影（代数值 v）的变化率和方向（$\boldsymbol{\tau}$）的变化率这两个部分。下面分别讨论它们的大小和方向。

1）反映速度大小变化的加速度，记为 $\boldsymbol{a}_\tau$。

因为

$$\boldsymbol{a}_\tau=\dot{v}\boldsymbol{\tau} \tag{5-18}$$

显然，$\boldsymbol{a}_\tau$ 是一个沿轨迹切线的矢量，因此称为切向加速度。当 $\dot{v}$ 为正时，$\boldsymbol{a}_\tau$ 与 $\boldsymbol{\tau}$ 同向；当 $\dot{v}$ 为负时，$\boldsymbol{a}_\tau$ 与 $\boldsymbol{\tau}$ 反向。令

$$a_\tau=\dot{v}=\ddot{s} \tag{5-19}$$

a_τ 是一个代数量，是加速度沿轨迹切线的投影。

由此可得结论：切向加速度反映点的速度值对时间的变化率，它的代数值等于速度的代数值对时间的一阶导数，或弧坐标对时间的二阶导数，它的方向沿动点轨迹的切线。

2）反映速度方向变化的加速度，记为 $\boldsymbol{a}_n$。

因为

$$\boldsymbol{a}_n=v\frac{\mathrm{d}\boldsymbol{\tau}}{\mathrm{d}t} \tag{5-20}$$

它反映速度方向 $\boldsymbol{\tau}$ 的变化。上式可改写为

$$\boldsymbol{a}_n=v\frac{\mathrm{d}\boldsymbol{\tau}}{\mathrm{d}s}\frac{\mathrm{d}s}{\mathrm{d}t}=v^2\frac{\mathrm{d}\boldsymbol{\tau}}{\mathrm{d}s} \tag{5-21}$$

下面进一步分析$\frac{\mathrm{d}\boldsymbol{\tau}}{\mathrm{d}s}$的大小和方向。

如图 5-9a 所示，设动点在 t 时刻的位置 M 处的切线方向的单位矢量为 $\boldsymbol{\tau}$，经过时间间隔 Δt，动点运动到点 M'，该点的切向单位矢量为 $\boldsymbol{\tau}'$，则在 Δt 时间内，单位矢量的改变量为

$$\Delta\boldsymbol{\tau}=\boldsymbol{\tau}'-\boldsymbol{\tau}$$

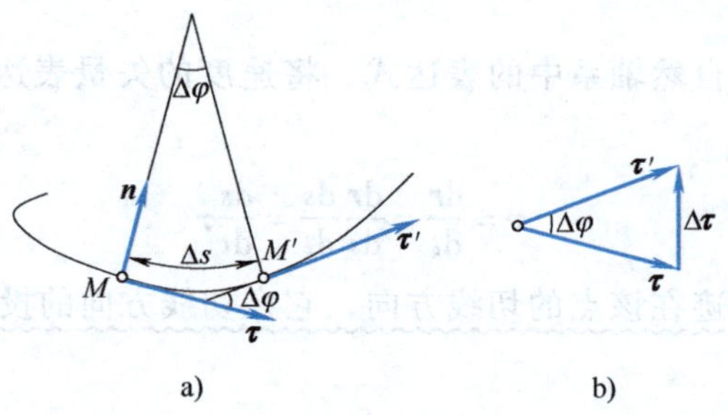

图 5-9 切向单位矢量对时间的变化率

设动点从 M 到达 M'点经过的弧长为 Δs，而切线转过的角度为 $\Delta\varphi$。由曲率（曲率半径的倒数）的定义知

$$\frac{1}{\rho}=\lim_{\Delta s\to 0}\left|\frac{\Delta\varphi}{\Delta s}\right|=\frac{\mathrm{d}\varphi}{\mathrm{d}s}$$

由图 5-9b 可知，$\Delta\boldsymbol{\tau}$ 的模为

$$|\Delta\boldsymbol{\tau}|=2|\boldsymbol{\tau}|\sin\frac{\Delta\varphi}{2}$$

当 $\Delta s\to 0$ 时，$\Delta\varphi\to 0$，则 $\Delta\boldsymbol{\tau}$ 与 $\boldsymbol{\tau}$ 垂直，又 $|\boldsymbol{\tau}|=1$，由此可得

$$|\Delta\boldsymbol{\tau}|=\Delta\varphi$$

由前面建立自然轴系时的讨论可知，当 $\Delta s\to 0$ 时，$\boldsymbol{\tau}$ 和 $\boldsymbol{\tau}'$组成的平面的极限位置就是点 M 的密切面。所以$\frac{\mathrm{d}\boldsymbol{\tau}}{\mathrm{d}s}$位于点 M 的密切面内，其方向与切线的方向垂直，即沿着动点轨迹在点 M 的主法线方向。

注意到 Δs 为正时，点沿切向 $\boldsymbol{\tau}$ 的正方向运动，$\Delta\boldsymbol{\tau}$ 指向轨迹凹一侧；Δs 为负时，$\Delta\boldsymbol{\tau}$ 指向轨迹外凸一侧。因此有

$$\frac{\mathrm{d}\boldsymbol{\tau}}{\mathrm{d}s}=\lim_{\Delta s\to 0}\frac{\Delta\boldsymbol{\tau}}{\Delta s}=\lim_{\Delta s\to 0}\frac{\Delta\boldsymbol{\tau}}{\Delta\varphi}\frac{\Delta\varphi}{\Delta s}=\frac{1}{\rho}\boldsymbol{n} \tag{5-22}$$

将式（5-22）代入式（5-21），有

$$\boldsymbol{a}_{\mathrm{n}}=\frac{v^2}{\rho}\boldsymbol{n} \tag{5-23}$$

由此可见，$\boldsymbol{a}_{\mathrm{n}}$ 的方向与主法线的正向一致，称为法向加速度。于是可得结论：法向加速度反映点的速度方向改变的快慢程度，它的大小等于速度的平方除以曲率半径，它的方向沿着主法线，指向曲率中心。

综上所述，动点的全加速度用自然轴系描述时可表示为

$$\boldsymbol{a}=a_{\tau}\boldsymbol{\tau}+a_{\mathrm{n}}\boldsymbol{n}+a_{\mathrm{b}}\boldsymbol{b} \tag{5-24}$$

式中

$$a_{\tau}=\frac{\mathrm{d}v}{\mathrm{d}t}=\dot{v}，\ a_{\mathrm{n}}=\frac{v^2}{\rho}，\ a_{\mathrm{b}}=0 \tag{5-25}$$

由于 $\boldsymbol{a}_{\mathrm{b}}\equiv\boldsymbol{0}$，$\boldsymbol{a}_{\tau}$、$\boldsymbol{a}_{\mathrm{n}}$ 均在密切面内，因此全加速度 $\boldsymbol{a}$ 必在密切面内，其大小为

$$a=\sqrt{a_{\tau}^2+a_{\mathrm{n}}^2} \tag{5-26}$$

它与法线间夹角的正切为

$$\tan\theta = \frac{a_\tau}{a_n} \tag{5-27}$$

当 $\boldsymbol{a}$ 与 $\boldsymbol{\tau}$ 的夹角为锐角时，θ 为正（见图 5-10a），否则为负（见图 5-10b）。如前面所分析的，切向加速度表明速度大小的变化率，当速度 $\boldsymbol{v}$ 与切向加速度 $\boldsymbol{a}_\tau$ 的指向相同时，即 v 与 a_τ 符号相同时，速度的绝对值不断增加，点做加速运动，如图 5-10a 所示；当速度 $\boldsymbol{v}$ 与切向加速度 $\boldsymbol{a}_\tau$ 的指向相反时，即 v 与 a_τ 符号相反时，速度的绝对值不断减小，点做减速运动，如图 5-10b 所示。

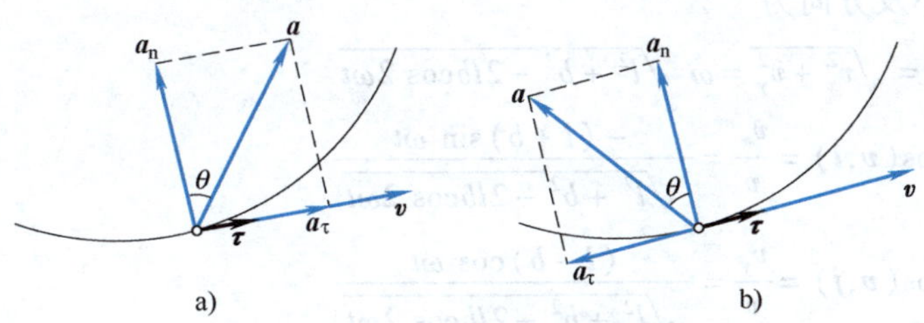

图 5-10　自然轴下点的加速度

讨论几种特殊情况：

①动点做直线运动，由于 $\rho\to\infty$，因此 $a_n\equiv 0$；

②动点做匀速曲线运动，由于 $v=$ 常量，故 $a_\tau\equiv 0$；

③动点做匀变速曲线运动，即 $a_\tau=$ 常量，此时通过积分，有

$$v = v_0 + a_\tau t \tag{5-28}$$

式中，v_0 是动点的初始速度。对上式再积分一次，有

$$s = s_0 + v_0 t + \frac{1}{2}a_\tau t^2 \tag{5-29}$$

式中，s_0 表示动点的初始位移。式（5-28）、式（5-29）与物理学中点做匀变速直线运动的公式完全相似。不过，这里的加速度是切向加速度 a_τ，而不是全加速度 a。

思考题： 试指出下述各量分别代表的物理意义：①$\frac{\mathrm{d}\boldsymbol{r}}{\mathrm{d}t}$，$\frac{\mathrm{d}s}{\mathrm{d}t}$，$\frac{\mathrm{d}x}{\mathrm{d}t}$；②$\frac{\mathrm{d}\boldsymbol{v}}{\mathrm{d}t}$，$\frac{\mathrm{d}v}{\mathrm{d}t}$，$\frac{\mathrm{d}v_x}{\mathrm{d}t}$。

5.1.4　举例

例 5-1　椭圆规的曲柄 OC 可绕定轴 O 转动，端点 O 与规尺 AB 的中点通过铰链相连，规尺的两端 A、B 分别在相互垂直的滑槽中运动，如图 5-11 所示。已知 $OC=AC=BC=l$，$MC=b<l$；又当曲柄转动时，角 $\varphi=\omega t$（ω 为常量）。试求规尺 AB 上点 M 的运动方程、轨迹方程、速度和加速度。

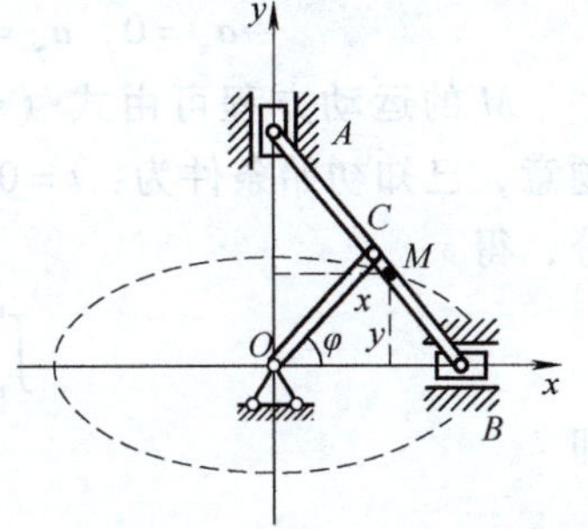

图 5-11　例 5-1 图

解： 点 M 在图示平面内运动，选直角坐标系如图 5-11 所示。

1）求点 M 的运动方程

$$x = (OC + CM)\cos\varphi = (l+b)\cos\omega t \tag{a}$$

$$y = BM\sin\varphi = (l-b)\sin\omega t \tag{b}$$

2）求点 M 的轨迹方程

联立式（a）、式（b）消去时间 t，有

$$\frac{x^2}{(l+b)^2}+\frac{y^2}{(l-b)^2}=1$$

可见，点 M 的轨迹是椭圆，其长短轴分别是 x 轴和 y 轴。

3）求速度。

$$v_x=\dot{x}=-(l+b)\omega\sin\omega t, v_y=\dot{y}=(l-b)\omega\cos\omega t$$

【动画：运动学举例】

故点 M 的速度大小及方向为

$$v=\sqrt{v_x^2+v_y^2}=\omega\sqrt{l^2+b^2-2lb\cos 2\omega t}$$

$$\cos(\boldsymbol{v},\boldsymbol{i})=\frac{v_x}{v}=\frac{-(l+b)\sin\omega t}{\sqrt{l^2+b^2-2lb\cos 2\omega t}}$$

$$\cos(\boldsymbol{v},\boldsymbol{j})=\frac{v_y}{v}=\frac{(l-b)\cos\omega t}{\sqrt{l^2+b^2-2lb\cos 2\omega t}}$$

4）求加速度

$$a_x=\dot{v}_x=\ddot{x}=-(l+b)\omega^2\cos\omega t, a_y=\dot{v}_y=\ddot{y}=-(l-b)\omega^2\sin\omega t$$

故点 M 的加速度大小及方向为

$$a=\sqrt{a_x^2+a_y^2}=\omega^2\sqrt{l^2+b^2+2lb\cos 2\omega t}$$

$$\cos(\boldsymbol{a},\boldsymbol{i})=\frac{a_x}{a}=\frac{-(l+b)\cos\omega t}{\sqrt{l^2+b^2+2lb\cos 2\omega t}}$$

$$\cos(\boldsymbol{a},\boldsymbol{j})=\frac{a_y}{a}=\frac{-(l-b)\sin\omega t}{\sqrt{l^2+b^2+2lb\cos 2\omega t}}$$

例 5-2 炮弹从离地面高度 h 处的 A 点以初速度 $\boldsymbol{v}_0$ 在图 5-12 所示平面内射出，$\boldsymbol{v}_0$ 与水平线夹角为 α。在运动过程中，炮弹加速度的大小为 $a=g$（g 为重力加速度），试确定炮弹运动方程及水平射程 d。

解： 本题为已知加速度，求运动方程，属于积分问题。选取炮弹为动点 M，在地面的 O 点建立直角坐标系（见图 5-12）。

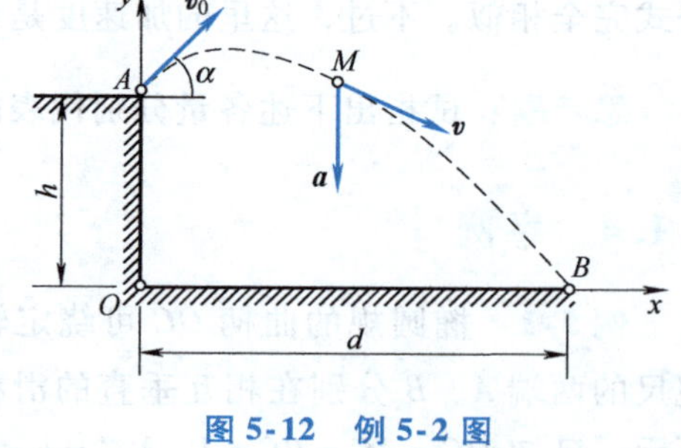

图 5-12　例 5-2 图

在任一瞬时 t，M 的加速度方程为

$$a_x=0,\quad a_y=-g \tag{a}$$

M 的运动方程可由式（a）两次积分求得。由题意，已知初始条件为：$t=0$ 时，$x_0=0$，$y_0=h$；$v_{0x}=v_0\cos\alpha$，$v_{0y}=v_0\sin\alpha$，由式（a）积分，得

$$\int_{v_0\cos\alpha}^{v_x}\mathrm{d}v_x=0,\int_{v_0\sin\alpha}^{v_y}\mathrm{d}v_y=\int_0^t-g\mathrm{d}t$$

即

$$v_x=v_0\cos\alpha,\quad v_y=-gt+v_0\sin\alpha \tag{b}$$

由式（b）再次积分，得

$$\int_0^x \mathrm{d}x = \int_0^t v_0 \cos \alpha \mathrm{d}t,\ \int_h^y \mathrm{d}y = \int_0^t (-gt + v_0 \sin \alpha)\mathrm{d}t$$

由此可得 M 的运动方程为

$$x = v_0 t\cos \alpha,\ y = h + v_0 t\sin \alpha - \frac{1}{2}gt^2 \tag{c}$$

式（c）消去 t 得 M 的轨迹方程为

$$y = h + x\tan \alpha - \frac{gx^2}{2v_0^2 \cos^2 \alpha} \tag{d}$$

式（d）表明，炮弹运动的轨迹为抛物线。

由图 5-12 可知，当 $x = d$ 时，$y = 0$。代入式（d），有

$$0 = h + d\tan \alpha - \frac{gd^2}{2v_0^2 \cos \alpha}$$

解得水平射程为

$$d = \frac{v_0 \cos \alpha}{g}\left[v_0 \sin \alpha + \sqrt{(v_0 \sin \alpha)^2 + 2gh}\right]$$

例 5-3　杆 AB 绕 A 点转动时，拨动套在固定圆环上的小环 M，如图 5-13a 所示。已知固定圆环的半径为 R，角 $\varphi = \omega t$（ω 为常量）。试求点 M 的运动方程、速度和加速度。

解：（1）直角坐标法　建立直角坐标系 Oxy，如图 5-13b 所示。为了列出点 M 的运动方程，应当在任意瞬时 t 考察该点的运动情况，图中画出了点 M 在任意瞬时 t 的位置，其中 $\triangle AOM$ 是等腰三角形，M 点的两个直角坐标可表示为

$$x = OM\cos(90° - 2\varphi) = R\sin 2\varphi,\ y = OM\cos 2\varphi = R\cos 2\varphi \tag{a}$$

将已知条件 $\varphi = \omega t$ 代入式（a），即可得点 M 的直角坐标形式的运动方程为

$$x = R\sin 2\omega t,\ y = R\cos 2\omega t$$

点 M 的速度为

$$v_x = \dot{x} = 2R\omega\cos 2\omega t,\ v_y = \dot{y} = -2R\omega\sin 2\omega t$$

$$v = \sqrt{v_x^2 + v_y^2} = 2R\omega$$

$$\cos(\boldsymbol{v},\boldsymbol{i}) = \frac{v_x}{v} = \cos 2\varphi,\ \cos(\boldsymbol{v},\boldsymbol{j}) = \frac{v_y}{v} = -\sin 2\varphi = \cos(90° + 2\varphi)$$

$$\angle(\boldsymbol{v},\boldsymbol{i}) = 2\varphi,\ \angle(\boldsymbol{v},\boldsymbol{j}) = 90° + 2\varphi$$

可见，速度大小为 $2R\omega$，方向与半径 OM 垂直。

点 M 的加速度为

$$a_x = \dot{v}_x = -4R\omega^2 \sin 2\omega t = -4\omega^2 x$$

$$a_y = \dot{v}_y = -4R\omega^2 \cos 2\omega t = -4\omega^2 y$$

$$a = \sqrt{a_x^2 + a_y^2} = 4R\omega^2$$

$$\cos(\boldsymbol{a},\boldsymbol{i}) = \frac{a_x}{a} = -\sin 2\omega t = -\sin 2\varphi,\ \cos(\boldsymbol{a},\boldsymbol{j}) = \frac{a_y}{a} = -\cos 2\omega t = -\cos 2\varphi$$

$$\angle(\boldsymbol{a},\boldsymbol{i}) = 90° + 2\varphi,\ \angle(\boldsymbol{a},\boldsymbol{j}) = -2\varphi$$

可见，加速度大小为 $4R\omega^2$，方向由点 M 指向点 O（即曲率中心）。

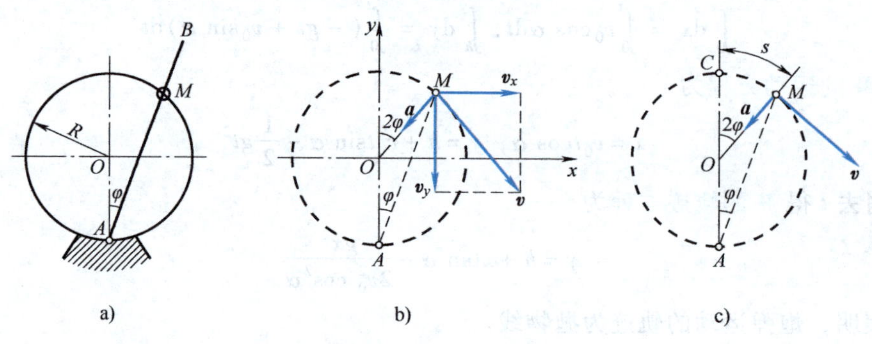

图 5-13 例 5-3 图

(2) 自然坐标法　取小环 M 的起始位置 C 为弧坐标原点，并规定其正向沿顺时针方向，如图 5-13c 所示，则动点 M 沿轨迹的运动方程为

$$s = R \cdot 2\varphi = 2R\omega t$$

点 M 的速度为　$v = \dot{s} = 2R\omega$

点 M 的加速度为　$a_\tau = \ddot{s} = \dot{v} = 0$，$a_n = v^2/\rho = 4R\omega^2$

现求得 v 为正值，说明速度 $\boldsymbol{v}$ 的方向沿圆弧切线正方向，加速度始终指向轨迹曲率中心，即沿半径指向圆心 O 点，如图 5-13c 所示。

显然，以上两种解法求得的结果完全相同。在解题时，若动点轨迹未知，一般采用直角坐标法；而本题已知轨迹是圆，显然采用自然坐标法更为简便。

例 5-4　列车沿半径 $R=800\text{m}$ 的圆弧轨道做匀加速运动。若初速度为零，经过 2min 后，速度大小达到 54km/h。求起点和末点的加速度。

解：列车做匀加速运动。即 $\dfrac{\mathrm{d}v}{\mathrm{d}t} = a_\tau =$ 常量，取定积分，即 $\int_0^v \mathrm{d}v = \int_0^t a_\tau \mathrm{d}t$，易求得

$$v = a_\tau t$$

当 $t = 2\text{min} = 120\text{s}$ 时，已知 $v = 54\text{km/h} = 15\text{m/s}$，代入上式可求得

$$a_\tau = 0.125\text{m/s}^2$$

(1) 求起点加速度　在起点，$v=0$，因此法向加速度等于零，列车只有切向加速度

$$a = a_\tau = 0.125\text{m/s}^2$$

(2) 求末点加速度　在末点时加速度 $\boldsymbol{a} = \boldsymbol{a}_\tau + \boldsymbol{a}_n$，而

$$a_\tau = 0.125\text{m/s}^2,\quad a_n = \frac{v^2}{\rho} = \frac{15^2}{800} = 0.281\text{m/s}^2$$

末点的全加速度大小和方向为

$$a = \sqrt{a_\tau^2 + a_n^2} = 0.308\text{m/s}^2$$

$$\tan\theta = \frac{a_\tau}{a_n} = 0.445,\quad \theta = 23°59'$$

例 5-5　已知点的运动方程为 $x = 50t$，$y = 500 - t^2$，其中 x，y 以 m 计，求当 $t = 1\text{s}$ 时，点的切向和法向加速度以及轨迹的曲率半径。

解：已知点的运动方程求点的加速度，显然是微分问题。

(1) 求速度和加速度　点的速度和加速度沿 x、y 轴的投影分别为

$$v_x=\dot{x}=50\text{m/s}，\ v_y=\dot{y}=-2t$$

$$a_x=\ddot{x}=0，\ a_y=\ddot{y}=-2\text{m/s}^2$$

点的速度和全加速度大小分别为

$$v=\sqrt{v_x^2+v_y^2}=\sqrt{2500+4t^2}，\ t=1\text{s 时}，\ v(1)=50.04\text{m/s}$$

$$a=\sqrt{a_x^2+a_y^2}=2\text{m/s}^2，\ t=1\text{s 时}，\ a(1)=a=2\text{m/s}^2$$

（2）求轨迹的曲率半径　切向加速度和法向加速度的大小分别为

$$a_\tau=\frac{\mathrm{d}v}{\mathrm{d}t}=\frac{4t}{\sqrt{2500+4t^2}}，\ a_\mathrm{n}=\sqrt{a^2-a_\tau^2}=\sqrt{4-\frac{16t^2}{2500+4t^2}}$$

将 $t=1\text{s}$ 代入上式，得

$$a_\tau(1)=0.08\text{m/s}^2，\ a_\mathrm{n}(1)=2.00\text{m/s}^2$$

由 $a_\mathrm{n}=\dfrac{v^2}{\rho}$ 易求得 $t=1\text{s}$ 时轨迹的曲率半径为

$$\rho=\frac{[v(1)]^2}{a_\mathrm{n}(1)}=\frac{(50.04)^2}{2.00}=1252.00\text{m}$$

例 5-6　半径为 r 的轮子沿直线轨道做无滑动滚动（称为纯滚动），设轮子转角 $\varphi=\omega t$（ω 为常量），如图 5-14 所示。求轮缘上任一点 M 的运动方程，并求该点的速度、切向加速度、法向加速度和曲率半径 ρ。

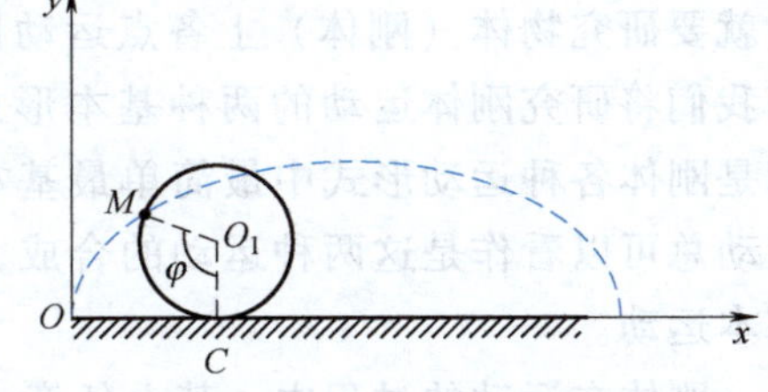

图 5-14　例 5-6 图

解： 在点 M 的运动平面内取如图 5-14 所示的直角坐标系 Oxy。设初瞬时（$t=0$）点 M 与坐标原点 O 重合。

（1）求运动方程　当轮子转过 φ 角时，轮子与直线轨道接触点为 C，由于是纯滚动，$OC=\overset{\frown}{CM}=r\varphi=r\omega t$，因此有 $x=OC-O_1M\sin\varphi$，$y=O_1C-O_1M\cos\varphi$，则运动方程为

$$\begin{cases}x=r(\omega t-\sin\omega t)\\ y=r(1-\cos\omega t)\end{cases}\tag{a}$$

从式（a）中消去时间 t 可得到点 M 的轨迹方程，此轨迹为旋轮线（或称摆线），如图 5-14 的蓝色虚线所示。

（2）求速度　将式（a）对时间求一阶导数有

$$v_x=\dot{x}=r\omega(1-\cos\omega t),\ v_y=\dot{y}=r\omega\sin\omega t\tag{b}$$

点 M 速度大小为

$$v=\sqrt{v_x^2+v_y^2}=2r\omega\sin\frac{\omega t}{2}\ (0\leqslant\omega t\leqslant2\pi)\tag{c}$$

（3）求加速度　将式（b）再对时间求一阶导数可得加速度在直角坐标系上的投影为

$$a_x=\ddot{x}=r\omega^2\sin\omega t,\ a_y=\ddot{y}=r\omega^2\cos\omega t\tag{d}$$

由此得点 M 全加速度大小为　$a=\sqrt{a_x^2+a_y^2}=r\omega^2$

将式（c）对时间求导，可求得　$a_\tau=\dot{v}=r\omega^2\cos\dfrac{\omega t}{2}$

法向加速度为

$$a_n = \sqrt{a^2 - a_\tau^2} = r\omega^2 \sin\frac{\omega t}{2} \tag{e}$$

（4）求曲率半径 ρ　由于 $a_n = \frac{v^2}{\rho}$，于是可由式（c）及式（e）求出曲率半径为

$$\rho = \frac{v^2}{a_n} = 4r\sin\frac{\omega t}{2}$$

本例讨论：1）取点 M 的起始点 O 为弧坐标原点，将式（c）的速度积分，可得弧坐标表示的运动方程；2）当点 M 位于与地面接触的位置，即在 $\varphi = 2\pi$ 的特殊情况下，求点 M 的速度、加速度。①速度：因 $\varphi = \omega t = 2\pi$，由式（c）即 $v = 2r\omega\sin(\omega t/2)$，求得 $v_M = 0$，这说明沿地面做纯滚动的轮子与地面接触点的速度为零（这就是第 7 章将要介绍的速度瞬心）；②加速度：将 $\varphi = \omega t = 2\pi$ 代入式（d），求得 $a_x = 0$，$a_y = r\omega^2$，即与地面接触点的加速度并不等于零（虽然速度为零），其大小为 $r\omega^2$，方向竖直向上。

5.2　刚体的平行移动

上一节我们研究了点的运动，但在工程实际中，很多物体的运动不能视为点的运动，此时就要研究物体（刚体）上各点运动以及它们之间的运动关系。后两节我们将研究刚体运动的两种基本形式——平行移动和定轴转动。它们是刚体各种运动形式中最简单最基本的运动，而且刚体的某些复杂运动总可以看作是这两种运动的合成，所以这两种运动也称为刚体的基本运动。

【微视频：刚体的平行移动】

刚体在运动的过程中，其上任意一条直线始终与它的最初位置平行，这种运动称为平行移动，简称平动或平移。

刚体做平行移动时，其上各点轨迹可以是直线，也可以是曲线（包括平面或空间的）。例如电梯的升降，直线轨道上车厢的运动以及刨床工作台的移动都属于前一种情况；而机车车轮平行连杆 AB 的运动（见图 5-15a）、荡木 AB 的摆动（见图 5-15b）则属于后一种情况。

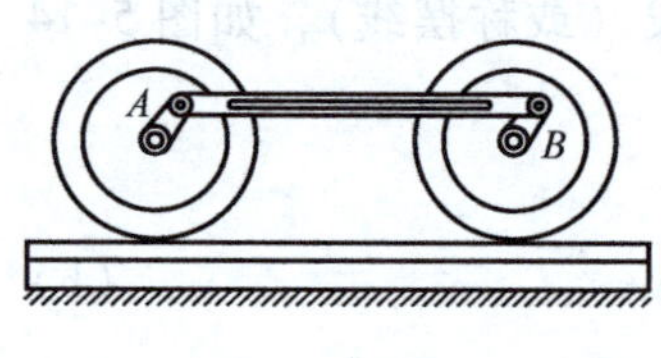

a)

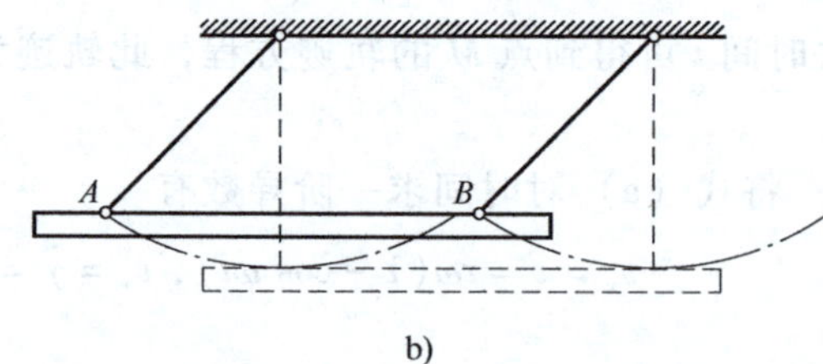

b)

图 5-15　刚体平动的例子

【动画：刚体平动的例子】

设刚体做平行移动，如图 5-16 所示。在刚体内任选两点 A 和 B，A、B 两点的矢径有如下关系

$$\boldsymbol{r}_A = \boldsymbol{r}_B + \overrightarrow{BA} \tag{5-30}$$

由于刚体做平行移动，在运动过程中矢量 $\overrightarrow{BA}$ 的大小和方向都不改变，即 $\overrightarrow{BA}$ 是一个

常矢量。也就是说，只要把点 B 的轨迹沿 $\overrightarrow{BA}$ 方向平移一段直线距离 $\overline{BA}$ 就是点 A 的运动轨迹。

将式（5-30）两边同时对时间求一阶和二阶导数，由于常矢量 $\overrightarrow{BA}$ 的导数恒等于零，于是有

$$\boldsymbol{v}_A=\boldsymbol{v}_B,\ \boldsymbol{a}_A=\boldsymbol{a}_B \tag{5-31}$$

式（5-31）中，$\boldsymbol{v}_A$、$\boldsymbol{v}_B$ 和 $\boldsymbol{a}_A$、$\boldsymbol{a}_B$ 分别表示刚体内任选的点 A 和点 B 的速度及加速度。

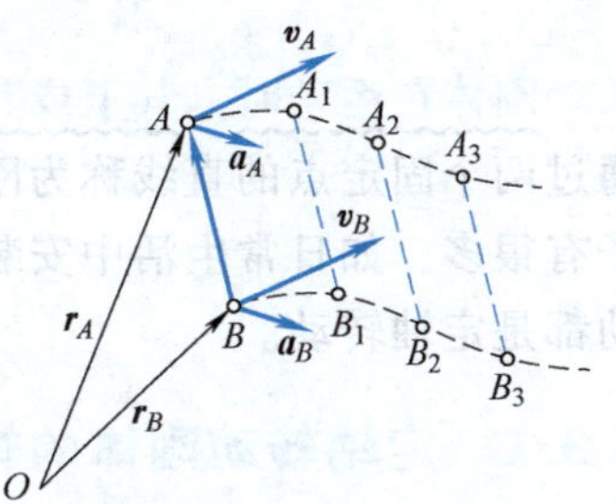

图 5-16　刚体平动特征

由于点 A 和点 B 是任意选择的，因此可得**结论**：刚体在平行移动时，其上各点的运动轨迹形状相同；在每一瞬时，各点的速度相同，加速度也相同。

因此，研究刚体的平动，可以归结为研究刚体内任一点的运动，也就是归结为上一节中介绍的点的运动学问题。

思考题： 在刚体运动过程中，若其上有一条直线始终平行于它的初始位置，是否一定可以确定刚体做平动？若其上两点的轨迹相同，则该刚体是否一定做平移？

例 5-7　荡木用两条长为 l 的钢索平行吊起，如图 5-17 所示。当荡木摆动时，钢索的摆动规律为 $\varphi=\varphi_0\cos\frac{\pi}{4}t$，$\varphi_0$ 为最大摆角。试求 $t=2\text{s}$ 时，荡木中点 M 的速度和加速度。

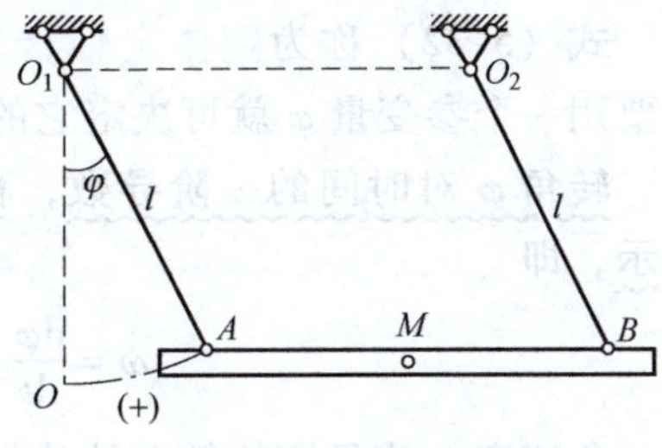

图 5-17　例 5-7 图

解：（1）运动分析　荡木在运动过程中，其上任一条直线始终保持与初始位置平行，故荡木做平动。为此我们可以选择荡木上点 A 的运动代表荡木中点 M 的运动，即只需求出点 A 的速度和加速度即可。

（2）选取坐标系建立运动方程　已知点 A 的运动轨迹是以 O_1 为圆心、l 为半径的圆弧。以最低点为弧坐标的原点，设弧坐标向右为正，则点 M 的运动方程为

$$s=l\varphi=l\varphi_0\cos\frac{\pi}{4}t \tag{a}$$

（3）求速度及加速度　将式（a）对时间求一阶导数，可求得点 M 的速度为

$$v=\frac{\mathrm{d}s}{\mathrm{d}t}=-\frac{\pi l\varphi_0}{4}\sin\frac{\pi}{4}t \tag{b}$$

点 M 的切向加速度和法向加速度分别为

$$a_\tau=\frac{\mathrm{d}v}{\mathrm{d}t}=-\frac{\pi^2 l\varphi_0}{16}\cos\frac{\pi}{4}t,\ a_\mathrm{n}=\frac{v^2}{l}=\frac{\pi^2 l\varphi_0^2}{16}\sin^2\frac{\pi}{4}t \tag{c}$$

当 $t=2\text{s}$ 时，将其代入式（b）和式（c），可求得速度和加速度分别为

$$v=-\frac{\pi l\varphi_0}{4}\ (\leftarrow)$$

$$a_\tau=0,\ a_\mathrm{n}=\frac{\pi^2 l\varphi_0^2}{16}=a\ (\uparrow)$$

5.3 刚体的定轴转动

刚体在运动时，其上或其扩展部分有两点保持不动，则这种运动称为刚体的定轴转动。通过两个固定点的直线称为刚体的转轴或轴线。在日常生活和工程实际中，绕定轴转动的例子有很多，如日常生活中安装合页的门窗，工程中常见的齿轮，机床主轴、电机转子等的运动都是定轴转动。

5.3.1 定轴转动刚体的转动方程 角速度和角加速度

设有一刚体在约束 A 和 B 的作用下绕定轴转动，为确定转动刚体的位置，取转轴为 z 轴，正向如图 5-18 所示。过轴线作一固定面 P_0 以及随刚体一起转动的平面 P，两平面间夹角用 φ 表示，称为刚体的转角。转角 φ 是一个代数量，它确定刚体的位置，符号规定如下：自 z 轴正端往负端看，从固定面起按逆时针转向计算 φ，取正值，反之取负值，并用弧度（rad）表示。当刚体转动时，转角 φ 是时间 t 的单值连续函数，即

【微视频：刚体的定轴转动】

$$\varphi = f(t) \tag{5-32}$$

式（5-32）称为刚体定轴转动的运动方程。绕定轴转动的刚体，只要用一个参变量 φ 就可决定它的位置，这样的刚体，称它具有一个自由度。

转角 φ 对时间的一阶导数，称为刚体的瞬时角速度并用 ω 表示，即

$$\omega = \frac{\mathrm{d}\varphi}{\mathrm{d}t} = \dot{\varphi} \tag{5-33}$$

角速度 ω 表征刚体转动的快慢和转向，其单位是 rad/s。从 z 轴正端向负端看，刚体逆时针转动时，角速度 ω 取正值，反之取负值。

角速度对时间的一阶导数，称为刚体的瞬时角加速度，用字母 α 表示，即

$$\alpha = \frac{\mathrm{d}\omega}{\mathrm{d}t} = \dot{\omega} = \ddot{\varphi} \tag{5-34}$$

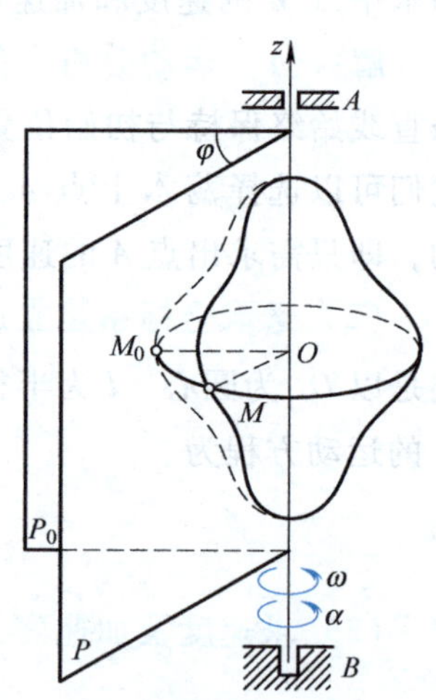

图 5-18 定轴转动刚体的整体运动描述

角加速度表征刚体角速度变化的快慢，其单位是 rad/s²。角加速度也是代数量。

如果 ω 与 α 同号，刚体转动角速度 ω 不断增大，转动是加速的，称为加速转动；如果 ω 与 α 异号，刚体转动角速度 ω 不断减小，转动是减速的，称为减速转动。

当 ω = 常量时，这种转动称为匀速转动。机器中转动部件，一般都在匀速转动的情况下工作。工程上常用每分钟转数 n 来表示，其单位为 r/min（转/分），称为转速。ω 与 n 关系为

$$\omega = \frac{2\pi n}{60} = \frac{\pi n}{30} \tag{5-35}$$

当 α = 常量时，这种转动称为匀变速转动。由于 φ、ω、α 的微分关系与点的匀变速运

动中 s、v、a_τ 的微分关系相同，因此可得

$$\omega = \omega_0 + \alpha t,\ \varphi = \varphi_0 + \omega_0 t + \frac{1}{2}\alpha t^2 \tag{5-36}$$

式（5-36）中，ω_0 和 φ_0 分别是动点的初始角速度和初始转角。

5.3.2 定轴转动刚体内各点的速度和加速度

由以上分析可知，刚体绕定轴转动的 φ、ω、α 是描述刚体转动整体运动的特征量。当转动刚体的整体运动确定后，刚体内各点的运动也就随之确定了。

当刚体绕定轴转动时，除转轴外，其上任意一点都在过该点且与转轴垂直的平面内做圆周运动，圆心为转轴与该平面交点上，该圆周轨迹半径称为转动半径。在图 5-19a 所示的转动刚体平面内任取一点 M 来考察，转动半径为 r。设点 M 的初始位置位于固定参考面上，则半径 OM 与 OM_0 的夹角就是刚体的转角 φ。取 M_0 为弧坐标原点，规定转角 φ 增加的方向为弧坐标正向（见图 5-19b），则点 M 沿圆周轨迹的运动方程为

$$s = r\varphi \tag{5-37}$$

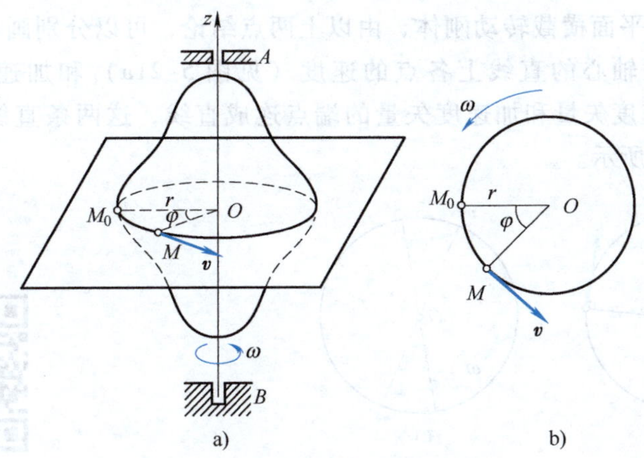

图 5-19　定轴转动刚体内各点的速度

根据式（5-15）可求得点 M 的速度大小为

$$v = r\dot{\varphi} = r\omega \tag{5-38}$$

即定轴转动刚体上任一点速度大小，等于该点至转轴的距离与刚体角速度的乘积，其方向沿圆周轨迹切线并顺着角速度的转向（见图 5-19b）。

再由式（5-25）求得切向加速度的大小为

$$a_\tau = \frac{\mathrm{d}v}{\mathrm{d}t} = r\dot{\omega} = r\alpha \tag{5-39}$$

即转动刚体内任一点切向加速度的大小，等于该点到轴线的距离与刚体角加速度的乘积，其方向沿圆周轨迹切线，顺着角加速度的转向。

法向加速度的大小为

$$a_n = \frac{v^2}{r} = r\omega^2 \tag{5-40}$$

即转动刚体内任一点法向加速度的大小，等于该点到轴线的距离与刚体角速度二次方的乘

积，其方向沿半径指向转轴。

当 $\boldsymbol{\omega}$ 与 α 转向相同时，$\boldsymbol{v}$ 与 $\boldsymbol{a}_\tau$ 指向相同，刚体做加速转动；当 $\boldsymbol{\omega}$ 与 α 转向相反时，$\boldsymbol{v}$ 与 $\boldsymbol{a}_\tau$ 指向相反，刚体做减速转动。这两种情况分别如图 5-20a、b 所示。

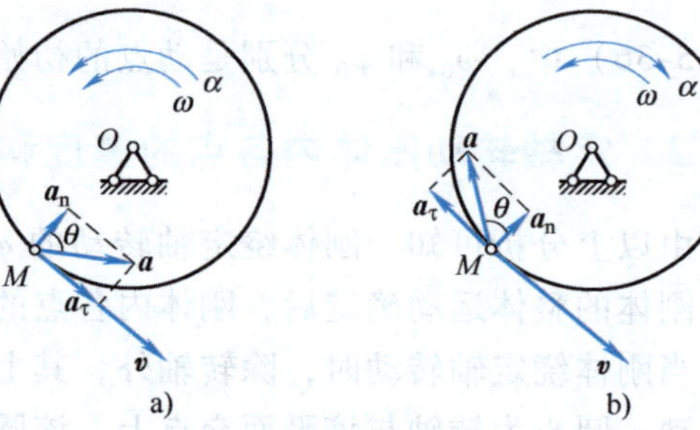

图 5-20　定轴转动刚体内各点的加速度

点 M 的全加速度的大小和方向分别为

$$a = \sqrt{a_\tau^2 + a_n^2} = r\sqrt{\alpha^2 + \omega^4} \tag{5-41}$$

$$\theta = \arctan\frac{a_\tau}{a_n} = \arctan\frac{\alpha}{\omega^2} \tag{5-42}$$

由于在每一瞬时，刚体的 ω 和 α 都只有一个确定的值，所以由式（5-38）、式（5-41）和式（5-42）可知：

1）在每一瞬时，转动刚体内各点速度和加速度的大小，与该点到轴线的距离成正比；

2）在每一瞬时，转动刚体内各点速度与转动半径垂直，各点加速度 $\boldsymbol{a}$ 与转动半径间夹角 θ 值相同。

用垂直于转轴的平面横截转动刚体，由以上两点结论，可以分别画出截面上各点的速度（加速度），得到通过轴心的直线上各点的速度（见图 5-21a）和加速度的分布规律（见图 5-22a），分别将速度矢量和加速度矢量的端点连成直线，这两条直线一定通过轴心，如图 5-21b 和图 5-22b 所示。

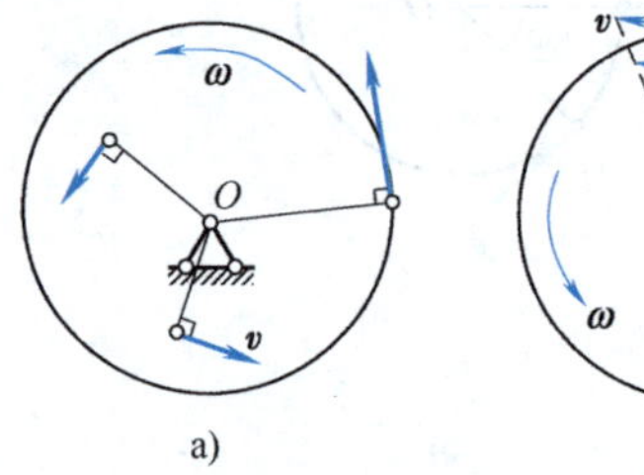

图 5-21　定轴转动刚体内各点的速度分布规律

【动画：刚体的定轴转动举例】

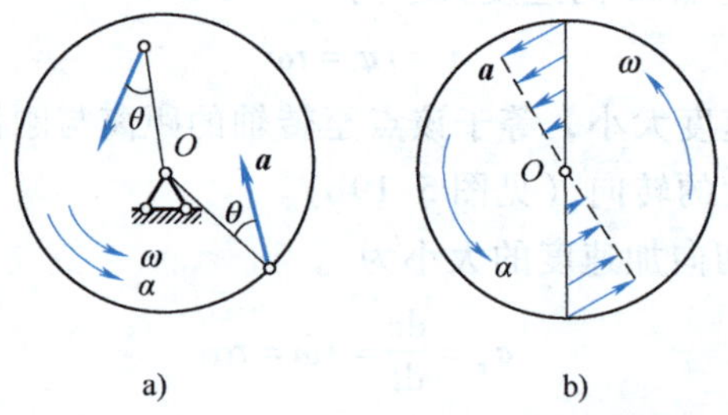

图 5-22　定轴转动刚体内各点的加速度分布规律

例 5-8　半径 $r=0.2\text{m}$ 的圆轮绕固定轴 O 转动，其运动方程为 $\varphi=4t-t^2$。此轮的轮缘上绕一不可伸长的绳子，并在绳端挂一重物 A，如图 5-23 所示。试求 $t=1\text{s}$ 时，轮缘上任一点 M 及重物 A 的速度和加速度。

解： 由圆轮的运动方程，易求出在 $t=1\text{s}$ 时圆轮转动的角速度和角加速度分别为

$$\omega = \frac{d\varphi}{dt}\bigg|_{t=1} = (4-2t)\bigg|_{t=1} = 2\text{rad/s}$$

$$\alpha = \frac{d\omega}{dt} = -2\text{rad/s}^2$$

此时，ω 与 α 转向相反，说明圆轮在该瞬时做匀减速转动。由于绳子不可伸长，易知轮缘上任一点 M 处的速度的大小及切向加速度的大小都与重物 A 相同，即

$$v_M = v_A = r\omega = 0.4\text{m/s}$$

$$a_A = a_\tau = r|\alpha| = 0.4\text{m/s}^2$$

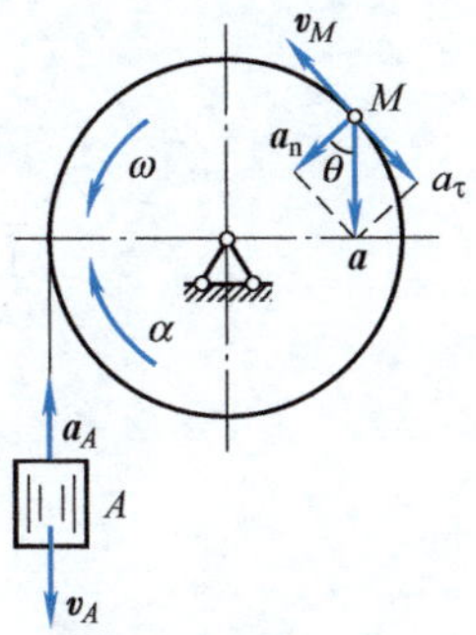

点 M 的法向加速度速度的大小为

$$a_n = r\omega^2 = 0.8\text{m/s}^2$$

点 M 的全加速度的大小和方向为

$$a = \sqrt{a_\tau^2 + a_n^2} = 0.894\text{m/s}^2$$

$$\theta = \arctan\frac{|\alpha|}{\omega^2} = \arctan 0.5 = 26°34'$$

图 5-23　例 5-8 图

上式中的 θ 表示全加速度 $\boldsymbol{a}$ 和半径（即 $\boldsymbol{a}_n$）之间的夹角。

以上所求各速度及加速度矢量的方向如图 5-23 所示。

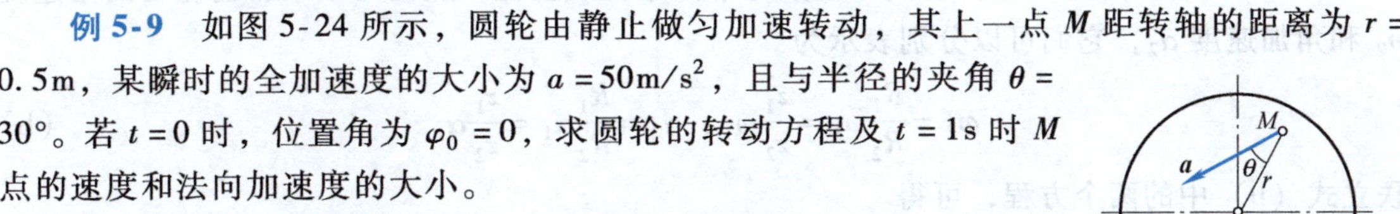

例 5-9　如图 5-24 所示，圆轮由静止做匀加速转动，其上一点 M 距转轴的距离为 $r=0.5\text{m}$，某瞬时的全加速度的大小为 $a=50\text{m/s}^2$，且与半径的夹角 $\theta=30°$。若 $t=0$ 时，位置角为 $\varphi_0=0$，求圆轮的转动方程及 $t=1\text{s}$ 时 M 点的速度和法向加速度的大小。

解： 将点 M 的全加速度 $\boldsymbol{a}$ 沿其轨迹的切向及法向分解，则切向加速度和角加速度分别为

$$a_\tau = a\sin\theta = 50\text{m/s}^2 \times \sin 30° = 25\text{m/s}^2$$

$$\alpha = \frac{a_\tau}{r} = \frac{25}{0.5}\text{rad/s}^2 = 50\text{rad/s}^2$$

图 5-24　例 5-9 图

由于圆轮做匀加速转动，故切向加速度 $\boldsymbol{a}_\tau$ 的大小不变，即角加速度 α 为常数，由题意知初始时刻，$\omega_0=0$，$\varphi_0=0$，对 $\alpha=\dot{\omega}=\ddot{\varphi}$ 分别积分，可求得圆轮的角速度、转动方程分别为

$$\omega = \alpha t,\ \varphi = \frac{1}{2}\alpha t^2$$

$t=1\text{s}$ 时圆轮的角速度为

$$\omega = \alpha t = 50 \times 1\text{rad/s} = 50\text{rad/s}$$

M 点的速度和法向加速度的大小分别为

$$v = r\omega = 0.5 \times 50\text{m/s} = 25\text{m/s}$$

$$a_n = r\omega^2 = 0.5 \times 50^2\text{m/s}^2 = 1250\text{m/s}^2$$

例 5-10　齿轮传动分析。图 5-25a、b 分别表示一对外啮合和内啮合的圆柱齿轮，已知齿轮Ⅰ和齿轮Ⅱ的节圆半径分别是 R_1 和 R_2，齿数分别是 z_1 和 z_2。在某一瞬时齿轮Ⅰ的角速度是 ω_1，角加速度是 α_1。试求齿轮Ⅱ的角速度 ω_2 和角加速度是 α_2。

解： 齿轮的啮合可以看作两节圆之间的齿合。设 A 和 B 是齿轮Ⅰ和齿轮Ⅱ节圆上相啮

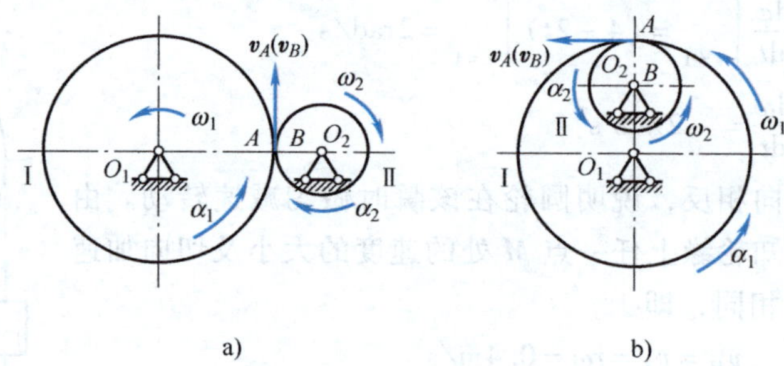

图 5-25 例 5-10 图

合的点。在每一瞬时都可以认为啮合点间无相对滑动。因此，啮合点的速度及切向加速度的大小和方向也相同。即

$$v_A = v_B,\ a_A^\tau = a_B^\tau \tag{a}$$

而

$$v_A = R_1\omega_1,\ v_B = R_2\omega_2;\ a_A^\tau = R_1\alpha_1,\ a_B^\tau = R_2\alpha_2$$

因此有

$$R_1\omega_1 = R_2\omega_2,\ R_1\alpha_1 = R_2\alpha_2$$

另外，一对相互啮合的齿轮，它们的齿数与节圆半径成正比，从而可以求得齿轮Ⅱ的角速度 ω_2 和角加速度 α_2，它们可以分别表示为

$$\omega_2 = \frac{R_1}{R_2}\omega_1 = \frac{z_1}{z_2}\omega_1,\ \alpha_2 = \frac{R_1}{R_2}\alpha_1 = \frac{z_1}{z_2}\alpha_1 \tag{b}$$

联立式（b）中的两个方程，可得

$$\frac{\omega_1}{\omega_2} = \frac{\alpha_1}{\alpha_2} = \frac{R_2}{R_1} = \frac{z_2}{z_1} \tag{c}$$

由此可知：处于啮合中的两个定轴齿轮的角速度（角加速度）与两齿轮的节圆半径成反比（或与两齿轮的齿数成反比）。

设齿轮Ⅰ是主动轮，齿轮Ⅱ是从动轮。在机械工程中，常常把主动轮与从动轮的两个角速度的比值称为传动比，用附有角标的符号表示

$$i_{12} = \frac{\omega_1}{\omega_2} \tag{5-43}$$

将式（c）代入式（5-43），得到计算传动比的基本公式为

$$i_{12} = \frac{\omega_1}{\omega_2} = \frac{R_2}{R_1} = \frac{z_2}{z_1} \tag{5-44}$$

式（5-44）定义的传动比是两个角速度大小的比值，与转动方向无关，因此，这个关系不仅适用于圆柱齿轮传动，也适用于锥齿轮传动和没有相对滑动的摩擦轮传动。对于带传动，若皮带不可伸长，皮带与带轮之间不打滑，则式（5-44）也仍然适用。

有些场合为了区分轮系中各轮的转动方向，可以设定一个统一的转动正向，此时各轮的角速度取代数值，自然传动比也取代数值

$$i_{12} = \pm\frac{\omega_1}{\omega_2} = \pm\frac{R_2}{R_1} = \pm\frac{z_2}{z_1} \tag{5-45}$$

式（5-45）中，正号表示主动轮与从动轮转向相同（内啮合），如图 5-25b 所示；而负号表示转向相反（外啮合），如图 5-25a 所示。

思考：①各点都做圆周运动的刚体一定是定轴转动吗？②“刚体做平动时，各点的轨迹一定是直线或平面曲线；刚体绕定轴转动时，各点的轨迹一定是圆。”这种说法对吗？为什么？

5.3.3 角速度和角加速度的矢量表示及矢积表示点的速度和加速度

1. 刚体角速度和角加速度的矢量表示法

在前两小节的讲述中，我们将绕定轴转动刚体的角速度和角加速度均视为代数量，本小节将角速度和角加速度均视为矢量，这对以后讨论复杂问题，尤其是进行理论分析更为方便。

现给出角速度矢量 $\boldsymbol{\omega}=\omega\boldsymbol{k}$，其中 $\boldsymbol{k}$ 是转轴上的单位矢量。$\boldsymbol{\omega}$ 的方向按右手螺旋法则确定：右手的四指代表转动的方向，拇指代表角速度矢量 $\boldsymbol{\omega}$ 的指向，如图 5-26b 所示。而从角速度矢量的末端向始端看，刚体按逆时针方向转动。因此，当角速度 ω 的数值为正时，$\boldsymbol{\omega}$ 指向 z 轴正端（见图 5-26a）；反之，则指向 z 轴负端。

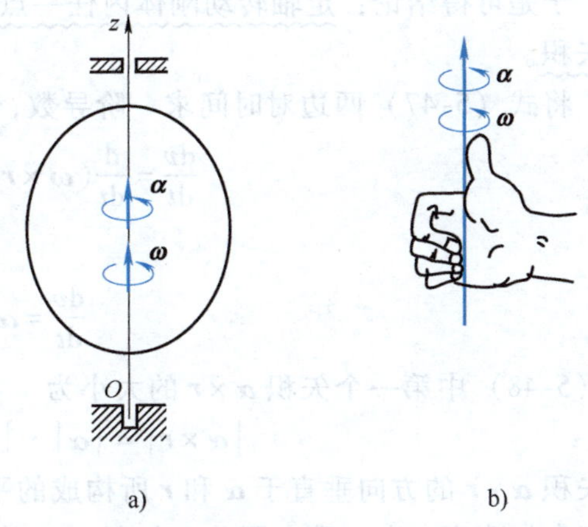

图 5-26 刚体角速度和角加速度的矢量表示法

角速度矢量 $\boldsymbol{\omega}$ 的作用线表示转轴的位置，但 $\boldsymbol{\omega}$ 是滑动矢量，它可以从转轴的任一点画出。

同样给出角加速度矢量 $\boldsymbol{\alpha}=\alpha\boldsymbol{k}$，$\boldsymbol{\alpha}$ 的方向也用右手螺旋法则确定。角加速度矢量 $\boldsymbol{\alpha}$ 也是滑动矢量，可以沿转轴 z 的任一点画出。综上所述，有

$$\begin{cases}\boldsymbol{\omega}=\omega\boldsymbol{k}=\dot{\varphi}\boldsymbol{k}\\ \boldsymbol{\alpha}=\dot{\boldsymbol{\omega}}=\alpha\boldsymbol{k}=\dot{\omega}\boldsymbol{k}=\ddot{\varphi}\boldsymbol{k}\end{cases}\tag{5-46}$$

2. 刚体内各点速度和加速度的矢积表示法

刚体的角速度和角加速度用矢量表示以后，刚体内任一点的速度和加速度就可用矢积表示。

设 M 是转动刚体上任意一点，其转动半径 $OM=R$。在轴线上任选一点 O_1 为坐标原点，点 M 的矢径以 $\boldsymbol{r}$ 表示，如图 5-27a 所示。那么，点 M 的速度可以用角速度与其矢径的矢量积表示，即

$$\boldsymbol{v}=\boldsymbol{\omega}\times\boldsymbol{r}\tag{5-47}$$

为了证明这一点，需要证明矢积 $\boldsymbol{\omega}\times\boldsymbol{r}$ 确实表示点 M 的速度矢量的大小和方向。

先考察矢积 $\boldsymbol{\omega}\times\boldsymbol{r}$ 的大小

$$|\boldsymbol{\omega}\times\boldsymbol{r}|=|\boldsymbol{\omega}|\cdot|\boldsymbol{r}|\sin\gamma=|\boldsymbol{\omega}|R=|v|$$

根据右手法则知，矢积 $\boldsymbol{\omega}\times\boldsymbol{r}$ 的方向垂直于 $\boldsymbol{\omega}$ 和 $\boldsymbol{r}$ 所组成的平面（即图 5-27a 中三角形

O_1MO 所在的平面），从矢量 $\boldsymbol{v}$ 的末端向始端看，矢量 $\boldsymbol{\omega}$ 沿逆时针转过角度 γ 与矢量 $\boldsymbol{r}$ 重合，由图 5-27a 看出，矢积 $\boldsymbol{\omega}\times\boldsymbol{r}$ 的方向恰好与速度 $\boldsymbol{v}$ 的方向相同。

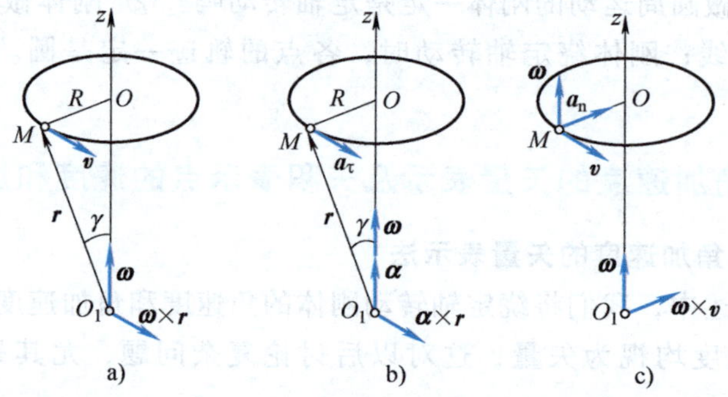

图 5-27 刚体内各点速度、加速度的矢积表示法

于是可得结论：定轴转动刚体内任一点的速度矢量，等于刚体的角速度矢量与该点矢径的矢积。

将式（5-47）两边对时间求一阶导数，得

$$\frac{\mathrm{d}\boldsymbol{v}}{\mathrm{d}t}=\frac{\mathrm{d}}{\mathrm{d}t}(\boldsymbol{\omega}\times\boldsymbol{r})=\frac{\mathrm{d}\boldsymbol{\omega}}{\mathrm{d}t}\times\boldsymbol{r}+\boldsymbol{\omega}\times\frac{\mathrm{d}\boldsymbol{r}}{\mathrm{d}t}$$

即

$$\frac{\mathrm{d}\boldsymbol{v}}{\mathrm{d}t}=\boldsymbol{\alpha}\times\boldsymbol{r}+\boldsymbol{\omega}\times\boldsymbol{v} \tag{5-48}$$

式（5-48）中第一个矢积 $\boldsymbol{\alpha}\times\boldsymbol{r}$ 的大小为

$$|\boldsymbol{\alpha}\times\boldsymbol{r}|=|\boldsymbol{\alpha}|\cdot|\boldsymbol{r}|\sin\gamma=|\omega|R=|\boldsymbol{a}_\tau|$$

该矢积 $\boldsymbol{\alpha}\times\boldsymbol{r}$ 的方向垂直于 $\boldsymbol{\alpha}$ 和 $\boldsymbol{r}$ 所构成的平面，指向如图 5-27b 所示，可见该方向与点 M 的切向加速度方向一致。因此，矢积 $\boldsymbol{\alpha}\times\boldsymbol{r}$ 等于切向加速度 $\boldsymbol{a}_\tau$，即

$$\boldsymbol{a}_\tau=\boldsymbol{\alpha}\times\boldsymbol{r} \tag{5-49}$$

式（5-48）中第二个矢积 $\boldsymbol{\omega}\times\boldsymbol{v}$ 的大小为

$$|\boldsymbol{\omega}\times\boldsymbol{v}|=\omega v\sin 90^\circ=R\omega^2=|\boldsymbol{a}_\mathrm{n}|$$

由右手法则知，其方向垂直于刚体的转轴 $z(\boldsymbol{\omega})$ 与点 M 的速度 $\boldsymbol{v}$ 所组成的平面，即沿点 M 的转动半径 R 而指向轴心 O，如图 5-27c 所示。因此，矢积表示法向加速度 $\boldsymbol{a}_\mathrm{n}$，即

$$\boldsymbol{a}_\mathrm{n}=\boldsymbol{\omega}\times\boldsymbol{v} \tag{5-50}$$

由式（5-48）~式（5-50）知，点 M 的加速度的矢积表达式为

$$\boldsymbol{a}=\boldsymbol{a}_\tau+\boldsymbol{a}_\mathrm{n}=\boldsymbol{\alpha}\times\boldsymbol{r}+\boldsymbol{\omega}\times\boldsymbol{v} \tag{5-51}$$

于是可得结论：定轴转动刚体内任一点的加速度矢量由两部分组成，其切向加速度等于刚体的角加速度矢量与该点的矢径的矢积；法向加速度等于刚体的角速度矢量与该点速度的矢积。

例 5-11 如图 5-28 所示，在绕定轴 z 转动的刚体上固结一个动坐标系 $O'x'y'z'$，其上三个直角坐标轴上的单位矢量分别用 $\boldsymbol{i}'$、$\boldsymbol{j}'$、$\boldsymbol{k}'$ 表示，刚体绕 z 轴转动的角速度矢量为 $\boldsymbol{\omega}$，试证明：单位矢量对时间的一阶导数等于刚体的角速度矢量与单位矢量的矢积。

证明： 先分析 $\dfrac{\mathrm{d}\boldsymbol{k}'}{\mathrm{d}t}$。

设$\boldsymbol{k}'$的矢端点A的矢径为$\boldsymbol{r}_A$，动坐标系原点O'点的矢径为$\boldsymbol{r}_{O'}$，A点和O'点均绕z轴做圆周运动，由式（5-47），其速度分别为

$$\boldsymbol{v}_A=\frac{\mathrm{d}\boldsymbol{r}_A}{\mathrm{d}t}=\boldsymbol{\omega}\times\boldsymbol{r}_A,\quad \boldsymbol{v}_{O'}=\frac{\mathrm{d}\boldsymbol{r}_{O'}}{\mathrm{d}t}=\boldsymbol{\omega}\times\boldsymbol{r}_{O'}$$

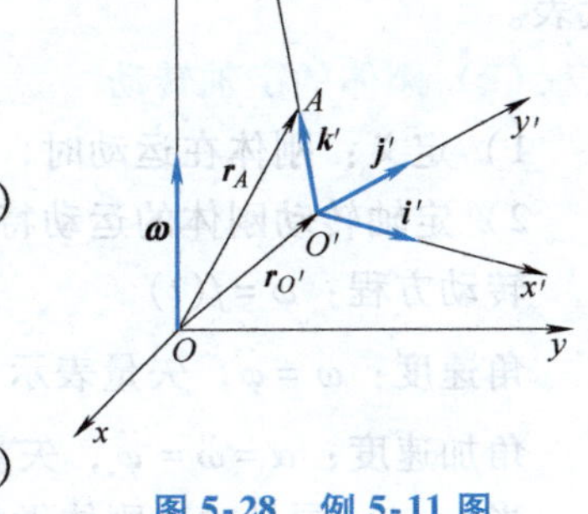

图 5-28　例 5-11 图

由图 5-28 可知

$$\boldsymbol{k}'=\boldsymbol{r}_A-\boldsymbol{r}_{O'} \tag{a}$$

对式（a）求导，有

$$\frac{\mathrm{d}\boldsymbol{k}'}{\mathrm{d}t}=\frac{\mathrm{d}(\boldsymbol{r}_A-\boldsymbol{r}_{O'})}{\mathrm{d}t}=\boldsymbol{v}_A-\boldsymbol{v}_{O'}$$

$$=\boldsymbol{\omega}\times\boldsymbol{r}_A-\boldsymbol{\omega}\times\boldsymbol{r}_{O'}=\boldsymbol{\omega}\times(\boldsymbol{r}_A-\boldsymbol{r}_{O'}) \tag{b}$$

将式（a）代入式（b），有

$$\frac{\mathrm{d}\boldsymbol{k}'}{\mathrm{d}t}=\boldsymbol{\omega}\times\boldsymbol{k}'$$

同理，可求得$\boldsymbol{i}'$、$\boldsymbol{j}'$的导数与上式相似。合写为

$$\frac{\mathrm{d}\boldsymbol{i}'}{\mathrm{d}t}=\boldsymbol{\omega}\times\boldsymbol{i}',\quad \frac{\mathrm{d}\boldsymbol{j}'}{\mathrm{d}t}=\boldsymbol{\omega}\times\boldsymbol{j}',\quad \frac{\mathrm{d}\boldsymbol{k}'}{\mathrm{d}t}=\boldsymbol{\omega}\times\boldsymbol{k}' \tag{5-52}$$

证毕。

式（5-52）通常称为泊松公式。

本章小结

1. 描述点的运动的三种形式

（1）矢量形式（适用于理论分析和公式推导）

运动方程：$\boldsymbol{r}=\boldsymbol{r}(t)$

速度：$\boldsymbol{v}=\dot{\boldsymbol{r}}$

加速度：$\boldsymbol{a}=\dot{\boldsymbol{v}}=\ddot{\boldsymbol{r}}$

（2）直角坐标形式（适用于一般情况）

运动方程：$x=f_1(t)$，$y=f_2(t)$，$z=f_3(t)$

速度：$\boldsymbol{v}=v_x\boldsymbol{i}+v_y\boldsymbol{j}+v_z\boldsymbol{k}$，其中$v_x=\dot{x}$，$v_y=\dot{y}$，$v_z=\dot{z}$

加速度：$\boldsymbol{a}=a_x\boldsymbol{i}+a_y\boldsymbol{j}+a_z\boldsymbol{k}$，其中$a_x=\dot{v}_x=\ddot{x}$，$a_y=\dot{v}_y=\ddot{y}$，$a_z=\dot{v}_z=\ddot{z}$

（3）自然坐标形式（适用于轨迹已知的情况）

运动方程：$s=f(t)$

速度：$\boldsymbol{v}=v\boldsymbol{\tau}$，其中$v=\dot{s}$

加速度：$\boldsymbol{a}=a_\tau\boldsymbol{\tau}+a_n\boldsymbol{n}+a_b\boldsymbol{b}$，其中$a_\tau=\dot{v}=\ddot{s}$，$a_n=\dfrac{v^2}{\rho}$，$a_b=0$

点的切向加速度反映速度大小的变化，法向加速度反映速度方向的变化。当点的速度与切向加速度方向相同时，点做加速运动；反之，点做减速运动。

2. 刚体的基本运动——平行移动和绕定轴转动

（1）刚体的平行移动

1）定义：刚体在运动的过程中，其上任意一条直线始终与它的最初位置平行。

2）平动的运动特征：刚体在平行移动时，其上各点的运动轨迹形状相同；在每一瞬时，各点的速度相同，加速度也相同。因此，平动刚体的运动，可由其上任一点的运动来代表。

（2）刚体的定轴转动

1）定义：刚体在运动时，其上或其扩展部分有两点保持不动。

2）定轴转动刚体的运动特征

转动方程：$\varphi = f(t)$

角速度：$\omega = \dot{\varphi}$，矢量表示：$\boldsymbol{\omega} = \omega \boldsymbol{k} = \dot{\varphi} \boldsymbol{k}$

角加速度：$\alpha = \dot{\omega} = \ddot{\varphi}$，矢量表示：$\boldsymbol{\alpha} = \alpha \boldsymbol{k} = \dot{\omega} \boldsymbol{k} = \ddot{\varphi} \boldsymbol{k}$

当 ω 与 α 同号时，刚体做加速转动；当 ω 与 α 异号时，刚体做减速转动。

3）定轴转动刚体上各点的运动：定轴转动刚体上各点都绕转轴做圆周运动。

速度：$v = r\omega$，矢量表示：$\boldsymbol{v} = \boldsymbol{\omega} \times \boldsymbol{r}$

加速度：$a_\tau = r\alpha$，$a_n = r\omega^2$，矢量表示：$\boldsymbol{a} = \boldsymbol{a}_\tau + \boldsymbol{a}_n = \boldsymbol{\alpha} \times \boldsymbol{r} + \boldsymbol{\omega} \times \boldsymbol{v}$

4）轮系传动比：$i_{12} = \pm \dfrac{\omega_1}{\omega_2} = \pm \dfrac{R_2}{R_1} = \pm \dfrac{z_2}{z_1}$

习　　题

客观题

5-1　动点在平面内运动，已知其运动轨迹 $y = f(t)$ 及其速度在 x 轴方向的分量 $v_x = g(t)$。下述说法中（　　）是正确的。

①动点的速度 $\boldsymbol{v}$ 可完全确定；

②动点的加速度在 x 轴方向的分量 a_x 可完全确定；

③当 $v_x \neq 0$ 时，一定能确定动点的速率 v、切向加速度 a_τ、法向加速度 a_n 及全加速度 $\boldsymbol{a}$。

5-2　点做（　　）运动时，分别出现下列情况：

①$a_\tau \equiv 0$　　②$a_n \equiv 0$　　③$a_\tau \equiv 0$，$a_n \equiv 0$　　④$a_\tau \equiv$ 常数

5-3　下述说法中（　　）是错误的。

①若 $v = 0$，则 a 必为零　　②若 $\boldsymbol{a} = \boldsymbol{0}$，则 v 必为零

③若 $\boldsymbol{v}$ 与 $\boldsymbol{a}$ 始终垂直，则速率不变　　④若 $\boldsymbol{v} /\!/ \boldsymbol{a}$，则点的轨迹必为直线

5-4　满足下述（　　）条件的刚体运动一定是平动。

①刚体运动时，其上某直线与初始位置保持平行；

②刚体运动时，其上有不在一条直线上的三点始终做直线运动；

③刚体运动时，其上所有点到某一固定平面的距离始终保持不变；

④刚体运动时，其上任一直线始终与初始的位置保持平行。

5-5　满足下述（　　）条件的刚体运动一定是定轴转动。

①刚体上所有点都在垂直于某定轴的平面上运动，而且所有点的轨迹都是圆；

②刚体运动时，其上所有点到某定轴的距离保持不变；

③刚体运动时，其上或其扩展部分有两点固定不动；

④刚体运动时，其上每个点的运动轨迹都是圆。

分析计算题

5-6　点 M 沿螺线自外向内运动，如图 5-29 所示。它走过的弧长与时间的一次方成正比，试分析点的加速度是越来越大，还是越来越小？该点是越跑越快，还是越跑越慢？

5-7　点做曲线运动，如图 5-30 所示，试就以下三种情况画出加速度的大致方向：(1) 在 M_1 处做匀速运动；(2) 在 M_2 处做加速运动；(3) 在 M_3 处做减速运动。

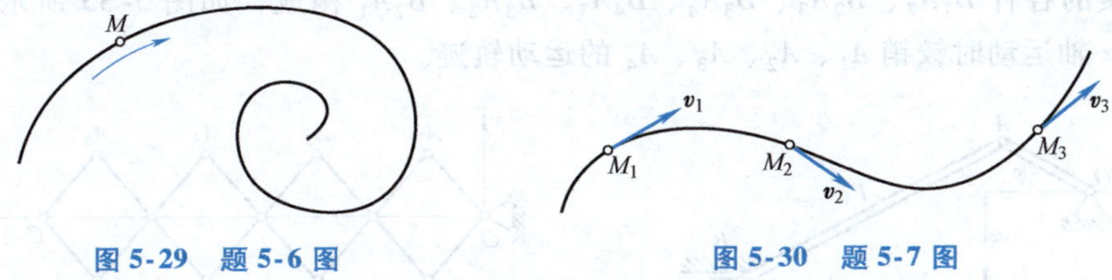

图 5-29　题 5-6 图　　　图 5-30　题 5-7 图

5-8　试画出图 5-31a、b 中标有字母的各点的速度方向和加速度方向。

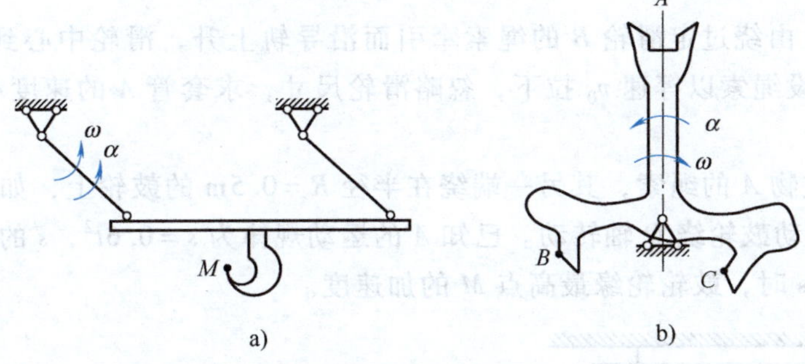

图 5-31　题 5-8 图

5-9　动点在某瞬时的速度矢量和加速度矢量的几种情况如图 5-32 所示，试指出哪几种是运动中可能出现的，哪几种是不可能出现的。试说明不可能出现的理由。

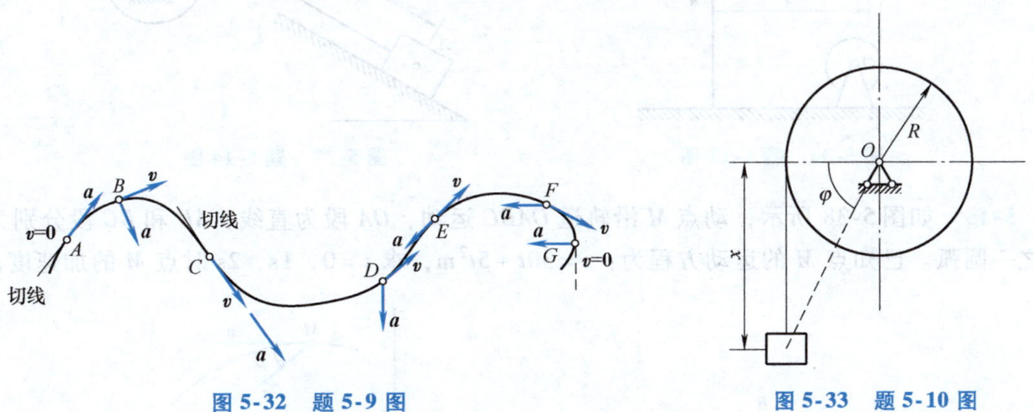

图 5-32　题 5-9 图　　　图 5-33　题 5-10 图

5-10　如图 5-33 所示的鼓轮的角速度这样计算是否正确？为什么？

因为

$$\tan\varphi = \frac{x}{R}$$

所以

$$\omega=\frac{\mathrm{d}\varphi}{\mathrm{d}t}=\frac{\mathrm{d}}{\mathrm{d}t}\left(\arctan\frac{x}{R}\right)$$

5-11 曲柄滑块机构如图5-34所示。曲柄OA长r，连杆长l，滑道与曲柄轴的高度相差h。已知曲柄按规律$\varphi=\omega t$（ω为常量）转动。试求滑块B的运动方程。

5-12 一铰链机构由长度都等于a的各杆OA_1、OB_1、CA_4、CB_4和长度都等于$2l$并在其中点铰接的各杆B_1A_2、B_2A_3、B_3A_4、B_4A_3、B_3A_2、B_2A_1构成，如图5-35所示。试求当铰链C沿x轴运动时铰销A_1、A_2、A_3、A_4的运动轨迹。

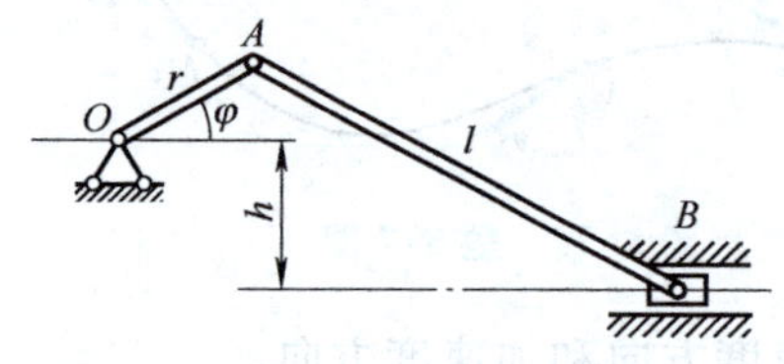

图5-34　题5-11图

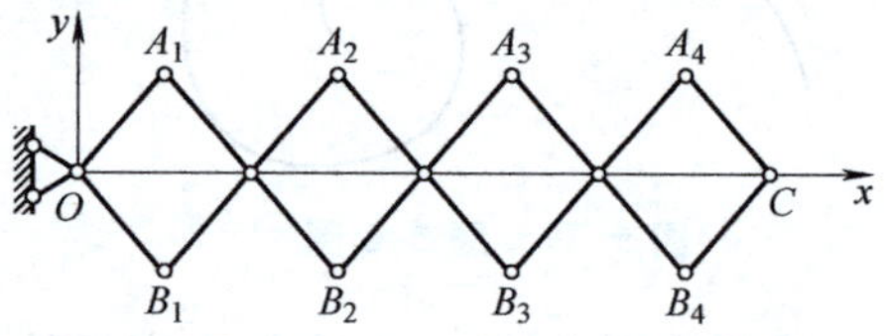

图5-35　题5-12图

5-13 套管A由绕过定滑轮B的绳索牵引而沿导轨上升，滑轮中心到导轨的距离为l，如图5-36所示。设绳索以等速v_0拉下，忽略滑轮尺寸，求套管A的速度和加速度与距离x的关系式。

5-14 连接重物A的绳索，其另一端绕在半径$R=0.5\text{m}$的鼓轮上，如图5-37所示。当A沿斜面下滑时带动鼓轮绕O轴转动。已知A的运动规律为$s=0.6t^2$，s的单位为m，t的单位为s。试求$t=1\text{s}$时，鼓轮轮缘最高点M的加速度。

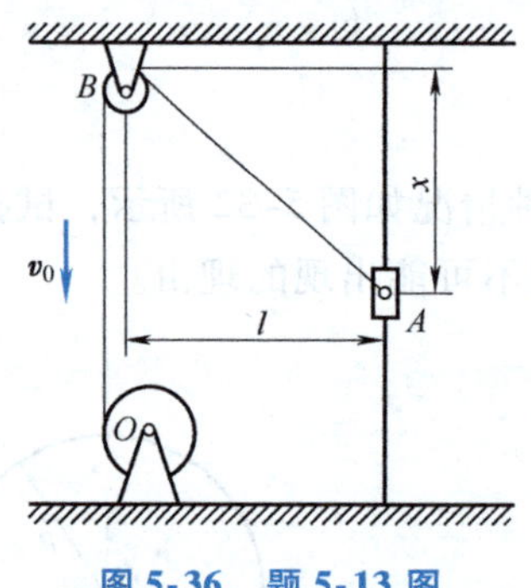

图5-36　题5-13图

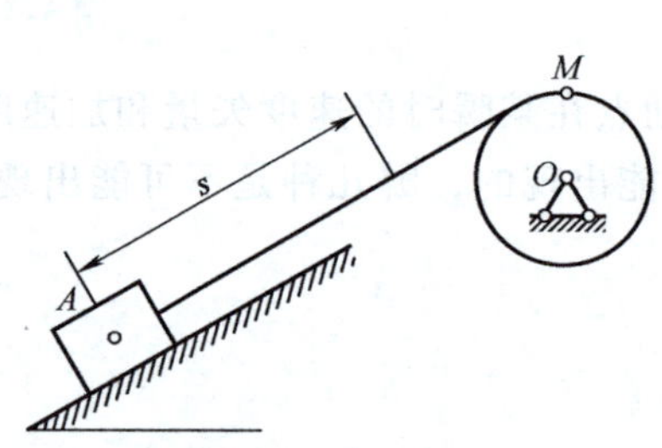

图5-37　题5-14图

5-15 如图5-38所示，动点M沿轨道$OABC$运动，OA段为直线，AB和BC段分别为四分之一圆弧。已知点M的运动方程为：$s=30t+5t^2\text{m}$，求$t=0$，1s，2s时点M的加速度。

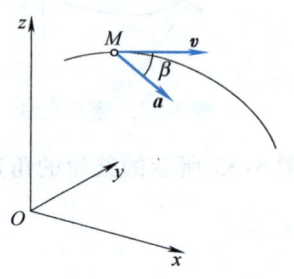

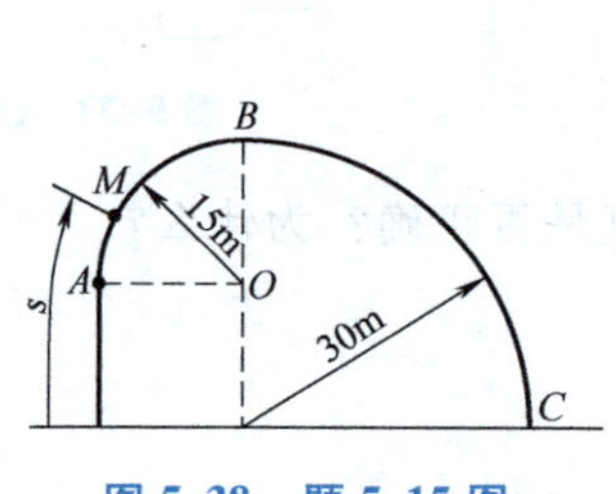

图5-38　题5-15图

图5-39　题5-16图

5-16　如图5-39所示，点沿空间曲线运动，在点M处其速度为$\boldsymbol{v}=4\boldsymbol{i}+3\boldsymbol{j}$，加速度$\boldsymbol{a}$与速度$\boldsymbol{v}$的夹角$\beta=30°$，且$a=10\text{m/s}^2$。试求轨迹在该点密切面内的曲率半径$\rho$和切向加速度$a_\tau$。

5-17　小环M在铅垂面内沿曲杆$ABCE$从A点由静止开始运动。在直线段AB上，小环的加速度为g；在圆弧段BCE上，小环的切向加速度$a_\tau=g\cos\varphi$。曲杆尺寸如图5-40所示，求小环在C、D两处的速度和加速度。

5-18　如图5-41所示，曲柄OB带动杆AD运动，从而使杆AD上连接的滑块A、C分别沿水平和垂直滑道运动。已知$AB=BC=CD=120\text{mm}$。$\varphi=\omega t$，$\omega=\sqrt{2}\text{rad/s}$。求点$D$的运动方程，以及$\varphi=45°$时点$D$的速度和加速度。

5-19　如图5-42所示，OA和O_1B两杆分别绕O和O_1轴转动，用十字形滑块D将两杆连接。在运动过程中，两杆始终保持相交成直角。已知：$OO_1=a$，$\varphi=kt$，其中k为常数。求滑块D的速度和相对于OA的速度。

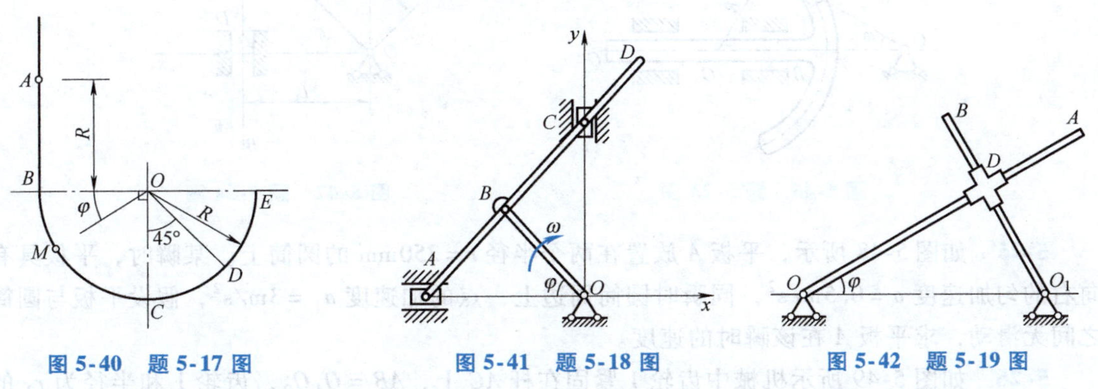

图5-40　题5-17图　　图5-41　题5-18图　　图5-42　题5-19图

5-20　如图5-43所示，曲柄$OA=r$，在水平面内绕O轴转动。杆AB通过固定于点N的套筒，并与曲柄OA铰接于点A。设$\varphi=\omega t$，ω为常数。杆AB长$l=2R$。求点B的运动方程、速度和加速度。

5-21　如图5-44所示为把工件送入干燥炉内的机构，叉杆$OA=1.5\text{m}$在铅垂面内转动，杆$AB=0.8\text{m}$，A端为铰链，B端有放置工件的框架。在机构运动时，工件的速度大小恒为0.05m/s，AB杆始终保持铅垂。设运动开始时，角度$\varphi=0$。求运动过程中角度φ与时间t的关系。同时，求点B的轨迹方程。

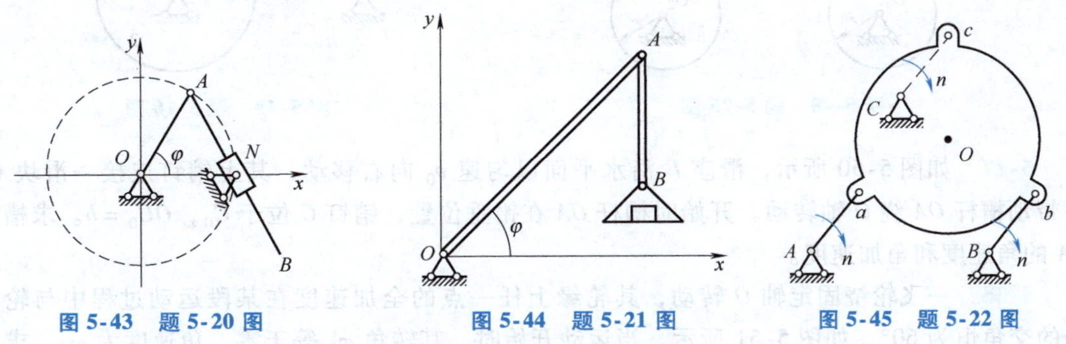

图5-43　题5-20图　　图5-44　题5-21图　　图5-45　题5-22图

5-22　揉茶机的揉桶由三个曲柄支持，曲柄的支座A、B、C与支轴a、b、c都恰成等边

三角形，如图5-45所示。三个曲柄长度相等，均为$l=150\text{mm}$，并以相同的转速$n=45\text{r/min}$分别绕其支座在图示平面内转动。求揉桶中心点O的速度和加速度。

5-23 如图5-46所示曲柄滑杆机构中，滑杆上有一圆弧形滑道，其半径$R=100\text{mm}$，圆心O_1在导杆BC上。曲柄长$OA=100\text{mm}$，以等角速度$\omega=4\text{rad/s}$绕O轴转动。求导杆BC的运动规律以及当曲柄与水平线间的交角为$\varphi=30°$时，导杆BC的速度和加速度。

5-24 机构如图5-47所示，假定杆AB以匀速v运动，开始时$\varphi=0$。试求当$\varphi=\pi/4$时，摇杆OC的角速度和角加速度。

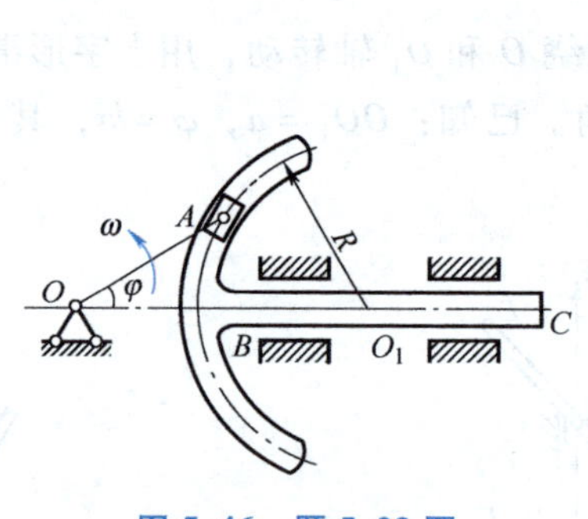

图5-46 题5-23图

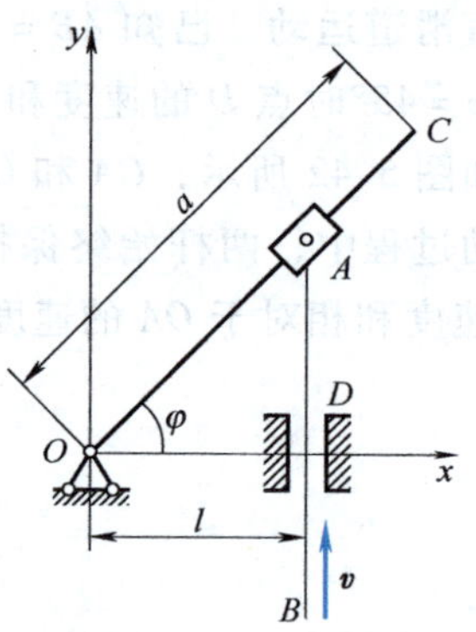

图5-47 题5-24图

5-25 如图5-48所示，平板A放置在两个半径$r=250\text{mm}$的圆筒上。某瞬时，平板具有向右的匀加速度$a=0.5\text{m/s}^2$，同瞬时圆筒周边上一点的加速度$a_1=3\text{m/s}^2$，假设平板与圆筒之间无滑动，求平板A在该瞬时的速度。

5-26 如图5-49所示机械中齿轮1紧固在杆AC上，$AB=O_1O_2$，齿轮1和半径为r_2的齿轮2啮合，齿轮2可绕O_2轴转动且和曲柄O_2B没有联系。设$O_1A=O_2B=l$，$\varphi=b\sin\omega t$，试确定$t=\dfrac{\pi}{2\omega}\text{s}$时，齿轮2的角速度和角加速度。

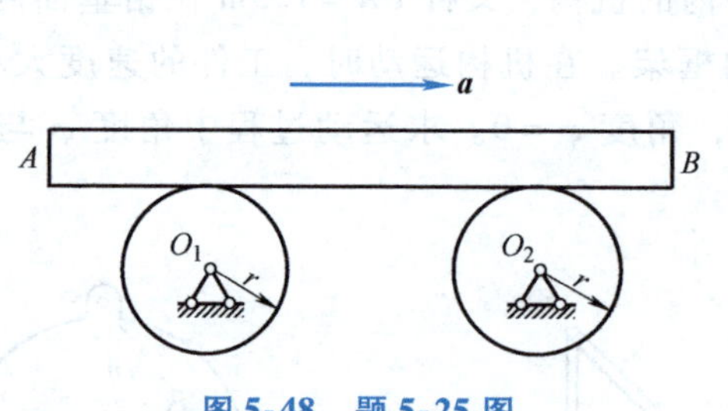

图5-48 题5-25图

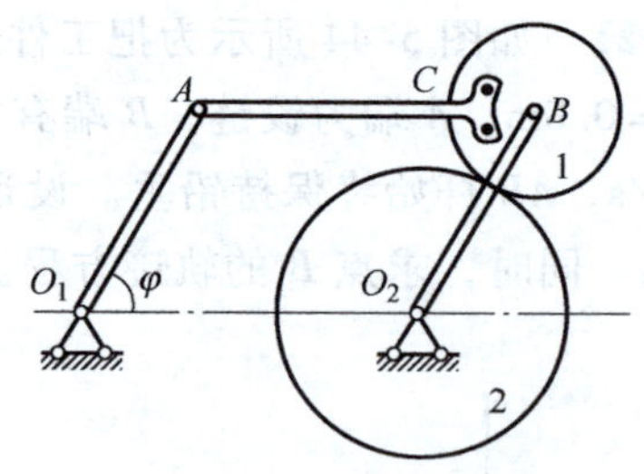

图5-49 题5-26图

5-27 如图5-50所示，滑座B沿水平面以匀速v_0向右移动，其上销钉连接一滑块C，并带动槽杆OA绕O轴转动。开始时槽杆OA在铅垂位置，销钉C位于C_0，$OC_0=b$。求槽杆OA的角速度和角加速度。

5-28 一飞轮绕固定轴O转动，其轮缘上任一点的全加速度在某段运动过程中与轮半径的交角恒为60°，如图5-51所示。当运动开始时，其转角φ_0等于零，角速度为ω_0。求飞轮的转动方程以及角速度与转角的关系。

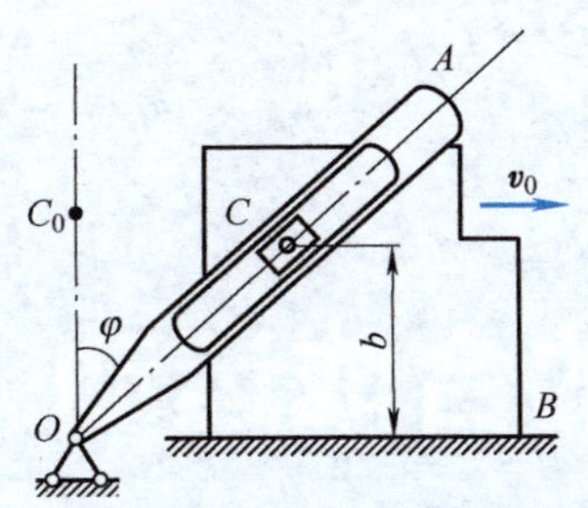

图 5-50　题 5-27 图

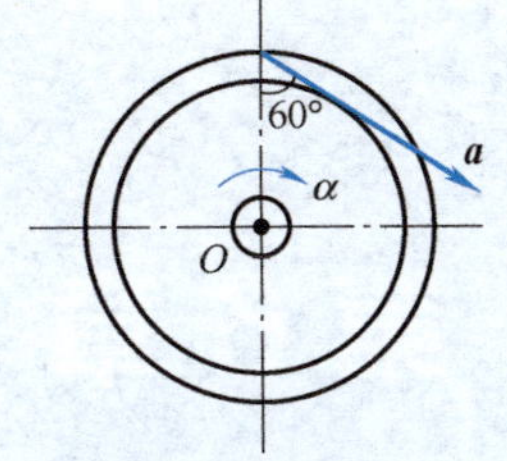

图 5-51　题 5-28 图

5-29　如图 5-52 所示，直角折杆 $OABC$ 绕 O 轴在铅垂面内转动。已知 $OA=15\text{cm}$，$AB=10\text{cm}$，$BC=5\text{cm}$，直角折杆 $OABC$ 绕 O 轴转动的角加速度 $\alpha=4t\text{rad/s}^2$，若杆从静止开始转动，求 $t=1\text{s}$ 时，杆上 B 点和 C 点的速度、加速度。

5-30　如图 5-53 所示，曲柄 CB 以等角速度 ω_0 绕 C 轴转动，其转动方程为 $\varphi=\omega_0 t$。滑块 B 带动摇杆 OA 绕轴 O 转动。设 $OC=h$，$CB=r$。求摇杆的转动方程。

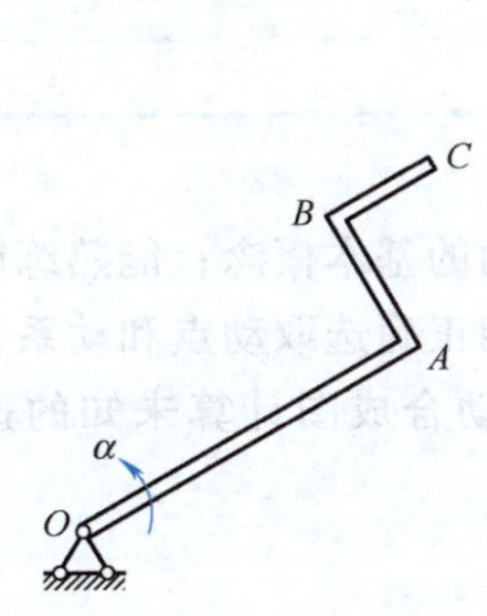

图 5-52　题 5-29 图

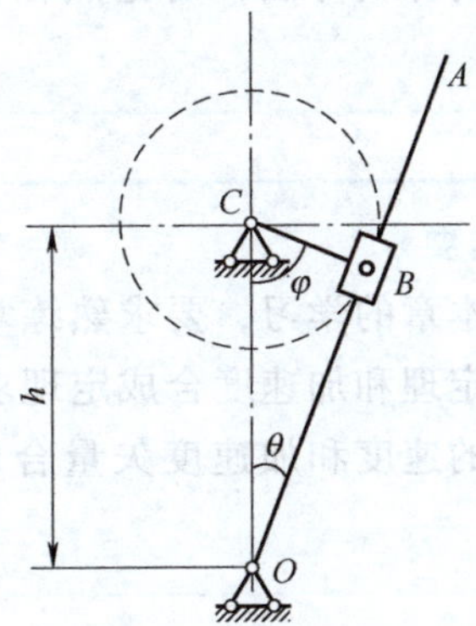

图 5-53　题 5-30 图

5-31　如图 5-54 所示，电动绞车由带轮Ⅰ、Ⅱ和鼓轮Ⅲ组成，鼓轮Ⅲ和带轮Ⅱ固连在同一轴上。各轮半径分别为 $r_1=30\text{cm}$，$r_2=75\text{cm}$ 和 $r_3=40\text{cm}$。试求当轮Ⅰ的转速 $n_1=100\text{r/min}$ 时重物 A 上升的速度。

5-32　如图 5-55 所示仪表结构中，齿轮 1、2、3、4 的齿数分别为 $z_1=6$，$z_2=24$，$z_3=8$，$z_4=32$；齿轮 5 的半径为 5cm。若齿条 B 移动 1cm，试求指针 A 所转过的角度 φ。

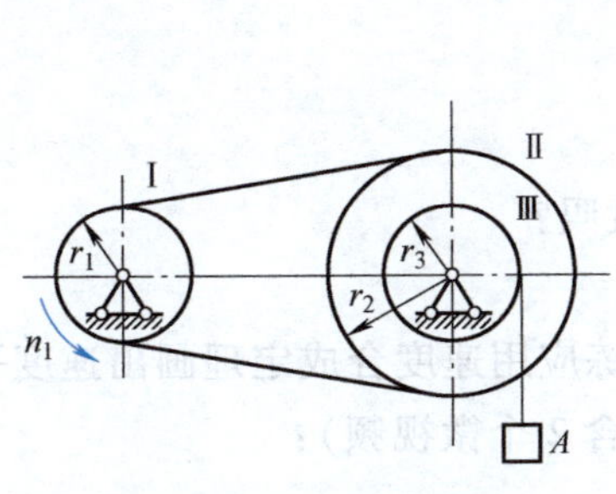

图 5-54　题 5-31 图

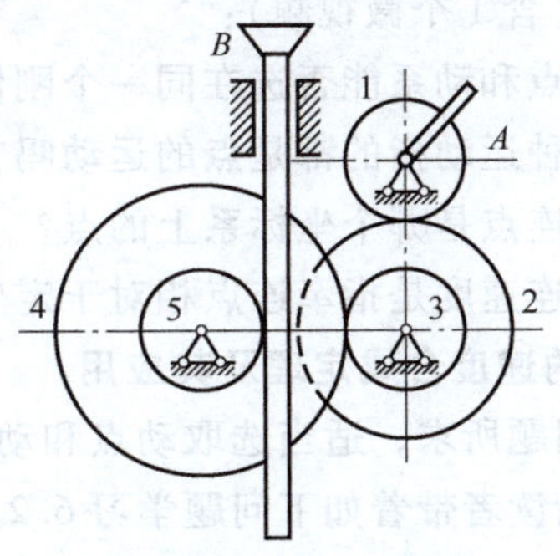

图 5-55　题 5-32 图

第 6 章　点的合成运动

【内容提要】

本章研究同一动点相对定参考系和动参考系运动之间的关系，建立运动的合成和分解的分析方法，讨论点在任一瞬时的速度合成和加速度合成的规律及其应用。

【学习要求】

通过本章的学习，要求熟练掌握点的合成运动的基本概念；能熟练应用点的速度合成定理和加速度合成定理求解相关问题；能正确选取动点和动系，正确地画出动点的速度和加速度矢量合成图，并应用运动合成图计算未知的速度和加速度。

6.0　本章学习任务单

1. 点的合成运动的基本概念

正确理解研究对象（动点）、两种坐标系（定坐标系和动坐标系）、三种运动（绝对运动、相对运动、牵连运动）及其速度和加速度等基本概念。请读者带着如下问题学习 6.1 节的内容（含 1 个微视频）：

1）动点和动系能否选在同一个刚体上？

2）三种运动指的都是点的运动吗？

3）牵连点是哪个坐标系上的点？

4）牵连速度是指牵连点相对于定坐标系的速度吗？

2. 点的速度合成定理及其应用

根据问题所求，适当选取动点和动系后，能熟练应用速度合成定理画出速度平行四边形并求解。请读者带着如下问题学习 6.2 节的内容（含 2 个微视频）：

1）牵连速度为什么要指明是哪个瞬时的？

2）牵连速度是该瞬时相对于哪个坐标系的速度？

3. 点的加速度合成定理及其应用

根据问题所求，适当选取动点和动系后，会应用加速度合成定理正确画出加速度矢量图，并选择适当的投影轴列出加速度矢量方程的投影方程。请读者带着如下问题学习6.3节的内容（含2个微视频）：

1）牵连加速度是否等于牵连速度对时间的一阶导数？为什么？

2）为什么在速度合成定理的应用中常用几何法，而在加速度合成定理的应用中却要用解析法（即投影的方式）？

6.1　点的合成运动的基本概念

第5章我们研究了在固定坐标系（通常以地面为参考体）下点的运动和刚体的基本运动。而在实际问题中，常常要在相对于地面有运动的参考体上观察和研究物体（动点）的运动。例如，从行驶的汽车上观察落下的雨滴，坐在行驶的动车上研究天空中飞行的飞机等。事实证明，同一物体相对于不同的参考体（参考系）表现出不同的运动，本章研究同一动点相对于两个不同的参考系运动的差别和联系，建立动点相对于不同参考系运动的速度之间、加速度之间的运动关系。本章是研究刚体复杂运动的基础。

分析物体（看作动点，简称点）相对不同参考系运动之间的关系，可称为点的合成运动。下面先从了解在两种不同参考系中的运动概念开始。

6.1.1　两种坐标系

本章仅限于在两种参考坐标系下研究点的运动。为了便于讨论，我们约定：将其中一个参考系看作是固定不动的，称为定参考系，简称定系，一般用$Oxyz$表示；而将相对于定系运动的参考系，则称为动参考系，简称动系，用$O'x'y'z'$表示。由于运动是相对的，原则上可以随意地将一个参考系当作定系，而将另一个坐标系当作动系。若不特别说明，习惯上取固连于地球表面的参考系为定系。例如，汽车直线行驶时，车上观察者看到车轮轮缘上的点M绕轮轴做圆周运动；但是对地面观察者来说，却看到该点沿旋轮线运动，如图6-1a所示。又如，直管绕固定于基座的轴转动，管内有一小球沿直管向外运动，小球相对于管子做直线运动，而相对于机座却做曲线运动，如图6-1b所示。显然，物体相对于定系与相对于动系的运动以及动系相对于定系的运动之间有着密切的联系。

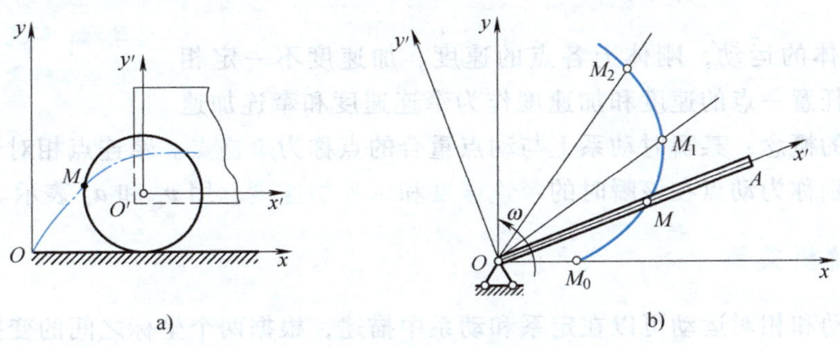

图6-1　点M相对于不同参考系的运动分析

【微视频：点的合成运动的基本概念】

6.1.2 三种运动

动点相对于定参考系的运动，称为绝对运动。换言之，人站在地面上观察到动点的运动，就是动点的绝对运动。

动点相对于动参考系的运动，称为相对运动。直观地说，人在动系上观察到动点的运动，就是相对运动。

动参考系相对定参考系的运动，称为牵连运动。动参考系往往是固结在相对地面有运动的刚体上的，因此牵连运动实质上是刚体的运动。

动点在定系中的运动轨迹称为绝对运动轨迹；动点在动系中的运动轨迹称为相对运动轨迹。以图 6-1a 为例，为了描述轮缘上点 M 的运动，取定系 Oxy 固连地面，动系 $O'x'y'$ 固连于车厢。这样，动点的绝对运动是蓝色的旋轮线的运动，相对运动是圆周运动，牵连运动是固定在车厢上的动系随车厢的直线平动；相仿地，对于图 6-1b 所示的问题，取定系 Oxy 固连于机座，动系 $O'x'y'$ 固连于直管，则动点 M（小球）的绝对运动是蓝色的曲线运动，相对运动是沿管子的直线运动，牵连运动是固定在管子上的动系随直管绕 O 轴的转动。

显然，由上述三种运动的定义易知：点的绝对运动和相对运动的主体是动点本身（只是在不同的坐标系中观察动点的运动），其运动可以是直线或曲线运动；而牵连运动的主体则是动系所固连的刚体（在定系中观察动系的运动），其运动可能是平动、转动或其他较复杂的运动。由以上两例可见，由于牵连运动的存在，使物体（动点）的绝对运动与相对运动发生差异。显然，假如没有牵连运动，物体（动点）的相对运动就等同于它的绝对运动；而假如没有相对运动，物体固连在动系上随动系一起运动，物体的牵连运动就是它的绝对运动。由此可见，物体的绝对运动可以看成是相对运动与牵连运动合成的结果。

6.1.3 三种速度和三种加速度

有了上述合成运动中两个坐标系的建立以及三种运动的定义，自然就引出了三种运动的速度和加速度的概念。

动点相对于定系的速度和加速度，分别称为绝对速度和绝对加速度。分别记为 $\boldsymbol{v}_a$、$\boldsymbol{a}_a$。

动点相对于动系的速度和加速度，分别称为相对速度和相对加速度。分别记为 $\boldsymbol{v}_r$、$\boldsymbol{a}_r$。

【动画：牵连点的基本概念】

由于牵连运动是刚体的运动，刚体上各点的速度、加速度不一定相同，不宜随意用刚体上任意一点的速度和加速度作为牵连速度和牵连加速度。为此先引入牵连点的概念：某瞬时动系上与动点重合的点称为牵连点。牵连点相对于定系的速度和加速度，分别称为动点在该瞬时的牵连速度和牵连加速度，用 $\boldsymbol{v}_e$ 和 $\boldsymbol{a}_e$ 表示。

6.1.4 合成运动的解析关系

由于动点的绝对运动和相对运动可以在定系和动系中描述，根据两个坐标之间的变换关系，下面简单讨论一下绝对运动与相对运动的运动方程之间的解析关系。

以平面问题为例，定系用 Oxy 表示，动系用 $O'x'y'$表示，如图 6-2 所示。动点 M 的绝对

运动方程为

$$x = x(t)，\ y = y(t)$$

动点 M 的相对运动方程为

$$x' = x'(t)，\ y' = y'(t)$$

而动系相对于定系的运动可用如下三个方程完全描述

$$x_{O'} = x_{O'}(t)，\ y_{O'} = y_{O'}(t)，\ \varphi = \varphi(t)$$

这三个方程称为牵连运动方程。其中 φ 角是从 x 轴到 x'轴的转角，以逆时针方向为正。由图 6-2 可以得到动系与定系之间的关系为

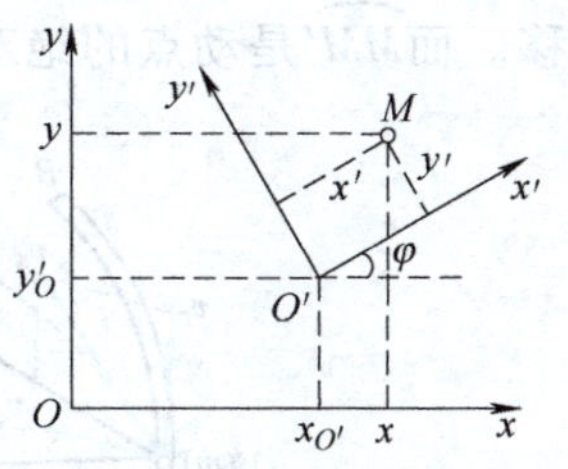

图 6-2　动点的绝对运动和相对运动的解析关系

$$\begin{cases} x = x_{O'} + x'\cos\varphi - y'\sin\varphi \\ y = y_{O'} + x'\sin\varphi + y'\cos\varphi \end{cases} \tag{6-1}$$

在点的相对运动方程中消去时间 t，即得点的相对运动轨迹；在点的绝对运动方程中消去时间 t，即得点的绝对运动轨迹。

例 6-1　用车刀切削工件的直径端面，车刀刀尖 M 沿水平轴 x 做往复运动，如图 6-3 所示。设 Oxy 为定坐标系，刀尖的运动方程为 $x = b\sin\omega t$，工件以等角速度逆时针方向转动。求车刀在工件圆端面上切出的痕迹。

解：根据题意，需求车刀刀尖 M 相对于工件的轨迹方程。可设刀尖 M 为动点，动坐标固定在工件上，则动点 M 在动坐标系 $Ox'y'$和定坐标系 Oxy 中的坐标关系为

$$x' = x\cos\omega t，\ y' = -x\sin\omega t \tag{a}$$

将动点 M 的（绝对）运动方程代入式（a），有

$$x' = \frac{b}{2}\sin 2\omega t，\ y' = -\frac{b}{2}(1-\cos 2\omega t) \tag{b}$$

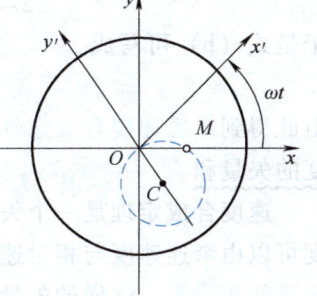

图 6-3　例 6-1 图

式（b）就是车刀相对于工件的运动方程，从中消去时间 t，即可得动点 M 的相对轨迹方程

$$(x')^2 + \left(y' + \frac{b}{2}\right)^2 = \frac{b^2}{4}$$

可见刀尖切出的痕迹为一个圆，如图 6-3 中蓝色虚线画出的圆。

6.2　点的速度合成定理及其应用

下面研究点的绝对速度、相对速度和牵连速度三者之间的关系。

设有一小球 M 沿钢管 AB 运动，钢管（动系固定在钢管上）又相对于定系做某种运动，如图 6-4 所示。在某瞬时钢管位于 AB 处，小球位于 M 点（此时动系上与小球重合的点 m 就是该瞬时的牵连点）。经过 Δt 时间间隔后，钢管运动到位置 A_1B_1 处，小球运动到 M'点。小球的运动可以看作如下两个运动的合成：1）小球相对钢管静止，钢管从初始位置 AB 运动到末位置 A_1B_1，即动点随动系 AB 沿轨迹$\overset{\frown}{mM_1}$（即牵连点的轨迹）运动到 M_1 点，$\overrightarrow{mM_1}$是牵连位移；2）钢管不动，小球由位置 M_1 沿相对轨迹$\overset{\frown}{M_1M'}$运动到末位置 M'点，$\overrightarrow{M_1M'}$是相对

位移。而$\overset{\frown}{MM'}$是动点的绝对运动轨迹，$\overrightarrow{MM'}$是绝对位移。由图中各矢量关系可知

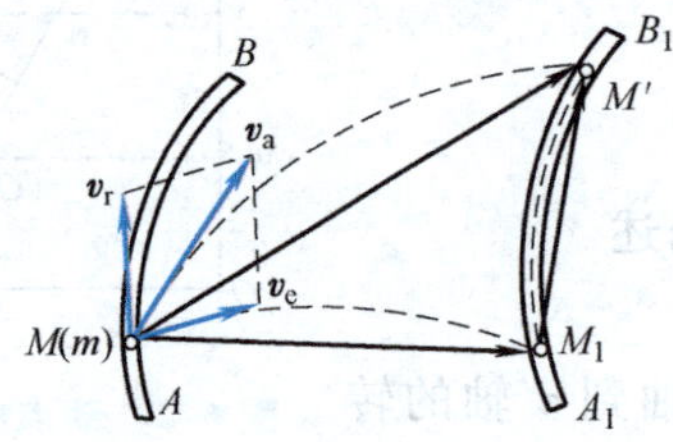

图 6-4 速度合成定理

【微视频：点的速度合成定理】

$$\overrightarrow{MM'} = \overrightarrow{mM_1} + \overrightarrow{M_1M'} \tag{a}$$

上式两端各项都除以 Δt，并取 $\Delta t \to 0$ 的极限，有

$$\lim_{\Delta t \to 0} \frac{\overrightarrow{MM'}}{\Delta t} = \lim_{\Delta t \to 0} \frac{\overrightarrow{mM_1}}{\Delta t} + \lim_{\Delta t \to 0} \frac{\overrightarrow{M_1M'}}{\Delta t} \tag{b}$$

由速度定义知

$$\lim_{\Delta t \to 0} \frac{\overrightarrow{MM'}}{\Delta t} = \boldsymbol{v}_a, \quad \lim_{\Delta t \to 0} \frac{\overrightarrow{mM_1}}{\Delta t} = \boldsymbol{v}_e, \quad \lim_{\Delta t \to 0} \frac{\overrightarrow{M_1M'}}{\Delta t} = \boldsymbol{v}_r$$

于是式（b）可写成

$$\boldsymbol{v}_a = \boldsymbol{v}_e + \boldsymbol{v}_r \tag{6-2}$$

由此得到点的速度合成定理：动点在某瞬时的绝对速度等于它在该瞬时的牵连速度与相对速度的矢量和。

速度合成定理是一个矢量等式，实际计算时可以采用速度矢量图计算，即动点的绝对速度可以由牵连速度与相对速度所构成的平行四边形的对角线来确定。这个平行四边形称为速度平行四边形。这样的矢量等式与静力学中力的平衡方程一样，也可以列两个矢量等式的投影方程，即两个标量等式。对于每一个矢量，有大小和方向两个因素，一般地，式（6-2）有六个因素，所以只要已知四个因素，就可以用两个标量方程求出另外两个未知量。

思考题： 同向超车时，为何感觉对方的车速慢？而错车（迎面相逢）时，又为何会感觉对方的车速快？

下面举例说明点的速度合成定理的应用。

例 6-2 车厢以匀速 $v_1 = 5\text{m/s}$ 水平行驶，雨滴铅垂下落。而在车厢中观察到雨滴的速度方向却偏斜向后，与铅垂线成夹角 30°，如图 6-5a 所示。试求雨滴的绝对速度。

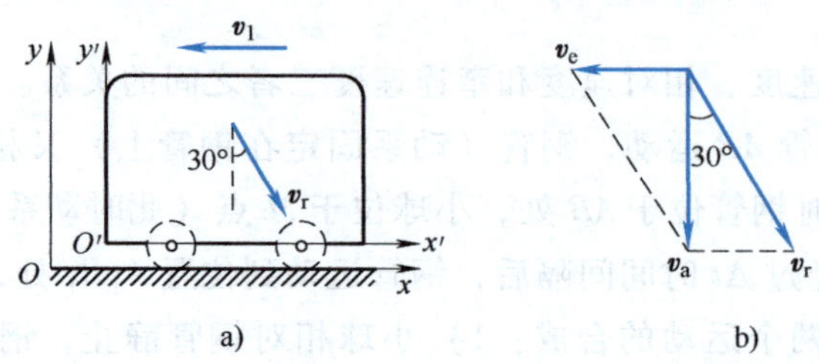

图 6-5 例 6-2 图

解： 1）根据题意取某雨滴为动点，定系固连于地面（定系的选取后面一般不再加以说

明，默认与地球表面固连），由于已知雨滴相对于车厢的速度方向，故将动系固连于车厢。动点和两套坐标系选定后，则动点的三种运动也随之确定。

2）三种运动分析。

①绝对运动：雨滴相对于地面铅垂下落。$\boldsymbol{v}_a$ 方向铅垂向下，大小未知；

②相对运动：雨滴相对于车厢的运动。$\boldsymbol{v}_r$ 方向与铅垂线成30°角，大小未知；

③牵连运动：是车厢相对于地面的平行移动，雨滴的牵连速度就是动系（车厢）的速度，其方向水平向左，大小 $v_e = v_1 = 5\text{m/s}$。

3）速度分析：由速度合成定理，即式（6-2），画出速度平行四边形，如图6-5b所示。由图示几何关系有

$$v_a = v_e \cot 30° = (5\times\sqrt{3})\text{m/s} = 8.66\text{m/s}$$

例6-3　刨床的急回机构如图6-6所示。曲柄 OA 的一端 A 与滑块用铰链连接。当曲柄以匀角速度 ω 绕固定轴 O 转动时，滑块在摇杆 O_1B 上滑动，并带动摇杆绕固定轴 O_1 摆动。设 $OA=r$，$OO_1=l$。求当曲柄在水平位置时滑块相对摇杆的速度及摇杆的角速度 ω_1。

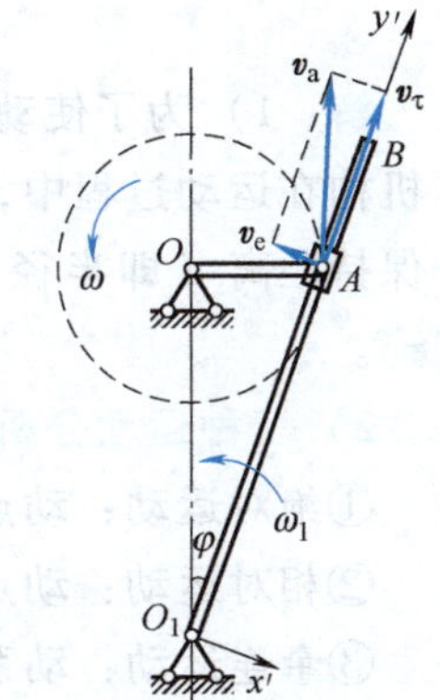

图6-6　例6-3图

解：(1) 选滑块 A 为动点，动系 $O_1x'y'$ 固结在摇杆 O_1B 上且随摇杆一起绕 O_1 轴摆动。

(2) 三种运动分析。

①绝对运动：以 O 为圆心，半径为 r 的圆周运动。$\boldsymbol{v}_a$ 的大小为 $r\omega$，方向垂直于 OA 且顺着 ω 转向；

②相对运动：沿 O_1B 直线运动，大小未知，方向沿 O_1B；

③牵连运动：动系随 O_1B 杆绕 O_1 轴的定轴转动，牵连点是摇杆上在该瞬时与滑块重合的点，因此 $\boldsymbol{v}_e$ 的方向与摇杆垂直，大小未知。

(3) 速度分析：由速度合成定理，即式（6-2），画出速度平行四边形，如图6-6所示。由图中的直角三角形可求得

【动画：点的速度合成举例】

$$v_e = v_a \sin\varphi,\ v_r = v_a\cos\varphi$$

又 $\sin\varphi = \dfrac{r}{\sqrt{l^2+r^2}}$，$\cos\varphi = \dfrac{l}{\sqrt{l^2+r^2}}$，且 $v_a = r\omega$，所以

$$v_e = \frac{r^2\omega}{\sqrt{l^2+r^2}} = O_1A\cdot\omega_1,\ v_r = \frac{lr\omega}{\sqrt{l^2+r^2}}$$

其中 $O_1A=\sqrt{l^2+r^2}$，由此求得该瞬时摇杆的角速度为

$$\omega_1 = \frac{v_e}{O_1A} = \frac{r^2\omega}{l^2+r^2}\text{（转向逆时针）}$$

【微视频：点的速度合成定理的应用】

例6-4　如图6-7a所示，圆盘的半径 $r=2\sqrt{3}\text{cm}$，以匀角速度 $\omega=2\text{rad/s}$ 绕位于盘缘的水平固定轴 O 转动，并带动杆 AB 绕水平固定轴 A 转动，$AB=4r$。试求当杆与铅垂线夹角 $\theta=30°$ 时杆 B 端的速度大小。

分析：此机构在运动过程中，圆盘与杆的接触点都随时间不断变化，不存在一个保持不变的接触点。这时，不宜选择这种不断变化的接触点为动点，否则动点的相对运动不直观也不清晰，对于这一类型的题目，如何正确选择动点、动系，是本例要

解决的主要问题。

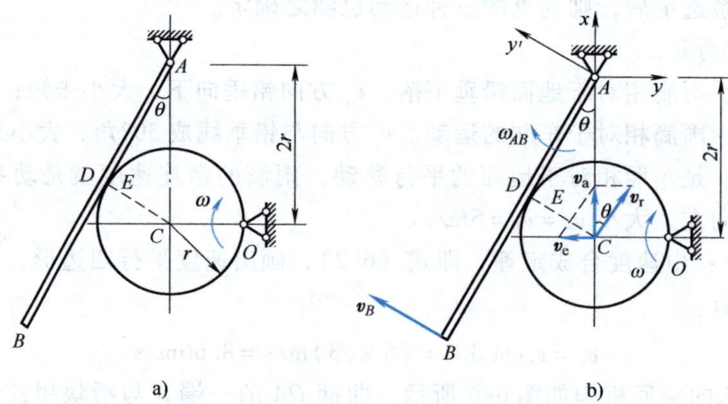

图 6-7 例 6-4 图

解：1）为了使动点的相对运动直观且清晰，进一步分析机构的运动：不难看出，由于本机构在运动过程中，圆盘与杆始终保持接触，而本机构是刚体系统，因此圆盘圆心 C 与杆保持距离（即半径 r）不变。我们自然想到可以选非接触点 C 为动点，动系与直杆 AB 固连。

2）三种运动分析。

①绝对运动：动点 C 做以 O 为圆心、r 为半径的圆周运动；

②相对运动：动点 C 沿平行于直杆并与直杆相距为 r 的直线运动；

③牵连运动：动系随直杆 AB 绕水平轴 A 的定轴转动。

3）速度分析：由速度合成定理，即式（6-2），画出速度平行四边形，如图 6-7b 所示。由图中的直角三角形可求得

$$v_e = v_a \tan\theta,\ v_r = \frac{v_a}{\cos\theta} = \frac{r\omega}{\cos\theta} = 8\text{cm/s}$$

杆 AB 的角速度为

$$\omega_{AB} = \frac{v_e}{AC} = \frac{r\omega\tan\theta}{2r} = \frac{\sqrt{3}}{3}\text{rad/s}\ （如图 6\text{-}7b 所示顺时针转向）$$

故杆端的速度大小为

$$v_B = AB \cdot \omega_{AB} = 8\text{cm/s}$$

由上面几个例题可总结出求解点的合成运动的速度问题的求解步骤如下：

1）选取动点、动系和定系。应注意所选的动系应能将动点的运动分解为相对运动和牵连运动。因此，动点和定系不能选在同一个物体上，一般应使相对运动易于看清。

2）分析三种运动和三种速度。应注意绝对运动和相对运动都是点的运动，而牵连运动是刚体运动，并且三种速度都有大小和方向这两个要素，只有知道四个因素才能画出速度平行四边形。

3）应用速度合成定理，构造出速度平行四边形。注意：作图时要使绝对速度成为平行四边形的对角线。

4）利用平行四边形中的几何关系求解未知速度参数。

■6.3　点的加速度合成定理及其应用

在点的合成运动中，加速度之间的关系比较复杂，因此先分析动系做平动的简单情况。

6.3.1　牵连运动为平动时点的加速度合成定理

设图6-8所示，动坐标系 $O'x'y'z'$ 相对定坐标系 $Oxyz$ 做平动（即动坐标系固结在做平动的刚体上），同时动点 M 又沿着动坐标系中的曲线做相对运动。

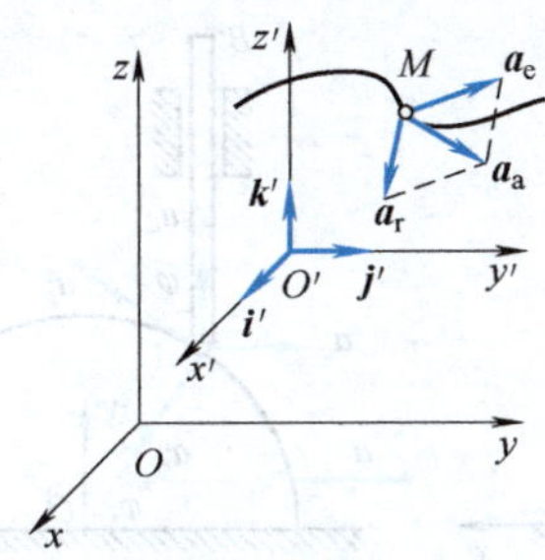

图6-8　牵连运动为平动时点的加速度合成

【微视频：牵连运动为平动时点的加速度合成定理】

设动点 M 相对于动系的相对坐标为 x'、y'、z'，而 $\boldsymbol{i}'$、$\boldsymbol{j}'$、$\boldsymbol{k}'$ 为动坐标轴上的单位矢量，则点的相对速度和相对加速度分别为

$$\boldsymbol{v}_r = \frac{dx'}{dt}\boldsymbol{i}' + \frac{dy'}{dt}\boldsymbol{j}' + \frac{dz'}{dt}\boldsymbol{k}' \tag{6-3}$$

$$\boldsymbol{a}_r = \frac{d^2x'}{dt^2}\boldsymbol{i}' + \frac{d^2y'}{dt^2}\boldsymbol{j}' + \frac{d^2z'}{dt^2}\boldsymbol{k}' \tag{6-4}$$

将式（6-2）两端同时对时间求一阶导数，得

$$\frac{d\boldsymbol{v}_a}{dt} = \frac{d\boldsymbol{v}_e}{dt} + \frac{d\boldsymbol{v}_r}{dt} \tag{6-5}$$

上式左端为动点相对于定系的绝对加速度，即

$$\boldsymbol{a}_a = \frac{d\boldsymbol{v}_a}{dt} \tag{6-6}$$

由于动系做平动，在每一瞬时，动系上各点的速度和加速度都相同，因此有

$$\frac{d\boldsymbol{v}_e}{dt} = \frac{d\boldsymbol{v}_{O'}}{dt} = \boldsymbol{a}_{O'} = \boldsymbol{a}_e$$

即

$$\boldsymbol{a}_e = \frac{d\boldsymbol{v}_e}{dt} \tag{6-7}$$

将式（6-3）两端同时对时间求一阶导数，注意到动系平动时 $\boldsymbol{i}'$、$\boldsymbol{j}'$、$\boldsymbol{k}'$ 的大小和方向都不改变，为恒矢量，因此有

$$\frac{d\boldsymbol{v}_r}{dt} = \frac{d^2x'}{dt^2}\boldsymbol{i}' + \frac{d^2y'}{dt^2}\boldsymbol{j}' + \frac{d^2z'}{dt^2}\boldsymbol{k}' = \boldsymbol{a}_r \tag{6-8}$$

将式（6-6）~式（6-8）代入式（6-5），得

$$\boldsymbol{a}_{\mathrm{a}}=\boldsymbol{a}_{\mathrm{e}}+\boldsymbol{a}_{\mathrm{r}} \tag{6-9}$$

这表明：当牵连运动为平动时，动点在某瞬时的绝对加速度等于该瞬时它的牵连加速度与相对加速度的矢量和。式（6-9）称为牵连运动为平动时点的加速度合成定理。它与速度合成定理有完全相同的形式。

【动画：点的加速度合成举例】

例 6-5 半径为 r 的半圆凸轮沿水平直线向左移动，使顶杆 AB 沿铅垂导轨上下滑动，在图 6-9a 所示位置 $\varphi=60°$ 时，凸轮具有向左的速度 $\boldsymbol{v}$ 和加速度 $\boldsymbol{a}$。试求该瞬时顶杆 AB 的速度和加速度的大小。

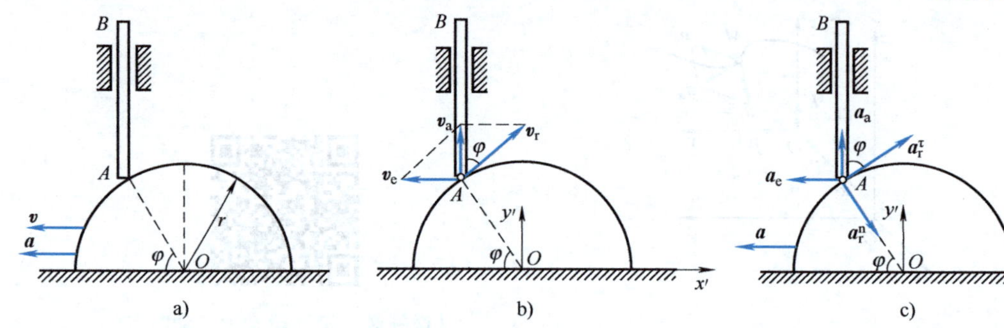

图 6-9 例 6-5 图

解： 1）选顶杆 AB 上的点 A 为动点，动系 $Ox'y'$ 与凸轮固连。

2）三种运动分析。

①绝对运动：动点 A 沿铅垂导轨的直线运动；

②相对运动：动点 A 沿凸轮表面的圆弧运动；

③牵连运动：动系随凸轮的水平直线平动。

3）速度分析：由速度合成定理，即式（6-2），画出速度平行四边形，如图 6-9b 所示。由图中的直角三角形可求得顶杆 AB 的速度大小为

$$v_{\mathrm{a}}=v_{\mathrm{e}}\cot\varphi=v\cot 60°=\frac{\sqrt{3}}{3}v \tag{a}$$

方向铅直向上。相对加速度的大小为

$$v_{\mathrm{r}}=\frac{v_{\mathrm{e}}}{\sin\varphi}=\frac{v}{\sin 60°}=\frac{2\sqrt{3}}{3}v \tag{b}$$

方向如图 6-9b 所示。

4）加速度分析和计算。由于相对运动为圆弧运动，牵连运动为平动，由式（6-9），有

$$\boldsymbol{a}_{\mathrm{a}}=\boldsymbol{a}_{\mathrm{e}}+\boldsymbol{a}_{\mathrm{r}}^{\tau}+\boldsymbol{a}_{\mathrm{r}}^{\mathrm{n}} \tag{c}$$

式中各量分析如下：

加速度	$\boldsymbol{a}_{\mathrm{a}}$	$\boldsymbol{a}_{\mathrm{e}}$	$\boldsymbol{a}_{\mathrm{r}}^{\tau}$	$\boldsymbol{a}_{\mathrm{r}}^{\mathrm{n}}$
大小	?	a	?	v_{r}^2/r
方向	铅直	水平向左	垂直于 AO	由 A 指向 O

未知加速度 $\boldsymbol{a}_{\mathrm{a}}$ 和 $\boldsymbol{a}_{\mathrm{r}}^{\tau}$ 的指向暂假设如图 6-9c 所示。

题目要求顶杆 AB 的加速度大小（a_a），只需选取垂直于 $\boldsymbol{a}_r^\tau$ 的投影轴，将矢量方程（c）投影到 OA 方向，有

$$a_a \sin\varphi = a_e \cos\varphi - a_r^n = a\cos\varphi - \frac{v_r^2}{r}$$

由此可得顶杆 AB 的加速度大小为

$$a_a = \left| a\cot\varphi - \frac{v_r^2}{r\sin\varphi} \right| = \left| \frac{\sqrt{3}}{3}\left(a - \frac{8v^2}{3r}\right) \right|$$

例 6-6　曲柄导杆机构如图 6-10a 所示。已知 $O_1A = O_2B = 10\text{cm}$，又 $O_1O_2 = AB$，曲柄 O_1A 以角速度 $\omega = 2\text{rad/s}$ 做匀速转动。在图示瞬时，$\varphi = 60°$，求该瞬时杆 CD 的速度和加速度。

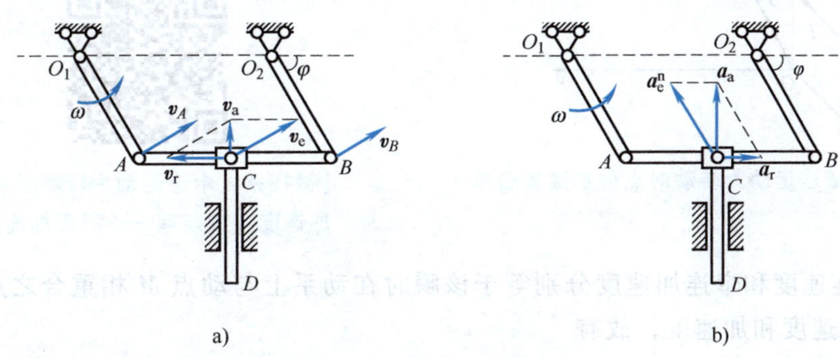

图 6-10　例 6-6 图

解： 1）选滑块 C 为动点，动系与杆 AB 固连。

2）三种运动分析。

①绝对运动：滑块 C 沿铅垂导轨的直线运动；

②相对运动：滑块 C 沿杆 AB 的水平直线运动；

③牵连运动：动系随杆 AB 的曲线平动。

3）速度分析：由 $\boldsymbol{v}_a = \boldsymbol{v}_e + \boldsymbol{v}_r$ 构造关于点 C 的速度平行四边形，如图 6-10a 所示。由于动系 AB 平动，牵连点的速度与点 A（或点 B）的速度相同，即

$$v_e = O_1A \cdot \omega$$

由速度合成图可知，杆 CD 的速度为

$$v_a = v_e \cos\varphi = O_1A \cdot \omega\cos\varphi = 0.1\text{m/s}\ (\uparrow)$$

4）加速度分析：由于动系 AB 平动，由 $\boldsymbol{a}_a = \boldsymbol{a}_e^n + \boldsymbol{a}_r$ 作点的加速度合成图，如图 6-10b 所示，牵连点的加速度与点 A 的加速度相同，由于曲柄匀速转动，故只有法向加速度，即

$$a_e^n = O_1A \cdot \omega^2$$

由加速度合成图可求杆 CD 的加速度为

$$a_a = a_e^n \sin\varphi = O_1A \cdot \omega^2 \sin\varphi = 0.346\text{m/s}^2\ (\uparrow)$$

6.3.2　牵连运动为定轴转动时点的加速度合成定理——科氏加速度

如图 6-11 所示，设动系以角速度 $\boldsymbol{\omega}_e$ 和角加速度 $\boldsymbol{\alpha}_e$ 相对定系做定轴转动。不失一般性，将定轴取为定坐标系的 z 轴，动系的坐标原点 O' 也在 z 轴上，动点的相对运动轨迹为 AB。

相对矢径 $\boldsymbol{r}'$、相对速度 $\boldsymbol{v}_r$ 和相对加速度 $\boldsymbol{a}_r$ 分别表示为

$$\boldsymbol{r}' = x'\boldsymbol{i}' + y'\boldsymbol{j}' + z'\boldsymbol{k}'$$

$$\boldsymbol{v}_r = \dot{x}'\boldsymbol{i}' + \dot{y}'\boldsymbol{j}' + \dot{z}'\boldsymbol{k}' \tag{a}$$

$$\boldsymbol{a}_r = \ddot{x}'\boldsymbol{i}' + \ddot{y}'\boldsymbol{j}' + \ddot{z}'\boldsymbol{k}' \tag{b}$$

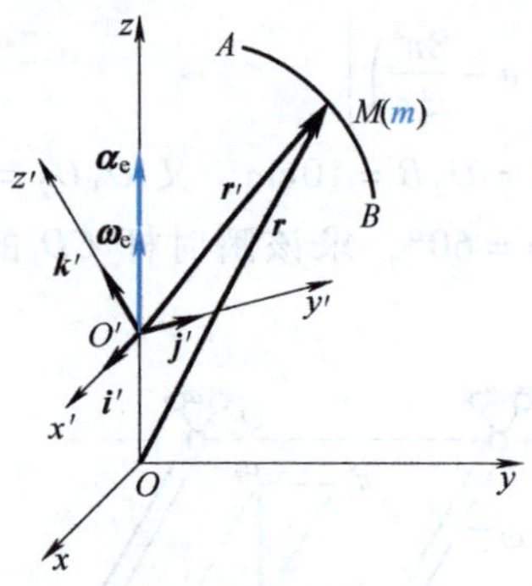

图 6-11 牵连运动为转动时点的加速度合成

【微视频：牵连运动为转动时点的加速度合成定理——科氏加速度】

动点 M 的牵连速度和牵连加速度分别等于该瞬时在动系上与动点 M 相重合之点（牵连点）m 对于定系的速度和加速度，故有

$$\boldsymbol{v}_e = \boldsymbol{v}_m = \boldsymbol{\omega}_e \times \boldsymbol{r}$$

$$\boldsymbol{a}_e = \boldsymbol{a}_m = \boldsymbol{\alpha}_e \times \boldsymbol{r} + \boldsymbol{\omega}_e \times \boldsymbol{v}_e \tag{c}$$

由点的速度合成定理，即式（6-2）两边对时间求导，得

$$\boldsymbol{a}_a = \frac{\mathrm{d}\boldsymbol{v}_a}{\mathrm{d}t} = \frac{\mathrm{d}\boldsymbol{v}_e}{\mathrm{d}t} + \frac{\mathrm{d}\boldsymbol{v}_r}{\mathrm{d}t} \tag{d}$$

因为

$$\frac{\mathrm{d}\boldsymbol{v}_e}{\mathrm{d}t} = \frac{\mathrm{d}}{\mathrm{d}t}(\boldsymbol{\omega}_e \times \boldsymbol{r}) = \frac{\mathrm{d}\boldsymbol{\omega}_e}{\mathrm{d}t} \times \boldsymbol{r} + \boldsymbol{\omega}_e \times \frac{\mathrm{d}\boldsymbol{r}}{\mathrm{d}t} = \boldsymbol{\alpha}_e \times \boldsymbol{r} + \boldsymbol{\omega}_e \times \boldsymbol{v}_a = \boldsymbol{\alpha}_e \times \boldsymbol{r} + \boldsymbol{\omega}_e \times (\boldsymbol{v}_e + \boldsymbol{v}_r)$$

$$= \boldsymbol{\alpha}_e \times \boldsymbol{r} + \boldsymbol{\omega}_e \times \boldsymbol{v}_e + \boldsymbol{\omega}_e \times \boldsymbol{v}_r$$

考虑到式（c），有

$$\frac{\mathrm{d}\boldsymbol{v}_e}{\mathrm{d}t} = \boldsymbol{a}_e + \boldsymbol{\omega}_e \times \boldsymbol{v}_r \tag{e}$$

又因为

$$\frac{\mathrm{d}\boldsymbol{v}_r}{\mathrm{d}t} = \frac{\mathrm{d}}{\mathrm{d}t}(\dot{x}'\boldsymbol{i}' + \dot{y}'\boldsymbol{j}' + \dot{z}'\boldsymbol{k}') = (\ddot{x}'\boldsymbol{i}' + \ddot{y}'\boldsymbol{j}' + \ddot{z}'\boldsymbol{k}') + \left(\dot{x}'\frac{\mathrm{d}\boldsymbol{i}'}{\mathrm{d}t} + \dot{y}'\frac{\mathrm{d}\boldsymbol{j}'}{\mathrm{d}t} + \dot{z}'\frac{\mathrm{d}\boldsymbol{k}'}{\mathrm{d}t}\right)$$

利用泊松公式 $\frac{\mathrm{d}\boldsymbol{i}'}{\mathrm{d}t} = \boldsymbol{\omega}_e \times \boldsymbol{i}'$，$\frac{\mathrm{d}\boldsymbol{j}'}{\mathrm{d}t} = \boldsymbol{\omega}_e \times \boldsymbol{j}'$，$\frac{\mathrm{d}\boldsymbol{k}'}{\mathrm{d}t} = \boldsymbol{\omega}_e \times \boldsymbol{k}'$，上式可改写为

$$\frac{\mathrm{d}\boldsymbol{v}_r}{\mathrm{d}t} = (\ddot{x}'\boldsymbol{i}' + \ddot{y}'\boldsymbol{j}' + \ddot{z}'\boldsymbol{k}') + \dot{x}'(\boldsymbol{\omega}_e \times \boldsymbol{i}') + \dot{y}'(\boldsymbol{\omega}_e \times \boldsymbol{j}') + \dot{z}'(\boldsymbol{\omega}_e \times \boldsymbol{k}')$$

$$= (\ddot{x}'\boldsymbol{i}' + \ddot{y}'\boldsymbol{j}' + \ddot{z}'\boldsymbol{k}') + \boldsymbol{\omega}_e \times (\dot{x}'\boldsymbol{i}' + \dot{y}'\boldsymbol{j}' + \dot{z}'\boldsymbol{k}')$$

将式（a）及式（b）代入上式，得

$$\frac{\mathrm{d}\boldsymbol{v}_{\mathrm{r}}}{\mathrm{d}t}=\boldsymbol{a}_{\mathrm{r}}+\boldsymbol{\omega}_{\mathrm{e}}\times\boldsymbol{v}_{\mathrm{r}} \tag{f}$$

将式（e）和式（f）代入式（d），得

$$\boldsymbol{a}_{\mathrm{a}}=\boldsymbol{a}_{\mathrm{e}}+\boldsymbol{a}_{\mathrm{r}}+2\boldsymbol{\omega}_{\mathrm{e}}\times\boldsymbol{v}_{\mathrm{r}}$$

令

$$\boldsymbol{a}_{\mathrm{C}}=2\boldsymbol{\omega}_{\mathrm{e}}\times\boldsymbol{v}_{\mathrm{r}} \tag{6-10}$$

称 $\boldsymbol{a}_{\mathrm{C}}$ 为科氏加速度，它等于动系的角速度矢量与点相对速度的矢积的两倍。于是有

$$\boldsymbol{a}_{\mathrm{a}}=\boldsymbol{a}_{\mathrm{e}}+\boldsymbol{a}_{\mathrm{r}}+\boldsymbol{a}_{\mathrm{C}} \tag{6-11}$$

式（6-11）表示：当动系做定轴转动时，动点在某瞬时的绝对加速度等于该瞬时它的牵连加速度、相对加速度和科氏加速度的矢量和。

下面讨论科氏加速度的大小和方向。根据矢积运算法则，科氏加速度的大小为

$$a_{\mathrm{C}}=2\omega_{\mathrm{e}}v_{\mathrm{r}}\sin\theta \tag{6-12}$$

式（6-12）中，θ 是矢量 $\boldsymbol{\omega}_{\mathrm{e}}$ 和 $\boldsymbol{v}_{\mathrm{r}}$ 间小于 π 的夹角。科氏加速度的方向垂直于 $\boldsymbol{\omega}_{\mathrm{e}}$ 和 $\boldsymbol{v}_{\mathrm{r}}$，指向按右手螺旋法则确定，如图 6-12 所示。

显然，当 $\boldsymbol{\omega}_{\mathrm{e}}\perp\boldsymbol{v}_{\mathrm{r}}$ 时，$a_{\mathrm{C}}=2\omega_{\mathrm{e}}v_{\mathrm{r}}$；当 $\boldsymbol{\omega}_{\mathrm{e}}/\!/\boldsymbol{v}_{\mathrm{r}}$ 时，$a_{\mathrm{C}}=0$。

式（6-11）虽然是在定轴转动的条件下推导出来的，但是可以证明动系做任意运动时均成立，即它是点的合成运动的加速度普遍合成定理。当动系平动时转动角速度 $\boldsymbol{\omega}_{\mathrm{e}}$ 为零，因而科氏加速度为零，这就是前一节加速度合成定理的特殊形式。

图 6-12　科氏加速度

思考题： 如果考虑地球自转，则在地球上的任何地方运动的物体（视为动点）是否都有科氏加速度？

例 6-7　求例 6-3 中摇杆 O_1B 在如图 6-13 所示位置时的角加速度。

解： 与例 6-3 相同，选滑块 A 为动点，动系 $O_1x'y'$ 固结在摇杆 O_1B 上。已求出动点的相对速度和摇杆的角速度如下

$$v_{\mathrm{r}}=\frac{lr\omega}{\sqrt{l^2+r^2}}$$

$$\omega_1=\frac{r^2\omega}{l^2+r^2}$$

由于动系随 O_1B 杆绕 O_1 轴做定轴转动，因此动点的绝对加速度为相对加速度、牵连加速度和科氏加速度的合成，经运动分析画出加速度矢量图如 6-13 所示，加速度矢量方程为

$$\boldsymbol{a}_{\mathrm{a}}=\boldsymbol{a}_{\mathrm{e}}^{\mathrm{n}}+\boldsymbol{a}_{\mathrm{e}}^{\tau}+\boldsymbol{a}_{\mathrm{r}}+\boldsymbol{a}_{\mathrm{C}} \tag{a}$$

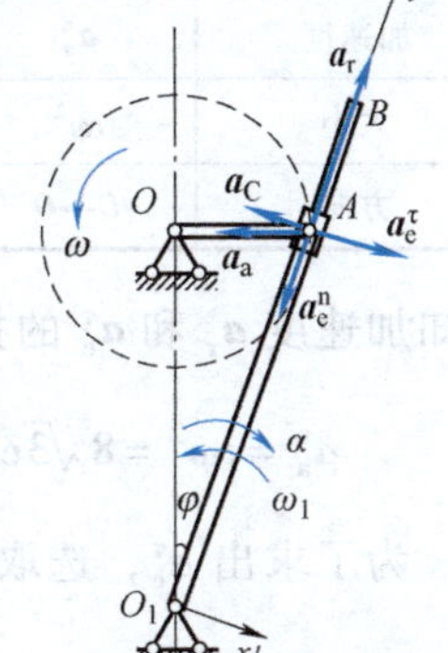

图 6-13　例 6-7 图

式中各量分析如下：

加速度	$\boldsymbol{a}_{\mathrm{a}}$	$\boldsymbol{a}_{\mathrm{e}}^{\mathrm{n}}$	$\boldsymbol{a}_{\mathrm{e}}^{\tau}$	$\boldsymbol{a}_{\mathrm{r}}$	$\boldsymbol{a}_{\mathrm{C}}$
大小	$r\omega^2$	$O_1A\cdot\omega_1^2$	?	?	$2\omega_1v_{\mathrm{r}}$
方向	$O\leftarrow A$	$A\rightarrow O_1$	垂直于 O_1A	沿 y'轴	x'轴负向

未知加速度 $\boldsymbol{a}_{\mathrm{r}}$ 和 $\boldsymbol{a}_{\mathrm{e}}^{\tau}$ 的指向暂假设如图 6-13 所示。

题目要求摇杆 O_1B 的角加速度，只需求出 a_{e}^{τ} 即可。选取垂直于 $\boldsymbol{a}_{\mathrm{r}}$ 的投影轴，即将矢量

方程（a）向 O_1x' 轴投影，即

$$-a_{a}\cos\varphi = a_{e}^{\tau} - a_{C}$$

解得

$$a_{e}^{\tau} = -\frac{lr(l^2-r^2)}{(l^2+r^2)^{3/2}}\omega^2$$

式中，$l^2-r^2>0$，故 a_{e}^{τ} 为负值。负号表示真实情况与图中假设的指向相反。

摇杆 O_1B 的角加速度

$$\alpha = \frac{a_{e}^{\tau}}{O_1A} = -\frac{lr(l^2-r^2)}{(l^2+r^2)^2}\omega^2$$

负号表示与图示方向相反，即 α 实际为逆时针转向。

例 6-8 试求例 6-4 中图示瞬时杆端 B 的加速度大小。

解： 选圆盘圆心 C 为动点，动系与直杆 AB 固连，其运动分析与速度分析都与例 6-4 相同，已求出动点的相对速度及摇杆的角速度如下：

$$v_{r} = 8\text{cm/s}\ （平行于\ BA）$$

$$\omega_{AB} = \frac{\sqrt{3}}{3}\text{rad/s}\ （顺时针转向）$$

为了求杆端 B 的加速度，必须先求出杆的角加速度，进一步地要先求出动点牵连加速度的切向分量 a_{e}^{τ}。由牵连运动为定轴转动时的点的加速度合成定理，有

$$\boldsymbol{a}_{a}^{n} + \boldsymbol{a}_{a}^{\tau} = \boldsymbol{a}_{e}^{n} + \boldsymbol{a}_{e}^{\tau} + \boldsymbol{a}_{r} + \boldsymbol{a}_{C} \quad (a)$$

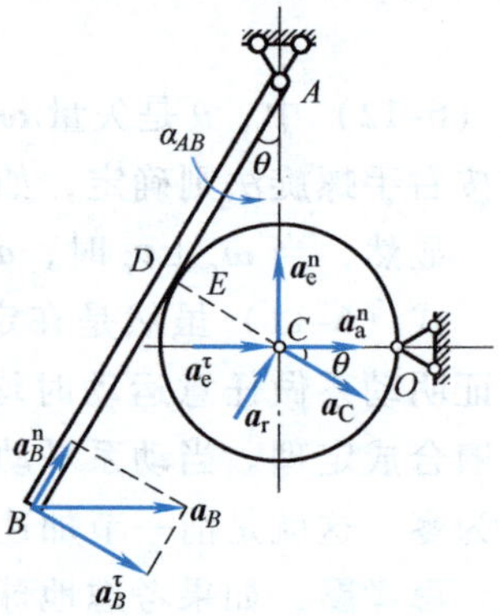

图 6-14 例 6-8 图

画出加速度矢量图如 6-14 所示。式中各参量分析如下：

加速度	a_{a}^{n}	a_{a}^{τ}	a_{e}^{n}	a_{e}^{τ}	a_{r}	a_{C}
大小	$r\omega^2$	0	$AC\cdot\omega_{AB}^2$	?	?	$2\omega_{AB}v_{r}$
方向	$C\to O$	—	$C\to A$	垂直于 CA	平行于 AB	垂直于 AB，由 E 指向 C

未知加速度 $\boldsymbol{a}_{r}$ 和 $\boldsymbol{a}_{e}^{\tau}$ 的指向暂假设如图 6-14 所示。其中

$$a_{a}^{n} = r\omega^2 = 8\sqrt{3}\text{cm/s}^2,\quad a_{e}^{n} = AC\cdot\omega_{AB}^2 = \frac{4\sqrt{3}}{3}\text{cm/s}^2,\quad a_{C} = 2\omega_{AB}\cdot v_{r} = \frac{16\sqrt{3}}{3}\text{cm/s}^2$$

为了求出 a_{e}^{τ}，选取垂直于 $\boldsymbol{a}_{r}$ 的投影轴，即将矢量方程（a）向 EC 方向投影，得

$$a_{a}^{n}\cos\theta = -a_{e}^{n}\sin\theta + a_{e}^{\tau}\cos\theta + a_{C}$$

解得

$$a_{e}^{\tau} = (a_{e}^{n}\sin\theta + a_{a}^{n}\cos\theta - a_{C})/\cos\theta$$

则杆的角加速度

$$\alpha_{AB} = a_{e}^{\tau}/AC = a_{e}^{\tau}/(2r) = 0.65\text{rad/s}^2\ （逆时针转向）$$

故杆端 B 的加速度为

$$\boldsymbol{a}_{B} = \boldsymbol{a}_{B}^{n} + \boldsymbol{a}_{B}^{\tau} \quad (b)$$

其中

$$a_{B}^{n} = AB\cdot\omega_{AB}^2 = 4.62\text{cm/s}^2,\quad a_{B}^{\tau} = AB\cdot\alpha_{AB} = 9.01\text{cm/s}^2$$

得杆端 B 的加速度大小

$$a_B=\sqrt{(a_B^{n})^2+(a_B^{\tau})^2}=10.13\text{cm/s}^2$$

本章小结

1. 点的绝对运动是点的牵连运动和相对运动的合成结果

设定了定坐标系和动坐标系后，就有了动点的三种运动

绝对运动：动点相对于定参考系的运动。

相对运动：动点相对于动参考系的运动。

牵连运动：动参考系相对于定参考系的运动。

2. 动点的三种速度和加速度

绝对速度 $\boldsymbol{v}_a$（绝对加速度 $\boldsymbol{a}_a$）：动点相对于定参考系运动的速度（加速度）。

相对速度 $\boldsymbol{v}_r$（相对加速度 $\boldsymbol{a}_r$）：动点相对于动参考系运动的速度（加速度）。

牵连速度 $\boldsymbol{v}_e$（牵连加速度 $\boldsymbol{a}_e$）：动参考系上与动点在该瞬时相重合的点（牵连点）相对于定参考系运动的速度（加速度）。

3. 动点的速度合成定理

$$\boldsymbol{v}_a=\boldsymbol{v}_e+\boldsymbol{v}_r$$

4. 动点的加速度合成定理

$$\boldsymbol{a}_a=\boldsymbol{a}_e+\boldsymbol{a}_r+\boldsymbol{a}_C$$

5. 科氏加速度

$$\boldsymbol{a}_C=2\boldsymbol{\omega}_e\times\boldsymbol{v}_r$$

当动参考系做平动或 $\boldsymbol{v}_r=\boldsymbol{0}$ 以及 $\boldsymbol{\omega}_e /\!/ \boldsymbol{v}_r$ 时，$\boldsymbol{a}_C=\boldsymbol{0}$。

习　　题

客观题

6-1　点的速度合成定理 $\boldsymbol{v}_a=\boldsymbol{v}_e+\boldsymbol{v}_r$ 适用的条件是（　　）。

①牵连运动只能是平动　　②牵连运动只能是转动

③各种牵连运动都适用　　④牵连运动为零

6-2　如图 6-15 所示，直角曲杆以匀角速 ω 绕 O 轴转动，套在其上的小环 M 沿固定直杆滑动。取 M 为动点，直角曲杆为动系，则 M 处有（　　）。

①$\boldsymbol{v}_e\perp\overrightarrow{CD}$，$\boldsymbol{a}_C\perp\overrightarrow{CD}$　　②$\boldsymbol{v}_e\perp\overrightarrow{OM}$，$\boldsymbol{a}_C\perp\overrightarrow{CD}$

③$\boldsymbol{v}_e\perp\overrightarrow{OM}$，$\boldsymbol{a}_C\perp\overrightarrow{OM}$　　④$\boldsymbol{v}_e\perp\overrightarrow{CD}$，$\boldsymbol{a}_C\perp\overrightarrow{OM}$

6-3　如图 6-16 所示，小车以速度 $\boldsymbol{v}$ 沿直线运动，车上有一轮以角速度 ω 转动，若以轮缘上的点 M 为动点，车厢为动系，则点 M 的科氏加速度的大小为（　　）。

①$2\omega v$　　②$2\omega v\cos\alpha$　　③0　　④ωv

6-4　如图 6-17 所示，半径为 R 的圆轮以匀角速度 ω 做纯滚动，带动杆 AB 做定轴转动，D 是轮与杆的接触点。若取轮心 C 为动点，杆 BA 为动坐标系，则动点的牵连速度为（　　）。

①$v_e = BD \cdot \omega_{AB}$，方向垂直于 AB

②$v_e = R\omega$，方向垂直于 EB

③$v_e = BC \cdot \omega_{AB}$，方向垂直于 BC

④$v_e = R\omega$，方向平行于 AB

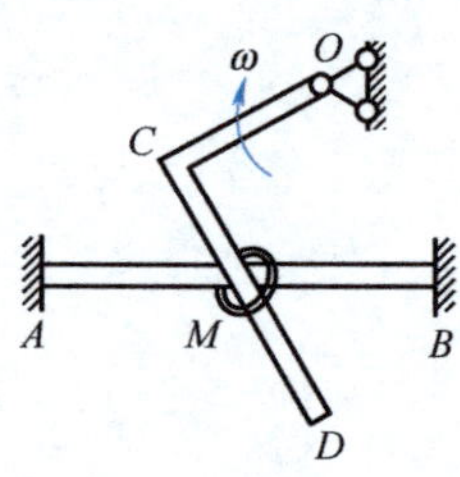

图 6-15　题 6-2 图

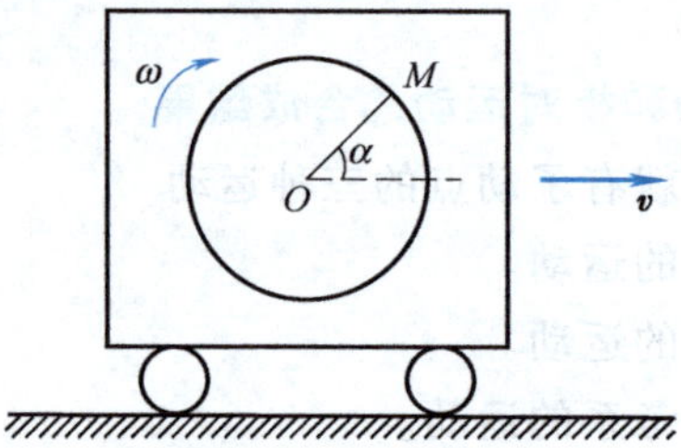

图 6-16　题 6-3 图

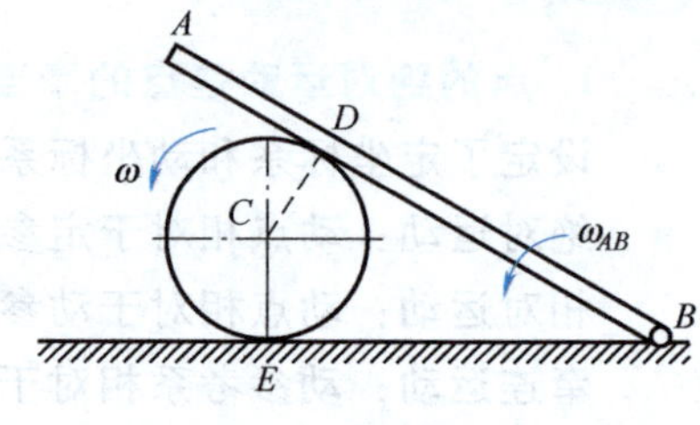

图 6-17　题 6-4 图

6-5　两个曲柄-摇杆机构分别如图 6-18a、b 所示。取套筒 A 为动点，则从动点 A 的速度平行四边形来看，(　　)。

①图 6-18a、图 6-18b 所示的都正确

②图 6-18a 所示的正确，图 6-18b 所示的不正确

③图 6-18a 所示的不正确，图 6-18b 所示的正确

④图 6-18a、图 6-18b 所示的都不正确

6-6　图 6-19 所示机构中，直角弯管 OAB 在平面内以匀角速度 ω 绕点 O 转动，动点 M 以相对速度 $\boldsymbol{v}_r$ 沿弯管运动，图示瞬时 $OA = AM = b$，则动点的牵连加速度的大小 a_e = (　　)，科氏加速度的大小 a_C = (　　)。

①$b\omega^2$　　②$\sqrt{2}b\omega^2$　　③$2\omega v_r$　　④$4\omega v_r$

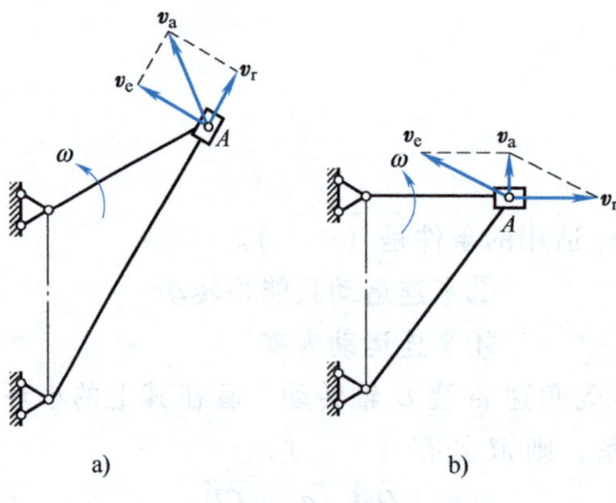

图 6-18　题 6-5 图

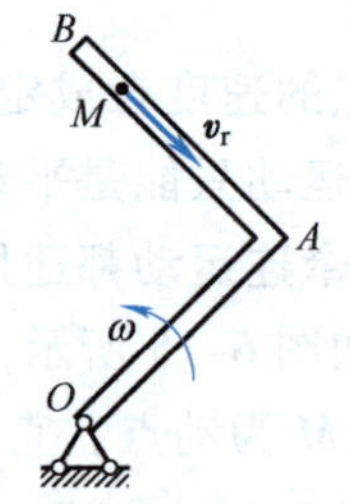

图 6-19　题 6-6 图

6-7　下面的说法中，叙述正确的是 (　　)。

①点的速度合成定理建立了两个不同物体上两点之间的速度之间的关系。

②$\boldsymbol{v}_a$、$\boldsymbol{v}_e$、$\boldsymbol{v}_r$ 三种速度的大小之间有可能有这样的关系：$v_r = \sqrt{v_a^2 + v_e^2}$。

③从地球上观察到的太阳轨迹与同时在月球上观察到的轨迹相同。

④在合成运动中，当牵连运动为转动时，科氏加速度一定不为零。

分析计算题

6-8　如图6-20a所示曲柄滑道机构中，设 $OA=r$，ω 和 α 均为已知。取 OA 上的点 A 为动点，动系与T形构件固结。动点的加速度矢量图如图6-20b所示，为求 a_r、a_e，取坐标系 Axy，根据加速度合成定理，有

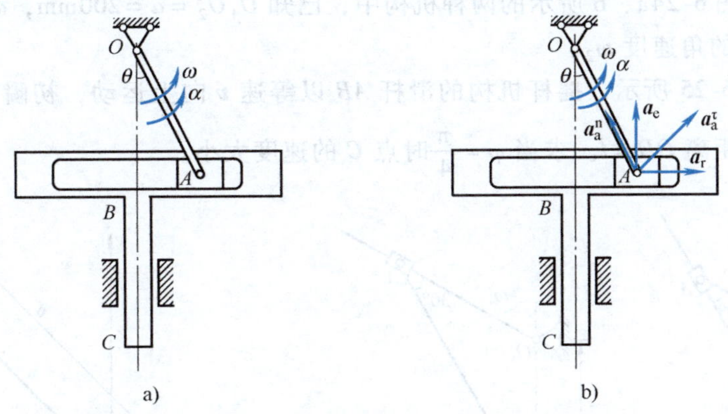

图6-20　题6-8图

x：$a_a^\tau\cos\theta+a_r=a_a^n\sin\theta\Rightarrow a_r=a_a^n\sin\theta-a_a^\tau\cos\theta$

y：$a_a^\tau\sin\theta+a_a^n\cos\theta+a_e=0\Rightarrow a_e=-(a_a^\tau\sin\theta+a_a^n\cos\theta)$

试判断以上求解过程是否有问题？为什么？

6-9　图6-21中曲柄 OA 以匀角速度转动，则图6-21a、b中的哪一种分析是对的？

图6-21a是以 OA 上的点 A 为动点，以 BC 为动参考体；

图6-21b是以 BC 上的点 A 为动点，以 OA 为动参考体。

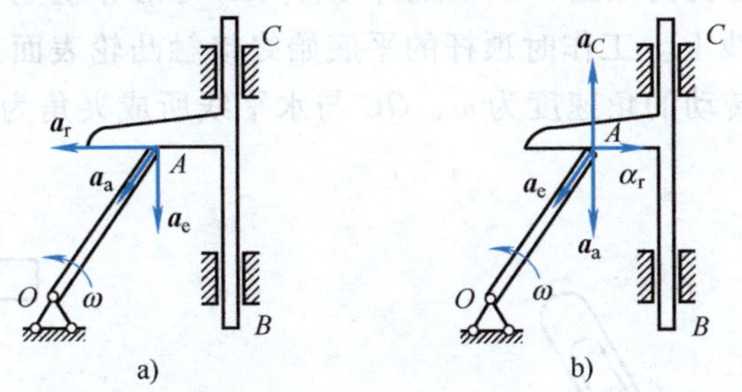

图6-21　题6-9图

6-10　如图6-22所示，记录笔 M 固定沿 y 轴运动，运动方程为 $y=a\cos\ (kt+\varphi)$，xOy 平面内的记录纸以等速度 $\boldsymbol{v}$ 沿 x 轴负向运动。求记录笔 M 在记录纸上所画出的墨迹形状。

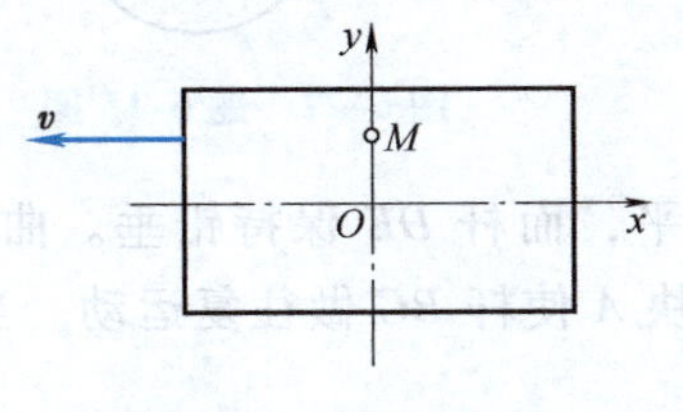

图6-22　题6-10图

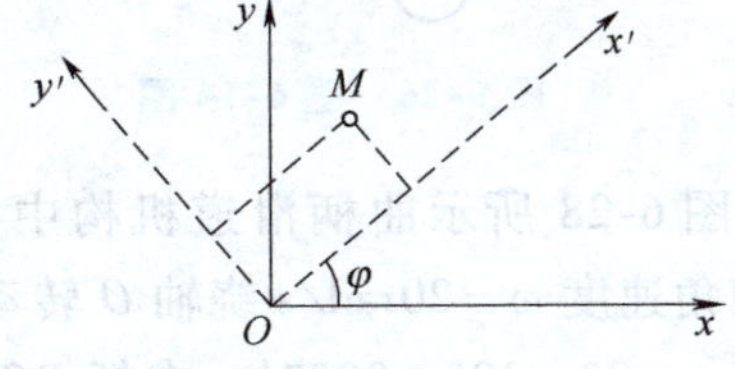

图6-23　题6-11图

6-11 如图 6-23 所示，点 M 在平面 $x'Oy'$ 中运动。运动方程为 $x'=40(1-\cos t)$，$y'=40\sin t$，式中，t 的单位为 s，x' 和 y' 的单位为 mm。平面 $x'Oy'$ 又绕垂直于该平面的轴 O 转动，转动方程为 $\varphi=t$（其中 φ 的单位为 rad），式中角 φ 为动坐标系的 x' 轴与定坐标系的 x 轴之间的交角。求点 M 的相对轨迹和绝对轨迹。

6-12 在如图 6-24a、b 所示的两种机构中，已知 $O_1O_2=a=200\text{mm}$，$\omega_1=3\text{rad/s}$。求图示位置时杆 O_2A 的角速度 ω_2。

6-13 如图 6-25 所示，摇杆机构的滑杆 AB 以等速 v 向上运动，初瞬时摇杆 OC 水平。摇杆长 $OC=a$，距离 $OD=l$。求当 $\varphi=\dfrac{\pi}{4}$ 时点 C 的速度大小。

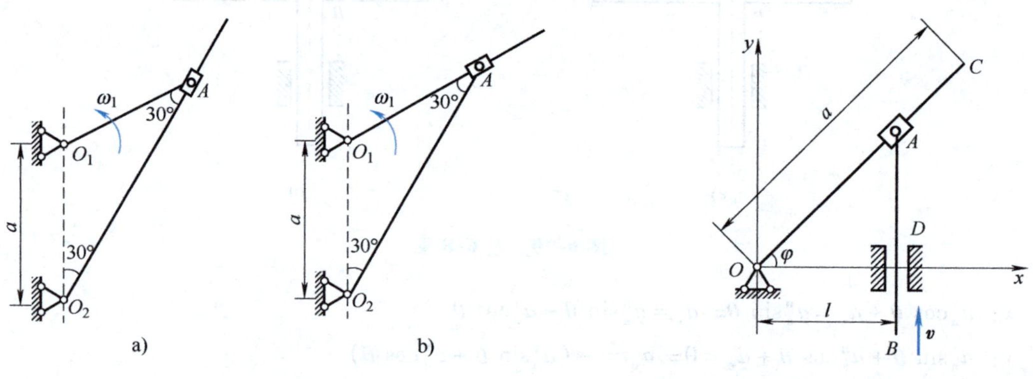

图 6-24 题 6-12 图　　图 6-25 题 6-13 图

6-14 在如图 6-26 所示的曲柄滑道机构中，已知 $r=\sqrt{3}\text{cm}$，$\omega=2\text{rad/s}$，$\varphi=60°$，当曲柄 OA 在 $\theta=0°$，30°，60°时，求杆 BC 的速度。

6-15 平底顶杆凸轮机构如图 6-27 所示，顶杆 AB 可沿导轨上下移动，偏心圆盘绕轴 O 转动，轴 O 位于顶杆轴线上。工作时顶杆的平底始终接触凸轮表面。该凸轮半径为 R，偏心距 $OC=e$，凸轮绕轴 O 转动的角速度为 ω，OC 与水平线所成夹角为 φ。求当 $\varphi=0°$时，顶杆的速度。

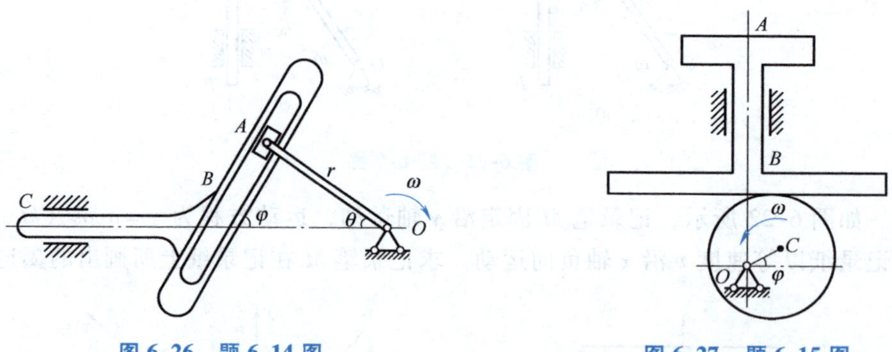

图 6-26 题 6-14 图　　图 6-27 题 6-15 图

6-16 图 6-28 所示曲柄滑道机构中，杆 BC 水平，而杆 DE 保持铅垂。曲柄长 $OA=10\text{cm}$，以匀角速度 $\omega=20\text{rad/s}$ 绕轴 O 转动，通过滑块 A 使杆 BC 做往复运动。当曲柄与水平线的交角 $\varphi=0°$，30°，90°时，求杆 BC 的速度。

6-17 绕轴 O 转动的圆盘及直杆 OA 上均有一导槽，两导槽间有一活动销子 M，如图 6-29

所示，$b=0.1\text{m}$。设在图示位置时，圆盘及直杆的角速度分别为 $\omega_1=9\text{rad/s}$，$\omega_2=3\text{rad/s}$。求此瞬时销子 M 的速度。

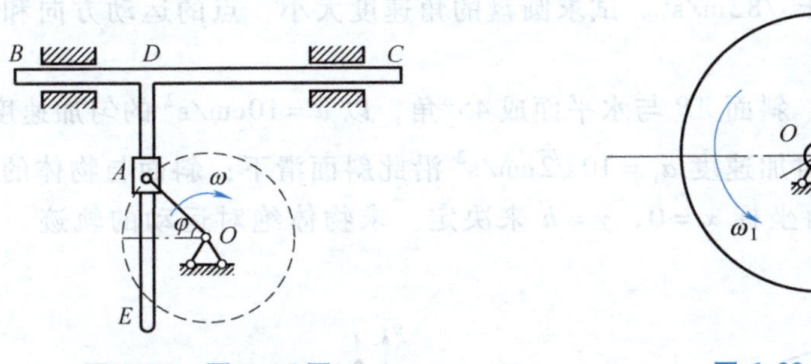

图 6-28　题 6-16 图　　　图 6-29　题 6-17 图

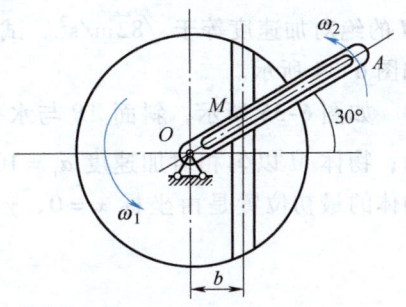

6-18　图 6-30 所示机构由两个曲柄 O_1A、O_2B，半圆形平板 ACB 及铅直杆 CD 组成，机构在平面内运动。已知曲柄 O_1A 以匀角速度 $\omega=\sqrt{3}\text{rad/s}$ 绕固定轴 O_1 逆时针转动，$O_1O_2=AB$，$O_1A=O_2B=15\text{cm}$，半圆形平板的半径 $r=5\sqrt{3}\text{cm}$，O_1 与 O_2 位于同一水平线，求在图示位置 CD 杆的加速度。

6-19　套筒 C 铰接于曲柄 OC 上，且沿杆 AB 滑动，在如图 6-31 所示瞬时，$a=150\text{mm}$，$b=200\text{mm}$，曲柄 OC 的角速度 $\omega_0=4\text{rad/s}$，角加速度 $\alpha_0=2\text{rad/s}^2$。求此时杆 AB 的角速度和角加速度。

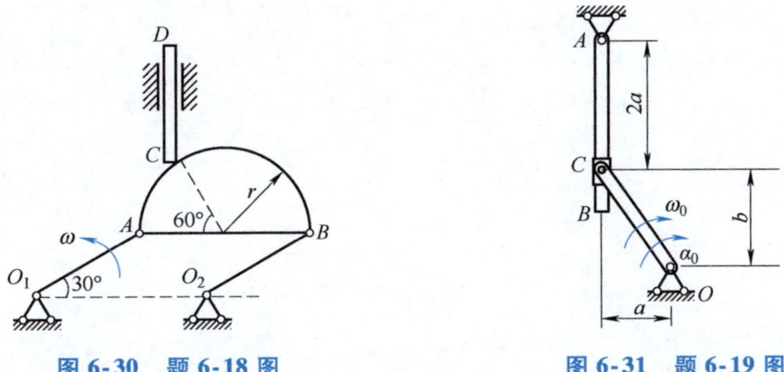

图 6-30　题 6-18 图　　　图 6-31　题 6-19 图

6-20　设 $OA=O_1B=r$，斜面倾角为 θ_1，$O_2D=l$，D 点可以在斜面上滑动，A、B 为铰链连接。在如图 6-32 所示位置时，OA、O_1B 铅垂，AB、O_2D 为水平，已知该瞬时 OA 转动的角速度为 ω，角加速度为零，试求此时 O_2D 绕 O_2 转动的角速度和角加速度。

6-21　如图 6-33 所示，直角曲杆 OBC 绕 O 轴转动，使套在其上的小环 M 沿固定直杆 OA 滑动。已知：$OB=0.1\text{m}$，OB 与 BC 垂直，曲杆的角速度 $\omega=0.5\text{rad/s}$，角加速度为零。求当 $\varphi=60°$时，小环 M 的速度和加速度。

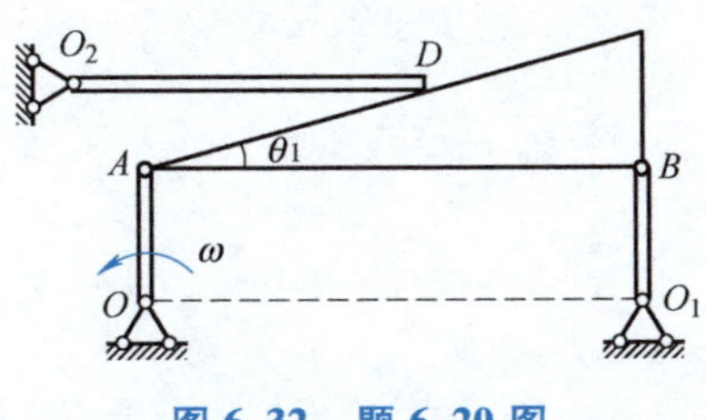

图 6-32　题 6-20 图

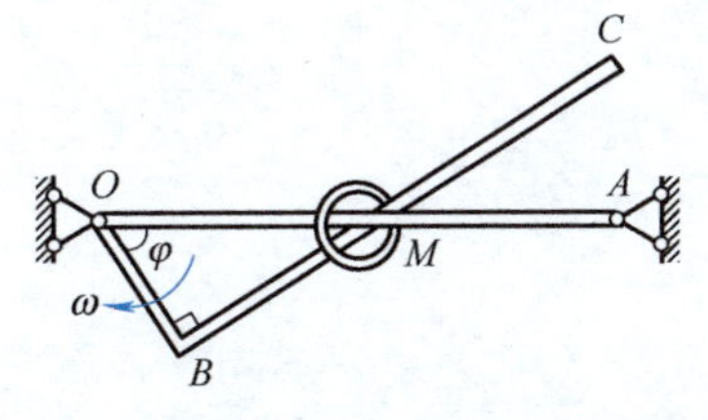

图 6-33　题 6-21 图

6-22 半径等于1m的圆盘在自身平面内以匀角速度 ω 绕经过圆周上点 O 的轴转动；点 M 沿圆周做匀速相对运动，在圆盘旋转一圈的时间内点 M 沿圆周走过两周。已知当 $\varphi = 90°$ 时，点 M 的绝对加速度等于 $\sqrt{82}\mathrm{m/s^2}$。试求圆盘的角速度大小。点的运动方向和圆盘的转动方向如图6-34所示。

6-23 如图6-35所示，斜面 AB 与水平面成45°角，以 $a = 10\mathrm{cm/s^2}$ 的匀加速度沿 Ox 轴方向运动；物体 M 以匀相对加速度 $a_r = 10\sqrt{2}\mathrm{cm/s^2}$ 沿此斜面滑下；斜面与物体的初速度均为零，物体的最初位置是由坐标 $x=0$，$y=h$ 来决定。求物体绝对运动的轨迹、速度和加速度。

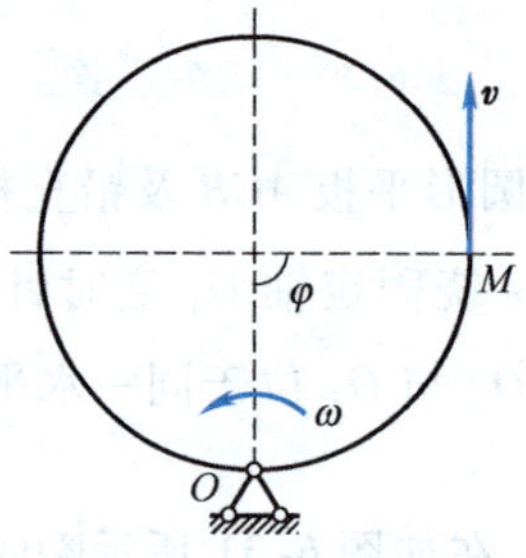

图6-34　题6-22图

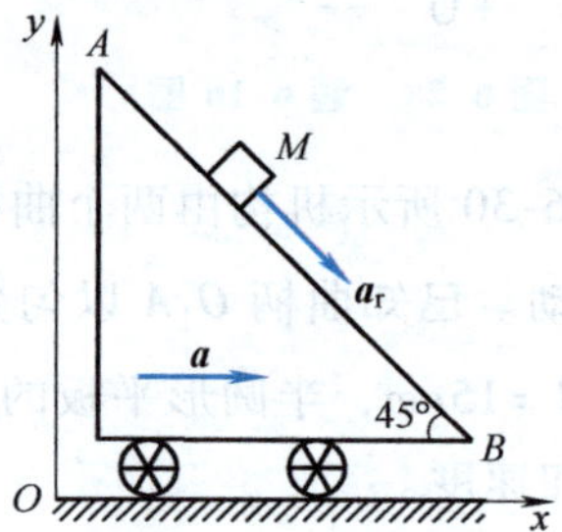

图6-35　题6-23图

第7章　刚体的平面运动

【内容提要】

本章研究刚体平面运动的分解，平面运动刚体的角速度、角加速度，以及刚体上各点的速度和加速度。

【学习要求】

通过本章的学习，要求熟练掌握刚体平面运动的概念，了解平面运动分解成平动和转动的方法；能熟练掌握并灵活应用基点法、速度投影定理和瞬心法求解有关速度问题；会应用基点法求平面运动刚体上点的加速度。

7.0　本章学习任务单

1. 刚体平面运动的概述和运动分解

根据定义了解刚体平面运动的简化过程，能用合成分解的观点正确理解刚体的平面运动特征。请读者带着如下问题学习7.1节的内容（含1个微视频）：

1）如何由刚体的平面运动方程（即平面图形在自身平面内的运动方程）本身去理解刚体的平面运动包含“平动和转动”这两种刚体基本运动形式？

2）在运动分解的过程中如何设定动坐标系？

3）转动部分为什么与基点的选择无关？

2. 求平面图形各点速度的基点法

根据问题所求，选取需求速度的点为动点，一般选择速度已知（或部分已知，比如运动方向）的点为基点，能熟练画出速度平行四边形并求解。请读者带着如下问题学习7.2节的内容（含1个微视频）：

1）速度矢量图画在哪一点上？

2）速度投影定理是将速度矢量方程投影到基点与所求点的连线上所得到的结论，请问还可以从别的角度去理解该定理的结论吗？

3. 求平面图形各点速度的瞬心法

理解瞬时速度中心（简称速度瞬心）的概念，熟悉几种常见的速度瞬心的求法，并能灵活应用该方法求平面图形上任一点的速度。请读者带着如下问题学习 7.3 节的内容（含 1 个微视频）：

1）瞬心法与基点法有什么联系与区别？

2）利用瞬时速度中心的概念，刚体的平面运动可以看成是瞬时转动，那么这与刚体绕定轴转动的主要区别是什么？

4. 求平面图形各点加速度的基点法

会应用基点法对平面图形上任一点进行加速度分析并画出加速度矢量图。请读者带着如下问题学习 7.4 节的内容（含 1 个微视频）：

1）刚体的平面运动可以分解为平动和转动，为什么加速度矢量方程中却没有科氏加速度？

2）为什么认为相对加速度的方向都是已知的？

7.1 刚体平面运动的概述和运动分解

第 5 章讨论了刚体的平行移动和定轴转动，它们是刚体最常见的基本运动。在此基础上，本章将进一步研究刚体较为复杂的一种运动——刚体的平面运动。刚体的平面运动是工程机械中常见的一种刚体运动，它可以看作是平动和转动的合成，也可以看作是绕不断运动的轴的转动。

7.1.1 刚体平面运动的运动方程

刚体的平面运动是一种比平动和定轴转动更复杂的运动。例如，行星齿轮机构中动齿轮 A 的运动（见图 7-1a），椭圆规连杆机构中连杆 AB 的运动（见图 7-1b）等，这些刚体的运动既不是平动，也不是绕定轴的转动，但它们有一个共同的特征，即在运动过程中，刚体上的任意一点与某一固定平面始终保持相等的距离，这种运动称为刚体的平面运动。

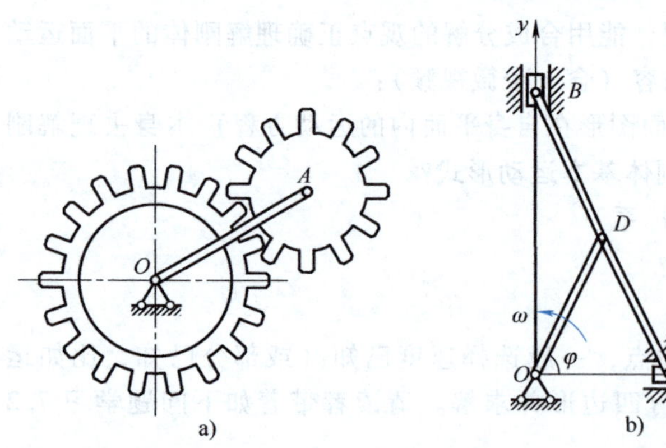

图 7-1　刚体平面运动的例子

【微视频：刚体平面运动的概述和运动分解】

1. 刚体平面运动的简化

设某刚体平行于固定平面Ⅰ做平面运动，取一个与该固定平面平行的平面Ⅱ来横截此刚体，截得平面图形 S（见图 7-2），根据平面运动的定义可知，在刚体运动过程中，此平面

图形 S 必在平面Ⅱ内运动。在刚体内任取一条垂直于平面图形 S 的直线 A_1A_2，它与平面图形的交点为 A。显然，刚体运动时，直线 A_1A_2 与平面Ⅱ保持垂直，即直线 A_1A_2 做平动，所以它的运动可以由它和平面图形 S 的交点 A 的运动来代表。同理，与平面图形 S 相垂直的任一条直线的运动都可以由它和平面图形 S 的交点的运动来代表。因此，平面图形 S 的运动就代表了整个刚体的运动。于是，刚体的平面运动可简化为平面图形在自身平面内的运动。

2. 刚体平面运动方程

设平面图形 S 在固定平面 xOy 内运动，平面图形在其自身所在平面上的位置完全可由图形内任意线段 $O'A$ 的位置来确定（见图 7-3）。而要确定此线段在平面内的位置，只需确定线段上任一点 O'的位置以及线段 $O'A$ 与固定坐标轴 Ox 间的夹角 φ 即可。显然，当平面图形在其自身平面内运动时，点 O'的位置和夹角 φ 随时间变化，是时间 t 的单值连续函数，即

$$x_{O'}=f_1(t),\ \ y_{O'}=f_2(t),\ \ \varphi=f_3(t) \tag{7-1}$$

上式称为平面图形的运动方程，也就是刚体平面运动的运动方程。此方程能够描述刚体平面运动的整体运动规律。

【动画：刚体平面运动的概述】

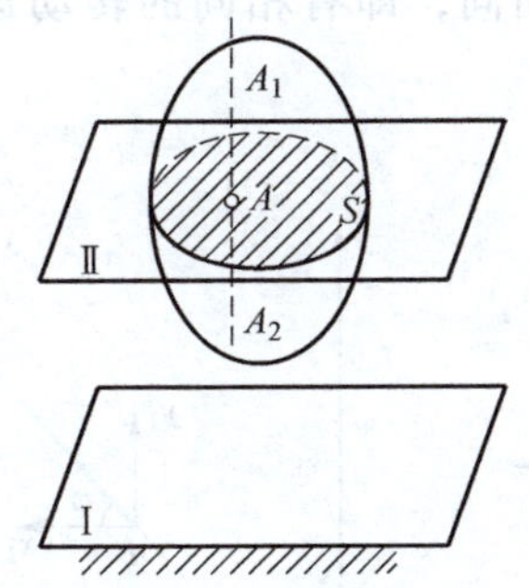

图 7-2　刚体平面运动的简化

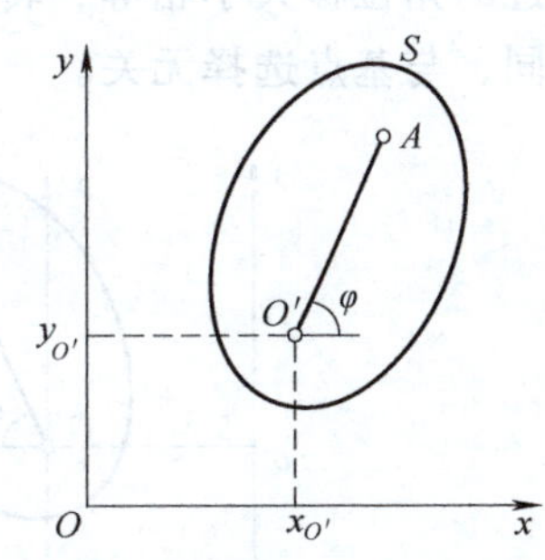

图 7-3　平面图形位置的确定

讨论：从式（7-1）中可以看到以下两种特殊的运动情况：

（1）若 φ = 常数，则图形 S 上任一直线在运动过程中始终与原来位置平行，即图形 S 只在定平面内做平行移动，亦即刚体做平动；

（2）若 $x_{O'}$和 $y_{O'}$分别等于常数，即点 O'位置不变，则图形 S 绕 O'点在定平面上做定轴转动，亦即刚体只绕通过 O'点且垂直于定平面的轴做定轴转动。

由此可见，刚体的平面运动包含着刚体基本运动的两种形式——平动和转动。

7.1.2　刚体平面运动的分解

刚体平面运动方程（7-1）的含义也可以由第 6 章中介绍的合成运动的观点加以解析。

设有平面图形 S 在其自身平面 xOy 内运动，如图 7-4a 所示。在该平面上任选一点 O'，在点 O'处假想地附上一个随点 O'运动的平动坐标系 $O'x'y'$，令初始时 $O'x'$轴和 $O'y'$轴分别平行于定坐标轴 Ox 和 Oy，在平面图形 S 运动的过程中，平动坐标系的两坐标轴始终分别平行于定坐标轴 Ox 和 Oy，通常将这一平动坐标系的原点 O'称为基点。下面研究平面图形 S 上某一点 M 的运动，由点的合成运动可知，点 M 的绝对运动是由随坐标系 $O'x'y'$平动（牵连运动）和绕基点 O'转动（相对运动）组合而成的。于是平面图形的平面运动可看成随同基点的平行移动和绕基点转动这两种运动的合成，亦即刚体平面运动可分解为随同基点平动

和绕基点转动。

研究平面运动时，基点的选择是任意的，那么选择不同的点作为基点，会对平面运动分解为平动和转动两部分的运动规律有何影响呢？下面做进一步讨论。

设有平面图形在定系 Oxy 内运动，在图形内任取两点 A 和 B，则线段 AB 的位置即可代表平面图形的位置。设线段从 t 瞬时的位置 AB 运动到 $t+\Delta t$ 瞬时的位置 $A'B'$，分别在点 A 和点 B 处假想地各附上一个随点 A 和点 B 运动的平动坐标系 Ax_1y_1 和 Bx_2y_2，令初始时 Ax_1（Bx_2）轴和 Ay_1（By_2）轴分别平行于定坐标轴 Ox 和 Oy，如图 7-4b 所示。

选 A 为基点：AB 可看作随平动系 Ax_1y_1 平移到位置 $A'B''$，再绕 A'转过角度 $\Delta\varphi_1$ 到达位置 $A'B'$。

选 B 为基点：AB 可看作随平动系 Bx_2y_2 平移到位置 $A''B'$，再绕 B'转过角度 $\Delta\varphi_2$ 到达位置 $A'B'$。

当然，实际上平动和转动两者是同时进行的。

由平动性质：$A'B''/\!/AB$，$A''B'/\!/AB$，所以 $\Delta\varphi_1=\Delta\varphi_2$，即图形相对于基点 A 或基点 B 转过的角位移大小相等，转向亦相同，即有相同的转动运动，因此其角速度、角加速度也相同，与基点选择无关。

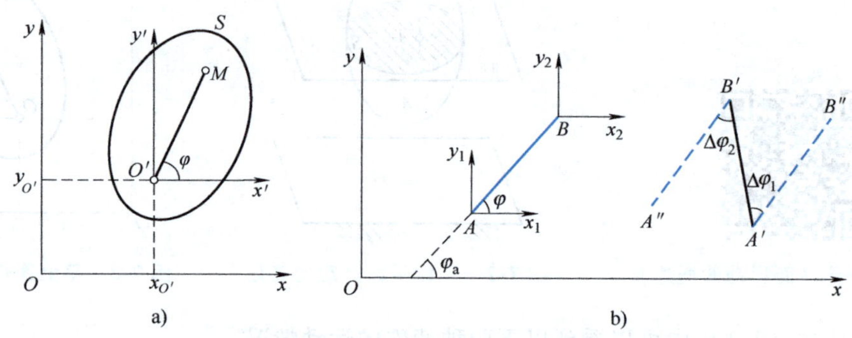

图 7-4　刚体平面运动的分解与基点的选择

平动的运动规律是由基点来确定的，一般情况下，平面图形各点的运动情况不同，因而选择不同基点的平动运动规律，显然也是不相同的。

于是得结论：平面运动可以取任意基点而分解为随基点的平动和绕基点的转动，其中平动部分的运动规律（速度和加速度等）与基点选择有关，而平面图形绕基点转动的运动规律（角速度和角加速度）与基点选择无关。

由图 7-4b 也可以看出，在任意瞬时 t，平面图形上线段 AB 相对于动系 Ax_1y_1 的方位用角度 φ 表示，而在同一瞬时，AB 相对于定系 Oxy 的方位用角度 φ_a 表示，且有

$$\varphi(t)=\varphi_a(t) \tag{7-2a}$$

从而有

$$\omega(t)=\omega_a(t) \tag{7-2b}$$

$$\alpha(t)=\alpha_a(t) \tag{7-2c}$$

由于动系相对定系无方位变化，故其相对转动量就是绝对转动量。因此，以后凡是涉及平面图形相对转动的角速度和角加速度时，不必指明基点，而只需说明是某瞬时平面图形的角速度和角加速度即可。

思考：刚体的平面运动有何特点？刚体的平动是否一定是刚体的平面运动的特例？刚体绕定轴转动是刚体的平面运动的特例吗？

7.2　求平面图形内各点速度的基点法

7.2.1　用基点法分析平面图形内各点的速度

上一节建立了平面图形的运动方程，下面进一步分析平面图形内各点的速度分布规律。

设已知某瞬时平面图形上点 O' 的速度 $\boldsymbol{v}_{O'}$ 和转动角速度 ω，如图 7-5a 所示。点 M 是平面图形上任意一点，取点 M 为动点，点 O' 为基点，动系是假想地在基点 O' 上安装的平动坐标系 $O'x'y'$（为了使速度示意图简洁清晰，假想的基点上的平动坐标系 $O'x'y'$ 及定坐标系 Oxy 均省略不画，后面凡是用基点法分析速度和加速度都如此处理，不再提及）。因为牵连运动为平动，所以点 M 的牵连速度等于基点的速度，即 $\boldsymbol{v}_e = \boldsymbol{v}_{O'}$，而点 M 的相对运动则是绕基点的圆周运动，其相对速度等于平面图形绕基点 O' 转动时点 M 的速度，以 $\boldsymbol{v}_{MO'}$ 表示，它的方向垂直于 $O'M$ 并指向图形转动的方向，大小为

$$v_{MO'} = O'M \cdot \omega$$

式中，ω 为平面图形角速度的绝对值（以下同）。由点的速度合成公式有

$$\boldsymbol{v}_M = \boldsymbol{v}_e + \boldsymbol{v}_r = \boldsymbol{v}_{O'} + \boldsymbol{v}_{MO'} \tag{7-3}$$

式（7-3）是平面图形内任意点 M 的速度合成公式（见图 7-5a）。根据此式，可以画出平面图形内直线上各点的速度分布图，如图 7-5b 所示。

式（7-3）表明，平面图形上任一点的速度等于基点的速度与该点随图形绕基点转动速度的矢量和。这种确定平面图形上点的速度的方法称为基点法。

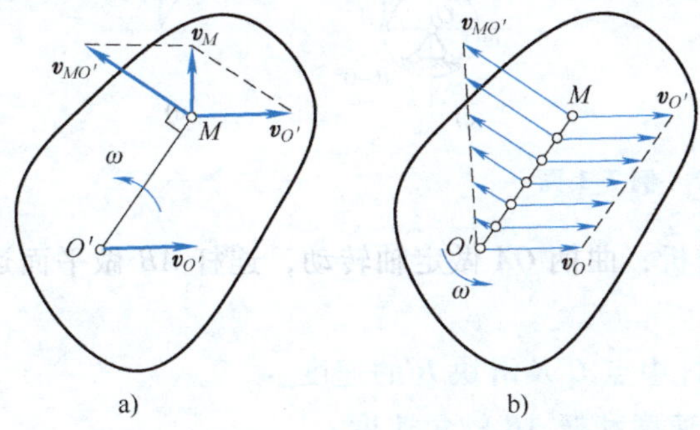

图 7-5　基点法分析平面图形内各点的速度

【微视频：求速度的基点法】

7.2.2　速度投影定理

根据式（7-3）容易导出速度投影定理：同一平面图形上任意两点的速度矢量在这两点连线上的投影相等。

证明：在图形上任取两点 A 和 B，它们的速度分别为 $\boldsymbol{v}_A$ 和 $\boldsymbol{v}_B$，如图 7-6 所示，则两点的速度由式（7-3），有

$$\boldsymbol{v}_B = \boldsymbol{v}_A + \boldsymbol{v}_{BA}$$

将上式两边分别投影到 AB 线上，并分别用 $(\boldsymbol{v}_B)_{AB}$，$(\boldsymbol{v}_A)_{AB}$，$(\boldsymbol{v}_{BA})_{AB}$ 表示 $\boldsymbol{v}_B$，$\boldsymbol{v}_A$，$\boldsymbol{v}_{BA}$ 在 AB 线上的投影，则

$$(\boldsymbol{v}_B)_{AB}=(\boldsymbol{v}_A)_{AB}+(\boldsymbol{v}_{BA})_{AB}$$

由于，$\boldsymbol{v}_{BA}\perp\overrightarrow{AB}$，因此有 $(\boldsymbol{v}_{BA})_{AB}=0$。于是得到

$$(\boldsymbol{v}_B)_{AB}=(\boldsymbol{v}_A)_{AB} \tag{7-4}$$

证毕。

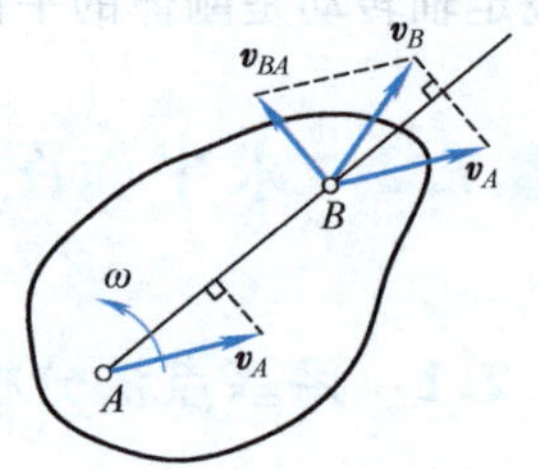

图 7-6　速度投影定理

这个定理也可这样说明：因为 A 和 B 是刚体上的两点，它们之间的距离应保持不变，所以两点的速度在 AB 方向的分量必须相同。否则，两点的距离必将伸长或缩短。因此，此定理不仅适用于刚体做平面运动，也适合于刚体做其他任意的运动。

应用速度投影定理分析平面图形上点的速度的方法称为速度投影法。

思考： 平面图形上任意两点的速度方向能否任意假定？

例 7-1　在如图 7-7a 所示的曲柄连杆机构中，已知 $OA=r$，$AB=l$，曲柄以匀角速度 ω 转动，当 $\theta=45°$ 时，OA 与 AB 垂直。试求：(1) $\theta=45°$ 时，AB 杆的角速度、AB 杆中点 C 及滑块 B 的速度；(2) $\theta=0°$ 时，AB 杆的角速度及滑块 B 的速度。

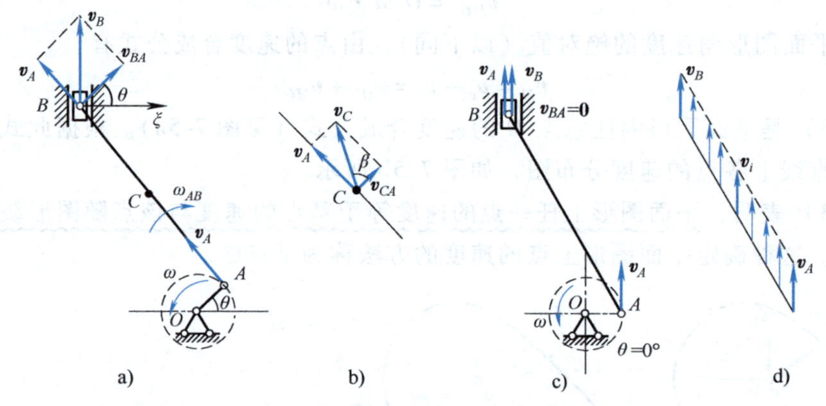

图 7-7　例 7-1 图

解： 首先，对曲柄连杆机构进行运动分析，曲柄 OA 做定轴转动，连杆 AB 做平面运动，滑块 B 沿滑道上下平动。

1）$\theta=45°$ 时，求 AB 杆的角速度、AB 杆中点 C 及滑块 B 的速度。

①考查 AB 的平面运动，先求滑块 B 的速度和杆 AB 的角速度。

选 A 为基点，易求得 $v_A=r\omega$，在 B 处构造速度平行四边形，如图 7-7a 所示。

$$\boldsymbol{v}_B=\boldsymbol{v}_A+\boldsymbol{v}_{BA} \tag{a}$$

大小	?	√	?
方向	√	√	√

对式 (a) 分别沿 AB 方向和 ξ 轴正向列投影方程求解：

AB 方向：　$v_B\cos\theta=v_A$，$v_B=\dfrac{v_A}{\cos\theta}=\sqrt{2}r\omega$（↑）　(b)

ξ 轴正向：$0=-v_A\sin\theta+v_{BA}\cos\theta$，$v_{BA}=v_A\tan\theta=r\omega$，进一步求 AB 杆的角速度为

$$\omega_{AB}=\frac{v_{BA}}{l}=\frac{r}{l}\omega \text{（转向顺时针）} \tag{c}$$

②再求连杆中点 C 的速度，仍选 A 为基点，在 C 处构造速度平行四边形，如图 7-7b 所示。

$$\boldsymbol{v}_C=\boldsymbol{v}_A+\boldsymbol{v}_{CA}$$

	$\boldsymbol{v}_C$	$\boldsymbol{v}_A$	$\boldsymbol{v}_{CA}$
大小	?	√	√
方向	?	√	√

其中，$v_{CA}=\frac{l}{2}\omega_{AB}=\frac{r\omega}{2}$，由于 OA 与 AB 垂直，易求得 $\boldsymbol{v}_C$ 的大小和方向分别为

$$v_C=\sqrt{v_A^2+v_{CA}^2}=\sqrt{(r\omega)^2+\left(\frac{r\omega}{2}\right)^2}=\frac{\sqrt{5}}{2}r\omega,\ \tan\beta=\frac{v_A}{v_{CA}}=2 \tag{d}$$

2）$\theta=0°$时，求 AB 杆的角速度及滑块 B 的速度。

同理，选 A 为基点，则点 B 的速度为

$$\boldsymbol{v}_B=\boldsymbol{v}_A+\boldsymbol{v}_{BA}$$

而此时 $\boldsymbol{v}_A /\!/ \boldsymbol{v}_B$，$\boldsymbol{v}_{BA}\perp\overrightarrow{AB}$，所以速度平行四边形为特殊情形，如图 7-7c 所示。则有

$$v_B=v_A=r\omega\ (\uparrow) \tag{e}$$

$$v_{BA}=0,\ \omega_{AB}=0 \tag{f}$$

本例讨论：1）本例用基点法求滑块 B 及点 C 的速度时所采用的解析法（列投影方程）是普遍适用的；在正确画出点 B 及点 C 的速度平行四边形后，由于其一半是直角三角形，因此本题利用几何关系求解更为简便。

2）进一步分析 $\theta=0°$时，连杆 AB 上任一点 i 的绝对速度 $\boldsymbol{v}_i$，由于该时刻 $\omega_{AB}=0$，易得

$$\boldsymbol{v}_i=\boldsymbol{v}_A=\boldsymbol{v}_B \tag{g}$$

即连杆 AB 上各点的速度大小和方向均相同，如图 7-7d 所示。由此可见，该瞬时就速度分布而言，连杆 AB 具有平动的运动特征。但由于在曲柄转角 $\theta=0°$的前、后邻近瞬时，连杆都不具有这一特征，因此它在该瞬时的运动称为瞬时平动。

例 7-2　图 7-8 所示的平面机构中，曲柄 OA 长 100mm，以角速度 $\omega=2\text{rad/s}$ 转动。连杆 AB 带动摇杆 CD，并拖动轮 E 沿水平平面滚动。已知 $CD=3CB$，图示位置时 A、B、E 三点恰在同一水平线上，且 $CD\perp ED$。求此瞬时点 E 的速度。

解：由运动已知的曲柄 OA 出发，根据运动分析依次画出点 A、B、D、E 的速度矢量，如图 7-8 所示。

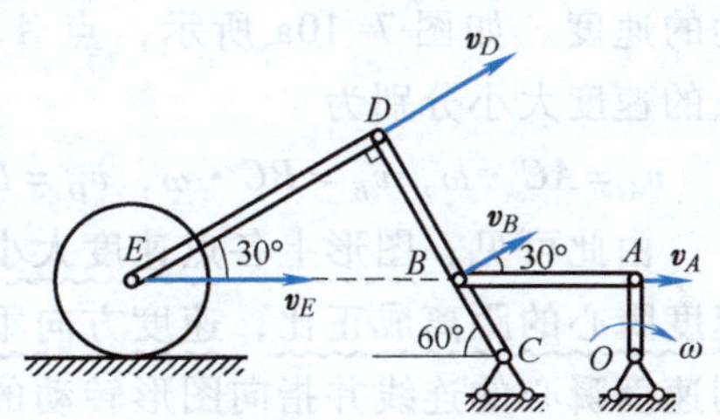

图 7-8　例 7-2 图

$$v_A=OA\cdot\omega=0.1\times2\text{m/s}=0.2\text{m/s}$$

1）连杆 AB 做平面运动，由速度投影定理求 v_B

$$v_A=v_B\cos30°,\ v_B=0.23\text{m/s}$$

2）由摇杆 CD 绕点 C 转动，有

$$v_D=CD\cdot\omega_{CD}=\frac{v_B}{CB}\cdot CD=3v_B=0.69\text{m/s}$$

3）DE 做平面运动，而轮 E 沿水平面滚动，因此轮心 E 的速度方向为水平，由速度投影定理知 E 点的速度方向水平向右，大小关系为

$$v_E\cos30°=v_D$$

解得

$$v_E = 0.8\text{m/s}$$

■ 7.3　求平面图形内各点速度的瞬心法

用基点法求解平面图形上各点的速度时，如果能选取速度等于零的点为基点，问题就简单得多了。现在的问题是平面图形上是否存在速度为零的点，此外如何确定该点的位置。下面就来讨论这两个问题。

7.3.1　瞬时速度中心

在某一瞬时，平面图形内速度等于零的点称为瞬时速度中心，或简称为速度瞬心。

1. 定理

一般情况下，在每一瞬时，平面图形上唯一地存在一个速度为零的点。

证明：设有平面图形 S，如图 7-9 所示。取图形上一点 A 为基点，它的速度为 $\boldsymbol{v}_A$，图形的角速度的绝对值为 ω，转向如图 7-9 所示。由式 (7-3)，图上任一点 M 的速度为

$$\boldsymbol{v}_M = \boldsymbol{v}_A + \boldsymbol{v}_{MA}$$

若点 M 在 $\boldsymbol{v}_A$ 的垂线 AN 上，将上面矢量方程向 $\boldsymbol{v}_A$ 的正向投影，有

$$v_M = v_A - v_{MA}$$

即

$$v_M = v_A - \omega \cdot AM$$

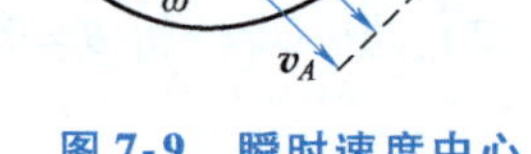

图 7-9　瞬时速度中心

M 点在 AN 上位置的不同，v_M 的大小也不相同，因此总可以找到一点 C，使该点瞬时速度为零，如令 $AC = v_A/\omega$，则

$$v_C = v_A - \omega \cdot AC = 0$$

证毕。

2. 平面图形上各点的速度及其分布

根据上述定理，每瞬时都存在速度瞬心 C，选取 C 为基点，由式 (7-3) 可知，此瞬时图形上任一点的速度就等于该点随图形绕点转动的速度。如图 7-10a 所示，点 A、B、D 各点的速度大小分别为

$$v_A = AC \cdot \omega，v_B = BC \cdot \omega，v_D = DC \cdot \omega$$

由此可见，图形上各点速度大小与该点到速度瞬心的距离成正比，速度方向垂直于该点到速度瞬心的连线并指向图形转动的一方。平面图形各点速度分布情况如图 7-10b 所示，与图形绕定轴转动时各点速度分布情况相类似，因此平面图形运动可看作绕速度瞬心的瞬时转动。

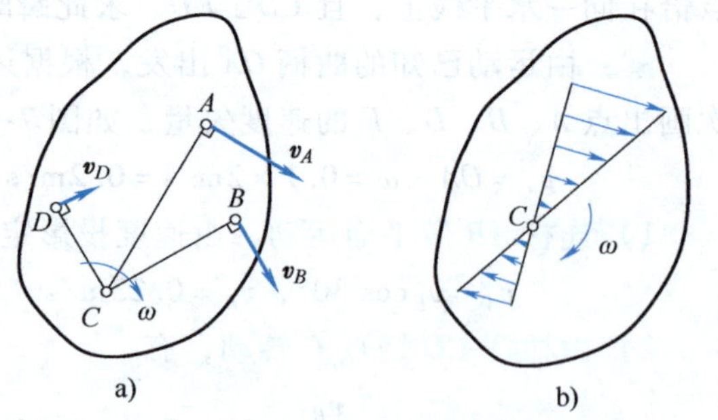

图 7-10　平面图形上各点的瞬时速度分布

应该注意，速度瞬心可以在平面图形内，也可以在平面图形以外，且它的位置不是固定

不变的，而是随着时间变化的。因此，平面图形在不同瞬时具有不同的速度瞬心。这是其与定轴转动的重要区别。引进了瞬时速度中心的概念，平面图形的运动可以描述为：平面图形的瞬时运动为绕该瞬时的速度瞬心做瞬时转动，其连续运动为绕图形上一系列的速度瞬心做瞬时转动。

利用速度瞬心求解平面图形上点的速度的方法，称为速度瞬心法。此方法在求解平面图形上任一点的速度时非常方便。应用此法的关键在于如何确定速度瞬心的位置。下面具体讨论几种按不同的已知条件，确定速度瞬心位置的方法。

7.3.2　瞬时速度中心的确定

下面介绍常见的几种条件下速度瞬心的求法。

1）如果平面图形沿固定表面做无滑动的滚动（纯滚动）如图 7-11a 所示，则图形与固定表面的接触点 C 就是图形的速度瞬心。

2）已知某瞬时平面图形 A、B 两点速度的大小和方向，且两点的速度均垂直于该两点的连线，如图 7-11b、c 所示，则 A、B 两点速度矢端的连线与该两点连线（或连线的延长线）的交点就是速度瞬心 C。

3）已知平面图形任意两点 A、B 的速度方向，且两速度互不平行，如图 7-11d 所示。因为各点速度垂直于该点与速度瞬心的连线，所以，过 A、B 两点分别作 $\boldsymbol{v}_A$、$\boldsymbol{v}_B$ 的垂线，其交点就是速度瞬心。

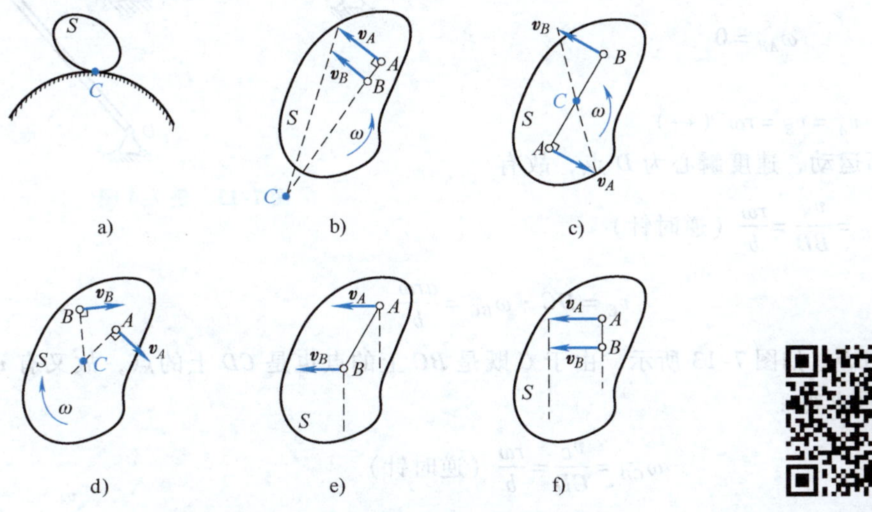

图 7-11　平面图形上速度瞬心的求法　【微视频：求速度的瞬心法】

4）已知某瞬时平面图形上 A、B 两点的速度相互平行但不垂直两点连线（见图 7-11e），或两点速度相等，且垂直于 A、B 两点连线（见图 7-11f），则图形的速度瞬心在无穷远处，此时平面图形的瞬时角速度 $\omega=0$，平面图形做瞬时平动。如例 7-1 中 $\theta=0°$ 时的情形。

例 7-3　椭圆规尺的 A 端以速度 $\boldsymbol{v}_A$ 沿 x 轴负向运动，如图 7-12 所示，$AB=l$。求规尺 AB 的角速度、尺 AB 中点 D 及滑块 B 的速度。

解： 规尺 AB 做平面运动。A 端的速度 $\boldsymbol{v}_A$ 已知，要想满足 B 端约束条件和速度投影定理，v_B 一定沿 y 轴正向，分别作 A 和 B 两点速度的垂线，两条直线的交点 C 就是图形的速度瞬心，如图 7-12 所示。于是图形的角速度为

$$\omega=\frac{v_A}{CA}=\frac{v_A}{l\sin\varphi}$$

点 B 的速度大小为

$$v_B=CB\cdot\omega=\frac{CB}{CA}v_A=v_A\cot\varphi$$

点 D 的速度大小为

$$v_D=CD\cdot\omega=\frac{l}{2}\cdot\frac{v_A}{l\sin\varphi}=\frac{v_A}{2\sin\varphi}$$

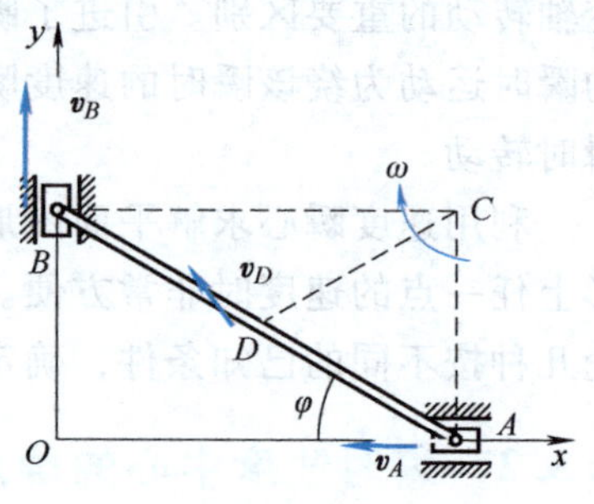

图 7-12　例 7-3 图

其方向垂直于 CD，且朝向图形转动的一方，如图 7-12 所示。

本例讨论： 请读者用基点法和速度投影定理法求解本题，并比较这三种方法各自的特点。

例 7-4　如图 7-13 所示平面机构，已知 $BD\perp BC$，$BD=b$，$CD=a$，$OA=r$，曲柄 OA 以等角速度 ω 转动。求 CD 杆的角速度和 C 点的速度。

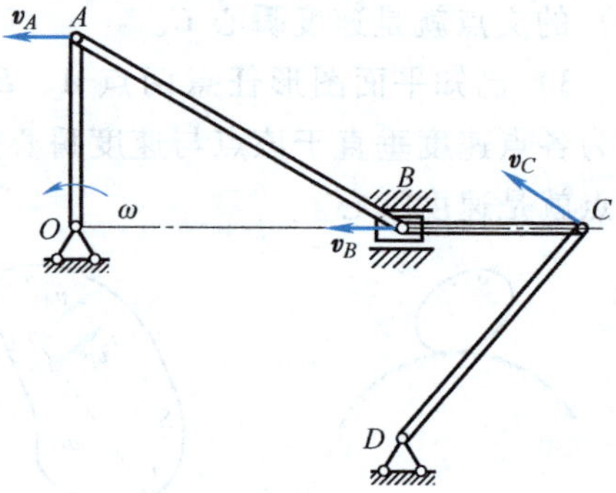

解： 分析机构中各杆的运动，OA、CD 做定轴转动，AB、BC 做平面运动，由于 $v_A /\!/ v_B$，而 AB 不垂直于 v_A。于是，AB 杆做瞬时平动，其瞬心在无穷远处

$$\omega_{AB}=0$$

即

$$v_A=v_B=r\omega\ (\leftarrow)$$

图 7-13　例 7-4 图

BC 杆做平面运动，速度瞬心为 D 点，故有

$$\omega_{BC}=\frac{v_B}{BD}=\frac{r\omega}{b}\ （逆时针）$$

$$v_C=DC\cdot\omega_{BC}=\frac{ar\omega}{b}$$

它的方向垂直于 CD，如图 7-13 所示，由于 C 既是 BC 上的点也是 CD 上的点，故又有 $v_C=CD\cdot\omega_{CD}$，由此可求得

$$\omega_{CD}=\frac{v_C}{CD}=\frac{r\omega}{b}\ （逆时针）$$

例 7-5　如图 7-14 所示，在外啮合行星齿轮机构中，系杆 $O_1O=l$，以匀角速度 ω 绕 O_1 轴转动。大齿轮Ⅱ固定，行星轮Ⅰ的半径为 r，在轮Ⅱ上只滚不滑。设 A、B、C、D 是轮Ⅰ轮缘上的四个点，且分别位于轮Ⅰ两条相互垂直的直径上，其中 C 点是两轮的啮合点。求这四个点的速度。

解： 如图 7-14 所示，O_1O 绕 O_1 轴做匀速的定轴转动

$$v_O=O_1O\cdot\omega=l\omega$$

轮Ⅰ做平面运动，在轮Ⅱ上只滚不滑，啮合点 C 就是它的速度瞬心，即

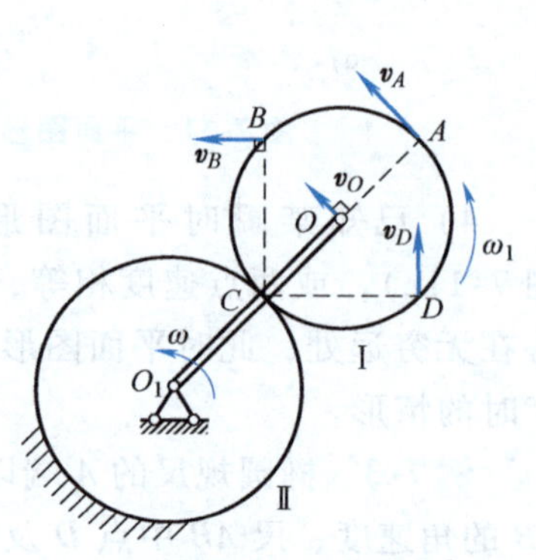

图 7-14　例 7-5 图

$$v_C = 0$$

设轮 I 的角速度为 ω_1，则

$$\omega_1 = \frac{v_O}{CO} = \frac{l\omega}{r}$$

行星轮 I 上各点的速度可视为该瞬时绕点 C 转动，因此，点 A、B、D 的速度大小分别为

$$点 A：v_A = CA \cdot \omega_1 = 2r \cdot \frac{l}{r}\omega = 2l\omega$$

$$点 B：v_B = CB \cdot \omega_1 = \sqrt{2}r \cdot \frac{l}{r}\omega = \sqrt{2}l\omega$$

$$点 D：v_D = CD \cdot \omega_1 = \sqrt{2}r \cdot \frac{l}{r}\omega = \sqrt{2}l\omega$$

各点速度方向分别垂直于点 A、B、D 与点 C 的连线，顺着轮 I 的转向，指向如图 7-14 所示。

本例讨论： 请读者用基点法（以 O 为基点）校核由速度瞬心法所得结果，并思考本例能否用速度投影定理求解？

综上所述，解题步骤如下：

1）分析机构中各物体的运动，哪些物体做平动，哪些物体做转动或平面运动。

2）研究平面运动物体上哪一点的速度是已知的，哪一点速度的某一要素（往往是方向）是已知的。

3）利用基点法构造速度平行四边形，若用速度瞬心法则画出瞬心位置。

4）利用几何关系，求未知量。

7.4　求平面图形内各点加速度的基点法

平面运动的加速度分析与速度分析相仿。设已知某一瞬时平面图形运动的角速度为 ω，角加速度为 α，平面图形上点 A 的加速度为 $\boldsymbol{a}_A$，如图 7-15a 所示。选 A 为基点（假想平动坐标系安装在点 A 处），与基点法分析速度时相类似：平面图形上任一点 B 的运动，可以看作牵连运动是随基点 A 的平动，相对运动是绕 A 点的转动。应用动系做平动的加速度合成公式，图形上任一点 B 的加速度为

$$\boldsymbol{a}_B = \boldsymbol{a}_\mathrm{a} = \boldsymbol{a}_\mathrm{e} + \boldsymbol{a}_\mathrm{r} = \boldsymbol{a}_A + \boldsymbol{a}_{BA}$$

即

$$\boldsymbol{a}_B = \boldsymbol{a}_A + \boldsymbol{a}_{BA}^\mathrm{n} + \boldsymbol{a}_{BA}^\tau \tag{7-5}$$

式中，$\boldsymbol{a}_{BA}^\tau$ 和 $\boldsymbol{a}_{BA}^\mathrm{n}$ 分别为点相对于平动坐标系做圆周运动的相对切向加速度和相对法向加速度，且

$a_{BA}^\tau = AB \cdot \alpha$，方向垂直于 AB，指向与角加速度 α 的转向相一致；

$a_{BA}^\mathrm{n} = AB \cdot \omega^2$，方向沿 AB 指向基点 A。

式（7-5）中的各量均表示在图 7-15a 中，平面图形上线段 AB 上各点的牵连加速度与相对加速度的分布规律如图 7-15b 所示。

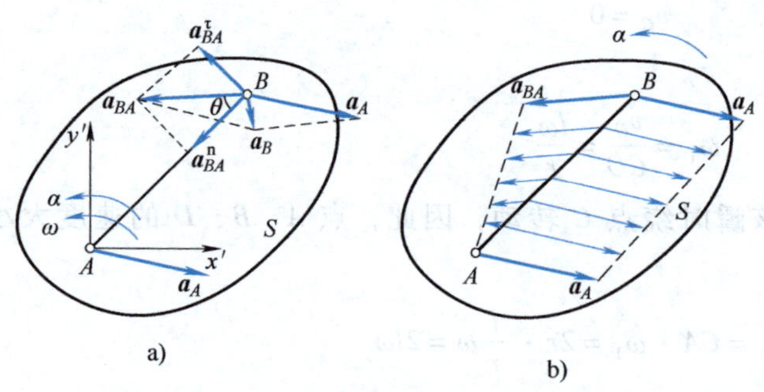

图 7-15 基点法分析平面图形上各点的加速度

【微视频：求加速度的基点法】

于是得出结论：平面图形内任一点的加速度等于基点的加速度与该点绕基点转动的切向加速度和法向加速度的矢量和。

式（7-5）为平面内的矢量等式，通常可以向两个相交的坐标轴投影得到两个代数方程，得以求解两个未知量。

例 7-6 求图 7-16 中行星轮 I 的轮缘上的 A 点和 B 点的加速度。

解： 轮 I 做平面运动，啮合点 C 是速度瞬心，轮 I 的角速度（在例 7-5 中已求出）和其轮心 O 的加速度分别为

$$\omega_1=\frac{l}{r}\omega \tag{a}$$

$$a_O=l\omega^2 \tag{b}$$

选 O 为基点，已知 $\omega=$ 常量，由式（a）知 ω_1 也是常量，则轮 I 的角加速度为零，于是有

$$a_{AO}^{\tau}=a_{BO}^{\tau}=0 \tag{c}$$

A、B 两点相对于基点 O 的法向加速度分别沿半径 OA 和 OB，指向点 O，它们的大小为

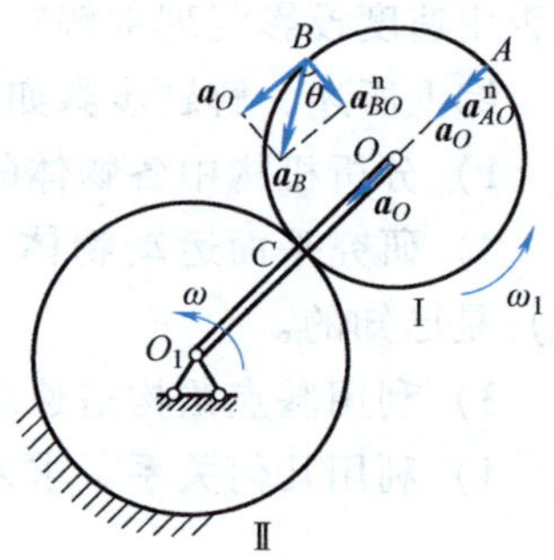

图 7-16 例 7-6 图

$$a_{AO}^{n}=a_{BO}^{n}=r\omega_1^2=\frac{l^2}{r}\omega^2$$

根据加速度合成公式（7-5）将这些加速度与 $\boldsymbol{a}_O$ 合成，在点 A 与点 B 处分别画出加速度合成关系图，如图 7-16 所示。

点 A 的加速度的方向沿 OA，指向圆心 O，其大小为

$$a_A=a_O+a_{AO}^{n}=l\omega^2+\frac{l^2}{r}\omega^2=l\omega^2\left(1+\frac{l}{r}\right)$$

点 B 加速度的大小和方向分别为

$$a_B=\sqrt{a_O^2+(a_{BO}^{n})^2}=l\omega^2\sqrt{1+\frac{l^2}{r^2}},\ \theta=\arctan\frac{a_O}{a_{BO}^{n}}=\arctan\frac{r}{l}$$

例 7-7 如图 7-17 所示，在椭圆规的机构中，曲柄 OD 以匀角速 ω 绕轴 O 转动，$OD=AD=BD=l$。试求当 $\varphi=60°$时，尺 AB 的角加速度和点 A 的加速度。

解： 先分析机构各部分的运动，曲柄 OD 绕 O 做定轴转动，尺 AB 做平面运动。

取尺 AB 上的点 D 为基点，由于曲柄匀角速度转动，所以点 D 加速度方向沿 OD 指向点 O，其大小为

$$a_D = l\omega^2$$

点 A 的加速度为

$$\boldsymbol{a}_A = \boldsymbol{a}_D + \boldsymbol{a}_{AD}^{\tau} + \boldsymbol{a}_{AD}^{n} \qquad (a)$$

式中各量分析如下：

加速度	$\boldsymbol{a}_A$	$\boldsymbol{a}_D$	$\boldsymbol{a}_{AD}^{\tau}$	$\boldsymbol{a}_{AD}^{n}$
大小	?	$l\omega^2$	?	$l\omega_{AB}^2$
方向	水平	沿 OD 指向点 O	垂直于 AD	沿 AD 指向 D

未知加速度 $\boldsymbol{a}_A$ 和 $\boldsymbol{a}_{AD}^{\tau}$ 的指向暂假设如图7-17所示。其中 ω_{AB} 为尺 AB 的角速度，易由速度瞬心法求得

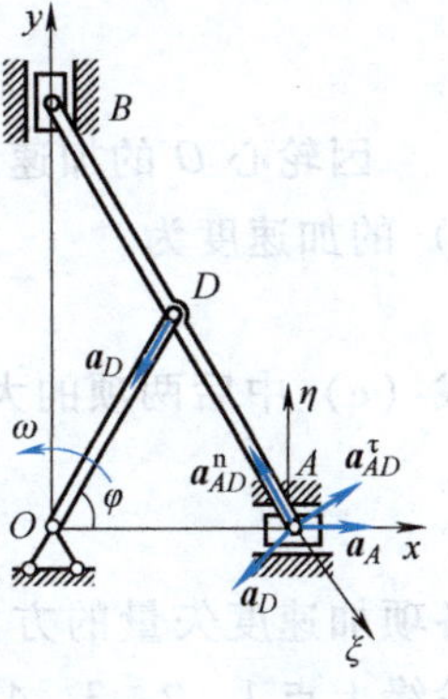

图7-17　例7-7图

$$\omega_{AB} = \omega$$

则

$$a_{AD}^{n} = l\omega^2$$

下面求 $\boldsymbol{a}_A$ 和 $\boldsymbol{a}_{AD}^{\tau}$ 两个未知量的大小。分别取 ξ 轴垂直于 $\boldsymbol{a}_{AD}^{\tau}$，$\eta$ 轴垂直于 $\boldsymbol{a}_A$，如图7-17所示。对矢量方程式（a）分别在 ξ 轴和 η 轴上投影并求解

ξ 轴：$a_A\cos\varphi = a_D\cos(\pi-2\varphi) - a_{AD}^{n}$，

$$a_A = \frac{a_D\cos(\pi-2\varphi) - a_{AD}^{n}}{\cos\varphi} = \frac{\omega^2 l\cos 60° - l\omega^2}{\cos 60°} = -l\omega^2$$

η 轴：$0 = -a_D\sin\varphi + a_{AD}^{\tau}\cos\varphi + a_{AD}^{n}\sin\varphi$，

$$a_{AD}^{\tau} = -\frac{-a_D\sin\varphi + a_{AD}^{n}\sin\varphi}{\cos\varphi} = \frac{(l\omega^2 - l\omega^2)\sin\varphi}{\cos\varphi} = 0$$

于是有

$$\alpha_{AB} = \frac{a_{AD}^{\tau}}{DA} = 0$$

由于求得的 a_A 为负值，故 $\boldsymbol{a}_A$ 的实际方向与原假设的方向相反。

例7-8　如图7-18a所示，半径为 r 的车轮沿直线轨道做纯滚动。已知某瞬时轮心 O 的速度为 $\boldsymbol{v}_O$，加速度为 $\boldsymbol{a}_O$，试求轮缘上1、2、3、4各点的加速度。

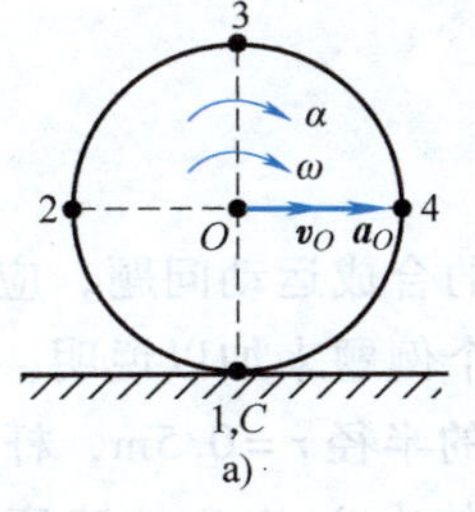

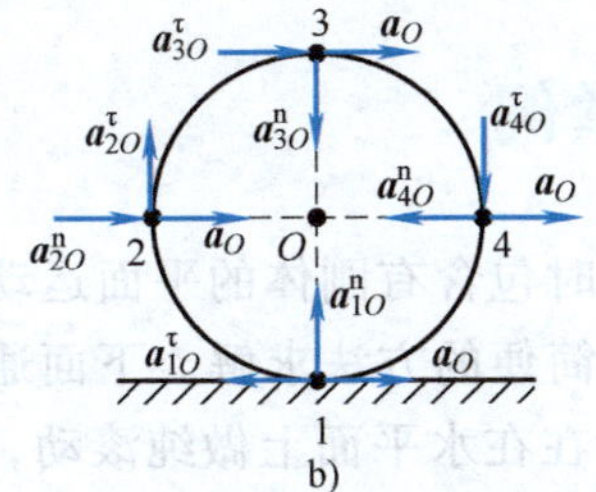

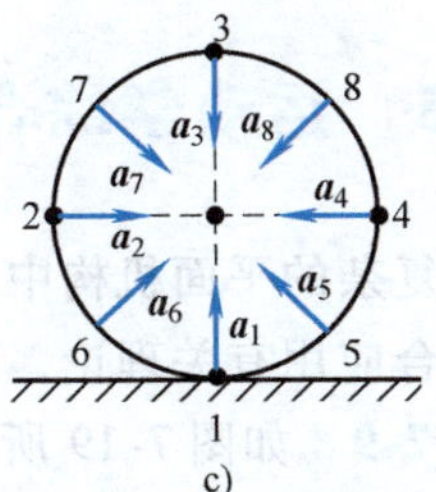

图7-18　例7-8图

解： 由于车轮沿直线轨道做纯滚动，属于平面运动，车轮与地面的接触点1是速度瞬

心，因此车轮角速度为

$$\omega=\frac{v_O}{r}\ (\text{顺时针}) \tag{a}$$

这个关系式对任何瞬时都成立，因此可以通过对时间求导得到车轮的角加速度为

$$\alpha=\frac{\mathrm{d}\omega}{\mathrm{d}t}=\frac{1}{r}\frac{\mathrm{d}v_O}{\mathrm{d}t}\ (\text{顺时针})$$

由于轮心 O 做直线运动，所以有$\frac{\mathrm{d}v_O}{\mathrm{d}t}=a_O$，代入式（a），得

$$\alpha=\frac{a_O}{r} \tag{b}$$

因轮心 O 的加速度已知，故以点 O 为基点，由式（7-5），轮缘上点 M（$M=1，2，3，4$）的加速度为

$$\boldsymbol{a}_M=\boldsymbol{a}_O+\boldsymbol{a}_{MO}^{\tau}+\boldsymbol{a}_{MO}^{n}\ (M=1,\ 2,\ 3,\ 4) \tag{c}$$

式（c）中后两项的大小分别为

$$a_{MO}^{\tau}=r\alpha=a_O,\ a_{MO}^{n}=r\omega^2=\frac{v_O^2}{r}\ (M=1,\ 2,\ 3,\ 4) \tag{d}$$

各项加速度矢量的方向如图 7-18b 所示。于是，根据各点加速度矢量的合成关系式（c），轮缘上点 1，2，3，4 的加速度可分别表示为

$$\text{点 1：}\boldsymbol{a}_1=\frac{v_O^2}{r}\boldsymbol{j}$$

$$\text{点 2：}\boldsymbol{a}_2=\left(a_O+\frac{v_O^2}{r}\right)\boldsymbol{i}+a_O\boldsymbol{j}$$

$$\text{点 3：}\boldsymbol{a}_3=2a_O\boldsymbol{i}-\frac{v_O^2}{r}\boldsymbol{j}$$

$$\text{点 4：}\boldsymbol{a}_4=\left(a_O-\frac{v_O^2}{r}\right)\boldsymbol{i}-a_O\boldsymbol{j}$$

以上四点的加速度矢量表达式中的 $\boldsymbol{i}$、$\boldsymbol{j}$ 分别是水平向右 x 轴和铅垂向上 y 轴方向的单位矢量。

本例讨论：①点 1 为速度瞬心，虽然速度为零，但其加速度不等于零，其方向指向轮心。②若轮心做等速运动，则轮缘上各点的加速度分布如图 7-18c 所示，即大小都相同，方向指向轮心。请读者思考，此时轮缘上的加速度还是“绝对法向加速度”吗？

7.5 运动学综合应用举例

在复杂的平面机构中，可能同时包含有刚体的平面运动和点的合成运动问题，应注意分析，综合应用有关理论，选择较为简便的方法求解。下面通过两个例题来加以说明。

例 7-9 如图 7-19 所示的圆轮在在水平面上做纯滚动，圆轮的半径 $r=0.5\text{m}$，杆 O_1A 与轮相切，套筒在圆轮的边缘通过铰链 B 和圆轮相连。已知圆轮的中心点 O 的速度大小为 $v_O=20\text{m/s}$，加速度大小为 $a_O=10\text{m/s}^2$，求此瞬时杆 O_1A 的角速度和角加速度。

解：本题是包括平面运动和点的合成运动的综合应用题，应分别采用相应的方法求解。

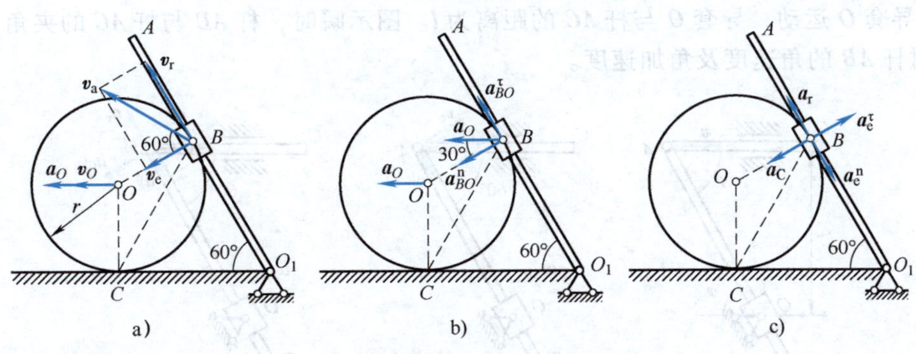

图 7-19　例 7-9 图

(1) 速度分析和计算　题目要求杆的角速度，而已知的是圆轮的运动，这两个刚体之间是通过圆柱铰链 B（固定在圆轮边缘上）连接的，显然铰链 B 的运动是合成运动，可以选择铰链（套筒）B 为动点，动系与 O_1A 固结，通过三种运动分析并由 $\boldsymbol{v}_a=\boldsymbol{v}_e+\boldsymbol{v}_r$ 画出速度平行四边形，如图 7-19a 所示。先求圆轮上点 B 的速度 $\boldsymbol{v}_B(\boldsymbol{v}_a)$，再由点的合成运动关系求出 $\boldsymbol{v}_e$，进而求出杆 O_1A 的角速度 ω_1。

1）圆轮做平面运动，瞬心法求 $\boldsymbol{v}_B$。与地面的接触点 C 为速度瞬心，$\omega_O=v_O/r=40\text{rad/s}$，则

$$v_B=CB\cdot\omega_O=20\sqrt{3}\text{m/s}$$

2）分析铰链 B 的合成运动，在上述动点的速度平行四边形中，$\boldsymbol{v}_a=\boldsymbol{v}_B$，故有

$$v_e=v_a\cos 60°=10\sqrt{3}\text{m/s},\ v_r=v_a\sin 60°=30\text{m/s}$$

杆 O_1A 的角速度 ω_1 为

$$\omega_1=\frac{v_e}{O_1B}=\frac{v_e}{\sqrt{3}r}=20\text{rad/s}\ (\text{逆时针})$$

(2) 加速度分析和计算　与上述速度分析相似，分如下两步。

1）基点法求轮缘 B 的角速度：由于已知轮心的加速度，因此取轮心 O 为基点，分析点 B 的加速度，由 $\boldsymbol{a}_B=\boldsymbol{a}_O+\boldsymbol{a}_{BO}^{\tau}+\boldsymbol{a}_{BO}^{n}$ 作 B 点的加速度矢量图，如图 7-19b 所示。

2）以套筒 B 为动点，O_1A 为动系分析套筒 B 的加速度。由于动系做定轴转动，由 $\boldsymbol{a}_a=\boldsymbol{a}_e^{n}+\boldsymbol{a}_e^{\tau}+\boldsymbol{a}_r+\boldsymbol{a}_C$ 作点 B 的加速度矢量合成图，如图 7-19c 所示。

由于套筒与圆轮边缘用铰链相连，故 $\boldsymbol{a}_a=\boldsymbol{a}_B$，于是有

$$\boldsymbol{a}_O+\boldsymbol{a}_{BO}^{\tau}+\boldsymbol{a}_{BO}^{n}=\boldsymbol{a}_e^{n}+\boldsymbol{a}_e^{\tau}+\boldsymbol{a}_r+\boldsymbol{a}_C$$

将上式表示的矢量方程向 $\boldsymbol{a}_e^{\tau}$ 方向投影，得

$$-a_O\cos 30°-a_{BO}^{n}=a_e^{\tau}-a_C$$

其中，$a_{BO}^{n}=OB\cdot\omega_O^2=800\text{m/s}^2$，$a_C=2\omega_e\cdot v_r=2\omega_1 v_r=1200\text{m/s}^2$，代入上式，可得

$$a_e^{\tau}=a_C-a_O\cos 30°-a_{BO}^{n}=391\text{m/s}^2$$

杆 O_1A 的角加速度 α_1 为

$$\alpha_1=\frac{a_e^{\tau}}{O_1B}=\frac{a_e^{\tau}}{\sqrt{3}r}=452\text{rad/s}^2\ (\text{顺时针})$$

例 7-10　在图 7-20a 所示平面机构中，杆 AC 在导轨中以匀速 $\boldsymbol{v}$ 平动，通过铰链 A 带动

杆 AB 沿导套 O 运动，导套 O 与杆 AC 的距离为 l。图示瞬时，杆 AB 与杆 AC 的夹角 $\varphi=60°$，求此瞬时杆 AB 的角速度及角加速度。

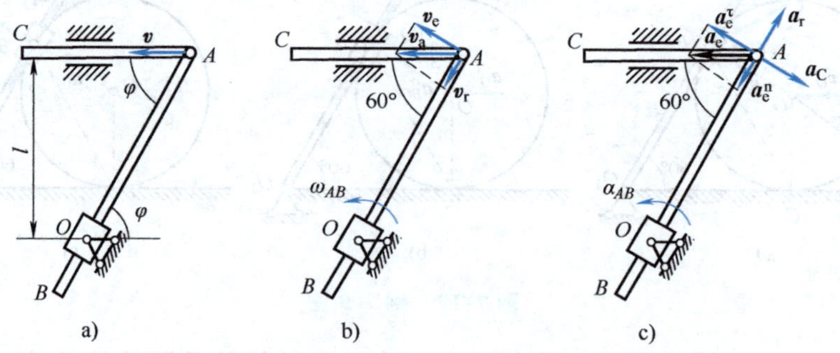

图 7-20　例 7-10 图

解： 如图 7-20a 所示，以点 A 为动点，动系与导套 O 固结。点 A 的绝对运动是以匀速 $\boldsymbol{v}$ 沿 AC 方向的运动，牵连运动是随导套绕 O 轴的定轴转动，相对运动是点 A 沿导套 O 的直线运动。

（1）速度分析计算　由 $\boldsymbol{v}_a=\boldsymbol{v}_e+\boldsymbol{v}_r=\boldsymbol{v}$ 画出动点的速度平行四边形，如图 7-20b 所示，易求得

$$v_e=v_a\sin 60°=\frac{\sqrt{3}}{2}v,\quad v_r=v_a\cos 60°=\frac{v}{2}$$

由于杆 AB 在导套 O 中滑动，显然，在任意时刻描述杆 AB 的平面运动中，转动部分的转角 φ 与导套的转角始终是一致的，因此其角速度和角加速度也是相同的。因此，有

$$\omega_{AB}=\frac{v_e}{OA}=\frac{3v}{4l}$$

（2）加速度分析计算　由于动点 A 随杆 AC 做匀速直线运动，故动点的绝对加速度为零，点的相对运动是沿导套 O 的直线运动，因此 $\boldsymbol{a}_r$ 沿杆 AB 方向，牵连运动是转动，故有

$$\boldsymbol{0}=\boldsymbol{a}_e^n+\boldsymbol{a}_e^\tau+\boldsymbol{a}_r+\boldsymbol{a}_C \tag{a}$$

式中，$\boldsymbol{a}_C=2\boldsymbol{\omega}_e\times\boldsymbol{v}_r$，其方向如图 7-20c 所示，大小为

$$a_C=2\omega_e v_r=2\omega_{AB}v_r=\frac{3v^2}{4l}$$

将矢量方程式（a）投影到 $\boldsymbol{a}_e^\tau$ 方向，有

$$0=a_e^\tau-a_C,\quad a_e^\tau=a_C=\frac{3v^2}{4l}$$

杆 AB 的角加速度转向如图 7-20c 所示，大小为

$$\alpha_{AB}=\frac{a_e^\tau}{OA}=\frac{3\sqrt{3}v^2}{8l^2}$$

本章小结

1. 刚体的平面运动

刚体内任意一点在运动过程中始终与某一固定平面保持不变的距离，这种运动称为刚体的平面运动。平行于固定平面所截出的任何平面图形都可代表此刚体的运动，其运动方程为

$$x_{O'}=f_1(t),\ y_{O'}=f_2(t),\ \varphi=f_3(t)$$

2. 平面运动的分解

平面图形的运动可以分解为随任选基点的平动和绕基点的转动。其中，平动规律与基点的选择有关，而转动规律却与基点的选择无关。

3. 速度瞬心

任一瞬时，平面图形或其扩展部分上速度为零的点称为瞬时速度中心，简称速度瞬心。就速度分布而言，平面图形的运动可看作是绕该瞬时的速度瞬心做瞬时转动。

4. 平面图形上各点速度的分析方法

基点法：$\boldsymbol{v}_B=\boldsymbol{v}_A+\boldsymbol{v}_{BA}$

速度投影法：$(\boldsymbol{v}_B)_{AB}=(\boldsymbol{v}_A)_{AB}$

瞬时速度中心法：$\boldsymbol{v}_M=\boldsymbol{v}_{MC}=\boldsymbol{\omega}\times\boldsymbol{r}_{MC}$

5. 平面图形上各点加速度的分析方法

基点法：$\boldsymbol{a}_B=\boldsymbol{a}_A+\boldsymbol{a}_{BA}^{n}+\boldsymbol{a}_{BA}^{\tau}$

习　题

客观题

7-1　一刚体做瞬时平动，此瞬时该刚体上各点的（　　）。

①速度和加速度均相同　　②速度相同而加速度可能不相同

③速度和加速度均不相同　　④速度不同而加速度可能相同

7-2　试判断图7-21所示平面运动刚体上各点的速度方向是否可能？为什么？

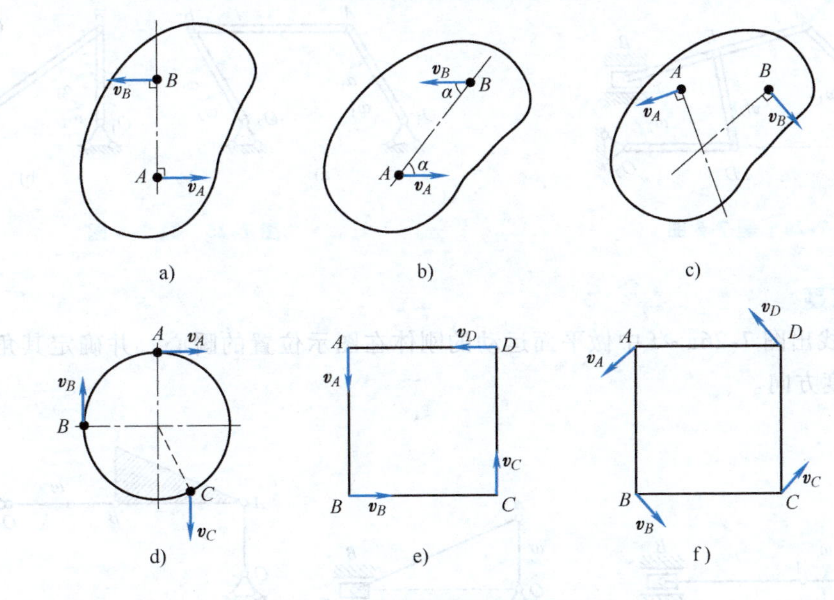

图7-21　题7-2图

7-3　如图7-22所示，小车的车轮A与滚柱B的半径都是r。设A、B与地面之间以及B与车板之间都没有相对滑动，试判断分析小车前进时，车轮A和滚柱B的速度是否相等。

7-4 如图 7-23 所示，杆 O_1A 的角速度为 ω_1，板 ABC 和杆 O_1A 铰接。试判断并分析图中 O_1A 和 AC 上各点的速度分布规律是否正确。

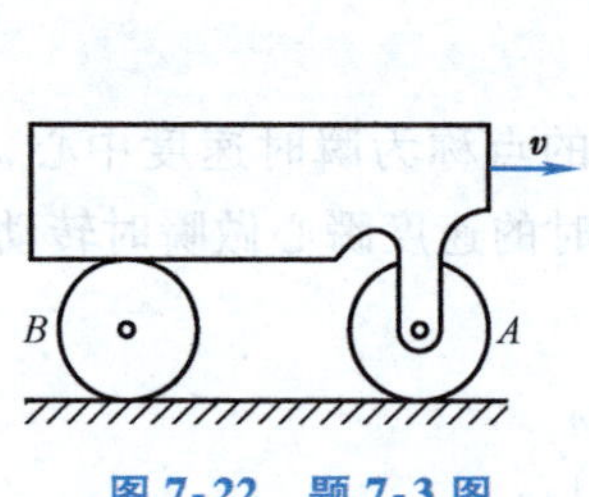

图 7-22　题 7-3 图

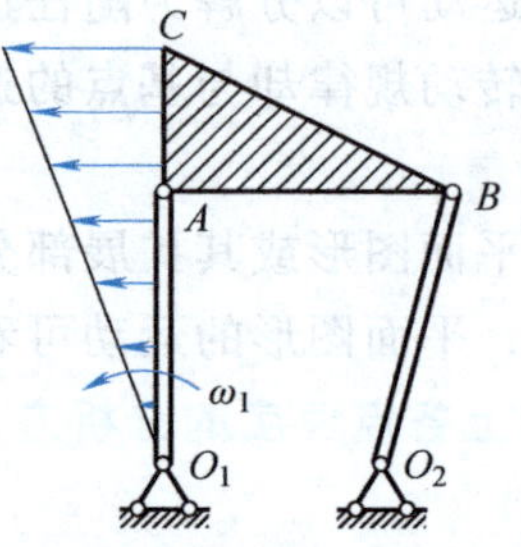

图 7-23　题 7-4 图

7-5 已知 $v_A = O_1A \cdot \omega_1$，方向如图 7-24 所示，$v_D$ 的方向垂直于 O_2D。于是可确定速度瞬心 C 的位置，求得

$$v_D = \frac{v_A}{AC} \cdot CD,\ \omega_2 = \frac{v_D}{O_2D} = \frac{v_A}{AC} \cdot \frac{CD}{O_2D}$$

请判断以上求解过程是否正确。为什么？

7-6 在图 7-25 所示瞬时，已知 $O_1A /\!/ O_2B$ 且长度相等，则（　　）。

①图 7-25a 所示：$\omega_1 = \omega_2$，$\alpha_1 = \alpha_2$；图 7-25b 所示：$\omega_1 = \omega_2$，$\alpha_1 = \alpha_2$

②图 7-25a 所示：$\omega_1 = \omega_2$，$\alpha_1 = \alpha_2$；图 7-25b 所示：$\omega_1 \neq \omega_2$，$\alpha_1 \neq \alpha_2$

③图 7-25a 所示：$\omega_1 = \omega_2$，$\alpha_1 \neq \alpha_2$；图 7-25b 所示：$\omega_1 = \omega_2$，$\alpha_1 \neq \alpha_2$

④图 7-25a 所示：$\omega_1 = \omega_2$，$\alpha_1 = \alpha_2$；图 7-25b 所示：$\omega_1 = \omega_2$，$\alpha_1 \neq \alpha_2$

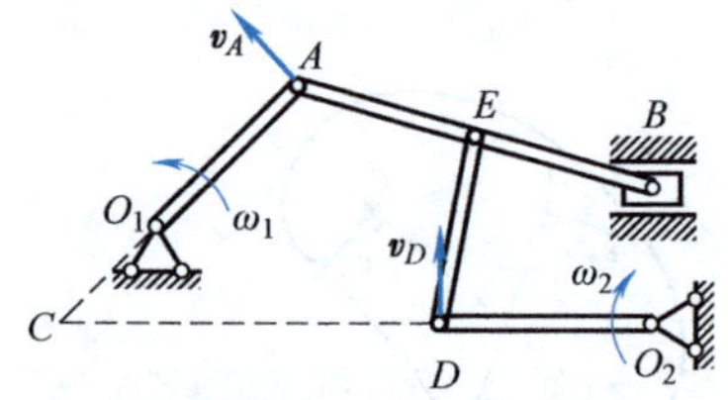

图 7-24　题 7-5 图

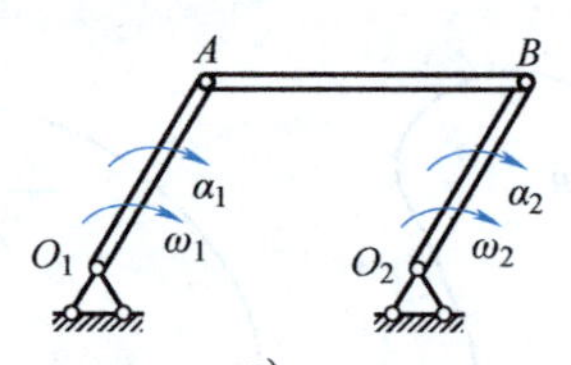

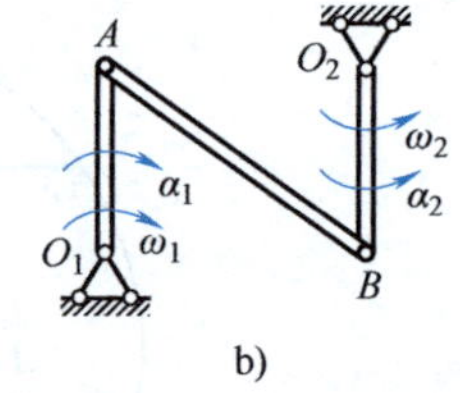

图 7-25　题 7-6 图

分析计算题

7-7 试找出图 7-26a ~ f 中做平面运动的刚体在图示位置的瞬心，并确定其角速度转向及点 M 的速度方向。

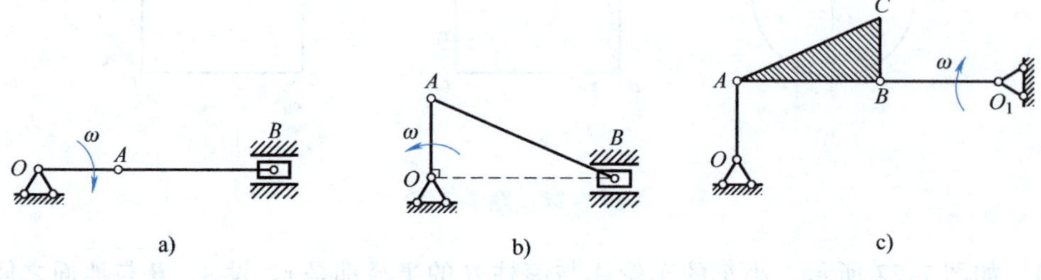

图 7-26　题 7-7 图

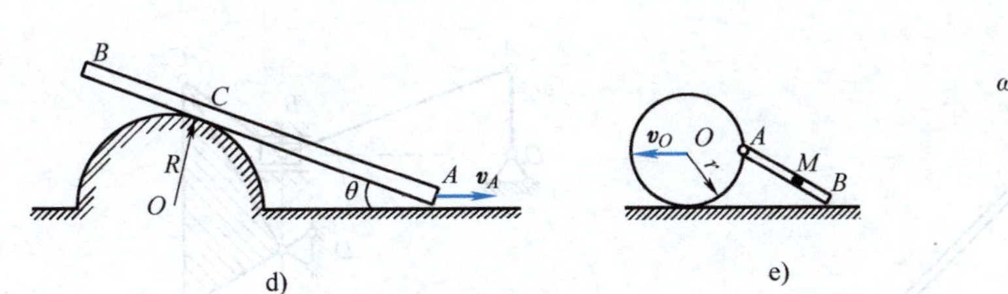

图 7-26　题 7-7 图（续）

7-8　椭圆规尺 AB 由曲柄 OC 带动，曲柄以角速度 ω_O 绕 O 轴转动，如图 7-27 所示。如 $OC=BC=AC=r$，并取 C 为基点，试求椭圆规尺 AB 的平面运动方程。

7-9　半径为 r 的圆柱形滚子沿半径为 R 的圆弧槽做纯滚动。在图 7-28 所示瞬时，滚子中心 C 的速度为 $\boldsymbol{v}_C$、切向加速度为 $\boldsymbol{a}_C^{\tau}$。求这时接触点 A 和同一直径上最高点 B 的加速度。

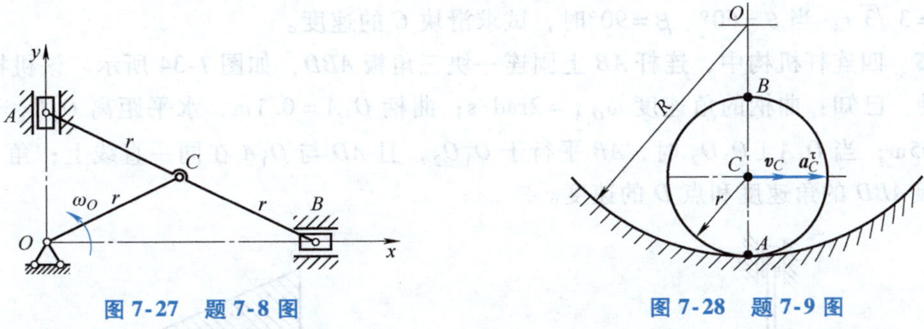

图 7-27　题 7-8 图　　　图 7-28　题 7-9 图

7-10　曲柄摆杆机构如图 7-29 所示，已知曲柄 $OA=20\text{cm}$，匀转速 $n=50\text{r/min}$，摆杆 $BO_1=40\text{cm}$，试求在图示位置时，摆杆 BO_1 和连杆 AB 的角速度。

7-11　齿轮刨床的刨刀运动机构如图 7-30 所示。曲柄 OA 以角速度 ω_O 绕 O 轴转动，通过齿条 AB 带动齿轮 Ⅰ 绕 O_1 轴转动。已知 $OA=R$，齿轮 Ⅰ 的半径 $O_1C=r=R/2$。在图示位置 $\alpha=60°$，求此瞬时齿轮 Ⅰ 的角速度。

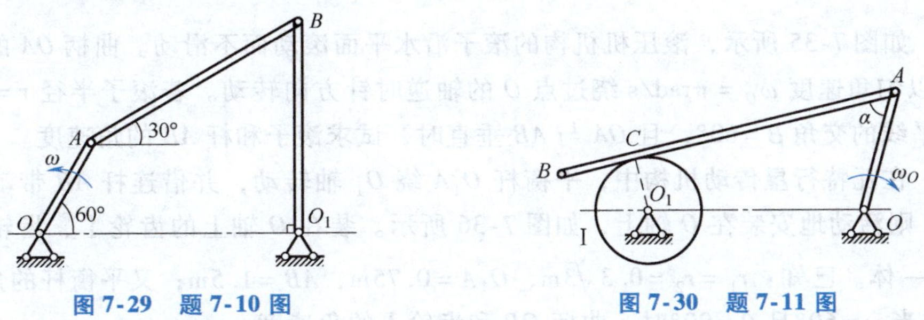

图 7-29　题 7-10 图　　　图 7-30　题 7-11 图

7-12　图 7-31 所示曲柄 OA 长 $r=20\text{cm}$，该曲柄绕 O 轴以匀角速度 $\omega_O=10\text{rad/s}$ 转动，连杆 AB 长 $l=100\text{cm}$。当曲柄与连杆相垂直并且它们分别与水平线成 φ 和 β 角，且 $\varphi=\beta=45°$时，试求连杆 AB 的角速度以及滑块 B 的速度。

7-13　图 7-32 所示机构中，已知：$OA=BD=DE=0.1\text{m}$，$EF=0.1\sqrt{3}\text{m}$；$\omega=4\text{rad/s}$。在图示位置时，B、D 和 F 在同一铅直线上，又 $OA\perp OB$，$DE\perp EF$。求杆 EF 的角速度和点

F 的速度。

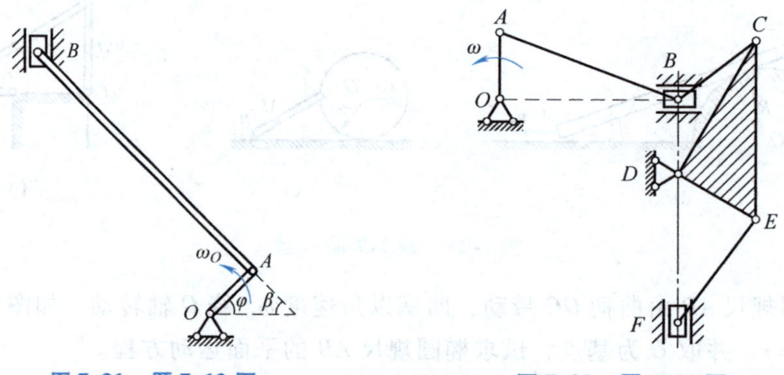

图 7-31　题 7-12 图　　　　图 7-32　题 7-13 图

7-14　图 7-33 所示机构中，曲柄 OA 长 r，绕过点 O 的轴以匀角速度 ω 转动。已知 $AB=6r$，$BC=3\sqrt{3}\,r$。当 $\theta=60°$、$\beta=90°$时，试求滑块 C 的速度。

7-15　四连杆机构中，连杆 AB 上固连一块三角板 ABD，如图 7-34 所示。该机构由曲柄 O_1A 带动。已知：曲柄的角速度 $\omega_{O_1A}=2\text{rad/s}$；曲柄 $O_1A=0.1\text{m}$，水平距离 $O_1O_2=0.05\text{m}$，$AD=0.05\text{m}$；当 $O_1A\perp O_1O_2$ 时，AB 平行于 O_1O_2，且 AD 与 O_1A 在同一直线上；角 $\varphi=30°$。求三角板 ABD 的角速度和点 D 的速度。

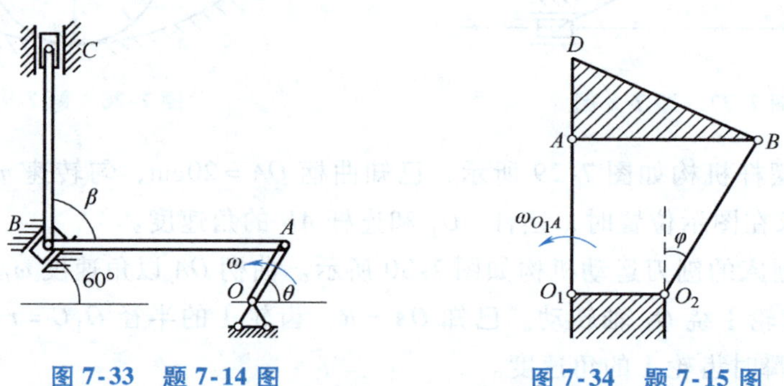

图 7-33　题 7-14 图　　　　图 7-34　题 7-15 图

7-16　如图 7-35 所示，滚压机机构的滚子沿水平面滚动而不滑动。曲柄 OA 的半径 $r_1=10\text{cm}$，并以匀角速度 $\omega_O=\pi\text{rad/s}$ 绕过点 O 的轴逆时针方向转动。若滚子半径 $r=10\text{cm}$，当曲柄与水平线的交角 $\beta=60°$，且 OA 与 AB 垂直时，试求滚子和杆 AB 的角速度。

7-17　在瓦特行星传动机构中，平衡杆 O_1A 绕 O_1 轴转动，并借连杆 AB 带动曲柄 OB；而曲柄 OB 则活动地安装在 O 轴上，如图 7-36 所示。装在 O 轴上的齿轮 Ⅰ、齿轮 Ⅱ 与连杆 AB 固连于一体。已知：$r_1=r_2=0.3\sqrt{3}\text{m}$，$O_1A=0.75\text{m}$，$AB=1.5\text{m}$；又平衡杆的角速度 $\omega=6\text{rad/s}$。求当 $\gamma=60°$且 $\beta=90°$时，曲柄 OB 和齿轮 Ⅰ 的角速度。

7-18　如图 7-37 所示，齿轮Ⅰ在齿轮Ⅱ内滚动，其半径分别为 r 和 $R=2r$。曲柄 OO_1 绕 O 轴以等角速度 ω_O 转动，并带动行星轮Ⅰ。试求在该瞬时，轮Ⅰ上瞬时速度中心 C 的加速度。

7-19　在图 7-38 所示曲柄连杆机构中，曲柄 OA 绕 O 轴转动，其角速度为 ω_0，角加速度为 α_0。在某瞬时曲柄与水平线间夹角为 60°，而连杆 AB 与曲柄 OA 垂直。滑块 B 在圆形槽内滑动，此时半径 O_1B 与连杆 AB 间夹角为 30°。若 $OA=r$，$AB=2\sqrt{3}r$，$O_1B=2r$，求在该

瞬时，滑块 B 的切向加速度和法向加速度。

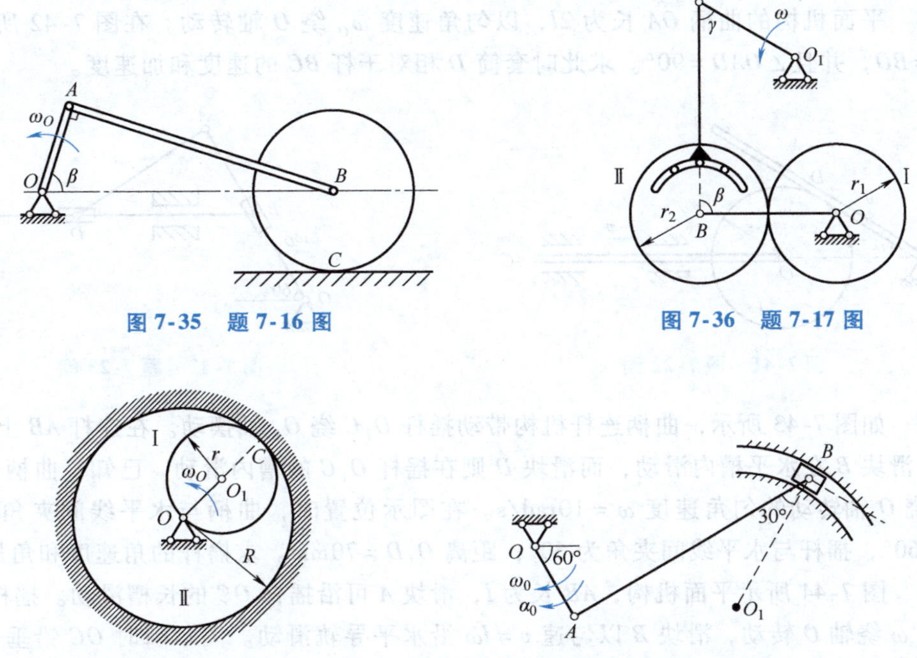

图 7-35　题 7-16 图　　图 7-36　题 7-17 图

图 7-37　题 7-18 图　　图 7-38　题 7-19 图

7-20　如图 7-39 所示，曲柄 OA 以恒定的角速度 $\omega=2\text{rad/s}$ 绕轴 O 转动，并借助连杆 AB 驱动半径为 r 的轮子在半径为 R 的圆弧槽中做无滑动的滚动。设 $OA=AB=R=2r=1\text{m}$，求图示瞬时点 B 和点 C 的速度与加速度。

7-21　两相同的圆柱在中心与杆 AB 的两端相铰接，两圆柱分别沿水平和铅直面做无滑动滚动，如图 7-40 所示。已知 $AB=500\text{mm}$，圆柱半径 $r=100\text{mm}$。在图示位置，圆柱 A 有角速度 $\omega_1=4\text{rad/s}$，角加速度 $\alpha_1=2\text{rad/s}^2$，图中尺寸单位为 mm。试求该瞬时直杆 AB 和圆柱 B 的角速度和角加速度。

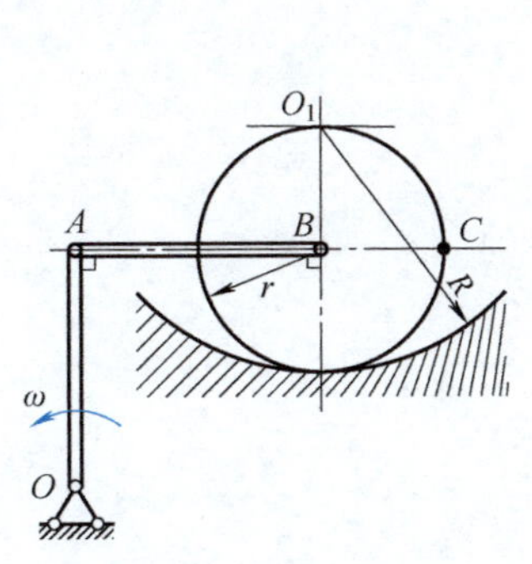

图 7-39　题 7-20 图

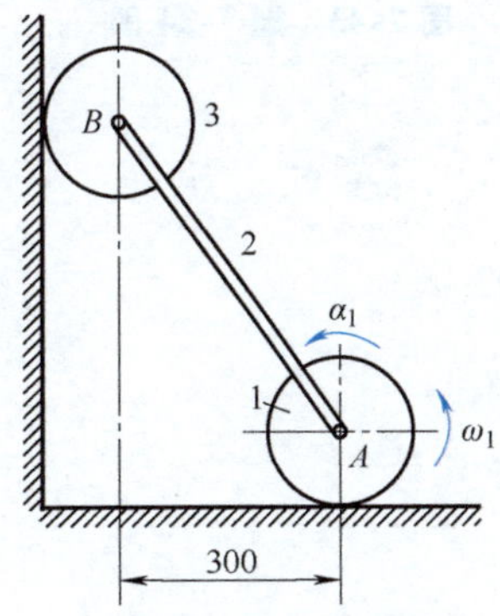

图 7-40　题 7-21 图

7-22　杆 OC 与轮Ⅰ在轮心 O 处铰接并以匀速 $\boldsymbol{v}$ 向左平行移动，如图 7-41 所示。起始时点 O 与点 A 相距 l，杆 AB 可绕轴 A 做定轴转动，并与轮Ⅰ在点 D 接触，接触处有足够大的摩擦使之不打滑，轮 I 的半径为 r，求当 $\theta=30°$ 时，轮 I 的角速度 ω_{I} 和杆 AB 的角速度 ω。

7-23 平面机构的曲柄 OA 长为 $2l$，以匀角速度 ω_O 绕 O 轴转动。在图 7-42 所示位置时，$AB=BO$，并且 $\angle OAD=90°$。求此时套筒 D 相对于杆 BC 的速度和加速度。

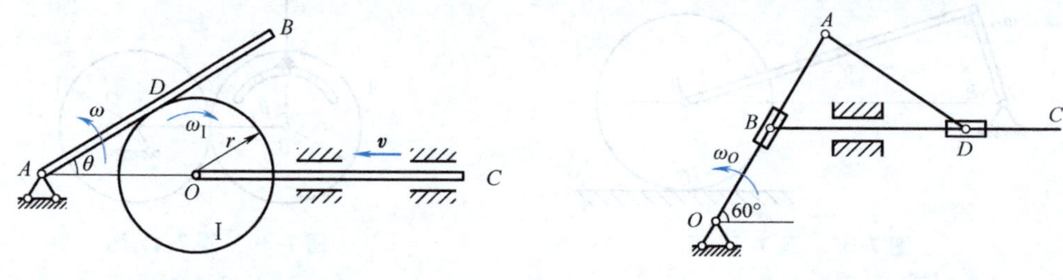

图 7-41 题 7-22 图　　　　图 7-42 题 7-23 图

7-24 如图 7-43 所示，曲柄连杆机构带动摇杆 O_1C 绕 O_1 轴摆动。在连杆 AB 上装有两个滑块，滑块 B 在水平槽内滑动，而滑块 D 则在摇杆 O_1C 的槽内滑动。已知：曲柄长 $OA=50\text{mm}$，绕 O 轴转动的匀角速度 $\omega=10\text{rad/s}$。在图示位置时，曲柄与水平线间夹角为 90°，$\angle OAB=60°$，摇杆与水平线间夹角为 60°；距离 $O_1D=70\text{mm}$。求摇杆的角速度和角加速度。

7-25 图 7-44 所示平面机构，AB 长为 l，滑块 A 可沿摇杆 OC 的长槽滑动。摇杆 OC 以匀角速度 ω 绕轴 O 转动，滑块 B 以匀速 $v=l\omega$ 沿水平导轨滑动。图示瞬时 OC 铅垂，AB 与水平线 OB 的夹角为 30°。求此瞬时杆 AB 的角速度及角加速度。

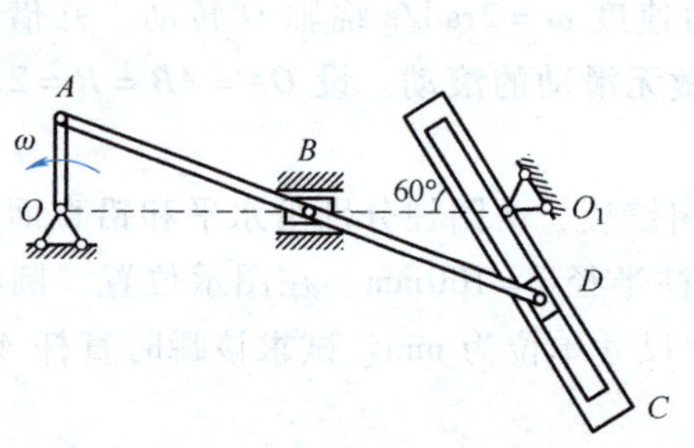

图 7-43 题 7-24 图

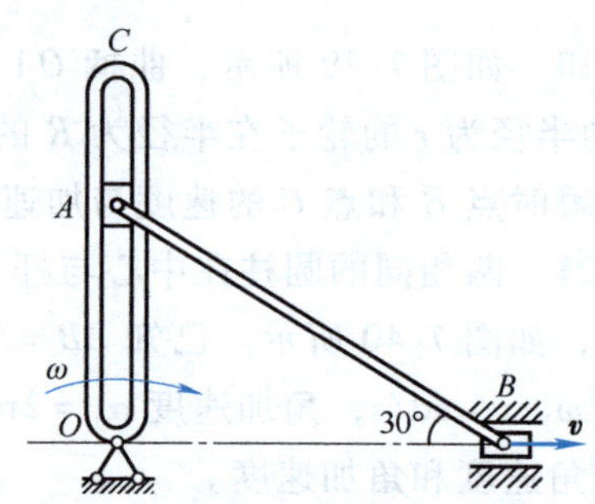

图 7-44 题 7-25 图

第3篇 动力学

动力学研究物体的机械运动与作用力之间的关系。

在静力学中，我们研究了作用于刚体上力系的简化和刚体在力系作用下的平衡条件，但却没有研究物体在不平衡力系作用下将如何运动。而在运动学中，我们虽然研究了物体运动的几何性质，但不涉及物体的受力和惯性。在动力学中将对物体运动的物理原因进行全面的分析，建立物体机械运动的普遍规律。

动力学的问题在工程中广泛存在，如均衡、振动、稳定、冲击等。尤其是高速转动的机械对动力学提出了更加复杂的课题，在现代工程技术中更具有重要的意义。现代的机械和机构越来越在高速和相当大的加速度下运行。以现代回转机械为例，喷气发动机、燃气轮机和离心压缩机的最高转速可以达到约 3×10^4 r/min，而陀螺仪表、超精密磨床甚至可以达到约 10^5 r/min。随着机械转速的提高，转轴上各点的法向加速度将以转速的二次方增大，离心惯性力也将会很大，必须运用动力学理论才能正确进行分析，否则分析的结果将与实际情形相差很大。

在动力学中，我们将所研究的物体抽象为质点和质点系（包括刚体）。

质点是指具有一定质量而几何形状和大小可以忽略不计的物体。当物体的大小和形状对所研究的问题不起主要作用，可以忽略不计时，便可将该物体抽象为质点进行研究，如做平动或近似平动运动的物体。物体是否可当作质点处理，主要取决于力学问题的性质，而不是它的实际大小。

质点系是有限或无限个彼此具有一定联系的质点的集合。这是力学中最具有普遍意义、内涵十分广泛的模型。任何固体、液体、气体以及任何一部机器等都可视为质点系。刚体可视为质点系的一种特殊情形，其中任意两个质点间的距离保持不变，也称为不变的质点系。当物体的形状和大小在所研究的问题中不可忽略，该物体就应抽象为质点系。

在动力学中，我们将首先从牛顿定律出发，建立质点的运动微分方程用于解决质点动力学的两类基本问题；然后经过适当的演绎和归纳推导出动力学普遍定理，即动能定理、动量定理和动量矩定理。动力学普遍定理从不同侧面反映了系统运动变化与作用力之间关系的客观规律，是本部分的主要内容。最后，介绍了在工程技术中有广泛应用的动力学的另一解法——动静法。

第 8 章　动力学基础

【内容提要】

本章首先介绍牛顿三大定律，以及质点动力学基本方程具体应用时的三种微分方程形式。然后讨论质点动力学的两类基本问题，以及质点系的基本惯性特征。

【学习要求】

通过本章的学习，要求掌握动力学的基本定律，会用矢量法、直角坐标法、自然坐标法建立质点的运动微分方程，能够应用微积分来分析和解决质点动力学的两类基本问题；掌握质点系的质量和质量中心、刚体的转动惯量、惯性积和惯性主轴的定义及计算，理解并能熟练应用平行移轴定理计算刚体的转动惯量。

8.0　本章学习任务单

1. 动力学基本定律

动力学基本定律是牛顿在 1687 年归纳概括的三个力学定律，是动力学的基础，要求熟悉并理解。请读者带着如下问题学习 8.1 节的内容（含 1 个微视频）：

1）牛顿三定律是在什么参考系下成立的？

2）质点的运动方向一定是作用于该质点上的合力方向吗？

2. 质点的运动微分方程

掌握常见的三种形式，即矢量、直角坐标和自然轴系形式的质点运动微分方程。请读者带着如下问题学习 8.2 节的内容：

1）一般在什么情况下采用自然轴系形式的运动微分方程？

2）列写质点动力学方程时，力与加速度可以在不同的参考系投影吗？

3. 质点动力学的两类基本问题

掌握质点动力学两类问题的求解方法，会针对具体问题对研究对象（质点）进行运动方向和受力分析，选择适当的坐标系正确地列出运动微分方程并求解。请读者带着如下问题

学习 8.3 节的内容（含 1 个微视频）：

1）选定了投影坐标系列平衡方程时，关于正负号的问题需要注意什么？

2）如果两个质点的质量相同、所受力也相同，那么这两个质点的运动情况是否也相同？

4. 质点系的基本惯性特征

了解质点系的基本惯性特征，重点掌握质心、刚体转动惯量的概念及其计算。掌握并熟练应用平行移轴定理求简单规则刚体的转动惯量。请读者带着如下问题学习 8.4 节的内容（含 2 个微视频）：

1）质量的大小是反映质点系的惯性特征之一，除此之外还有什么可以反映其惯性特征？

2）在所有刚体对各平行轴的转动惯量中，刚体对哪个轴的转动惯量最小？

8.1　动力学基本定律

质点动力学的基础是三个基本定律，这些定律是牛顿在总结伽利略等前人对自然的观察和实验研究成果的基础上提出来的，称为牛顿三定律。

【微视频：牛顿三定律】

第一定律（惯性定律）　质点如不受力作用，将保持静止或匀速直线运动状态。不受力作用（包括受平衡力系作用）的质点，不是处于静止状态，就是保持原有的速度矢量（即包括大小和方向）不变，这种性质称为惯性。

第二定律（力与加速度关系定律）　质点的质量与加速度的乘积，等于作用于质点的力的大小，加速度的方向与力的方向相同。即

$$\boldsymbol{m a} = \boldsymbol{F} \tag{8-1}$$

式中，m、$\boldsymbol{a}$、$\boldsymbol{F}$ 分别表示质点的质量、质点获得的加速度及作用力。该式是牛顿第二定律的数学表达式，是质点动力学的基本方程，建立了质点的质量、加速度与作用力之间的定量关系。当质点上作用若干个力时，则式（8-1）中的 $\boldsymbol{F}$ 应理解为该质点所受汇交力系的合力。

式（8-1）表明，在相同力的作用下，质量越大的质点获得的加速度越小，即其保持惯性运动的能力越强，因此这里引入的质量是质点惯性的度量。

在地球表面，质点仅受重力 $\boldsymbol{G}$ 作用时的加速度称为重力加速度，以 $\boldsymbol{g}$ 表示，由式（8-1），得

$$m = \frac{\boldsymbol{G}}{\boldsymbol{g}} \tag{8-2}$$

式（8-2）建立了物体的重力与质量间的关系，当测得物体的重力 $\boldsymbol{G}$ 和重力加速度 $\boldsymbol{g}$ 时，由此式便可求得物体的质量 m。需要指出：重力与质量是两个不同概念的物理量，重力是物体所受地球引力的大小，随着物体在地面上的位置不同而不同，重力加速度也会随之改变，但两者的比值——物体的质量是常量。

根据国际计量委员会规定的标准，重力加速度 g 的大小为 9.80665m/s^2，一般取为 9.8m/s^2。在国际单位制中，质量、长度和时间是基本量，对应的基本单位分别是千克

(kg)、米（m）和秒（s）；力是导出量，力的导出单位为 $kg \cdot m/s^2$，单位名称为牛［顿］，单位符号为 N。使质量为 1kg 的质点产生 $1m/s^2$ 的加速度所需要的力规定为 1N，即

$$1N = 1kg \cdot 1m/s^2 = 1kg \cdot m/s^2$$

第三定律（作用与反作用定律） 两个物体间的相互作用力与反作用力总是大小相等，方向相反，沿着同一直线，且同时分别作用在这两个物体上。这一定律就是静力学中介绍的公理 4，显然它不仅适用于平衡状态的物体，而且也适用于任何运动状态的物体。

应该特别指出：作用与反作用定律对于后面研究质点系动力学问题具有特别重要的意义，它给出了质点系中各质点之间相互作用力的关系，使我们可以将质点动力学理论应用到质点系的动力学问题。

需要强调的是，以上介绍的牛顿三定律只在一定范围内适用。牛顿三定律适用的参考系称为惯性参考系。通常在一般的实际工程问题中，将固结于地面或固结于相对地面做匀速直线平动的物体上的坐标系作为惯性参考系。如无特别说明，本书中，均取固定在地球表面的坐标系为惯性参考系。

以牛顿三定律为基础的力学，称为古典力学。在古典力学范畴内，认为质量是不变的，空间和时间是绝对的，与物体的运动无关。对于一般的工程机械问题，应用古典力学足以得到相当精确的结果。但当物体的速度接近光速或研究的问题属于微观领域时，古典力学便不再适用，而需要应用相对论力学或量子力学来研究。

8.2 质点的运动微分方程

如图 8-1 所示，设质点 M 的质量为 m，受合力 $\boldsymbol{F} = \sum \boldsymbol{F}_i$ 作用，对固定点 O 的矢径为 $\boldsymbol{r}$，由第二篇运动学知加速度 $\boldsymbol{a} = \ddot{\boldsymbol{r}}$，则式（8-1）可以写成

$$m\frac{\mathrm{d}^2\boldsymbol{r}}{\mathrm{d}t^2} = \sum \boldsymbol{F}_i \tag{8-3}$$

式（8-3）是质点运动微分方程的矢量形式。

具体计算时，需要根据问题的特点来选择合适的坐标系，列出相应的投影形式。

将式（8-3）投影到固定直角坐标系 $Oxyz$ 各轴上，得到质点运动微分方程的直角坐标形式

$$m\frac{\mathrm{d}^2 x}{\mathrm{d}t^2} = \sum F_{xi},\ m\frac{\mathrm{d}^2 y}{\mathrm{d}t^2} = \sum F_{yi},\ m\frac{\mathrm{d}^2 z}{\mathrm{d}t^2} = \sum F_{zi} \tag{8-4}$$

如图 8-2 所示，在质点 M 上建立其运动轨迹的自然轴系 $M\tau nb$。由运动学中的第 5 章可知，点的全加速度在密切面内，即点的加速度在副法线上的投影等于零。将式（8-3）投影到自然坐标系 $M\tau nb$ 各轴上，即得到质点运动微分方程的自然形式

$$m\frac{\mathrm{d}v}{\mathrm{d}t} = m\frac{\mathrm{d}^2 s}{\mathrm{d}t^2} = \sum F_{\tau i},\ m\frac{v^2}{\rho} = \sum F_{ni},\ 0 = \sum F_{bi} \tag{8-5}$$

式中，s 为质点沿已知轨迹的弧坐标；v 为质点的运动速度大小；ρ 为运动轨迹在该点处的曲率半径；$\sum F_{\tau i}$、$\sum F_{ni}$、$\sum F_{bi}$ 分别为作用于质点的各力在自然轴系的 $\boldsymbol{\tau}$、$\boldsymbol{n}$、$\boldsymbol{b}$ 方向上投影的代数和。

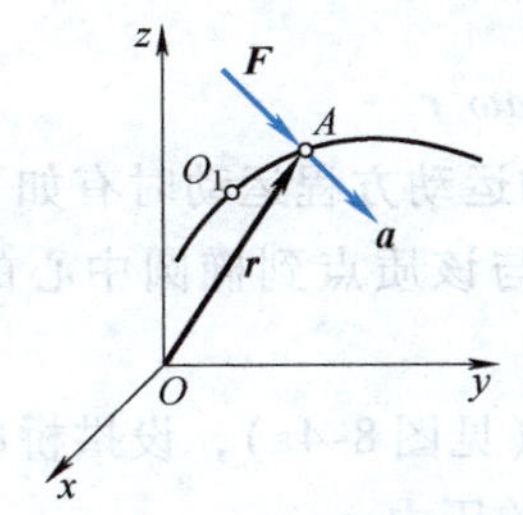

图 8-1　质点运动的微分方程

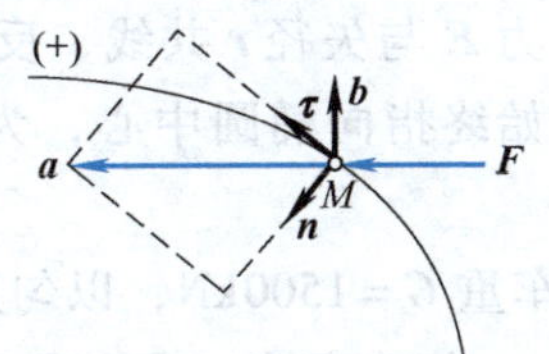

图 8-2　质点运动微分方程在自然轴上的投影

8.3　质点动力学的两类基本问题

应用质点的运动微分方程，通常可以解决两类质点动力学的基本问题。

第一类基本问题：已知质点的运动，求作用于质点上的力。

第二类基本问题：已知作用在质点上的力，求解质点的运动。

第一类问题比较简单，若已知质点的运动规律［例如已知质点的运动方程或速度，分别见例 8-1 和例 8-2，直接运用式（8-4）或式（8-5）］，即可求解。

对于第二类问题，已知质点所受的力，如果求加速度，也比较简单，只需由式（8-3）通过矢量代数运算即可得出结果；如果要求速度或运动方程，则归结为数学中的求积分问题。对此，需按作用力的函数规律进行积分，并根据质点运动的初始条件来求解（见例 8-3 和例 8-4）。实际上，能用数学分析方法精确求解的问题并不多，对于大多数问题，由于方程组的非线性，要想得到解答的分析表达式是十分困难的，可以采用数值解法，用计算机求得近似解。

动力学一般的解题步骤归纳如下：

1）确定研究对象，即根据题意适当选取某物体为研究对象。

2）运动分析：分析选定对象的运动特点（直线、曲线、轨迹是否已知等），选取坐标系。注意若需建立微分方程，则应将质点放在任意时刻的一般位置进行分析。

3）受力分析：即画出对象的受力图。

4）建立动力学方程组并分析求解。

例 8-1　质点 M 的质量为 m，运动方程是 $x=b\cos\omega t$，$y=d\sin\omega t$，其中 b，d，ω 为常量，求作用在此质点上的力。

解：这是典型的动力学第一类基本问题。首先，从运动方程中消去时间 t，该质点的轨迹方程为

$$\frac{x^2}{b^2}+\frac{y^2}{d^2}=1$$

其轨迹是一个椭圆，如图 8-3 所示。由式（8-4）可求得作用在质点上的力在 x 轴、y 轴上的投影分别为

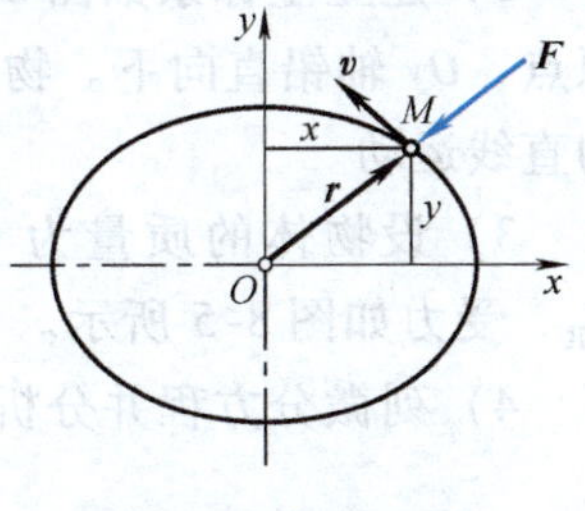

$$F_x=m\ddot{x}=-b\omega^2\cos\omega t=-\omega^2 x$$

$$F_y=m\ddot{y}=-d\omega^2\sin\omega t=-\omega^2 y$$

图 8-3　例 8-1 图

于是力 $\boldsymbol{F}$ 可以表示成

$$\boldsymbol{F}=F_x\boldsymbol{i}+F_y\boldsymbol{j}=-m\omega^2(x\boldsymbol{i}+y\boldsymbol{j})=-m\omega^2\boldsymbol{r}$$

由此可知，力 $\boldsymbol{F}$ 与矢径 $\boldsymbol{r}$ 共线、反向，表明质点按给定的运动方程运动时有如下两个特点：①力的方向始终指向椭圆中心，为有心力；②力的大小与该质点到椭圆中心的距离成正比。

例 8-2 汽车重 $G=1500\text{kN}$，以匀速 $v=10\text{m/s}$ 驶过拱桥（见图 8-4a），设拱桥中点的曲率半径为 $\rho=50\text{m}$。忽略摩擦，求汽车到达拱桥中点时对桥面的压力。

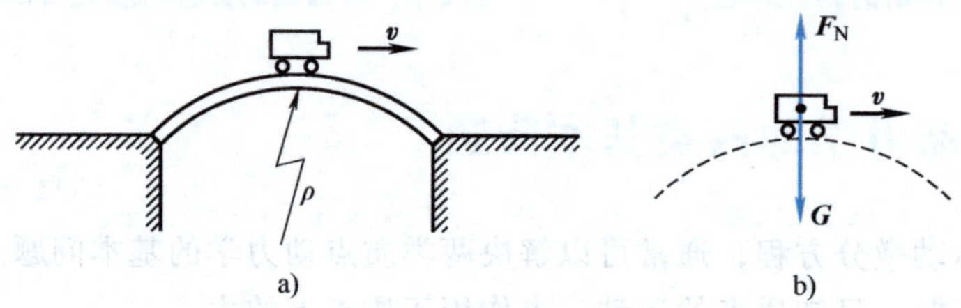

图 8-4 例 8-2 图

解： 将汽车视为质点，则作用于其上的力有重力 $\boldsymbol{G}$ 和桥面对它的约束力 $\boldsymbol{F}_\text{N}$（见图 8-4b），由于已知运动轨迹为圆弧，采用自然坐标系，列出主法线方向上的运动微分方程，有

$$\frac{G}{g}\frac{v^2}{\rho}=G-F_\text{N}$$

易解得

$$F_\text{N}=G-\frac{G}{g}\frac{v^2}{\rho}=G\left(1-\frac{v^2}{\rho g}\right)=1500\times\left(1-\frac{10^2}{50\times9.8}\right)\text{kN}=1190\text{kN}$$

本例讨论： 汽车对桥面的压力与上面求得的 $\boldsymbol{F}_\text{N}$ 大小相等、方向相反。由于质点加速度方向总是偏向于轨道的凹面，所以运动的汽车对桥的凸面的压力比静压力小，而对凹面的压力比静压力大。这就是凹凸不平路面凹的地方越来越凹的一个原因。

例 8-3 物体在阻尼介质（如空气、水等液体）中运动时，都要受到与前进方向相反的阻力作用，当速度 $\boldsymbol{v}$ 不大时，阻力 $\boldsymbol{F}_\text{R}$ 的大小与速度的一次方成正比，即 $F_\text{R}=cv$，其中 $c>0$，是由实验测定的阻力系数。求物体在阻尼介质中的自由下落运动。

解： 1）选所研究的物体为对象，考虑物体在阻尼介质中自由下落运动。

2）建立坐标系如图 8-5 所示，以物体的起始点为坐标的原点，Oy 轴铅直向下。物体的运动可视为质点在阻尼介质中的直线运动。

3）设物体的质量为 m，其所受的力为重力 mg 和阻力 $\boldsymbol{F}_\text{R}$，受力如图 8-5 所示。

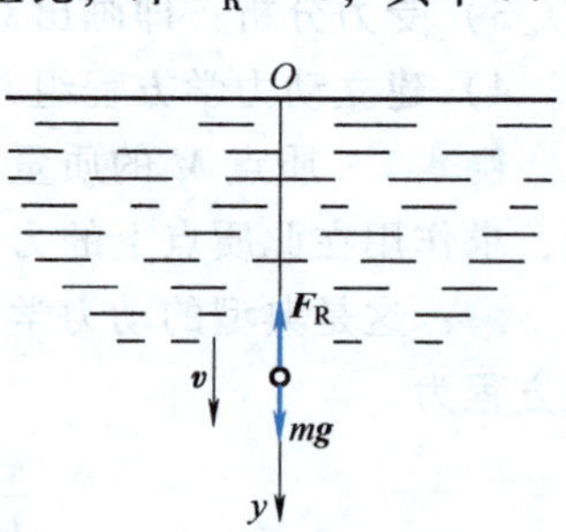

图 8-5 例 8-3 图

4）列微分方程并分析求解

$$m\ddot{y}=mg-cv \tag{a}$$

式（a）两边除以 m，可写成

$$\frac{\mathrm{d}v}{\mathrm{d}t}=g-\lambda v \tag{b}$$

式中，$\lambda=c/m$。解此微分方程，不失一般性，设运动初始条件为，当 $t=0$ 时，$v_0=0$，$y_0=0$。将式（b）分离变量，由初始条件取定积分，即

$$\int_0^v \frac{\mathrm{d}v}{g-\lambda v}=\int_0^t \mathrm{d}t$$

解得

$$v=\frac{\mathrm{d}y}{\mathrm{d}t}=\frac{g}{\lambda}(1-\mathrm{e}^{-\lambda t}) \tag{c}$$

这就是物体运动速度随时间的变化关系。

再对式（c）分离变量并由初始条件取定积分，即

$$\int_0^y \mathrm{d}y=\frac{g}{\lambda}\int_0^t(1-\mathrm{e}^{-\lambda t})\mathrm{d}t$$

解得

$$y=\frac{g}{\lambda}\left[t-\frac{1}{\lambda}(1-\mathrm{e}^{-\lambda t})\right] \tag{d}$$

这就是物体下落的运动规律。

由式（c）中物体运动速度随时间的变化关系可知，式中的$\frac{g}{\lambda}\mathrm{e}^{-\lambda t}$一项按时间指数律衰减，当 $t\to\infty$ 时，有

$$v_{极限}=\lim_{t\to\infty}\frac{g}{\lambda}(1-\mathrm{e}^{-\lambda t})=\frac{g}{\lambda}=\frac{mg}{c} \tag{e}$$

即 $t\to\infty$ 时，速度将趋于一个极限速度，称为物体在阻尼介质中自由下落的极限速度。它表明物体的下落速度不能无限增大，当其达到极限速度后，将会使引起物体下落的重力与阻力达到平衡，不可能再加速。因此，在式（a）中令 $\ddot{y}=0$，即 $mg-cv=0$，就得到极限速度 $v_{极限}=\frac{mg}{c}$，结果同上。

式（e）说明不同质量的物体，在同一介质中下落时，其极限速度是不同的。在工程实际中，常利用此原理去分开不同比重的物料，如选矿、净化谷粒。

例 8-4　单摆的摆锤 A 重 $\boldsymbol{G}$，绳长 l，悬于固定点 O，绳子的质量不计。设开始时绳与铅垂线的偏角 $\varphi_0\leqslant\frac{\pi}{2}$，并被无初速地释放（见图 8-6a），试求绳子所受的拉力及其最大值。

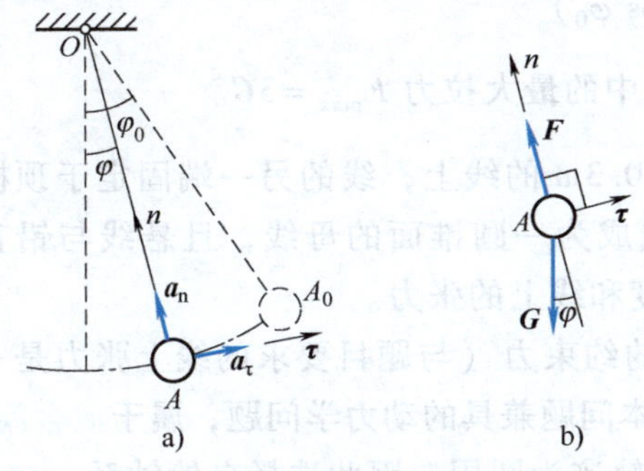

图 8-6　例 8-4 图

【微视频：质点动力学的两类基本问题】

解： 1）取摆锤 A 为研究对象，其运动轨迹为圆弧，所以选取角坐标 φ 及自然轴系 $A\tau n$。

2）将摆锤 A 置于角坐标为 φ 的一般位置上进行受力分析，如图 8-6b 所示。

3）采用自然法列质点 A 的运动微分方程如下：

$$ma_\tau = \frac{G}{g}l\ddot{\varphi} = -G\sin\varphi \tag{a}$$

$$ma_n = \frac{G}{g}l\dot{\varphi}^2 = F - G\cos\varphi \tag{b}$$

4）分析求解微分方程。

式（a）、式（b）是关于 φ 的一组非线性常微分方程。式（a）中不包含未知量 F，可先求解。为此，常采用循环求导的方法，将式（a）变换成易于求积分的形式。利用变换式

$$\ddot{\varphi} = \frac{\mathrm{d}\dot{\varphi}}{\mathrm{d}t} = \frac{\mathrm{d}\dot{\varphi}\mathrm{d}\varphi}{\mathrm{d}\varphi\ \mathrm{d}t} = \frac{1}{2}\frac{\mathrm{d}\dot{\varphi}^2}{\mathrm{d}\varphi} \tag{c}$$

将式（a）化成

$$\frac{1}{2}\frac{\mathrm{d}\dot{\varphi}^2}{\mathrm{d}\varphi} = -\frac{g}{l}\sin\varphi$$

即

$$\mathrm{d}\dot{\varphi}^2 = -\frac{2g}{l}\sin\varphi\mathrm{d}\varphi$$

考虑到运动初始条件，当 $t=0$ 时，$\varphi=\varphi_0$，$\dot{\varphi}=0$；对上式取定积分，有

$$\int_0^{\dot{\varphi}}\mathrm{d}(\dot{\varphi}^2) = \int_{\varphi_0}^{\varphi}\left(-\frac{2g}{l}\sin\varphi\right)\mathrm{d}\varphi$$

从而得

$$\dot{\varphi}^2 = \frac{2g}{l}(\cos\varphi - \cos\varphi_0) \tag{d}$$

将式（d）代入式（b），有

$$\frac{G}{g}l\cdot\frac{2g}{l}(\cos\varphi - \cos\varphi_0) = F - G\cos\varphi$$

从而求得绳中拉力为

$$F = G(3\cos\varphi - 2\cos\varphi_0)$$

显然，当摆锤 A 到达最低位置 $\varphi=0$ 时，F 有最大值，且为

$$F_{\max} = G(3 - 2\cos\varphi_0)$$

当 $\varphi_0 = \frac{\pi}{2}$时，即绳子由水平位置无初速释放时，绳中的最大拉力 $F_{\max}=3G$。

例 8-5 质量为 1kg 的重物 M，系于长度为 $l=0.3\text{m}$ 的线上，线的另一端固定于顶棚上的 D 点，重物在水平面内做匀速圆周运动而使悬线成为一圆锥面的母线，且悬线与铅直线间的夹角恒为 60°，如图 8-7 所示。试求重物的速度和线上的张力。

解： 本问题既要求质点的速度又要求质点未知的约束力（与题目要求的线上张力是一对作用力与反作用力），是第一类基本问题与第二类基本问题兼具的动力学问题，属于混合问题。

1）选重物 M 为研究对象，由题意知 M 的运动轨迹为圆周，因此选择自然轴系。

2）受力分析，画出质点的受力图如图 8-7 所示。

3）列自然坐标形式的运动微分方程并求解，先将式（8-3）投影到副法线方向有

$$0=\sum F_{bi}=F_{\mathrm{T}}\cos 60^{\circ}-mg$$

解得

$$F_{\mathrm{T}}=2mg=19.6\mathrm{N} \tag{a}$$

主法线方向的微分方程为

$$m\frac{v^2}{l\sin 60^{\circ}}=\sum F_{ni}=F_{\mathrm{T}}\sin 60^{\circ} \tag{b}$$

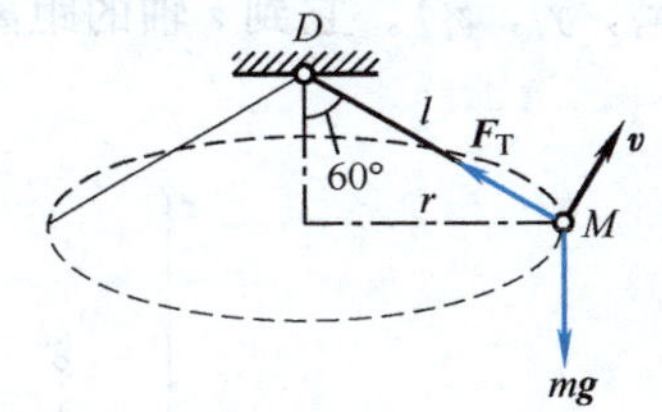

图 8-7　例 8-5 图

将式（a）代入式（b）可求得

$$v=\sqrt{\frac{F_{\mathrm{T}}l}{m}\sin 60^{\circ}}=\sqrt{2gl}\sin 60^{\circ}=2.1\mathrm{m/s}$$

8.4　质点系的基本惯性特征

由牛顿第二定律 $m\boldsymbol{a}=\boldsymbol{F}$ 可见，在相同力的作用下，质量越大的质点获得的加速度越小，即其保持惯性运动的能力越强，因此质量是质点惯性的度量，也就是说，描述质点惯性的特征量是它的质量。那么人们自然会问：描述质点系惯性的特征量还有哪些？仅仅是它们的质量大小吗？答案显然是否定的。由于质点系是空间分布的，其惯性不仅与它们的质量大小有关，还与它们在空间的分布有关。本节将较为系统地介绍描述质点系惯性的两种特征量，为后面论述质点系动力学问题做准备。

8.4.1　质点系的质量和质量中心

首先，引出反映质点系分布状态的重要特征量——质量中心（简称质心）。考虑由 n 个质点组成的质点系，第 i 个质点的质量为 m_i，相对于固定点 O 的矢径为 $\boldsymbol{r}_i$，确定质心位置的矢径用 $\boldsymbol{r}_C$ 表示，则

$$\boldsymbol{r}_C=\frac{\sum m_i\boldsymbol{r}_i}{m} \tag{8-6}$$

式中，$m=\sum m_i$ 即质点系中各质点质量的代数和，称为质点系的质量。在直角坐标系 $Oxyz$ 中，将式（8-6）向各坐标轴投影，得质心的坐标公式

$$x_C=\frac{\sum m_ix_i}{m},\ y_C=\frac{\sum m_iy_i}{m},\ z_C=\frac{\sum m_iz_i}{m} \tag{8-7}$$

由上易见，质点系中质点的位置发生变化时，质心的位置一般也会随之改变，它是表征质点系质量分布的一个几何点，实际上是质点系质量分布的平均坐标。容易观察到式（8-7）等号右端分式上下均乘以重力加速度就是重心坐标公式，因此在均匀的重力场内，质点系的质心与其重心是重合的。但必须指出，质心和重心是两个不同的概念，重心是质点系的重力作用点，只在重力场内存在。

8.4.2　刚体对轴的转动惯量　惯性积和惯性主轴

1. 刚体对轴的转动惯量

刚体是由无限个质点组成的不变质点系，刚体的转动惯量是刚体转动时惯性的度量。不

失一般性，设刚体的转轴用 z 表示，刚体内第 i 个质点 M_i 的质量为 m_i，该质点的坐标为 (x_i, y_i, z_i)，它到 z 轴的距离为 r_{zi}（见图 8-8），则定义

$$J_z = \sum m_i r_{zi}^2 = \sum m_i(x_i^2 + y_i^2) \tag{8-8}$$

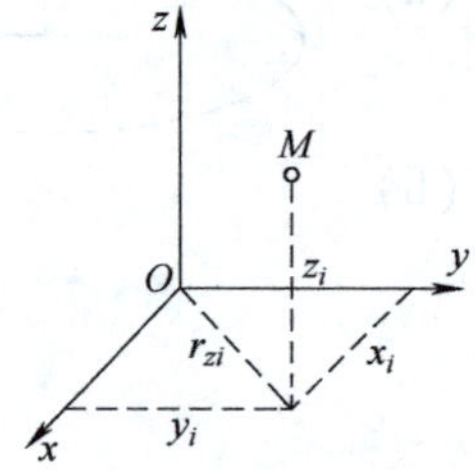

图 8-8 定义刚体对轴的转动惯量

【微视频：质点系的基本惯性特征】

即：刚体内各质点的质量与其到转轴 z 距离的二次方之乘积的总和，称为该刚体对 z 轴的转动惯量，用 J_z 表示。它的量纲为 ML^2，相应的国际单位是 $kg \cdot m^2$。

式（8-8）表明：①转动惯量不仅与质量大小有关，而且与质量分布有关；②对于一定质量的刚体，其中各质点离转轴越远，它对转轴的转动惯量就越大；反之越小。

对于简单形状的刚体，若刚体质量连续分布，则式（8-8）中的求和运算可以改成积分运算，即

$$J_z = \int_M r^2 \mathrm{d}m = \int_M (x^2 + y^2)\mathrm{d}m \tag{8-9}$$

2. 惯性半径（回转半径）

工程上常将转动惯量 J_z 表示为刚体的总质量 m 与某一特征长度 ρ_z 的二次方的乘积，即

$$J_z = m\rho_z^2 \tag{8-10}$$

或

$$\rho_z = \sqrt{\frac{J_z}{m}}$$

这个长度 ρ_z 称为刚体对 z 轴的惯性半径（或回转半径）。式（8-10）表明：若把刚体的总质量集中于一点，并使该质点对 z 轴的转动惯量等于刚体对 z 轴的转动惯量，则惯性半径 ρ_z 的物理意义就是这个点到 z 轴的距离。

同理，可得刚体对 x、y 轴的惯性半径，一起表示为

$$\rho_x = \sqrt{\frac{J_x}{m}},\ \rho_y = \sqrt{\frac{J_y}{m}},\ \rho_z = \sqrt{\frac{J_z}{m}} \tag{8-11}$$

显然，几何形状相同的均质物体对相同轴的惯性半径是一样的。

例 8-6 图 8-9 所示等截面均质细直杆 AB，长度为 l，质量为 m，试求它对于通过杆质心且与杆轴线垂直的轴的转动惯量和惯性半径。

解： 以杆的质心 O 为原点，建立如图 8-9 所示正交坐标系。由于杆 AB 是等截面均质细直杆，所以该杆的单位长度质量为 $\frac{m}{l}$，取杆上微段 $\mathrm{d}x$，其质量为 $\mathrm{d}m = \frac{m}{l}\mathrm{d}x$，对轴的转动惯量为 $\frac{m}{l}x^2\mathrm{d}x$，

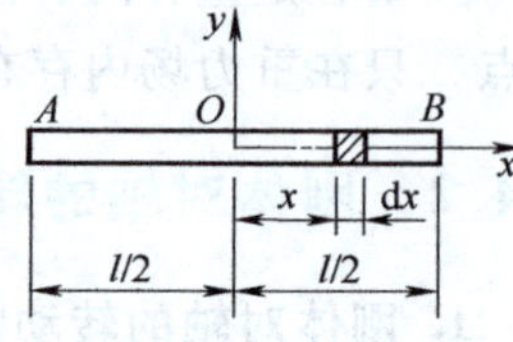

图 8-9 例 8-6 图

由式（8-9）可求得等截面均质细直杆对于通过杆质心且与杆轴线垂直的轴的转动惯量为

$$J_z = \int_{-l/2}^{l/2} \frac{m}{l} x^2 \mathrm{d}x = \frac{1}{12} m l^2$$

等截面均质细直杆对于过质心 z 轴的惯性半径为

$$\rho_z = \sqrt{\frac{J_z}{m}} = \sqrt{\frac{1}{12} m l^2 \cdot \frac{1}{m}} = \frac{\sqrt{3}}{6} l$$

例 8-7　已知均质等厚圆板的半径为 R，质量为 m，求它对通过质心 O 且与板面垂直的 z 轴的转动惯量和惯性半径。

解：分别取半径为 r 与 $r+\mathrm{d}r$ 的两同心圆，截得一微圆环。由于圆板是均质等厚的，所以单位面积上的质量为 $\frac{m}{\pi R^2}$，微圆环的质量为 $\mathrm{d}m = \frac{m}{\pi R^2} 2\pi r \mathrm{d}r$，如图 8-10 所示。由式（8-9）可求得均质等厚圆板对 z 轴的转动惯量为

$$J_z = \int_0^R r^2 \frac{m}{\pi R^2} 2\pi r \mathrm{d}r = \frac{2m}{R^2} \int_0^R r^3 \mathrm{d}r = \frac{1}{2} m R^2$$

均质等厚圆板对 z 轴的惯性半径为

$$\rho_z = \sqrt{\frac{J_z}{m}} = \sqrt{\frac{1}{2} m R^2 \times \frac{1}{m}} = \frac{\sqrt{2}}{2} R$$

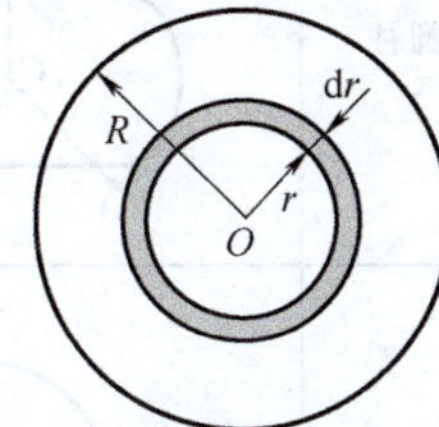

图 8-10　例 8-7 图

表 8-1 给出了几种常见均质物体对通过质心轴的转动惯量和惯性半径，供读者应用时参考。但实际应用时却需要知道与这些轴平行的任意轴的转动惯量，因此有必要运用转动惯量的平行轴定理来建立对于两个平行轴转动惯量之间的关系。

表 8-1　简单均质物体的转动惯量

名称	结构简图	转动惯量	惯性半径
细直杆	（图：l, x, y, z, C）	$J_x \approx 0$ $J_y = J_z = \frac{1}{12} m l^2$	$\rho_x \approx 0$ $\rho_y = \rho_z = \frac{\sqrt{3}}{6} l$
矩形薄板	（图：a, b, x, y, z, C）	$J_x = \frac{1}{12} m b^2$，$J_y = \frac{1}{12} m a^2$ $J_z = \frac{1}{12} m (a^2 + b^2)$	$\rho_x = \frac{\sqrt{3}}{6} b$，$\rho_y = \frac{\sqrt{3}}{6} a$ $\rho_z = \frac{1}{6}\sqrt{3(a^2+b^2)}$
长方体	（图：a, b, c, x, y, z, C）	$J_x = \frac{1}{12} m (b^2 + c^2)$ $J_y = \frac{1}{12} m (c^2 + a^2)$ $J_z = \frac{1}{12} m (a^2 + b^2)$	$\rho_x = \frac{1}{6}\sqrt{3(b^2+c^2)}$ $\rho_y = \frac{1}{6}\sqrt{3(c^2+a^2)}$ $\rho_z = \frac{1}{6}\sqrt{3(a^2+b^2)}$

（续）

名称	结构简图	转动惯量	惯性半径
薄圆盘		$J_x = J_y = \frac{1}{4}mR^2$ $J_z = \frac{1}{2}mR^2$	$\rho_x = \rho_y = \frac{R}{2}$ $\rho_z = \frac{\sqrt{2}}{2}R$
圆柱		$J_x = J_y = \frac{m}{12}(3R^2 + l^2)$ $J_z = \frac{1}{2}mR^2$	$\rho_x = \rho_y = \frac{1}{6}\sqrt{3(3r^2 + l^2)}$ $\rho_z = \frac{\sqrt{2}}{2}R$
实心球		$J_x = J_y = J_z = \frac{2}{5}mR^2$	$\rho_x = \rho_y = \rho_z = \frac{1}{5}\sqrt{10}R$

注：m 表示物体的质量，C 表示质心，ρ 表示密度。

3. 平行轴定理

定理　刚体对于任一轴的转动惯量，等于刚体对于通过其质心并与该轴平行的轴的转动惯量，加上刚体的质量与此两轴间距离的二次方的乘积，即

$$J_z = J_{zC} + md^2 \tag{8-12}$$

证明：设点 C 为刚体的质心，其总质量为 m，不失一般性，建立如图 8-11 所示两组平行的坐标系 $Oxyz$ 和 $C_{x_Cy_Cz_C}$（图中未画出 x_C 轴，y_C 轴与 y 轴重叠），令 $OC = d$。刚体对 z_C 轴的转动惯量为 J_{zC}，对另一平行于 z_C 轴且距离为 d 的 z 轴的转动惯量为 J_z。不失一般性，我们将刚体内任一质点 m_i 置于 xOy 平面内，则由转动惯量的定义式（8-8），有

$$J_z = \sum m_i r_{zi}^2 = \sum m_i(x_i^2 + y_i^2)$$

$$J_{zC} = \sum m_i[x_i^2 + (y_i - d)^2] = \sum m_i(x_i^2 + y_i^2) - 2d\sum m_i y_i + d^2\sum m_i$$

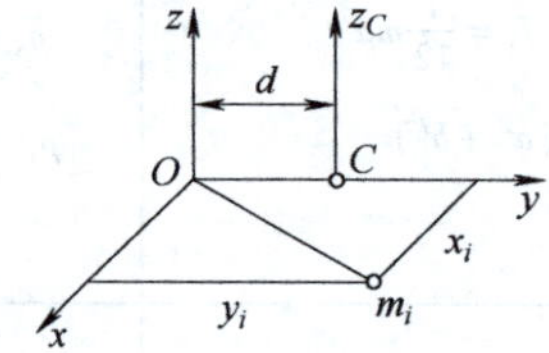

图 8-11　平行轴定理的证明

【微视频：平行轴定理】

由质心坐标公式 $y_C = \frac{\sum m_i y_i}{m}$ 可求得 $\sum m_i y_i = my_C = md$，因此得

$$J_{zC} = J_z - md^2，即\ J_z = J_{zC} + md^2$$

证毕。

由平行轴定理可知，在刚体对各平行轴的所有转动惯量中，对质心轴的转动惯量为最小。

必须指出，应用平行移轴定理时，z_C 轴一定通过质心 C。对不过质心的任意两平行轴的转动惯量，不存在式（8-12）的关系，它们之间的关系必须通过式（8-12）导出。

例 8-8　求例 8-6 中的等截面均质细直杆对通过杆端且与杆轴线垂直的 z'轴（见图 8-12）的转动惯量。

解： 我们在例 8-6 中已求出了等截面均质细直杆对于 z 轴的转动惯量为

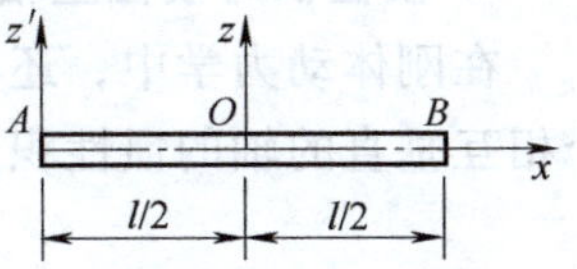

$$J_z = \frac{1}{12}ml^2$$

图 8-12　例 8-8 图

由式（8-12）可求得

$$J_{z'} = J_z + md^2 = J_z = \frac{1}{12}ml^2 + m\left(\frac{l}{2}\right)^2 = \frac{1}{3}ml^2$$

例 8-9　试求质量为 m 的均质矩形薄板（见图 8-13a）对通过某一边的轴的转动惯量。

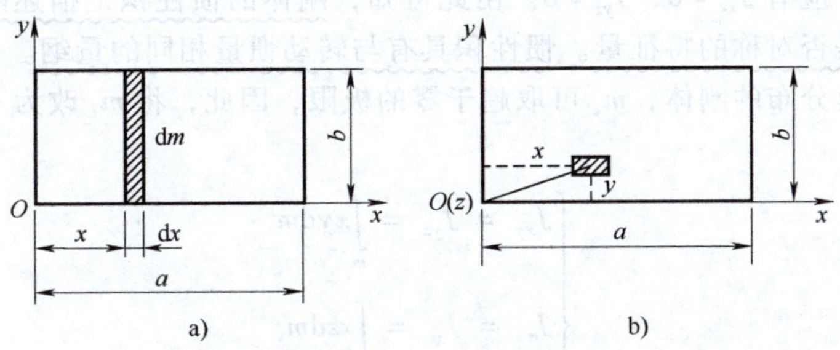

图 8-13　例 8-9 图

解： 如图 8-13a 所示，取矩形薄板宽为 $\mathrm{d}x$、高为 b 的微元，其质量为 $\mathrm{d}m = \frac{m}{a}\mathrm{d}x$，则由例 8-8 可知，微元对 x 轴的转动惯量为$\frac{1}{3}\mathrm{d}mb^2 = \frac{1}{3}\frac{m}{a}b^2\mathrm{d}x$，矩形薄板对 x 轴的转动惯量为

$$J_x = \int_0^a \frac{1}{3}\frac{m}{a}b^2\mathrm{d}x = \frac{1}{3}mb^2 \tag{a}$$

同理可得对 y 轴的转动惯量为

$$J_y = \frac{1}{3}ma^2 \tag{b}$$

再求对垂直于板平面的 Oz 轴（见图 8-13b）的转动惯量。由式（8-8）得矩形薄板对 Oz 轴的转动惯量为

$$J_z = \int_0^a\int_0^b (x^2 + y^2)\mathrm{d}m = \int_0^a x^2\mathrm{d}m + \int_0^b y^2\mathrm{d}m = J_x + J_y = \frac{1}{3}m(a^2 + b^2)$$

例 8-10　冲击摆可近似地看成由均质细直杆 OA 和圆盘组成，如图 8-14 所示，已知杆长为 l，质量是 m_1；圆盘半径是 r，质量是 m_2。试求摆对通过杆端 O 并与盘面垂直的轴 z 的转动惯量 J_z。

解： 如图 8-14 所示，组合体的转动惯量是由若干个部分组成的。整个摆对轴的转动惯量为 J_z，它由杆对该轴 z 的转动惯量 J_1 和圆盘对该轴的转动惯量 J_2 相加而得，即有

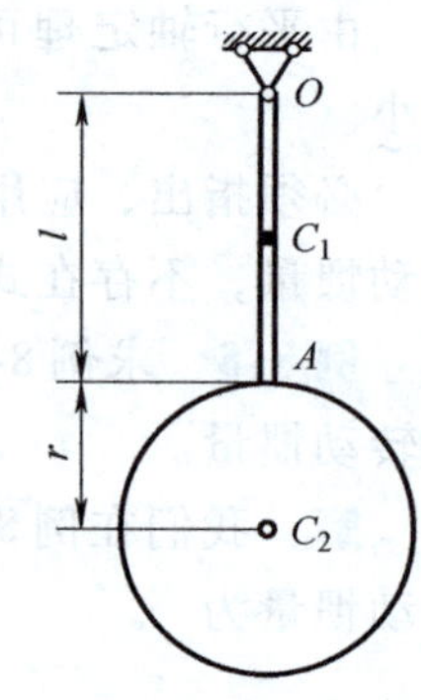

图 8-14　例 8-10 图

$$
\begin{aligned}
J_z &= J_1 + J_2 \\
&= \left[\frac{1}{12}m_1 l^2 + m_1\left(\frac{l}{2}\right)^2\right] + \left[\frac{1}{2}m_2 r^2 + m_2(r+l)^2\right] \\
&= \frac{1}{3}m_1 l^2 + \frac{1}{2}m_2(3r^2 + 4rl + 2l^2)
\end{aligned}
$$

4. 惯性积与惯性主轴

在刚体动力学中，还有一个重要的物理量：刚体对通过 O 点的两个相互垂直的轴的惯性积，在直角坐标系中分别定义为

$$
\begin{cases}
J_{xy} = J_{yx} = \sum m_i x_i y_i \\
J_{xz} = J_{zx} = \sum m_i x_i z_i \\
J_{yz} = J_{zy} = \sum m_i y_i z_i
\end{cases} \tag{8-13}
$$

式中，$J_{xy}=J_{yx}$，$J_{xz}=J_{zx}$，$J_{yz}=J_{zy}$ 分别称为刚体对 x、y 轴，z、x 轴和对 y、z 轴的惯性积。

由式（8-13）可知，惯性积的取值可以是正值、负值或零。容易理解，当刚体具有质量对称面 xOy 时，应有 $J_{zx}=0$，$J_{yz}=0$。由此可知，刚体的惯性积是描述刚体的质量相对于坐标平面的分布是否对称的特征量。惯性积具有与转动惯量相同的量纲。

对于质量连续分布的刚体，m_i 可取趋于零的极限，因此，将 m_i 改为 $\mathrm{d}m$，则式（8-13）可改写为

$$
\begin{cases}
J_{xy} = J_{yx} = \int_m xy\,\mathrm{d}m \\
J_{xz} = J_{zx} = \int_m xz\,\mathrm{d}m \\
J_{yz} = J_{zy} = \int_m yz\,\mathrm{d}m
\end{cases} \tag{8-14}
$$

式（8-14）中的积分号下方的 m 表示积分范围遍及整个刚体。

如果惯性积 $J_{zx}=0$，$J_{yz}=0$，则称 Oz 轴为刚体的惯性主轴。同理，如果惯性积 $J_{zx}=0$，$J_{xy}=0$，或 $J_{yz}=0$，$J_{xy}=0$，则称 Ox 轴或 Oy 轴为刚体的惯性主轴。不难验证，对于有对称轴的刚体，则该对称轴为刚体的惯性主轴；对于有对称面的刚体，垂直于该对称面的任意轴为刚体的惯性主轴。可以证明，对于刚体的任意定点 O，总存在刚体在 O 点的三个互相垂直的惯性主轴。刚体关于三个互相垂直的惯性主轴的转动惯量称为刚体的主惯性矩。当一对主惯性轴的交点与刚体的形心重合时，称为形心主惯性轴。刚体对于形心主惯性轴的惯性矩称为形心主惯性矩。

本章小结

1. 动力学以牛顿三定律为基础（适用于惯性参考系）

2. 质点动力学的基本方程

$$
m\frac{\mathrm{d}^2 \boldsymbol{r}}{\mathrm{d}t^2} = \sum \boldsymbol{F}_i
$$

实际应用时，应根据问题取相应的投影形式

直角坐标形式：$m\frac{d^2x}{dt^2}=\sum F_{xi}$，$m\frac{d^2y}{dt^2}=\sum F_{yi}$，$m\frac{d^2z}{dt^2}=\sum F_{zi}$

自然坐标形式：$m\frac{dv}{dt}=m\frac{d^2s}{dt^2}=\sum F_{\tau i}$，$m\frac{v^2}{\rho}=\sum F_{ni}$，$0=\sum F_{bi}$

3. 质点动力学的两类基本问题

第一类基本问题：已知质点的运动，求作用于质点上的力，数学上归结为微分问题；

第二类基本问题：已知作用在质点上的力，求解质点的运动，数学上归结为积分问题。

4. 求解质点动力学问题的方法和步骤

1）确定研究对象，通常选择含有已知量和待求量的质点为研究对象；

2）受力分析并画受力图；

3）运动分析，这是解决动力学的关键步骤；

4）根据质点的运动情况，确定质点运动微分方程的投影形式，并画出坐标轴，应注明轴的正向，力和反映运动的量（加速度、速度等）与轴的正向一致时为正，反之为负；

5）第一类基本问题通常是求导数的过程；第二类基本问题一般是积分问题，求解时应注意利用运动初始条件确定积分常数，求得确定解。

5. 质点系的惯性特征

1）质量中心（质心）——反映质点系分布状态的重要特征量之一，其位置用矢径表示为

$$\boldsymbol{r}_C=\frac{\sum m_i\boldsymbol{r}_i}{m}$$

其中，$m=\sum m_i$ 即质点系中各质点质量的代数和，称为质点系的质量。在均匀的重力场内，质点系的质心与其重心是重合的。刚体质量是刚体平动惯性的度量。

2）刚体对轴的转动惯量——是刚体相对转轴的质量分布的特征量。设转轴为 z 轴，则定义式为

$$J_z=\sum m_i r_{zi}^2=\sum m_i(x_i^2+y_i^2)$$

3）转动惯量的平行轴定理

$$J_z=J_{zC}+md^2$$

其中，J_{zC} 为刚体对通过质心并与 z 轴平行的轴的转动惯量。由此可知，在刚体对各平行轴的所有转动惯量中，对质心轴的转动惯量为最小。

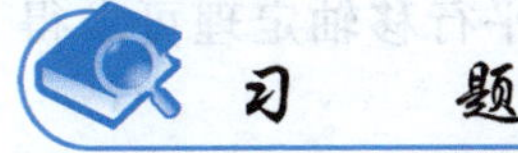

习　题

客观题

8-1　下列各种说法中（　　）是不正确的，并说明理由。

①质点的速度越大，该质点所受的力也就越大。

②某质点在空间运动时仅受重力作用，一定是直线运动。

③凡运动的质点一定受力作用。

④当作用在质点上的力为恒矢量时，质点不可能做匀速曲线运动。

8-2　绳拉力 $F=2\text{kN}$，物重 $G_1=2\text{kN}$，$G_2=1\text{kN}$。若滑轮质量不计，在如图8-15a、b所

示的两种情况下，重物 G_2 的加速度和两根绳中的张力的情况应为（　　）。

①图 8-15a 与图 8-15b 中重物的加速度相同，两根绳中的张力也相同。

②图 8-15a 与图 8-15b 中重物的加速度不同，两根绳中的张力也不相同。

③图 8-15a 与图 8-15b 中重物的加速度相同，两根绳中的张力不相同。

④图 8-15a 与图 8-15b 中重物的加速度不同，两根绳中的张力相同。

8-3 如图 8-16 所示，质量为 m 的物块 A 放在升降机上，当升降机以加速度 $\boldsymbol{a}$ 向上运动时，物块对地板的压力等于（　　）。

①mg　　②$m(g+a)$　　③$m(g-a)$　　④0

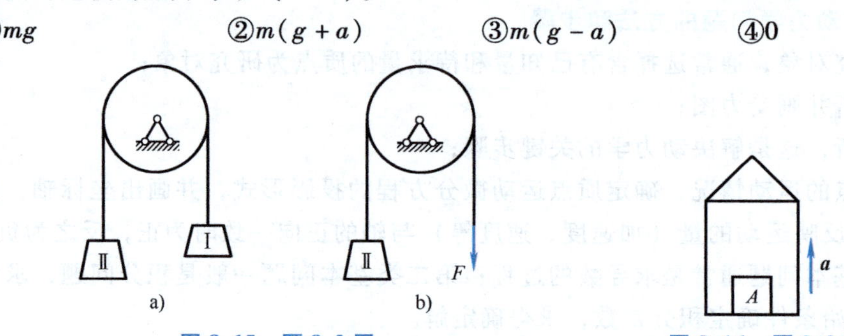

图 8-15　题 8-2 图　　图 8-16　题 8-3 图

8-4 竖直上抛一质量为 m 的小球 A，假设空气阻力 $\boldsymbol{F}_R$ 与速度 v 的一次方成正比，即 $F_R=-\mu v$，其中 μ 为阻力系数。选取如图 8-17 所示坐标轴，则小球 A 的运动微分方程为（　　）。

①$m\ddot{x}=-mg-\mu\dot{x}$（上升阶段），$m\ddot{x}=-mg+\mu\dot{x}$（下降阶段）

②$m\ddot{x}=-mg-\mu\dot{x}$（上升阶段），$m\ddot{x}=mg-\mu\dot{x}$（下降阶段）

③$m\ddot{x}=-mg-\mu\dot{x}$（上升或下降阶段）

④$m\ddot{x}=mg+\mu\dot{x}$（上升阶段），$m\ddot{x}=mg-\mu\dot{x}$（下降阶段）。

8-5 如图 8-18 所示，已知物体的质量为 m，弹簧的刚度系数为 k，原长为 l_0，静伸长为 δ_{st}，则对于以弹簧静伸长末端为坐标原点、铅垂向下的坐标轴 Ox 来说，$x_0=\delta_{st}+x$ 为弹簧变形量，重物的运动微分方程为（　　）。

①$m\ddot{x}=mg-kx_0$　②$m\ddot{x}=kx_0$　③$m\ddot{x}=-kx$　④$m\ddot{x}=mg+kx_0$

8-6 试判断下列计算是否正确：

①质量为 m 的均质细杆 AB 如图 8-19a 所示，已知 $J_z=\dfrac{1}{3}ml^2$，由平行移轴定理可求得 $J_{z1}=\dfrac{1}{3}ml^2+ma^2$。

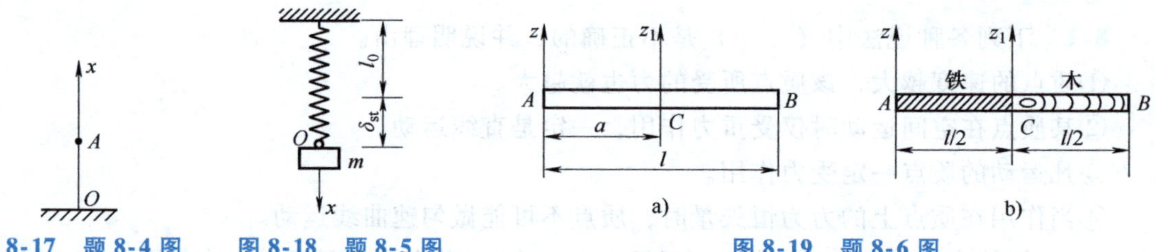

图 8-17　题 8-4 图　　图 8-18　题 8-5 图　　图 8-19　题 8-6 图

②细长杆 AB 由铁质部分和木质部分组成如图 8-19b 所示，两段长度相等，且都可视为均质。设总质量为 m，由平行移轴定理可求得 $J_z = J_{z_1} + m\left(\frac{l}{2}\right)^2$。

分析计算题

8-7　静止中心 O 以引力 $F = k^2mr$ 吸引质量是 m 的质点 M，其中 k 是比例常数，$\boldsymbol{r} = \overrightarrow{OM}$ 是点 M 的矢径。运动开始时 $OM_0 = b$，初速度为 v_0 且它与 $\overrightarrow{OM_0}$ 的夹角为 α，如图 8-20 所示，求点 M 的运动方程。

8-8　小车以匀加速度 $\boldsymbol{a}$ 沿倾斜角为 θ 的斜面向上运动，在小车的平顶上放一质量为 m 的物体 A 随车一起运动，如图 8-21 所示。为使物体不从车上脱落，试问物体与车之间的摩擦因数最小应为何值？

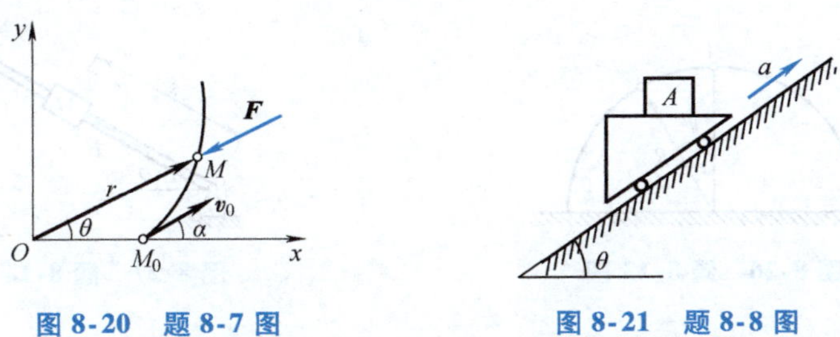

图 8-20　题 8-7 图　　图 8-21　题 8-8 图

8-9　如图 8-22 所示，质量为 m 的物体放在匀速转动的水平转台上，它到转轴的距离为 r。设物体与转台表面的摩擦因数为 f，求当物体不致因转台旋转而滑出时，水平台的最大转速。

8-10　汽车以匀速 $v = 18\text{km/h}$ 行驶，如图 8-23 所示。试求汽车在下述三种位置时对路面的压力：(1) 水平路面；(2) 凸起路面的最高处；(3) 凹下路面的最低处。设汽车的重量为 8kN，凸起、凹下路面的曲率半径均为 20m。

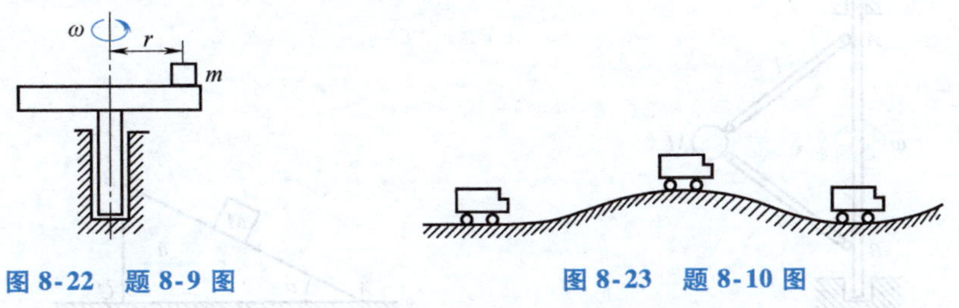

图 8-22　题 8-9 图　　图 8-23　题 8-10 图

8-11　为了使列车对铁轨的压力垂直于路基，在铁道弯曲部分，外轨要比内轨稍微提高，如图 8-24 所示。试就以下的数据求外轨高于内轨的高度 h。轨道的曲率半径为 $\rho = 300\text{m}$，列车的速度大小为 $v = 12\text{m/s}$，内、外轨道间的距离为 $b = 1.6\text{m}$。

8-12　在图 8-25 所示离心浇注装置中，电动机带动支承轮 A、B 做同向转动，管模放在两轮上靠摩擦传动而旋转。铁水浇入后，将均匀地紧贴管模的内壁而自动成型，从而可得到质量密实的管型铸件。已知管模内径 $D = 400\text{mm}$，试求管模的最低转速 n。

8-13　如图 8-26 所示，小环从固定的光滑半圆柱顶端 A 无初速地下滑。求小环脱离半圆柱时的位置角 φ。

8-14　质量为 2kg 的滑块 M 在力 $\boldsymbol{F}$ 的作用下沿杆 AB 运动，杆 AB 在铅直平面内绕 A 转动，

如图 8-27 所示。已知 $s=0.4t$，$\varphi=0.5t$（s 的单位为 m，φ 的单位为 rad，t 的单位为 s），滑块与杆 AB 的摩擦因数为 $f=0.1$。试求 $t=2\text{s}$ 时力的大小。

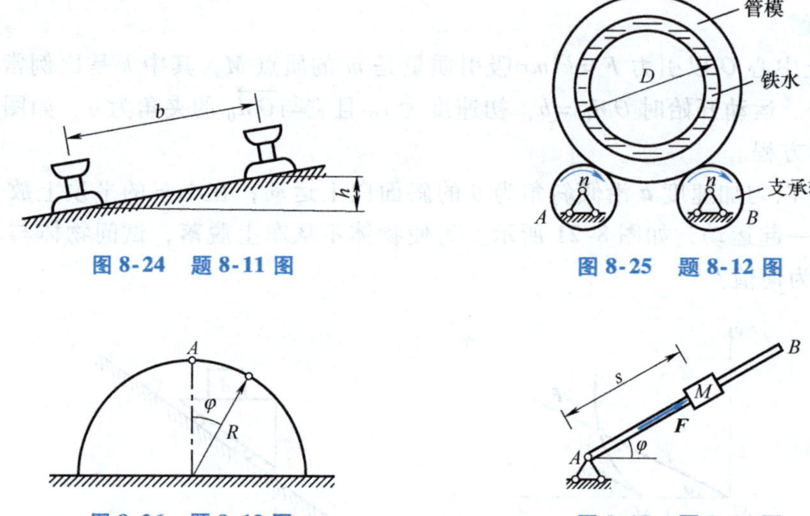

图 8-24　题 8-11 图　　图 8-25　题 8-12 图

图 8-26　题 8-13 图　　图 8-27　题 8-14 图

8-15　质量为 m 的小球 M，由两根长为 l 的杆所支持，此机构以不变的角速度 ω 绕铅直轴 AB 转动，如图 8-28 所示。设 $AB=2a$，两杆的各端均为铰接，且杆重忽略不计，求杆的内力。

8-16　如图 8-29 所示，在三棱体 ABC 的粗糙斜面上放有重为 G 的物体 M，三棱体以匀加速度 $\boldsymbol{a}$ 沿水平方向运动。为使物体 M 在三棱体上处于相对静止，试求加速度 a 的最大值，以及这时 M 对三棱体的压力。假设摩擦因数为 f，并且 $f<\tan\alpha$。

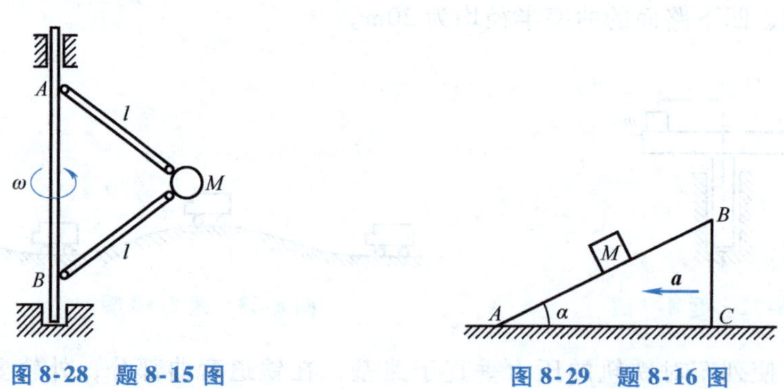

图 8-28　题 8-15 图　　图 8-29　题 8-16 图

8-17　如图 8-30 所示，用两绳悬挂的质量为 m 的物体处于静止。试问：(1) 两绳中的张力各等于多少？(2) 若将绳 A 剪断，则绳 B 在该瞬时的张力又等于多少？

8-18　如图 8-31 所示，单摆的悬绳长为 l，摆锤质量是 m。单摆由偏离铅直线 30° 的位置 OA 无初速地释放，当摆到铅直位置时，绳的中点被木钉 C 挡住，只有下半段继续摆动。试求当摆绳升到与铅直线成 α 角时摆锤的速度以及绳中的拉力。

8-19　质量为 m 的小球以初速度 v_0 从地面铅直上抛。设重力不变，空气阻力 $\boldsymbol{F}$ 与速度的二次方成正比，$F=kmv^2$，其中 k 是比例常数。试求小球落回地面时的速度 v_1。

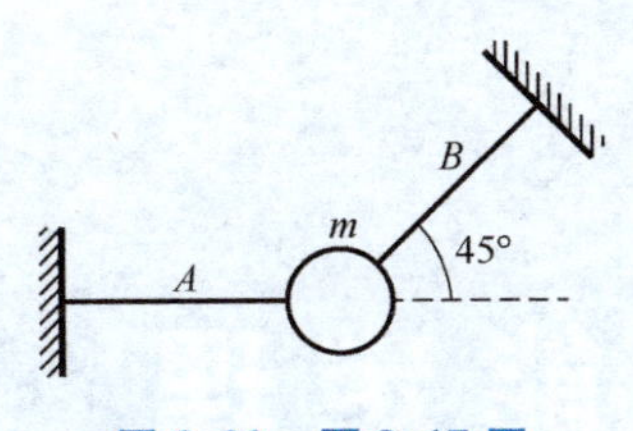

图 8-30　题 8-17 图

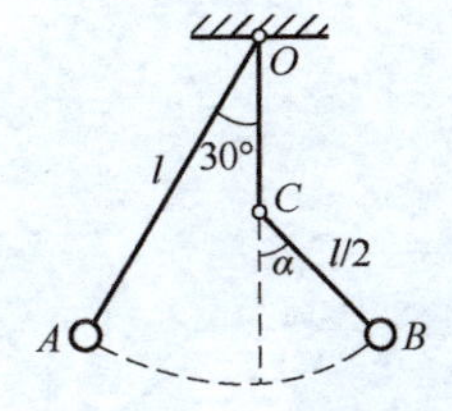

图 8-31　题 8-18 图

8-20　试证明边长为 l、质量为 m 的正方形薄板对其对角线的转动惯量为 $\frac{1}{12}ml^2$。

8-21　均质截头圆锥的质量为 m，上、下底的半径分别为 r、R，如图 8-32 所示。试求该物体对 z 轴的转动惯量 J_z。

8-22　如图 8-33 所示，均质细长杆 AB 长为 l，质量为 m，试求 J_{z1} 和 J_{z2}。

8-23　求如图 8-34 所示均质薄板对 x 轴的转动惯量（设面积为 ab 的板的质量为 m）。

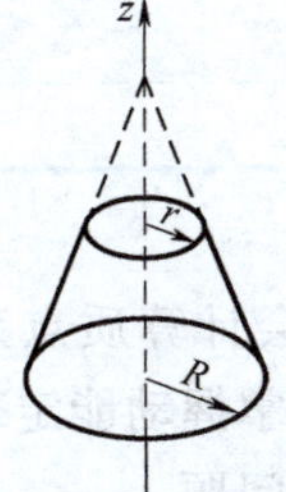

图 8-32　题 8-21 图

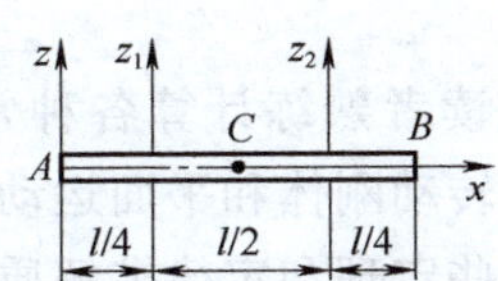

图 8-33　题 8-22 图

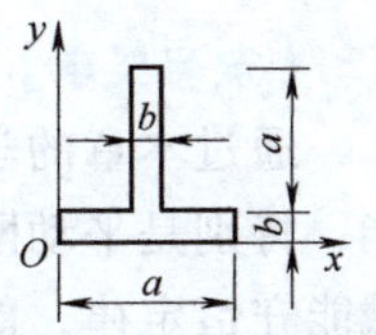

图 8-34　题 8-23 图

8-24　如图 8-35 所示，均质偏心圆盘重为 G，半径为 r，偏心距为 e，试求该物体对转轴 O 的转动惯量。

8-25　如图 8-36 所示，质量为 m、半径为 R 的均质圆板，挖去一半径为 $r=0.5R$ 的圆孔，试求该板对 O 轴的转动惯量。

8-26　均质杆 AB，长为 l，质量为 m，杆轴线与 y 轴成 α 角，如图 8-37 所示，求其对 x 轴和 y 轴的惯性积。

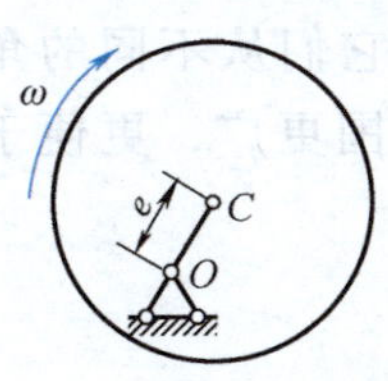

图 8-35　题 8-24 图

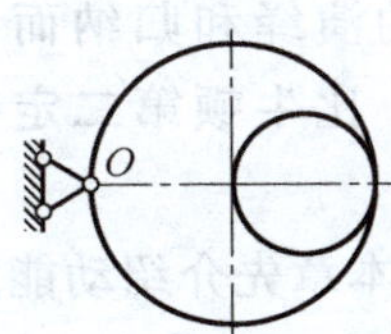

图 8-36　题 8-25 图

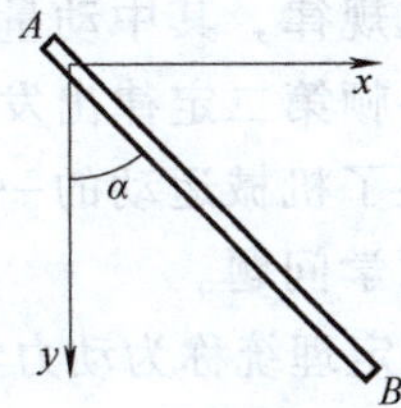

图 8-37　题 8-26 图

第9章　动能定理

【内容提要】

本章主要介绍动能与功的概念，建立质点系动能的变化与力的功之间的关系即动能定理，并介绍了功率和势能的概念以及机械能守恒定律。

【学习要求】

通过本章的学习，要求读者熟练计算各种常见力的功。会计算质点系的动能，特别是平动刚体、定轴转动刚体和平面运动刚体的动能。掌握动能定理和机械能守恒定律，能够应用这些定理和定律求解质点系的动力学问题。

从理论上说，对于质点系，可以对每一个质点列出运动微分方程，然后联立求解，但往往会遇到困难。

动能、动量、动量矩都是反映物体机械运动的动力特征的物理量，它们分别在不同的范畴作为物体机械运动的度量；而且，动能还可以作为机械运动与其他形式的运动（如热、电、声、光等）之间能量相互转化的度量。

动能定理、动量定理、动量矩定理分别阐明了上述各物理量的变化与作用力之间关系的客观规律，其中动量定理和动量矩定理先于牛顿第二定律为人们所认识。这些定理均可由牛顿第二定律出发，经过适当的演绎和归纳而分别获得，它们从不同的角度更直接地反映了机械运动的一些普遍规律，比牛顿第二定律的适用范围更广，更便于解决质点系动力学问题。

上述定理统称为动力学普遍定理，本章先介绍动能定理。

9.0　本章学习任务单

1. 动能

动能是物体机械运动的一种度量，它是一个标量。要求能熟练计算刚体做平动、定轴转动及平面运动时的动能。请读者带着如下问题学习 9.1 节的内容（含 1 个微视频）：

1）如何计算刚体做不同运动时的动能？

2）速度大的物体一定比速度小的物体动能大吗？

2. 力的功

力的功是力对物体作用的累积效应的度量。要求熟练掌握常见力的功的计算。请读者带着如下问题学习9.2节的内容（含1个微视频）：

1）作用于定轴转动刚体上力偶矩的功如何计算？

2）作用于平面运动刚体上力的功如何计算？

3）质点系所受的理想约束力是否做功？

3. 动能定理

本小节是本章的重点，要求熟练掌握应用质点系的动能定理分析工程实际问题的思路和方法。请读者带着如下问题学习9.3节的内容（含1个微视频）：

1）应用动能定理分析机械系统运动问题的特点是什么？它有什么局限吗？

2）动能定理的方程是矢量式吗？一般可以求几个未知量？

3）在什么情况下系统的机械能守恒？

9.1　动能

9.1.1　质点的动能

设质点的质量为 m，在运动中，某瞬时的速度为 $\boldsymbol{v}$，则此质点的动能等于其质量与速度二次方的乘积之半，即

$$T = \frac{1}{2}mv^2 \tag{9-1}$$

【微视频：动能的计算】

动能和速度的方向无关，是正标量，由量纲分析易知，在国际单位制中，动能的单位为牛米（N·m）或焦耳（J）。

9.1.2　质点系的动能

质点系是指有限个或无限个质点组成的系统，亦包括刚体或刚体系，有时称为系统。质点系的动能为组成质点系的各质点动能的算术和，即

$$T = \sum \frac{1}{2}m_i v_i^2 \tag{9-2}$$

例如图9-1所示的质点系有三个质点，它们的质量分别是 $m_1 = 4m_3$、$m_2 = 3m_3$ 和 m_3。忽略绳的质量，并假设绳不可伸长，则三个质点的速度 $\boldsymbol{v}_1$、$\boldsymbol{v}_2$ 和 $\boldsymbol{v}_3$ 的大小相同，都等于 v，而方向各异。计算质点系的动能时不必考虑它们的方向，于是得

$$T = \frac{1}{2}m_1 v_1^2 + \frac{1}{2}m_2 v_2^2 + \frac{1}{2}m_3 v_3^2 = 4m_3 v^2$$

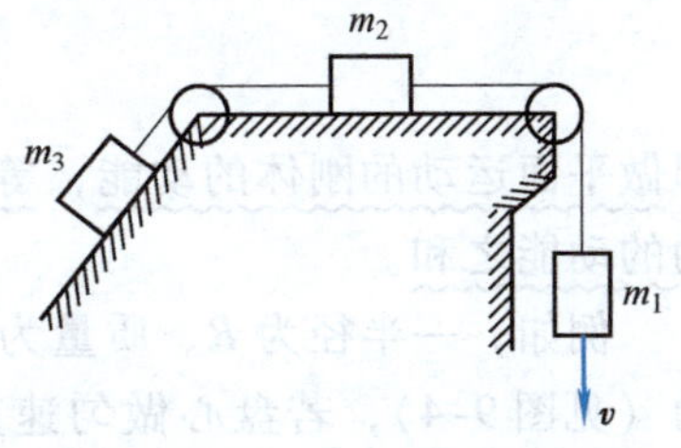

图9-1　质点系的动能

刚体是由无数质点组成的质点系。刚体做不同的运动时，各质点的速度分布不同，故而刚体的动能应按照刚体的运动形式来计算。

1. 平动刚体的动能

刚体平动时，其内各点的速度都相同，可以质心为代表，故平动刚体的动能为

$$T=\sum\frac{1}{2}m_iv_i^2=\frac{1}{2}v_C^2\sum m_i=\frac{1}{2}mv_C^2 \tag{9-3}$$

这表明，平动刚体的动能等于其质量与平移速度二次方的乘积之半。

2. 定轴转动刚体的动能

设刚体绕固定轴 z 转动的角速度为 ω，任一质点 m_i 的速度 $v_i=r_i\omega$（见图 9-2）。于是绕定轴转动刚体的动能为

$$T=\sum\frac{1}{2}m_iv_i^2=\sum\left(\frac{1}{2}m_ir_i^2\omega^2\right)=\frac{1}{2}\omega^2\cdot\sum m_ir_i^2$$

式中，$\sum m_ir_i^2=J_z$，J_z 表示刚体对于 z 轴的转动惯量。

$$T=\frac{1}{2}J_z\omega^2 \tag{9-4}$$

即绕定轴转动的刚体的动能，等于刚体对于转轴的转动惯量与角速度二次方乘积的一半。

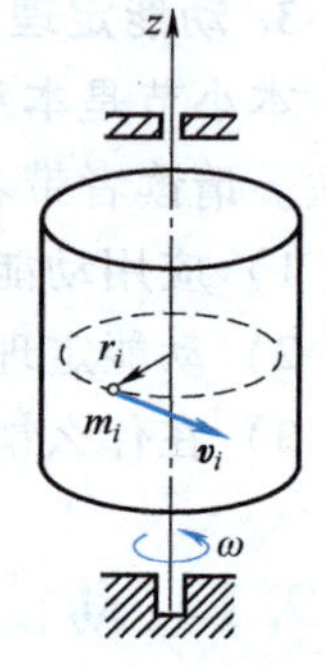

图 9-2 定轴转动刚体的动能

3. 平面运动刚体的动能

取刚体质心 C 所在的平面图形如图 9-3 所示。设点 P 是图形某瞬时的速度瞬心，ω 是平面图形转动的角速度。在此瞬时，刚体上各点速度的分布与绕点 P 做定轴转动的刚体相同，于是做平面运动的刚体的动能为

$$T=\frac{1}{2}J_P\omega^2 \tag{9-5}$$

式中，J_P 为刚体对于瞬心轴的转动惯量。

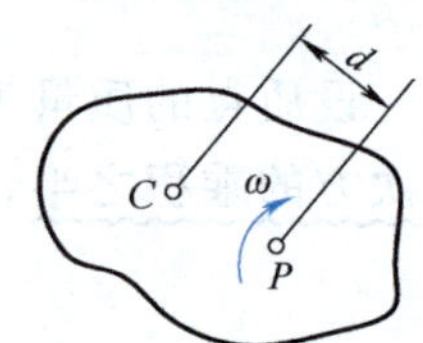

图 9-3 平面运动刚体的动能

由于在不同时刻，刚体以不同的点作为速度瞬心，因此在一般情况下用式（9-5）来计算动能是不方便的。

如图 9-3 所示，C 为刚体的质心，根据计算转动惯量的平行轴定理，有

$$J_P=J_C+md^2$$

式中，d 为平面图形的质心 C 与图形某瞬时的速度瞬心 P 之间的距离；J_C 为刚体对质心轴的转动惯量。将上式代入式（9-5），得

$$T=\frac{1}{2}(J_C+md^2)\omega^2=\frac{1}{2}J_C\omega^2+\frac{1}{2}m(d\omega)^2$$

因 $d\omega=v_C$，于是得

$$T=\frac{1}{2}mv_C^2+\frac{1}{2}J_C\omega^2 \tag{9-6}$$

即做平面运动的刚体的动能，等于随质心平动的动能与绕质心转动的动能之和。

例如，一半径为 R、质量为 m 的均质圆盘在水平面上做纯滚动（见图 9-4），若盘心做匀速直线运动，速度大小为 v_C，则均质圆盘的动能为

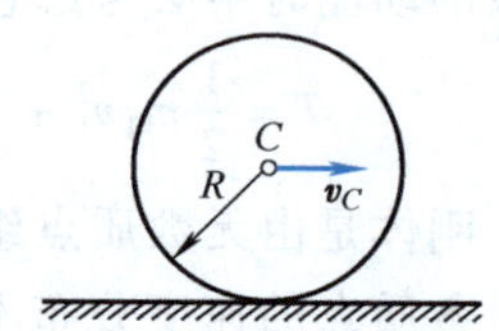

图 9-4 均质圆盘的动能

$$T=\frac{1}{2}mv_C^2+\frac{1}{2}\left(\frac{1}{2}mR^2\right)\left(\frac{v_C}{R}\right)^2=\frac{3}{4}mv_C^2$$

9.2　力的功

力的功是力在一段路程中对物体作用累积效果的度量（即力在空间效应的累积）。

9.2.1　功的一般表达式

【微视频：力的功的计算】

如图 9-5 所示，设质点受力 $\boldsymbol{F}$ 作用沿曲线运动，现把整个路径分成无数多个微小弧段，而某一弧段对应的微小位移为 $\mathrm{d}\boldsymbol{r}$。力 $\boldsymbol{F}$ 与质点的微小位移 $\mathrm{d}\boldsymbol{r}$ 的点积称为力的元功。以 δW 表示，即

$$\delta W=\boldsymbol{F}\cdot\mathrm{d}\boldsymbol{r} \tag{9-7}$$

考虑到 $\mathrm{d}\boldsymbol{r}=\boldsymbol{v}\mathrm{d}t$，上式可写为

$$\delta W=\boldsymbol{F}\cdot\boldsymbol{v}\mathrm{d}t$$

因元功一般不是某个函数 W 的全微分，故不记为 $\mathrm{d}W$，而记为 δW（δW 作为整体记号）。按照点积的定义和性质，元功的计算表达式可写为

$$\delta W=F\cos\theta\mathrm{d}s=F_\tau\mathrm{d}s \tag{9-8}$$

式中，θ 是力 $\boldsymbol{F}$ 与轨迹切线间的夹角；F_τ 是力在作用点的轨迹的切线方向上的投影。

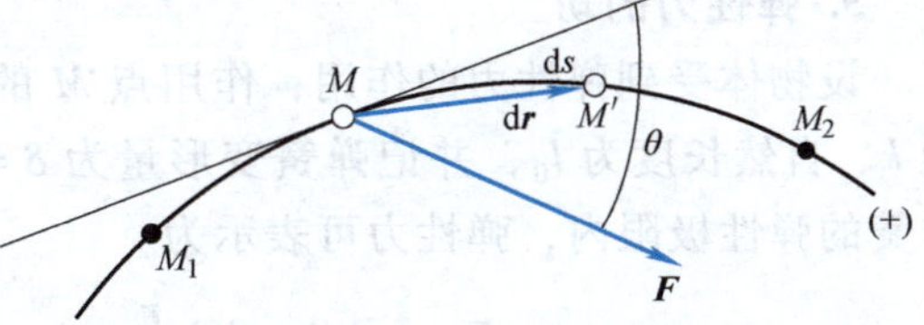

图 9-5　作用于质点的变力在曲线路径上的功

质点从 M_1 运动到 M_2，力 $\boldsymbol{F}$ 所做的总功为

$$W=\int_{M_1}^{M_2}\boldsymbol{F}\cdot\mathrm{d}\boldsymbol{r}=\int_s F\cos\theta\mathrm{d}s=\int_s F_\tau\mathrm{d}s \tag{9-9}$$

由上式可知，当力 $\boldsymbol{F}$ 始终与质点位移垂直时，该力不做功。

在直角坐标系中，设 $\boldsymbol{i}$、$\boldsymbol{j}$、$\boldsymbol{k}$ 为三坐标轴的单位矢量，则

$$\boldsymbol{F}=F_x\boldsymbol{i}+F_y\boldsymbol{j}+F_z\boldsymbol{k}$$

$$\mathrm{d}\boldsymbol{r}=\mathrm{d}x\boldsymbol{i}+\mathrm{d}y\boldsymbol{j}+\mathrm{d}z\boldsymbol{k}$$

将上式代入式（9-7）和式（9-9），根据矢量运算法则，可得力的元功和功的解析表达式分别为

$$\delta W=F_x\mathrm{d}x+F_y\mathrm{d}y+F_z\mathrm{d}z \tag{9-10}$$

$$W_{12}=\int_{M_1}^{M_2}(F_x\mathrm{d}x+F_y\mathrm{d}y+F_z\mathrm{d}z) \tag{9-11}$$

显然，功是代数量，在国际单位制中，功的单位为焦耳（J）。

9.2.2　几种特殊力的功

1. 常力的功

质点受常力作用，沿直线轨迹行经的距离为 s，如图 9-6 所示，此力所做的功为

$$W_{12} = \int_0^s F\cos\alpha \mathrm{d}s$$

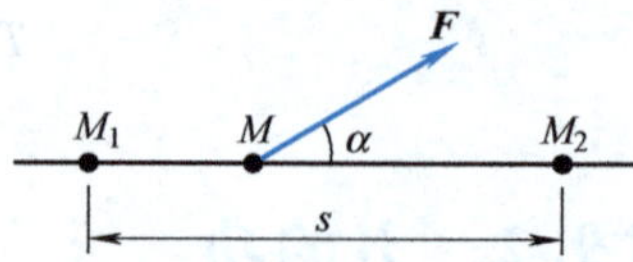

图 9-6 常力在直线路径上的功

即

$$W_{12} = Fs\cos\alpha \tag{9-12}$$

2. 重力的功

某物体在运动时，它的重心的轨迹如图 9-7 所示。其重力在直角坐标轴上的投影分别是 $F_x = 0$，$F_y = 0$，$F_z = -G = -mg$。由式（9-10）知，其重力 $\boldsymbol{G}$ 的元功

$$\delta W = -G\mathrm{d}z = \mathrm{d}(-Gz + C)$$

当质心从 M_1 运动到 M_2 时，重力 $\boldsymbol{G}$ 所做的功为

$$W = \int_{z_1}^{z_2} \mathrm{d}(-Gz + C) = G(z_1 - z_2)$$

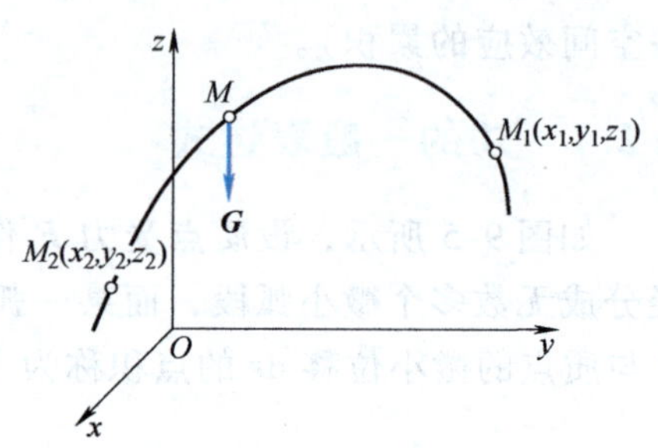

图 9-7 重力的功

即

$$W = mg(z_1 - z_2) \tag{9-13}$$

式（9-13）表明，重力所做的元功为某一函数的全微分，而重力所做的功与质点所沿的路径无关，只取决于质点运动的始末位置的高度差。高度降低，重力做的功为正，反之为负。

3. 弹性力的功

设物体受到弹性力的作用，作用点 M 的轨迹为图 9-8 所示的曲线。设弹簧的刚度系数为 k、自然长度为 l_0，并记弹簧变形量为 $\delta = |r - l_0|$，则在弹簧的弹性极限内，弹性力可表示为

$$\boldsymbol{F} = -k(r - l_0)\frac{\boldsymbol{r}}{r} \tag{a}$$

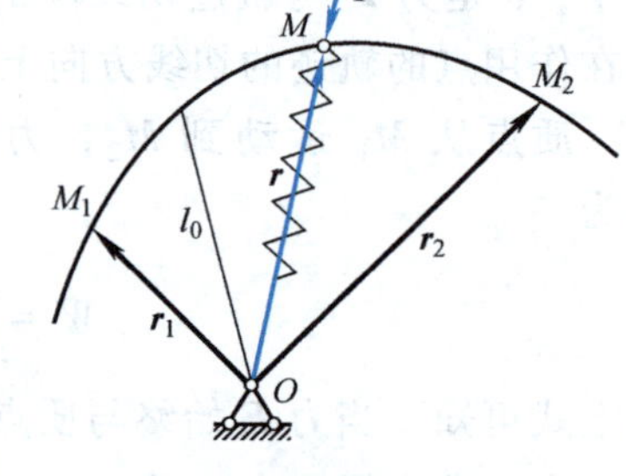

图 9-8 弹性力的功

将式（a）代入式（9-7），弹性力的元功

$$\delta W = -k(r - l_0)\frac{\boldsymbol{r}}{r}\cdot \mathrm{d}\boldsymbol{r} \tag{b}$$

$$\boldsymbol{r}\cdot\mathrm{d}\boldsymbol{r} = \mathrm{d}\frac{\boldsymbol{r}\cdot\boldsymbol{r}}{2} = \mathrm{d}\frac{r^2}{2} = r\mathrm{d}r \tag{c}$$

将式（c）代入式（b），得

$$\delta W = -k(r - l_0)\mathrm{d}r$$

于是

$$W_{12} = \int_{r_1}^{r_2} -k(r - l_0)\mathrm{d}r = \frac{k}{2}[(r_1 - l_0)^2 - (r_2 - l_0)^2]$$

即

$$W_{12} = \frac{k}{2}(\delta_1^2 - \delta_2^2) \tag{9-14}$$

式中，δ_1、δ_2 分别为路径始、末端处弹簧变形量。

式（9-14）表明：弹性力的元功是某一函数的全微分，且弹性力的功只与质点运动的始末位置的弹簧的变形量有关，而与质点运动的路径无关。

9.2.3 作用于质点系上力系的功

下面讨论作用于质点系的外力、内力的功以及约束力的功为零的理想情况。正确、简捷

地进行这一计算，对动能定理的应用十分方便。

1. 平动刚体上力系的功

刚体平动时，其上各点位移相同，如以刚体质心的位移 $\mathrm{d}\boldsymbol{r}_C$ 为代表，则作用在刚体上力系的元功为

$$\sum \delta W = \sum(\boldsymbol{F}\cdot \mathrm{d}\boldsymbol{r}_C) = (\sum \boldsymbol{F})\cdot \mathrm{d}\boldsymbol{r}_C = \boldsymbol{F}'_{\mathrm{R}}\cdot \mathrm{d}\boldsymbol{r}_C \tag{9-15}$$

即平动刚体上力系的元功等于该力系的主矢与质心微小位移的点积。

2. 转动刚体上外力的功

设刚体绕定轴 Oz 转动，一力 $\boldsymbol{F}$ 作用在刚体上的 M 点，如图 9-9 所示。若刚体转动微小转角 $\mathrm{d}\varphi$ 时，力 $\boldsymbol{F}$ 的作用点 M 走过微小弧长 $\mathrm{d}s = R\mathrm{d}\varphi$，则力 $\boldsymbol{F}$ 的元功

$$\delta W = F_\tau R\mathrm{d}\varphi$$

式中，F_τ 为力 $\boldsymbol{F}$ 在作用点圆周轨迹切线上的投影；R 为点 M 到转轴的垂直距离。

由力对轴之矩的定义知道，$F_\tau R$ 为力 $\boldsymbol{F}$ 对转轴 Oz 的力矩 $F_\tau R = M_z$，所以

$$\delta W = M_z\mathrm{d}\varphi \tag{9-16a}$$

即在转动刚体上的力的元功等于该力对于转轴的力矩与刚体微小转角的乘积。

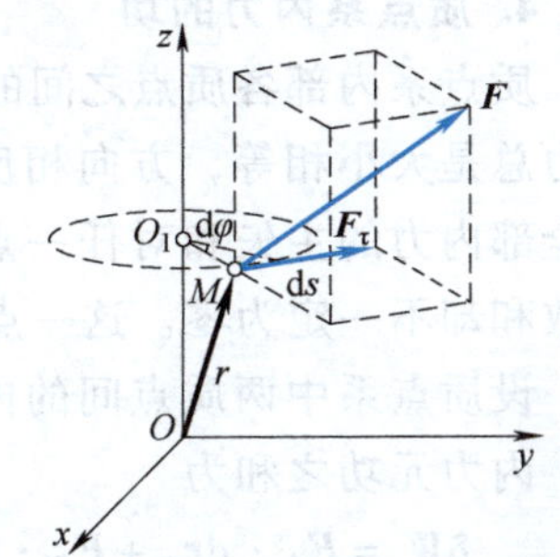

图 9-9 定轴转动刚体上外力的功

如果刚体受一力系作用，则式（9-16a）中的 $M_z = \sum M_{zi}$，即该力系对转轴 Oz 的主矩。当刚体的转角由 φ_1 变为 φ_2 时，则力 $\boldsymbol{F}$ 所做的功为

$$W_{12} = \int_{\varphi_1}^{\varphi_2} M_z\mathrm{d}\varphi \tag{9-16b}$$

若力矩 M_z 为常量，则

$$W_{12} = M_z(\varphi_2 - \varphi_1) \tag{9-16c}$$

如果作用在刚体上的是力偶，则力偶所做的功仍可由式（9-16）计算，其中 M_z 为力偶矩矢 $\boldsymbol{M}$ 在 z 轴上投影。

当刚体做平面运动时，作用于刚体上的力偶所做的功仍可由式（9-16）计算。

3. 平面运动刚体上力的功

假设有一力 $\boldsymbol{F}$ 作用在平面运动刚体上的点 M，如图 9-10 所示。在 $\mathrm{d}t$ 时间内，刚体质心位移为 $\mathrm{d}\boldsymbol{r}_C$，转动的微小转角为 $\mathrm{d}\varphi$，以 C 为基点，由刚体平面运动的基点法，$\mathrm{d}t$ 时间内点 M 的位移 $\mathrm{d}\boldsymbol{r}_M$ 为

$$\mathrm{d}\boldsymbol{r}_M = \mathrm{d}\boldsymbol{r}_C + \mathrm{d}\boldsymbol{r}_{MC}$$

其中，$\mathrm{d}\boldsymbol{r}_{MC}$ 为点 M 绕质心 C 的微小转动位移，且 $\mathrm{d}\boldsymbol{r}_{MC} \perp MC$，大小为 $MC\mathrm{d}\varphi$。因此，力 $\boldsymbol{F}$ 的元功为

$$\delta W = \boldsymbol{F}\cdot\mathrm{d}\boldsymbol{r}_M = \boldsymbol{F}\cdot\mathrm{d}\boldsymbol{r}_C + \boldsymbol{F}\cdot\mathrm{d}\boldsymbol{r}_{MC}$$

$$\boldsymbol{F}\cdot\mathrm{d}\boldsymbol{r}_{MC} = F\cos\theta\cdot MC\mathrm{d}\varphi = M_C(\boldsymbol{F})\cdot\mathrm{d}\varphi$$

即

$$\delta W = \boldsymbol{F}\cdot\mathrm{d}\boldsymbol{r}_C + M_C(\boldsymbol{F})\cdot\mathrm{d}\varphi \tag{9-17}$$

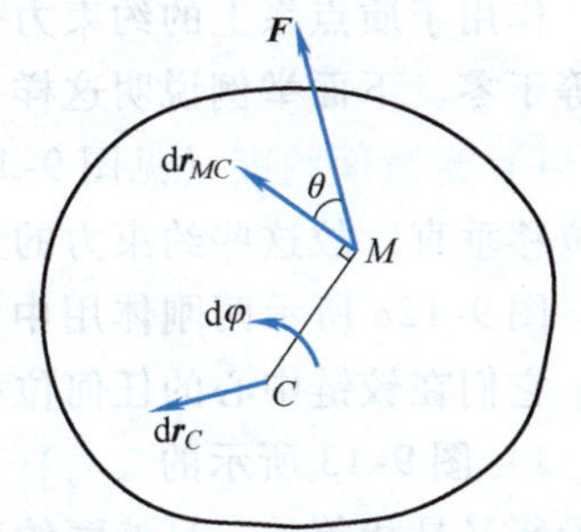

图 9-10 平面运动刚体上力的功

式（9-17）表明：作用于平面运动刚体上力的元功，等于

力对刚体随质心平动中的元功与力对质心的矩在刚体转动中的元功之和。

如果刚体上作用的是一个力系，则力系的元功为

$$\delta W = \sum \delta W_i = \sum \boldsymbol{F}_i \cdot \mathrm{d}\boldsymbol{r}_C + \sum M_C(\boldsymbol{F}_i) \cdot \mathrm{d}\varphi = (\sum \boldsymbol{F}_i) \cdot \mathrm{d}\boldsymbol{r}_C + [\sum M_C(\boldsymbol{F}_i)] \cdot \mathrm{d}\varphi$$

即

$$\delta W = \boldsymbol{F}'_{\mathrm{R}} \cdot \mathrm{d}\boldsymbol{r}_C + M_C \cdot \mathrm{d}\varphi \tag{9-18}$$

式中，$\boldsymbol{F}'_{\mathrm{R}} = \sum \boldsymbol{F}_i$ 为力系的主矢；$M_C = \sum M_C(\boldsymbol{F}_i)$ 为力系对质心的主矩。式 (9-18) 表明：作用在平面运动刚体上力系的元功，等于此力系的主矢在刚体随质心平动中的元功与此力系对质心的主矩在刚体转动中的元功之和。

此结论也适用于做一般运动的刚体，基点也可以是刚体上的任意一点。

4. 质点系内力的功

质点系内部各质点之间的相互作用力称为质点系的内力。内力总是成对出现的，每一对内力总是大小相等，方向相反，沿同一作用线。因此，质点系全部内力的主矢和对任一点的主矩均为零。但内力做功的代数和却不一定为零。这一点应特别注意。

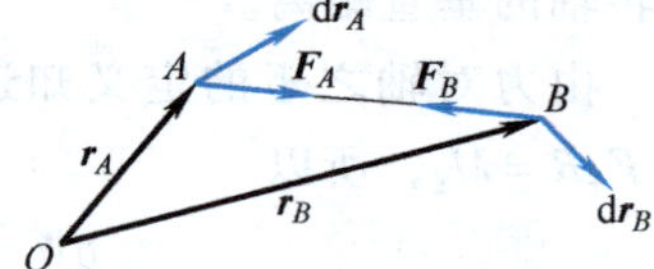

图 9-11　质点系内力的功

设质点系中两质点间的内力为 $\boldsymbol{F}_A = -\boldsymbol{F}_B$，如图 9-11 所示。内力元功之和为

$$\begin{aligned}\delta W &= \boldsymbol{F}_A \cdot \mathrm{d}\boldsymbol{r}_A + \boldsymbol{F}_B \cdot \mathrm{d}\boldsymbol{r}_B = \boldsymbol{F}_A \cdot \mathrm{d}\boldsymbol{r}_A - \boldsymbol{F}_A \cdot \mathrm{d}\boldsymbol{r}_B \\ &= \boldsymbol{F}_A \cdot \mathrm{d}(\boldsymbol{r}_A - \boldsymbol{r}_B) = \boldsymbol{F}_A \cdot \mathrm{d}(\overrightarrow{BA})\end{aligned}$$

将 $\mathrm{d}(\overrightarrow{BA})$ 分成两个分量，其中一个分量垂直于$\overrightarrow{BA}$，反映该矢量方向的变化；另一个分量沿着$\overrightarrow{BA}$，反映该矢量长度的变化。$\boldsymbol{F}_A$ 与前一分量的点积为零；与后一分量的点积为 $-F_A\mathrm{d}(BA)$。

于是

$$\delta W = -F_A \mathrm{d}(BA) \tag{9-19}$$

式中，$\mathrm{d}(BA)$ 表示距离 BA 的微小变化，可见每对内力的元功和与两点间距离的变化有关，而与参考点 O 的选择无关。因此，当质点系内质点间的距离可变化时，内力功的总和一般不为零。例如炮弹的爆炸，人体的活动，发动机气缸内气体压力做功等，都是靠内力做功。

但是，刚体内任意两质点间的距离保持不变，所以刚体内力的元功之和恒等于零。

5. 约束力的功恒等于零的理想情况

作用于质点系上的约束力一般要做功，但在许多理想情况下，约束力不做功，或做功之和等于零。下面举例说明这样一些理想情况。

1）光滑面约束（见图 9-12a）或光滑铰链约束（见图 9-12b），因约束力恒与其作用点的位移垂直，故这些约束力的元功恒等于零。

图 9-12c 所示两刚体用**中间铰链**连接时，铰链处相互作用的约束力 $\boldsymbol{F}$ 和 $\boldsymbol{F}'$ 是等值反向的，它们在铰链中心的任何位移 $\mathrm{d}\boldsymbol{r}$ 上做功之和都等于零。

2）图 9-13 所示的二力杆对 A、B 两点的约束力，有 $\boldsymbol{F}_1 = -\boldsymbol{F}_2$，而两端位移沿 AB 连线的投影又是相等的，显然两约束力做功之和也等于零。

3）不难证明不可伸长的柔绳，其约束力的元功之和亦为零。在图 9-14 中，跨过无重滑轮且不可伸长的绳索，对 A、B 的约束力 $\boldsymbol{F}_{\mathrm{T}}$ 和 $\boldsymbol{F}_{\mathrm{T'}}$，大小相等，其元功之和为

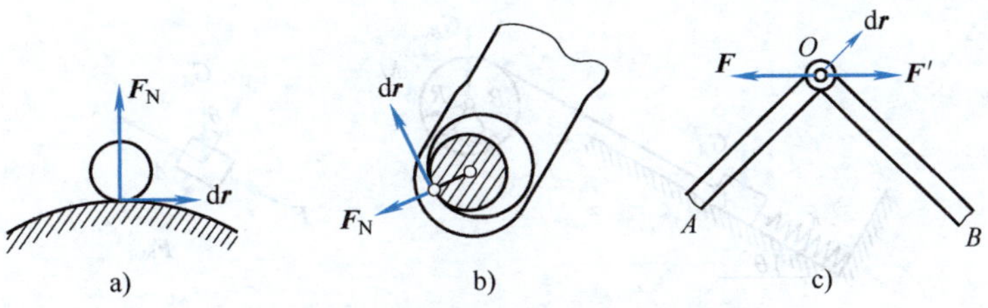

图 9-12　光滑面类型约束力的功

$$\delta W = \boldsymbol{F}_T \cdot d\boldsymbol{r}_A + \boldsymbol{F}'_T \cdot d\boldsymbol{r}_B = -F_T dr_A + F'_T dr_B \cos\alpha$$

即

$$\delta W = -F_T(dr_A - dr_B \cos\alpha)$$

绳索不可伸长，所以 $dr_A = dr_B \cos\alpha$，因此有

$$\delta W = 0$$

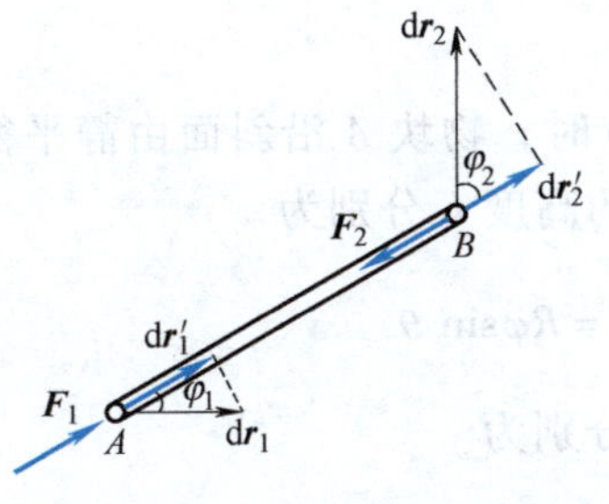

图 9-13　二力杆约束力的功

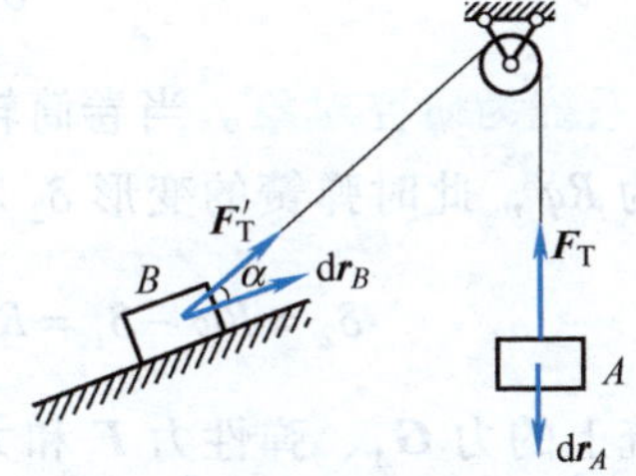

图 9-14　不可伸长的柔性体约束力的功

4）刚体沿固定支承面做纯滚动（见图 9-15）时的滑动摩擦力。这时出现的是静摩擦力，此摩擦力的元功为

$$\delta W = \boldsymbol{F}_s \cdot d\boldsymbol{r}_P = F_s v_P dt$$

因为 P 点是刚体的速度瞬心，即 $v_P = 0$，所以

$$\delta W = 0$$

即刚体沿固定支承面做纯滚动时，摩擦力的功等于零。

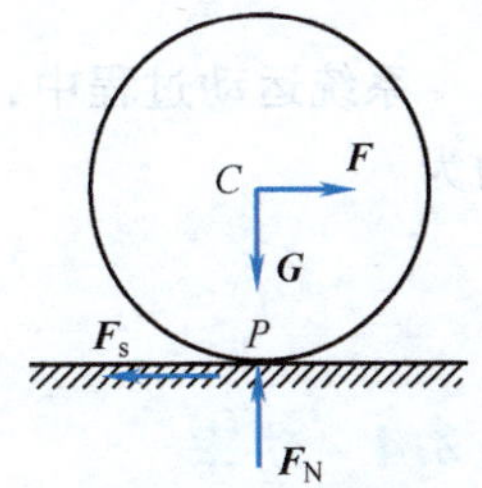

图 9-15　纯滚动时的滑动摩擦力的功

以上所列各种约束，不论是质点系外部约束，还是各质点相互之间的约束，其约束力的元功之和均为零。这些约束称为理想约束。

若以 $\sum \delta W_N$ 表示质点系全部约束力的元功之和，那么，对于具有理想约束的质点系来说，有

$$\sum \delta W_N = 0 \tag{9-20}$$

必须注意上述理想情况下各结论的条件。例如，笼统而言的摩擦力，其功为正、为负、为零都有可能。

例 9-1　如图 9-16a 所示，重量为 $\boldsymbol{G}_B$、半径为 R 的卷筒 B 上，作用一变力偶 $M = C\varphi$，其中 C 为常数，φ 为卷筒的转角。缠绕在卷筒上绳索的引出部分与斜面平行，并与重量为 $\boldsymbol{G}_A$ 的物块 A 相连，斜面为光滑面，它的倾角为 θ，其上放一刚度系数为 k 的弹簧，弹簧的下端固定，上端与物块 A 相连。若卷筒的转角 $\varphi = 0$ 时，绳索对物块的拉力为零，物块处于静平衡状态，则当卷筒转过任意角度 φ 时，作用于系统上所有力的功为多少？

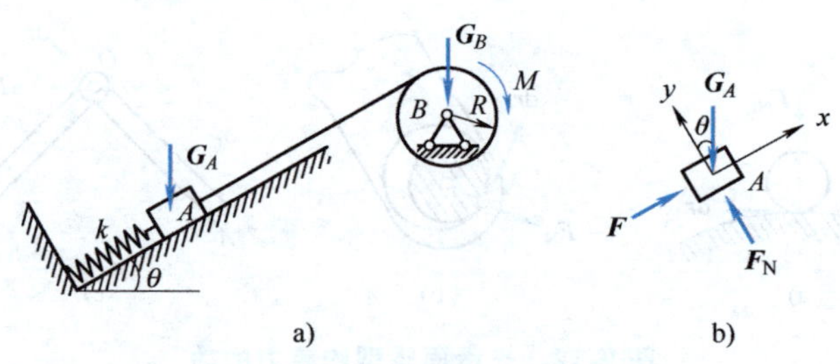

图 9-16 例 9-1 图

解：1）取物块 A 为研究对象，当 $\varphi=0$ 时，物块 A 处于静平衡状态，受力如图 9-16b 所示，由静平衡条件，得

$$\sum F_x=0,\ F-G_A\sin\theta=0$$

将 $k\delta_1=F$ 代入上式，得弹簧变形

$$\delta_1=\frac{G_A}{k}\sin\theta$$

2）取整个系统为研究对象。当卷筒转过任意角度 φ 时，物块 A 沿斜面由静平衡位置向上滑移的距离为 $R\varphi$，此时弹簧的变形 δ_2 和物块 A 上升的高度 h 分别为

$$\delta_2=R\varphi-\delta_1=R\varphi-\frac{G_A}{k}\sin\theta,\ h=R\varphi\sin\theta$$

作用于系统上的力 G_A、弹性力 F 和力偶矩 M 的功分别为

$$W_{G_A}=-G_Ah=-G_AR\varphi\sin\theta$$

$$W_F=\frac{k}{2}(\delta_1^2-\delta_2^2)=G_AR\varphi\sin\theta-\frac{1}{2}kR^2\varphi^2$$

$$W_M=\int_0^{\varphi}M\mathrm{d}\varphi=\int_0^{\varphi}C\varphi\mathrm{d}\varphi=\frac{1}{2}C\varphi^2$$

系统运动过程中，全部约束力及卷筒重力 G_B 都不做功，故作用于系统上的所有力的总功为

$$W_{12}=W_{G_A}+W_F+W_M=\frac{1}{2}(C-kR^2)\varphi^2$$

9.2.4 功率

在工程中，为了表明做功的快慢，我们引入功率的概念。力在单位时间内所做的功，称为功率，用 P 表示：

$$P=\frac{\delta W}{\mathrm{d}t}=\frac{\boldsymbol{F}\cdot\mathrm{d}\boldsymbol{r}}{\mathrm{d}t}=\boldsymbol{F}\cdot\boldsymbol{v}=F_\tau v \tag{9-21}$$

即功率等于力与速度的点积，或等于力在速度方向的投影与速度大小的乘积。

如果功是用力矩或力偶矩计算，则由力矩元功表达式 $\delta W=M_z\mathrm{d}\varphi$，得其功率为

$$P=\frac{\delta W}{\mathrm{d}t}=\frac{M_z\mathrm{d}\varphi}{\mathrm{d}t}=M_z\frac{\mathrm{d}\varphi}{\mathrm{d}t}=M_z\omega \tag{9-22}$$

即力矩的功率等于力矩与转动角速度的乘积。

在国际单位制中，功率的单位为 W（瓦特）（$1\mathrm{W}=1\mathrm{J}\cdot\mathrm{s}^{-1}$）或 kW（千瓦）。

由式（9-21）和式（9-22）可知：在功率一定的条件下，若需要大的力和力矩，则应该降低速度或转速。例如，汽车上坡时，需要较大的牵引力，这时驾驶人一般使用低速档，使汽车的速度减小，以便在功率一定的情况下产生较大的牵引力。又比如每台机床能够输出的最大功率是一定的，因此加工零件时，如果切削力较大，应选用低转速，使两者的乘积不超过机床能够输出的最大功率。

9.2.5　势能

质点在某空间内受到一个大小、方向完全由其所在位置确定的力作用，这部分空间称为力场。质点在力场中运动时，力做的功只与质点的起始与终了位置有关，与运动路径无关，则该力场为势力场或保守力场；质点受的力为有势力或保守力。如前节所述，作用于质点的重力、弹性力等所做的功只与质点的起始与终了位置有关，故地球表面的空间是重力场；还有引力场、弹性力场等。重力、弹性力等则为有势力。

一般地，质点位于势力场中的某一位置时，相对于所选定的基准位置来说具有一定能量。势力场中质点相对于基准位置的能量称为势能。基准位置的势能为零，所以基准位置称为零位置。

质点（或质点系）在有势力场中某位置 M 的势能，等于质点（或质点系）从该位置 M 运动到零位置 M_0 的过程中有势力所做的功。用 V 表示势能，即

$$V_M = V_M(x,y,z) = W_{M\to M_0} = \int_M^{M_0} \boldsymbol{F}\cdot \mathrm{d}\boldsymbol{r}$$

即

$$V_M = -\int_{M_0}^{M} (F_x\mathrm{d}x + F_y\mathrm{d}y + F_z\mathrm{d}z) \tag{9-23}$$

9.3　动能定理及其应用

动能定理将建立质点或质点系的动能改变和作用力的功之间的关系。

【微视频：动能定理及其应用】

9.3.1　质点的动能定理

设质量为 m 的质点 M 在力 $\boldsymbol{F}$ 作用下沿曲线运动，如图 9-17 所示。由质点运动微分方程

$$\boldsymbol{F} = m\frac{\mathrm{d}\boldsymbol{v}}{\mathrm{d}t}$$

两端点积 $\mathrm{d}\boldsymbol{r}$，得

$$\boldsymbol{F}\cdot \mathrm{d}\boldsymbol{r} = m\frac{\mathrm{d}\boldsymbol{v}}{\mathrm{d}t}\cdot \mathrm{d}\boldsymbol{r} = m\boldsymbol{v}\cdot \mathrm{d}\boldsymbol{v}$$

即

$$\mathrm{d}\left(\frac{1}{2}mv^2\right) = \delta W \tag{9-24}$$

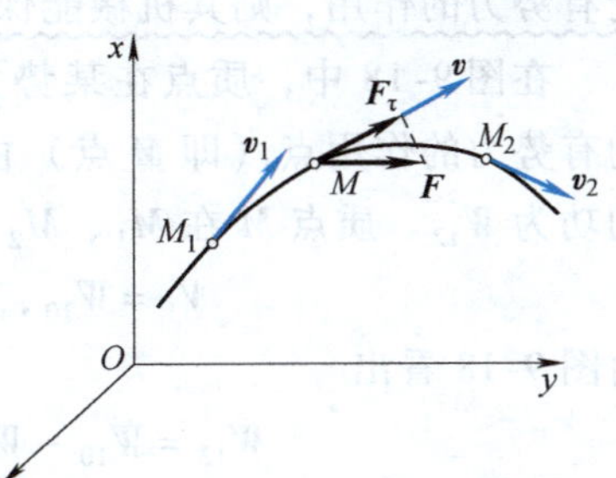

图 9-17　质点的动能定理

式（9-24）称为质点动能定理的微分形式：即质点动能的增量等于作用在质点上力的元功。若质点在 M_1 位置

时的速度为 $\boldsymbol{v}_1$，运动到 M_2 位置时的速度为 $\boldsymbol{v}_2$，将式（9-24）沿路径 $\widehat{M_1M_2}$ 积分，得

$$\frac{1}{2}mv_2^2-\frac{1}{2}mv_1^2=W_{12} \tag{9-25}$$

这是质点动能定理的积分形式：在质点运动的某一过程中，质点的动能的变化量等于作用于质点的力所做的功。

需要注意，动能和功的量纲相同，但两者是具有不同意义的物理量。动能是质点机械运动的度量，是对应于某个瞬时状态的。功则是力对质点作用效果的度量，是对应于某一过程的。

9.3.2 质点系的动能定理

由质点的动能定理很容易推广到质点系的情况。对质点系内每一个质点，由式（9-24）写出方程，并把所有这些方程相加，有

$$\sum \mathrm{d}\left(\frac{1}{2}m_iv_i^2\right)=\sum \delta W_i$$

因为 $\sum \mathrm{d}\left(\frac{1}{2}m_iv_i^2\right)=\mathrm{d}\sum\left(\frac{1}{2}m_iv_i^2\right)=\mathrm{d}T$，故上式可写成

$$\mathrm{d}T=\sum \delta W_i \tag{9-26}$$

这是质点系动能定理的微分形式：质点系动能的微分等于作用在质点系上的所有力的元功之和。

对式（9-26）两边求积分，有

$$T_2-T_1=\sum W_i \tag{9-27}$$

这是质点系动能定理的积分形式：质点系在任一运动过程中，起始位置和终了位置的动能的变化量，等于作用在质点系上的全部力在这一过程中的总功。式（9-27）中 T_1、T_2 分别代表质点系在所讨论运动过程中始、末瞬时的动能。

若质点系所受的约束为理想约束（约束力做功之和为零），则动能定理的右边将只包含主动力做功之和；若质点系是刚体或刚体系，质点间距离不变（内力做功之和为零），则动能定理的右边将只包含外力做功之和。

9.3.3 机械能守恒定律

质点或质点系在某一位置的动能与势能之代数和称为机械能。若质点系在运动过程中只受有势力的作用，则其机械能保持不变，称为机械能守恒定律。

在图 9-18 中，质点在某势力场中运动。作用在此质点上的有势力的作用点（即 M 点）由 M_1 运动到 M_2 时，该力所做的功为 W_{12}。质点 M 在 M_1、M_2 处的势能分别为

$$V_1=W_{10},\ V_2=W_{20}$$

由图 9-18 看出

$$W_{12}=W_{10}-W_{20}=V_1-V_2$$

根据动能定理，得

$$T_2-T_1=W_{12}=V_1-V_2$$

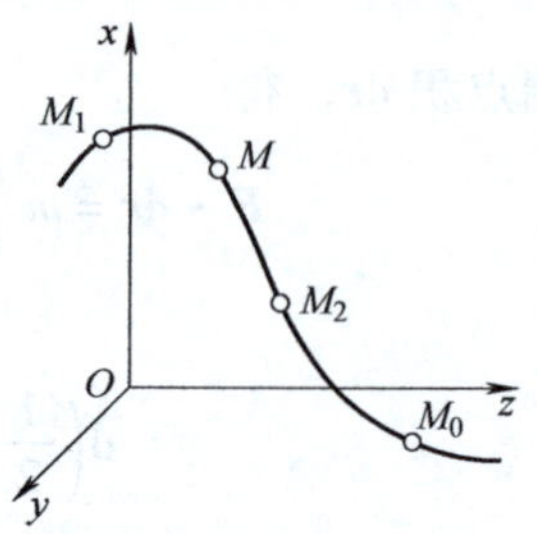

图 9-18 势力场中机械能守恒

即

$$T_1 + V_1 = T_2 + V_2 \tag{9-28}$$

这就是机械能守恒定律。对质点系来说，定律中的动能和势能是指质点系的总动能和总势能。当质点系受到几种有势力的作用时，可以分别选择每种势力场的零位置，分别计算对应的势能，其代数和即为总势能。在机械能守恒定律中，涉及的是两位置势能的差值 $V_1 - V_2$，所以，该定律与各势力场的势能零点的选择无关。

很明显，机械能守恒定律不能用于非保守力的情况；动能定理则不限于保守系统，它比机械能守恒定律的应用范围更广。

9.3.4　动能定理应用举例

一般来说，动能定理的积分形式可用来求物体运动的路程，始、末速度及做功的力(包括内力)；微分形式多直接用来求加速度或建立系统的运动微分方程。但要注意，动能定理显然不能求出不做功的力。

应用动能定理的分析要点是：

1）确定研究对象及分析位置。研究对象多数情况下取整个系统，根据需要有时也可取部分物体的组合。分析位置一般取始、末位置（用动能定理的积分形式时）或任意位置(用微分形式时)。

2）受力分析，计算有功力的总功或元功。

3）运动分析，计算始、末动能或列出任意位置动能的表达式。

4）应用动能定理建立动力学方程。

例 9-2　如图 9-19 所示，鼓轮向下运送重 $G_1 = 400\text{N}$ 的重物，重物下降的初速度 $v_0 = 0.8\text{m/s}$，为了使重物停止，用摩擦制动，设加在鼓轮上的正压力 $F_N = 2000\text{N}$，制动块与鼓轮间的摩擦因数 $f = 0.4$，已知鼓轮重 $G_2 = 600\text{N}$，其半径 $R = 0.15\text{m}$，可视为均质圆柱体，求制动过程中重物下降的距离 s。

解：取重物及鼓轮组成的系统为研究对象。设重物下降距离 s 时，鼓轮所转过的角度为 φ，$s = R\varphi$。对这一制动过程使用动能定理求解。

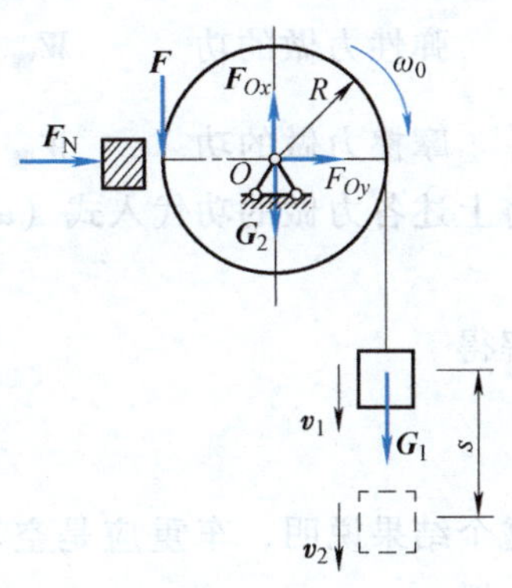

图 9-19　例 9-2 图

1）受力分析，求功。系统受 $\boldsymbol{G}_1$，$\boldsymbol{G}_2$，$\boldsymbol{F}_N$，$\boldsymbol{F}$ 及 $\boldsymbol{F}_{Ox}$，$\boldsymbol{F}_{Oy}$ 力作用如图 9-19 所示。仅重力 $\boldsymbol{G}_1$ 和摩擦力 $\boldsymbol{F}$ 做功，所以其功为

$$\sum W_{12} = G_1 s - FR\varphi = (G_1 - F_N f)s$$

2）运动分析，求始、末状态的动能。系统在制动开始位置时，重物的速度为 $v_1 = v_0$，鼓轮的角速度为 $\omega_0 = \dfrac{v_0}{R}$，故其系统动能

$$T_1 = \frac{1}{2}\frac{G_1}{g}v_0^2 + \frac{1}{2}J_0\omega_0^2$$

其中，J_0 为鼓轮对中心轴 O 的转动惯量，即 $J_0 = \dfrac{1}{2}\dfrac{G_2}{g}R^2$，所以

$$T_1=\frac{1}{2}\frac{G_1}{g}v_0^2+\frac{1}{4}\frac{G_2}{g}R^2\omega_0^2=\frac{2G_1+G_2}{4g}v_0^2$$

重物下降 s 时，系统静止，故此时系统动能为

$$T_2=0$$

3）由动能定理积分形式［式（9-27）］列方程

$$0-\frac{2G_1+G_2}{4g}v_0^2=(G_1-F_{\mathrm{N}}f)s$$

解得

$$s=\frac{v_0^2(2G_1+G_2)}{4g(fF_{\mathrm{N}}-G_1)}=0.057\mathrm{m}$$

例 9-3 自动卸料车连同料共重 G，如图 9-20 所示。料车无初速地沿倾角为 $\alpha=30°$ 的斜面滑下，滑至底端后与弹簧相撞，当料车把弹簧压缩到最大变形时，由控制机构固定料车，待卸料后，松开料车，依靠被压缩弹簧的弹性力刚好把空料车沿斜面弹回到原位置。设空车重 G_0，摩擦阻力为车重的 0.2 倍，问 G 与 G_0 的比值应为多大，才能实现这种送料方式。

解： 1）取车为研究对象，以重车开始下滑到空车又刚好被弹回原地的全部行程作为研究的过程。假设车的初始位置到弹簧的距离为 l，弹簧的最大压缩为 λ_m，则始末位置的动能及与各种力相应的功都容易计算，故使用动能定理的积分形式求解问题比较简便。

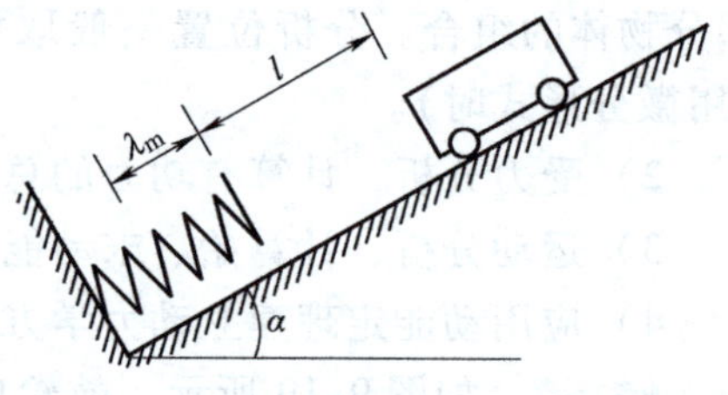

图 9-20 例 9-3 图

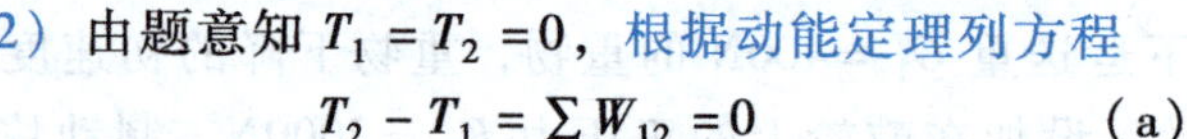

2）由题意知 $T_1=T_2=0$，根据动能定理列方程

$$T_2-T_1=\sum W_{12}=0 \tag{a}$$

3）求全部过程中各力所做的相应的功。

重力做的功 $W_{重}=G(l+\lambda_m)\sin 30°-G_0(l+\lambda_m)\sin 30°$

弹性力做的功 $W_{弹}=\frac{k}{2}(0^2-\lambda_m^2)+\frac{k}{2}(\lambda_m^2-0^2)$

摩擦力做的功 $W_{摩}=-G\times0.2(l+\lambda_m)-G_0\times0.2(l+\lambda_m)$

将上述各力做的功代入式（a），有

$$0.3G-0.7G_0=0$$

解得

$$\frac{G}{G_0}=\frac{7}{3}\approx2.33$$

这个结果说明，车重应是空车的 2.33 倍，如果低于此值，弹簧将不能把空车弹回原来的位置。

例 9-4 如图 9-21 所示，已知主动轮Ⅰ、传动轮Ⅱ和卷筒Ⅲ的半径分别为 R_1、R_2、R_3，轮Ⅰ对转轴的转动惯量为 J_1，轮Ⅱ和卷筒对转轴的转动惯量为 J_2，重物 A 的质量为 m，加于轮Ⅰ的转动力矩为常量 M。不计轴承摩擦和绳索质量，求重物 A 上升的加速度。

解： 对系统由初始时刻开始到某一时刻的这一过程应用动能定理求解。

1）受力分析，求功。设由初始时刻开始到某时刻，轮Ⅰ转过角度 φ_1，重物 A 上升的距

离为 s，作用于系统上力的功为

$$\sum W_{i0} = M\varphi_1 - mgs$$

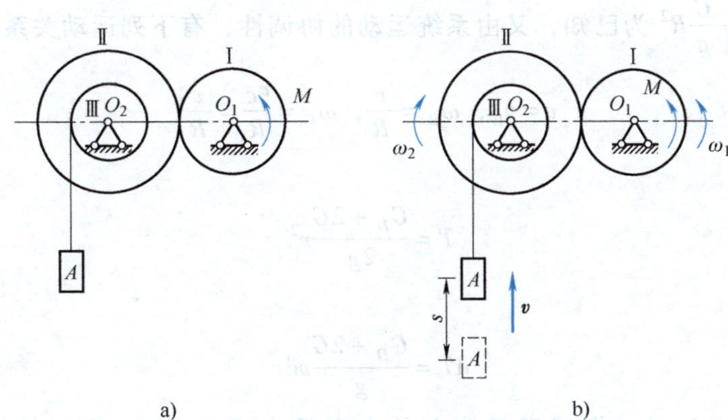

图 9-21　例 9-4 图

2）运动分析，求动能。设系统的初始动能为 T_0，它是一个定值；在常力矩 M 作用下，某时刻重物 A 上升的速度为 v，则轮Ⅰ的角速度 ω_1、轮Ⅱ和卷筒的角速度 ω_2 分别为

$$\omega_1 = \frac{1}{R_1}\left(R_2 \cdot \frac{v}{R_3}\right) = \frac{R_2 v}{R_1 R_3}，\ \omega_2 = \frac{v}{R_3}$$

因此，该时刻系统的动能为

$$T_i = \frac{1}{2}J_1\omega_1^2 + \frac{1}{2}J_2\omega_2^2 + \frac{1}{2}mv^2 = \frac{1}{2}\left(\frac{J_1R_2^2 + J_2R_1^2 + mR_1^2R_3^2}{R_1^2R_3^2}\right)v^2$$

3）由动能定理积分形式列动力学方程并求解

$$\frac{1}{2}\left(\frac{J_1R_2^2 + J_2R_1^2 + mR_1^2R_3^2}{R_1^2R_3^2}\right)v^2 - T_0 = M\varphi_1 - mgs$$

将上式两边对时间求导，并注意到 $\frac{\mathrm{d}\varphi_1}{\mathrm{d}t} = \omega_1$，$\frac{\mathrm{d}s}{\mathrm{d}t} = v$，$\frac{\mathrm{d}v}{\mathrm{d}t} = a$，$\frac{\mathrm{d}T_0}{\mathrm{d}t} = 0$，得到

$$a = \frac{MR_1R_2R_3 - mgR_1^2R_3^2}{J_1R_2^2 + J_2R_1^2 + mR_1^2R_3^2}$$

例 9-5　在图 9-22 所示系统中滚子 A 和滑轮 B 均为均质，重量为 $\boldsymbol{G}$，半径为 R。滚子沿倾角为 θ 的斜面做纯滚动，借跨过滑轮 B 的不可伸长的绳索提升重为 $\boldsymbol{G}_D$ 的物体，同时带动滑轮 B 绕 O 轴转动，求滚子质心 C 的加速度。

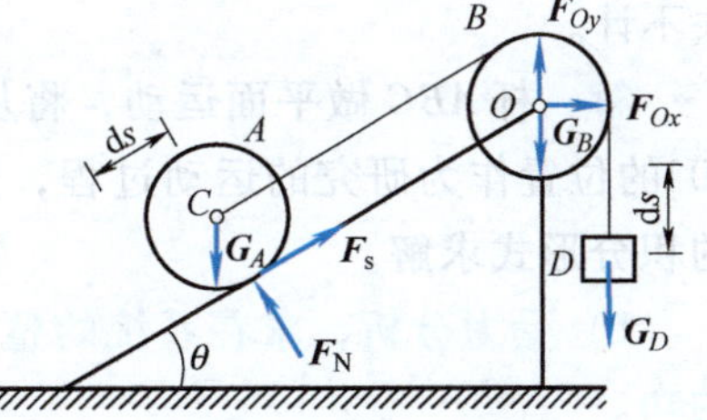

图 9-22　例 9-5 图

解： 取整个系统为研究对象，用动能定理的微分形式求加速度

$$\mathrm{d}T = \sum \delta W_F \tag{a}$$

1）运动分析求动能。先写出系统在运动过程中任意时刻的动能表达式，在该系统中，物体 D 做平动，滑轮 B 做定轴转动，滚子 A 做平面运动。设任意时刻重物的速度为 v，轮 A、B 的角速度分别为 ω_A、ω_B，则此时系统的总动能为

$$T=T_D+T_B+T_A=\frac{1}{2}\frac{G_D}{g}v^2+\frac{1}{2}J_B\omega_B{}^2+\left(\frac{1}{2}\frac{G}{g}v_C^2+\frac{1}{2}J_C\omega_C^2\right) \tag{b}$$

上式中 $J_B=J_C=\frac{1}{2}\frac{G}{g}R^2$ 为已知，又由系统运动的协调性，有下列运动关系成立

$$v=v_C,\ \omega_B=\frac{v}{R},\ \omega_C=\frac{v_C}{R}=\frac{v}{R}$$

代入式（b），得

$$T=\frac{G_D+2G}{2g}v^2 \tag{c}$$

所以

$$\mathrm{d}T=\frac{G_D+2G}{g}v\mathrm{d}v \tag{d}$$

2）受力分析求元功。作用于系统上的力有重力 $\boldsymbol{G}_D$、$\boldsymbol{G}_A$、$\boldsymbol{G}_B$，轴承的约束力 $\boldsymbol{F}_{Ox}$、$\boldsymbol{F}_{Oy}$，以及斜面对滚子的法向约束力 $\boldsymbol{F}_{\mathrm{N}}$ 与摩擦力 $\boldsymbol{F}_{\mathrm{s}}$，如图 9-22 所示。滚子做纯滚动，它与斜面接触处为速度瞬心，摩擦力不做功。系统只有重物 D 和滚子 A 的重力 $\boldsymbol{G}_D$ 和 $\boldsymbol{G}_A$ 做功，其元功

$$\sum\delta W_F=(G\sin\theta-G_D)\mathrm{d}s \tag{e}$$

将式（d）、式（e）代入式（a），两边再除以 $\mathrm{d}t$，注意$\frac{\mathrm{d}s}{\mathrm{d}t}=v$，得

$$\frac{G_D+2G}{g}v\frac{\mathrm{d}v}{\mathrm{d}t}=(G\sin\theta-G_D)v \tag{f}$$

所以

$$a_C=\frac{\mathrm{d}v_C}{\mathrm{d}t}=\frac{\mathrm{d}v}{\mathrm{d}t}=\frac{G\sin\theta-G_D}{G_D+2G}g$$

本题讨论：该题亦可用动能定理的积分形式求解，解法与例 9-4 类似，读者可自行完成。

例 9-6 均质细杆 ABC 的质量为 $m=4\mathrm{kg}$，长度为 $l=1\mathrm{m}$，如图 9-23 所示。在一端作用一铅直力 $F_1=120\mathrm{N}$，假设在位置 $\theta=30°$ 静止释放，求 $\theta=90°$时杆的角速度。已知弹簧的刚度系数为 $k=500\mathrm{N/m}$，$\theta=0°$时，弹簧为自然状态，滑块 A、B 的质量和摩擦均略去不计。

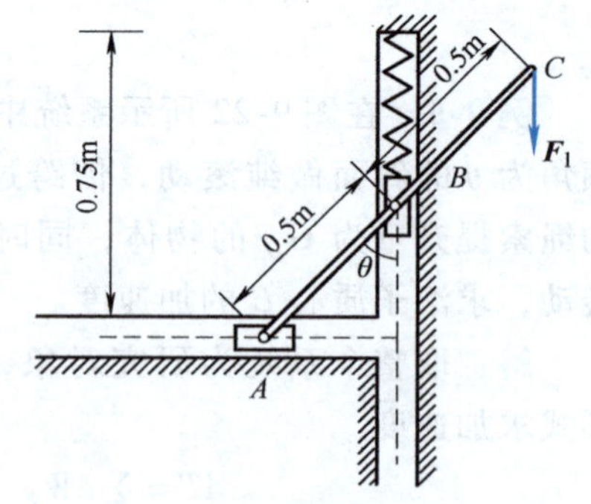

图 9-23 例 9-6 图

解：杆 ABC 做平面运动，将从 $\theta=30°$静止位置到$\theta=90°$的位置作为研究的运动过程，显然可以应用动能定理的积分形式求解。

1）受力分析，求在系统的整个运动过程中，各力做的功。

已知力的功为

$$W_{F_1}=F_1l\cos 30°$$

重力做的功为

$$W_G = mg\frac{l}{2}\cos 30°$$

弹性力做的功为

$$W_F = \frac{k}{2}\left[\left(\frac{l}{2} - \frac{l}{2}\cos 30°\right)^2 - \left(\frac{l}{2}\right)^2\right] = \frac{kl^2}{8} \times (-0.982)$$

约束力的功为零。

2）运动分析，求始末位置动能。由题意，初始位置杆 ABC 的动能为零，即

$$T_0 = 0$$

末位置杆 ABC 处于水平位置，此时的速度瞬心与点 A 重合，故质心速度为

$$v_B = \frac{l}{2}\omega$$

杆末位置的动能为

$$T = \frac{1}{2}mv_B^2 + \frac{1}{2}J_B\omega^2 = \frac{1}{6}ml^2\omega^2$$

3）应用动能定理的积分形式，列动力学方程

$$\frac{1}{6}ml^2\omega^2 - 0 = F_1 l\cos 30° + mg\frac{l}{2}\cos 30° - \frac{kl^2}{8} \times 0.982$$

代入数据，求得

$$\omega = 9.45\text{rad/s}$$

我们可以从上述例题看到，应用动能定理解题时，对质点系既要进行受力分析又要进行运动分析。正确地计算质点系上力系的功及始末状态的动能是解题的关键。

本章小结

1. 动能

动能是物体机械运动的一种度量。

质点的动能　$T = \frac{1}{2}mv^2$

质点系的动能　$T = \sum \frac{1}{2}m_i v_i^2$

平动刚体的动能　$T = \frac{1}{2}mv_C^2$

绕定轴转动刚体的动能　$T = \frac{1}{2}J_z\omega^2$

平面运动刚体的动能　$T = \frac{1}{2}mv_C^2 + \frac{1}{2}J_C\omega^2$

2. 力的功

力的功是力对物体作用的累积效应的度量：

$$W_{12} = \int_0^s F\cos\alpha \mathrm{d}s$$

或

$$W_{12} = \int_{M_1}^{M_2} \boldsymbol{F} \cdot \mathrm{d}\boldsymbol{r} = \int_{M_1}^{M_2} (F_x \mathrm{d}x + F_y \mathrm{d}y + F_z \mathrm{d}z)$$

重力的功 $W_{12} = mg(z_1 - z_2)$

弹性力的功 $W_{12} = \frac{k}{2}(\delta_1^2 - \delta_2^2)$

定轴转动刚体上力的功 $W_{12} = \int_{\varphi_1}^{\varphi_2} M_z \mathrm{d}\varphi$

平面运动刚体上力系的功 $\delta W = \boldsymbol{F}'_{\mathrm{R}} \cdot \mathrm{d}\boldsymbol{r}_C + M_C \cdot \mathrm{d}\varphi$

3. 动能定理

微分形式 $\mathrm{d}T = \sum \delta W_i$

积分形式 $T_2 - T_1 = \sum W_i$

4. 功率

力在单位时间内所做的功

$$P = \boldsymbol{F} \cdot \boldsymbol{v} = F_\tau v = M_z \omega \text{（力矩或力偶矩的功率）}$$

5. 常见势力场的势能

重力场中的势能 $V = mg(z - z_0)$

弹性力场中的势能 $V = \frac{k}{2}(\delta^2 - \delta_0^2)$

6. 机械能守恒

$$T + V = \text{常数}$$

习　题

客观题

9-1　下列说法中，（　　）是正确的。

①力偶的功的正负号取决于力偶的转向，逆时针为正，顺时针为负。

②圆轮沿地面做纯滚动时，与地面接触处的法向约束力和摩擦力均不做功。

③理想约束的约束力做功之和恒等于零。

④质点系动能的变化与作用在质点系上的外力有关，与内力无关。

⑤弹簧由其原长位置拉长 10cm，再拉长 10cm，在这两个过程中弹性力做功相等。

9-2　下列说法中（　　）是不正确的。

①质量大的物体一定比质量小的物体动能大。

②速度大的物体一定比速度小的物体动能大。

③汽车的速度由 0 增至 5m/s，再由 5m/s 增至 10m/s，这两种情况下汽车发动机所做的功是相等。

④平面运动刚体的动能可由其质量与质心速度完全确定。

⑤内力不能改变质点系的动能。

9-3　若质点的动能保持不变，则（　　）。

①质点必做直线运动　　②质点必做变速运动

③质点必做匀速运动　　④质点必做圆周运动

9-4　在下述哪些系统中机械能守恒？（　　）

①其约束皆为理想约束的系统

②只有有势力做功的系统

③内力不做功的系统

④机械能不能转化为其他能量的系统

9-5　在铅垂平面上的粗糙圆槽内，有一质点 M 与弹簧相连，如图 9-24 所示。如果该质点获得初速 v_0，恰好使它在圆槽内滑动一周，则作用在质点 M 上的弹性力、重力、法向约束力及摩擦力所做的功中等于零的是（　　）。

①弹性力和重力　　②重力和法向约束力

③弹性力、重力和法向约束力　　④弹性力、重力、法向约束力和摩擦力

9-6　如图 9-25 所示，自某高处以大小相等，但倾角不同的初速度抛出质点。若不计空气阻力，当这一质点落到同一水平面 $H—H$ 时，它的速度大小（　　），速度方向（　　）。

①相同　　②不相同

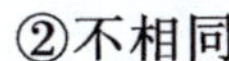

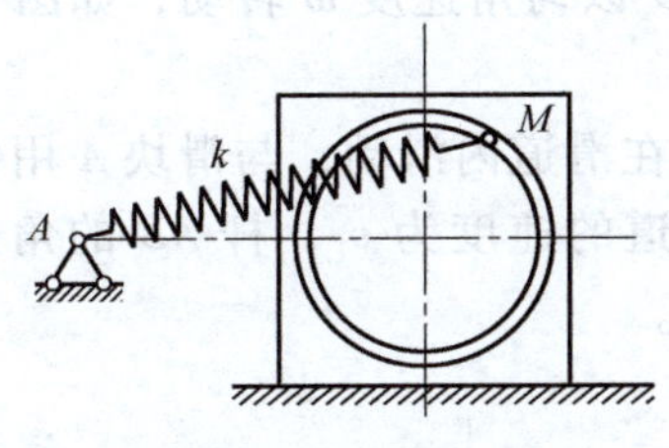

图 9-24　题 9-5 图

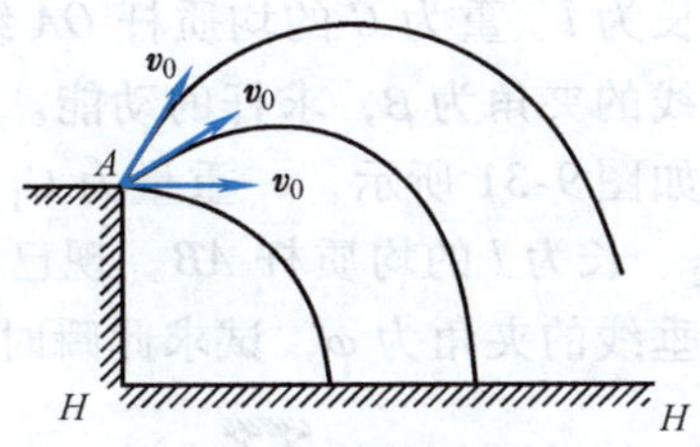

图 9-25　题 9-6 图

9-7　三棱柱 B 沿三棱柱 A 的斜面运动，三棱柱 A 沿光滑水平面向右运动，如图 9-26 所示。已知 A 的质量为 m_1，B 的质量为 m_2；某瞬时 A 的速度为 v_1，B 沿斜面的速度为 v_2，则该瞬时 B 的动能为（　　）。

①$\frac{1}{2}m_2v_2^2$　　②$\frac{1}{2}m_2\ (v_1-v_2)^2$

③$\frac{1}{2}m(v_1^2-v_2^2)$　　④$\frac{1}{2}m_2[(v_1-v_2\cos\theta)^2+v_2^2\sin^2\theta]$

9-8　图 9-27 所示两均质圆轮，其质量、半径均完全相同。轮 A 绕其几何中心旋转，轮 B 的转轴偏离其几何中心。下述说法中正确的是（　　）。

①若两轮以相同的角速度转动，则它们的动能相同。

②若两轮以相同的角速度转动，但它们的动能不相同。

③若两轮上施加力偶矩相同的力偶，不计重力，则它们的角加速度也相同。

④若两轮上施加力偶矩相同的力偶，不计重力，但它们的角加速度不同。

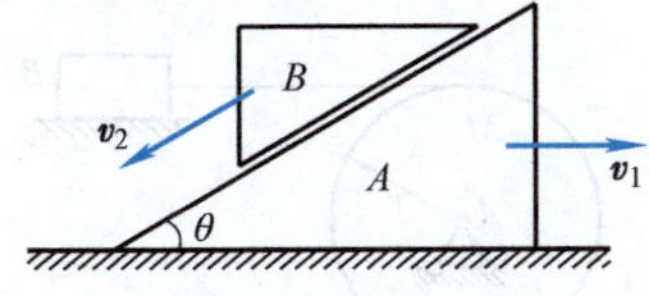

图 9-26　题 9-7 图

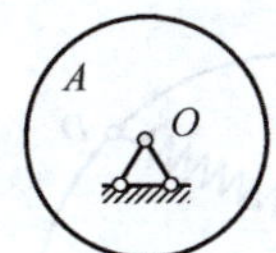

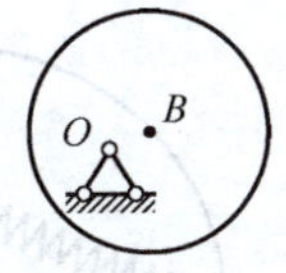

图 9-27　题 9-8 图

分析计算题

9-9 如图9-28所示，重为G_2、半径为r的齿轮Ⅱ与半径为$R=3r$的固定内齿轮Ⅰ相啮合。齿轮Ⅱ通过均质的曲柄OC带动而转动。曲柄的重量为G_1，角速度为ω。试计算行星齿轮机构的动能。齿轮可视为均质圆盘。

9-10 如图9-29所示，坦克的履带质量为m，两个车轮的质量均为m_1。车轮可视为均质圆盘，其半径为R，两车轮间的距离为πR。设坦克前进速度为v，计算此质点系的动能。

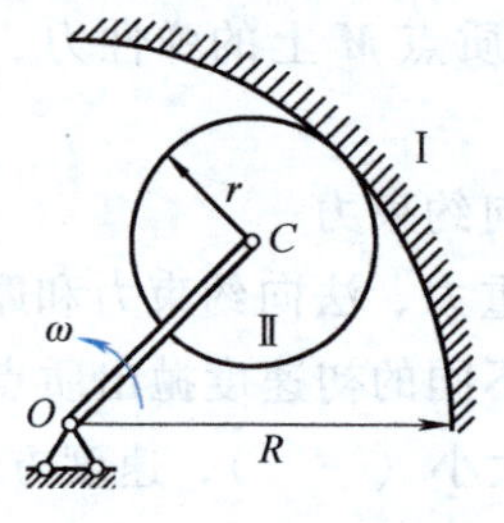

图9-28　题9-9图

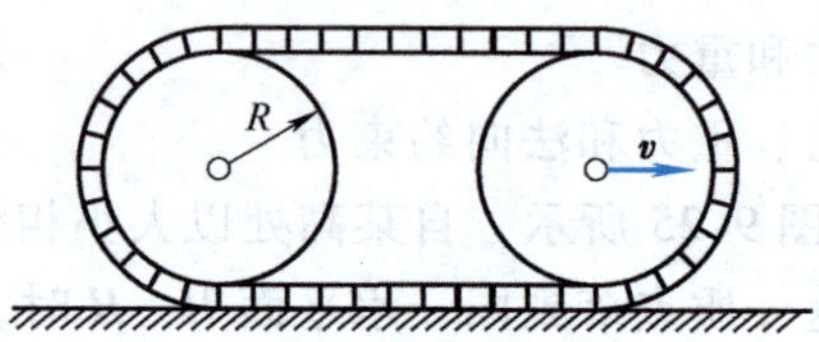

图9-29　题9-10图

9-11 长为l、重为G的均质杆OA绕球形铰链O以匀角速度ω转动，如图9-30所示。若杆与铅垂线的夹角为β，求杆的动能。

9-12 如图9-31所示，一重量为G_1的滑块A可在滑道内滑动，与滑块A用铰链连接的是重量为G_2、长为l的均质杆AB。现已知滑块沿滑道的速度为v_1，杆AB的角速度为ω_1，此时杆与铅垂线的夹角为φ，试求此瞬时系统的动能。

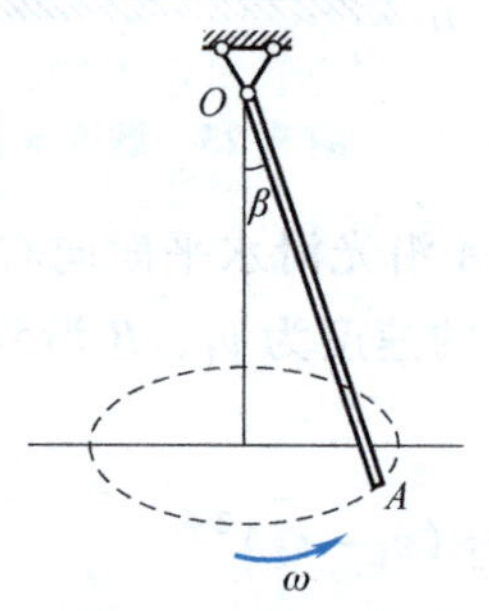

图9-30　题9-11图

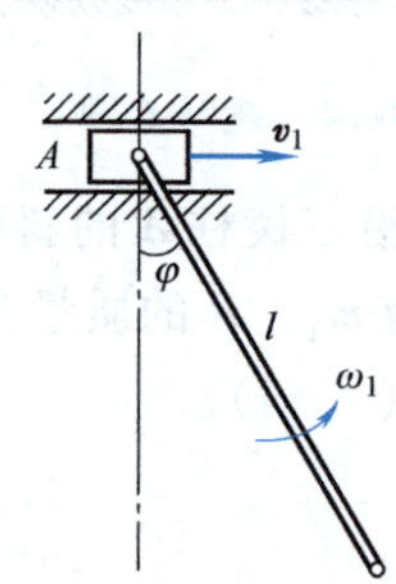

图9-31　题9-12图

9-13 弹簧AD的一端固定于点A，另一端D沿半圆轨道滑动，如图9-32所示。半圆的半径为1m，弹簧原长1m，刚性系数为50N/m。求当点D自B运动至C时，弹性力所做的功。

9-14 如图9-33所示，重量为G_A、半径为r的卷筒上，作用一力偶矩$M=a\varphi+b\varphi^2$，其中φ为转角，a和b为常数。卷筒上的绳索拉动水平面上的重物B。设重物B的重量为G_B，它与水平面之间的滑动摩擦因数为f_s。绳索质量不计。当卷筒转过两圈时，试求作用于系统上所有力做的功。

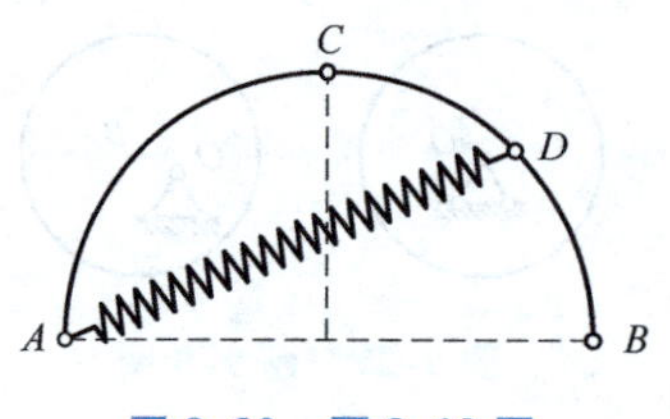

图9-32　题9-13图

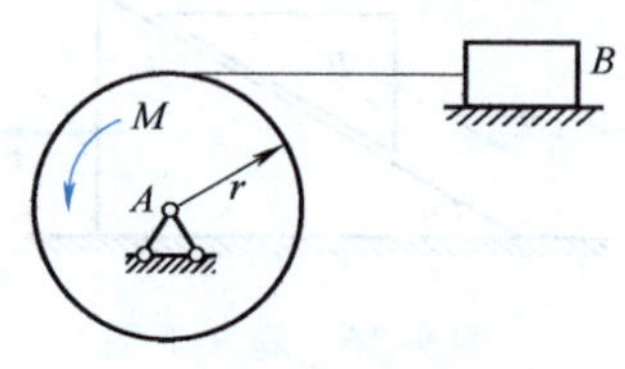

图9-33　题9-14图

9-15　如图9-34所示，一个对称的矩形木箱，其质量为2000kg，宽1.5m，高2m，如果要使它绕棱边 C（转轴垂直于图面）翻倒，人最少要对它做多少功？

9-16　自动弹射器如图9-35所示，弹簧在未受力时的长度为200mm，恰好等于筒长。欲使弹簧改变10mm，需要力2N。如果使弹簧被压缩到100mm，然后让质量为30g的小球自弹射器射出。求小球离开弹射器筒口时的速度。

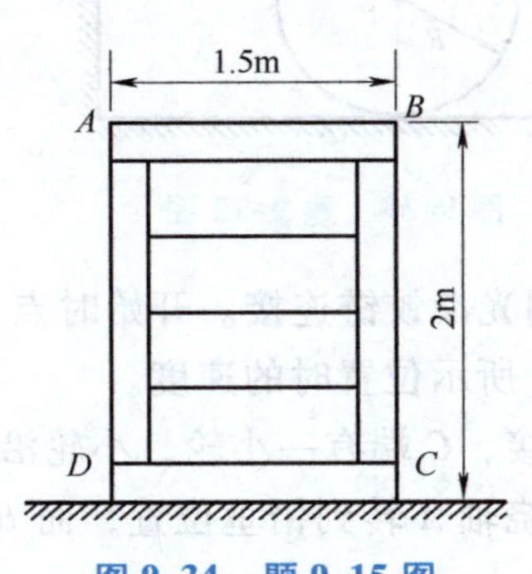

图9-34　题9-15图

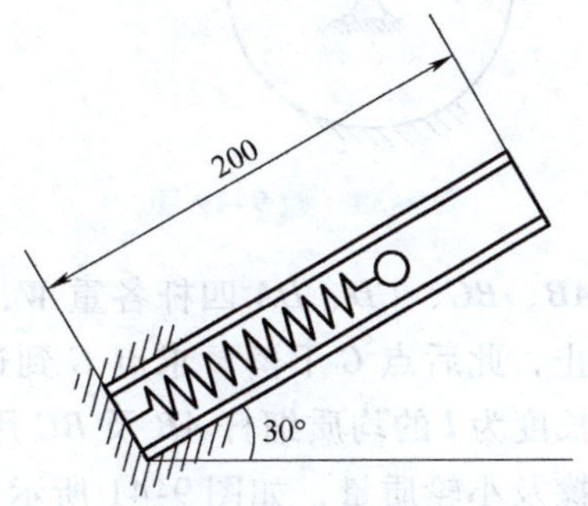

图9-35　题9-16图

9-17　平面机构由两均质杆 AB 与 BO 组成，两杆的质量均为 m，长度均为 l，在铅垂平面内运动。在杆 AB 上作用有一个不变的力偶矩 M，该平面机构从图9-36所示位置由静止开始运动，不计摩擦。求当杆端 A 即将碰到铰支座 O 时杆端 A 的速度。

9-18　均质连杆 AB 的质量为4kg，长 $l=600\text{mm}$。均质圆盘的质量为6kg，半径 $r=100\text{mm}$。弹簧的刚度系数为 $k=2\text{N/mm}$，不计套筒 A 及弹簧的质量。设连杆在图9-37所示位置被无初速释放后，A 端沿光滑杆滑下，圆盘做纯滚动。求：(1) 当 AB 到达水平位置而接触弹簧时，圆盘与连杆的角速度；(2) 弹簧的最大压缩量 δ_{max}。

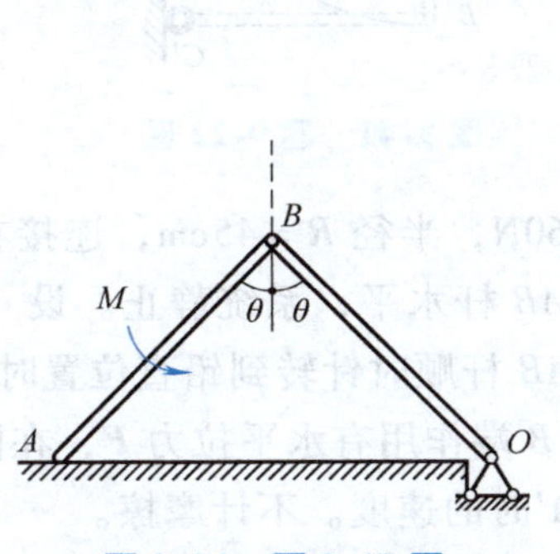

图9-36　题9-17图

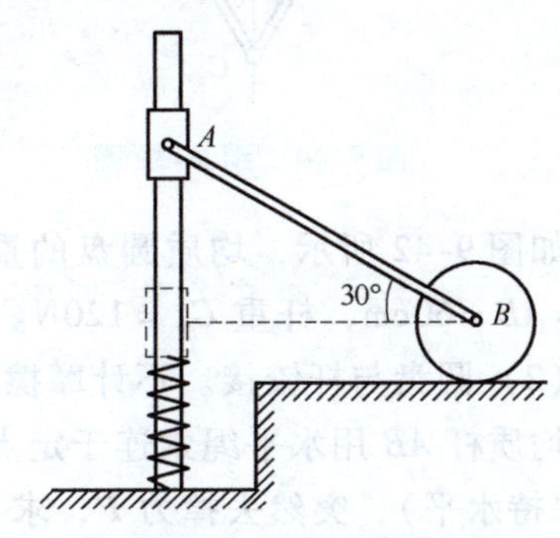

图9-37　题9-18图

9-19　周转齿轮传动机构放在水平面内，如图9-38所示。已知动齿轮Ⅱ半径为 r，质量为 m_1，可看成为均质圆盘；曲柄 OA，质量为 m_2，可看成为均质杆；定齿轮Ⅰ半径为 R。在曲柄上作用一个不变的力偶，其矩为 M，使此机构由静止开始运动。求曲柄转过角度 φ 后的角速度和角加速度。

9-20　均质细杆 AB 长为 l，质量为 m_1，上端 B 靠在光滑的墙上，下端 A 通过铰链与均质圆柱的中心相连。圆柱质量为 m_2、半径为 R，放在粗糙水平面上，自图9-39所示位置由静止开始滚动而不滑动，杆与水平线的夹角 $\theta=45°$。求点 A 在初瞬时的加速度。

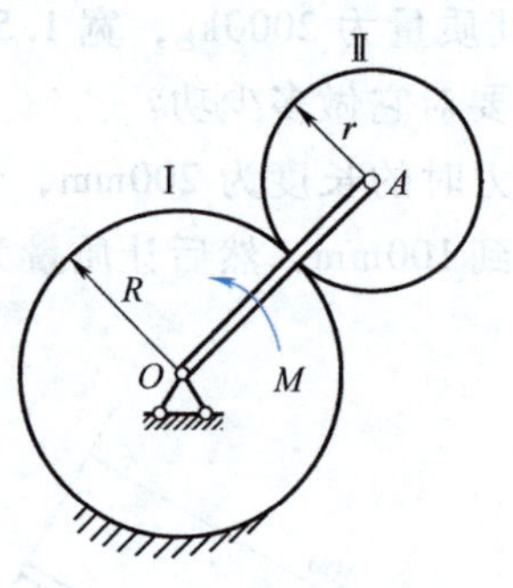

图 9-38　题 9-19 图

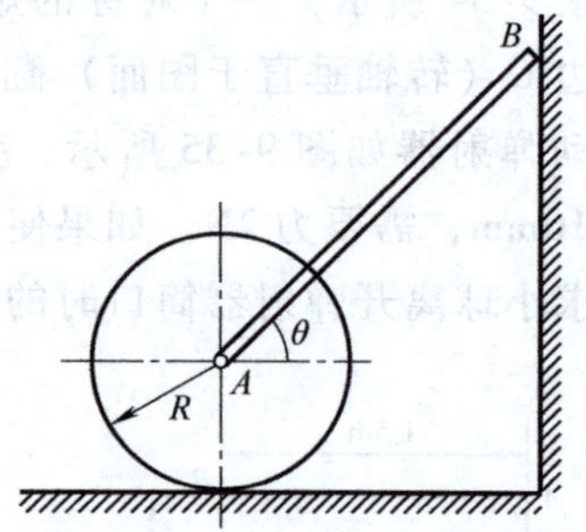

图 9-39　题 9-20 图

9-21　AB、BC、CD、DA 四杆各重 W，长为 l，用光滑铰链连接。开始时点 C 与点 A 重合，系统静止，此后点 C 下落，求点 C 到达如图 9-40 所示位置时的速度。

9-22　长度为 l 的均质细杆 AB 及 BC 用铰链 B 连接，C 端有一小轮，小轮沿铅直墙壁下滑，不计摩擦及小轮质量，如图 9-41 所示。求当 AB 绕轴 A 转到铅垂位置，而 BC 正好在水平位置时，小轮 C 的速度。

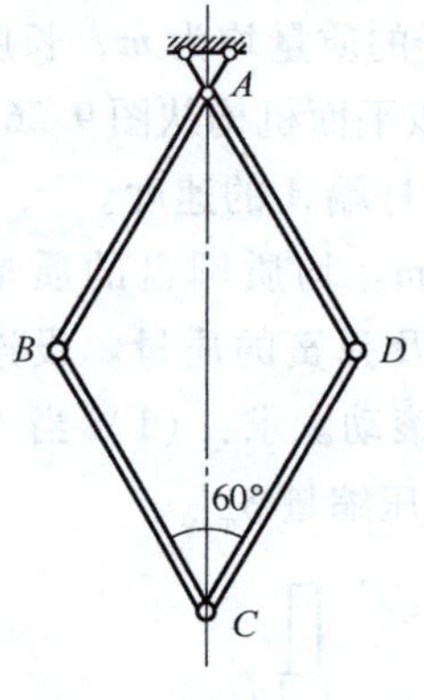

图 9-40　题 9-21 图

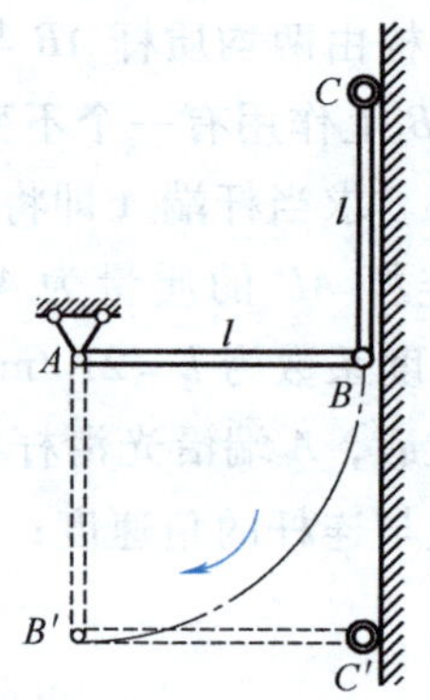

图 9-41　题 9-22 图

9-23　如图 9-42 所示，均质圆盘的重量 $G_2=160\text{N}$，半径 $R=45\text{cm}$，连接在均质杆 AB 上，杆长 $l=AB=60\text{cm}$，杆重 $G_1=120\text{N}$。开始时，AB 杆水平，系统静止。设（1）圆盘焊接到杆上；（2）圆盘与杆铰接。不计摩擦。分别求 AB 杆顺时针转到铅直位置时的角速度。

9-24　均质杆 AB 用水平绳索连于定点 C，杆的 B 端作用有水平拉力 $\boldsymbol{F}$，在图 9-43 所示位置（AC 保持水平），突然去掉力 $\boldsymbol{F}$，求 A 端到达 A' 时的速度。不计摩擦。

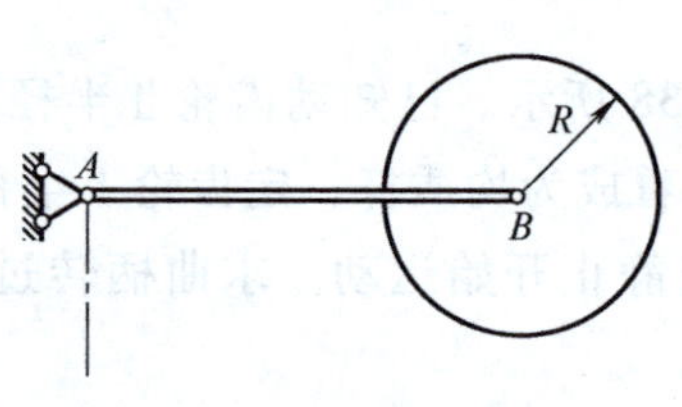

图 9-42　题 9-23 图

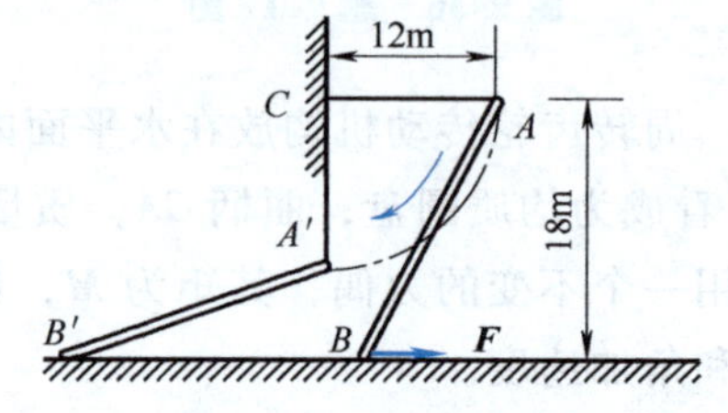

图 9-43　题 9-24 图

第 10 章　动量定理和动量矩定理

【内容提要】

本章主要介绍动量、动量矩与冲量的概念及计算方法，介绍动量定理、质心运动定理，质点系对固定点的动量矩定理，刚体定轴转动微分方程，质点系对质心的动量矩定理，刚体平面运动微分方程。

【学习要求】

通过本章的学习，掌握并能熟练计算质点及质点系的动量、动量矩及力的冲量，质点系的动量（矩）定理和动量（矩）守恒定律以及它们的应用；熟练应用质心运动定理（动量定理的另一形式）和质心运动守恒定律；刚体定轴转动微分方程和刚体平面运动微分方程及其应用。

10.0　本章学习任务单

1. 动量定理及质心运动定理

动量是反映物体机械运动动力特征的物理量，它是一个矢量，掌握质点系动量计算的方法。了解质心运动定理是由质心的定义式以及牛顿第二定律推导得到的，并且与动量定理的微分形式是等价的；了解动量定理的积分形式（冲量定理）及其应用，会应用质心运动（动量）守恒定理求解一般的守恒问题。请读者带着如下问题学习 10.1 节的内容（含 2 个微视频）：

1）内力是否会影响质点系的动量变化？

2）质点做匀速直线运动和匀速圆周运动时，其动量有无变化？为什么？

3）质点系运动过程中，若质点系所受外力主矢恒等于零，则不同瞬时质点系的动量具有什么关系？

4）质点系（刚体）运动过程中，若其质心的坐标保持不变，则其受力特点是什么？运动的初始条件又应如何？

2. 动量矩定理

掌握质点系动量矩的定义及计算方法。本章所讨论的质点系的动量矩及动量矩定理在一定程度上描述了质点系相对于定点或质心的运动状态及其变化规律。请读者带着如下问题学习 10.2 节的内容（含 2 个微视频）：

1）质点系的内力对质点系的动量矩变化是否有影响？为什么？

2）质点系对固定点（或质心）的动量矩关于时间的一阶导数等于质点系所受外力对固定点（或质心）的力矩。若矩心为其他点，这一简明关系还成立吗？

3. 刚体定轴转动微分方程与平面运动微分方程

本小节是本章的应用重点，了解刚体定轴转动微分方程和平面运动微分方程的推导过程；会应用上述两类方程求解刚体绕定轴转动和做平面运动时的动力学问题。请读者带着如下问题学习 10.3 节的内容（含 2 个微视频）：

1）刚体定轴转动，当角速度很大时，所受的合外力矩是否一定大？当角速度为零时，所受合外力矩是否也为零？合外力矩的转向是否一定和角速度的转向一致？

2）为什么列刚体平面运动微分方程时，其基点必须是质心？

10.1 动量定理及质心运动定理

本节讨论动量定理及质心运动定理。它们给出了质点系动量的变化量或质心的运动与作用在质点系上外力之间的关系。下面先讨论质心运动定理。

10.1.1 质心运动定理

1. 质心运动定理

如第 8 章讨论质点系的基本惯性特征时所指出的，质点系的运动不仅与作用在质点上的力及各质点的质量大小有关，而且还与质量的分布情况有关。

【微视频：质心运动定理】

设有 n 个质点组成的质点系，其中任一质点 M_i 的质量为 m_i，其矢径为 $\boldsymbol{r}_i$，质点系中各质点的质量总和为 $m=\sum m_i$，根据质心（质心位置用矢径 $\boldsymbol{r}_C$ 表示）的定义式（8-6）易得

$$m\boldsymbol{r}_C=\sum m_i\boldsymbol{r}_i \tag{a}$$

将式（a）两端对时间 t 求二阶导数并应用牛顿第二定律，有

$$m\boldsymbol{a}_C=\sum m_i\boldsymbol{a}_i=\sum \boldsymbol{F}_i \tag{b}$$

式中，$\boldsymbol{F}_i$ 是作用于质点 M_i 的所有力的合力。应当注意，在作用于任一质点 M_i 的这些力中，既有所考察的质点系内其他质点对 M_i 的作用力，称为内力，其合力用 $\boldsymbol{F}_i^{(i)}$ 表示；也有质点系之外的物体对 M_i 的作用力，称为外力，用 $\boldsymbol{F}_i^{(e)}$ 表示。即

$$\boldsymbol{F}_i=\boldsymbol{F}_i^{(i)}+\boldsymbol{F}_i^{(e)} \tag{c}$$

将式（c）代入式（b），得

$$m\boldsymbol{a}_C=\sum m_i\boldsymbol{a}_i=\sum \boldsymbol{F}_i=\sum \boldsymbol{F}_i^{(i)}+\sum \boldsymbol{F}_i^{(e)}$$

而内力总是大小相等、方向相反、作用线相同且成对出现，因此，$\sum \boldsymbol{F}_i^{(i)}=0$，于是有

$$m\boldsymbol{a}_C=\sum \boldsymbol{F}_i^{(e)} \tag{10-1}$$

上式表明：质点系的质量与质心加速度的乘积等于作用于质点系上所有外力的矢量和，即外

力系的主矢。这个结论称为质心运动定理。

将式（10-1）与质点动力学基本方程 $m\boldsymbol{a}=\boldsymbol{F}$ 相比较，可以看到，它们的形式是相似的。质心运动定理描述的是质点系质心的运动规律，而质心的运动可以看成是一个质点的运动，设想此质点集中了整个质点系的质量及其所受的外力。因此，质心运动定理描述的是质点系随同质心的平行移动。

质心运动定理是矢量式，应用时取投影形式。

直角坐标轴上的投影式为

$$ma_{Cx}=\sum F_x^{(e)},\ ma_{Cy}=\sum F_y^{(e)},\ ma_{Cz}=\sum F_z^{(e)} \tag{10-2}$$

自然轴上的投影式为

$$m\frac{\mathrm{d}v_C}{\mathrm{d}t}=\sum F_\tau^{(e)},\ m\frac{v_C^2}{\rho}=\sum F_n^{(e)},\ 0=\sum F_b^{(e)} \tag{10-3}$$

2. 质心运动守恒定理

由质心运动定理可以得出下列两个推论：

（1）当 $\sum \boldsymbol{F}_i^{(e)}=0$ 时，由式（10-1），得

$$\boldsymbol{v}_C=\text{常矢量}$$

这表明：若作用于质点系上的所有外力的矢量和恒等于零，则质心做匀速直线运动；如果开始时质心是静止的，则质心位置始终保持不变。

（2）当 $\sum F_x^{(e)}=0$ 时，由式（10-2），得

$$v_{Cx}=\text{常量}$$

这表明：若作用于质点系上的所有外力在某轴上投影的代数和恒等于零，则质心的速度在该轴上的投影保持不变；如果开始时质心的速度在该轴上的投影等于零，则质心沿该轴的坐标保持不变。

上述结论，称为质心运动守恒定理。

质心运动定理在质点系动力学中有很重要的意义。在很多实际问题中会经常遇到。比如，汽车发动机气缸内燃气的压力是内力，仅靠它不能使汽车的质心运动。但是发动机开动后，经过一套机构促使主动轮转动，使路面对车轮作用向前的摩擦力，这个外力使汽车的质心向前运动。汽车在下雪天开动时会出现打滑现象，正是由于摩擦力很小的缘故。同样的道理，人们在光滑的路面上只靠自己肌肉的力量是不能行走的。此外，在许多实际问题中，质心的运动往往是问题的主要方面。例如，发射后的炮弹，由于自身的旋转，其运动很复杂，但是若能知道它的质心运动规律，对射击来说就够了；道路修筑中的定向爆破，爆破后土石的运动很复杂，但就它们的整体来说，如不计空气阻力，就只受重力作用，则质心的运动就像一个质点在重力作用下做抛射运动一样，只要控制好质心的初速度，就可使爆破后的大部分土石抛掷到指定的地方。

例 10-1　压实土壤用的振动器由两个相同的偏心锤及机架组成，如图 10-1 所示。已知底座的质量为 m_1，每个偏心锤的质量为 m，偏心距为 e，设两偏心锤以相同的匀角速度 ω 朝相反的方向转动，且转动时两偏心锤始终保持对称。求振动器对土壤的压力。

解： 将机架和两个偏心锤视为一质点系。作用于此质点系上的外力包括两个均为 $m_1\boldsymbol{g}$ 的偏心锤的重力，机架的重力 $m\boldsymbol{g}$，土壤的约束力 $\boldsymbol{F}_N$。取坐标轴如图 10-1 所示。

由质心运动定理的直角坐标表达式（取 y 方向投影），有

$$F_N - 2m_1 g - mg = (2m_1 + m)\frac{d^2 y_C}{dt^2} \qquad (a)$$

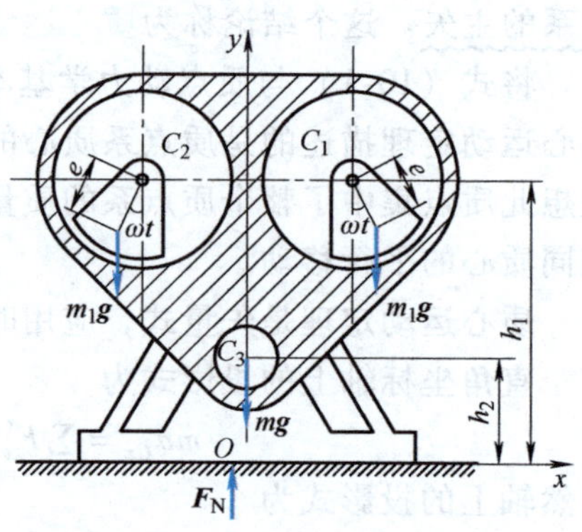

图 10-1 例 10-1 图

设偏心锤的轴离地面的高度为 h_1，机架重心离地面的高度为 h_2，则按质心坐标公式有

$$(2m_1 + m)y_C = 2m_1(h_1 - e\cos\omega t) + mh_2 \qquad (b)$$

将式（b）代入式（a）后，得

$$F_N - 2m_1 g - mg = 2m_1 e\omega^2 \cos\omega t$$

故

$$F_N = (2m_1 + m)g + 2m_1 e\omega^2 \cos\omega t \qquad (c)$$

振动器对土壤的压力与式（c）中的 $\boldsymbol{F}_N$ 等值、反向。

本例讨论：振动器静止不动时，土壤的约束力 $(2m_1 + m)g = F'_N$ 称为静约束力；当偏心锤转动时，土壤的约束力称为动约束力。动约束力与静约束力的差值 $2m_1 e\omega^2 \cos\omega t = F''_N$ 是由于系统运动而产生的，可称为附加动约束力。

当 $\omega t = 0$ 时，F_N 最大，其值为

$$F_{N\max} = (2m_1 + m)g + 2m_1 e\omega^2$$

当 $\omega t = \pi$ 时，F_N 最小，其值为

$$F_{N\min} = (2m_1 + m)g - 2m_1 e\omega^2$$

例 10-2 小船的质量是 m_1，长度是 l，人的质量是 m_2。起初人站在静止的船尾部，后来走到船头重新站定，如图 10-2 所示。求此过程中小船的位移。不计水的阻力。

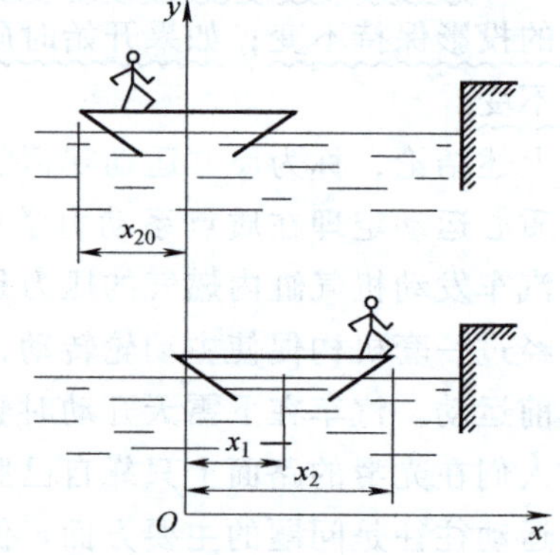

图 10-2 例 10-2 图

解：考虑在静水中的小船和人所组成的系统。这个系统不受水平外力，所以在水平方向的质心运动守恒。因为开始时质心是静止的，所以质心位置保持不变，即

$$x_{C0} = x_C \qquad (a)$$

建立固定坐标系 Oxy，如图 10-2 所示，设 y 轴通过初始时刻小船的质心，依题意有 $x_{10} = 0$，$x_{20} = -l/2$；设人从船尾走到船头的过程中，小船向前走了 x，则有 $x_1 = x$，$x_2 = x_1 + l/2 = x + l/2$。分别写出系统始、末位置的质心坐标 x_{C0}、x_C 分别为

$$x_{C0} = \frac{m_1 x_{10} + m_2 x_{20}}{m_1 + m_2} = \frac{-m_2 l/2}{m_1 + m_2}, x_C = \frac{m_1 x_1 + m_2 x_2}{m_1 + m_2} = \frac{m_1 x + m_2(x + l/2)}{m_1 + m_2}$$

代入式（a）并经整理，有

$$(m_1 + m_2)x = -m_2 l$$

从而求得

$$x = -\frac{m_2 l}{m_1 + m_2}$$

负号说明，小船的位移与 x 轴正向相反。

10.1.2　动量与冲量

1. 动量

物体之间往往有机械运动的相互传递。例如人们打台球，母球给目标球一个冲击力，使目标球获得速度，母球也改变了原来的运动状态。而物体在进行机械运动传递时所产生的相互作用力不仅与物体的速度变化有关，而且还与物体的质量有关。例如，一颗高速飞行的子弹，虽然它的质量不大，但击中目标时，会产生很大的冲击力；质量很大的桩锤，在打桩时，虽然它的落锤速度不大，但是它却可以将桩打入地基。据此，可以用质点的质量与速度的乘积来表征质点的这种运动的强弱。

质点的质量与速度的乘积称为质点的动量，即

$$\boldsymbol{p}=m\boldsymbol{v} \tag{10-4a}$$

动量是矢量，其方向与速度的方向相同。在国际单位制中，动量的单位为 kg · m/s 或 N · s。

质点系中所有各质点动量的矢量和（主矢）称为该质点系的动量，即

$$\boldsymbol{p}=\sum m_i\boldsymbol{v}_i \tag{10-4b}$$

将式（10-1）两边对时间 t 求导数，得到 $m\boldsymbol{v}_C=\sum m_i\boldsymbol{v}_i$，于是有

$$\boldsymbol{p}=\sum m_i\boldsymbol{v}_i=m\boldsymbol{v}_C \tag{10-4c}$$

即质点系的动量等于该质点系的总质量与其质心速度的乘积。用这个结论计算刚体及刚体系的动量特别方便。

例 10-3　如图 10-3 所示，椭圆规机构由均质曲柄 OA、规尺 BD 及滑块 B 和 D 组成。已知曲柄 $OA=l$，质量为 m_1，以角速度 ω 绕定轴 O 转动；$BD=2l$，质量为 $2m_1$；两滑块的质量都是 m_2。求当曲柄 OA 与水平线成角度 φ 的瞬时，曲柄 OA 的动量及整个机构的动量。

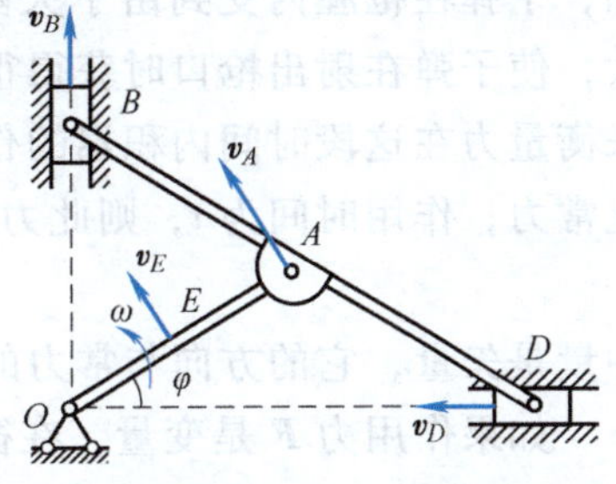

图 10-3　例 10-3 图

解： 1）求曲柄 OA 的动量，OA 的质心在中点 E，其动量的大小为

$$p_{OA}=m_1v_E=\frac{1}{2}m_1l\omega$$

其方向垂直于 OA，指向为顺着曲柄 OA 的转动方向。

2）整个机构的动量为

$$\boldsymbol{p}=\boldsymbol{p}_{OA}+\boldsymbol{p}'=\boldsymbol{p}_{OA}+\boldsymbol{p}_{BD}+\boldsymbol{p}_B+\boldsymbol{p}_D$$

在所讨论的瞬时，杆 BD 与两个滑块 B 和 D 的公共质心在 A 点，其动量大小为

$$p'=p_{BD}+p_B+p_D=(2m_1+2m_2)v_A=2(m_1+m_2)l\omega$$

其方向垂直于 OA，指向为顺着曲柄 OA 的转动方向。

整个机构动量的大小为

$$p=p'+p_{OA}=2(m_1+m_2)l\omega+\frac{1}{2}m_1l\omega=\frac{1}{2}(5m_1+4m_2)l\omega$$

其方向垂直于 OA，指向为顺着曲柄 OA 的转动方向。

例 10-4　如图 10-4 所示，半径均为 R、质量均为 m 的均质圆轮与圆盘分别沿水平直线做纯滚动和绕中心 O 的定轴转动，圆轮质心速度为 $\boldsymbol{v}_C$，圆盘的转动角速度为 ω，试求圆轮

和圆盘的动量。

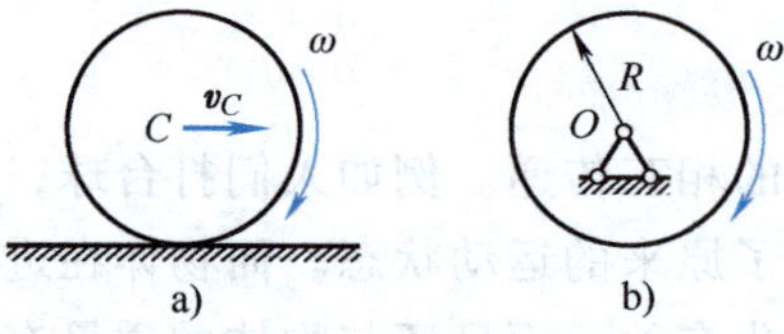

图 10-4　例 10-4 图

解： 均质圆盘的质心在中心点 O，故

$$v_O = 0$$

圆轮的动量为

$$p_{轮} = mv_C$$

圆盘的动量为

$$p_{盘} = mv_O = 0$$

由此可见，质点系的动量只是描述质点系随质心运动的一个运动量，它并不能描述相对于质心的运动。

2. 力的冲量

从日常实践可知，物体运动状态的改变，不仅与作用于物体上的力的大小和方向有关，而且与力作用的时间长短有关。例如，工人用手推一辆停在轨道上的小车，即使推力不大，但经过一段时间后就能使小车得到一定的速度，而且推的时间越长，小车的速度越大。又如，子弹在枪膛内受到由于火药爆炸所产生的气体推力的作用，虽然作用时间短，但推力大，使子弹在射出枪口时获得很大的速度。如果作用力是常量，我们用力与作用时间的乘积来衡量力在这段时间内积累的作用。作用力与作用时间的乘积称为常力的冲量。以 $\boldsymbol{F}$ 表示此常力，作用时间为 t，则此力的冲量为

$$\boldsymbol{I} = \boldsymbol{F}t \tag{10-5a}$$

冲量是矢量，它的方向与常力的方向一致。

如果作用力 $\boldsymbol{F}$ 是变量，在微小时间间隔 $\mathrm{d}t$ 内，力 $\boldsymbol{F}$ 的冲量称为元冲量，即

$$\mathrm{d}\boldsymbol{I} = \boldsymbol{F}\mathrm{d}t \tag{10-5b}$$

在 t_1 到 t_2 时间间隔内，变力 $\boldsymbol{F}$ 的冲量则为

$$\boldsymbol{I} = \int_{t_1}^{t_2} \boldsymbol{F}\mathrm{d}t \tag{10-5c}$$

在国际单位制中，冲量的单位为 N · s。它与动量的单位相同。在冲击、爆炸等现象中，时间过程很短，作用力极大，难以估计，但其冲量确是有限值。利用冲量的概念将给这类问题的动力学分析提供方便。

10.1.3　动量定理　冲量定理

1. 动量定理的微分形式

设由 n 个质点组成的质点系，其中任一质点 M_i 的质量为 m_i，速度为 $\boldsymbol{v}_i$。根据式 (10-4c)，该质点系的动量为

$$\boldsymbol{p} = \sum m_i \boldsymbol{v}_i = m\boldsymbol{v}_C$$

【微视频：动量定理·冲量定理】

将上式两端对时间求导，得

$$\frac{\mathrm{d}\boldsymbol{p}}{\mathrm{d}t}=m\boldsymbol{a}_C$$

再结合质心运动定理即式（10-1），则有

$$\frac{\mathrm{d}\boldsymbol{p}}{\mathrm{d}t}=\sum \boldsymbol{F}_i^{(\mathrm{e})} \tag{10-6}$$

上式表明：质点系的动量 $\boldsymbol{p}$ 对时间 t 的导数等于作用在质点系上的所有外力的矢量和，即外力系的主矢。这就是质点系的动量定理。

在具体计算时，常将式（10-6）写成投影形式。例如，投影到固定的直角坐标轴上，有

$$\frac{\mathrm{d}p_x}{\mathrm{d}t}=\sum F_x^{(\mathrm{e})},\ \frac{\mathrm{d}p_y}{\mathrm{d}t}=\sum F_y^{(\mathrm{e})},\ \frac{\mathrm{d}p_z}{\mathrm{d}t}=\sum F_z^{(\mathrm{e})} \tag{10-7}$$

2. 动量定理的积分形式

将式（10-6）分离变量，并在瞬时 t_1 至 t_2 这段时间间隔内积分，得

$$\boldsymbol{p}_2-\boldsymbol{p}_1=\int_{t_1}^{t_2}\boldsymbol{F}_i^{(\mathrm{e})}\mathrm{d}t=\sum \boldsymbol{I}_i^{(\mathrm{e})} \tag{10-8}$$

这就是动量定理的积分形式，也称质点系的冲量定理。它表明：质点系的动量在任一时间间隔内的变化，等于在同一时间内作用于该质点系所有外力冲量的矢量和。

将式（10-8）投影到直角坐标轴上，有

$$p_{2x}-p_{1x}=\sum I_x^{(\mathrm{e})},\ p_{2y}-p_{1y}=\sum I_y^{(\mathrm{e})},\ p_{2z}-p_{1z}=\sum I_z^{(\mathrm{e})} \tag{10-9}$$

由质点系的动量定理表明，质点系的内力不能改变整个质点系的动量，只可能引起质点系中各质点动量的变化；要改变整个质点系的动量只能依靠外力，所以，应用质点系的动量定理求解动力学问题时，不需要分析内力。例如，人在车厢内用力推厢壁并不能加快车的行驶速度。

3. 质点系的动量守恒定理

由动量定理可以得出下列两个推论：

1）当 $\sum \boldsymbol{F}_i^{(\mathrm{e})}=0$ 时，由式（10-6），得

$$\boldsymbol{p}=\text{常矢量}$$

这表明：若作用于质点系上的所有外力的矢量和恒等于零，则质点系的动量保持不变。

2）当 $\sum F_x^{(\mathrm{e})}=0$ 时，由式（10-7），得

$$p_x=\text{常量}$$

这表明：若作用于质点系的所有外力在某轴上投影的代数和恒等于零，则质点系的动量在该轴上的投影保持不变。

上述结论，称为质点系的动量守恒定理。

质点是质点系的一种特殊情况，故以上关于质点系的动量定理也同样适用于求解质点的动力学问题。

4. 动量定理与质心运动定理的关系

式（10-6）和式（10-1）可统一表示为

$$\frac{\mathrm{d}\boldsymbol{p}}{\mathrm{d}t}=\sum \boldsymbol{F}_i^{(\mathrm{e})}=m\boldsymbol{a}_C$$

可见质点系的动量定理与质心运动定理是等价的。

10.1.4 质点系动量定理的应用

1. 流体在管道中流动时的动压力

现在应用质点系的动量定理来分析流体在管道中流动时所产生的动压力问题。这类问题在流体输送工程中有重要意义。

设有不可压缩流体在变截面的弯曲管道中做定常流动。所谓定常流动是指管内各处的速度分布不随时间而变化的流动。管中流体每单位时间流过的体积（体积流量）q_V 为常量，流体每单位体积的质量（密度）ρ 也是常量。

现取弯曲管道两个截面 AA 与 BB 所包含的流体作为研究对象，如图 10-5a 所示。作为质点系的这部分流体所受的外力包括：流体的自重 $\boldsymbol{G}$，管壁的约束力 $\boldsymbol{F}_{\mathrm{N}}$，以及进口截面 AA、出口截面 BB 上的流体压力 $\boldsymbol{F}_A$、$\boldsymbol{F}_B$（这些力都是分布力的合力）。

在瞬时 t，上述这部分流体的动量记作 $\boldsymbol{p}_{AB}$。经过微小的时间间隔 Δt，流体运动到了 $aabb$ 位置，如图 10-5b 所示，这时这部分流体的动量记作 $\boldsymbol{p}_{ab}$。于是，在时间间隔 Δt 内质点系动量的增量为

$$\Delta \boldsymbol{p} = \boldsymbol{p}_{ab} - \boldsymbol{p}_{AB} = (\boldsymbol{p}_{aB} + \boldsymbol{p}_{Bb}) - (\boldsymbol{p}_{Aa} + \boldsymbol{p}_{aB})$$

由于流动是定常的，公共部分 $aaBB$ 中流速的分布不变，因此其中流体的动量也保持不变。因而，上式成为

$$\Delta \boldsymbol{p} = \boldsymbol{p}_{Bb} - \boldsymbol{p}_{Aa}$$

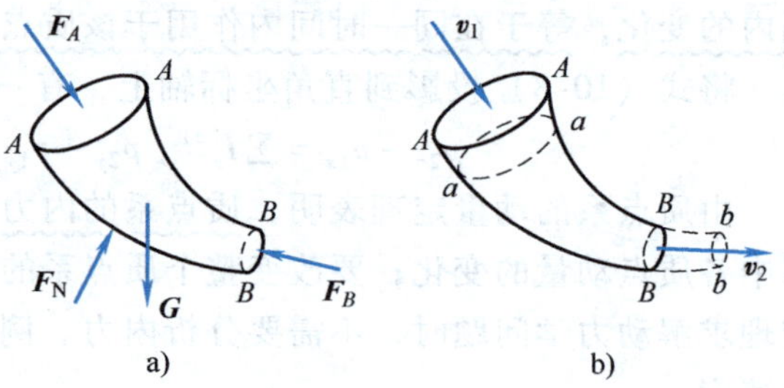

图 10-5 流体在管道中流动时的动压力

设在进口截面和出口截面处流体的速度分别为 $\boldsymbol{v}_1$ 和 $\boldsymbol{v}_2$，管道的截面面积分别为 A_1 和 A_2，则有

$$q_V = A_1 v_1 = A_2 v_2 = \text{常量}$$

$AAaa$ 部分和 $BBbb$ 部分的流体质量分别为

$$\Delta m_1 = \rho A_1 v_1 \Delta t = \rho q_V \Delta t$$

$$\Delta m_2 = \rho A_2 v_2 \Delta t = \rho q_V \Delta t$$

因此，它们的动量分别为

$$\boldsymbol{p}_{Aa} = (\rho A_1 v_1 \Delta t)\boldsymbol{v}_1 = \rho q_V \Delta t \boldsymbol{v}_1$$

$$\boldsymbol{p}_{Bb} = (\rho A_2 v_2 \Delta t)\boldsymbol{v}_2 = \rho q_V \Delta t \boldsymbol{v}_2$$

从而

$$\Delta \boldsymbol{p} = \rho q_V \Delta t \boldsymbol{v}_2 - \rho q_V \Delta t \boldsymbol{v}_1 = \rho q_V \Delta t(\boldsymbol{v}_2 - \boldsymbol{v}_1)$$

动量对时间的变化率为

$$\frac{\mathrm{d}\boldsymbol{p}}{\mathrm{d}t} = \lim_{\Delta t \to 0} \frac{\Delta \boldsymbol{p}}{\Delta t} = \rho q_V (\boldsymbol{v}_2 - \boldsymbol{v}_1)$$

根据质点系的动量定理式（10-6），并注意到 $\sum \boldsymbol{F}_i = \boldsymbol{G} + \boldsymbol{F}_A + \boldsymbol{F}_B + \boldsymbol{F}_{\mathrm{N}}$，得到

$$\rho q_V (\boldsymbol{v}_2 - \boldsymbol{v}_1) = \boldsymbol{G} + \boldsymbol{F}_A + \boldsymbol{F}_B + \boldsymbol{F}_{\mathrm{N}} \tag{a}$$

或写作

$$\rho q_V \boldsymbol{v}_1 - \rho q_V \boldsymbol{v}_2 + \boldsymbol{G} + \boldsymbol{F}_A + \boldsymbol{F}_B + \boldsymbol{F}_{\mathrm{N}} = 0 \tag{10-10}$$

式（10-10）称为欧拉方程。

若将管壁的动约束力 $\boldsymbol{F}_{\mathrm{N}}$ 分成 $\boldsymbol{F}'_{\mathrm{N}}$ 与 $\boldsymbol{F}''_{\mathrm{N}}$ 两部分：其中 $\boldsymbol{F}'_{\mathrm{N}}$ 是由流体重量、进口截面和出口截面上流体压力所引起的静约束力，而 $\boldsymbol{F}''_{\mathrm{N}}$ 则是由于流体的动量发生变化而产生的附加动约束力。则 $\boldsymbol{F}'_{\mathrm{N}}$ 满足平衡方程

$$\boldsymbol{G}+\boldsymbol{F}_A+\boldsymbol{F}_B+\boldsymbol{F}'_{\mathrm{N}}=\boldsymbol{0} \tag{b}$$

将式（a）减去式（b），得到

$$\boldsymbol{F}''_{\mathrm{N}}=\rho q_V(\boldsymbol{v}_2-\boldsymbol{v}_1) \tag{10-11}$$

设截面 AA 和 BB 的面积分别为 A_1 和 A_2，由不可压缩流体的连续性定律，知

$$q_V=A_1v_1=A_2v_2$$

因此，只要知道流速和管道的截面尺寸，即可求得附加动约束力。流体对管壁的附加动作用力的大小等于此附加动约束力，但方向相反。

图 10-6 为一管轴线位于水平面内的等截面直角形弯管。当流体被迫改变流动方向时，对管壁施加有附加的作用力，它的大小等于管壁对流体的附加动约束力，即

$$F''_{\mathrm{N}x}=-\rho q_V(0-v_1)=\rho q_V v_1=\rho A_1 v_1^2$$

$$F''_{\mathrm{N}y}=-\rho q_V(-v_2-0)=\rho q_V v_2=\rho A_2 v_2^2$$

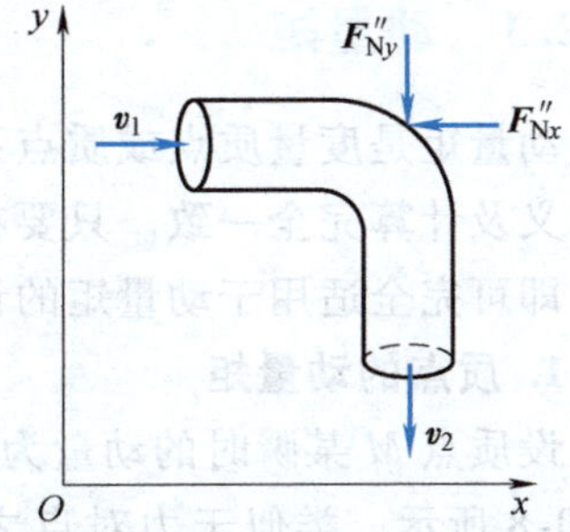

图 10-6　流体对管壁的附加动压力

由此可见，当流速很高或管道截面面积很大时，附加动压力会很大，所以应在管道的弯头处应该安装支座。

2. 质点系动量守恒问题

例 10-5　大炮的炮身重 $G=8\mathrm{kN}$，炮弹重 $G_1=40\mathrm{N}$，炮筒倾角为 30°，从击发至炮弹离开炮筒所需时间 $t=0.05\mathrm{s}$，炮弹出口速度 $v=500\mathrm{m/s}$，由于射击时间很短，所有的摩擦力的影响可以忽略不计。求炮身反坐速度及地面对炮身的平均铅直约束力 $\boldsymbol{F}_{\mathrm{RN}}$。

解： 取炮身与炮弹为一质点系来考察。作用于质点系的外力有重力 $\boldsymbol{G}_1$、$\boldsymbol{G}$，地面的铅直约束力 $\boldsymbol{F}_{\mathrm{RN}}$，选坐标轴 x、y 如图 10-7 所示。由于发射过程中外力在 x 轴上的投影始终为零，所以整个质点系的动量在 x 轴上的投影保持不变。发射前，炮身与炮弹静止不动，质点系的动量等于零；发射后，质点系动量在 x 轴上的投影仍然为零。设发射后炮身的反坐速度为 v'，则有

$$\frac{G}{g}v'+\frac{G_1}{g}v\cos 30°=0$$

图 10-7　例 10-5 图

移项并代入各已知值，求得

$$v'=-\left(\frac{0.04}{8}\times 500\times\frac{\sqrt{3}}{2}\right)\mathrm{m/s}=-2.16\mathrm{m/s}$$

负号表示炮身向后退，所以称为“反坐”。

又由 $p_{2y}-p_{1y}=\sum I_y^{(\mathrm{e})}$，有

$$\frac{G_1}{g}v\sin 30°-0=(F_{\mathrm{RN}}-G-G_1)t$$

代入各已知值，可得

$$F_{RN}=G+G_1+\frac{G_1}{g}\frac{v\sin 30^\circ}{t}=28.5\text{kN}$$

10.2 动量矩和动量矩定理

我们在上一节中提到，绕通过质心的固定轴而转动的物体，不论它转动多快，整个物体动量为零。可见，质点系的动量仅描述了质点系运动中随质心的平动部分；而相对质心运动部分，可用另一个物理量——动量矩来描述。本节将介绍质点系动量矩的变化量与作用在质点系上外力之间的关系。在引入转动惯量的概念之后，将定理应用于研究刚体的定轴转动及平面运动，分别推导出刚体定轴转动微分方程及刚体平面运动微分方程。

【微视频：动量矩定理】

10.2.1 动量矩

动量矩是度量质点或质点系对某点或某轴运动强度的一个物理量。其定义及计算与力矩的定义及计算完全一致。只要在原来力矩的定义及有关力矩的各种计算公式中，将力换成动量，即可完全适用于动量矩的计算。

1. 质点的动量矩

设质点 M 某瞬时的动量为 $m\boldsymbol{v}$，对固定点 O 的位置矢径为 $\boldsymbol{r}$，其坐标为 $\boldsymbol{r}(x, y, z)$，如图 10-8 所示。类似于力对点之矩，将质点的动量 $m\boldsymbol{v}$ 对点 O 的矩定义为质点对点 O 的动量矩，记为

$$\boldsymbol{L}_O=\boldsymbol{M}_O(m\boldsymbol{v})=\boldsymbol{r}\times m\boldsymbol{v} \tag{10-12}$$

质点对点 O 的动量矩是矢量，其方位垂直于由 $\boldsymbol{r}$ 和 $m\boldsymbol{v}$ 矢量所决定的平面，指向按右手螺旋法则确定。

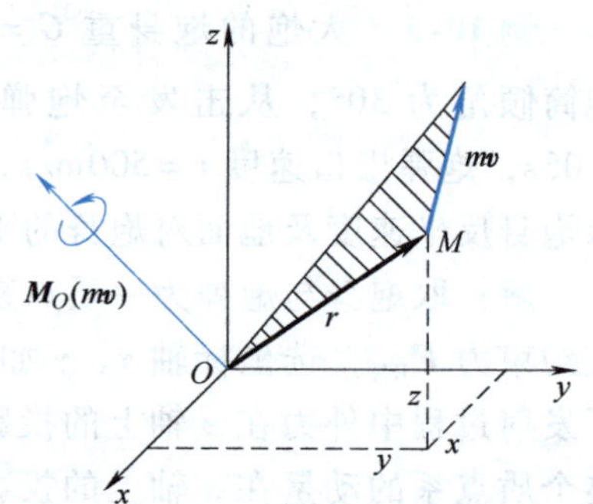

图 10-8　质点对固定点的动量矩

类似于力矩关系定理，可得到质点的动量对通过点 O 的固定轴之矩为

$$\begin{cases}L_x=M_x(m\boldsymbol{v})=[\boldsymbol{r}\times m\boldsymbol{v}]_x=ymv_z-zmv_y\\L_y=M_y(m\boldsymbol{v})=[\boldsymbol{r}\times m\boldsymbol{v}]_y=zmv_x-xmv_z\\L_z=M_z(m\boldsymbol{v})=[\boldsymbol{r}\times m\boldsymbol{v}]_z=xmv_y-ymv_x\end{cases} \tag{10-13}$$

并分别称为质点对固定轴 x、y、z 的动量矩。

在国际单位制中，动量矩的单位为 $\text{kg}\cdot\text{m}^2/\text{s}$。

2. 质点系的动量矩

质点系中各质点的动量对于任选的固定点 O 的矩的矢量和，称为质点系对点 O 的动量矩，记为

$$\boldsymbol{L}_O=\sum\boldsymbol{M}_O(m_i\boldsymbol{v}_i)=\sum\boldsymbol{r}_i\times m_i\boldsymbol{v}_i \tag{10-14}$$

式中，m_i、$\boldsymbol{v}_i$、$\boldsymbol{r}_i$ 分别为质点 M_i 的质量、速度和对于点 O 的位置矢径。

相似地，质点系中所有各质点的动量对于任一固定轴的矩的代数和，称为质点系对于该轴的动量矩，即

$$L_z=\sum M_z(m_i\boldsymbol{v}_i) \tag{10-15}$$

同样，类似于力矩关系定理，有

$$[L_O]_z = \sum[M_O(m_i v_i)]_z = \sum M_z(m_i v_i) = L_z \tag{10-16}$$

即质点系对固定点 O 的动量矩在通过该点的某轴上的投影等于质点系对该轴的动量矩。

3. 定轴转动刚体的动量矩

设刚体以角速度 ω 绕固定轴 z 转动，如图 10-9 所示。刚体内任一点 M_i 的质量为 m_i，到转轴的距离为 r_i，速度为 v_i，则质点 M_i 的动量 $m_i v_i$ 对轴 z 的动量矩为

$$M_z(m_i v_i) = m_i v_i r_i = m_i r_i^2 \omega$$

而整个刚体对转轴 z 的动量矩为

$$L_z = \sum M_z(m_i v_i) = \sum m_i r_i^2 \omega = (\sum m_i r_i^2)\omega$$

注意到 $\sum m_i r_i^2 = J_z$ 是刚体对转轴 z 的转动惯量，故

$$L_z = J_z \omega \tag{10-17}$$

即做定轴转动的刚体对于转轴的动量矩，等于刚体对于转轴的转动惯量与角速度的乘积。

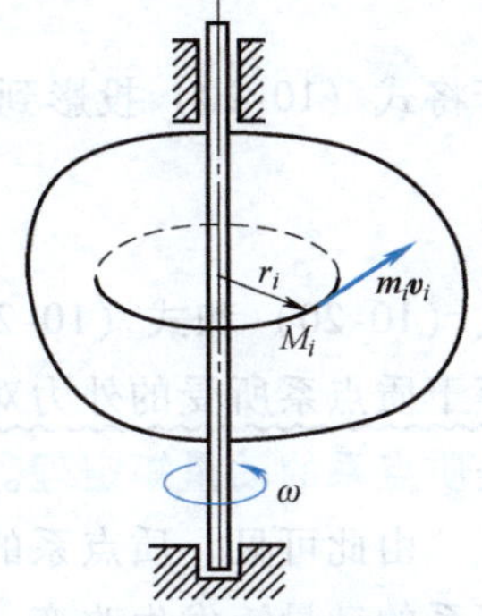

图 10-9　定轴转动刚体对转轴的动量矩

10.2.2　动量矩定理

1. 质点的动量矩定理

设质点 M 在力 F 的作用下运动，它对固定点 O 的动量矩是 $L_O = r \times mv$。为研究质点动量矩随时间的变化率与所受力之间的关系，将 L_O 对时间 t 求导

$$\frac{dL_O}{dt} = \frac{d}{dt}(r \times mv) = \frac{dr}{dt} \times mv + r \times \frac{d}{dt}(mv) \tag{a}$$

因为 O 是固定点，所以 $\frac{dr}{dt} = v$，上式右边第一项等于零。又由动量定理 $\frac{d}{dt}(mv) = F$，于是式（a）成为

$$\frac{d}{dt}(r \times mv) = r \times F$$

或写作

$$\frac{dL_O}{dt} = M_O(F) \tag{10-18}$$

将式（10-18）两边投影到固定直角坐标轴上，并注意到力矩关系定理，得到

$$\frac{dL_x}{dt} = M_x(F),\ \frac{dL_y}{dt} = M_y(F),\ \frac{dL_z}{dt} = M_z(F) \tag{10-19}$$

式（10-18）和式（10-19）表明，质点动量对任一固定点（或轴）的矩随时间的变化率，等于质点所受的力对该固定点（或轴）的矩。这就是质点的动量矩定理。

2. 质点系的动量矩定理

质点的动量矩定理很容易推广到质点系。对质点系的每一个质点都可以写出对同一固定点 O 且类似于式（10-18）的方程。将这些方程全部相加，并把作用在质点上的力分成外力 $F_i^{(e)}$ 和内力 $F_i^{(i)}$，则可得到

$$\sum \frac{d}{dt}(r_i \times m_i v_i) = \sum(r_i \times F_i) = \sum(r_i \times F_i^{(i)}) + \sum(r_i \times F_i^{(e)})$$

交换求和、求导的运算次序，并且考虑到内力总是成对出现，每一对内力对任一点之矩的矢量和恒等于零，因而有$\sum(\boldsymbol{r}_i\times\boldsymbol{F}_i^{(i)})\equiv\boldsymbol{0}$，于是可得

$$\frac{\mathrm{d}}{\mathrm{d}t}\left[\sum(\boldsymbol{r}_i\times m_i\boldsymbol{v}_i)\right]=\sum(\boldsymbol{r}_i\times\boldsymbol{F}_i^{(e)})=\sum\boldsymbol{M}_O(\boldsymbol{F}_i^{(e)})$$

即

$$\frac{\mathrm{d}\boldsymbol{L}_O}{\mathrm{d}t}=\boldsymbol{M}_O^{(e)}\tag{10-20}$$

若将式（10-20）投影到固定坐标轴上，则有

$$\frac{\mathrm{d}L_x}{\mathrm{d}t}=M_x^{(e)},\quad\frac{\mathrm{d}L_y}{\mathrm{d}t}=M_y^{(e)},\quad\frac{\mathrm{d}L_z}{\mathrm{d}t}=M_z^{(e)}\tag{10-21}$$

式（10-20）和式（10-21）表明，质点系对任一固定点或固定轴的动量矩随时间的变化率，等于质点系所受的外力对该固定点或固定轴的矩的矢量和（即外力主矩）或代数和。这就是质点系的动量矩定理。

由此可见，质点系的内力不能改变质点系的动量矩，只有作用于质点系的外力才能使质点系的动量矩发生改变。

3. 动量矩守恒定理

与上节相仿，有下列两种特殊情况：

（1）当$\boldsymbol{M}_O^{(e)}=\boldsymbol{0}$时，则有$\boldsymbol{L}_O=$常矢量；

（2）当$M_z^{(e)}=0$时，则有$L_z=$常量。

可见，如果质点系所受所有外力对固定点（或固定轴）的矩的矢量和（或代数和）恒等于零，则质点系对同一点（或同一轴）的动量矩保持不变。这个结论称为质点系动量矩守恒定理，它给出了动量矩守恒的条件。显然该守恒定理对单个质点也适用。

10.2.3 质点系相对于质心的动量矩定理

上述动量矩定理是在规定矩心（或矩轴）为固定点（或固定轴）的情况下得到的。但在实际问题中，常常要求讨论刚体绕动点的转动规律，这就需要建立质点系对动点的动量矩定理。可以证明，质点系对质心的动量矩定理与质点系对固定点的动量矩定理有完全相同的形式，即

$$\frac{\mathrm{d}\boldsymbol{L}_C}{\mathrm{d}t}=\boldsymbol{M}_C^{(e)}\tag{10-22}$$

质点系对质心的动量矩$\boldsymbol{L}_C$关于时间的导数等于质点系的外力对质心的主矩$\boldsymbol{M}_C^{(e)}$，这就是质点系相对于质心的动量矩定理。

将式（10-22）投影到随同质心平动的坐标轴x'、y'、z'上，得到质点系相对于质心的动量矩定理的投影形式

$$\frac{\mathrm{d}}{\mathrm{d}t}L_{Cx'}=M_{Cx'}^{(e)},\quad\frac{\mathrm{d}}{\mathrm{d}t}L_{Cy'}=M_{Cy'}^{(e)},\quad\frac{\mathrm{d}}{\mathrm{d}t}L_{Cz'}=M_{Cz'}^{(e)}\tag{10-23}$$

由式（10-22）及式（10-23）可知：如果$\boldsymbol{M}_C^{(e)}\equiv\boldsymbol{0}$（或$M_{Cz'}^{(e)}\equiv0$），则有$\boldsymbol{L}_C=$常矢量（或$L_{Cz'}=$常量）。即若质点系的外力对质心（或过质心的轴）之矩恒等于零，则质点系对质心（或对过质心的轴）的动量矩守恒。

10.2.4　动量矩定理应用举例

例 10-6　两个转子 A 和 B 分别以角速度 ω_A 和 ω_B 绕同一轴线 Ox 转动，它们对转轴的转动惯量分别为 J_A 和 J_B，如图 10-10 所示。现用离合器将两转子突然结合在一起，求接合后两转子的公共角速度 ω。

【微视频：动量矩定理应用举例】

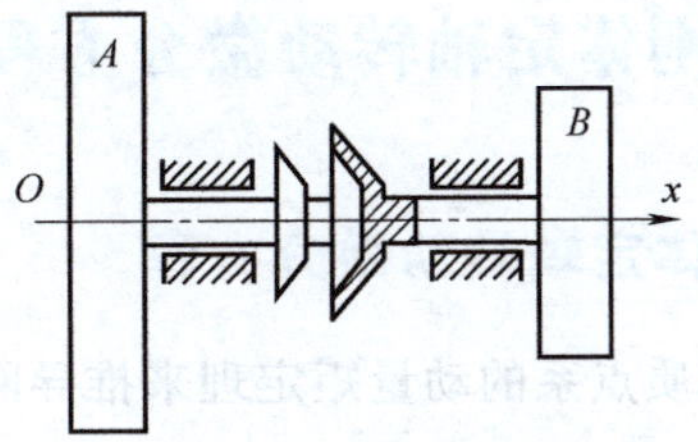

图 10-10　例 10-6 图

解：考察由两个转子所组成的质点系。在转子以不同角速度 ω_A 和 ω_B 转动到接合在一起以相同角速度 ω 转动这个短暂的过程中，作用于质点系的外力对 x 轴的矩等于零。因此，该质点系对 x 轴的动量矩保持不变。

考虑到定轴转动刚体的动量矩表达式（10-17），有

$$J_A\omega_A + J_B\omega_B = (J_A + J_B)\omega$$

由此解得

$$\omega = \frac{J_A\omega_A + J_B\omega_B}{J_A + J_B}$$

例 10-7　如图 10-11 所示，卷扬机鼓轮质量为 m_1，半径为 r，可绕过鼓轮中心 O 的水平轴转动。鼓轮上绕一绳，绳的一端悬挂一质量为 m_2 的重物。鼓轮视为均质。现在鼓轮上作用一不变力偶矩 M，试求重物上升的加速度。

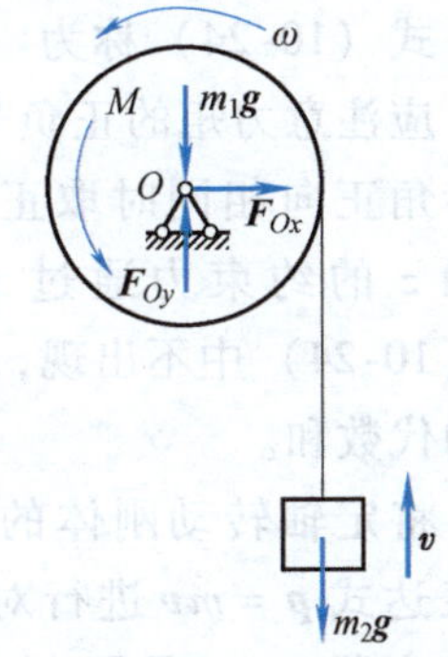

图 10-11　例 10-7 图

解：以鼓轮和重物构成的质点系为研究对象。

（1）受力分析：如图 10-11 所示，质点系所受的外力有重力 $m_1\boldsymbol{g}$ 和 $m_2\boldsymbol{g}$，力偶矩 M 及轴承约束力 $\boldsymbol{F}_{Ox}$、$\boldsymbol{F}_{Oy}$。质点系的外力对轴 O 的矩为

$$M_O^{(e)} = M - m_2gr$$

（2）运动分析：设重物在任一时刻具有向上的速度 v，设绳不可伸长，则鼓轮具有角速度

$$\omega = \frac{v}{r}$$

质点系的动量对轴 O 的矩为

$$L_O = J_O\omega + m_2vr = \frac{1}{2}m_1r^2\cdot\frac{v}{r} + m_2rv = \frac{1}{2}(m_1 + 2m_2)rv$$

（3）由动量矩定理 $\frac{\mathrm{d}L_O}{\mathrm{d}t} = M_O^{(e)}$，有

$$\frac{1}{2}(m_1+2m_2)r\cdot\frac{\mathrm{d}v}{\mathrm{d}t}=M-m_2gr$$

由上式得重物上升的加速度为

$$a=\frac{\mathrm{d}v}{\mathrm{d}t}=\frac{2(M-m_2gr)}{(m_1+2m_2)r}$$

10.3 刚体定轴转动微分方程与平面运动微分方程

10.3.1 刚体定轴转动微分方程

现在应用质点系的动量矩定理来推导刚体定轴转动微分方程。设有某刚体在主动力 $\boldsymbol{F}_1$，$\boldsymbol{F}_2$，…，$\boldsymbol{F}_n$ 作用下绕定轴 Oz 转动，它的角速度为 ω，对轴的转动惯量为 J_z，如图 10-12 所示。则刚体对 z 轴的动量矩为

$$L_z=J_z\omega$$

将 L_z 值代入质点系对轴的动量矩定理式（10-21），考虑到刚体对固连其上的 z 轴的转动惯量为常量，可得

【微视频：刚体定轴转动微分方程】

$$J_z\alpha=M_z \tag{10-24a}$$

或者

$$J_z\frac{\mathrm{d}\omega}{\mathrm{d}t}=M_z \tag{10-24b}$$

或者

$$J_z\frac{\mathrm{d}^2\varphi}{\mathrm{d}t^2}=M_z \tag{10-24c}$$

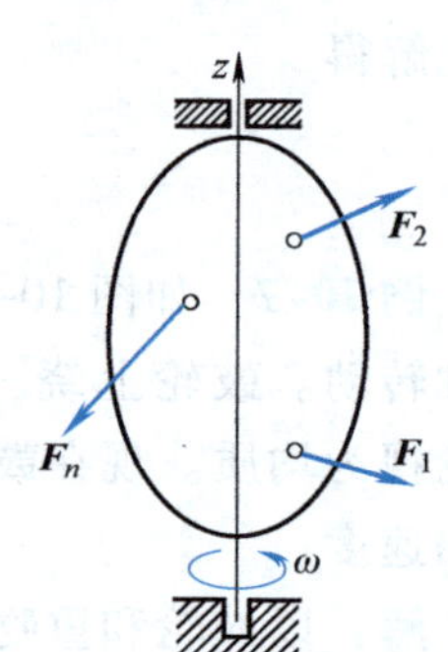

图 10-12 刚体定轴转动微分方程示意图

式（10-24）称为刚体定轴转动的微分方程。应用上式解题时，应注意力矩的正负号，可先规定转角 φ 的正向，力矩的转向与转角正向相同时取正号，反之为负号。在不计摩擦的情况下，转轴 z 的约束力通过 z 轴，对 z 轴的矩为零，所以这些力在式（10-24）中不出现，M_z 为作用于转动刚体的主动力系对 z 轴之矩的代数和。

将定轴转动刚体的动量矩表达式 $L_z=J_z\omega$ 与平动刚体的动量表达式 $\boldsymbol{p}=m\boldsymbol{v}$ 进行对照，再将刚体定轴转动的微分方程 $J_z\alpha=M_z$ 与平动刚体的运动微分方程 $m\boldsymbol{a}=\sum\boldsymbol{F}_i$ 进行对照，可见，有关转动的物理量（如 ω、α、M_z 等）与有关平动的物理量（如 $\boldsymbol{v}$、$\boldsymbol{a}$、$\sum\boldsymbol{F}_i$ 等）之间有着一一对应的关系，而转动惯量 J_z 则恰好与质量 m 相对应。可见转动惯量与质量相仿，也是刚体惯性的度量。质量是刚体平动时惯性的度量，转动惯量则是刚体转动时惯性的度量，转动惯量这一术语正是表达了这个意义。

例 10-8 如图 10-13 所示，已知滑轮半径为 R，转动惯量为 J，带动滑轮的胶带拉力为 $\boldsymbol{F}_1$ 和 $\boldsymbol{F}_2$。求滑轮的角加速度 α。

解： 根据刚体绕定轴的转动微分方程，有

$$J\alpha=(F_1-F_2)R$$

于是，得

$$\alpha=\frac{(F_1-F_2)R}{J}$$

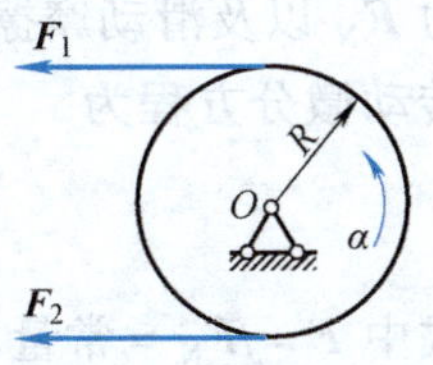

图 10-13　例 10-8 图

由上式可见，只有当定滑轮为匀速转动（包括静止）或虽非匀速转动，但可忽略滑轮的转动惯量时，跨过定滑轮的胶带拉力才是相等的。

例 10-9　如图 10-14 所示，物理摆（或称为复摆）的质量为 m，C 为其质心，摆对悬挂点的转动惯量为 J_O，求其微小摆动时的周期。

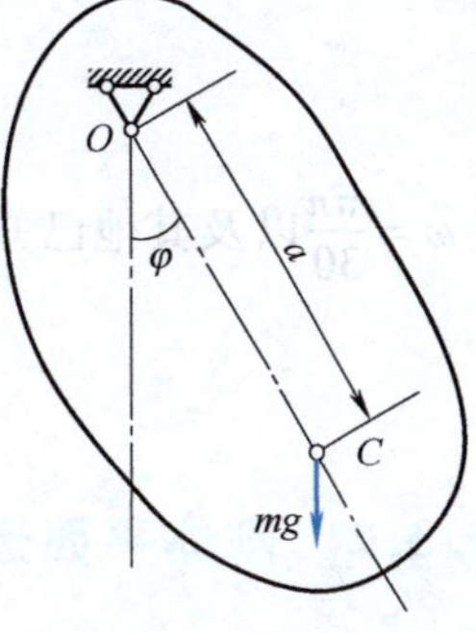

图 10-14　例 10-9 图

解： 设 φ 角以逆时针方向为正。当 φ 角为正时，重力对点 O 之矩为负。由此，摆的转动微分方程为

$$J_O\frac{\mathrm{d}^2\varphi}{\mathrm{d}t^2}=-mga\sin\varphi$$

刚体做微小摆动，有 $\sin\varphi\approx\varphi$，于是转动微分方程可写为

$$J_O\frac{\mathrm{d}^2\varphi}{\mathrm{d}t^2}=-mga\varphi$$

或

$$\frac{\mathrm{d}^2\varphi}{\mathrm{d}t^2}+\frac{mga}{J_O}\varphi=0$$

此方程的解为

$$\varphi=\varphi_0\sin\left(\sqrt{\frac{mga}{J_O}}t+\theta\right)$$

式中，φ_0 为角振幅；θ 为初相位角。它们都由运动初始条件确定。摆动周期为

$$T=2\pi\sqrt{\frac{J_O}{mga}}$$

工程中可利用上式，通过测定零件（如曲柄、连杆等）的摆动周期，以计算其转动惯量。

例 10-10　飞轮的半径 $r=25\text{cm}$，对转轴 O 的转动惯量 $J_0=2.45\text{kg}\cdot\text{m}^2$。今在飞轮以转速 $n=2000\text{r/min}$ 绕转轴 O 转动时加制动闸（见图 10-15a），闸块对轮缘作用正压力 $F_\text{N}=490\text{N}$。已知闸块与轮缘之间的摩擦因数 $f=0.8$，不计轴承上的摩擦和空气阻力，试求从开始加闸制动到飞轮停止转动所需的时间。

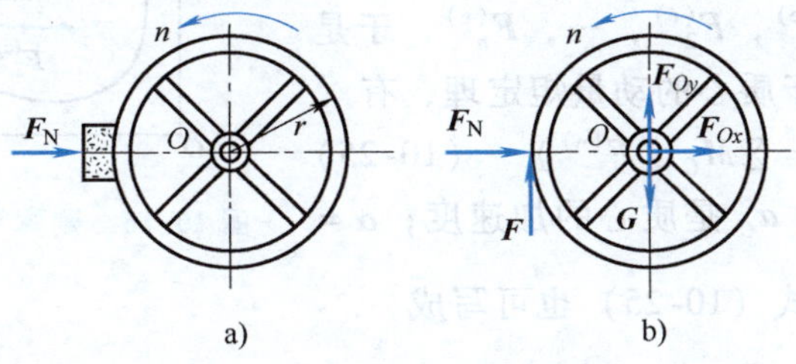

图 10-15　例 10-10 图

解： 以飞轮为研究对象，作用在它上的外力有：重力 $\boldsymbol{G}$，轴承约束力 $\boldsymbol{F}_{Ox}$ 和 $\boldsymbol{F}_{Oy}$，正压

力 $\boldsymbol{F}_{\mathrm{N}}$ 以及滑动摩擦力 $\boldsymbol{F}$（见图 10-15b）。前四个力的作用线都通过转轴 O，于是，飞轮的转动微分方程为

$$J_O \frac{\mathrm{d}\omega}{\mathrm{d}t} = -Fr$$

式中 $F = fF_{\mathrm{N}}$ = 常量，将其代入上式并进行积分，则有

$$J_O \int_{\omega}^{0} \mathrm{d}\omega = -fF_{\mathrm{N}} r \int_0^t \mathrm{d}t \quad \Rightarrow \quad J_O \omega = fF_{\mathrm{N}} rt$$

最后求得从开始加闸到飞轮停止转动所需的时间为

$$t = \frac{J_O \omega}{fF_{\mathrm{N}} r}$$

将 $\omega = \dfrac{\pi n}{30}$以及其他已知数值代入上式，得到

$$t = \frac{J_O}{fF_{\mathrm{N}} r} \times \frac{\pi n}{30} = \frac{2.45 \times 2000 \times \pi}{0.8 \times 490 \times 0.25 \times 30}\mathrm{s} = 5.24\mathrm{s}$$

10.3.2 刚体平面运动微分方程

平面运动刚体的位置，可由基点的位置与刚体绕基点的转角确定。在运动学的研究中，基点是任意选的。而在动力学的研究中，必须将刚体的运动和它所受的力联系起来。此时，只有通过质心运动定理把刚体质心的运动与外力的主矢联系起来；通过相对于质心的动量矩定理将刚体的转动与外力系的主矩联系起来。因此，在动力学中必须选取质心 C 作为基点，如图 10-16 所示，质心的坐标为 x_C，y_C。设 M 为刚体上任意一点，CM 与 x 轴的夹角为 φ，则刚体的位置可由 x_C，y_C 和 φ 确定。刚体的运动分解为随质心 C 的平动和绕质心轴 Cz'的转动两部分。

【微视频：刚体平面运动微分方程】

图 10-16 中 $Cx'y'$为固连于质心 C 的平动参考系，平面运动相对于此动系的运动就是绕质心轴 Cz'（过质心且垂直于运动平面的轴）的转动，则刚体对质心的动量矩为

$$L_C = J_C \omega \tag{a}$$

式中，J_C 是刚体对质心轴 Cz'（将下标 Cz'简记为 C）的转动惯量，ω 为其角速度。

设在刚体上作用的外力可向质心所在的运动平面简化为一平面力系 $\boldsymbol{F}_1^{(\mathrm{e})}$，$\boldsymbol{F}_2^{(\mathrm{e})}$，…，$\boldsymbol{F}_n^{(\mathrm{e})}$，于是由质心运动定理和相对于质心的动量矩定理，有

$$m\boldsymbol{a}_C = \sum \boldsymbol{F}_i^{(\mathrm{e})},\ J_C \alpha = \sum M_C\left(\boldsymbol{F}^{(\mathrm{e})}\right) \tag{10-25}$$

图 10-16 刚体平面运动微分方程示意图

式中，m 是刚体的质量；$\boldsymbol{a}_C$ 是质心的加速度；$\alpha = \dfrac{\mathrm{d}\omega}{\mathrm{d}t}$为刚体的角加速度。式（10-25）也可写成

$$m\frac{\mathrm{d}^2 \boldsymbol{r}_C}{\mathrm{d}t^2} = \sum \boldsymbol{F}_i^{(\mathrm{e})},\ J_C \frac{\mathrm{d}^2 \varphi}{\mathrm{d}t^2} = \sum M_C\left(\boldsymbol{F}^{(\mathrm{e})}\right) \tag{10-26}$$

式（10-26）称为刚体的平面运动微分方程。应用时，前一式取其投影式，如投影到直角坐

标轴上有

$$m\ddot{x}_C = \sum F_x^{(e)}, \quad m\ddot{y}_C = \sum F_y^{(e)}, \quad J_C\ddot{\varphi} = M_C^{(e)} \tag{10-27}$$

刚体的平面运动微分方程可以用来解决平面运动范围内（包括平面运动、定轴转动）的动力学中的两类问题。

例 10-11　行星机构的曲柄 OO_1 受力矩 M 作用而绕固定轴 O 转动，并带动齿轮 O_1 在固定的水平齿轮 O 上滚动，如图 10-17a 所示，设曲柄 OO_1 为均质杆，长 l，重 $\boldsymbol{G}$，齿轮 O_1 为均质圆盘，半径为 r，重 $\boldsymbol{G}_1$，试求曲柄的角加速度及两齿轮接触处沿切线方向的力。

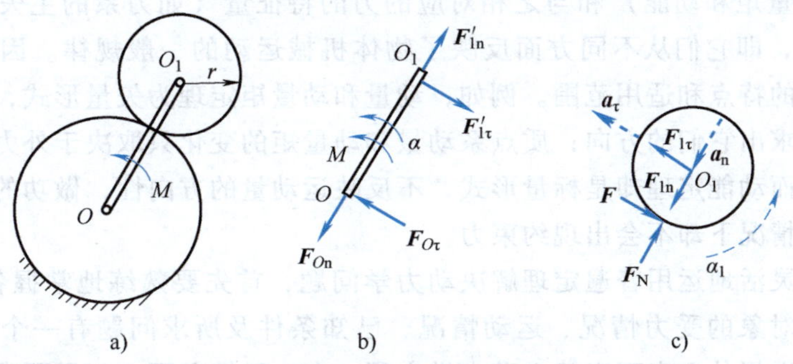

图 10-17　例 10-11 图

解： 曲柄的运动是定轴转动，齿轮 O_1 的运动是平面运动。将两个物体分开来考察。

1）先考察曲柄 OO_1，作用于曲柄的力矩及力包括力矩 M，齿轮 O_1 作用于曲柄的力 $\boldsymbol{F}'_{1n}$ 及 $\boldsymbol{F}'_{1\tau}$，固定轴 O 处的约束力 $\boldsymbol{F}_{On}$、$\boldsymbol{F}_{O\tau}$，重力及其他垂直于图平面的力则不予考虑，如图 10-17b 所示。曲柄运动的微分方程为

$$J_O\alpha = M - F'_{1\tau}l$$

即

$$\frac{Gl^2}{3g}\alpha = M - F'_{1\tau}l \tag{a}$$

2）再考虑齿轮 O_1，作用于齿轮 O_1 上的力包括曲柄的作用力 $\boldsymbol{F}_{1n}$ 及 $\boldsymbol{F}_{1\tau}$，固定齿轮的约束力 $\boldsymbol{F}$ 及 $\boldsymbol{F}_N$，垂直于图平面的力则不予考虑，如图 10-17c 所示。令齿轮中心 O_1 在垂直于 OO_1 方向的加速度为 $\boldsymbol{a}_\tau$，沿 OO_1 方向的加速度为 $\boldsymbol{a}_n$，齿轮的角加速度为 α_1，方向如图 10-17c 所示。齿轮对中心轴的转动惯量为 $J_1 = \dfrac{G_1 r^2}{2g}$，于是有

$$\frac{G_1}{g}a_\tau = F_{1\tau} - F \tag{b}$$

$$J_1\alpha_1 = Fr，\ 即\ \frac{G_1 r}{2g}\alpha_1 = F \tag{c}$$

因 $F_{1\tau} = F'_{1\tau}$，由运动学关系有

$$a_\tau = r\alpha_1 = l\alpha \tag{d}$$

联式（a）~式（d），可解得

$$\alpha = \frac{6Mg}{(2G + 9G_1)l^2}$$

$$F=\frac{3G_1M}{(2G+9G_1)l}$$

■ 10.4　动力学普遍定理的综合应用举例

动力学普遍定理的综合应用主要是指动量定理、动量矩定理和动能定理以及运动微分方程的综合应用。如前所述，每一个普遍定理各自建立了质点或质点系的某一方面的运动特征量（如动量、动量矩和动能）和与之相对应的力的特征量（如力系的主矢、主矩和力系的功）之间的关系，即它们从不同方面反映了物体机械运动的一般规律。因此各个定理既有共性，又有各自的特点和适用范围。例如，动量和动量矩定理为矢量形式，不仅能求出运动量的大小，还能求出它们的方向；质点系动量和动量矩的变化只取决于外力系的主矢和主矩而与内力无关。而动能定理却是标量形式，不反映运动量的方向性，做功的力则包含外力和内力，但在一般情况下却不会出现约束力。

为了正确、灵活地运用普遍定理解决动力学问题，首先要熟练地掌握各个定理，同时，还要对所选研究对象的受力情况、运动情况、已知条件及所求问题有一个清楚的分析和认识，然后再决定选择什么定理来建立动力学方程。在一般情况下，如果要求解的未知量是运动量，通常首先考虑选用动能定理；对物体系统更应如此，因为此时可用整体研究，且在方程中不会出现未知的约束力，使求解过程得以简化。当然，对于有单一固定轴的系统，还可以选用动量矩定理。而如果要求解的未知量是力，则通常考虑选用质心运动定理（或动量定理）或动量矩定理求解。

动力学问题类型众多，难点各异，不便更具体地定出几条固定的解题原则。只能通过多看勤练，在实践过程中，善于分析，不断总结，逐步提高综合应用能力。

例 10-12　均质圆盘可绕 O 轴在铅直面内转动，它的质量为 m，半径为 R。圆盘的质心 C 点上连接一刚性系数为 k 的水平弹簧，弹簧的另一端固定在 A 点，$CA=2R$ 为弹簧原长，圆盘在常力偶矩 M 作用下，由最低位置无初速地绕 O 轴向上转动，如图 10-18a 所示，试求圆盘在到达最高位置时，轴承 O 的约束力。

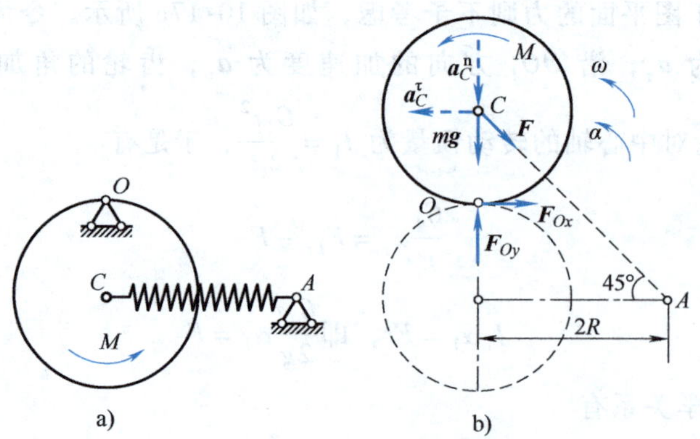

图 10-18　例 10-12 图

解： 本题要求的最终结果是轴承 O 的约束力。求约束力，宜用质心运动定理。但在应用质心运动定理之前，必须先求出质心的加速度 a_C^τ、a_C^n，也就是应先求出圆盘转到最高位

置时的角速度 ω 和角加速度 α。为此，宜用动能定理求 ω。可是，最高位置是个特殊位置，不能用最高位置时对 ω 求导的办法来求 α，考虑到圆盘是定轴转动，可用转动微分方程求 α。于是可确定解题方案：①用动能定理求圆盘由最低位置转到最高位置时的角速度 ω；②用转动微分方程求最高位置时圆盘的角加速度 α，从而求出质心的加速度；③应用质心运动定理求约束力 $\boldsymbol{F}_{Ox}$、$\boldsymbol{F}_{Oy}$。

选取均质圆盘为研究对象，当圆盘到达最高位置时作受力分析如图 10-18b 所示。在该位置弹簧长度 $AC=2\sqrt{2}R$，弹簧的变形量为 $\delta_2=2\sqrt{2}R-2R$。

(1) 求圆盘由最低位置转到最高位置时的角速度 ω

1) 圆盘始末位置的动能分别为

$$T_0=0,\ T=\frac{1}{2}J_O\omega^2=\frac{1}{2}\left(\frac{1}{2}mR^2+mR^2\right)\omega^2=\frac{3}{4}mR^2\omega^2$$

2) 作用在圆盘上的力系所做的功。

重力做的功　$W_1=-mg\cdot 2R=-2mgR$

弹性力做的功 $\delta_1=0$，$\delta_2=2R(\sqrt{2}-1)$，$W_2=\frac{1}{2}k(\delta_1^2-\delta_2^2)=-2kR^2(3-2\sqrt{2})$

力偶做的功　$W_3=M\varphi=M\pi$

所有主动力做功之和为

$$W_{12}=W_1+W_2+W_3=M\pi-2mgR-2kR^2(3-2\sqrt{2})$$

3) 根据动能定理 $T-T_0=W_{12}$，列方程求解

$$\frac{3}{4}mR^2\omega^2-0=M\pi-2mgR-2kR^2(3-2\sqrt{2})$$

解得

$$\omega^2=\frac{4}{3}\frac{[M\pi-2mgR-2kR^2(3-2\sqrt{2})]}{mR^2}$$

(2) 求最高位置时圆盘的角加速度 α 及质心的加速度　由定轴转动微分方程 $J_O\alpha=\sum M_O^{(e)}$，有

$$J_O\alpha=M-F\cos 45^\circ\cdot R$$

而 $F=k\cdot\delta_2=2kR(\sqrt{2}-1)$，于是有

$$\frac{3}{2}mR^2\alpha=M-kR^2(2-\sqrt{2})$$

解得

$$\alpha=\frac{2}{3}\frac{[M-kR^2(2-\sqrt{2})]}{mR^2}$$

质心的切向加速度和法向加速度分别为

$$a_C^{\tau}=R\alpha=\frac{2}{3}\frac{[M-kR^2(2-\sqrt{2})]}{mR}$$

$$a_C^{n}=R\omega^2=\frac{4}{3}\frac{[M\pi-2mgR-2kR^2(3-2\sqrt{2})]}{mR}$$

(3) 求约束力　根据质心运动定理列方程并求解

$$ma_{Cx}=\sum F_x,\ -ma_C^{\tau}=F_{Ox}+F\cos 45°,\ F_{Ox}=-ma_C^{\tau}-F\cos 45°$$

$$ma_{Cy}=\sum F_y,\ -ma_C^{n}=F_{Oy}-mg-F\sin 45°,\ F_{Oy}=mg+F\sin 45°-ma_C^{n}$$

将上面求得的质心加速度代入，即可得到轴承的一对约束力分别为

$$F_{Ox}=-\left[kR(2-2\sqrt{2})+\frac{2}{3}\cdot\frac{M-kR^2(2-\sqrt{2})}{R}\right]$$

$$F_{Oy}=mg+kR(2-\sqrt{2})-\frac{4}{3}\cdot\frac{[M\pi-2mgR-2kR^2(3-2\sqrt{2})]}{R}$$

例 10-13　均质细杆长为 l、质量为 m，静止直立于光滑水平面上。如图 10-19 所示，杆受微小干扰而倒下，求杆刚刚达到地面时的角速度和地面约束力。

解： 显然，宜用动能定理求杆由静止直立到刚刚达到地面时的角速度 ω；而在这个过程中，杆做平面运动，可用刚体平面运动微分方程求约束力。

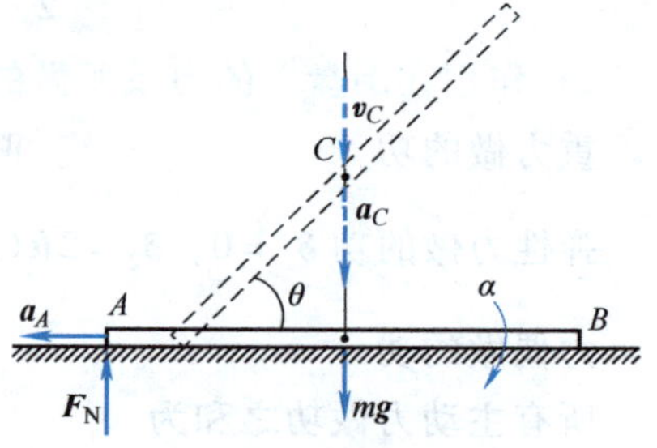

图 10-19　例 10-13 图

【动画：质心运动守恒定理】

(1) 求杆刚刚达到地面时的角速度 ω　杆运动过程中只有重力做功，则功和动能分别为

$$\sum W_i=mg\cdot\frac{l}{2}$$

$$T_1=0$$

$$T_2=\frac{1}{2}J_A\omega^2=\frac{1}{2}\cdot\frac{1}{3}ml^2\cdot\omega^2=\frac{1}{6}ml^2\omega^2$$

由动能定理 $T_2-T_1=W_{12}$ 有

$$\frac{1}{6}ml^2\omega^2-0=mg\frac{l}{2}$$

解得

$$\omega=\sqrt{\frac{3g}{l}}$$

(2) 求杆刚刚达到地面时的地面约束力　杆刚刚到达地面时的受力如图 10-19 所示，由刚体平面运动微分方程，有

$$mg-F_N=ma_C \tag{a}$$

$$F_N\frac{l}{2}=J_C\alpha=\frac{1}{12}ml^2\alpha \tag{b}$$

由于地面光滑，直杆沿水平方向不受力，由质心运动守恒，$\boldsymbol{a}_C$ 为铅直向下。由运动学知，杆到达地面时，A 点为速度瞬心，点 A 的加速度 $\boldsymbol{a}_A$ 为水平，由运动学知

$$\boldsymbol{a}_C=\boldsymbol{a}_A+\boldsymbol{a}_{CA}^{n}+\boldsymbol{a}_{CA}^{\tau}$$

沿铅直方向投影，得

$$a_C=a_{CA}^{\tau}=\frac{l}{2}\cdot\alpha \tag{c}$$

联立式 (a) ~式 (c)，解得

$$F_N=\frac{1}{4}mg$$

本章小结

1. 动量定理

动量定理建立了物体的动量变化与作用力的冲量之间的关系。

质点的动量：$m\boldsymbol{v}$

质点系的动量：$\boldsymbol{p} = \sum m_i \boldsymbol{v}_i = m\boldsymbol{v}_C$

力的冲量：$\boldsymbol{I} = \int_{t_1}^{t_2} \boldsymbol{F} \mathrm{d}t$

质点系的动量定理：$\dfrac{\mathrm{d}\boldsymbol{p}}{\mathrm{d}t} = \sum \boldsymbol{F}_i^{(\mathrm{e})}$，$\boldsymbol{p}_2 - \boldsymbol{p}_1 = \int_{t_1}^{t_2} \boldsymbol{F}_i^{(\mathrm{e})} \mathrm{d}t = \sum \boldsymbol{I}_i^{(\mathrm{e})}$

质点系动量守恒定理：当$\sum \boldsymbol{F}_i^{(\mathrm{e})} = \boldsymbol{0}$时，$\boldsymbol{p}$ = 常矢量；当$\sum F_x^{(\mathrm{e})} = 0$时，$p_x$ = 常量。

2. 质心运动定理

$$\sum \boldsymbol{F}_i^{(\mathrm{e})} = m\boldsymbol{a}_C$$

质心运动守恒定理：当$\sum \boldsymbol{F}_i^{(\mathrm{e})} = \boldsymbol{0}$时，$\boldsymbol{v}_C$ = 常矢量；若同时又有$\boldsymbol{v}_{C0} = \boldsymbol{0}$时，则$\boldsymbol{r}_C$ = 常矢量，即质心位置不变；当$\sum F_x^{(\mathrm{e})} = 0$时，$v_{Cx}$ = 常量；若同时又有$v_{C0x} = 0$时，则x_C = 常量，即质心的x坐标不变。

3. 动量矩

质点对点O的动量矩是矢量：$\boldsymbol{M}_O(m\boldsymbol{v}) = \boldsymbol{r} \times m\boldsymbol{v}$

质点系对点O的动量矩也是矢量：$\boldsymbol{L}_O = \sum \boldsymbol{M}_O(m_i\boldsymbol{v}_i) = \sum \boldsymbol{r}_i \times m_i\boldsymbol{v}_i$

若z轴通过点O，则质点系对于z轴的动量矩：$L_z = \sum M_z(m_i\boldsymbol{v}_i)$

刚体绕z轴转动的动量矩：$L_z = J_z\omega$

4. 动量矩定理

对于定点O和定轴z的动量矩定理：$\dfrac{\mathrm{d}\boldsymbol{L}_O}{\mathrm{d}t} = \boldsymbol{M}_O$，$\dfrac{\mathrm{d}L_z}{\mathrm{d}t} = M_z^{(\mathrm{e})}$

若C为质心、$C_{z'}$轴通过质心，则有$\dfrac{\mathrm{d}\boldsymbol{L}_C}{\mathrm{d}t} = \boldsymbol{M}_C^{(\mathrm{e})}$，$\dfrac{\mathrm{d}}{\mathrm{d}t}L_{Cz'} = M_{Cz'}^{(\mathrm{e})}$

动量矩守恒定理：当$\boldsymbol{M}_O^{(\mathrm{e})} \equiv 0$ [$\boldsymbol{M}_C^{(\mathrm{e})} \equiv \boldsymbol{0}$]时，则有$\boldsymbol{L}_O \equiv$常矢量（$\boldsymbol{L}_C \equiv$常矢量）；当$M_z^{(\mathrm{e})} = 0$ [$M_{Cz'}^{(\mathrm{e})} \equiv 0$] 时，则有$L_z \equiv$常量（$L_{Cz'} \equiv$常量）。

5. 刚体定轴转动微分方程

$$J_z\alpha = J_z\frac{\mathrm{d}\omega}{\mathrm{d}t} = J_z\frac{\mathrm{d}^2\varphi}{\mathrm{d}t^2} = M_z$$

6. 刚体平面运动微分方程

$$m\ddot{x}_C = \sum F_x^{(\mathrm{e})},\ m\ddot{y}_C = \sum F_y^{(\mathrm{e})},\ J_C\ddot{\varphi} = M_C^{(\mathrm{e})}$$

习　　题

客观题

10-1　设如图10-20a～f所示物体都为均质物体，且设各物体的质量均为m，某瞬时的运动状态如图所示。则各物体在该瞬时的动能分别为________，各物体在该瞬时的动量分别为________，图 10-20a、b、d、e 所示物体在该瞬时对 O 轴的动量矩分别为________。

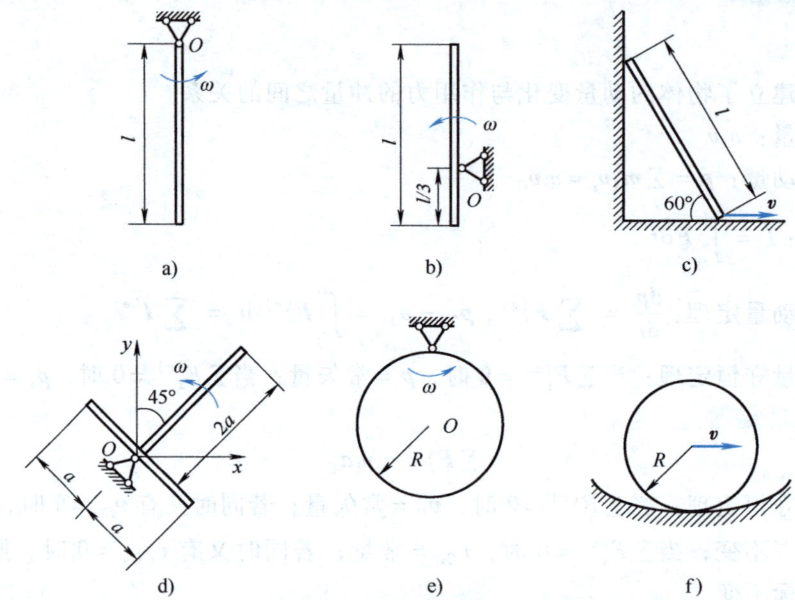

图 10-20　题 10-1 图

10-2　物块 A 和物块 B 的质量分别为 m_A 和 m_B，初始时静止。物块 B 与地面之间绝对光滑，若 A 沿斜面下滑的相对速度为 v_r，如图 10-21 所示。已知 B 向左的速度为 v，根据动量守恒定律，有（　　）。

①$m_A v_r \cos\theta = m_B v$　　②$m_A(v_r \cos\theta - v) = m_B v$

③$m_A(-v_r \cos\theta + v) = m_B v$　　④$m_A v_r \cos\theta = -m_B v$

10-3　如图 10-22 所示，传动系统中 J_1、J_2 分别为轮Ⅰ、轮Ⅱ对自身中心转轴的转动惯量，则根据刚体绕定轴转动微分方程可求得轮Ⅰ的角加速度为 $\alpha_1 = \dfrac{M_1}{J_1 + J_2}$，此结果是（　　）。

①正确的　②错误的　③可能正确　④无法判断

10-4　如图 10-23 所示，在铅垂面内，杆 OA 可绕轴 O 自由转动，均质圆盘可绕其质心轴 A 自由转动。若杆 OA 水平时系统静止，则将其自由释放后圆盘做（　　）运动。

①曲线平动　②平面运动　③定轴转动　④无法判断

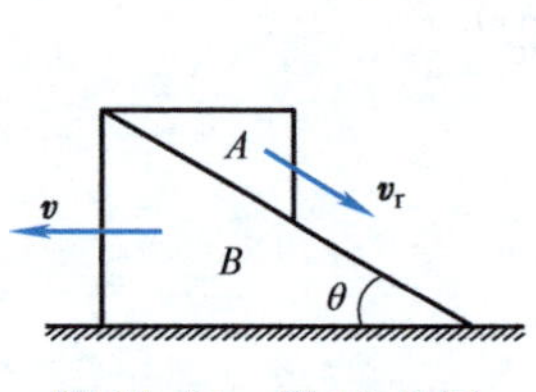

图 10-21　题 10-2 图

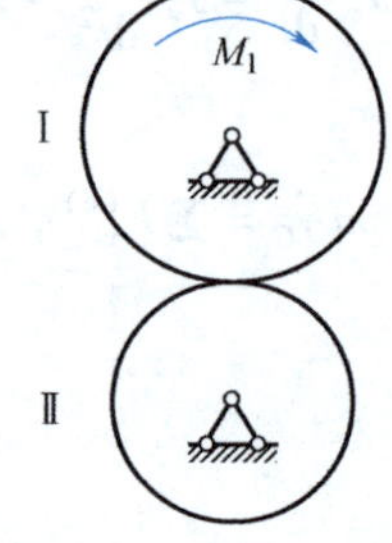

图 10-22　题 10-3 图

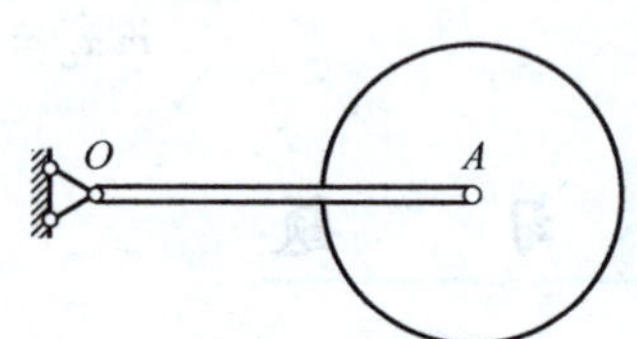

图 10-23　题 10-4 图

10-5　将质量为 m 的均质圆盘平放在光滑的水平面上，其受力情况如图 10-24a ~ c 所示。设开始时，圆盘静止，图中 $r=0.5R$，则图 10-24a 中的圆盘做（　）运动，图 10-24b中的圆盘做（　）运动，图10-24c 中的圆盘做（　）运动。

①定轴转动　　②平面运动

③平行移动　　④保持静止

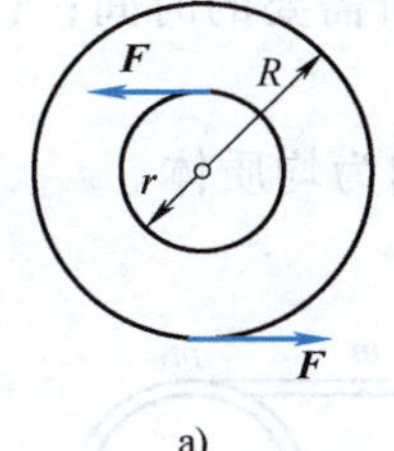

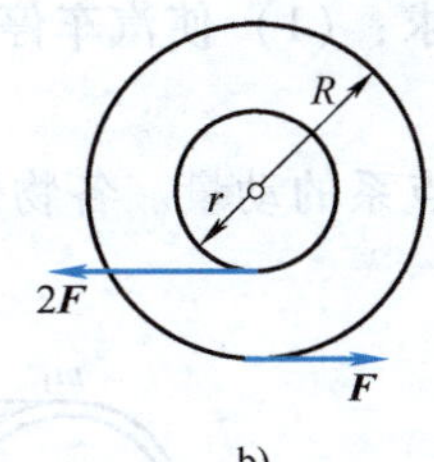

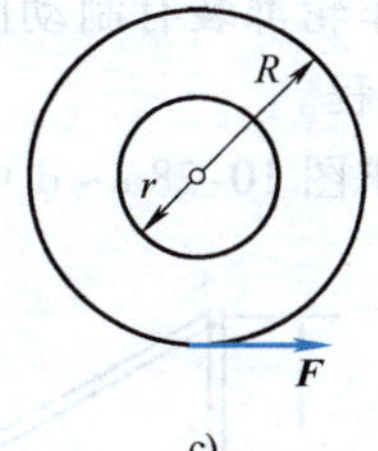

图 10-24　题 10-5 图

10-6　一均质杆 OA 与均质圆盘在圆盘中心 A 处铰接，在如图 10-25 所示位置时，OA 杆绕固定轴 O 转动的角速度为 ω，圆盘相对于杆 OA 的角速度也是 ω。设杆 OA 与圆盘的质量均为 m，圆盘的半径为 r，杆长 $l=3r$，则此时该系统对固定轴 O 的动量矩大小为（　）。

①$L_O=22mr^2\omega$　　②$L_O=12.5mr^2\omega$

③$L_O=13mr^2\omega$　　④$L_O=12mr^2\omega$

10-7　图 10-26a 所示均质圆盘沿水平地面做直线平动，图 10-26b 所示均质圆盘沿水平直线做纯滚动，设两盘质量均为 m，半径均为 r，轮心 C 的速度皆为 v，则图示瞬时，它们各自对轮心 C 和对与地面接触点 D 的动量矩分别为

图 10-26a：$L_C=$________，$L_D=$________；

图 10-26b：$L_C=$________，$L_D=$________。

10-8　如图 10-27 所示，均质等腰直角三角板，开始时直立于光滑的水平面上。给它一个微小扰动使其无初速度倒下，则其重心的运动轨迹是（　）。

①铅垂直线　　②水平直线　　③椭圆　　④抛物线

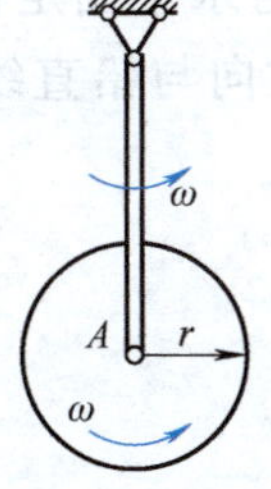

图 10-25　题 10-6 图

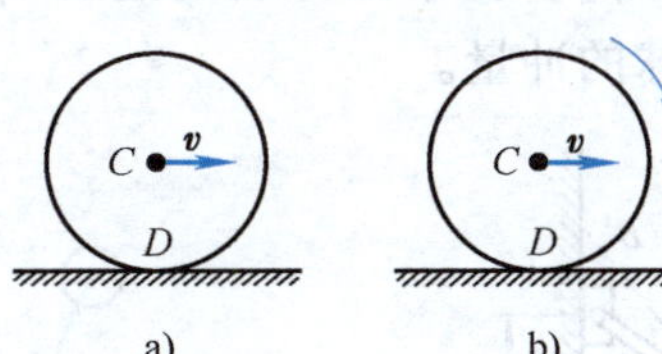

图 10-26　题 10-7 图

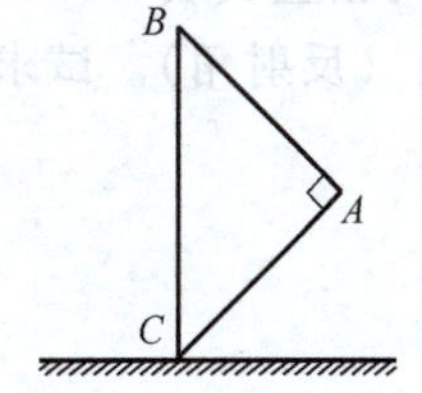

图 10-27　题 10-8 图

10-9　质点系的质心位置保持不变的必要与充分条件是（　）。

①作用于质点系的所有主动力的矢量和恒为零

②作用于质点系的所有外力的矢量和恒为零

③作用于质点系的所有主动力的矢量和恒为零，且质心初速度为零

④作用于质点系的所有外力的矢量和恒为零，且质心初速度为零

10-10 质点系动量定理的微分形式为 $d\boldsymbol{p}=\sum \boldsymbol{F}_i^{(e)}dt$，式中 $\sum \boldsymbol{F}_i^{(e)}dt$ 指的是（　　）。

①所有主动力的元冲量的矢量和　　②所有约束力的元冲量的矢量和

③所有外力的元冲量的矢量和　　④所有内力的元冲量的矢量和

分析计算题

10-11 一汽车以速度 $v_0=90\text{km/h}$ 沿水平直线匀速行驶。轮胎与路面间的摩擦因数 $f=0.6$，如果每个车轮都装有制动闸，试求：(1) 使汽车停止所需要的时间；(2) 制动过程中汽车所行驶的路程。

10-12 试求图 10-28a ~ d 中各质点系的动量。各物体均为均质体。

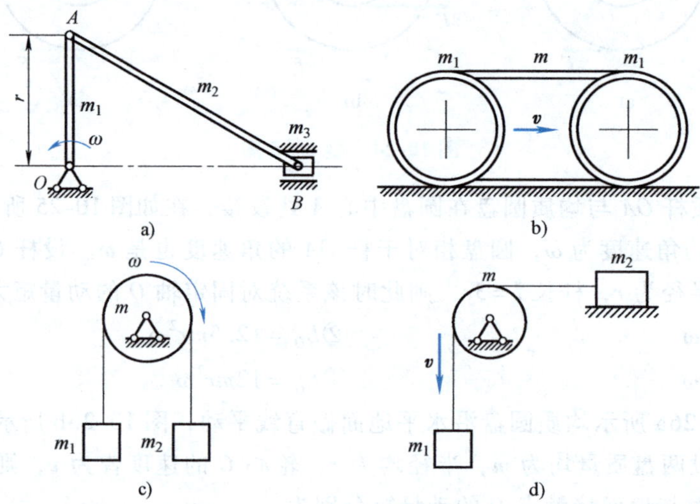

图 10-28　题 10-12 图

10-13 质量分别为 $m_A=12\text{kg}$、$m_B=10\text{kg}$ 的物块 A 和 B，用一轻质杆铰接，两物块分别位于水平地板和铅直墙面上，如图 10-29 所示。物块 A 在一常力 $F=250\text{N}$ 的作用下，从静止开始向右运动。假设经过 1s 后，物块 A 移动了 1m，速度 $v_A=4.15\text{m/s}$。一切摩擦均可忽略，试求作用在墙面和地面的冲量。

10-14 如图 10-30 所示，质量 $m=1\text{kg}$ 的小球，以速度 $v_1=4\text{m/s}$ 与水平固定面相撞，方向与铅直线成 $\alpha=30°$ 角（入射角）。设小球弹跳的速度 $v_2=2\text{m/s}$，方向与铅直线成 $\beta=60°$ 角（反射角）。试求作用于小球的冲量。

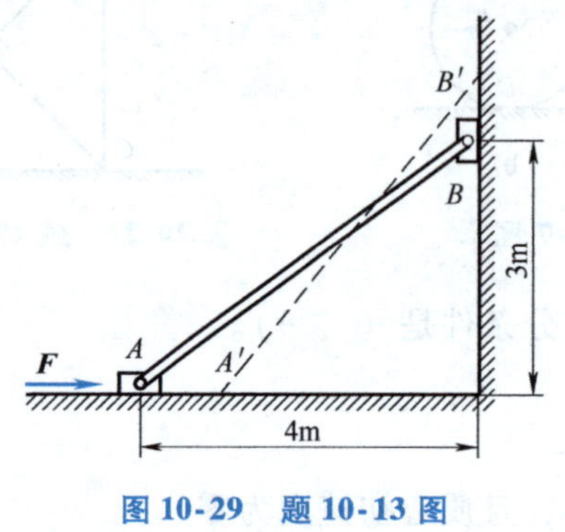

图 10-29　题 10-13 图

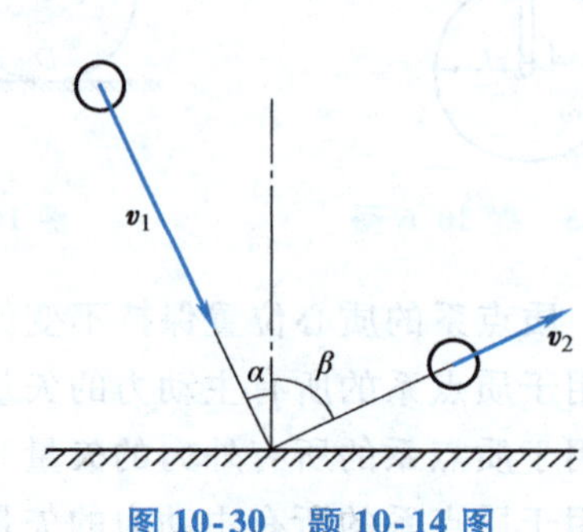

图 10-30　题 10-14 图

10-15　如图 10-31 所示，椭圆摆由一滑块 A 与小球 B 所构成。滑块的质量为 m_1，可沿光滑水平面滑动；小球的质量为 m_2，用长为 l 的杆 AB 与滑块相连。在运动的初瞬时，杆与铅垂线的偏角为 φ_0，滑块 A 的质心在 Oy 轴上，且无初速地将杆释放。不计杆的质量，求滑块 A 的位移 x，用偏角 φ 表示。

10-16　如图 10-32 所示，质量为 m_1 的电动机，在转动轴上带动一质量为 m_2 的偏心小轮，小轮的偏心距为 e。若电动机的角速度为 ω，试求：

（1）若电动机外壳用螺杆固定在基础上，求作用在螺杆上最大的水平约束力 F_x；

（2）若不用螺杆固定，求角速度 ω 为多大时，电动机会跳离地面。

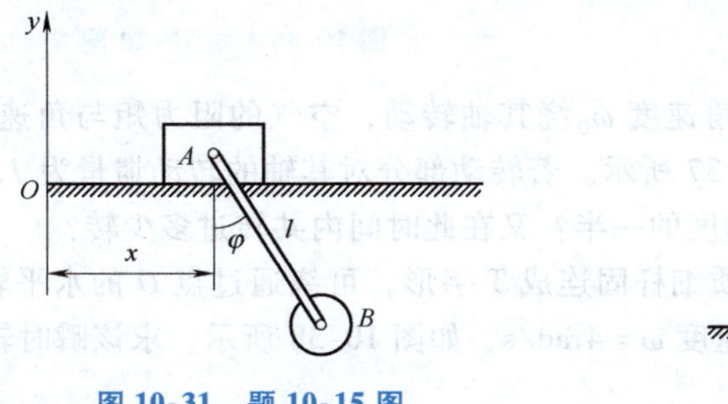

图 10-31　题 10-15 图　　　图 10-32　题 10-16 图

10-17　质量为 m_1 的楔块 A 放在光滑水平面上，其倾斜角为 α。质量为 m_2 的杆 BD 可沿铅直导轨运动，其一端放在楔块 A 上。在图 10-33 所示瞬时，楔块的速度为 $\boldsymbol{v}_A$，加速度为 $\boldsymbol{a}_A$，求此时系统质心的速度及加速度。

10-18　如图 10-34 所示，在一质量为 6000kg 的驳船上，用绞车拉动一质量为 1000kg 的箱子 A。开始时，船与箱子均为静止。

（1）当箱子在船上拉动 10m 时，求驳船移动的水平距离（不计水的阻力）；

（2）设在船上测得箱子移动的速度为 3m/s，求驳船移动的速度及箱子的绝对速度。

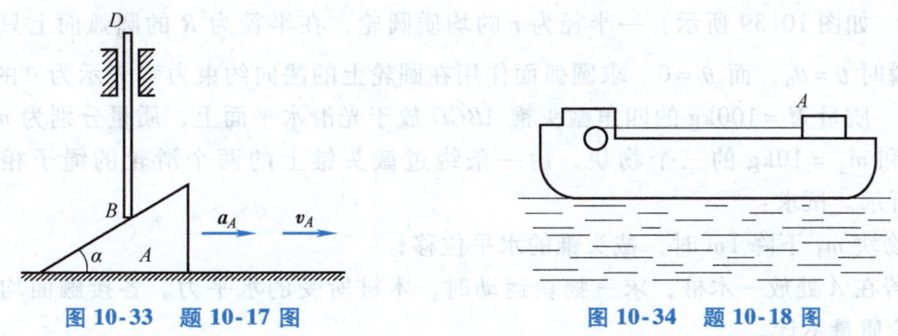

图 10-33　题 10-17 图　　　图 10-34　题 10-18 图

10-19　砂子自漏斗 A 处以速度 $v_0=0.01\text{m/s}$ 铅垂下落，传送带的速度 $v=1.5\text{m/s}$，如图 10-35 所示。砂子的容重为 0.265N/cm^3，A 处横截面面积为 200cm^2。求传送带所受的水平动压力。

10-20　如图 10-36 所示，施工中用喷枪浇注混凝土衬砌。喷枪口的直径为 $D=80\text{mm}$，喷射速度为 $v_1=50\text{m/s}$，混凝土容重 $\gamma=21.6\text{kN/m}^3$。求喷浆对铅直壁面的动压力。

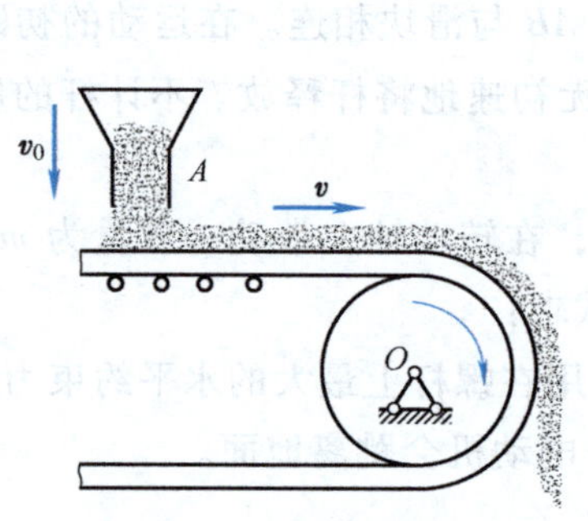

图 10-35　题 10-19 图

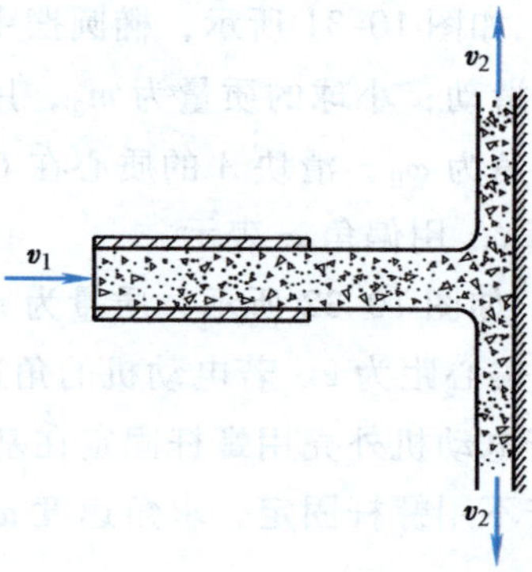

图 10-36　题 10-20 图

10-21　通风机的转动部分以初角速度 ω_0 绕其轴转动，空气的阻力矩与角速度成正比，即 $M = A\omega$，其中 A 为常数，如图 10-37 所示。若转动部分对其轴的转动惯量为 J，问经过多少时间后其转动角速度减少为初角速度的一半？又在此时间内共转过多少转？

10-22　两根质量各为 8kg 的均质细杆固连成 T 字形，可绕通过点 O 的水平轴转动，当 OA 处于水平位置时，T 形杆具有角速度 $\omega = 4\text{rad/s}$，如图 10-38 所示。求该瞬时轴承 O 处的约束力。

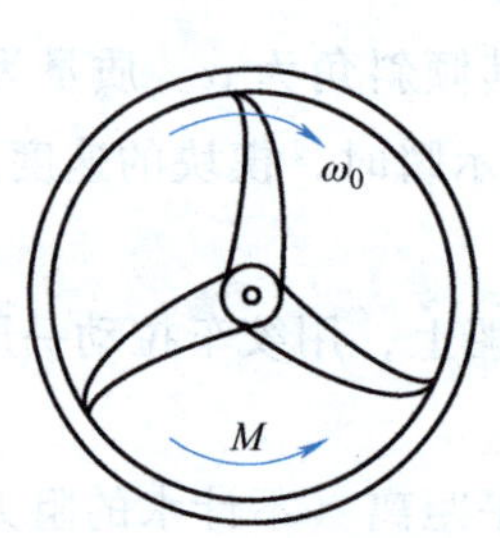

图 10-37　题 10-21 图

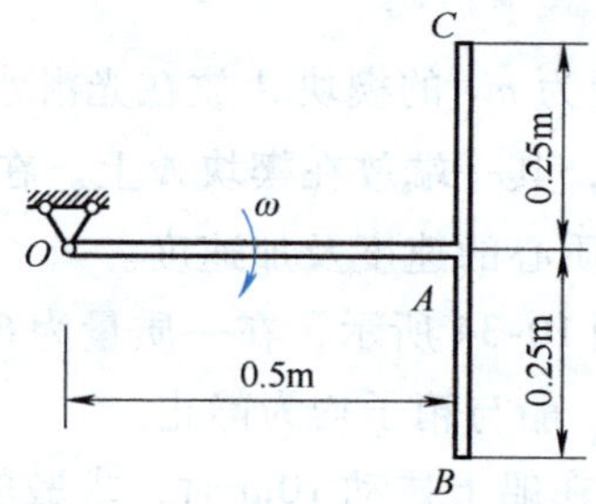

图 10-38　题 10-22 图

10-23　如图 10-39 所示，一半径为 r 的均质圆轮，在半径为 R 的圆弧面上只滚动而不滑动。初瞬时 $\theta = \theta_0$，而 $\dot{\theta} = 0$。求圆弧面作用在圆轮上的法向约束力（表示为 θ 的函数）。

10-24　质量 $M = 100\text{kg}$ 的四角截头锥 $ABCD$ 放于光滑水平面上，质量分别为 $m_1 = 20\text{kg}$、$m_2 = 15\text{kg}$ 和 $m_3 = 10\text{kg}$ 的三个物块，由一条绕过截头锥上的两个滑轮的绳子相连接，如图 10-40 所示。试求：

（1）物块 m_1 下降 1m 时，截头锥的水平位移；

（2）若在 A 处放一木桩，求三物块运动时，木桩所受的水平力。各接触面均视为光滑的，两滑轮质量不计。

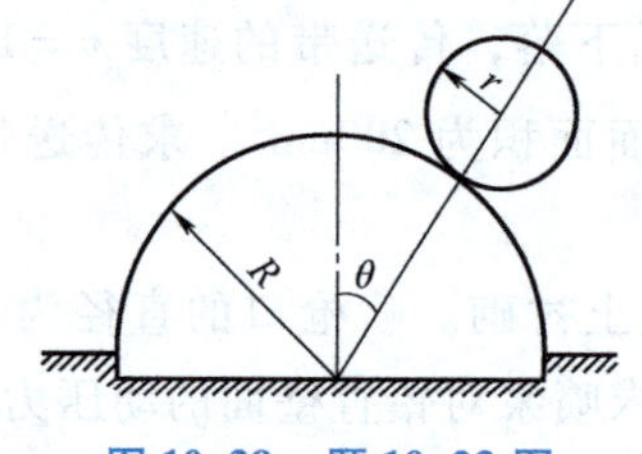

图 10-39　题 10-23 图

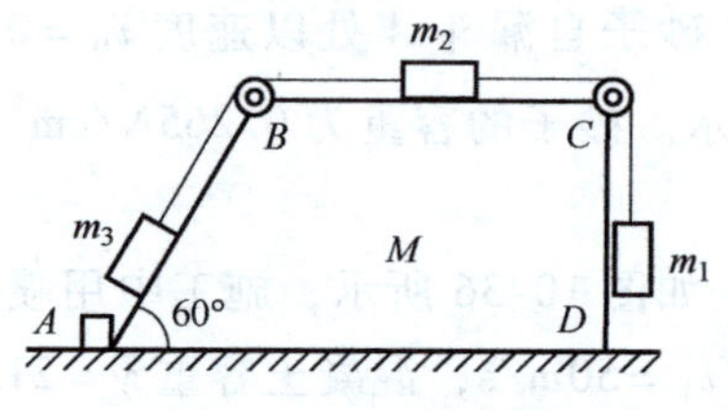

图 10-40　题 10-24 图

10-25　如图10-41所示，水平圆台的半径为300mm，台面上有一过圆心的直槽 AB。一长为200mm、质量为1kg的均质杆放置在直槽 AB 的正中间，圆台绕铅直轴以匀速 ω_0 转动。当杆的中心稍微偏离圆台中心时，杆将沿直槽运动。求杆的一端运动至圆台边缘时圆台的角速度 ω。已知圆台对转动轴的转动惯量为 $J=0.1\text{kg}\cdot\text{m}^2$。

10-26　电绞车在主动轴 O_1 上受到一力偶 M 从而提升重物。设主动轴、从动轴及安装于这两轴上的齿轮和其他附件的转动惯量分别为 J_{O1} 和 J_{O2}，各轮半径如图10-42所示。求重物的加速度。

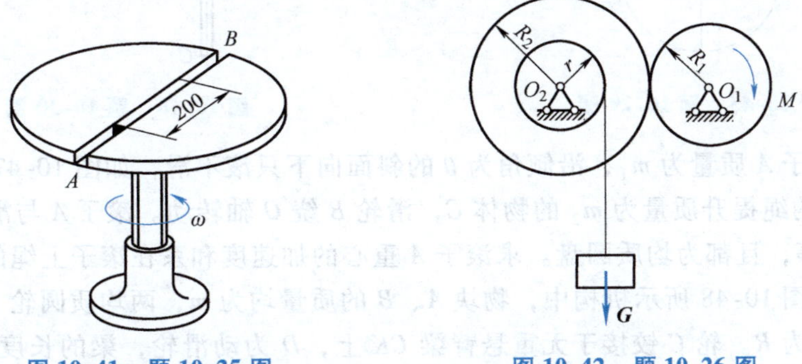

图10-41　题10-25图　　图10-42　题10-26图

10-27　如图10-43所示，同轴固连的两个滑轮，其上绕有绳子。重为 G_1、G_2 的重物 M_1、M_2 分别挂在绳子的一端。忽略绳子的重量，且把滑轮看成半径分别为 r_1 和 r_2（$r_2>r_1$）的均质圆盘，其相应重量分别为 G_{r1}、G_{r2}。试求滑轮的角加速度。

10-28　均质直杆 AB 的质量 $m=1.5\text{kg}$，长度 $l=0.9\text{m}$，将其在如图10-44所示水平位置时从静止释放，求当杆 AB 经过铅垂位置时的角速度及支座 A 处的约束力。

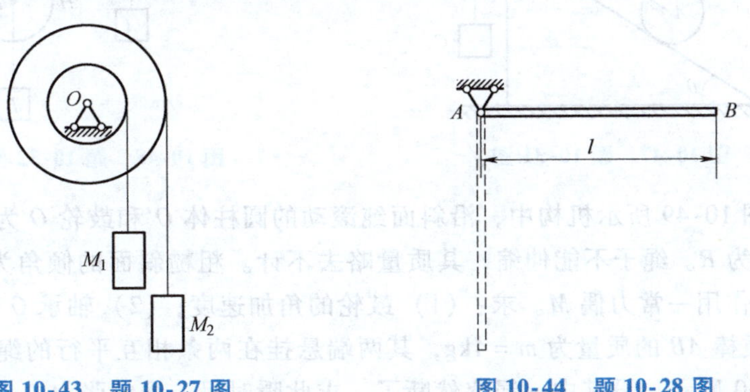

图10-43　题10-27图　　图10-44　题10-28图

10-29　半径为 R 的均质圆盘重为 G，可绕位于其圆周上的水平轴 O 在铅直平面内转动，如图10-45所示。开始时圆盘静止于最高位置，给予微小扰动使其沿顺时针方向向下转动。求当圆盘转到虚线所示的最低位置时，圆盘的角速度、角加速度、质心 C 的加速度、圆盘的动量、对轴 O 的动量矩、动能、轴 O 的动约束力。

10-30　如图10-46所示为曲柄滑槽机构，均质曲柄 OA 绕水平轴 O 做匀角速度转动。已知曲柄 OA 的质量为 m_1，$OA=r$，滑槽 BC 的质量为 m_2（重心在点 D）。滑块 A 的重量和各处摩擦不计。求当曲柄转至图示位置时，滑槽 BC 的加速度、轴承 O 的约束力以及作用在

曲柄上的力偶矩 M。

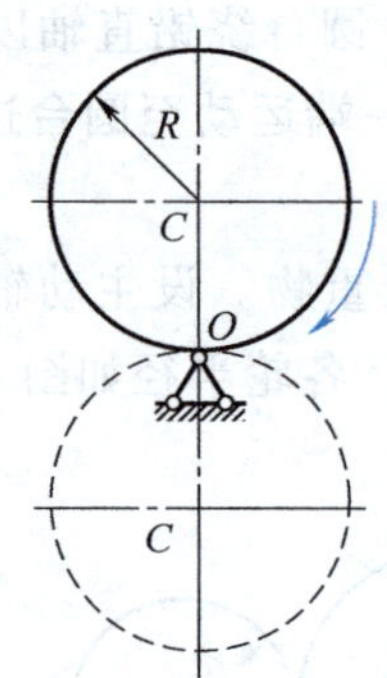

图 10-45 题 10-29 图

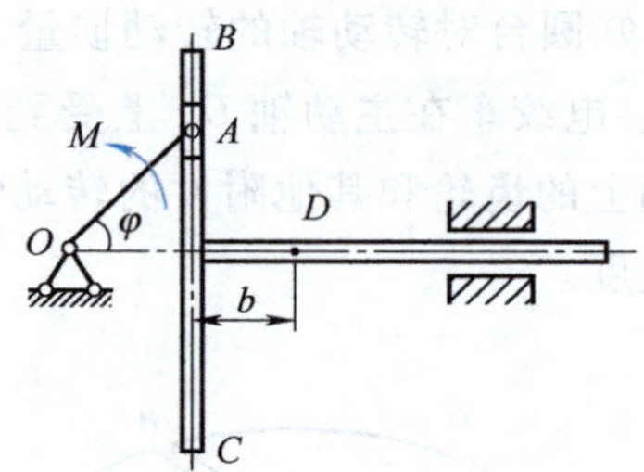

图 10-46 题 10-30 图

10-31 滚子 A 质量为 m_1，沿倾角为 θ 的斜面向下只滚不滑，如图 10-47 所示。滚子借一绕过滑轮 B 的绳提升质量为 m_2 的物体 C，滑轮 B 绕 O 轴转动。滚子 A 与滑轮 B 的质量相等，半径也相等，且都为均质圆盘。求滚子 A 重心的加速度和系在滚子上绳的张力。

10-32 如图 10-48 所示机构中，物块 A、B 的质量均为 m，两均质圆轮 C、D 的质量均为 $2m$，半径均为 R。轮 C 铰接于无重悬臂梁 CK 上，D 为动滑轮，梁的长度为 $3R$，绳与轮间无滑动，系统由静止开始运动。求：（1）A 物块上升的加速度；（2）HE 段绳的拉力；（3）固定端 K 处的约束力。

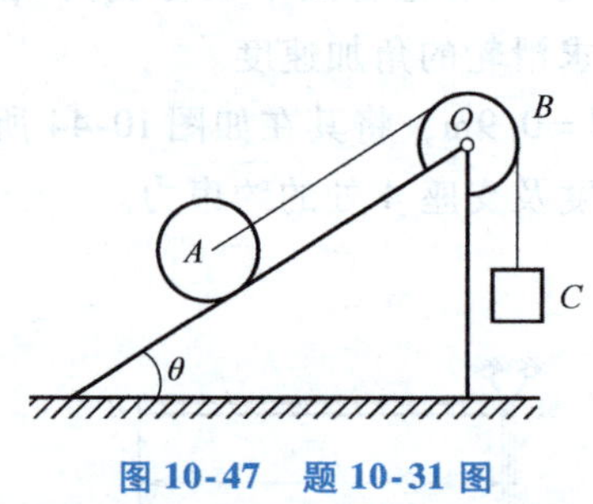

图 10-47 题 10-31 图

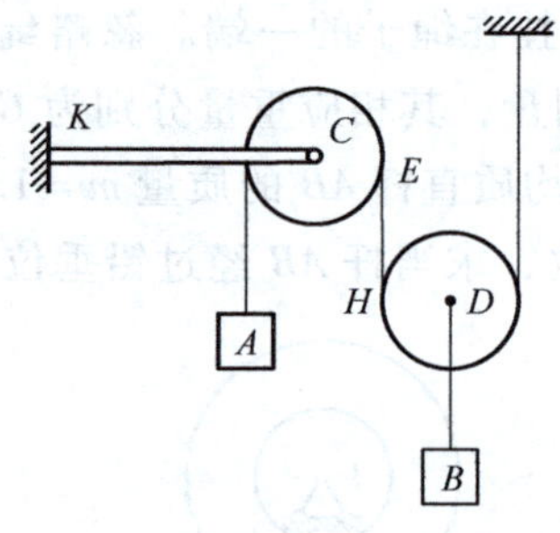

图 10-48 题 10-32 图

10-33 在图 10-49 所示机构中，沿斜面纯滚动的圆柱体 O' 和鼓轮 O 为均质物体，质量均为 m，半径均为 R。绳子不能伸缩，其质量略去不计。粗糙斜面的倾角为 θ，不计滚阻力偶。若在鼓轮上作用一常力偶 M。求：（1）鼓轮的角加速度；（2）轴承 O 的水平约束力。

10-34 均质棒 AB 的质量为 $m=4\text{kg}$，其两端悬挂在两条相互平行的绳上，棒处在水平位置，如图 10-50 所示。设其中一绳突然断了，求此瞬时另一绳的张力。

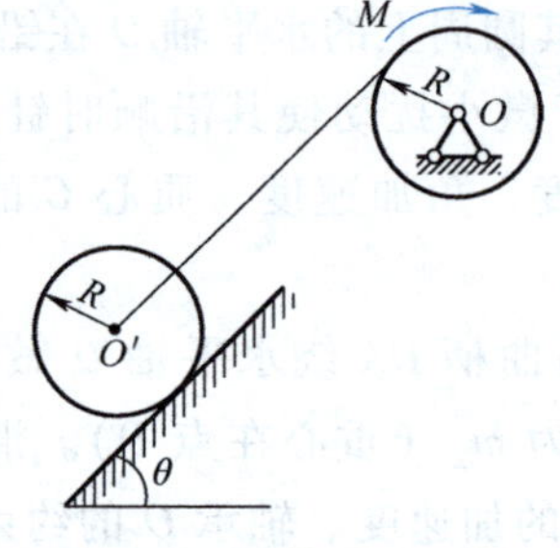

图 10-49 题 10-33 图

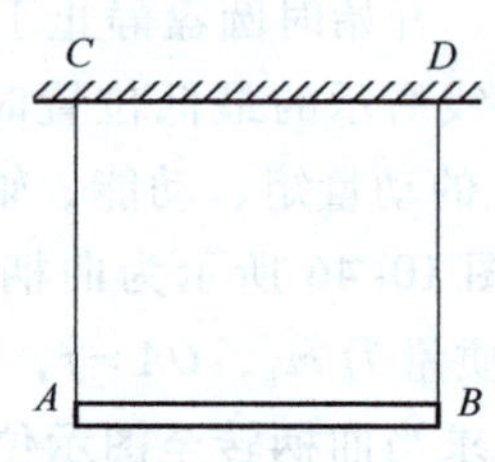

图 10-50 题 10-34 图

10-35　如图 10-51 所示，杆长为 $2l$，质量为 m，初始时位于水平位置。若 A 端脱落，则杆可绕通过 B 端的轴转动。当杆转到铅垂位置时，B 端也脱落了，不计各种阻力。求该杆在 B 端脱落后的角速度及其质心的轨迹。

10-36　均质细杆 OA 可绕水平轴 O 转动，另一端铰接一均质圆盘，圆盘可绕铰 A 在铅直面内自由转动，如图 10-52 所示。已知杆 OA 长为 l，质量为 m_1；圆盘半径为 R，质量为 m_2；摩擦不计，初始杆 OA 水平，杆和圆盘静止。求杆与水平线成 θ 角的瞬时，杆的角速度和角加速度。

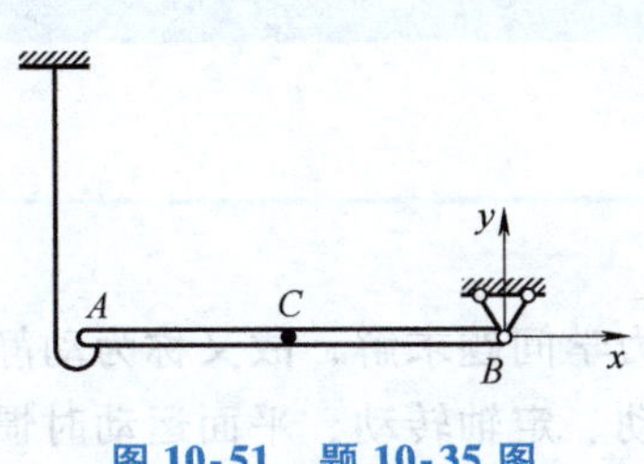

图 10-51　题 10-35 图

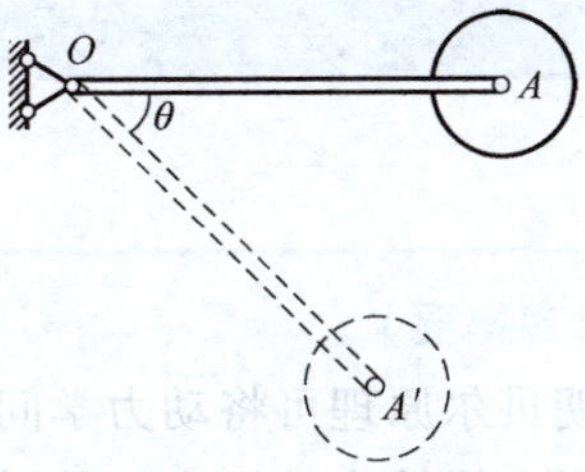

O
θ
A
A'

图 10-52　题 10-36 图

10-37　如图 10-53 所示，三棱柱体 ABC 的质量为 m_1，放在光滑的水平面上，可以无摩擦地滑动。质量为 m_2 的均质圆柱体 O 由静止沿斜面 AB 向下做纯滚动，若斜面的倾角为 θ。求三棱柱体的加速度。

10-38　如图 10-54 所示，均质细杆 AB 长为 l，质量为 m，由直立位置开始滑动，上端 A 沿墙壁向下滑，下端 B 沿地板向右滑，不计摩擦。求细杆在任一位置 φ 角时的角速度 ω、角加速度 α 以及 A、B 处的约束力。

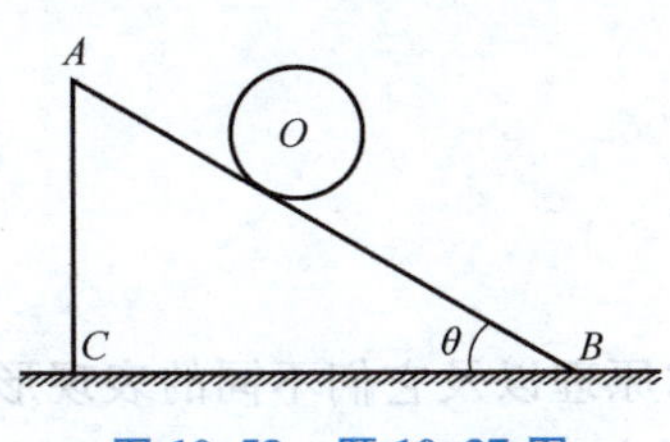

图 10-53　题 10-37 图

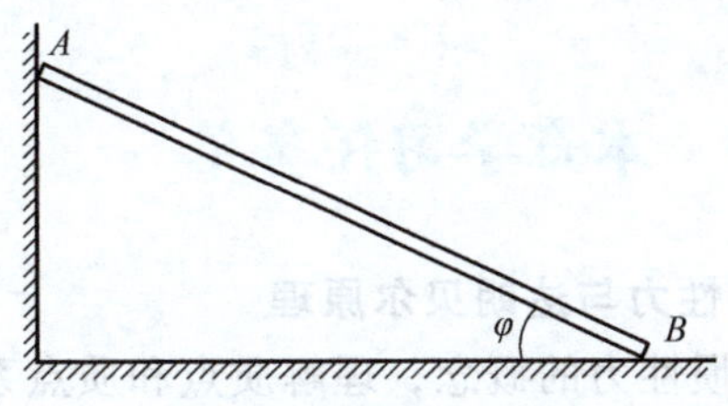

图 10-54　题 10-38 图

第 11 章　达朗贝尔原理

【内容提要】

达朗贝尔原理可将动力学问题转化为静力学问题求解，故又称为动静法。本章主要引入惯性力的概念，并讨论刚体做平动、定轴转动、平面运动时惯性力系的简化结果，介绍达朗贝尔原理的应用。

【学习要求】

通过本章的学习，读者应掌握惯性力的概念，理解刚体做不同运动时惯性力系的简化及其结果。能够熟练应用动静法求解质点系的动力学问题并了解静平衡和动平衡的概念。

11.0　本章学习任务单

1. 惯性力与达朗贝尔原理

掌握惯性力的概念，理解质点和质点系的达朗贝尔原理以及它们不同的表现形式。请读者寻找日常生活和工程实际中与惯性相关的问题。带着如下问题学习 11.1 节的内容（含 2 个微视频）：

1）惯性力与什么物理量有关？方向如何？举例说明。

2）惯性力矩在何种情况下存在？与什么物理量有关？举例说明。

3）惯性力与约束力，都是根据牛顿第三定律引出的约束作用力的概念，两者有何异同之处？举例说明。

4）应用牛顿第二定律或动静法求解质点动力学问题时，概念上有何不同？所得结果是否相同？

5）如何理解质点系的达朗贝尔原理的不同表达形式？

2. 刚体惯性力系的简化

正确地施加与简化惯性力系是应用达朗贝尔原理的关键，要求熟练掌握刚体在平动、刚体有质量对称面且转轴垂直于该对称面的定轴转动，以及刚体有质量对称面且运动平面与质量对称面平行的平面运动的情形下的简化结果。请读者带着如下问题学习 11.2 节的内容

（含 1 个微视频）：

1）刚体在平行移动时惯性力系简化的结果是怎样的？如果简化中心不是质心，结果又会有什么不同？

2）对于做不同运动形式的刚体，其惯性力向哪点简化结果最简明？简化结果是什么？

3. 动静法的应用举例

动静法的特点是用静力学中研究平衡问题的方法来研究动力学中不平衡的问题。静力学方法为一般工程技术人员所熟悉，比较简单、容易掌握，因此动静法在工程中得到广泛的应用。动静法求解动力学问题的方法和步骤与静力平衡问题相似，只是增加了运动分析，即假想施加惯性力，这也是动静法的关键步骤。只有多看例题，勤做练习，才能熟练掌握。请读者就如下问题学习 11.3 节的内容（含1个微视频）：

1）应用达朗贝尔原理时，对静止的质点不需要施加惯性力，而对运动的质点则需要施加惯性力，这种说法对吗？

2）应用动静法所列的“投影平衡方程”与上一章应用质心运动定理得到的微分方程之间有何联系与区别？

3）应用动静法所列的“力矩平衡方程”与上一章应用刚体绕定轴转动所列的微分方程或刚体做平面运动时所列的相对质心的转动微分方程有何联系与区别？动静法的优点主要体现在哪里？

4. 绕定轴转动刚体的轴承动约束力

通过学习 11.4 节，要求了解绕定轴转动刚体的轴承动约束力与哪些因素有关？消除轴承的动约束力的条件是什么？了解何为静平衡？何为动平衡？

11.1　惯性力与达朗贝尔原理

11.1.1　惯性力与质点的达朗贝尔原理

设质量为 m 的非自由质点 M，受主动力 $\boldsymbol{F}$、约束力 $\boldsymbol{F}_{\mathrm{N}}$ 作用，以加速度 $\boldsymbol{a}$ 运动，如图 11-1 所示。由牛顿第二定律，该质点的动力学基本方程为

$$m\boldsymbol{a}=\boldsymbol{F}+\boldsymbol{F}_{\mathrm{N}}$$

【微视频：惯性力的概念】

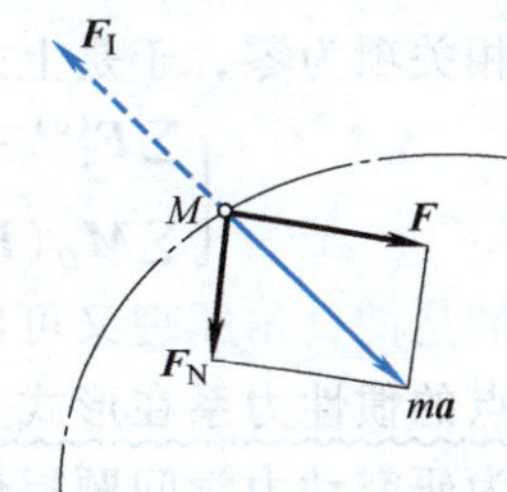

图 11-1　质点的达朗贝尔原理

将上式移项改写为

$$\boldsymbol{F}+\boldsymbol{F}_{\mathrm{N}}+(-m\boldsymbol{a})=\boldsymbol{0}$$

引入质点 M 的惯性力这一概念，令

$$\boldsymbol{F}_{\mathrm{I}} = -m\boldsymbol{a} \tag{11-1}$$

则有

$$\boldsymbol{F} + \boldsymbol{F}_{\mathrm{N}} + \boldsymbol{F}_{\mathrm{I}} = \boldsymbol{0} \tag{11-2}$$

式（11-2）表明，运动的每一瞬时，质点在主动力 $\boldsymbol{F}$、约束力 $\boldsymbol{F}_{\mathrm{N}}$ 和惯性力 $\boldsymbol{F}_{\mathrm{I}}$ 的作用下，在形式上组成平衡力系。这就是**质点的达朗贝尔原理**。由惯性力的定义式（11-1）可见，质点惯性力的大小等于质点的质量 m 与加速度 $\boldsymbol{a}$ 的乘积，方向与加速度的方向相反。

必须指出，惯性力 $\boldsymbol{F}_{\mathrm{I}}$ 是虚拟的，质点并非处于平衡状态。在质点上虚加惯性力后，质点的动力学方程就变换为一种力的平衡方程的形式。由此，即可借用静力学的理论和方法来求解质点动力学问题，这就是达朗贝尔原理最重要的意义。这种方法称为动静法。

11.1.2 质点系的达朗贝尔原理

上述质点的达朗贝尔原理可以直接推广到质点系。设质点系由 n 个质点组成，第 i 个质点的质量为 m_i，在任意瞬时其上作用的主动力的合力为 $\boldsymbol{F}_i$、约束力的合力为 $\boldsymbol{F}_{\mathrm{N}i}$，该质点加速度为 $\boldsymbol{a}_i$，因而它的惯性力 $\boldsymbol{F}_{\mathrm{I}i} = -m_i\boldsymbol{a}_i$，将达朗贝尔原理应用于每个质点，可得到 n 个矢量平衡方程，即

$$\boldsymbol{F}_i + \boldsymbol{F}_{\mathrm{N}i} + \boldsymbol{F}_{\mathrm{I}i} = \boldsymbol{0} \quad (i = 1, 2, \cdots, n) \tag{11-3}$$

式（11-3）表明，对于运动的任意瞬时，作用在质点系中每个质点上的主动力 $\boldsymbol{F}_i$、约束力 $\boldsymbol{F}_{\mathrm{N}i}$ 和该质点的惯性力 $\boldsymbol{F}_{\mathrm{I}i}$ 在形式上组成平衡力系。这就是质点系的达朗贝尔原理。

【微视频：质点和质点系的达朗贝尔原理】

若将作用于第 i 个质点上的所有力分为外力的合力 $\boldsymbol{F}_i^{(\mathrm{e})}$，内力的合力 $\boldsymbol{F}_i^{(\mathrm{i})}$，则式（11-3）可改写为

$$\boldsymbol{F}_i^{(\mathrm{e})} + \boldsymbol{F}_i^{(\mathrm{i})} + \boldsymbol{F}_{\mathrm{I}i} = 0 \quad (i = 1, 2, \cdots, n)$$

这表明，作用在质点系中每个质点上的外力、内力和它的惯性力在形式上组成平衡力系。若将该平衡力系向任意一点 O 简化，由静力学理论可知，任意力系平衡的充分必要条件是，力系的主矢和对任一点的主矩等于零，即

$$\sum \boldsymbol{F}_i^{(\mathrm{e})} + \sum \boldsymbol{F}_i^{(\mathrm{i})} + \sum \boldsymbol{F}_{\mathrm{I}i} = \boldsymbol{0}$$

$$\sum \boldsymbol{M}_O(\boldsymbol{F}_i^{(\mathrm{e})}) + \sum \boldsymbol{M}_O(\boldsymbol{F}_i^{(\mathrm{i})}) + \sum \boldsymbol{M}_O(\boldsymbol{F}_{\mathrm{I}i}) = \boldsymbol{0}$$

由于质点系中各质点间的内力总是成对出现的，同时等值、反向、共线且相互平衡，故内力相互抵消后与内力相关项为零，于是上式可简化为

$$\begin{cases} \sum \boldsymbol{F}_i^{(\mathrm{e})} + \sum \boldsymbol{F}_{\mathrm{I}i} = \boldsymbol{0} \\ \sum \boldsymbol{M}_O(\boldsymbol{F}_i^{(\mathrm{e})}) + \sum \boldsymbol{M}_O(\boldsymbol{F}_{\mathrm{I}i}) = \boldsymbol{0} \end{cases} \tag{11-4}$$

因此，质点系的达朗贝尔原理又可以表述为：对于运动的任意瞬时，作用于质点系上的所有外力与所有质点的惯性力系在形式上组成平衡力系。

达朗贝尔原理为研究动力学问题提供了新的普遍方法，它不仅适用于解决动力学的两类基本问题，特别是对那些需要求解约束力或外力的问题，应用该原理尤其方便，可采用静力学中求解平衡力系的方法。基于达朗贝尔原理的动静法具有很多优越性，工程上已经得到广泛应用，在《材料力学》课程的“动荷载”章节中会有进一步的介绍。

例 11-1 如图 11-2 所示，列车在水平轨道上行驶，车厢内悬挂一单摆，摆锤的质量为

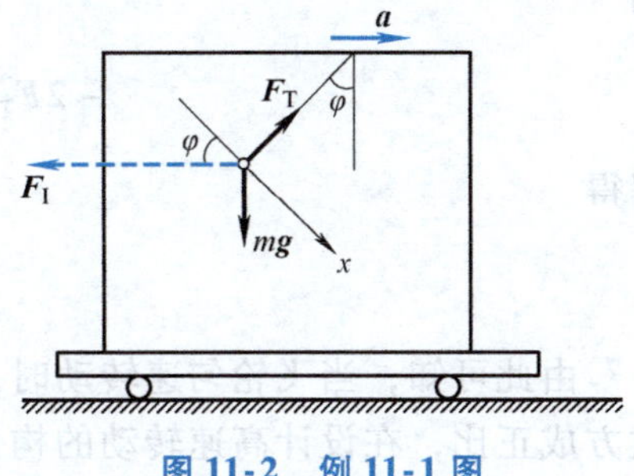

图 11-2　例 11-1 图

m。当车厢向右做匀加速运动时，单摆向左偏转的角度为 φ，求车厢的加速度。

解： 1）选摆锤为研究对象；

2）受力分析，作用于摆锤上的力包括重力 mg 和绳子拉力 F_T；

3）做运动分析，虚加一个惯性力 F_I，其大小为

$$F_I = ma \tag{a}$$

4）由达朗贝尔原理可知，摆锤在这些力的作用下处于平衡状态。列 x 方向的平衡方程，即

$$mg\sin\varphi - F_I\cos\varphi = 0 \tag{b}$$

将式（a）代入式（b），可解得

$$a = g\tan\varphi$$

本例讨论： ①注意受力图中的惯性力已经考虑了与加速度方向相反，所以代入平衡方程时，不再加负号；②角度 φ 角随着加速度 a 的变化而变化，当 a 固定时，角度 φ 也固定不变。因此，只要测得偏转角 φ，就能知道列车的加速度 a。这就是**摆式加速计的原理**。

例 11-2　在图 11-3a 中，飞轮的质量为 m，平均半径为 R，以匀角速度 ω 绕其中心轴转动。设轮缘较薄，质量均匀分布，轮辐的质量可以忽略不计。若不考虑重力的影响，求轮缘各横截面的张力。

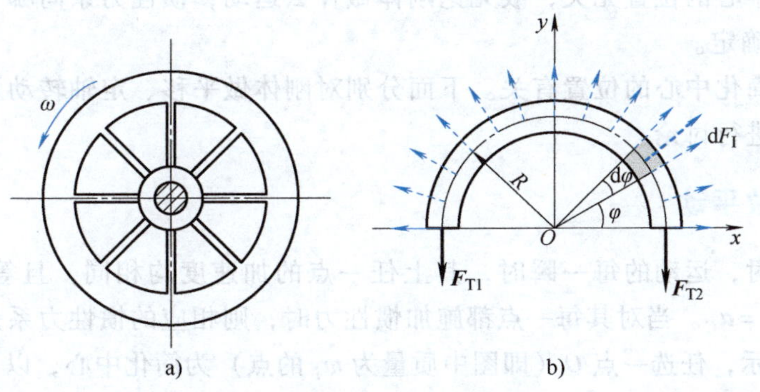

图 11-3　例 11-2 图

解： 1）截取半个飞轮为研究对象（见图 11-3b）；

2）受力分析，由对称条件可知，两截面处的内力是相同的，即 $F_{T1} = F_{T2} = F_T$；

3）做运动分析，虚加惯性力，考虑飞轮做匀角速度 ω 转动，因此半圆环的惯性力分布如图 11-3b 所示，对应于微小单元体积的惯性力 dF_I 的大小为

$$dF_I = dm \cdot R\omega^2$$

其中，$dm = [m/(2\pi R)](Rd\varphi)$。

4）动静法列平衡方程求解，这个半圆环两端的拉力 F_{T1}、F_{T2} 与均匀分布的惯性力系 dF_I 组成平衡力系

$$\sum F_y = 0,\quad -2F_T + \int_0^{\pi} dF_I\sin\varphi = 0$$

即

$$-2F_{\mathrm{T}}+\int_0^{\pi}\frac{m}{2\pi R}R^2\omega^2\sin\varphi\mathrm{d}\varphi=0$$

解得

$$F_{\mathrm{T}}=\frac{1}{2\pi}mR\omega^2$$

由此可知，当飞轮匀速转动时，轮缘各截面的张力相等，张力的大小与转动角速度的二次方成正比，在设计高速转动的构件时，必须考虑此张力对构件强度的影响。

11.2 刚体惯性力系的简化

质点系内每个质点都有各自的惯性力，这些惯性力形成了一个力系，称为惯性力系，该惯性力系与质点系的外力构成平衡力系。运用动静法求解刚体或刚体系统的动力学问题时，应根据研究对象所做的具体运动，正确地将分布于刚体上的惯性力系简化为惯性力的主矢和主矩，以方便求解。

以 $\boldsymbol{F}_{\mathrm{IR}}$ 表示惯性力系的主矢，由（11-4）中的第一式及质心运动定理，有

$$\boldsymbol{F}_{\mathrm{IR}}=-\sum\boldsymbol{F}_i^{(\mathrm{e})}=-m\boldsymbol{a}_C \tag{11-5}$$

上式对任何质点系做任意运动均成立，且由静力学中任意力系简化的理论可知，主矢的大小、方向与简化中心的位置无关，故无论刚体做什么运动，惯性力系向哪一点简化，其主矢都由式（11-5）确定。

主矩一般与简化中心的位置有关。下面分别对刚体做平移、定轴转动及平面运动时惯性力系简化的主矩进行讨论。

11.2.1 刚体做平动

刚体做平动时，运动的每一瞬时，其上任一点的加速度均相同，且等于刚体质心 C 的加速度 $\boldsymbol{a}_C$，即 $\boldsymbol{a}_i=\boldsymbol{a}_C$。当对其每一点都施加惯性力时，则相应的惯性力系是一个同向的平行力系如图 11-4 所示，任选一点 O（即图中质量为 m_i 的点）为简化中心，以 $\boldsymbol{M}_{\mathrm{I}O}$ 表示惯性力系对点 O 的主矩，则有

$$\begin{aligned}\boldsymbol{M}_{\mathrm{I}O}&=\sum\boldsymbol{r}_i\times\boldsymbol{F}_{\mathrm{I}i}=\sum\boldsymbol{r}_i\times(-m_i\boldsymbol{a}_i)\\&=-(\sum m_i\boldsymbol{r}_i)\times\boldsymbol{a}_C=-m\boldsymbol{r}_C\times\boldsymbol{a}_C\end{aligned}$$

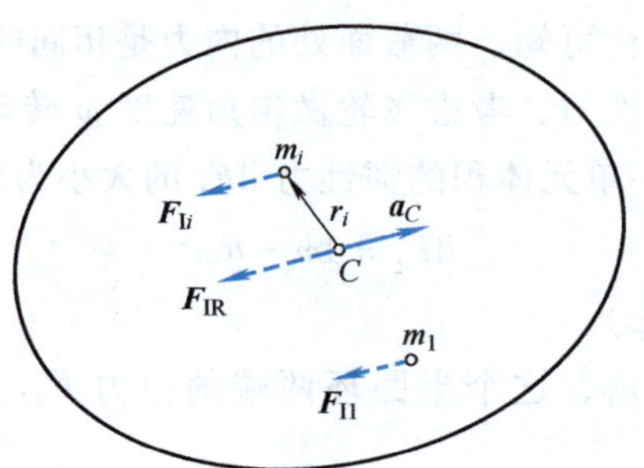

图 11-4 平动刚体惯性力系的简化

式中，$\boldsymbol{r}_C$ 为质心 C 到简化中心 O 的矢径，显然该主矩一般不为零。若选质心 C 为简化中心，这时惯性力系对质心 C 的主矩为 $\boldsymbol{M}_{IC}$，由于 $\boldsymbol{r}_C=\boldsymbol{0}$，有

$$\boldsymbol{M}_{IC}=\boldsymbol{0} \tag{11-6}$$

由此可得结论：平动刚体的惯性力系可简化为一通过质心的合力，合力的大小等于刚体的质量 m 与加速度的乘积，合力的方向与加速度的方向相反。

11.2.2　刚体绕定轴转动

如图 11-5a 所示，刚体以角速度 ω 和角加速度 α 绕定轴转动，刚体质心为 C，质量为 m。刚体内任一质点的质量为 m_i，距转轴距离为 r_i，其切向加速度和法向加速度的大小分别为

$$a_i^{\tau}=r_i\alpha,\ a_i^{n}=r_i\omega^2$$

则可将刚体内任一质点的惯性力分解为切向惯性力 $\boldsymbol{F}_{Ii}^{\tau}$ 和法向惯性力 $\boldsymbol{F}_{Ii}^{n}$，大小分别为

$$F_{Ii}^{\tau}=m_ia_i^{\tau}=m_ir_i\alpha,\ F_{Ii}^{n}=m_ia_i^{n}=m_ir_i\omega^2$$

方向如图 11-5b 所示。为简单起见，在转轴上任选一点 O 为简化中心，由第 3 章中讨论的任意力系的简化结果可知，力对点的矩矢在通过该点的某轴上的投影，等于力对该轴的矩。建立如图 11-5b 所示直角坐标系，质点的坐标为 x_i，y_i，z_i，分别以 M_{Ix}、M_{Iy}、M_{Iz} 表示惯性力系对 x、y、z 轴的矩，则惯性力系对 x 轴的矩为

$$\begin{aligned}M_{Ix}&=\sum M_x(F_{Ii})=\sum M_x(\boldsymbol{F}_{Ii}^{\tau})+\sum M_x(\boldsymbol{F}_{Ii}^{n})\\&=\sum m_ir_i\alpha\cos\theta_i\cdot z_i+\sum(-m_ir_i\omega^2)\sin\theta_i\cdot z_i\end{aligned}$$

上式中，$\cos\theta_i=\dfrac{x_i}{r_i}$，$\sin\theta_i=\dfrac{y_i}{r_i}$，因此有

$$M_{Ix}=\alpha\sum m_ix_iz_i-\omega^2\sum m_iy_iz_i$$

由式（8-13）知，$J_{xz}=\sum m_ix_iz_i$ 和 $J_{yz}=\sum m_iy_iz_i$ 分别为刚体对 xOz 平面和 yOz 平面的惯性积，它取决于刚体质量关于坐标轴的分布情况。于是，惯性力系对于 x 轴的矩为

$$M_{Ix}=J_{xz}\alpha-J_{yz}\omega^2 \tag{11-7a}$$

同理，可得惯性力系对 y 轴的矩为

$$M_{Iy}=J_{yz}\alpha+J_{xz}\omega^2 \tag{11-7b}$$

惯性力系对 z 轴的矩为

$$M_{Iz}=\sum M_z(\boldsymbol{F}_{Ii}^{\tau})+\sum M_z(\boldsymbol{F}_{Ii}^{n})$$

由于各质点的法向惯性力均通过 z 轴，有 $\sum M_z(F_{Ii}^{n})=0$，因此

$$M_{Iz}=\sum M_z(\boldsymbol{F}_{Ii}^{\tau})=-\sum m_ir_i^2\alpha=-J_z\alpha \tag{11-7c}$$

根据式（11-7a）~式（11-7c）得到刚体定轴转动时，惯性力系向转轴上一点 O 简化的主矩为

$$\begin{aligned}M_{IO}&=M_{Ix}\boldsymbol{i}+M_{Iy}\boldsymbol{j}+M_{Iz}\boldsymbol{k}\\&=(J_{xz}\alpha-J_{yz}\omega^2)\boldsymbol{i}+(J_{yz}\alpha+J_{xz}\omega^2)\boldsymbol{j}-J_z\alpha\boldsymbol{k}\end{aligned} \tag{11-8}$$

从以上的讨论可以看到，定轴转动刚体惯性力系的简化结果不仅与刚体的运动有关，而且与刚体的质量分布有关。如果刚体具有质量对称平面且转动轴垂直该对称面，取转动轴与对称面的交点 O 为简化中心，如图 11-6 所示，则有

$$J_{xz}=\sum m_ix_iz_i=0,\ J_{yz}=\sum m_iy_iz_i=0$$

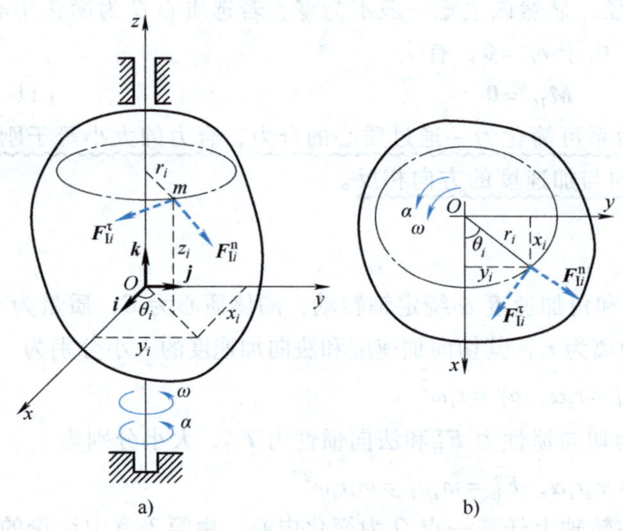

图 11-5　定轴转动刚体惯性力系的简化

【微视频：惯性力系的简化】

从而惯性力系简化的主矩为

$$M_{IO} = M_{Iz} = -J_z\alpha \tag{11-9}$$

于是得到结论：具有质量对称平面的刚体绕垂直于该对称面的定轴转动，当惯性力系向对称面与转轴交点简化时，得到位于此平面内的一个力和一个力偶。这个力等于刚体质量与质心加速度的乘积，方向与质心加速度的方向相反，作用线通过转轴；这个力偶的矩等于刚体对转轴的转动惯量与角加速度的乘积，转向与角加速度相反。

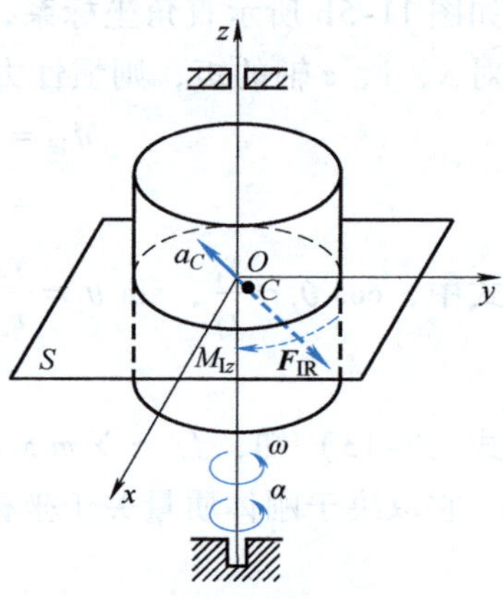

图 11-6　有质量对称平面的定轴转动刚体惯性力系的简化

工程中绕定轴转动的刚体常常有质量对称平面。

特例讨论：

1）如图 11-7a 所示，转轴 O 与刚体的质心 C 重合，但角加速度 $\alpha \neq 0$，这时质心加速度 $\boldsymbol{a}_C = \boldsymbol{0}$，则有惯性力系的主矢量 $\boldsymbol{F}_{IR} = \boldsymbol{0}$，主矩 $\boldsymbol{M}_{IO} \neq \boldsymbol{0}$；

2）如图 11-7b 所示，转轴 O 与刚体的质心 C 不重合，但角加速度 $\alpha = 0$，则有惯性力系的主矩 $\boldsymbol{M}_{IO} = \boldsymbol{0}$，主矢量 $\boldsymbol{F}_{IR} \neq \boldsymbol{0}$；

3）如图 11-7c 所示，转轴 O 与刚体的质心 C 重合，且角加速度 $\alpha = 0$，则有惯性力系主矢量 $\boldsymbol{F}_{IR} = \boldsymbol{0}$，主矩 $\boldsymbol{M}_{IO} = \boldsymbol{0}$。该种情况下不需要加惯性力。

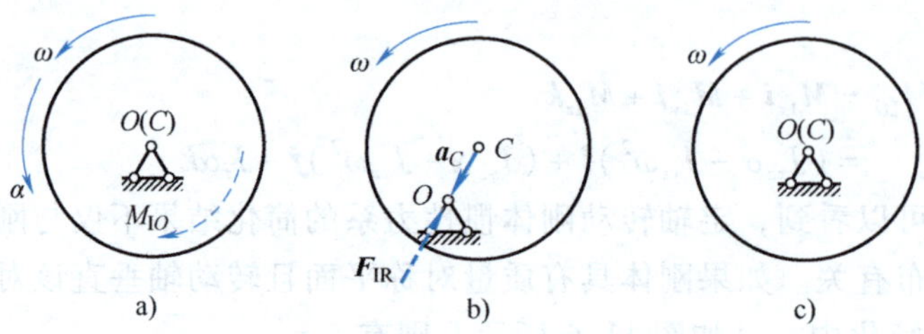

图 11-7　定轴转动刚体惯性力系的简化特例

11.2.3　刚体做平面运动（平行于质量对称平面）

这里仅限于讨论具有质量对称面且平行于该对称面运动的刚体，这符合工程的实际情况。刚体做平面运动，其上各质点的惯性力组成的空间力系，可以简化为分布在质量对称面内的平面力系。取质量对称面内的平面图形如图 11-8 所示。根据运动学理论，平面图形的运动可分解为随基点的平动和相对基点的转动。现取质心 C 为基点，设某瞬时质心加速度为 $\boldsymbol{a}_C$，对垂直于对称面且过质心 C 的轴的转动惯量为 J_C，刚体的角加速度为 α，与刚体定轴转动相似，此时惯性力系向质心 C 简化的主矩为

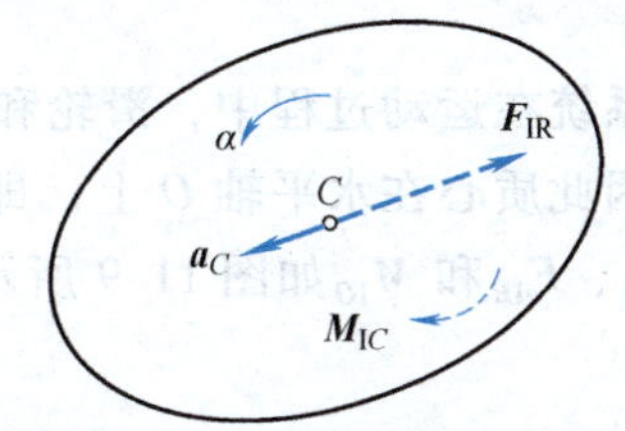

图 11-8　平观运动刚体惯性力系的简化

$$M_{IC} = -J_z\alpha \tag{11-10}$$

于是得到结论：有质量对称面的刚体，做平行于此质量对称面的平面运动时，随质心平动的惯性力系可以简化为作用于质心的一个力（主矢），其大小等于刚体的质量与质心的加速度的乘积，方向与质心加速度的方向相反；相对质心转动的惯性力系则可简化为一力偶（主矩），其大小等于刚体对过质心且垂直于质量对称面的轴的转动惯量与角加速度的乘积，转向与角加速度相反。

从以上的讨论结果可以看到，虚加于刚体上的惯性力系的简化结果，随着刚体所做运动的不同而不同，但惯性力系主矢均相同，且与简化中心无关，并将其虚加在简化中心上；惯性力系主矩则各不相同，一般与简化中心有关。

11.3　动静法的应用举例

运用达朗贝尔原理解决刚体动力学问题时，首先要分析刚体的运动，按照其所做运动的类型，正确地虚加相应的惯性力系的主矢和主矩，然后再运用静力学的理论和方法加以求解。

例 11-3　如图 11-9 所示，定滑轮的半径为 r，质量为 m_3 且均匀分布在轮缘上，可绕水平轴 O 转动。跨过滑轮的无重绳的两端挂有质量分别为 m_1 和 m_2 的两重物（$m_1 > m_2$），绳和轮之间不打滑，轴承摩擦忽略不计，求重物的加速度。

【微视频：动静法的应用举例】

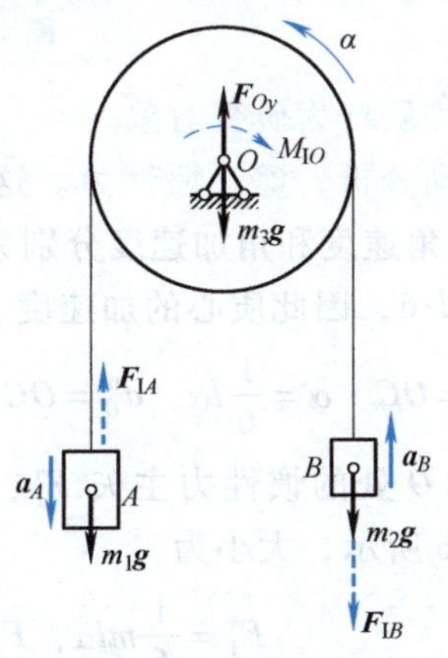

图 11-9　例 11-3 图

解： 1）以滑轮和两重物组成的质点系为研究对象；

2）受力分析，作用在该系统上的外力有重力 $m_1\boldsymbol{g}$、$m_2\boldsymbol{g}$、$m_3\boldsymbol{g}$ 和轴承的约束力 $\boldsymbol{F}_{Oy}$；

3）做运动分析，虚加惯性力，因为 $m_1 > m_2$，设重物 A 的加速度为 $\boldsymbol{a}$，则有运动学关系

$$a_B = a_A = a = r\alpha$$

系统在运动过程中，滑轮和两重物分别做定轴转动和平动，滑轮的质量均匀分布在轮缘上，因此质心在水平轴 O 上，即滑轮的质心加速度为零，只有惯性主矩 M_{IO}，则虚加的惯性力 $\boldsymbol{F}_{IA}$、$\boldsymbol{F}_{IB}$和 M_{IO}如图 11-9 所示。其大小为

$$\begin{cases} F_{IA} = m_1 a_A = m_1 a \\ F_{IB} = m_2 a_B = m_2 a \\ M_{IO} = J_O\alpha = m_3 r^2\alpha = m_3 ra \end{cases} \tag{a}$$

4）根据质点系的达朗贝尔原理，虚加惯性力后，系统在形式上平衡，即

$$\sum M_O(F_i) = 0,\ (m_1 g - F_{IA} - m_2 g - F_{IB})r - M_{IO} = 0 \tag{b}$$

将式（a）代入式（b）有

$$(m_1 g - m_1 a - m_2 g - m_2 a)r - m_3 ra = 0$$

解得

$$a = \frac{m_1 - m_2}{m_1 + m_2 + m_3} g$$

例 11-4 图 11-10a 中，均质杆 AB 的长度为 l，质量为 m，可绕 O 轴在铅垂面内转动，$OA = l/3$，用细线静止悬挂在图示水平位置。若将细线突然剪断，求 AB 杆运动到与水平线成 θ 角时，转轴 O 的约束力。

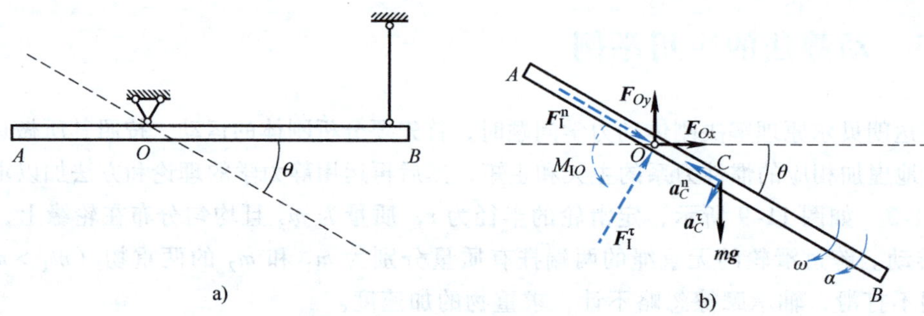

图 11-10 例 11-4 图

解： 1）取均质杆为研究对象。

2）先做运动分析，虚加惯性力。这是刚体绕定轴转动的动力学问题。设 AB 杆转至 θ 角位置时，它的角速度和角加速度分别为 ω、α，如图 11-10b 所示。质心 C 至转轴 O 的距离 $OC = l/2 - l/3 = l/6$，因此质心的加速度、杆对转轴的转动惯量分别为

$$a_C^{\tau} = OC\cdot\alpha = \frac{1}{6}l\alpha,\ a_C^{\rm n} = OC\cdot\omega^2 = \frac{1}{6}l\omega^2,\ J_O = J_C + m\cdot OC^2 = \frac{1}{9}ml^2$$

虚加于转轴 O 处的惯性力主矢 $F_{\rm I}^{\tau}$、$F_{\rm I}^{\rm n}$ 和主矩 M_{IO}的方向分别与 a_C^{τ}、$a_C^{\rm n}$、α 的方向相反，如图 11-10b 所示，大小为

$$F_{\rm I}^{\tau} = \frac{1}{6}ml\alpha,\ F_{\rm I}^{\rm n} = \frac{1}{6}ml\omega^2,\ M_{IO} = \frac{1}{9}m\,l^2\alpha \tag{a}$$

3）均质杆的受力图如图 11-10b 所示；

4）由达朗贝尔原理列平衡方程并求解

$$\sum M_O(F)=0,\ M_{IO}-mg\cdot\frac{1}{6}l\cos\theta=0 \tag{b}$$

$$\sum F_x=0,\ F_{Ox}+F_I^{\tau}\sin\theta+F_I^{n}\cos\theta=0 \tag{c}$$

$$\sum F_y=0,\ F_{Oy}-mg+F_I^{\tau}\cos\theta-F_I^{n}\sin\theta=0 \tag{d}$$

将式（a）代入式（b）可求得角加速度 α

$$\alpha=\frac{3}{2l}g\cos\theta$$

将上式分离变量、积分，可求得角速度 ω，即

$$\int_0^{\omega}\omega\mathrm{d}\omega=\frac{3g}{2l}\int_0^{\theta}\cos\theta\mathrm{d}\theta,\ \omega^2=\frac{3}{l}g\sin\theta$$

将求得的 ω、α 代入式（a）可求得惯性力，再代入式（c）和式（d），解得 AB 杆转动至 θ 角位置时的轴承约束力为

$$F_{Ox}=-\frac{3}{4}mg\sin 2\theta\ (\leftarrow)$$

$$F_{Oy}=\frac{3}{4}mg(1+\sin^2\theta)\ (\uparrow)$$

本例讨论：①由例 11-4 可以看出，运用达朗贝尔原理，可用平衡方程的形式建立动力学方程，为了求解角速度，仍要进行积分计算。因此，也可先用动能定理解出 ω，再用达朗贝尔原理解出 F_{Ox}、F_{Oy}。这种做法具有一定普遍意义。

②如果这道题的惯性力主矢虚加在质心 C 上，那么对应于简化中心 C 的惯性力主矩应为 $M_{IC}=J_C\alpha=\frac{1}{12}ml^2\alpha$，在此情况下，列平衡方程求解与以上结果相同。有一点要特别注意：惯性力主矢和主矩的作用点必须在相应的同一个简化中心上，这样才能保证结果的正确性。

例 11-5　车辆的主动轮沿水平直线轨道运动，如图 11-11a 所示。设轮的质量为 m，半径为 r，对轮轴的惯性半径为 ρ，车身的作用力可简化为作用于轮的质心的力 $\boldsymbol{F}_1$、$\boldsymbol{F}_2$ 及驱动力偶 M，轮与轨道间的摩擦因数为 f_s。不计滚动摩擦，求轮心的加速度。

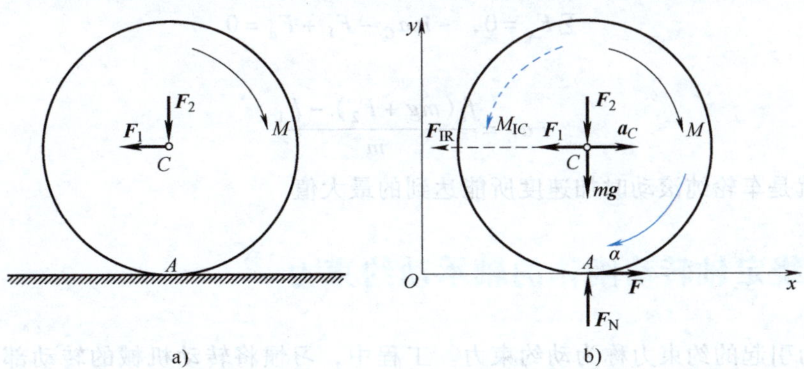

图 11-11　例 11-5 图

解：1）取主动轮为研究对象；

2）受力分析，作用于轮上的主动力有重力 mg，车身对轮的作用力 F_1、F_2 及驱动力偶 M，约束力有轨道的法向约束力 F_N 和摩擦力 F，其受力图如图 11-11b 所示；

3）做运动分析，虚加惯性力，主动轮做平面运动，设质心 C 的加速度为 a_C，轮的角加速度为 α，将轮的惯性力系向质心 C 简化得到惯性力 F_{IR} 及惯性力偶 M_{IC}，其大小分别为

$$F_{IR}=ma_C,\ M_{IC}=J_C\alpha=m\rho^2\alpha$$

4）由动静法，列出形式上的三个平衡方程，但未知量却有 a_C、α、F 和 F_N 四个，需要补充一个方程才能求出全部解。下面分两种情况来研究。

①若车轮纯滚动而不滑动，则 A 点是车轮的速度瞬心，F 为静摩擦力 F_s，则运动的约束条件为 $a_C=r\alpha$。取坐标系如图 11-11b 所示，轮的动平衡方程为

$$\sum F_x=0,\ F_s-F_{IR}-F_1=0$$
$$\sum F_y=0,\ F_N-mg-F_2=0$$
$$\sum M_C(F)=0,\ M_{IC}-M+F_sr=0$$

以上方程联立求解得

$$a_C=\frac{(M-F_1r)\ r}{m\ (r^2+\rho^2)},\ F_N=mg+F_2,\ F_s=\frac{F_1\rho^2+Mr}{r^2+\rho^2}$$

要保证车轮纯滚动而不滑动，则应满足 $F_s<f_sF_N$，即

$$\frac{F_1\rho^2+Mr}{r^2+\rho^2}<f_s(mg+F_2)$$

解得

$$M<\frac{f_s(mg+F_2xr^2+\rho^2)-F_1\rho^2}{r}$$

可见，当 M 一定时，摩擦因数 f_s 越大，车轮越不易滑动。故在冰雪路面行车时，由于摩擦因数减少而容易使车轮打滑，需要在车轮上安装防滑链或在路面撒沙，以增大摩擦因数。

②若车轮有滑动，则摩擦力为动摩擦力，即有

$$F_d=f_dF_N\approx f_sF_N$$

式中，f_d 为动摩擦因数，则

$$\sum F_x=0,\ -ma_C-F_1+F_d=0$$

解得

$$a_C=\frac{f_s(mg+F_2)-F_1}{m}$$

显然，这也就是车轮纯滚动时加速度所能达到的最大值。

11.4 绕定轴转动刚体的轴承动约束力

由惯性力引起的约束力称为动约束力。工程中，习惯将转动机械的转动部件称为转子。由于制造或安装的误差，当转子高速转动时，其惯性力会引起很大的轴承动约束力，这将导致机器剧烈振动，造成轴承严重磨损，甚至毁坏机器零件。这一节研究一般情况下，定轴转

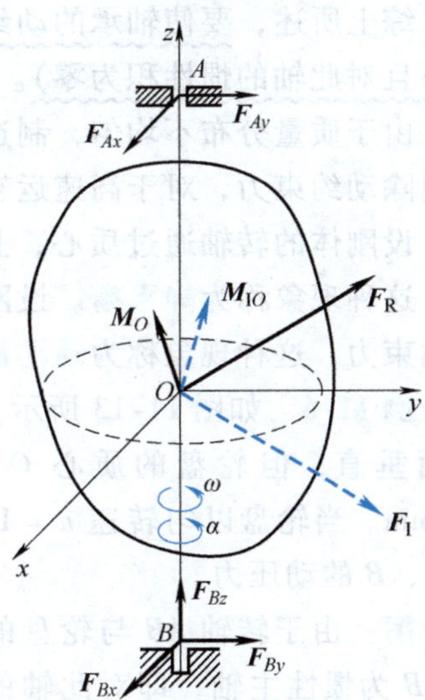

图 11-12　绕定轴转动刚体的轴承动约束力

动刚体的轴承动约束力问题，这种情况在高速转动机械中常常遇到。

设刚体以角速度 ω 和角加速度 α 绕定轴 AB 转动，刚体质心为 C，质量为 m。为求转动刚体的轴承约束力，将作用在刚体上的主动力系向转轴上一点 O 简化，得到主动力系的主矢 $\boldsymbol{F}_R$ 和主矩 $\boldsymbol{M}_O$。将惯性力系也向点 O 简化，得到惯性力系的主矢 $\boldsymbol{F}_I$ 和主矩 $\boldsymbol{M}_{IO}$，如图 11-12 所示。根据质点系的达朗贝尔原理，刚体在主动力系的主矢 $\boldsymbol{F}_R$、主矩 $\boldsymbol{M}_O$，轴承约束力 $\boldsymbol{F}_{Ax}$、$\boldsymbol{F}_{Ay}$、$\boldsymbol{F}_{Bx}$、$\boldsymbol{F}_{By}$、$\boldsymbol{F}_{Bz}$ 及惯性力系主矢 $\boldsymbol{F}_I$（注意 $\boldsymbol{F}_I$ 没有沿 z 方向的分量）和惯性力系主矩 $\boldsymbol{M}_{IO}$ 的共同作用下，处于形式上的平衡。应用质点系的动静法，可列出如下平衡方程组：

$$\begin{cases} \sum F_x = 0,\ F_{Ax} + F_{Bx} + F_{Rx} + F_{Ix} = 0 \\ \sum F_y = 0,\ F_{Ay} + F_{By} + F_{Ry} + F_{Iy} = 0 \\ \sum F_z = 0,\ F_{Bz} + F_{Rz} = 0 \\ \sum M_x = 0,\ F_{By} \cdot OB - F_{Ay} \cdot OA + M_x + M_{Ix} = 0 \\ \sum M_y = 0,\ -F_{Bx} \cdot OB + F_{Ax} \cdot OA + M_y + M_{Iy} = 0 \end{cases}$$

由此方程组可解出轴承的全部约束力

$$\begin{cases} F_{Ax} = -\dfrac{1}{AB}[(M_y + F_{Rx} \cdot OB) + (M_{Iy} + F_{Ix} \cdot OB)] \\ F_{Ay} = \dfrac{1}{AB}[(M_x - F_{Ry} \cdot OB) + (M_{Ix} - F_{Iy} \cdot OB)] \\ F_{Bx} = \dfrac{1}{AB}[(M_y - F_{Rx} \cdot OA) + (M_{Iy} - F_{Ix} \cdot OA)] \\ F_{By} = -\dfrac{1}{AB}[(M_x + F_{Ry} \cdot OA) + (M_{Ix} + F_{Iy} \cdot OA)] \\ F_{Bz} = -F_{Rz} \end{cases} \tag{11-11}$$

由式（11-11）可看出，由于惯性力系分布在垂直于 z 轴的各平面内，止推轴承沿 z 轴的约束力 $\boldsymbol{F}_{Bz}$ 与惯性力无关。而垂直于 z 轴的轴承约束力 $\boldsymbol{F}_{Ax}$、$\boldsymbol{F}_{Ay}$、$\boldsymbol{F}_{Bx}$、$\boldsymbol{F}_{By}$ 由两部分组成：

1）由主动力引起的静约束力，与运动无关；

2）由惯性力系主矢、主矩引起的，为动约束力。

由式（11-11）知，要使动约束力为零，必须有

$$M_{Ix} = M_{Iy} = 0,\ F_{Ix} = F_{Iy} = 0$$

即要消除轴承的动约束力，其条件是：惯性力系主矢等于零，惯性力系对 x 轴和对 y 轴的矩也等于零。

由式（11-5）和式（11-8）容易得到，必须有：

1）$\boldsymbol{a}_C = \boldsymbol{0}$，即应满足 $x_C = y_C = 0$，也就是转轴必须过刚体的质心；

2）$J_{xz} = J_{yz} = 0$，即刚体对转轴的惯性积等于零。

综上所述，要使轴承的动约束力等于零，刚体的转轴必须是中心惯性主轴（即转轴过质心且对此轴的惯性积为零）。

由于质量分布不均匀，制造安装不可避免会有误差，实际上很难做到这一点。工程上为了消除动约束力，对于高速运转的转子，制成后要用试验的方法——静平衡和动平衡进行校正。设刚体的转轴通过质心，且除重力外不受其他外力作用，若刚体能在任意位置静止不动，这种现象称为静平衡。设刚体的转轴通过质心且为惯性主轴，若刚体转动时不出现轴承动约束力，这种现象称为动平衡。能够达到静平衡的刚体，不一定能实现动平衡。

例 11-6 如图 11-13 所示，轮盘（连同轴）的质量 $m=20\text{kg}$，转轴 AB 与轮盘的质量对称面垂直，但轮盘的质心 C 不在转轴上，偏心距 $e=0.1\text{mm}$。当轮盘以匀转速 $n=12000\text{r/min}$ 转动时，试求轴承 A、B 的动压力。

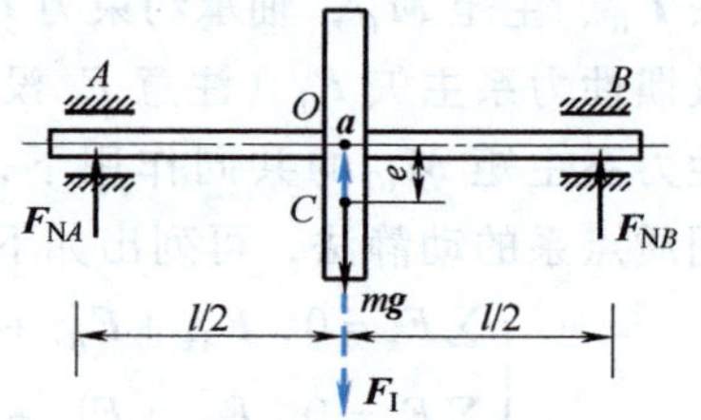

图 11-13 例 11-6 图

解： 由于转轴 AB 与轮盘的质量对称面垂直，所以转轴 AB 为惯性主轴，即对此轴的惯性积为零，又由于是匀速转动，$\alpha=0$，所以惯性力矩均为零，取此刚体为研究对象，当重心 C 位于最下端时，轴承处约束力最大，受力如图 11-13 所示，由于轮盘为匀速转动，质心 C 只有法向加速度，其大小为

$$a=a_n=e\omega^2=\frac{0.1}{1000}\text{m}\times\left(\frac{12000\pi}{30}\text{s}^{-1}\right)^2=158\text{m/s}^2$$

因此，惯性力大小为

$$F_I=F_I^n=ma_n=3160\text{N}$$

方向如图 11-13 所示。

由质点系的动静法，列动态平衡方程如下：

$$\sum M_B(F)=0,\ (mg+F_I^n)\frac{l}{2}-F_{NA}l=0$$

$$\sum M_A(F)=0,\ F_{NB}l-(mg+F_I^n)\frac{l}{2}=0$$

解得

$$F_{NA}=F_{NB}=\frac{1}{2}(mg+F_I^n)=\frac{1}{2}\times(20\times9.81+3160)\text{N}=1680\text{N}$$

其中，轴承附加动压力为$\frac{1}{2}F_I^n=1580\text{N}$。由此可见，在高速转动下，0.1mm 的偏心距所引起的轴承附加动压力，可达静约束力$\frac{1}{2}mg=98\text{N}$ 的 16 倍之多！而且转速越高，偏心距越大，轴承动压力越大，这势必使轴承磨损加快，甚至引起轴承的破坏。再者，注意到惯性力 F_I^n 的方向随刚体的旋转而周期性变化，使轴承动压力的大小与方向也发生周期性变化，因而势必引起机器的振动与噪声，同样会加速轴承的磨损与破坏。因此，必须尽量减小或消除偏心距。

对于此题，若设系统质心位于转轴上，由于安装误差，轮盘盘面与转轴成 θ 角，轮盘为均质圆盘，半径为 200mm，l 为 1m，轮盘质量与转速不变。可求得此时静约束力仍为 98N，

但附加动压力为5519N（计算略，有兴趣的读者可以自行完成），是静压力的56倍之多，这对轴承的安全和耐久性是相当不利的，应尽量减少安装误差。

本章小结

1. 质点的惯性力

设质点的质量为 m，加速度为 $\boldsymbol{a}$，则质点的惯性力 $\boldsymbol{F}_\text{I}$ 定义为

$$\boldsymbol{F}_\text{I} = -m\boldsymbol{a}$$

2. 质点的达朗贝尔原理

在质点运动的每一瞬时，作用于质点的主动力 $\boldsymbol{F}$、约束力 $\boldsymbol{F}_\text{N}$ 和质点的惯性力 $\boldsymbol{F}_\text{I}$ 在形式上组成平衡力系，即

$$\boldsymbol{F} + \boldsymbol{F}_\text{N} + \boldsymbol{F}_\text{I} = \boldsymbol{0}$$

3. 质点系的达朗贝尔原理

在质点系运动的每一瞬时，作用于质点系上的外力系与惯性力系在形式上构成平衡力系，即

$$\begin{cases} \sum \boldsymbol{F}_i^{(e)} + \sum \boldsymbol{F}_{\text{I}i} = \boldsymbol{0} \\ \sum \boldsymbol{M}_O(\boldsymbol{F}_i^{(e)}) + \sum \boldsymbol{M}_O(\boldsymbol{F}_{\text{I}i}) = \boldsymbol{0} \end{cases}$$

4. 惯性力系的简化结果

（1）刚体平动　惯性力系向质心 C 简化，主矢与主矩分别为

$$\boldsymbol{F}_\text{IR} = -m\boldsymbol{a}_C,\ \boldsymbol{M}_\text{IC} = \boldsymbol{0}$$

（2）刚体定轴转动　假设刚体有质量对称平面且此平面与转轴 z 垂直，将惯性力系向此质量对称面平面与转轴 z 的交点 O 简化，主矢与主矩分别为

$$\boldsymbol{F}_\text{IR} = -m\boldsymbol{a}_C,\ M_\text{IO} = -J_{Oz}\alpha$$

（3）刚体平面运动　假设刚体具有质量对称面且平行于此对称面运动，将惯性力系向质心 C 简化，主矢与主矩分别为

$$\boldsymbol{F}_\text{IR} = -m\boldsymbol{a}_C,\ M_\text{IC} = -J_{Cz}\alpha$$

上式中，J_{Cz} 为对过质心且与质量对称面垂直的轴的转动惯量。

5. 刚体绕定轴转动时消除动约束力的条件

此转轴是中心惯性主轴（转轴过质心且对此轴的惯性积为零）。

质心在转轴上，刚体可以在任意位置静止不动，称为静平衡；转轴为中心惯性主轴，不出现轴承动约束力，称为动平衡。

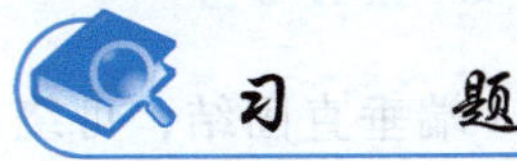

习　题

客观题

11-1　均质矩形平板长为 l，高为 h，质量为 m，在水平面上以加速度 a 做平动，如图 11-14 所示。如果选矩形角上的两点 A 或 B 为简化中心，则平板惯性力系的简化结果分别是（　　）。

①主矢 $\boldsymbol{F}_{\text{I}A} = \boldsymbol{F}_{\text{I}B} = -m\boldsymbol{a}$，主矩 $M_A = M_B = 0.5hma$

②主矢 $\boldsymbol{F}_{IA}=\boldsymbol{F}_{IB}=m\boldsymbol{a}$，主矩 $M_A=M_B=0.5hma$

③主矢 $\boldsymbol{F}_{IA}=\boldsymbol{F}_{IB}=-m\boldsymbol{a}$，主矩 $M_A=-M_B=0.5hma$

④主矢 $\boldsymbol{F}_{IA}=\boldsymbol{F}_{IB}=m\boldsymbol{a}$，主矩 $M_A=-M_B=0.5hma$

11-2 质量和半径完全相同的两个鼓轮，其中一个在绳的一端施加一力 $\boldsymbol{G}$（见图 11-15a）；而另一个在绳端挂一重量为 G 的物体（见图 11-15b），两轮初速度为零。问两轮在任一瞬时的角加速度的关系为（　　）。

①相同　　　　②不相同

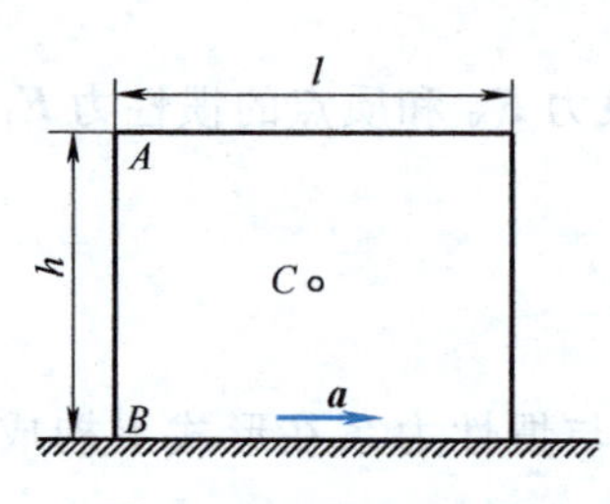

图 11-14　题 11-1 图

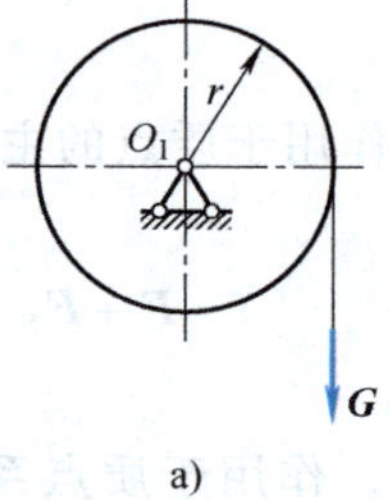

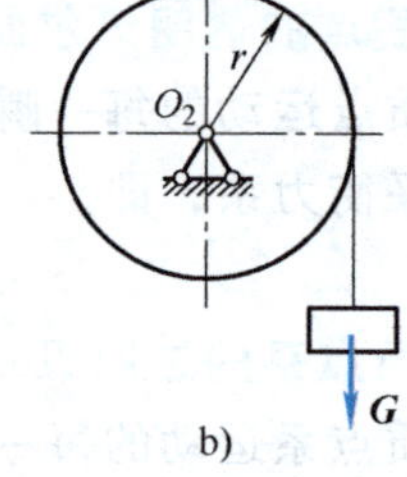

图 11-15　题 11-2 图

11-3 设均质圆盘某瞬时以角速度 ω 和角加速度 α 绕偏心轴 O 转动，转轴与质心相距为 e，如图 11-16 所示。关于惯性力系简化结果的说法，正确的是（　　）。

①不论向 O 简化还是向质心 C 简化，虚加惯性力都画在质心 C 上

②不论向 O 简化还是向质心 C 简化，虚加惯性力都画在转轴 O 上

③只能向转轴上的点 O 简化

④一般可以向转轴或质心简化，其惯性力主矢相同，主矩不同

11-4 重量为 $\boldsymbol{G}$ 的均质圆轮受到大小相等、方向相反、不共线的两个水平力 $\boldsymbol{F}_1$ 和 $\boldsymbol{F}_2$ 作用，如图 11-17 所示。当地面光滑时，圆轮质心做（　　）。

①匀加速直线运动　　　　②匀速直线运动

③匀速曲线运动　　　　④匀加速曲线运动

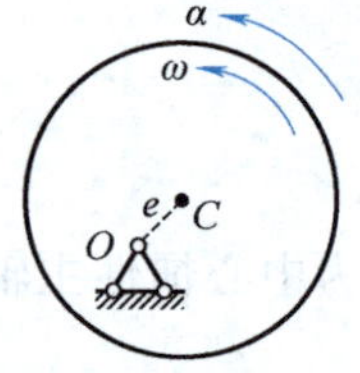

图 11-16　题 11-3 图

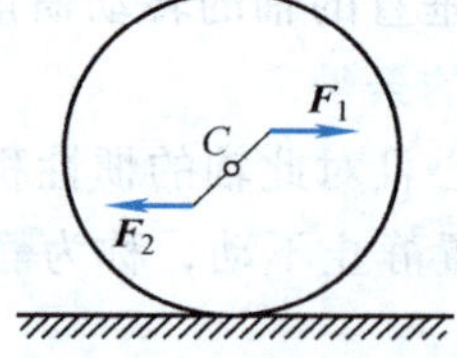

图 11-17　题 11-4 图

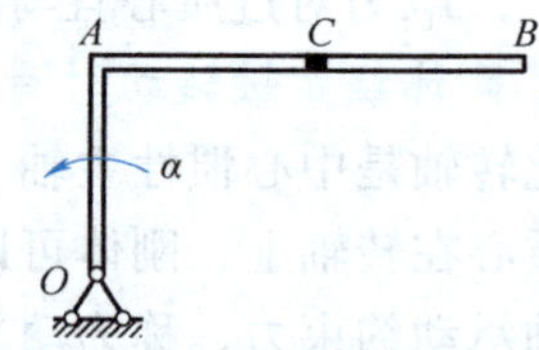

图 11-18　题 11-5 图

11-5 长度为 l 的无重杆 OA 与质量为 m、长为 $2l$ 的均质杆 AB 在 A 端垂直固结，可绕轴 O 转动，如图 11-18 所示。假设在图示瞬时，角速度 $\omega=0$，角加速度为 α，则此瞬时 AB 杆惯性力系简化的主矢 F_{IR} 的大小和主矩 M_{IO} 的大小分别为（　　）。

①$F_{IR}=ml\alpha$（作用于点 O），$M_{IO}=\dfrac{1}{3}ml^2\alpha$

②$F_{IR}=\sqrt{2}ml\alpha$（作用于点 A），$M_{IO}=\dfrac{4}{3}ml^2\alpha$

③$F_{IR}=\sqrt{2}ml\alpha$（作用于点 O），$M_{IO}=\frac{7}{3}ml^2\alpha$

④$F_{IR}=\sqrt{3}ml\alpha$（作用于点 C），$M_{IO}=\frac{7}{3}ml^2\alpha$

11-6　四个具有相同质量的小球，分别按图 11-19a～d 所示四种情况运动，则其中惯性力为 $\boldsymbol{F}_{IR}=-mg\boldsymbol{j}$ 的图是（　　），其中 $\boldsymbol{j}$ 表示 y 轴的单位矢量。

①图 11-19a　　②图 11-19b　　③图 11-19c　　④图 11-19d

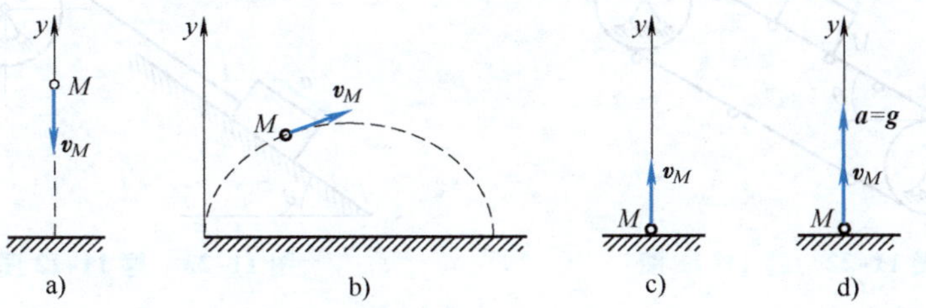

图 11-19　题 11-6 图

11-7　刚体做定轴转动时，附加的动约束力为零的必要与充分条件是（　　）。

①刚体的质心位于转动轴上

②刚体有质量对称面，转动轴与该对称面垂直

③转动轴是中心惯性主轴

④刚体有质量对称面，转动轴与该对称面成一个适当的角度

11-8　下述说法中正确的是（　　）。

①不论刚体做何种运动，其惯性力系向任一点简化的主矢都等于刚体的质量与其质心加速度的乘积，且取相反方向，即 $\boldsymbol{F}_{IR}=-m\boldsymbol{a}_C$。

②在加速行驶的一列火车中，一定是第一节车厢的挂钩受力最大。

③虚加惯性力以后，就将动力学问题转化为静力学问题了。

④应用动静法时，对运动着的质点都需要加惯性力。

分析计算题

11-9　如图 11-20 所示，质量分别为 m_A 和 m_B 的物块 A、B，用质量为 m_C 的均质绳索 C 相连接，放在光滑的水平面上。物块 B 受到已知水平力 $\boldsymbol{F}$ 的作用，应用达朗贝尔原理求绳索两端的拉力。

11-10　等截面均质杆 OA，长为 l，重量为 $\boldsymbol{G}$，在水平面内以匀角速度 ω 绕铅直轴转动，如图 11-21 所示。试求在距转动轴为 h 处的 D 截面上的轴向力，并分析在哪个截面上的轴向力最大？

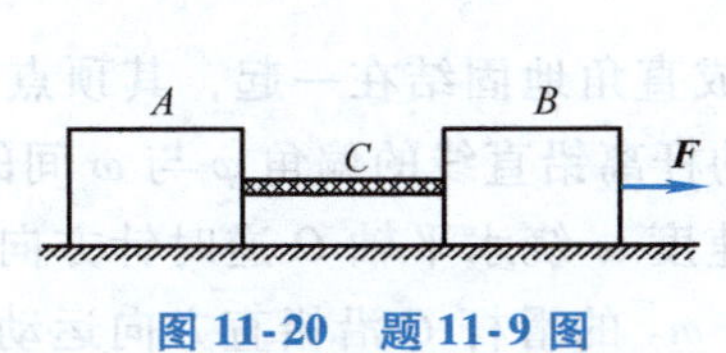

图 11-20　题 11-9 图

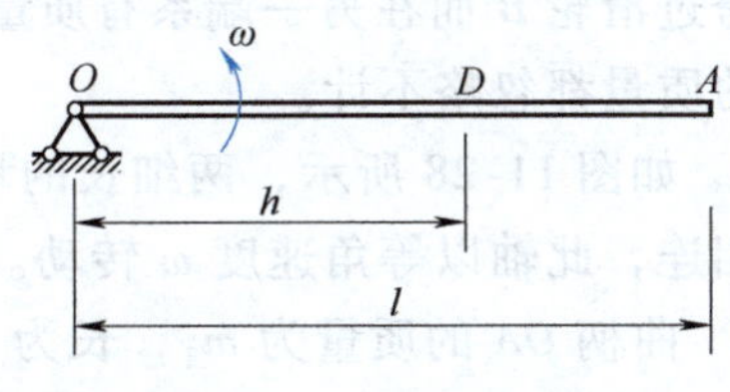

图 11-21　题 11-10 图

11-11 如图 11-22 所示，输送物料的传送带与水平成倾斜角 θ，起动时传送带的加速度为 $\boldsymbol{a}$。为保证物料不在带上打滑，求所需要的静摩擦因数值。

11-12 绞车鼓轮质量为 $m_1=400\text{kg}$，钢丝绕在轮上且末端系有一质量为 $m_2=3000\text{kg}$ 的重物 A，如图 11-23 所示，在轮上转矩 M 的作用下，重物沿倾斜角 $\theta=45°$ 的光滑斜面以匀加速度上升。求钢丝绳的拉力和轴承 O 处的约束力。

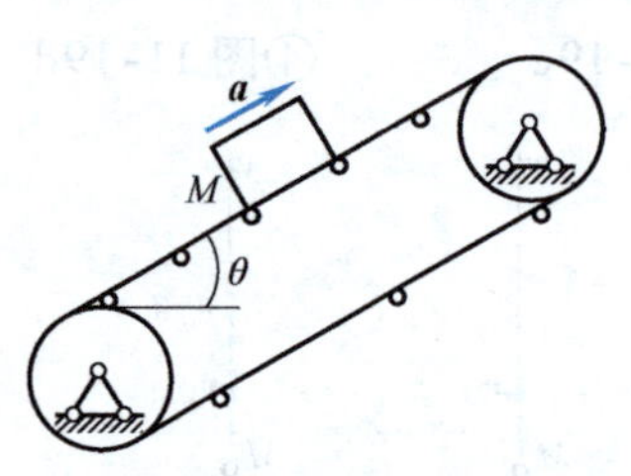

图 11-22 题 11-11 图

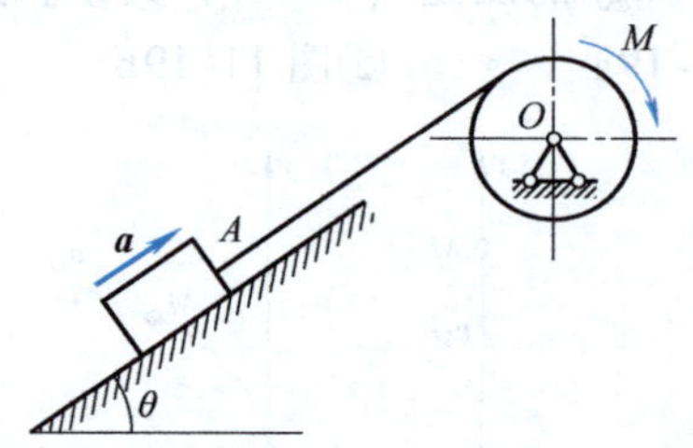

图 11-23 题 11-12 图

11-13 凸轮导板机构，偏心轮圆心为 A，半径为 r，OA 偏心距为 e，偏心轮绕 O 轴以匀角速度 ω 转动，如图 11-24 所示。当导板 CD 在最低位置时，弹簧的压缩值为 b，导板质量为 m；求弹簧的弹簧常量 C 为多大时，方能使导板在运动过程中始终不离开偏心轮？

11-14 如图 11-25 所示，半径为 R、质量为 $m=30\text{kg}$ 的均质半圆盘用两根绳索悬挂。$AC=BD$，$AB=CD$，将系统在 $\alpha=45°$处从静止释放。试求初瞬时两根绳索的受力。

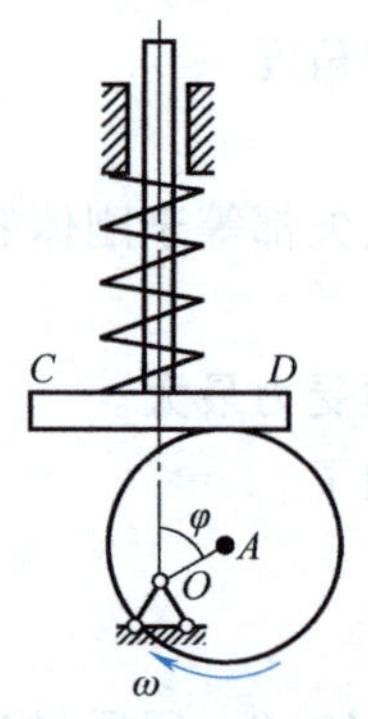

图 11-24 题 11-13 图

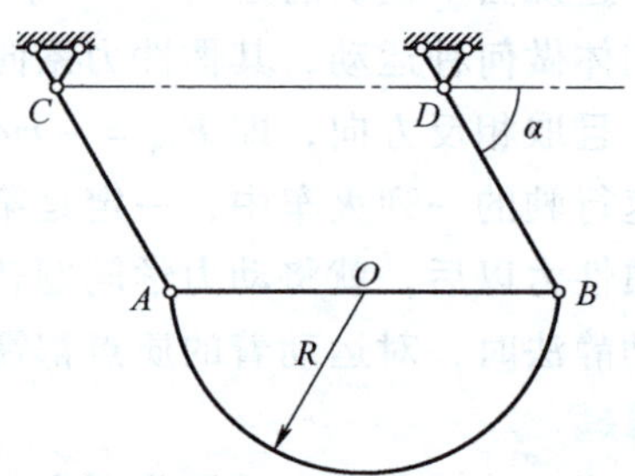

图 11-25 题 11-14 图

11-15 刚架 ABC，B 端用轴承连接一重量为 G'、半径为 r 的均质圆盘，圆盘上用绳缠挂一重为 $G=4\text{kN}$ 的重物 E，如图 11-26 所示，重物 E 向下加速运动。求这时 A、C 处的支座约束力。绳重及轴承的摩擦不计，且设：$G'=2G=8\text{kN}$，$l=3r$，$AC=2r$。

11-16 如图 11-27 所示，均质滚子质量为 $m=20\text{kg}$，被水平绳拉着在水平面上做纯滚动。绳子跨过滑轮 B 而在另一端系有质量为 $m_1=10\text{kg}$ 的重物 A。试求滚子中心 C 的加速度。滑轮和绳的质量都忽略不计。

11-17 如图 11-28 所示，两细长的均质直杆互成直角地固结在一起，其顶点 O 与铅直轴以铰接相连，此轴以等角速度 ω 转动。求长为 a 的杆离铅直线的偏角 φ 与 ω 间的关系。

11-18 曲柄 OA 的质量为 m_1，长为 r，以等角速度 ω 绕水平轴 O 逆时针方向转动，如图 11-29 所示。曲柄的 A 端推动水平板 B，使质量为 m_2 的滑杆 C 沿铅直方向运动。不计摩擦，求当曲柄与水平方向夹角为 30°时的力偶矩 M 及轴承 O 的约束力。

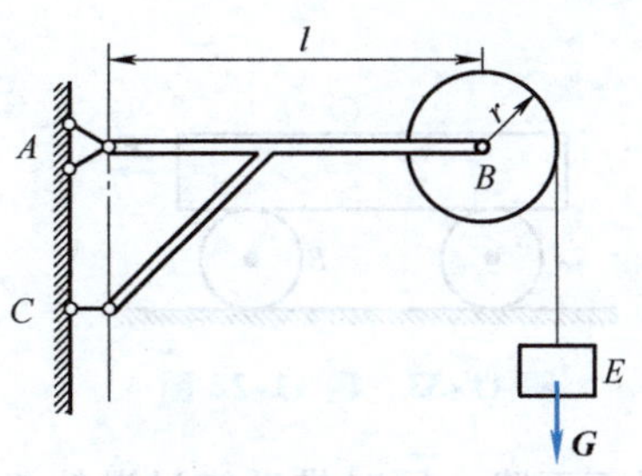

图 11-26　题 11-15 图

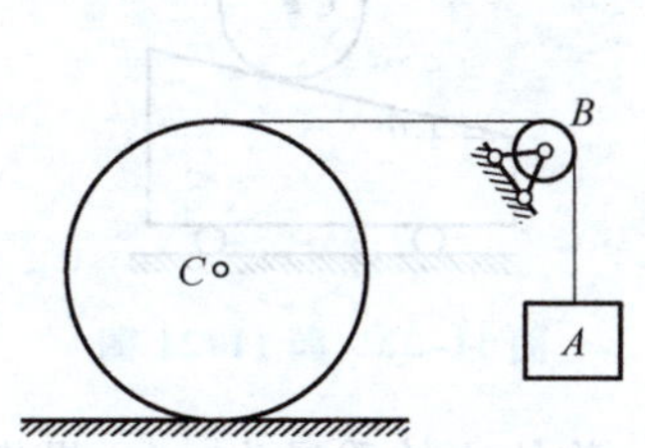

图 11-27　题 11-16 图

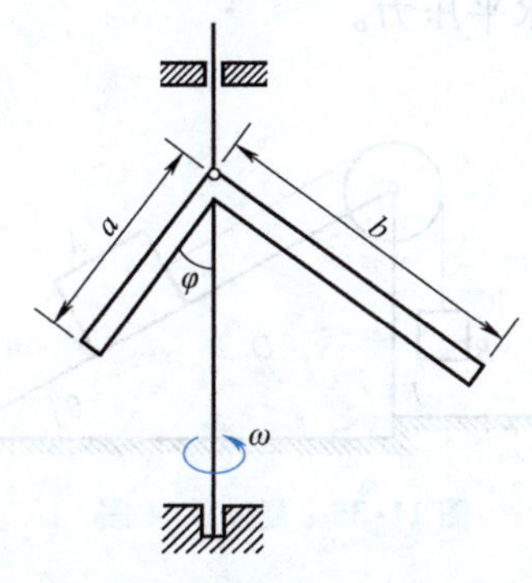

图 11-28　题 11-17 图

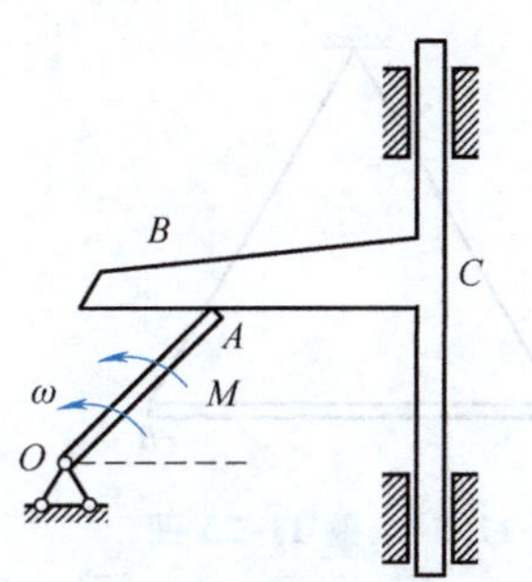

图 11-29　题 11-18 图

11-19　一电动卷扬机机构如图 11-30 所示。已知起动时电动机的平均驱动力矩为 M，被提升重物的质量为 m_1，鼓轮质量为 m_2，半径为 r，对转轴的惯性半径为 ρ。试求起动时重物的平均加速度和轴承处的约束力。

11-20　均质圆柱重 G、半径为 R，在与水平面夹角为 θ 的常力 F 作用下，沿水平面滚动而不滑动，如图 11-31 所示。求轮心的加速度及地面的约束力。

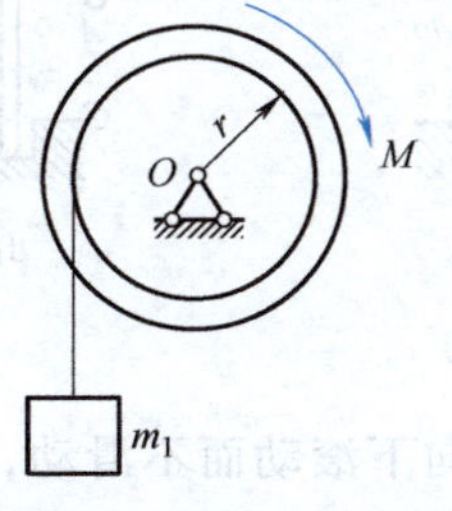

图 11-30　题 11-19 图

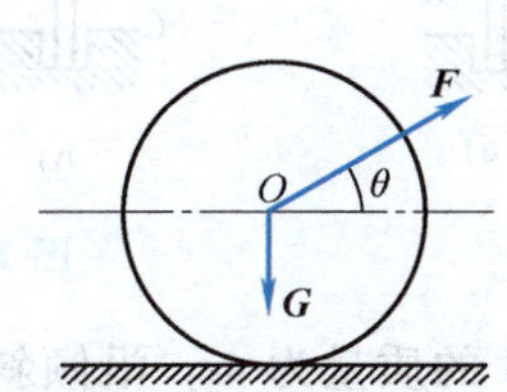

图 11-31　题 11-20 图

11-21　质量为 m_2 的楔状物置于光滑水平面上，在该物的斜面上又放一质量为 m_1 的均质圆柱体 C，如图 11-32 所示。设圆柱体与斜面之间的摩擦因数为 f_s，试求圆柱体在斜面上做纯滚动时 f_s 应满足何种条件？

11-22　如图 11-33 所示，均质板质量为 m，放在两个均质圆柱滚子上，滚子质量均为 m_1，半径均为 r。若在板上作用一水平力 F，并设各接触处无滑动。求板的加速度。

11-23　用长度均为 l 的两绳将长为 l、质量为 m 的均质杆 AB 悬挂在水平位置，如图 11-34所示。若突然剪断绳 BO，试求刚剪断瞬时另一绳子 AO 的拉力。

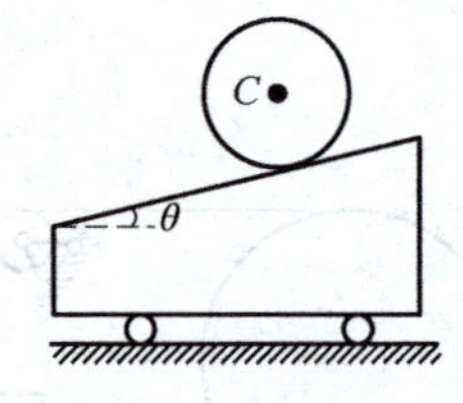

图 11-32　题 11-21 图

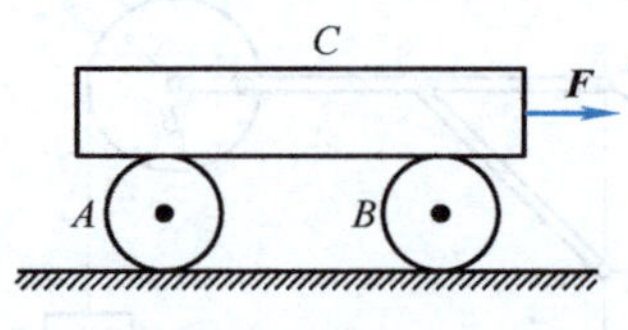

图 11-33　题 11-22 图

11-24　物体 A 的质量为 m_1，沿楔状物 D 的斜面下降，同时借助绕过滑轮 C 的绳使质量为 m_2 的物体 B 上升，如图 11-35 所示。斜面与水平成 θ 角，滑轮与绳子的质量及一切摩擦略去不计。求楔状物 D 作用于地板凸出部分 E 的水平压力。

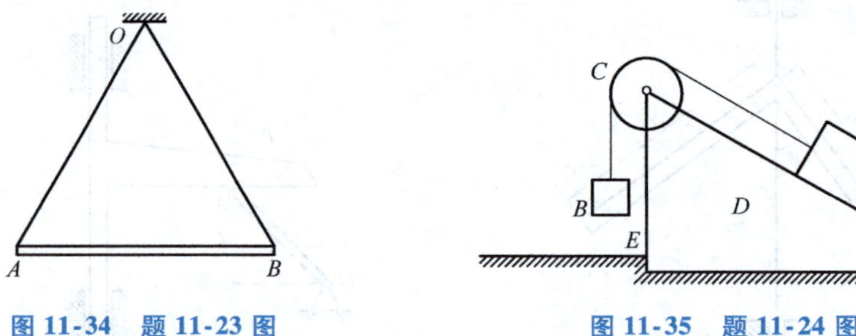

图 11-34　题 11-23 图　　图 11-35　题 11-24 图

11-25　质量不计的刚性轴上固连着两个质量为 m 的小球 A 和 B。在某瞬时刚性轴的角速度是 ω，角加速度是 α。试求如图 11-36a ~ d 所示各种情况中惯性力系向点 O 的简化结果，并指出哪个是静平衡的，哪个是动平衡的。

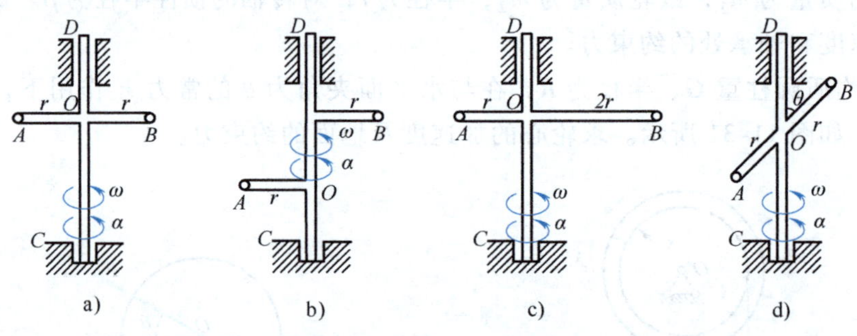

图 11-36　题 11-25 图

11-26　滚子 A 的质量为 m，沿倾斜角为 θ 的斜面向下滚动而不滑动，如图 11-37 所示，滚子借助一跨过滑轮 O 的绳子提升质量为 m_2 的物体 C，滚子 A 与滑轮 O 质量相等、半径相同，且都可视为均质圆盘。求滚子中心的加速度和系在滚子 A 上绳子的张力。

11-27　均质长方体荡木的重量为 $\boldsymbol{G}$，悬挂在等长的软绳上，荡木尺寸如图 11-38 所示，图中长度单位为 m。设荡木从图示绳子与铅直线成角度 $\varphi = 30°$ 的位置无初速地开始下滑，求在下面两个瞬时荡木的加速度和绳子的拉力：（1）开始运动的初瞬时；（2）荡木通过最低位置的瞬时。

11-28　面密度为ρ_A、半径为 R 的圆轮在倾角为 θ 的斜面上做纯滚动，其角速度与角加速度分别为 ω 和 α。（1）其上挖掉了一个半径为 $R/4$ 的圆洞，如图 11-39a 所示；（2）其上沿半径焊了一根杆 A，杆的质量为圆轮质量的 1/100，如图 11-39b 所示。试简化两种情形下

的惯性力。

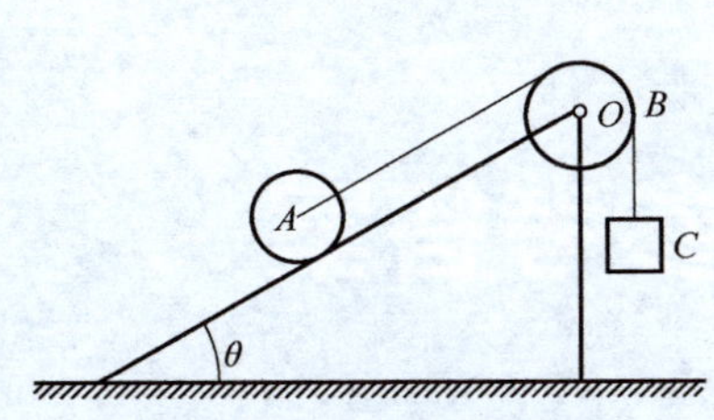

图 11-37　题 11-26 图

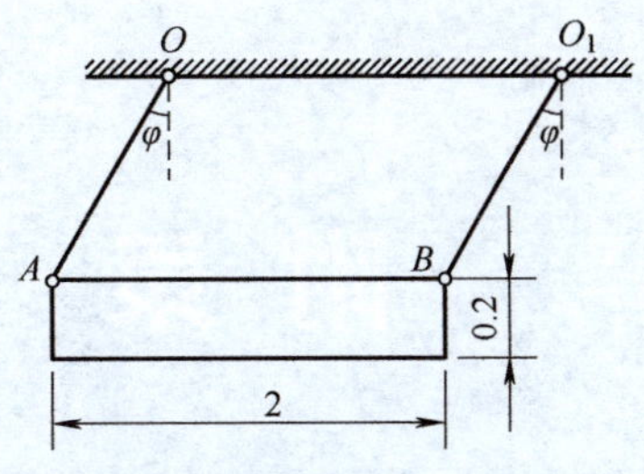

图 11-38　题 11-27 图

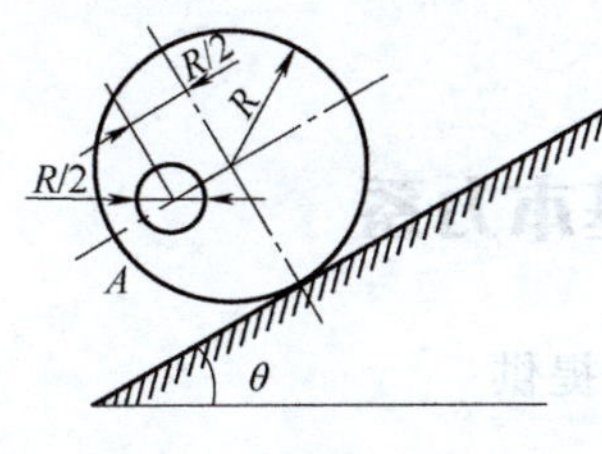

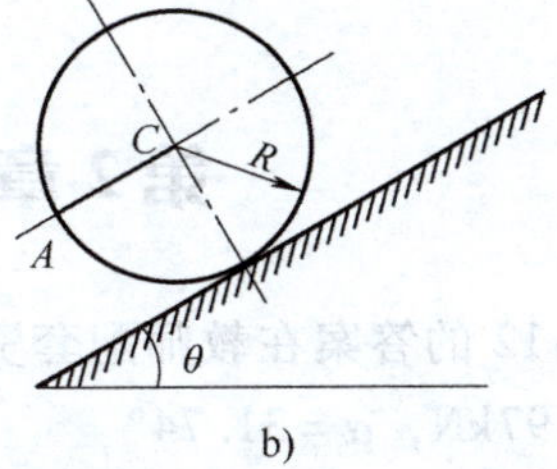

图 11-39　题 11-28 图

附录　习题参考答案

第2章　基本力系

客观题2-1～2-12的答案在教师配套资源中提供

2-13　$F_R = 10.97\text{kN}$，$\alpha = 31.74°$

2-14　$F_R = 14.39\text{kN}$，$\alpha = 65.36°$，$\beta = 68.82°$，$\gamma = 33.50°$

2-15　a）$F_{AB} = 0.577G$（拉），$F_{AC} = 1.155G$（压）；

b）$F_{AB} = 0.5G$（拉），$F_{AC} = 0.866G$（压）；

c）$F_{AB} = 1.064G$（拉），$F_{AC} = 0.364G$（压）；

d）$F_{AB} = F_{AC} = 0.577G$（拉）

2-16　略

2-17　$F_{AB} = -73\text{N}$，$F_{AC} = 273\text{N}$

2-18　$F_D = \dfrac{l}{2h}F$

2-19　$F_{AB} = 80\text{kN}$

2-20　$F_{1x} = -1.2\text{kN}$，$F_{1y} = 1.6\text{kN}$，$F_{1z} = 0$；

$F_{2x} = 0$，$F_{2y} = 0.625\text{kN}$，$F_{2z} = 0.781\text{kN}$；

$F_{3x} = F_{3y} = 0$，$F_{3z} = 3\text{kN}$

2-21　$M_x(\boldsymbol{F}) = 566\text{N}\cdot\text{cm}$，$M_y(\boldsymbol{F}) = -328\text{N}\cdot\text{cm}$，$M_z(\boldsymbol{F}) = 654\text{N}\cdot\text{cm}$

2-22　$M_x = \dfrac{2}{\sqrt{3}}Fa$，$M_y = -\dfrac{1}{\sqrt{3}}Fa$，$M_z = \dfrac{1}{\sqrt{3}}Fa$

2-23　$M = Fa\sin\alpha\sin\beta$

2-24　$M_x = \dfrac{F}{4}(h-3r)$，$M_y = \dfrac{\sqrt{3}}{4}F(r+h)$，$M_z = -\dfrac{Fr}{2}$

2-25　$F_A = F_B = -1.22\text{kN}$，$F_C = 1\text{kN}$

2-26　$F_{AB} = F_{AC} = \dfrac{\sqrt{F^2+G^2}}{\sqrt{3}}$，$\tan\alpha = \dfrac{G}{F}$

2-27　$F_{AB} = 580\text{N}$，$F_{AC} = 320\text{N}$，$F_{AD} = 240\text{N}$

2-28　a）$M_O(\boldsymbol{F}) = aF\sin\alpha - bF\cos\alpha$；

b) $M_O(\boldsymbol{F})=\sqrt{a^2+b^2}F\sin\alpha$;

c) $M_O(\boldsymbol{F})=lF\sin\alpha$

2-29 $F_A=\dfrac{20}{\sqrt{3}}\mathrm{kN}$（↙），$F_B=\dfrac{20}{\sqrt{3}}\mathrm{kN}$（↗），$F_{EC}=10\sqrt{2}\mathrm{kN}$（压）

2-30 $F_A=F_C=\dfrac{M}{2\sqrt{2}a}$

2-31 $F=50\mathrm{N}$，$\theta=143°8'$

2-32 $F_{Ax}=1.5\mathrm{N}$，$F_{Bx}=1.5\mathrm{N}$，$F_{Az}=2.5\mathrm{N}$，$F_{Bz}=2.5\mathrm{N}$

第3章　任意力系

客观题3-1～3-10的答案在教师配套资源中提供

3-11 $\boldsymbol{F}'_{\mathrm{R}}=(-345.4\boldsymbol{i}+249.6\boldsymbol{j}+10.55\boldsymbol{k})$（N）；

$\boldsymbol{M}_O=(-51.78\boldsymbol{i}-36.65\boldsymbol{j}+103.6\boldsymbol{k})$（N·m）

3-12 $a=b+c$

3-13 $\boldsymbol{F}'_{\mathrm{R}}=\dfrac{\sqrt{2}}{2}F\boldsymbol{i}+\sqrt{2}F\boldsymbol{j}+(1+\sqrt{2})F\boldsymbol{k}$，$\boldsymbol{M}_O\left(1-\dfrac{\sqrt{2}}{2}\right)Fa\boldsymbol{j}$

3-14 $\boldsymbol{F}'_{\mathrm{R}}=(260\boldsymbol{i}-40\boldsymbol{j})$（N），$\boldsymbol{M}_O=(-14\boldsymbol{i}-38\boldsymbol{j}-30\boldsymbol{k})$（N·m），可以合成为力螺旋

3-15 $F_E=1.2\mathrm{kN}$，$F_H=F_K=0.8\mathrm{kN}$

3-16 $F_1=0.2113G$，$F_2=0.3660G$，$F_3=0.4227G$

3-17 $F_3=F'_3=\dfrac{F_1r_1-F_2r_2}{r_3}$

3-18 $F_1=F_5=-F$（压），$F_3=F$（拉），$F_2=F_4=F_6=0$

3-19 $F_{\mathrm{N}}=2130\mathrm{N}$，$F_{Ax}=-500\mathrm{N}$，$F_{Az}=-919\mathrm{N}$，$F_{Bx}=4130\mathrm{N}$，$F_{Bz}=-1340\mathrm{N}$

3-20 $F_{Ox}=-5\mathrm{kN}$，$F_{Oy}=-4\mathrm{kN}$，$F_{Oz}=8\mathrm{kN}$；

$M_{Ox}=32\mathrm{kN\cdot cm}$，$M_{Oy}=-30\mathrm{kN\cdot cm}$，$M_{Oz}=20\mathrm{kN\cdot cm}$

3-21 （1）$F'_{\mathrm{R}}=150\mathrm{N}$（←），$M_O=900\mathrm{N\cdot mm}$（顺时针）；

（2）$F_{\mathrm{R}}=150\mathrm{N}$（←），$y=-6\mathrm{mm}$

3-22 $F_{\mathrm{R}}=2.5\mathrm{kN}$（↙），与水平线夹角为53°8′48″，作用线与$x$轴的交点的$x$坐标为$x=290\mathrm{mm}$

3-23 $F'_{\mathrm{R}}=189.3\mathrm{kN}$（↘），与水平线夹角为88°35′，$M_O=6.15\mathrm{kN\cdot m}$（顺时针）；

$F_{\mathrm{R}}=189.3\mathrm{kN}$（↘），与水平线夹角为88°35′，作用线与$x$轴的交点的$x$坐标为$x=3.25\mathrm{cm}$

3-24 $F_3=40\mathrm{N}$

3-25 $G_3=333\mathrm{kN}$，$x=6.75\mathrm{m}$

3-26 $F_{\mathrm{T}}=22.6\mathrm{kN}$

3-27 （1）$b=0.9\mathrm{m}$；（2）$b=1.32\mathrm{m}$

3-28 $F_{AC}=-153\mathrm{kN}$，$F_{BC}=33.3\mathrm{kN}$，$F_{BD}=-193\mathrm{kN}$

3-29 a) $F_{Ax}=-25\mathrm{kN}$，$F_{Ay}=27.78\mathrm{kN}$，$F_B=35.5\mathrm{kN}$；

b) $F_{Ax}=0$, $F_{Ay}=20\text{kN}$, $F_B=10\text{kN}$;

c) $F_{Ax}=0$, $F_{Ay}=192\text{kN}$, $F_B=288\text{kN}$;

d) $F_{Ax}=0$, $F_{Ay}=-45\text{kN}$, $F_B=85\text{kN}$;

e) $F_{Ax}=F\cos\alpha$, $F_{Ay}=ql+F\sin\alpha$, $M_A=\frac{1}{2}ql^2+Fl\sin\alpha$;

f) $F_{Ax}=0$, $F_{Ay}=\frac{1}{2}q_0 l$, $M_A=\frac{1}{6}q_0 l^2$

3-30 a) $F_{Ax}=20\text{kN}$, $F_{Ay}=20\text{kN}$, $M_A=-45\text{kN}\cdot\text{m}$;

b) $F_{Ax}=4\text{kN}$, $F_{Ay}=3\text{kN}$, $M_A=-16\text{kN}\cdot\text{m}$;

c) $F_{Ax}=-5\text{kN}$, $F_{Ay}=0$, $F_B=10\text{kN}$;

d) $F_{Ax}=-20\text{kN}$, $F_{Ay}=20.7\text{kN}$, $F_B=13.3\text{kN}$

3-31 a) $x_C=0$, $y_C=6.08\text{mm}$;

b) $x_C=11\text{mm}$, $y_C=0$;

c) $x_C=5.1\text{mm}$, $y_C=10.1\text{mm}$

3-32 a) $x_C=0$, $y_C=24.8\text{mm}$;

b) $x_C=0$, $y_C=-46\text{mm}$

3-33 $x_C=a/6$, $y_C=a/2$, $z_C=a/6$

第4章 物体系统的平衡问题及其应用

客观题4-1～4-8的答案在教师配套资源中提供

4-9 a) $F_{Ax}=0$, $F_{Ay}=88\text{kN}$, $F_B=160\text{kN}$, $F_D=74.4\text{kN}$, $F_G=22.5\text{kN}$;

b) $F_{Ax}=0$, $F_{Ay}=-15\text{kN}$, $F_B=40\text{kN}$, $F_D=15\text{kN}$

4-10 a) $F_{Ax}=0$, $F_{Ay}=6\text{kN}$, $M_A=32\text{kN}\cdot\text{m}$, $F_C=18\text{kN}$;

b) $F_{Ax}=34.6\text{kN}$, $F_{Ay}=60\text{kN}$, $M_A=220\text{kN}\cdot\text{m}$, $F_C=69.3\text{kN}$;

c) $F_{Ax}=0$, $F_{Ay}=11.5\text{kN}$, $M_A=26.5\text{kN}\cdot\text{m}$, $F_C=2\text{kN}$

4-11 a) $F_{Ax}=0$, $F_{Ay}=0$, $F_{Bx}=-50\text{kN}$, $F_{By}=100\text{kN}$, $F_{Cx}=-50\text{kN}$, $F_{Cy}=0$;

b) $F_{Ax}=20\text{kN}$, $F_{Ay}=70\text{kN}$, $F_{Bx}=-20\text{kN}$, $F_{By}=50\text{kN}$, $F_{Cx}=20\text{kN}$, $F_{Cy}=10\text{kN}$

4-12 $F_{Ax}=0.3\text{kN}$, $F_{Ay}=0.538\text{kN}$, $F_B=3.54\text{kN}$, $F_D=2.5\text{kN}$

4-13 $F_{Ax}=30\text{kN}$, $F_{Ay}=15\text{kN}$, $F_B=0$, $F_D=15\text{kN}$

4-14 $F_{AC}=8\text{kN}$, $F_{BC}=-6.93\text{kN}$

4-15 $F_{Ax}=2.89\text{kN}$, $F_{Ay}=5\text{kN}$, $M_A=15\text{kN}\cdot\text{m}$;

$F_{Bx}=-2.89\text{kN}$, $F_{By}=5\text{kN}$, $M_B=10\text{kN}\cdot\text{m}$

4-16 $F_{Ax}=10\text{kN}$, $F_{Ay}=20\text{kN}$, $M_A=60\text{kN}\cdot\text{m}$

4-17 $F_{Ax}=0$, $F_{Ay}=-\frac{M}{2a}$, $F_{Bx}=0$, $F_{By}=-\frac{M}{2a}$, $F_{Dx}=0$, $F_{Dy}=\frac{M}{a}$

4-18 (1) $F_{Ax}=\frac{3}{2}F_1$, $F_{Ay}=F_2+\frac{1}{2}F_1$, $M_A=-\left(F_2+\frac{1}{2}F_1\right)a$;

(2) $F_{BAx}=-\frac{3}{2}F_1$, $F_{BAy}=-\left(F_2+\frac{1}{2}F_1\right)$, $F_{BTx}=\frac{3}{2}F_1$, $F_{BTy}=\frac{1}{2}F_1$

4-19 $F_E=\sqrt{2}F$，$F_{Ax}=F-6qa$，$F_{Ay}=2F$，$M_A=5Fa+18qa^2$

4-20 $F_{N1}=14.6kN$，$F_{N2}=-8.75kN$，$F_{N3}=11.7kN$

4-21 $F_4=21.83kN$（拉），$F_5=16.73kN$（拉），$F_7=-20kN$（压），$F_{10}=-43.64kN$（压）

4-22 $F_{AB}=4.40kN$，$F_{AE}=-4.77kN$，$F_{BE}=4.77kN$，$F_{BD}=6.78kN$，$F_{DE}=-4.78kN$，$F_{BC}=3.39kN$，$F_{CD}=-6.78kN$

4-23 $F_1=F_2=F_3=F_4=-F$，$F_5=F_6=0$

4-24 $F_1=-\frac{1}{3}F$（压），$F_2=0$，$F_3=-\frac{2}{3}F$（压）

4-25 $F_s=9.8N$

4-26 $F=\frac{\sin(\alpha+\varphi_m)}{\cos(\theta-\varphi_m)}G$，当 $\theta=\varphi_m$ 时，$F_{min}=G\sin(\alpha+\varphi_m)$

4-27 $x\geqslant 12cm$

4-28 $\tan\alpha\geqslant\frac{G_1+2G_2}{2f(G_1+G_2)}$

4-29 $G_A=500N$

4-30 $F=132.7N$

4-31 $F_{min}=66.3N$

4-32 先倾倒，$F=1.5kN$

4-33 （1）$F_{NB}=200N$，$F_B=20N$，$F_{Bmax}=20N$；
（2）$F_{NB}=170N$，$F_B=-10N$，$F_{Bmax}=17N$

4-34 $F=57N$

第5章　运动学基础

客观题5-1～5-10的答案在教师配套资源中提供

5-11 $x=r\cos\omega t+\sqrt{l^2-(h+r\sin\omega t)^2}$

5-12 椭圆 $\frac{x^2}{(2n-1)^2l^2}+\frac{y^2}{l^2}=1$，其中 n 是铰链的编号（$n=1,2,3,4$）

5-13 $v=-\frac{v_0}{x}\sqrt{x^2+l^2}$，$a=-\frac{v_0^2l^2}{x^3}$

5-14 $a_\tau=1.2m/s^2$，$a_n=2.88m/s^2$

5-15 $t=0$ 时，$a=10m/s^2$；$t=1s$ 时，$a_\tau=10m/s^2$，$a_n=106.7m/s^2$；
$t=2s$ 时，$a_\tau=10m/s^2$，$a_n=83.3m/s^2$

5-16 $\rho=5m$，$a_\tau=8.66m/s^2$

5-17 $v_C=2\sqrt{gR}$，$a_C=4g$；$v_D=1.848\sqrt{gR}$，$a_D=3.487g$

5-18 $x_D=120\cos\sqrt{2}t mm$，$y_D=360\sin\sqrt{2}t mm$；
$v_{Dx}=-120mm/s$，$v_{Dy}=360mm/s$；
$a_{Dx}=-120\sqrt{2}mm/s^2$，$a_{Dy}=-360\sqrt{2}mm/s^2$

5-19 $v=ak$，$v_r=-ak\sin kt$

5-20 $x_B=r\cos\omega t+l\sin\dfrac{\omega t}{2}$，$y_B=r\sin\omega t-l\cos\dfrac{\omega t}{2}$；

$v=\omega\sqrt{r^2+\dfrac{l^2}{4}-rl\sin\dfrac{\omega t}{2}}$，$a=\omega^2\sqrt{r^2+\dfrac{l^2}{16}-\dfrac{rl}{2}\sin\dfrac{\omega t}{2}}$

5-21 $\varphi=\dfrac{1}{30}t(\text{rad})$，$x^2+(y+0.8)^2=1.5^2(\text{m}^2)$

5-22 $v_O=0.707\text{m/s}$，$a_O=3.331\text{m/s}^2$

5-23 $x=0.2\cos 4t$，$v=0.4\text{m/s}$，$a=2.771\text{m/s}^2$

5-24 $\omega=\dfrac{v}{2l}$，$\alpha=\dfrac{v^2}{2l^2}$

5-25 $v=0.86\text{m/s}$

5-26 $\omega_2=0$，$\alpha_2=-\dfrac{16\omega^2}{r^2}$

5-27 $\omega_{OA}=\dfrac{bv_0}{b^2+v_0^2t^2}$，$\alpha_{OA}=-\dfrac{2bv_0^3t}{(b^2+v_0^2t^2)^2}$

5-28 $\varphi=\dfrac{\sqrt{3}}{3}\ln\left(\dfrac{1}{1-\sqrt{3}\omega_0t}\right)$，$\omega=\omega_0e^{\sqrt{3}\varphi}$

5-29 $v_B=10\sqrt{13}\text{cm/s}$，$a_B=20\sqrt{26}\text{cm/s}^2$；$v_C=20\sqrt{5}\text{cm/s}$，$a_C=40\sqrt{10}\text{cm/s}^2$

5-30 $\theta_{OA}=\dfrac{\sin\omega_0t}{h/r-\cos\omega_0t}$

5-31 $v=168\text{cm/s}$

5-32 $\varphi=4\text{rad}$

第6章　点的合成运动

客观题6-1～6-7的答案在教师配套资源中提供

6-8 投影方程有误，没有按加速度合成关系投影

6-9 图6-21a的分析是对的

6-10 $x'=vt$，$y'=a\cos(kt+\varphi)$轨迹方程为$y'=a\cos\left(\dfrac{k}{v}x'+\varphi\right)$

6-11 相对轨迹为圆：$(x'-40)^2+y'^2=1600$

绝对轨迹为圆：$(x+40)^2+y^2=1600$

6-12 a) $\omega_2=1.5\text{rad/s}$；b) $\omega_2=2\text{rad/s}$

6-13 $v_C=\dfrac{av}{2l}$

6-14 当$\theta=0°$时，$v_{BC}=2\text{cm/s}$ (←)；

当$\theta=30°$时，$v_{BC}=0$；

当$\theta=60°$时，$v_{BC}=2\text{cm/s}$ (→)

6-15 当$\varphi=0°$时，$v_{AB}=e\omega$

6-16 当 $\varphi=0°$时，$v_{BC}=0$；
当 $\varphi=30°$时，$v_{BC}=100\text{cm/s}$ （→）；
当 $\varphi=90°$时，$v_{BC}=200\text{cm/s}$ （→）

6-17 $v_M=0.529\text{m/s}$

6-18 $a_{CD}=30\text{cm/s}^2$ （↓）

6-19 $\omega_{AB}=2.667\text{rad/s}$，$\alpha_{AB}=20\text{rad/s}^2$

6-20 $\omega_{O_2D}=\frac{r\omega}{l}\tan\theta$，逆时针；$\alpha_{O_2D}=\frac{r\omega^2}{l}+\left(\frac{r\omega}{l}\right)^2\tan^3\theta$，顺时针

6-21 $v_M=0.173\text{m/s}$ （→），$a_M=0.35\text{m/s}^2$ （←）

6-22 $\omega=1\text{rad/s}$

6-23 $y=h-\frac{1}{2}x$ （cm），$v=10\sqrt{5}t$ （cm/s），$a=10\sqrt{5}\text{cm/s}^2$

第7章　刚体的平面运动

客观题 7-1 ~7-7 的答案在教师配套资源中提供

7-8 $x_C=r\cos\omega_O t$，$y_C=r\sin\omega_O t$；$\varphi=\omega_O t$

7-9 $a_A=\frac{Rv_C^2}{r(R-r)}$，方向指向 C 点；

$a_{Bx}=2a_C^\tau$(→)，$a_{By}=\frac{(R-2r)v_C^2}{r(R-r)}$(↓)

7-10 $\omega_{BO_1}=1.51\text{rad/s}$，逆时针方向；$\omega_{AB}=1.33\text{rad/s}$，顺时针方向

7-11 $\omega_{\text{I}}=\sqrt{3}\omega_O$，顺时针

7-12 $\omega_{AB}=2\text{rad/s}$，顺时针方向；$v_B=282.8\text{cm/s}$ （↑）

7-13 $\omega_{EF}=1.333\text{rad/s}$，$v_F=0.462\text{m/s}$

7-14 $v_C=1.5r\omega$ （↓）

7-15 $\omega_{ABD}=1.072\text{rad/s}$，$v_D=0.254\text{m/s}$

7-16 $\omega_B=\frac{2\sqrt{3}}{3}\pi\text{rad/s}$，逆时针方向；$\omega_{AB}=\frac{1}{3}\pi\text{rad/s}$，顺时针方向

7-17 $\omega_{OB}=3.75\text{rad/s}$，$\omega_1=6\text{rad/s}$

7-18 $a_C=2r\omega^2$

7-19 $a_{\text{n}}=2r\omega_0^2$，$a_\tau=r(\sqrt{3}\omega_0^2-2\alpha_0)$

7-20 $v_B=2\text{m/s}$，$v_C=2.828\text{m/s}$；$a_B=8\text{m/s}^2$，$a_C=11.31\text{m/s}^2$

7-21 $\omega_{AB}=1\text{rad/s}$，$\alpha_{AB}=0.25\text{rad/s}^2$；$\omega_B=3\text{rad/s}$，$\alpha_B=4.75\text{rad/s}^2$

7-22 $\omega_{\text{I}}=\frac{\sqrt{3}}{2}\frac{v}{r}$ （顺时针），$\omega=\frac{\sqrt{3}}{6}\frac{v}{r}$ （逆时针）

7-23 $v_{DB}=1.155l\omega_0$，$a_{DB}=2.222l\omega_0^2$

7-24 $\omega_{O_1C}=6.186\text{rad/s}$，$\alpha_{O_1C}=78.17\text{rad/s}^2$

7-25 $\omega_{AB}=\omega$（逆时针），$\alpha_{AB}=3\sqrt{3}\omega^2$（逆时针）

第8章　动力学基础

客观题8-1～8-5的答案在教师配套资源中提供

8-6 两种计算均有误

8-7 $x=b\cos kt+\frac{v_0}{k}\cos\alpha\sin kt$，$y=\frac{v_0}{k}\sin\alpha\sin kt$

8-8 $f_{\min}=\frac{a\cos\theta}{g+a\sin\theta}$

8-9 $\omega_{\max}=\sqrt{\frac{gf}{r}}$

8-10 （1）8kN；（2）6.98kN；（3）9.02kN

8-11 $h=7.84\text{cm}$

8-12 $n=67\text{r/min}$

8-13 $\varphi=48.2°$

8-14 $F=17.2\text{N}$

8-15 $F_{AM}=\frac{ml}{2a}(\omega^2a+g)$，$F_{BM}=\frac{ml}{2a}(\omega^2a-g)$

8-16 $a=\frac{\sin\alpha+f\cos\alpha}{\cos\alpha-f\sin\alpha}$，$F_{\text{N}}=\frac{G}{\cos\alpha-f\sin\alpha}$

8-17 （1）$\sqrt{2}mg$；（2）$\frac{\sqrt{2}}{2}mg$

8-18 $v=\sqrt{gl(1+\cos\alpha-\sqrt{3})}$，$F=mg(3\cos\alpha+2-2\sqrt{3})$

8-19 $v_1=\sqrt{g/(g+kv_0^2)}$

8-20 证明略

8-21 $J_z=0.3m(R^5-r^5)/(R^3-r^3)$

8-22 $J_{z1}=J_{z2}=\frac{7}{48}ml^2$

8-23 $\frac{a^2+3ab+4b^2}{3}m$

8-24 $\frac{G(r^2+2e^2)}{2g}$

8-25 $\frac{29}{32}mR^2$

8-26 $J_{xy}=ml^2\cos\alpha\sin\alpha/3$

第9章　动能定理

客观题9-1～9-8的答案在教师配套资源中提供

9-9 $T=\dfrac{2G_1+9G_2}{3g}r^2\omega^2$

9-10 $T=\dfrac{1}{2}(3m_1+2m)v^2$

9-11 $T=\dfrac{Gl^2\omega^2\sin^2\beta}{6g}$

9-12 $T=\dfrac{1}{2}\dfrac{G_1}{g}v_1^2+\dfrac{G_2}{2g}\left(v_1^2+\dfrac{1}{4}l^2\omega_1^2+v_1l\omega_1\cos\varphi\right)+\dfrac{1}{24}\dfrac{G_2}{g}l^2\omega_1^2$

9-13 $W=20.7\text{J}$

9-14 $\sum W_i=\dfrac{4\pi}{3}(6\pi a+16\pi^2b-3G_Bfr)$

9-15 $W=4900\text{J}$

9-16 $v=8.1\text{m/s}$

9-17 $v_A=\sqrt{\dfrac{3}{m}\left[M\theta-mgl\ (1-\cos\theta)\right]}$

9-18 （1）圆盘的角速度 $\omega_B=0$，连杆的角速度 $\omega_{AB}=4.95\text{rad/s}$；

（2）$\delta_{\max}=87.1\text{mm}$

9-19 $\omega=\dfrac{2}{R+r}\sqrt{\dfrac{3M\varphi}{9m_1+2m_2}}$，$\alpha=\dfrac{6M}{(R+r)^2\ (9m_1+3m_2)}$

9-20 $a_A=\dfrac{3m_1g}{4m_1+9m_2}$

9-21 $v=\sqrt{\dfrac{1}{7}\ (6gl\cos 30°)}$

9-22 $v_C=2\sqrt{3gl}$

9-23 （1）$\omega=\sqrt{\dfrac{6gl(2G_2+G_1)}{2G_1l^2+3G_2R^2+6G_2l^2}}$；（2）$\omega=\sqrt{\dfrac{(6G_2+3G_1)g}{(3G_2+G_1)l}}$

9-24 $v=11.29\text{m/s}$

第 10 章 动量定理和动量矩定理

客观题 10-1 ~10-10 的答案在教师配套资源中提供

10-11 （1）4.25s；（2）53.1m

10-12 a）$p=r\omega\ (0.5m_1+m_2+m_3)$（←）；b）$p=(m+2m_1)v$（→）；

c）$p=r\omega(m_1-m_2)$（↑）；d）$p_x=m_2v$（←），$p_y=m_1v$（↓），$p=\sqrt{m_1^2+m_2^2v}$

10-13 $I_x=200.2\text{N}\cdot\text{s}$（→），$I_y=246.7\text{N}\cdot\text{s}$（↓）

10-14 $I=4.472\text{N}\cdot\text{s}$，与铅直线夹角为 3°26′

10-15 $x=\dfrac{m_2l}{m_1+m_2}\ (\sin\varphi_0-\sin\varphi)$，向右

10-16 （1）$F_x=m_2l\omega^2$；（2）$\omega>\sqrt{\dfrac{m_1+m_2}{m_2e}g}$

10-17 $v_{Cx}=\dfrac{m_1v_A}{m_1+m_2}$，$v_{Cy}=\dfrac{-m_2v_A\tan\alpha}{m_1+m_2}$，$a_{Cx}=\dfrac{m_1a_A}{m_1+m_2}$，$a_{Cy}=\dfrac{-m_2a_A\tan\alpha}{m_1+m_2}$

10-18 （1）$l=\dfrac{10}{7}\text{m}$；（2）$v_{船}=\dfrac{3}{7}\text{m/s}$，$v_{箱}=-2\dfrac{4}{7}\text{m/s}$

10-19 $F''_{Nx}=8.11\text{N}$

10-20 $F''_{Nx}=27.69\text{kN}$

10-21 $t=\dfrac{J}{A}\ln 2$，$n=\dfrac{J\omega_0}{4\pi A}$

10-22 $F_{Ox}=-96\text{N}$，$F_{Oy}=32.3\text{N}$

10-23 $F_N=\dfrac{mg}{3}(7\cos\theta-4\cos\theta_0)$

10-24 （1）13.8cm；（2）49.4N

10-25 $\omega=0.721\omega_0$

10-26 $a=\dfrac{(MR_1-GR_2)rR_2g}{GR_2^2r^2+(J_1R_1^2+J_2R_2^2)g}$

10-27 $a=\dfrac{2(G_1r_1+G_2r_2)}{(2G_1-G_{r1})r_1^2+(2G_2+G_{r2})r_2^2}$

10-28 $\omega=5.72\text{rad/s}$，$F_{Ax}=0$，$F_{Ay}=36.75\text{N}$

10-29 $\omega=\sqrt{\dfrac{8g}{3R}}$，$\alpha=0$；$a_C^\tau=0$，$a_C^n=\dfrac{8g}{3}$；$p=G\sqrt{\dfrac{8R}{3g}}$（←）；

$L_O=3GR^2\sqrt{\dfrac{2}{3Rg}}$，$T=2GR$；$F_{Ox}=0$，$F_{Oy}=\dfrac{11G}{3}$

10-30 $a_{BC}=-r\omega^2\cos\omega t$，$M=r\left(\dfrac{1}{2}m_1g+m_2r\omega^2\sin\omega t\right)\cos\omega t$；

$F_{Ox}=-r\omega^2\left(\dfrac{m_1}{2}+m_2\right)\cos\omega t$，$F_{Oy}=m_1g-\dfrac{1}{2}m_1r\omega^2\sin\omega t$

10-31 $a=\dfrac{m_1\sin\theta-m_2}{2m_1+m_2}g$，$F=\dfrac{3m_1m_2+(2m_1m_2+m_1^2)\sin\theta}{2(2m_1+m_2)}g$

10-32 （1）$a_A=\dfrac{1}{6}g$；（2）$F=\dfrac{4}{3}mg$；（3）$F_{Kx}=0$，$F_{Ky}=4.5mg$，$M_K=13.5mgR$

10-33 （1）$\alpha=\dfrac{M-mgR\sin\theta}{2mR^2}$；（2）$F_x=\dfrac{1}{8R}(6M\cos\theta+mgR\sin 2\theta)$

10-34 $F=9.8\text{ N}$

10-35 $\omega=\sqrt{\dfrac{3g}{2l}}$，$x_C^2+3ly_C+3l^2=0$

10-36 $\omega=\sqrt{\dfrac{3m_1+6m_2}{m_1+3m_2}\dfrac{g}{l}\sin\theta}$，$\alpha=\dfrac{3m_1+6m_2}{m_1+3m_2}\dfrac{g}{2l}\cos\theta$

10-37 $a=\dfrac{m_2\sin 2\theta}{3m_1+m_2+2m_2\sin^2\theta}g$

10-38 $\omega=\sqrt{\dfrac{3g}{l}(1-\sin\varphi)}$，$\alpha=\dfrac{3g}{2l}\cos\varphi$；

$$F_A = \frac{9}{4}mg\cos\varphi\left(\sin\varphi - \frac{2}{3}\right);\quad F_B = \frac{1}{4}mg\left[1 + 9\sin\varphi\left(\sin\varphi - \frac{2}{3}\right)\right]$$

第 11 章　达朗贝尔原理

客观题 11-1 ~ 11-8 的答案在教师配套资源中提供

11-9　$F_A = \dfrac{m_A}{m_A + m_B + m_C}F$，$F_B = \dfrac{m_A + m_C}{m_A + m_B + m_C}F$

11-10　$F = \dfrac{(l^2 - h^2)G\omega^2}{2gl}$（拉）；$h = 0$ 处，$F_{\max} = \dfrac{Gl\omega^2}{2g}$

11-11　$f \geqslant \dfrac{a}{g\cos\theta} + \tan\theta$

11-12　$F = 25.28\text{kN}$，$F_{Ox} = 17.87\text{kN}$，$F_{Oy} = 21.8\text{kN}$

11-13　$C > \dfrac{m\ (e\omega^2 - g)}{2e + b}$

11-14　$F_{AC} = 148.1\text{N}$，$F_{BD} = 59.8\text{N}$

11-15　$F_{Ax} = -15\text{kN}$，$F_{Ay} = 10\text{kN}$，$F_C = 15\text{kN}$

11-16　$a_C = 2.8\text{m/s}^2$

11-17　$\omega^2 = \dfrac{3(b^2\cos\varphi - a^2\sin\varphi)g}{(b^3 - a^3)\sin 2\varphi}$

11-18　$M = \dfrac{\sqrt{3}}{4}r[(m_1 + 2m_2)g - m_2r\omega^2]$，$F_{Ox} = -\dfrac{\sqrt{3}}{4}m_1r\omega^2$，$F_{Oy} = (m_1 + m_2)g - (m_1 + 2m_2)\dfrac{r\omega^2}{4}$

11-19　$a = \dfrac{(M - m_1gr)r}{m_2\rho^2 + m_1r^2}$，$F_{Ox} = 0$，$F_{Oy} = (m_1 + m_2)g + \dfrac{(M - m_1gr)m_1r}{m_2\rho^2 + m_1r^2}$

11-20　$a_O = \dfrac{2F\cos\theta}{3G}g$，$F_N = G - F\sin\theta$，$F_s = \dfrac{F}{3}\cos\theta$

11-21　$f_s \geqslant \dfrac{5}{3}\tan\theta$

11-22　$a = \dfrac{4F}{4m + 3m_1}$

11-23　$F = \dfrac{2\sqrt{3}}{13}mg$

11-24　$F_x = \dfrac{m_1\sin\theta - m_2}{m_1 + m_2}mg\cos\theta$

11-25　a）$F_{IR} = 0$，$M_{IO} = 2mr^2\alpha$（是动平衡的）；

b）$F_{IR} = 0$，$M_{IO} = mr\sqrt{h^2\omega^4 + (4r^2 + h^2)\alpha^2}$（只是静平衡的）；

c）$F_{IR} = mr\sqrt{\alpha^2 + \omega^4}$，$M_{IO} = 5mr^2\alpha$（不平衡）；

d）$F_{IR} = 0$，$M_{IO} = 2mr^2\sin\theta\sqrt{\alpha^2 + \omega^4\cos^2\theta}$（只是静平衡的）

11-26 $a_A=\frac{m_1\sin\theta-m_2}{2m_1+m_2}g$，$F=\frac{3m_1m+(2m_1m_2+m_1^2)\sin\theta}{2(2m_1+m_2)}g$

11-27 （1）$0.5g=4.9\text{m/s}^2$，$0.408G$，$0.458G$；

（2）$(2-\sqrt{3})g=2.63\text{m/s}^2$，$0.634G$，$0.634G$

11-28 （1）作用于质心处：$F_{\text{I}}=\frac{15}{16}\pi R^3\rho g\sqrt{\frac{901\alpha^2+\omega^4}{900}}+\frac{\alpha\omega^2}{15}$，$M_{\text{I}}=0.481\pi R^4\rho\alpha$；

（2）作用于质心处：$F_{\text{I}}=\frac{101}{100}\pi R^3\rho g\sqrt{\frac{40805\alpha^2+\omega^4}{40804}}-\frac{\alpha\omega^2}{101}$，$M_{\text{I}}=0.503\pi R^4\rho\alpha$

参 考 文 献

[1] 陈建芳. 理论力学［M］. 北京：中国电力出版社，2008.

[2] 哈尔滨工业大学理论力学教研室. 理论力学：I［M］. 8 版. 北京：高等教育出版社，2016.

[3] 浙江大学理论力学教研室. 理论力学［M］. 5 版. 北京：高等教育出版社，2018.

[4] 贾启芬，刘习军. 理论力学［M］. 4 版. 北京：机械工业出版社，2017.

[5] 刘军，阎海鹏. 理论力学［M］. 北京：北京大学出版社，2018.

[6] 西北工业大学理论力学教研室. 理论力学［M］. 2 版. 北京：高等教育出版社，2017.

[7] 陈建平，范钦珊. 理论力学［M］. 3 版. 北京：高等教育出版社，2018.

[8] 李明成，浦奎英，陈建平. 理论力学［M］. 北京：科学出版社，2016.

[9] 罗特军. 理论力学［M］. 2 版. 武汉：武汉大学出版社，2018.

[10] 赵元勤. 理论力学［M］. 武汉：武汉大学出版社，2014.

[11] 苏振超. 理论力学［M］. 武汉：华中科技大学出版社，2018.

[12] 梅凤翔，尚玫. 理论力学 I：基本教程［M］. 北京：高等教育出版社，2012.

[13] 希伯勒. 静力学：原书第 12 版［M］. 李俊峰，吕敬，袁长清，译. 北京：机械工业出版社，2013.

[14] 蔡泰信，和兴锁，朱西平. 理论力学：I［M］. 2 版. 北京：机械工业出版社，2007.

[15] 唐晓雯，石萍. 理论力学基本训练［M］. 北京：科学出版社，2004.